AF771406

Quanten und Felder

Foto: Liselotte Strelow, München

Die Quantentheorie
ist so ein wunderbares
Beispiel dafür, daß man
einen Sachverhalt in
völliger Klarheit
verstanden haben kann
und gleichzeitig doch
weiß, daß man nur in
Bildern und Gleichnissen
von ihm reden kann.

Werner Heisenberg
in „Der Teil und das Ganze“

Quanten und Felder

Physikalische und philosophische Betrachtungen zum 70. Geburtstag von Werner Heisenberg

Herausgeber H. P. Dürr

Beiträge von

E. Bagge
G. Barucchi
H. A. Bethe
K. Bleuler
F. Bopp
H. P. Dürr
A. Friederich
R. Hagedorn
P. Hertel
A. Huber
F. Hund
P. Jordan
Th. Kanellopoulos
H. Koppe
G. Lüders
P. Mittelstaedt
R. Oehme
H. R. Petry
G. Picht
G. Ponzano
T. Regge
S. Schlieder
D. Schütte
H. Stumpf
I. Supek
E. Teller
W. Thirring
B. L. van der Waerden
C. F. v. Weizsäcker
K. Wildermuth
K. Wirtz
W. Zimmermann

V

Friedr. Vieweg + Sohn · Braunschweig

Verlagsredaktion: *Bernhard Lewerich*

ISBN-13: 978-3-528-08317-5 e-ISBN-13: 978-3-322-83700-4
DOI: 10.1007/978-3-322-83700-4

1971

Vorwort

Die theoretische Deutung der Quantenstruktur der Materie hat unsere Vorstellung von der Wirklichkeit tiefgreifend verändert. Der entscheidende Schritt dazu wurde von Werner Heisenberg vor fast einem halben Jahrhundert getan. Die neue Quantenphysik hat in vielen physikalischen und philosophischen Arbeiten ihren Niederschlag gefunden; sie hat ganz neue Gebiete erschlossen, wie insbesondere die Atomkernphysik und die Physik der Elementarteilchen. Werner Heisenberg hatte und hat noch an der Erforschung dieser neuen Gebiete wesentlichen Anteil. Sein Hauptinteresse in den letzten Jahren galt dabei der Entwicklung einer einheitlichen fundamentalen Feldtheorie der Materie.

Das Lebenswerk Heisenbergs ist in so hohem Maße Teil der heutigen physikalischen Literatur geworden, daß – damit verglichen – der Versuch einer gesonderten Darstellung in einem Festband immer als unzureichend oder überflüssig erscheinen muß. Die in diesem Band gesammelten Arbeiten versuchen deshalb nicht, einen Überblick über sein Lebenswerk zu geben, sondern sind im wesentlichen Arbeiten aus dem augenblicklichen Interessengebiet der Autoren, thematisch allerdings so ausgewählt, daß sie mittelbar oder unmittelbar mit Arbeiten Heisenbergs in Verbindung stehen. Außerdem wurde durch die Art der Darstellung angestrebt, über den Fachmann hinaus einen größeren Leserkreis anzusprechen. Die meisten Beiträge haben deshalb mehr allgemeine und grundsätzliche Erörterungen zum Inhalt.

Im ersten Teil des Buches liegt die Betonung der Arbeiten mehr auf philosophischen oder historischen Betrachtungen. Er enthält Anmerkungen über die Irrwege und Hemmungen beim Werden der Quantentheorie, Besprechungen über die philosophische Bedeutung der Heisenbergschen Physik und der durch sie erzwungenen neuen Sprache und greift gesellschaftspolitische Fragen auf, wie sie sich aus der neuen Wirklichkeitsvorstellung und der neuen Stellung des Wissenschaftlers im Atomzeitalter ergeben. Der physikalische Teil des Festbandes knüpft an Heisenbergs einheitliche Feldtheorie der Materie an. Er enthält eine Reihe von Arbeiten, in welchen die prinzipiellen und formalen Probleme besprochen werden, die in einer Quantenfeldtheorie – oder allgemeiner in einer Theorie der Elementarteilchen – auftreten. Viele dieser Probleme ergeben sich schon bei einer theoretischen Behandlung der Atomkerne und anderer quantenmechanischer Mehrkörpersysteme, die in einigen Arbeiten am Schluß des Buches diskutiert werden.

Freunde, Mitarbeiter und Schüler Werner Heisenbergs möchten durch die in diesem Festband gesammelten Arbeiten ihre große Dankbarkeit für vergangene intensive und fruchtbare Zusammenarbeit, für anregende Gespräche und Begegnungen zum Ausdruck bringen und ihre allerherzlichsten Glückwünsche zu seinem 70. Geburtstag mit der Hoffnung verknüpfen, daß ihm vergönnt sei, auch in Zukunft so tatkräftig und einfallsreich in der Wissenschaft mitwirken zu können.

München, Dezember 1971 *H. P. Dürr*

Inhaltsverzeichnis

Irrwege und Hemmungen beim Werden der Quantentheorie

F. Hund

Einleitung

Die Quantentheorie war die Loslösung aus einem zu engen Denkschema und die Schaffung eines neuen. Der Prozeß hat knapp 30 Jahre gedauert, und sein Ende liegt schon gut 40 Jahre zurück. Die Schwierigkeiten sind weitgehend vergessen. Man lernt heute das Schema in logisch geordneter Form aus dem Lehrbuch und glaubt es. Das hat es auch bei früheren Ablösungen eines Denkschemas gegeben. Wer will heute noch die Schwierigkeiten bei der Überwindung des aristotelischen Schemas der Physik ermessen? Bei der Quantentheorie haben aber wenigstens die älteren der jetzt lebenden Physiker die späteren Schritte des Umbaues bewußt miterlebt.

Wie schwer fielen diese Schritte? Wenn wir jetzt einige lehrreiche Um- und Irrwege und verzögernde Hemmungen uns vergegenwärtigen, so geschieht das nicht, um uns damit zu trösten, daß auch die bedeutenden Physiker nicht immer geradeaus gehen, sondern um einigermaßen zu erfassen, wie schwer es war. Wir erwarten etwa Hemmungen folgender Art: Man war in einem alten Schema gefangen; man klebte an einem hypothetischen neuen Schema, das aber nur ein vorläufiges war; man beachtete wichtige empirische Hinweise nicht; man konnte bei richtig Erkanntem das Wesentliche nicht klar ausdrücken. Wir werden solche hemmenden Umstände kennen lernen.

Die Quantentheorie wurde durch die Erfahrung erzwungen, durch spezielle Hinweise auf den atomaren Hintergrund der physikalischen Erscheinungen. Wir können also unserer Betrachtung das Schema von „Herausforderung und Antwort" unterlegen. Um 1900 waren, wenn wir stark vereinfachen, solche Herausforderungen: die Chemie, die Atmospektren und die Temperaturabhängigkeit von Energien, einmal der in den einzelnen Schwingungsfrequenzen der Hohlraumstrahlung steckenden Energie, zum anderen des durch die spezifische Wärme gemessenen Energieinhaltes der Körper. Alle vier Herausforderungen gaben spezielle charakteristische Hinweise und erhielten vorläufige, später endgültige Antworten. Für die Chemie waren die Valenzregeln und das Periodensystem kennzeichnend. Verstanden wurde das letztere mit dem Ausschließungsprinzip von *Pauli* (1925), die chemische Bindung mit der leicht handhabbaren Schrödingergleichung (ab 1926), schließlich war sie Ausdruck der Komplementarität Feld-Partikel (ab 1927). Charakteristisch für die Atomspektren war, daß man die Frequenzen in rechteckige Schemata, deren Zeilen und Spalten „Terme" waren, einordnen konnte und daß die Terme „Serien" bildeten. Verstanden wurde das durch die Frequenzbeziehung (1913)

$$h\nu = E_1 - E_2,$$

durch vorläufige (1913) und endgültige (1925) Quantenmechanik und durch die Aufdeckung des Spins (1925). Die spezifischen Wärmen, das wurde damals viel beachtet, waren kleiner als dem Gleichverteilungssatze der statistischen Physik entsprach; die Quantenstatistik (1907–1913) kam damit zurecht. Für die Hohlraumstrahlung schließlich war das Verschiebungsgesetz von *W. Wien* und seine Strahlungsformel (1896) kennzeichnend; Antworten waren Energiequanten (1900) und Lichtquanten (1905).

Schauen wir nach Hemmungen der Entwicklung, so bemerken wir ein nur langsames Verstehen der Hohlraumstrahlung, Irrwege bei der Ausdehnung des Planckschen Ansatzes über den harmonischen Oszillator hinaus, ein spätes Beachten der Spektralgesetze, Abwege bei der Deutung des im Periodensystem der Elemente sichtbaren Abschlusses von Elektronenbahnen, schließlich ein Irren im Labyrinth komplizierter Eigenschaften der Linienspektren und eine recht späte Übertragung des Dualismus Welle-Teilchen vom Licht auf die Materie.[1])

Das langsame Verstehen der Hohlraumstrahlung

Es lag nahe, den Abfall der Strahlungsintensität nach kurzen Wellen durch eine Exponentialfunktion ($e^{-b\nu/T}$) anzunähern und mit der Maxwellschen Geschwindigkeitsverteilung in Beziehung zu bringen. So nahm *V. A. Michelson* (von *A. A. Michelson* verschieden!) die Schwingungsdauer von Atomen in festen Körpern umgekehrt proportional ihrer Geschwindigkeit an und erhielt so einen Faktor $e^{-b\nu^2/T}$ in der Verteilung dieser Atome (1887). *W. Wien* leitete mit der etwas allgemeineren Annahme einer eindeutigen Beziehung zwischen Frequenz und Geschwindigkeit unter Zuhilfenahme seines Verschiebungsgesetzes seine Formel ab (1896), die wir

$$w \sim \nu^3 e^{-\frac{b\nu}{T}} \tag{1}$$

schreiben können (er schrieb sie mit λ). Eine umständliche Überlegung führte *M. Planck* auf die Beziehung

$$w = \frac{8\pi}{c^3} \nu^2 \bar{E} \tag{2}$$

zwischen Energiedichte im Hohlraum und mittlerer Energie der modellmäßig angenommenen Oszillatoren. *Wiens* Formel bedeutete dann

$$\bar{E} \approx a\nu\, e^{-\frac{b\nu}{T}}$$

und war einem bestimmten Zusammenhang von Energie und Entropie eines Oszillators der Frequenz ν äquivalent. Er erfüllte alle Anforderungen, die wegen des zweiten Haupt-

[1]) Die Wege zu den großen Fortschritten werden im Folgenden nur kurz angedeutet oder ausgelassen. Dafür gibt es ja die Darstellungen der Geschichte der Quantentheorie *(A. Hermann, F. Hund, M. Jammer, B. L. van der Waerden)* oder wichtiger ihrer Schritte *(H. Kangro, M. J. Klein, L. Rosenfeld)*.

satzes an einen solchen Zusammenhang zu stellen waren. Eine einfache plausible Abhängigkeit *S(E)* führte so zur Wienschen Strahlungsformel, und *Planck* hielt das für eine theoretische Begründung dieser Formel (1899). Wegen des universellen Charakters der Funktion $w(\nu, T)$ waren die in *S(E)* auftretenden Parameter *a* und *b*, sie hießen später *h* und *h/k*, fundamentale Naturkonstanten, die zusammen mit Gravitationskonstante und Lichtgeschwindigkeit natürliche Einheiten für alle physikalischen Größen hergaben. Lord *Rayleigh* schließlich erhielt durch Abzählung der Eigenschwingungen eines dreidimensionalen Kontinuums:

$$w \sim \nu^2 \bar{E}$$

und mit dem Gleichverteilungssatz der statistischen Physik:

$$w \sim \nu^2 T, \tag{3}$$

(1900), und er meinte, daß das vielleicht für lange Wellen richtig sein könnte.

Wenn *Wien* sein Modell ernster genommen hätte, hätte er als Energien seiner Modellmolekeln $\epsilon = h\nu(\epsilon \sim 1/\lambda)$ herausgelesen. Wenn *Planck* schon 1899 ein besseres Verhältnis zu *Boltzmanns* statistischer Mechanik gehabt hätte, hätte er durch statistische Verteilung unabhängiger Energiequanten $h\nu$ auf die Oszillatoren die Wiensche Formel ableiten können.

Aber es folgte sehr rasch ein größerer Fortschritt. Die neuen Messungen von 1900 paßten nicht mehr ganz zu *Wiens* Formel (1), aber gut zu einer von *Planck* angegebenen Interpolationsformel. In seiner nun folgenden Theorie, die der Anfang der Quantentheorie ist, wandte er *Boltzmanns* Statistik an. Er verteilte Energiequanten $\epsilon = h\nu$ auf seine Modelloszillatoren, wobei er die Besetzungszahlen *n* als gleichwahrscheinliche Fälle annahm. Er hielt sich eng an ein Beispiel *Boltzmanns*, wo Partikel auf gleiche Kästen mit den Energien $0, \epsilon, 2\epsilon \ldots n\epsilon \ldots$ verteilt wurden. Da aber *Planck* die Quanten auf Besetzungszahlen *n* (Anzahlen von Quanten) verteilte, waren seine Quanten nicht mehr unabhängig verteilt (es war die spätere *Bose-Statistik;* Verteilung unabhängiger Quanten nach *Boltzmann* hätte, wie schon gesagt, auf die Wiensche Formel geführt).

Plancks Überlegung wurde sehr langsam verstanden. Seine Begründung von (2) war kompliziert und nur Fachleuten zugänglich. Widerhall fand er erst 1905 in der Kontroverse von *Rayleigh* und *J. H. Jeans:* Jede „richtige" Statistik eines Gleichgewichtes müßte auf (3) führen; *Planck* hätte den Übergang $h \to 0$ machen müssen; in der Strahlung wird eben das Gleichgewicht nicht hergestellt *(Jeans);* die Strahlung verstehen wir noch nicht *(Rayleigh).* Die Synthese von *Rayleighs* Ableitung von (2) und *Plancks* Überlegung stellte *P. Ehrenfest* (seit 1906) her, indem er die elektromagnetischen Eigenschwingungen des Hohlraums statt der materiellen Oszillatoren betrachtete, also die durchsichtige Ableitung von (2) übernahm und sorgfältig zeigte, daß der wirkliche Verlauf $w(\nu, T)$ und insbesondere die Plancksche Formel eine zusätzliche Hypothese über die vorkommenden Energien und statistischen Gewichte dieser Eigenschwingungen bedeuteten. Aber noch 1908 war für *H. A. Lorentz* die Überlegung von *Jeans* klar, aber falsch, die von *Planck* unverständlich aber empirisch richtig.

A. Einstein, der 1905 durch eine Analyse der Wienschen Formel auf die Lichtquanten $h\nu$ gekommen war, meinte 1906: „*Planck* hat die Lichtquantenhypothese eingeführt". Aber erst als *Einstein* 1907 die Plancksche Quantentheorie des Oszillators auf die spezifische Wärme fester Körper anwandte und so ein weiteres physikalisches Phänomen erklärte, wurde *Plancks* Hypothese mehr und mehr ernstgenommen. Der eigentliche Durchbruch war dann der Solvay-Kongress von 1911.

Irrwege beim Rotator

Plancks Quantentheorie war die des harmonischen Oszillators. Die Herausforderung zu einer Ausdehnung der Quantentheorie über dieses einfache System hinaus kam von den Messungen der spezifischen Wärme zweiatomiger Gase bei tiefen Temperaturen; sie wurde auf dem Solvay-Kongress 1911 ausgesprochen. Die richtige Antwort wäre die Setzung

$$\phi = \oint p \, \mathrm{d}x = hn$$

in der speziellen Form (mit Drehimpuls und Drehwinkel)

$$\phi = \oint P \mathrm{d}\varphi = 2\pi P = hn \tag{4}$$

für einen Rotator gewesen. Wie schwer sie fiel, sollen fünf Antworten zeigen, die damals gegeben wurden.

Zwei davon legten *Plancks* Endformel für die mittlere Energie eines Oszillators

$$\bar{E}(\nu, T) = \frac{h\nu}{e^{\frac{h\nu}{kT}} - 1} \tag{5}$$

zugrunde, um $E\,(T)$ zu bekommen. Es war also ν zu eliminieren. Mit sorgloser Verwendung des Mittelwertes

$$\bar{\nu}^2 \sim T$$

ergab sich

$$\bar{E} \sim \frac{\sqrt{T}}{e^{\frac{c}{\sqrt{T}}} - 1} \,,$$

was mit den Messungen verträglich sein konnte. So verfuhr *W. Nernst* 1911. Mit der ebenso sorglosen Mittelbildung

$$\bar{\nu}^2 \sim \bar{E}$$

ergab sich eine Gleichung zwischen E und T, die für tiefe Temperaturen nicht mit den Messungen verträglich war. Addierte man aber $h\nu/2$ in (5), also eine damals diskutierte „Nullpunktsenergie“, so erhielt man für tiefe Temperaturen

$$\bar{E} - E_0 \sim e^{-\frac{b}{T}},$$

was annehmbar war. So verfuhren *A. Einstein* und *O. Stern* 1912. Obwohl *Einstein* früher die Formel (5) durch Summieren der Energien $h\nu n$ des Oszillators abgeleitet hatte, hielten sich die Autoren an die Endformel und eine fragwürdige Mittelbildung.

Eine dritte Überlegung knüpfte an *Plancks* Ansatz an, indem sie

$$E(n) = h\nu(E)\,n \tag{6}$$

setzte. Mit

$$E = 2\pi^2 A \nu^2$$

ergab sich

$$E(n) = \frac{h^2 n^2}{2\pi^2 A}.$$

Der Ansatz (6) unterschied sich nur um einen Faktor 2 von dem späteren richtigen. So gingen *H. A. Lorentz* 1911 und *N. Bjerrum* 1912 vor. Die vernünftige Erweiterung seines Quantenansatzes hat *Planck* selbst vorbereitet, indem er 1906 darauf hinwies, daß die Phasenausdehnung der Oszillatorzustände bis zur Energie E

$$\phi = \oint p\,\mathrm{d}x = \frac{E}{\nu} = hn$$

war; 1911 rückte er diesen Gesichtspunkt in den Vordergrund. Bei der Diskussion der rotierenden Molekel wies jetzt *F. Hasenöhrl* daraufhin, daß beim harmonischen Oszillator $\Delta E \sim \Delta\phi$ war, daß aber beim Rotator (richtig bei fester Achse) gleiche ΔE zu ungleichen $\Delta\phi$, gleiche $\Delta\phi$ zu ungleichen ΔE führten und daß Letzteres wohl im Sinne von *Planck* wäre. Aber der Leser des Kongressberichtes, der nun Gleichung (4) erwartet, wird enttäuscht. Einige Seiten später wird für den Rotator mit freier Achse (richtig) $\Delta E \sim \Delta\phi$ gezeigt und $E \sim n$ geschlossen. Die fünfte, richtige Antwort (4) gab *P. Ehrenfest* 1913, die adiabatische Invarianz von ϕ benutzend. Wir sehen also Physiker ersten Ranges an zu speziellen Formeln haften.

Aber *Hasenöhrl* hatte 1911 einen vernünftigen Ansatzpunkt. Als *Boltzmanns* Schüler kannte er die Beziehung

$$\nu\,\mathrm{d}\phi = \mathrm{d}E$$

für periodische Mechanismen mit einem Freiheitsgrad, bei denen E, ϕ, ν eindeutig miteinander zusammenhängen. Mit

$$\mathrm{d}\phi = \frac{\mathrm{d}E}{\nu(E)} = h\,\mathrm{d}n \qquad \int \frac{\mathrm{d}E}{\nu(E)} = hn \tag{7}$$

erhielt er eine Beziehung, mit der man die Zustände $E(n)$ berechnen konnte, wenn die Abhängigkeit der Frequenz von der Energie bekannt war. An den kontinuierlichen Variablen E und n stieß er sich nicht und viele nach ihm auch nicht. Die Beziehung (7) war die Quantenbedingung für das Phasenintegral, die *N. Bohr* und *A. Sommerfeld* später benutzten (wohl ohne *Hasenöhrls* Ansatz zu kennen).

Blindheit gegen die Spektralgesetze

Der Schlüssel zu einem ersten Verständnis von Atomspektren und Atombau war die Verknüpfung des Kombinationsprinzips der Linienspektren, im einfachsten Falle

$$\nu = F(n+\tau) - F(n) \approx \tau \frac{\mathrm{d}F}{\mathrm{d}n} \qquad \tau = 1, 2, 3 \ldots, \tag{8}$$

mit dem Satz der klassischen Mechanik

$$\nu = \tau \frac{\mathrm{d}E}{\mathrm{d}\phi}$$

durch die Setzung:

$$hF = E \qquad hn = \phi .$$

N. Bohr hat implicite schon 1913 das Wesentliche daran erkannt und bald darauf den Zusammenhang überblickt. Das gab ja das Korrespondenzprinzip der „älteren Quantentheorie“ ab.

Warum ist das Kombinationsprinzip (8) nicht vor 1913 herangezogen worden? Daß es in wichtigen Fällen unbeachtet blieb, mag das Beispiel von *Hasenöhrl* zeigen. Zur Erläuterung seiner Quantisierungsregel (7) schloß er aus der *Balmer*-Formel der Wasserstofflinien

$$\nu = R \frac{n^2 - 4}{4n^2}$$

die Beziehungen

$$\mathrm{d}E = hR \frac{n^2 - 4}{4n^2} \mathrm{d}n$$

$$E(n) = hR \frac{n^2 + 4}{4n}$$

Mit der damals schon bekannten *Paschen*-Serie des Wasserstoffs hätte er entsprechend

$$E(n) = hR \frac{n^2 + 9}{9n}$$

gefunden. Er nahm also $\mathrm{d}E = \nu\,\mathrm{d}\phi$ wörtlich und las die Balmerformel nicht als Differenz. Auch *J. Stark*, der sich damals intensiv mit Spektren und Atombau befaßte, beachtete das Kombinationsprinzip nicht. *Bohr* wurde, wie wir aus *L. Rosenfelds* Analyse wissen, nicht vor Februar 1913 damit bekannt; dann allerdings fielen ihm sofort „die Schuppen von den Augen".

Woher kam diese Blindheit gegen die Spektralgesetze? Zusammengesetzte Tripletts wurden schon 1893 in ein quadratisches Schema gebracht, dessen Zeilen und Spalten Terme waren. Auch unabhängig von den *Rydberg*-Formeln wurden Linienfrequenzen als Termdifferenzen geschrieben und um 1900 auch komplizierte Spektren ohne erkennbare Serien in rechteckigen Schematen dargestellt. Das Kombinationsprinzip ist also von den Fachleuten benutzt worden, ehe es *W. Ritz* 1908 ausdrücklich formulierte. *F. Paschen* fand damals viele neue Linien mit seiner Hilfe, z.B. die Wasserstoffserie mit $(1/9 - 1/n^2)$. Die Ergebnisse von *Ritz* und *Paschen* wurden offenbar nicht als fundamental angesehen, nicht als Hinweis auf den Atombau gewertet. Die Spektralgesetze blieben eine Spezialwissenschaft. Hemmend war vielleicht auch, daß die Anfänge des Kombinationsprinzips mit der speziellen *Rydberg*-Formel verbunden waren, daß *Rydberg* eine Art Sonderling war, der alles erklären wollte, und daß auch *Ritz* gewagte Theorien der *Balmer*-Formeln aufstellte. *Ritz* selbst konnte seine Einsicht in das Kombinationsprinzip nicht mehr nutzen, da er bald starb.

Übersteigerung des Korrespondenzprinzips

Die Valenzregeln und das Periodensystem der Elemente waren immer eine Herausforderung an die Atomphysiker. Ein Beispiel sind *J. J. Thomsons* Atommodelle, bei denen die Homologien von Elementen durch gleiche Elektronenzahl in einem der Elektronenringe verständlich gemacht werden sollten. Eben mit *E. Rutherfords* Atommodell bekannt geworden, war *N. Bohr* von der Hoffnung begeistert, alle Eigenschaften eines Atoms mit je einem einzigen Parameter Z (in der Kernladung Ze) erklären zu können. Die Stabilität des Atoms verstand er als Folge des Wirkungsquantums h. Dann versuchte er sich mit Elektronenringen. Um 1920 wurde die Valenz der Elemente von mehreren Autoren mit den an einer abgeschlossenen „Schale" fehlenden oder sie überschießenden Elektronen verknüpft. In seiner großartigen Schau über das Periodensystem (1921) erklärte *Bohr* die spektroskopischen und chemischen Eigenschaften der Atome durch den Bau der Elektronenhüllen aus „Schalen", die durch die Quantenzahlen n und l gekennzeichnet und jeweils bei einer bestimmten Anzahl von Elektronen abgeschlossen waren. Die Periodenlängen 2, 8, 18, 32 ergaben sich aus den zu $n = 1, 2, 3, 4$ gehörigen Abschlußzahlen $2n^2$:

$$2 \qquad 4+4 \qquad 6+6+6 \qquad 8+8+8+8.$$

Beim Übergang vom Atom der Nummer Z zu dem der Nummer $Z + 1$ mußte ein neues Elektron im Atom gebunden werden. Wenn bei Z eine hohe Symmetrie einer Elektronenschale erreicht war, wäre die Bindung eines weiteren Elektrons in der gleichen

Schale dem entsprechenden klassischen Vorgang so unähnlich gewesen, daß das Korrespondenzprinzip die Bindung nicht erlaubte. Das Abschlußprinzip beruhte also bei *Bohr* auf einer besonderen Stabilität bei hoher Symmetrie und war eine etwas poetische Anwendung des Korrespondenzprinzips. In Wirklichkeit war $2n^2$ als $2 \sum_{1}^{n} (2\nu - 1)$ zu lesen und mit den Besetzungszahlen von *E. C. Stoner*, dem Abschlußprinzip von *W. Pauli* und dem Spin des Elektrons (1925) zu verstehen. Der überaus fruchtbare Inhalt von *Bohrs* Überlegungen, die auf plausibelen Abschätzungen fußend das Wesentliche am Periodensystem erklärten und zur Entdeckung des Elementes Hafnium führten, wird natürlich durch den genannten einen Nebengesichtspunkt nicht beeinträchtigt.

Verwirrung

Um 1922 sprach man von einer Krise der Quantentheorie; die Anwendung der Regeln

$$\oint p_k \, \mathrm{d}q_k = h n_k$$

reichte nicht aus. Richtig wäre eine Verschärfung des Korrespondenzprinzips oder eine Ausdehnung der Dualität Welle-Korpuskel vom Licht auf die Materie gewesen, was ja beides dann auch kam. Die innere Unstimmigkeit einer Setzung

$$\oint p \, \mathrm{d}x = hn \tag{9}$$

hätte man damals schon daran sehen können, daß man z.B. beim anharmonischen Oszillator bei der Berechnung der Energiestufen $E(n)$ nach (9) nur jeweils den Potentialverlauf für $V(x) \leqslant E$ benutzte, während zu den Eigenschaften des Zustandes $E(n)$ ja auch die Absorptionsfrequenzen $\nu(n + \tau, n)$ gehörten, die mit $V(x) > E$ zusammenhängen. Bei einem Potentialverlauf $V(x)$ mit zwei Mulden wäre der Grund des Versagens von (9) besonders deutlich geworden; man hätte dabei die Grundzüge für eine Theorie der Molekeln und der chemischen Bindung schon damals finden können.

Nun wurden damals die Atomphysiker von den einfachen Systemen durch eine verwirrende Vielfalt komplizierter Erscheinungen abgelenkt, Multipletts, anormale *Zeeman*-Effekte, die zum Teil mit dem Elektronenspin, z.T. mit den Abänderungen der Mechanik zusammenhängen. Es wurde von Verzweigungssätzen, eigenartigen Verdopplungen, von „Zweideutigkeit“ und „unmechanischem Zwang“ gesprochen. Darüber ist mehrfach geschrieben worden. So mag nur ein kleiner Abweg berichtet sein, den *W. Heisenberg*, dessen Geburtstag diese Zeilen gelten, damals ging: In empirischen Formeln stand häufig $J(J + 1)$, wo man J^2 erwartete. So wie man die klassische Beziehung

$$\nu = \frac{\mathrm{d}E}{\mathrm{d}J}$$

durch die quantentheoretische

$$\nu = \frac{E(J+1) - E(J)}{h}$$

ersetzt hatte, so sollte man auch die Energie als

$$E = \frac{\mathrm{d}F}{\mathrm{d}J}$$

schreiben und dies (empirisch aufgetretenen „Zweideutigkeiten" Rechnung tragend) durch

$$E = F(J+1) - F(J)$$

ersetzen, also in einer klassischen Energieformel etwa

$$\frac{1}{J^2} = -\frac{\mathrm{d}}{\mathrm{d}J}\left(\frac{1}{J}\right)$$

schreiben und in

$$\frac{1}{J} - \frac{1}{J+1} = \frac{1}{J(J+1)}$$

überführen. Nun, wir wissen, daß beim Drehimpuls der Ausdruck $J(J+1)$ von der Quantenmechanik kommt, andere „Verdopplungen" aber vom Spin.

Die „Krise der Quantentheorie" wurde 1925 überwunden, indem *Heisenberg*, ohne sich jetzt um die komplizierten Züge der Spektren zu kümmern, beim einfachsten Mechanismus, dem periodischen System mit einem Freiheitsgrad, das Korrespondenzprinzip konsequenter erfüllte, als es vorher geschehen war.

Verspätung der Materiewelle

Eine experimentelle Entdeckung der Materieinterferenzen wäre vor 1923 möglich gewesen. Nach 1930 sind in Physikvorlesungen gelegentlich Interferenzen an dünnen Glimmerblättchen mit einem Kathodenstrahl gezeigt worden. Wenn etwa *P. Lenard* diesen ziemlich einfachen Versuch um 1900 gemacht hätte, wären die Kathodenstrahlen als Wellenvorgang angesehen worden. Trotzdem wäre der 1897 erkannte Zusammenhang mit den Elektronen im Atom (gleiches e/m) nicht vergessen worden.

In Wirklichkeit kam die Einsicht in den Dualismus Welle-Teilchen von der Theorie. *Einstein* hat 1909 aus der Planckschen Strahlungsformel die Energieschwankungen im Strahlungsfelde abgeleitet. Da diese Schwankungen umso kleiner sind, je schärfer das Entropiemaximum ist, war die Reziproke von $\mathrm{d}^2S/\mathrm{d}E^2$ für sie charakteristisch. *Einstein* erhielt

$$-\frac{1}{\frac{\mathrm{d}^2S}{\mathrm{d}E^2}} = aE^2 + bE$$

(*Plancks* Interpolation) und erkannte im ersten Glied die von den Wellen herrührenden, im zweiten Glied die von den Lichtteilchen herrührenden Schwankungen. Aber *Einsteins* Lichtquanten wurden nicht ernstgenommen. *J. Stark,* der sie ernstnahm, machte verworrene Anwendungen. Erst nach Entdeckung des *Compton*-Effektes 1923, der mit den Stoßgesetzen für Elektronen und Lichtteilchen leicht zu verstehen war, sah man die letzteren als etwas Reales an. Dann kam ja auch bald *L. de Broglie* mit seiner Idee der Materiewelle und wenige Jahre später *E. Schrödingers* Gleichung.

Einstein selbst hätte den Dualismus auf die Materie ausdehnen und seine eigene Beziehung

$$(E, \mathbf{p}) = \hbar(\omega, \mathbf{k})$$

verallgemeinern können, aus

$$\frac{E^2}{c^2} - p^2 = m^2 c^2$$

also

$$\frac{\omega^2}{c^2} - k^2 = \kappa^2$$

für eine Materiewelle schließen können. Aber *Einstein* war mit der Gravitationstheorie genügend beschäftigt.

Wir haben Irrwege verschiedener Art kennen gelernt: das Nichtbeachten allgemeiner experimenteller Fakten, wie des Kombinationsprinzips durch *Hasenöhrl,* das Haften an einem vorläufigen Schema, an *Plancks* Formel oder am Phasenintegral, das Irren im Gestrüpp komplizierter Erscheinungen bei Multiplettstruktur und anormalem *Zeeman*-Effekt oder einfach mangelnde Kühnheit. Ein Trost bleibt: mehr als um einige Jahre ist die Entwicklung darum nicht verzögert worden. Es gibt Schlimmeres in der Geschichte der Physik, wie etwa die Anwendung der Descarteschen Fassung des Brechungsgesetzes durch *Newton,* die ihm die Deutung der Interferenzstreifen durch Lichtwellen verbaut hat.

Notizen über die philosophische Bedeutung der Heisenbergschen Physik

C. F. v. Weizsäcker

1. Der Sinn einer Partiensammlung

Werner Heisenberg hat mich in den letzten zwei Jahrzehnten mehrfach gefragt, ob ich nicht Lust hätte, mit ihm ein Buch zu schreiben, dem er den Arbeitstitel „Schachmeisterpartien" gab. Er wollte darin die philosophische Relevanz der modernen Physik – die in ihr sich andeutende radikale Änderung unseres Denkens – in einer Anzahl von „Schachpartien" gegen Anhänger der verschiedenen traditionellen Denksysteme durchdiskutieren; also z. B. gegen einen Materialisten, einen Thomisten, einen Positivisten, einen Kantianer, einen Hegelianer, einen Platoniker. Ich habe ihn enttäuscht durch ein konstantes „Noch nicht". Mir wäre in einer Reihe der Partien ja wohl die Führung der gegnerischen Steine zugefallen, in der unbequemen Rolle dessen, der etwas präzise vertreten soll, was er selbst nicht glaubt. Dies leisten zu können, hätte mich brennend interessiert, aber ich bin trotz einigen Fleißes im Studium der klassischen Positionen nicht schnell genug vorgerückt. Ihm ist schließlich die Geduld gerissen, und er hat etwas geschrieben, wozu nur er allein fähig war, eine Art Lebenserinnerungen in der Form platonischer Dialoge, unter dem Titel „Der Teil und das Ganze".

Als Sammlung von „Meisterpartien" betrachtet, formuliert dieses Buch diejenigen Positionen, die ihm selbst im Leben nahe entgegengetreten sind. Wie in den Dialogen Platons sind es nicht fertige Theorien, sondern Menschen, die wirklich gelebt haben, mit ihrer Wahrheitssuche, die hier miteinander reden. Wie bei Platon spricht hier die Umwelt mit; den Platanen des Ilissus und der Begegnung nach dem Fest auf den Straßen des Piräus entspricht das Buchengrün am Starnberger See und der nächtliche Spaziergang der Physiker auf der Langen Linie im Kopenhagener Hafen. Die Stilisierung ist um einen Grad geringer als bei Platon. Wenn die philosophische Erörterung nicht die Härte der zweiten Hälften Platonischer Dialoge erreicht, so hat der humane Leser dafür die Genugtuung, daß der Verfasser in den Dialogen selbst unbefangen als Lernender auftritt, und daß weder er noch sein Sokrates, Niels Bohr, stets recht behält. Hier erfährt man, wie die Schöpfer der Atomtheorie unseres Jahrhunderts wirklich gedacht haben, von der wissenschaftlichen Motivation in ihrer einfachen Menschlichkeit bis hin zur unausweichlichen politischen Verstrickung.

Die in einer Sammlung von Partien anvisierte Aufgabe ist damit aber erst halb gelöst. Der Schritt der Philosophie ist, aus guten Gründen, um eine bis zwei Zehnerpotenzen langsamer als der Schritt der Physik. Heisenberg hat eine philosophische Haltung dargestellt, deren Kern in Fragen und in einem Glauben besteht. Das Durchargumentieren der Fragen steht noch bevor. Um ins Schach-Gleichnis zurückzukehren: Morphy hat sich vorgestellt, aber er muß seine Turniere noch gewinnen. Heutige Wissenschaftstheoretiker werden die Partien des Buches allenfalls als Hängepartien gelten lassen. Die hier vorgelegten Notizen geben einen lockeren Beitrag zu ihrer Analyse und zum Weiterspiel.

Dabei sei hervorgehoben, daß der Begriff des Gesprächs natürlich weiterträgt als der spielerische Vergleich mit der Schachpartie. Der philosophische Dialog hat zwar, wenn er fair geführt wird, Regeln, aber anders als das Schachspiel gestattet er die kritische Rückfrage nach den eigenen Regeln; ja streckenweise besteht er in dieser Rückfrage. Einer der wissenschaftstheoretisch relevantesten Sätze des Heisenbergschen Buches steht im Vorwort: An den Gesprächen dieses Buchs „soll deutlich gemacht werden, daß Wissenschaft im Gespräch entsteht". (S. 9)

2. Strategie

Die Strategie der Partieführung läßt sich im wesentlichen aus dem ersten Kapitel von „Der Teil und das Ganze" entnehmen. Werner Heisenbergs beide Gesprächspartner in diesem Kapitel repräsentieren die beiden Denkweisen, die zusammen das Schicksal seiner Arbeit bestimmen: Kurt das pragmatisch-empirische Vorgehen der Wissenschaft, Robert die Philosophie platonischer Tradition. In seiner eigenen Arbeit verbinden sich beide später so, daß die eine ohne die andere nicht zu verstehen ist. Der dritte Partner fehlt in diesem Kapitel noch, wohl nicht nur weil er biographisch später aufgetreten ist. Er ist der eigentlich Gegner, der dieselbe Aufgabe grundsätzlich anders lösen will, der Positivismus, der das Verfahren der Wissenschaft selbst zur Philosophie zu machen sucht. Die Grundhaltung, mit denen wir den Problemen unseres Lebens begegnen werden, sind oft schon im Alter von 18 Jahren klar sichtbar. So zeigt dieses Kapitel die Reaktionen des jungen Heisenberg auf die Begegnung mit den Wirklichkeiten, um die es des weiteren gehen wird.

Werner Heisenberg hat im Chemielehrbuch ein Bild von Atomen gesehen, die mit Haken und Ösen zu Molekülen zusammengehängt waren. „Dies kam mir ganz unsinnig vor. Denn Haken und Ösen sind, wie mir schien, recht willkürliche Gebilde, denen man je nach der technischen Zweckmäßigkeit die verschiedensten Formen geben kann. Die Atome aber sollten doch eine Folge der Naturgesetze sein und durch die Naturgesetze veranlaßt werden, sich zu Molekülen zusammenzuschließen. Dabei kann es, so glaube ich, keine Willkür, also keine so willkürlichen Formen wie Haken und Ösen geben." (S. 13) In diesen schlicht anmutenden Sätzen ist die ganze Denkweise der großen Naturwissenschaft enthalten. Ihr erstes Argument ist ein Argument a priori. Die Naturgesetze lassen keine Willkür zu. Was man sich ebenso gut in beliebigen anderen Formen denken kann, ist in diesem Sinne willkürlich, kann also nicht aus den Naturgesetzen folgen. „Die Atome aber sollten *doch* eine *Folge* der Naturgesetze sein." Die zwei fast absichtslos einfließenden, jetzt von mir hervorgehobenen Worte, verraten die Grundhaltung. Die Atome sind nicht einfach da und genügen außerdem irgendwelchen ihnen nun einmal auferlegten Gesetzen; im Gegenteil, sie sind eine *Folge* der willkürfreien Naturgesetze. Und sie sind das „doch", d. h. dies ist das Selbstverständliche, was gegen die Haken und Ösen als zwingendes Argument eingeführt wird. Die Haken und Ösen stammen aus einer völlig anderen Denkwelt, in der es legitimerweise Willkür gibt, nämlich der Welt technischer Zweckmäßigkeit. So weist das elementare Empfinden des prädestinierten theoretischen Physikers von vorneherein die bei pragmatischen Anhängern und geistes- und sozialwissenschaftlichen Kritikern der Naturwissenschaft gleicherweise verbreitete Mißdeutung seiner Wissenschaft von sich, als stammten ihre letzten Motive aus technischer Zweckrationalität.

Gewiß hat auch der junge Heisenberg gebastelt. „Ich . . . berichtete, daß ich als Schuljunge gerne kleine Apparate, Motoren und Funkeninduktoren gebaut hätte. Aber im ganzen sei mir die Welt der Apparate doch eher fremd, . . .". (S. 31) Er anerkennt dankbar die handwerkliche Belehrung durch Sommerfeld : „Wenn die Könige bauen, haben die Kärrner zu tun. Zunächst sind wir alle Kärrner!" (S.32) „Vielleicht beruht der Glanz der Könige im Grunde auf der Arbeit der Kärrner." (S.39) Aber was ist dieser Glanz? Das Beispiel wird charakteristischerweise aus der Musik genommen : „. . . er besteht überhaupt nur darin, daß die Kärrner für viele Jahre mühevolle Arbeit, aber damit auch die Freude und den Erfolg mühevoller Arbeit gewinnen können. Vielleicht erscheinen uns Gestalten wie Bach oder Mozart nur deshalb als Könige der Musik, weil sie für zwei Jahrhunderte so vielen kleineren Musikern die Möglichkeit gegeben haben, in größter Sorgfalt und Gewissenhaftigkeit ihre Gedanken nachzuvollziehen. . . . Aber dann bringt dieser langsame Prozeß, in dem sich mit dem Wandel der Zeiten auch der Inhalt der betreffenden Darstellung verändert, plötzlich und manchmal ganz unerwartet neue Möglichkeiten, neue Inhalte hervor. Große Begabungen werden von diesem Vorgang, von den Wachstumskräften, die hier spürbar werden, gewissermaßen magisch angezogen, und so kommt es, daß innerhalb weniger Jahrzehnte auf einem engen Raum die bedeutendsten Kunstwerke geschaffen oder wissenschaftliche Entdeckungen größter Wichtigkeit gemacht werden." (S. 39 - 40) Der Glanz der Könige ist der durch einfache, willkürfreie Entdeckungen erschlossene Reichtum für viele.

Dies war ein interpretierender Vorgriff. Kurt bringt die Korrektur des Apriorismus durch die Erfahrung: „Wenn du die Haken und Ösen nicht glauben willst – und mir kommen sie ja auch recht verdächtig vor – so mußt du wohl vor allem wissen, welche Erfahrungen den Zeichner veranlaßt haben, sie im Bild anzubringen." (S. 13) Diese Erfahrungen sind in den empirischen Gesetzen der konstanten und multiplen Proportionen zusammengefaßt und im Valenzbegriff berücksichtigt. Die Erfahrung bleibt immer grundlegend. Sie macht den Reichtum der handwerklichen Arbeit aus, in ihr manifestiert sich der soeben zitierte Wandel der Zeiten. Aber sie begründet den Glauben an die willkürfreien Naturgesetze nicht, sondern erfüllt ihn. Diese Erfüllung zu suchen, ist Naturwissenschaft. „Schön, also die Haken und Ösen sind Unsinn. Aber du sagst, die Atome werden auf Grund der Naturgesetze, die für ihre Existenz verantwortlich sind, auch eine Form haben, die für die richtige[1]) Bindung sorgt. Nur wissen wir beide die Form einstweilen nicht. . .". (S. 14) Das Schlüsselwort „Form" ist aufgetaucht. Wie kann sich aber dieser Glaube an eine quasi prästabilierte Harmonie von Erfahrung und willkürfreien Naturgesetzen begründen? Offenbar zieht doch Heisenberg gar nicht ernstlich in Betracht, daß zwischen gut begründeten Erfahrungen und willkürfreien Naturgesetzen ein Konflikt auftreten könnte ; wenn die Erfahrung, wie z. B. gerade in der Zeit unmittelbar

[1]) „Richtig" heißt hier, wie der Kontext zeigt, „der Erfahrung entsprechend".

vor der Entstehung der Quantenmechanik, unsere theoretischen Ansätze in Schwierigkeiten bringt, so kann das für ihn nur heißen, daß wir die willkürfreien Gesetze hier noch nicht gefunden haben und folglich die Erfahrung noch gar nicht begrifflich sauber auszusprechen vermögen. Woher also diese prästabilierte Harmonie?

Hier mischt sich der Philosoph ins Gespräch. Robert verschärft das Problem durch die neuzeitlich-philosophische Wendung zur Frage nach dem Subjekt der Erkenntnis. „Daher müßte doch zuerst einmal geprüft werden, woher die Bilder für unsere Vorstellungen kommen. . . Denn die Vorstellungen sind doch offenbar vor der Erfahrung, sie sind die Voraussetzung für die Erfahrung." (S.16) Die Lösung aber, für die er sich alsbald unter Berufung auf Malebranche entscheidet, ist Platonismus: „Die menschliche Seele nimmt teil an der göttlichen Vernunft." (S. 16) Damit ist der ungeheure Bogen gespannt. Es gibt kein angemessenes Verständnis der Naturwissenschaft, das billiger wegkommt, als indem es diese Spannweite durchmißt. Fast alle gängigen Philosophien der Naturwissenschaft sind Versuche, dieser Spannung zu entgehen. Sollte die hier ausgesprochene Meinung aber richtig sein, so müßte sich das darin dokumentieren, daß sie bei redlicher Durchführung alle scheitern.

Kurt erhebt zunächst den üblichen Einwand, diese These mache es sich gerade leicht: „Und wenn es schwierig wird, laßt ihr den großen Unbekannten auftreten, der alle Schwierigkeiten sozusagen von selbst löst. . . . Wenn du nun einmal die Frage gestellt hast, so will ich wissen, wie die menschliche Seele zu ihren Vorstellungen kommt; und zwar in dieser Welt, nicht in einer jenseitigen. Denn die Seele und die Vorstellungen gibt es doch in dieser Welt." (S. 17) Mit der Naivität des Naturwissenschaftlers wird hier zugleich die dualistische Lösung der strengen Trennung von Subjekt und Objekt verworfen : wir selbst, mit unserem Bewußtsein sind Kinder der Natur, inmitten einer Welt, zu der wir als ihre Glieder gehören.

Robert tut rasch den Gedanken ab, unsere Vorstellungen entstammten den Erfahrungen früherer Generationen, der das Problem nur verschiebt, und antwortet mit einer philosophischen Hypothese: „Die gleichen ordnenden Tendenzen, die für die sichtbare Ordnung der Welt, für die Naturgesetze, die Entstehung der chemischen Elemente und ihre Eigenschaften, die Bildung der Kristalle, die Erzeugung des Lebens und alles andere verantwortlich sind, sie sind auch bei der Entstehung der menschlichen Seele und in dieser Seele wirksam. Sie lassen den Dingen die Vorstellungen entsprechen und bewirken die Möglichkeit begrifflicher Gliederung. Sie sind für jene wirklich existierenden Strukturen verantwortlich, die erst dann, wenn wir sie von unserem menschlichen Standpunkt aus betrachten, wenn sie in Gedanken fixiert werden, in ein Objektives – das Ding – und ein Subjektives – die Vorstellung – auseinanderzutreten scheinen." (S. 17)

Der junge Heisenberg fühlt die ungeheure Beweislast, die eine solche These auf sich nimmt. Er wird an seine Lektüre des platonischen Timaios erinnert (im Frühlicht auf dem Dach in einer Regenrinne hoch über der Ludwigstraße). Die unverständliche Zurückführung der vier Elemente auf Dreiecke und reguläre Körper enthielt doch die Faszination der mathematischen Formen. „Ein Verständnis des fast unentwirrbaren und unübersehbaren Gewebes der Naturerscheinungen war doch wohl nur möglich, wenn man mathematische Formen in ihm entdecken konnte. Aber mit welchem Recht Plato dabei gerade auf die regulären Körper der Stereometrie verfallen war, blieb mir völlig unverständlich." (S. 21) Beliebige mathematische Ansätze haben dieselbe Willkür wie beliebige technischen Lösungen; reguläre Körper scheinen prima vista kein besseres Atommodell als Haken und Ösen. Nun nach Roberts philosophischer Hypothese, „sah ich zum ersten Mal einen Weg vor mir, der wenigstens im Prinzip zu derartigen Konstruktionen führen konnte." (S. 19)

Aber was uns geschenkt werden muß, damit wir diesen Weg gehen können, ist – ich muß das Wort zum drittenmal gebrauchen – ungeheuer. Können wir Menschen von der Mitte dieser Ordnung, die die Entsprechung von Natur und Seele erst ermöglicht, so sprechen, daß dadurch wirkliche Ordnung – Wissenschaft, Kunst, Kultur, menschliches Zusammenleben – entstehen oder doch sich selbst aussagen kann? Heisenberg fragt hiernach im Augenblick des Zusammenbruchs aller bürgerlichen Werte. Die erste Antwort kommt in der Chaconne von Bach auf dem Treffen der Jugend in Schloß Prunn, also aus der Schaffung menschlicher Gemeinschaft durch reine Musik. „Man konnte also vom zentralen Bereich sprechen, das war zu allen Zeiten möglich gewesen, bei Plato und bei Bach, in der Sprache der Musik oder der Philosophie oder der Religion, also mußte es auch jetzt und in Zukunft möglich sein. Das war das Erlebnis." (S. 24)

Wie aber soll dies heute wirklich werden? Das Gespräch der Buben endet mit Kurts Sätzen: „Ich kann mir nicht vorstellen, daß die menschliche Phantasie ausreicht, um die Verhältnisse bei den kleinsten Teilen der Materie zu erraten, wenn man sich nicht vorher durch eingehende Experimente mit der Welt dieser kleinsten Teile vertraut gemacht hat. ... Ich hoffe also, daß sich in Zukunft zuerst die Naturwissenschaftler und dann erst die Philosophen mit den Atomen befassen." (S. 28) Dies ist Heisenbergs eigener Weg gewesen. Er begründet ihn nicht nur mit der Art seines angeborenen Talents, sondern auch mit einem geschichtlichen Kairos. Und, charakteristisch für ihn, ist die Alternative nicht die Philosophie, sondern die Musik. „Ich glaube also, daß man heute in der Atomphysik wichtigeren Zusammenhängen, wichtigeren Strukturen auf die Spur kommen kann als in der Musik. Aber ich gebe gern zu, daß es vor 150 Jahren gerade umgekehrt gewesen ist." (S. 38)

Diese Physik liegt heute vor, und die Schilderung, die Heisenberg uns im Alter von den gedanklichen Problemen seiner Jugend gegeben hat, kann nun wie ein Feldzugsplan zur philosophischen Deutung seiner Physik gelesen werden. Seine Physik hatte zwei leitende Themen, die Quantenmechanik und die einheitliche Feldtheorie. Die Quantenmechanik wirkt wie ein Siegeszug, die Feldtheorie wie ein zermürbender Stellungskrieg, ähnlich wie sich in Einsteins Leben die spezielle Relativitätstheorie und sein, durch die allgemeine Relativitätstheorie nur eingeleiteter Versuch einer einheitlichen Feldtheorie zueinander verhielten. Als wir Quantentheoretiker jung waren, waren wir ungerecht gegen Einstein und meinten, er habe sich mit der Feldtheorie verrannt. In Wirklichkeit verstanden wir sein Problem noch nicht. Mit einer Ansicht hatte er sich freilich verrannt, daß nämlich eine Feldtheorie fundamentaler sei als die Quantentheorie. Hinter diesem seinem „Objektivismus" verbirgt sich m. E. die unbewußte Vorentscheidung so vieler Physiker, daß der Raum der Zeit ontologisch vorangehe, d. h. daß die Zeit eine Art Raum, eine vierte Dimension sei. Umgekehrt enthält die Entscheidung für die Priorität der Quantentheorie eine wiederum unbewußte Vorentscheidung für die philosophische Priorität der Zeit, denn Wahrscheinlichkeit bedeutet den Zeitmodus der Zukünftigkeit. Die einheitliche Feldtheorie muß aber Quantentheorie und Relativitätstheorie versöhnen, also das Verhältnis von Zeit und Raum ausdrücklich denken; anders kann sie ihr philosophisches Problem, das Problem einer möglichen Einheit der Physik, nicht lösen. Dieses Problem aber ist ein Teilproblem des platonischen Problems des Einen. So ist sich Heisenberg auch seines Platonismus wohl erst in der jahrzehntelangen Bemühung um die Feldtheorie voll bewußt geworden.

Soviel zur Präsentation. Nun zu den Turnieren.

3. Eröffungsvarianten gegen Realisten, Pragmatiker und Positivisten

Eine Partie spielen kann man in dem logisch inkonklusiven Feld der Philosophie nicht gegen eine Doktrin, sondern nur gegen eine Person, die Zug mit Gegenzug, eine Frage mit dem Wagnis einer Antwort erwidern kann. Gegenüber Doktrinen gibt es nur eine Eröffnungstheorie mit Varianten. Eine solche muß notwendigerweise ein dickes Buch werden. Hier gebe ich keinen „Dufresne", sondern nur eine Art Einteilung in „offene" und „geschlossene Spiele" etc.

Das Gespräch am Starnberger See endet mit der Kritik am naiven Realismus der klassischen Naturwissenschaft, einer Kritik, die für die theoretischen Physiker unseres Jahrhunderts etwas wie die Erweckung zum philosophischen Denken bedeutet hat. Kurt hält die Atome für „genauso wirklich und real" wie etwa eine Katze. Robert zeigt, daß es sich primär gar nicht darum handeln kann, ob die hypothetischen Atome wirklich und real sind, sondern darum, ob wir wissen, was wir mit den Worten „wirklich" und „real" meinen. Er meint, die Atome seien vielleicht nicht re-al, d. h. keine res, keine Dinge, aber wirk-lich, nämlich wirkende Formen des Geschehens. Aber diese positive Hypothese ist schon eine platonisierende Variante des Weiterspiels.

Eine andere Variante, die hier beginnt, ist die sprachanalytische Philosophie. Diese selbst läßt sich pragmatisch oder formalistisch spielen. Andererseits sind die Varianten des Pragmatikertums und des logischen (oder formalen) Positivismus auch ohne Hervorhebung der Sprachanalyse möglich. Ich verfolge diese beiden Hauptvarianten je um wenige Züge.

Die pragmatische Denkweise (von der philosophischen Doktrin des Pragmatismus zu unterscheiden) findet in „Der Teil und das Ganze" ihren Sprecher in dem amerikanischen Physiker Barton (Kap. 8). Während der Verzicht der Quantenmechanik auf anschauliche Atommodelle die europäischen Experimentalphysiker und manche europäischen Philosophen und theoretischen Physiker älterer Generation zu scharfem Widerstand ausgerufen hatte, wundert sich Heisenberg über den mangelnden Widerstand bei amerikanischen Physikern. Barton erklärt diese pragmatische Akzeptation durch den Vergleich mit dem Ingenieur, der beim Brückenbau willig eine schlechter bewährte Formel durch eine bessere, vielleicht kompliziertere ersetzt.

Heisenbergs Antwort hierauf basiert auf seiner Überzeugung vom willkürfreien Charakter der Naturgesetze. Sein Gegenzug an dieser Stelle bringt aber ausdrücklich das erkenntnistheoretische Motiv der Theorieabhängigkeit der Begriffsbildung ins Spiel. „Es wäre völlig falsch, die grundsätzlichen Änderungen, die beim Übergang von der Newtonschen Mechanik zur relativistischen und zur Quantenmechanik auftreten, mit den Verbesserungen des Ingenieurs auf eine Stufe zu stellen. Denn der Ingenieur braucht ja, wenn er verbessert, an seinen Begriffen nichts zu ändern." (S. 136) Wirklich neue Theorien verlangen zugleich neue Begriffe. Deshalb geschieht der große Fortschritt der Wissenschaft diskontinuierlich, im Übergang zu jeweils neuen Begriffssystemen, neuen „abgeschlossenen Theorien". Heisenberg hat von Einstein 1925 im Gespräch gelernt: „Erst die Theorie entscheidet darüber, was man beobachten kann." (S. 92) Eine Theorie hat, wenn sie überhaupt eine gute Theorie ist, einen Anwendungsbereich und damit historisch eine Phase ruhiger Anwendung (vgl. oben den Passus über die Kärrner) ; der Übergang zur neuen Theorie, also neuen Begriffen mit neuer Axiomatik, welche die ältere als Grenzfall zu enthalten pflegt, geht historisch stets durch eine tiefe gedankliche Krise. „Deine Vorstellung vom kontinuierlichen Fortschritt im Sinne des Ingenieurs würde unserer Wissenschaft jede Kraft, oder sagen wir, jede Härte nehmen, und ich wüßte nicht, in welchem Sinne man dann noch von einer exakten Wissenschaft sprechen könnte." (S. 138) Dasselbe Empfinden äußert sich in Bohrs Verzweiflung über die widerspruchslose Annahme der Quantentheorie durch einen Kongreß positivistischer Philosophen: „Denn, wenn man nicht zunächst über die Quantentheorie entsetzt ist, kann man sie doch unmöglich verstanden haben." (S. 280) Thomas Kuhn hat diesen Hergang in seinem Buch „Die Struktur wissenschaftlicher Revolutionen" genau beschrieben.

Die einzige Möglichkeit, daß der Pragmatiker seine Partie verliert, besteht darin, daß er unbewußt die Grenze des ihm erschlossenen Bereichs überschreitet. Dies kann auf mehrfache Weise geschehen. Die Atombombe war das Alarmsignal für die Überschreitung der Grenze zur tödlichen Machtausübung. Die Kritik der heutigen Linken an der Technokratie ist eine radikalere Kritik an der gesellschaftlich blinden Selbstzufriedenheit der pragmatischen Denkweise. Hier ist gar keine theoretische Grenze erreicht, wohl aber eine ethische. In dieser Variante machen die ethischen Kritiker aber meistens den Fehler zu glauben, naturwissenschaftliche Theorie sei das, wofür sie die kontinuierliche pragmatische Fortschritt hält. Sie haben dann ein falsches Bild von der Naturwissenschaft, und ich fürchte, daß sie ihre Partie auf die lange Sicht verlieren oder aber unwissentlich unsere Zivilisation zerstören, wenn sie nicht begreifen, was naturwissenschaftliche Theorie wirklich ist.

Deshalb ist es wichtig, daß der Pragmatiker auch an Grenzen der theoretischen Tragweite seines Denkens stoßen kann. Auch dies kann auf zweierlei Weise geschehen. Er kann auf empirische Fakten stoßen, die mit der alten Theorie unvereinbar sind, wie es im Michelson-Effekt oder im lichtelektrischen Effekt geschah; solche Vorgänge näher zu analysieren, wird eine Hauptvariante des weiteren Spiels. Oder er kann auf der allmählich sich abflachenden Bahn des kontinuierlichen Fortschritts von einem Empfinden der Öde ergriffen werden, von einem dumpfen Gefühl, wenn Wissenschaft nichts anderes sei als dies, so sei sie den Einsatz einer Lebensarbeit nicht wert. Diese Reaktion habe ich in den letzten zehn Jahren an vielen jungen Physikern beobachtet. Oft verlieren sie die Freude am Spiel des pragmatischen Fortschritts ohne je die bessere, schwere Variante zu Gesicht bekommen zu haben. Hier liegt ein echtes Problem für die Wissenschaft als soziale Gruppe. Indem sie sich quantitativ stark vermehrt, schließt sie fast zwangsläufig die Mehrzahl ihrer Mitglieder von der engen Teilnahme an dem Erlebnis aus, um dessentwillen ursprünglich Wissenschaft getrieben wurde. Die Atomphysiker um Bohr waren eine Familie, die heutigen Physiker sind schon fast eine Klasse. Ich versage mir hier Spekulationen über die Zukunft des Begriffs des Fortschritts.

Die Hauptvariante also ist das Ernstnehmen des Arguments, daß die Physik in jeweils abgeschlossenen Theorien fortschreitet. Dieselbe Variante aber ergibt sich, wenn man von vorneherein die Auseinandersetzung mit dem klassischen Realismus nicht pragmatisch bagatellisiert, sondern theoretisch ernstnimmt. Ich setze also dort noch einmal ein.

Man kann den Realismus, wenn man die Kontroverse um ihn ernstnimmt, verteidigen oder aufgeben; festgehalten werden soll jetzt jedenfalls die Strenge des theoretischen Denkens, die man ja mit dem Wort „Ernstnehmen der Kontroverse" ins Spiel bringt.

Für den Realismus spricht, daß er eine scharfumrissene theoretische Basis zu liefern scheint. Es gibt gewisse Dinge in der Natur, deren Beschaffenheit ontologisch vorweg feststeht (z. B. Körper in Raum und Zeit), während ihre näheren Bestimmungen der fortschreitenden Erfahrung zu entnehmen sind. Nun hat die Quantenmechanik uns keine solchen Dinge kennengelehrt, sondern speist uns mit komplementären Bildern und ähnlich „undeutlichen" Begriffen ab. Die realistische Variante reagiert darauf mit der Ansicht, die Quantenmechanik sei noch nicht die endgültige Physik. So dachte Einstein.

Ich spiele von vorneherein nicht die Gegenvariante, die in dem Versuch besteht, die Unmöglichkeit dieser Hoffnung zu beweisen (z.B. im versuchten Beweis der Unmöglichkeit einer Theorie verborgener Parameter). Dieser Versuch ist jahrzehntelang durchanalysiert worden, ohne konklusiven Erfolg. Ich stelle ihm vielmehr die These gegenüber, daß logisch zwingende spezielle Unmöglichkeitsbeweise in einer empirischen Wissenschaft vermutlich überhaupt unmöglich sind. Aber auch diese These suche ich nicht zu beweisen. Ich schlage vielmehr vor, in solchen Fragen dem positiven Gedankenfortschritt zu vertrauen, d. h. diejenigen Argumente zu prüfen, die sich heute unserem Denken tatsächlich aufdrängen, und nicht abstrakt nach Sätzen über die Gesamtheit aller möglichen Argumente zu suchen. Freilich kann ich damit jemanden, dem sich eben diese Suche aufdrängt, nicht daran hindern, seine Variante zu spielen. Es gibt Stellen, an denen im geschichtlichen Fortschreiten des Denkens die Kommunikation verschiedener Fragerichtungen zeitenweise unvermeidlich abreißt. Dies kann geschehen, wenn keiner der Partner es zu einer nach der Meinung des Andern im Dialog prüfbaren Behauptung bringt. Im Schachspiel tritt an diese Stelle das äußere Mittel des Zugzwangs nach der Uhr. Das ist aber nur möglich, weil es im Schachspiel nicht um die Wahrheit, sondern um den Sieg geht.

In der heutigen Situation nun hat der Realismus die Schwäche, daß er keine positiven wissenschaftlich erfolgreichen Gegenvorschläge zur Quantentheorie vorgebracht hat. Ich verzichte daher hier vorläufig auf das Weiterspielen dieser Variante, das in einer philosophischen Kritik der Ontologie des Realismus bestehen müßte. Statt dessen prüfe ich zunächst eine Variante, die den Realismus aufgibt. Es gibt deren natürlich viele; ich wähle die in den letzten Jahrzehnten am weitesten verbreitete, den Positivismus.

Vom klassischen Realismus her führt der natürliche Weg zum Positivismus über den empirischen Ansatz. Dem Realismus der Naturforscher war seine eigene apriorische Komponente, die ontologische Bestimmtheit der „realen Dinge", meist gar nicht als besondere Annahme bewußt; im Licht des Nachdenkens lag vielmehr die empirische Bestimmbarkeit der Eigenschaften dieser Dinge im einzelnen. So ist es, wenn der Realismus unhaltbar zu werden scheint, für den Naturforscher gleichsam das geringste Opfer, sich zur Maxime zu bekennen, nichts dürfe in der Naturwissenschaft behauptet werden, was nicht durch Erfahrung ausgewiesen sei; ja, die Elimination der nichtempirischen Elemente des Realismus, die jetzt plötzlich als „Metaphysik" bezeichnet werden, erscheint dann als die eigentliche Konsequenz naturwissenschaftlichen Denkens. Einstein war in den Gedanken, die zur speziellen Relativitätstheorie führten, zweifellos von Mach beeinflußt, ebenso wie Heisenberg 1925 im Entwurf einer Mechanik, die nur „beobachtbare Größen" verknüpfen sollte. Heisenberg beruft sich im Gespräch mit Einstein darauf, dies gerade von ihm gelernt zu haben und ist verblüfft über die Antwort: „Vielleicht habe ich diese Art von Philosophie benützt, aber sie ist trotzdem Unsinn." Folgen wir diesem „Unsinn" ein Stück weit!

Wir spielen also die Variante: die Physik darf nur Aussagen enthalten, die sich direkt oder indirekt auf Beobachtungen stützen. Die erste Gegenfrage ist: welche Aussagen sind das?

Eine Spielart der Antwort ist der klassische Sensualismus, der fordert und für möglich hält, auf direkte Sinnendaten zurückzugehen. Mach hat daraus eine sehr geistreiche Theorie gemacht, in der es nur „Elemente" gibt, die auch „Empfindungen" genannt werden, während „Iche" und „Dinge" nur denkökonomische Zusammenfassungen von Empfindungen sind. Diese Theorie hat heute allen Anhang verloren, weil man inzwischen eingesehen hat, daß das „unmittelbar Gegebene", falls es so etwas überhaupt gibt, nicht aus Empfindungen, sondern dann schon eher aus prädikativen Wahrnehmungen besteht. Ich halte diese Kontroverse nicht für geklärt und bedaure, daß dabei Machs genial einfacher Ansatz eines Überspielens der Subjekt-Objekt-Trennung wegen der manifesten philosophischen Schwächen seiner Formulierungen in Vergessenheit gerät. Aber schon daß darüber, was denn sinnlich gegeben sei, Streit sein kann, zeigt, daß die Sinnesempfindungen nicht das unerschütterliche Fundament der Erfahrung sind, das der Positivist sucht.

Die zweite Spielart der Antwort ist linguistisch und mündet in die oben zitierte formalistische Variante der Sprachanalyse ein. Man lehrt: Sätze können nur durch Sätze begründet werden. Eine physikalische Theorie besteht aus Sätzen. Ihre empirische Begründung muß also in der Gestalt von Sätzen vorliegen, welche unmittelbar Erfahrungen aussprechen, sog. Protokollsätze. Dieser Ansatz hat nun in ein historisch noch unübersehbareres Gestrüpp geführt als der Versuch von Unmöglichkeitsbeweisen. Das Problem ist einerseits, wie man wissen kann, daß ein vorgeblicher Protokollsatz wirklich Erfahrung ausspricht, andererseits wie solche Einzelsätze die allgemeinen Sätze einer Theorie begründen können. Darüber im nächsten Kapitel mehr.

Einstein und ihm folgend Heisenberg schlagen nun eine Variante vor, die den gordischen Knoten durchhaut: Erst die Theorie entscheidet darüber, was man beobachten kann. In einer Hinsicht wird damit alles klar. Die Unbestimmheitsrelation ist gerade nicht das Festhalten der Meinung, die Theorie dürfe nur Größen verknüpfen, die schon vorher als beobachtbar bekannt waren, sondern sie ist die Widerlegung dieser Meinung. Sie zeigt, daß die in der Theorie formulierten Gesetze von selbst dafür sorgen, daß gemäß der Theorie höchstens solche Größen beobachtbar sind, die in der Theorie auch vorkommen.

Aber auf der anderen Seite bleibt damit etwas theoretisch unklar, wenn es auch damals in der Praxis kein Problem geboten haben mag, und eben hieran liegt den Empiristen: wie wird eigentlich eine solche Theorie empirisch bewiesen oder widerlegt? Der Formalismus allein definiert nicht, wie man die in ihm vorkommenden Größen mißt. Dazu muß man vielmehr vorweg schon wissen, was die in ihm vorkommenden mathematischen Größen empirisch bedeuten sollen; aber eben dieses Vorwegwissen wird ja gemäß Einstein und Heisenberg nachträglich durch die Theorie selbst zurechtgerückt. Ich spreche hier vom Problem der semantischen Konsistenz unserer Theorien. Ich wage die Behauptung, daß bisher weder die Positivisten noch die Physiker mit einer Ausnahme Licht in dieses Dunkel gebracht haben. Die Ausnahme ist Bohr mit seiner These, daß alle Messungen mit klassischen Begriffen beschrieben werden müssen. Aber das führt in den Fragenkreis der Kantschen Philosophie und damit in ein anderes Eröffnungssystem.

Meine kurze Variantenübersicht hätte ihren Zweck erfüllt, wenn sie dem Leser den Eindruck vermittelt hätte, daß Realisten, Pragmatiker und Positivisten, gerade dort, wo sie sauber und gewissenhaft gemäß ihren Prinzipien gearbeitet haben, bisher nicht mehr als ein Meinungschaos hervorgebracht haben. Die Naturwissenschaft geht unverrückt ihren Gang; aber wie das möglich ist, versteht man nach diesen Ansätzen umso weniger, je gründlicher man darüber nachdenkt. Der nächste Zug muß sein, einzusehen, daß das nicht anders sein kann, weil in allen diesen Ansätzen das fehlt, was eigentlich eine Theorie der empirischen Naturwissenschaft ausmacht. Was ist das? Hierzu gibt es nun manche weiteren Ansätze; mit einem von ihnen wollen wir in einen Dialog treten.

4. Partie mit Popper

Es ist eine Turnierpartie.[1]) Heisenberg führt die weißen Steine. In der Tat enthält Poppers klassischer Einsatz in die moderne Wissenschaftsphilosophie, seine 1934 erschienene „Logik der Forschung", neben der Auseinandersetzung mit dem Positivismus des Wiener Kreises eine Auseinandersetzung mit der Quantenmechanik. Ich zitiere nach der 3. deutschen Auflage von 1969.

Popper ist zunächst ein immanenter Kritiker des Positivismus. Er nimmt Humes Widerlegung des prinzipiellen Empirismus wieder auf. Unter „prinzipiellem Empirismus" sei hier die These verstanden, man könne Naturgesetze in logischer Strenge auf

[1]) In „Die Einheit der Natur", S. 123-124, bin ich Popper nicht gerecht geworden. Die jetzige Partie ist zugleich ein Versuch, das dort Beabsichtigte besser zu machen.

Erfahrung gründen. Humes Argument, auf diese These angewandt, würde lauten, daß Erfahrung in der Vergangenheit gefunden wurde, Naturgesetze aber auch für Zukünftiges gelten, während aus vergangenen Ereignissen nicht mit logischer Strenge auf Zukünftiges geschlossen werden kann. Popper wendet das Argument anders: Ein Naturgesetz hat die logische Form eines allgemeinen Satzes über eine unendliche Menge möglicher Fälle. Erfahrung umfaßt stets nur endlich viele Fälle und kann darum kein Naturgesetz durch Aufzählung begründen.

Beide Argumente sind schlagend. Die Humesche zeitliche Fassung scheint mir (dies eine Anmerkung zu dem Zug) den wahren Grund des Problems noch genauer zu bezeichnen als die Poppersche logische Fassung. Fragt man nämlich, warum wir denn an Naturgesetzen interessiert sind, die die Form logischer Allgemeinheit haben, so wird die Antwort lauten müssen: wegen ihrer prognostischen Verwendung. In einer operativen oder dialogischen Begründung der Logik wird dann in der Tat die Logik selbst durch Rekurs auf die zeitliche Struktur unseres Argumentierens begründet.

Die Antwort, man wolle ja die Naturgesetze nicht in logischer Strenge, sondern nur mit Wahrscheinlichkeit begründen, wird ebenfalls widerlegt, da die empirische Begründung der Wahrscheinlichkeit eines Naturgesetzes selbst nicht mit logischer Strenge möglich ist. Man würde auf einen unendlichen Regreß verwiesen. Nun glaube ich persönlich, daß dieser Regreß zum Wesen des Wahrscheinlichkeitsbegriffs gehört und legitim ist. Aber diese Theorie der Wahrscheinlichkeit ist selbst nicht als eine Variante des prinzipiellen Empirismus gemeint und beabsichtigt somit keinen Einwand gegen Poppers Widerlegung.

Was folgt aus der Widerlegung? Popper schwenkt weder zum Apriorismus noch zur Skepsis ab, hält vielmehr an der empirischen Prüfbarkeit unserer physikalischen Theorien fest. Aber diese besteht nicht in der Möglichkeit ihrer empirischen Verifikation, sondern ihrer empirischen Falsifikation. In der Tat kann ein Allsatz durch *ein* empirisches Gegenbeispiel logisch widerlegt werden.

Die Falsifizierbarkeit als Kriterium der Wissenschaft ist Poppers große Pointe. Was bedeutet sie? Er meint sie nicht als Sinnkriterium beliebiger Sätze, sondern als Abgrenzungskriterium zwischen Wissenschaft und „Metaphysik"; dies impliziert, daß er auch der Metaphysik einen Sinn zuschreibt. Falsifizierbarkeit ist kein Sinnkriterium, d. h. Popper sucht nicht den Rekurs auf subjektive Erfahrung als letzte Begründung des Sinns seiner Sätze.

In der Tat spielt er die Variante des Realismus, aber nun eines mit den Wassern positivistischer Kritik gewaschenen. So 1968 im Nachtrag zum V. Kapitel von „Logik der Forschung": „Das Kapitel stellt einen *robusten Realismus* auf und zeigt, daß dieser mit einem neuen, undogmatischen und nicht-subjektiven Empirismus vereinbar ist. Er richtet sich gegen jede Erkenntnislehre, die von unseren *subjektiven Erfahrungen oder Wahrnehmungen ausgeht*. ... Ich versuche, die klassische Idee der Erfahrung (Beobachtung) durch die der objektiven kritischen Prüfung zu ersetzen und die der *Erfahrbarkeit (Beobachtbarkeit)* durch die einer objektiven *Prüfbarkeit*." (S. 76; Hervorhebung von Popper). Und im Vorwort von 1959: „Ich glaube jedoch, daß es zumindest *ein* philosophisches Problem gibt, daß alle denkenden Menschen interessiert. Es ist das Problem der

Kosmologie: das Problem die Welt zu verstehen – auch uns selbst, die wir ja zu dieser Welt gehören, und unser Wissen. Alle Wissenschaft ist Kosmologie in diesem Sinn, glaube ich. . .". (S. XIV) Über die Welt darf man auch Meinungen haben, die nicht durch Erfahrung falsifizierbar sind, und solche Meinungen können sogar für die Forschung fruchtbar sein. Aber solche Meinungen sollte man dann nicht Wissenschaft, sondern Metaphysik nennen. Ein Satz ist wissenschaftlich, wenn man wenigstens einen möglichen empirischen Sachverhalt angeben kann, dessen Bestehen, wenn es gefunden würde, diesen Satz widerlegen würde ; wer in der Wissenschaft etwas behauptet, setzt sich der Möglichkeit der Widerlegung aus. In diesem Sinne ist Physik Wissenschaft, Psychoanalyse und Marxismus möglicherweise nicht.

Die Schwierigkeit und zugleich die Finesse der Popperschen These beruht darauf, daß in ihrem eigenen Sinne auch Einzelaussagen wie „hier steht ein Glas Wasser" (S. 61) empirisch nicht verifiziert werden können. Denn sie enthalten Allgemeinbegriffe („Dispositionswörter", S. 378) wie „Glas", „Wasser", „stehen", die selbst „nicht bestimmten Erlebnissen zugeordnet werden können". (S. 61) „Mit dem Wort ‚Glas' z. B. bezeichnen wir physikalische Körper von bestimmtem *gesetzmäßigen* Verhalten. . . Universalien sind nicht auf Klassen von Erlebnissen zurückführbar" (ebenda). Genau wie nach Einstein-Heisenberg gewinnen also Allgemeinbegriffe ihren genauen Sinn erst im Rahmen einer Theorie. Wir benutzen Begriffe und Sätze vorbehaltlich künftiger Falsifikation. „Jene Theorie ist bevorzugt, die sich im Wettbewerb, in der Auslese der Theorien am besten behauptet, die am strengsten überprüft werden kann und den bisherigen strengen Prüfungen auch standgehalten hat . . . Logisch betrachtet geht die Prüfung der Theorie auf Basissätze zurück, und diese werden durch Festsetzung anerkannt." (S. 73) Selbstverständlich aber kann jeder Basissatz später selbst revidiert werden. „Die Wissenschaft baut nicht auf Felsengrund." (S. 75)

Soweit ist dies eine Partie gegen den Positivismus, und zwar eine gut stehende. Inwiefern ist es eine Partie gegen Heisenberg? Popper hielt sie 1934 dafür und hält sie heute noch dafür. Die Kontroverse führt nach Ausräumung einiger Mißverständnisse zu einem zentralen Punkt.

In seinem Kapitel „Bemerkungen zur Quantenmechanik" (S.167), das ich als Ganzes für mißlungen halte, kritisiert Popper die Deutung der Unbestimmtheitsrelation als eines allgemeinen Satzes über die Unmöglichkeit der Messung eines gleichzeitigen Orts und Impulses desselben Teilchens. Eine solche Unmöglichkeitsbehauptung widerspricht seiner Auffassung von dem unbegrenzten Fortschritt der Theorien, die sich immer neuer Falsifizierung stellen. Hier liegt das zentrale Problem, auf das ich alsbald zurückkomme. Nun beginnt das Mißverständnis, zuerst nur im philosophischen Hintergrund, dann auch in der Physik.

Zuerst der philosophisch-methodische Teil: Popper versteht Heisenbergs Auffassung der Unbestimmtheitsrelation als den positivistisch motivierten Versuch, die Beschränkung der Theorie auf beobachtbare Größen zu verteidigen und gleichsam apologetisch nachzuweisen, daß die nicht in die Theorie eingehenden Größen auch nicht beobachtet werden können. An diesem Mißverständnis ist Heisenberg und die gesamte Selbstinterpretation der Quantentheoretiker nicht unschuldig. Man muß auf die Taten und nicht auf die Worte der Physiker achten. Wenn man sich durch die von Popper angeführten wörtlichen Zitate aus den Schriften der Physiker hindurcharbeitet, kann man an der Klarheit der Physik verzweifeln; nur die außerordentliche Schwierigkeit der Sachfrage entschuldigt dieses Formulierungschaos ein Stück weit. Aber der Sachverhalt wird klar durch den Satz, daß erst die Theorie bestimmt, was meßbar ist. Die Beschränkung der Theorie von 1925 auf meßbare Größen war de facto bloß von heuristischer Bedeutung; Heisenberg beschränkte sich damals auf Größen, an deren Meßbarkeit damals niemand zweifelte. In der Quantenmechanik aber gilt nichts anderes als beobachtbar als (günstigstenfalls, nämlich nach J. v. Neumann) jeder reine Fall, oder, was äquivalent ist, jeder Eigenwert eines linearen selbstadjungierten Operators (und dazu ihre statistischen Gemische). Nun gibt es im statistisch gedeuteten mathematischen Gerüst der Quantentheorie keinen reinen Fall (und natürlich erst recht kein Gemisch), dem die gleichzeitige Bestimmtheit von Ort und Impuls entspräche. Also wäre es eine Erweiterung der Quantenmechanik, die physikalisch Existenz solcher Zustände anzunehmen. Ob man diese Erweiterung für möglich und wünschbar hält, führt auf das vorher genannte Zentralproblem zurück. Jedenfalls muß es in der unerweiterten Quantenmechanik prinzipiell unmöglich sein, Ort und Impuls zugleich zu bestimmen. Gegen die Meinung, diese Messung sei doch aber, wenigstens in einem Gedankenexperiment, möglich, nennt dann die Unbestimmtheitsrelation den für den Konsistenznachweis der unerweiterten Quantentheorie nötigen Grund, warum jedes solche Experiment, wenn streng quantentheoretisch diskutiert, scheitern muß.

Hier beginnt die physikalische Meinungsdifferenz. Popper meint, auch die durch die Unbestimmtheitsrelation ausgeschlossenen Bahnen der Teilchen kämen in der statistisch gedeuteten Quantentheorie vor. Als Beispiel wählt er den zeitlichen Verlauf zwischen einer Ortsmessung und einer Impulsmessung am selben Teilchen. Benützt man den gemessenen Ortswert für die Zeit *nach* der Ortsmessung und den später gemessenen Impulswert für die Zeit *vor* der Impulsmessung, so kann man in der Tat eine „Bahn" für dieses Zeitintervall konstruieren. Aber diese Konstruktion ist in Poppers eigenem Sinne keine Wissenschaft, denn sie ist nicht empirisch falsifizierbar. Popper war 1934 völlig konsequent, indem er ein Gedankenexperiment zur Messung eines Punkts der von ihm konstruierten Bahn entwarf. Dieses Gedankenexperiment wurde aber sofort widerlegt. Formal ist eine Widerlegbarkeit nach den oben genannten Prämissen selbstverständlich, denn einem solchen Punkt entspricht keine im Neumannschen Sinne beobachtbare Größe. Inkonsequent finde ich, daß er nach dieser Widerlegung am wissenschaftlichen Sinn seiner Konstruktion festhält. Man darf wohl sagen, daß er hier der These, erst die Theorie definiere, was meßbar ist, nicht treu bleibt, und den Teilchenbegriff der klassischen Mechanik in der Quantenmechanik weiterbenützt.

Die Erweiterbarkeit der Quantenmechanik durch eine Theorie verborgener Parameter hingegen sieht zwar sehr unplausibel aus, wenn man die ästhetische Geschlossenheit der Quantentheorie ansieht, ist aber wohl nicht in Strenge widerlegbar (s. o. Kapitel 3). Dies führt uns auf die zentrale Frage zurück, warum wir bestimmten Theorien so großes Vertrauen schenken. Ich habe soeben ein ästhetisches Kriterium genannt und zitiere aus Heisenbergs Kritik des Pragmatismus, dort wo er die Härte der Wissenschaft verteidigt: „Also das wichtigste Wahrheitskriterium, die am Schlusse stets aufleuchtende Einfachheit der Naturgesetze, ginge verloren." (Der Teil und das Ganze, S.138)

Popper geht auch dem Einfachheitskriterium nach. Er entwickelt eine Theorie von Graden der Falsifizierbarkeit. Die am leichtesten falsifizierbaren Theorien, die sich gleichwohl lange halten, sind die „schönsten" und im Urteil der Wissenschaftler „einfachsten". Sie enthalten scharfe Behauptungen und damit – im modernen Sinne des Worts – viel Information. Ich finde all dies sehr erleuchtend, aber noch nicht ausreichend. Die Willkürlosigkeit der Naturgesetze im Sinne Heisenbergs ist damit noch nicht beschrieben. Versuchen wir, den Unterschied zu fassen.

Popper zitiert einmal (S. 199) die Überzeugung: „Die wissenschaftliche Methode setzt die Konstanz der Naturvorgänge voraus." Er führt fort: „Diese Argumentation hat einiges für sich; aber sie trifft uns nicht. Aus ihr spricht der metaphysische Glaube an das Bestehen von Gesetzmäßigkeiten in unserer Welt (den auch ich teile, und ohne den praktisches Handeln wohl undenkbar ist)." Er aber will „versuchen zu zeigen, daß die Nichtverifizierbarkeit der Theorien methodologisch von Bedeutung ist". Der Glaube an das Bestehen von Gesetzmäßigkeiten in unserer Welt erscheint bei Popper als unentbehrlich, aber „metaphysisch", und das ganze Gewicht des Interesses liegt auf der Methodologie empirischer Nachprüfungen. Das ist die Haltung des Methodologen, nicht des theoretischen Physikers. Heisenberg umgekehrt würde keineswegs leugnen, daß er seine Hypothesen der empirischen Falsifikation stellt, aber ihn interessiert nicht allzusehr, wie das nun im einzelnen zugeht; ihn interessieren die Gesetze selbst. Er fragt: wie können Naturgesetze denn vernüftigerweise aussehen, wenn sie willkürfrei sein sollen? Alle Einwände, die Heisenberg gegen den Pragmatiker erhebt, treffen auch Popper. Die Atome mit Haken und Ösen und der Fortschritt des Brückenbauingenieurs zu immer komplizierteren Formeln wären mit Poppers Methodologie genau so gut vereinbar wie das unglaubliche Wunder, daß der Fortschritt der Wissenschaft immer einmal wieder zu jenen einfachen Grundgesetzen führt, die mit einer einzigen Regel Milliarden von Einzelfällen richtig beschreiben, auch solche, an die bei der Aufstellung des Gesetzes niemand denken konnte. Wie die Natur beschaffen sein muß, damit dergleichen möglich ist, das ist Heisenbergs philosophische Frage.

Diese Frage fällt für Popper unter die allenfalls zu duldende „Metaphysik". Aber Poppers eigene Methodologie ist ja nicht „Wissenschaft" in seinem Sinne; wie sollte man sie empirisch falsifizieren? „Wir betrachten die methodologischen Regeln als Festsetzungen" (S. 25) „. . . Ihre Aufstellung ist durch eine Regel von höherem Typ geregelt." (S. 26) *Warum* solche Festsetzungen möglich und fruchtbar sind, danach fragt eine eigentliche Philosophie. Man kann ihr höchstens entgegnen, das werde sie nicht mehr herausbringen. D. h. sie muß sich, wie jedes geistige Unternehmen, durch den Erfolg bewähren.

Hier müßte nun eine andere, die eigentlich große Partie beginnen, die Partie mit Kant. Ihr fehlt nicht nur der Raum in dieser Festschrift; ich bin auch auf sie noch nicht genug vorbereitet.

5. Partie mit Platon. Ein Fragment

Es ist eine Freundschaftspartie. Platon zieht weiß. Auch in einer Freundschaftspartie geht es um Sieg oder Niederlage.

Wie die Partie mit Kant würde auch diese ein Buch füllen. Hier fehlen darf sie aber nicht, denn sonst bliebe der eigentliche philosophische Ort der Heisenbergschen Physik unbezeichnet. Ich beschränke mich auf die Begründung der theoretischen Physik in der platonischen Philosophie, die ich selbst nur aphoristisch kennzeichne. Für die Platon-Interpretation muß ich mich auf die zwei letzten Aufsätze meines Buchs „Die Einheit der Natur" berufen; über Physik spreche ich abgekürzt für Physiker.

Platon hat die Elemente auf reguläre Körper als ihre kleinsten Teile zurückgeführt. Heisenberg fand „diese Konstruktionen" als Schüler „zunächst ganz absurd". (S. 19). Malebranches Platonismus zeigte einen Weg zu ihrer Möglichkeit. Seine späte einheitliche Feldtheorie aber geht von Symmetriegruppen aus. „'Am Anfang war die Symmetrie', das ist sicher richtiger als die Demokritsche These 'Am Anfang war das Teilchen'. Die Elementarteilchen verkörpern die Symmetrien, sie sind ihre einfachsten Darstellungen, aber sie sind erst eine Folge der Symmetrien." (S. 324–325) „Wenn man so redet, steckt man natürlich schon mitten in der Platonischen Philosophie. Die Elementarteilchen können mit den regulären Körpern in Platos 'Timaios' verglichen werden. Sie sind die Urbilder, die Ideen der Materie. Die Nukleinsäure ist die Idee des Lebewesens. Diese Urbilder bestimmen das ganze weitere Geschehen. Sie sind die Repräsentanten der zentralen Ordnung." (S. 326)

Dem Kommentator sei hier ein subjektives Bekenntnis erlaubt. Kommt man aus den Quälereien der Methodologie an diesen Ort des Anschauens der Urbilder, so ist es wie wenn sich ein Krampf löst. Freilich, der Kampf mußte gefochten und das redliche Handwerk der Physik und der Philosophiegeschichte mußte jahrzehntelang ausgeübt werden. Das Anschauen ist kein Projekt, sondern ein Geschenk.

Ist nun aber die Physik der Symmetriegruppen ein legitimer Erbe der platonischen Gedanken? Im „Timaios" treten die Dreiecke und die aus ihnen gebauten Polyeder so unvermittelt auf wie die Symmetriegruppen bei den modernen Physikern. Anders als bei den modernen Physikern haben wir bei Platon Anlaß, eine nur teilweise niedergeschriebene umfassendere Lehre zu erschließen.

In der platonischen Philosophie gibt es eine Bewegung des Aufstiegs und Abstiegs, am Höhlengleichnis zu erläutern. In der Höhle sitzen die Menschen mit den Gesichtern zur Wand der Erscheinungen gewendet und geben denen Prämien, die empirisch die Abfolge der Schatten an der Wand am besten vorhersagen können. Eine Umwendung der ganzen Seele ist nötig, um den Blick auf den Ausgang zur Wirklichkeit zu richten. Zuerst sieht der Umgewandte die Gegenstände in der Höhle, deren Schatten er vorher studiert hatte – Physik, die die Ursachen der Erscheinungen aufsucht. Er steigt mühsam ins Offene und sieht die Schatten der Dinge selbst, die Lehrgegenstände der Mathematik, und die Dinge selbst, die Urgestalten. Diese sind sichtbar im Licht der Sonne, des Einen, Guten, von dem Sein und Erkenntnis ausstrahlt. Aber er soll in die Höhle zurück, um die Genossen zu belehren, auch wenn diese ihn auslachen und vielleicht umbringen werden. In der theoretischen Philosophie heißt der Abstieg Begreiflichmachen der Erscheinung von den Urbildern her. Als Philosophie des Abstiegs lese ich Platons Spätphilosophie, auch den Timaios. Von Ideen, Zahlen führt der Abstieg über Linien und Flächen zu den sinnlichen Körpern. Die Gleichheit der elementaren Linien führt zur Gleichheit der Dreiecke und damit zur Symmetrie und zur Gleichheit der aus ihnen gebauten Körper. So ist die Symmetrie selbst kein letztes Prinzip, sondern ein Ausdruck der höchsten Ideen wie denen der Gleichheit und Verschiedenheit. Unsere Seelen, die dies erkennen, sind Teile der Weltseele, die sich und alles andere bewegt; und insofern sie erkennen, sind sie eins mit dem Geist, in dem die Urbilder sind.

Wie weit kann der heutige Physiker dies nachvollziehen? Der Versuch, die Symmetriegruppen aus Uralternativen herzuleiten, entspricht Platons Herleitung der regulären Körper. Eines aber ist nicht nur im technischen Detail, sondern in der Sache anders: die Rolle der Zeit. Wir brauchen zur Herleitung die Quantenmechanik. Sie beruht auf dem Wahrscheinlichkeitsbegriff, und dieser auf der Zeitstruktur. Die Zeitstruktur aber umfaßt die unumkehrbare Geschichte. Die Herrlichkeit der Platonischen Welt ist, daß es in ihr nichts Neues gibt; als beste mögliche Welt kehrt sie in sich zurück. Wir schreiten fort, vielleicht sogar in der Erkenntnis, aber auch in der Gefahr.

Die Sprache der Physik

P. Mittelstaedt

Einleitung

Die Sprache der Physik ist eine präzisierte und vollständig interpretierte Sprache, die einem Begriffssystem entspricht. Sie ermöglicht die Formulierung der physikalischen Theorien und stellt über die Interpretation der Begriffe den Zusammenhang zwischen Theorie und Experiment her. Diese Sprache der Physik ist zu unterscheiden von der nicht präzisierten und nur unvollkommen gedeuteten Erläuterungssprache, in der üblicherweise die physikalischen Lehrbücher abgefaßt sind. Zwar sind die meisten Wörter aus der Umgangssprache oder einer daraus entwickelten Bildungssprache entnommen, ihre Bedeutung im Kontext der Physik ist aber durch terminologische Fortsetzungen bestimmt, die nur sehr wenig mit den Bedeutungen zu tun haben, die die betreffenden Wörter innerhalb der zahlreichen Verwendungsmöglichkeiten einer natürlichen Sprache besitzen. Dazu kommt, daß die Sprache der Physik, obwohl sie bisher nicht durchgehend formalisiert wurde, durch die umfangreiche Verwendung mathematischer Kalküle doch wesentliche Züge einer Formalsprache besitzt. Wir haben es daher mit einer teilweise formalisierten, im übrigen durch terminologische Festsetzungen präzisierten Wissenschaftssprache zu tun, die zur Formulierung physikalischer Gesetze und Theorien verwendet werden kann.

In einer Wissenschaft, deren Theorien in einer exakten und vollständig interpretierten Sprache formuliert werden können, ist eine Reflexion auf die sprachlichen Bedingungen der Möglichkeit wissenschaftlicher Erkenntnis von größter Bedeutung. Die Grenzen der Möglichkeit sprachlicher Formulierungen bestimmen hier wesentlich die Grenzen der wissenschaftlichen Erkenntnis selbst. Die beiden Grundlagenkrisen, die die Physik in diesem Jahrhundert bei der Entdeckung der Relativitätstheorie und der Quantentheorie erfahren hat, rührten eben daher, daß das Begriffssystem der klassisch-physikalischen Sprache nicht ausreichte, um die in diesen Theorien formulierten Phänomene sprachlich zu erfassen. Eine Analyse der sprachlichen Bedingungen physikalischer Erkenntnis muß daher die dem jeweiligen Begriffssystem zu Grunde liegenden Voraussetzungen bewußt machen und die durch diese Voraussetzungen implizierten Grenzen der Möglichkeit der begrifflichen Erfassung der Erfahrung explizit aufzeigen.

Der Zusammenhang zwischen einer in der wissenschaftlichen Sprache der Physik formulierten Theorie und den empirischen Tatsachen ist keineswegs einfach. Die durch Meßvorschriften operativ eingeführten Definitionen der Begriffe bestimmen in einer formalen Sprache deren syntaktische Eigenschaften, während die zugehörige Semantik durch den Bezug zum Experiment hergestellt wird. Da diese Verbindung ebenfalls durch Meßvorgänge hergestellt werden muß, lassen sich Syntax und Semantik einer physikalischen Theorie nicht isoliert behandeln. Sie sind vielmehr durch eine genaue Analyse des Meßvorganges auf das engste miteinander verbunden, der in physikalischen Theorien stets eine doppelte Funktion besitzt: Einerseits dient der Meßprozeß der operativen Definition derjenigen Begriffe, mit denen die wissenschaftliche Sprache aufgebaut ist, und gehört damit methodisch nicht zur Theorie; andererseits ist aber der Meßprozeß ein realer physikalischer Vorgang und als solcher selbst Gegenstand der vollständigen Theorie. Dadurch, daß ein und derselbe Vorgang sowohl Voraussetzung als auch Ergebnis einer Theorie ist, besitzt die Sprache der Physik eine in anderen Formalsprachen unbekannte zyklische Struktur, die als Selbstkonsistenz bezeichnet wird.

Aus dieser Eigenschaft ergeben sich einige weitere Besonderheiten der physikalischen Wissenschaftssprache. Da die Grundbegriffe der Sprache operativ durch Meßvorgänge definiert werden, so sind die Grenzen der Möglichkeit sprachlicher Formulierungen begründet in den möglicherweise nicht vollständig erkannten Eigenschaften eben dieser Meßvorgänge. Da diese Meßvorgänge andererseits aber als physikalische Prozesse betrachtet selbst Gegenstand der zu formulierenden Theorie sind, so besteht die Möglichkeit, aus den Erkenntnissen dieser Theorie heraus das Wissen über die Meßvorgänge zu revidieren und zu vervollständigen. Auf diese Weise wird die einer Theorie zu Grunde gelegte Sprache hintergehbar. Tatsächlich hat die Entwicklung der Physik in den letzten Jahrzehnten gezeigt, daß die durch die sprachlichen Möglichkeiten gegebenen Grenzen der wissenschaftlichen Erkenntnis nicht absolut sind, sondern daß die jeweilige Begriffssprache über eine Analyse der definierenden Meßvorgänge hintergehbar und revidierbar ist. Eine Erweiterung der physikalischen Erkenntnisse ist daher stets begleitet von einer solchen Erweiterung der sprachlichen Möglichkeiten, daß gerade diese Erkenntnisse formulierbar werden.

Die in einer Theorie formulierten wissenschaftlichen Erkenntnisse werden im allgemeinen von der Sprache, in der die betreffende Theorie formuliert ist, abhängig sein. Es ist Aufgabe einer sprachkritischen Analyse, diese Abhängigkeiten bewußt zu machen und dadurch die möglicherweise vorhandenen sprachunabhängigen Erkenntnisse von den abhängigen zu trennen. Durch die in physikalischen Theorien mögliche Rückkopplung der wissenschaftlichen Erkenntnisse mit der zugrunde liegenden Sprache kann ein Pluralismus verschiedener Wissenschaftssprachen weitgehend ausgeschlossen werden. Dieser auf der Selbstkonsistenz physikalischer Theorien basierende Beweis der Unizität der verwendeten Sprache sichert eine Theorie insofern sprachkritisch ab, als eine Abhängigkeit der Ergebnisse der Theorie von der selbstkonsistenten Sprache dann nicht mehr vorliegt. Die Objektivität physikalischer Erkenntnisse beruht wesentlich auf dieser Möglichkeit, die Sprache der Physik kritisch abzusichern.

I. Der Aufbau der Syntax

a) Begrifflich-operative Definition

Die Untersuchung der Struktur der wissenschaftlichen Sprache der Physik muß mit der Frage beginnen, wie die in dieser Sprache verwendeten Begriffe definiert werden können. Um den Exaktheitsanspruch der Physik zu genügen, müssen die Grundbegriffe so scharf definiert sein, daß aus diesen Definitionen und zusätzlichen, aus der Erfahrung stammenden Prämissen die Sätze der jeweiligen Theorie in Strenge hergeleitet werden können. Darüber hinaus müssen die Begriffe quantitativ faßbar sein, um eine mathematische Physik, die sich zur Herleitung ihrer Resultate mathematischer Kalküle bedient, zu ermöglichen. Schließlich müssen die zu definierenden Begriffe, da sie zur Formulierung empirischer Sachverhalte Verwendung finden sollen, von vornherein in geeigneter Weise auf die Erfahrung bezogen sein.

Die genannten drei Forderungen der Exaktheit, der Mathematisierbarkeit und der empirischen Relevanz lassen sich erfüllen, wenn die Definition der Grundbegriffe der Physik operativ durch Vorgänge erfolgt, die man auch als Meßvorgänge für die zu definierenden Begriffe bezeichnet. Die Exaktheit solcher operativer Definitionen kann durch eine hinreichend genaue Abgrenzung des betreffenden Meßvorganges gegenüber anderen Vorgängen erfolgen. Da die verwendeten Meßvorgänge weiterhin quantitativ angelegt sind, sind die so definierten Begriffe auch quantitativ faßbar, woraus sich die Möglichkeit einer mathematischen Physik ergibt. Schließlich ist die Bezogenheit der operativ definierten Begriffe auf die Erfahrung von vornherein sichergestellt, da die operativen Definitionen mit realen, allerdings mehr oder weniger idealisierten Vorgängen erfolgen.

An dieser Stelle ist eine Differenzierung notwendig. Die Kennzeichnung von Meßverfahren, die zur operativen Definition von Grundbegriffen verwendet werden können, kann auf zwei verschiedene Weisen erfolgen. Man kann entweder den betreffenden Vorgang durch eine Anzahl von Forderungen, denen er zu gehorchen hat, charakterisieren, oder man kann einen bestimmten, exemplarisch gegebenen Vorgang auswählen und zur Definition eines Begriffes verwenden. Im ersten Fall, in dem der Meßvorgang durch bestimmte Forderungen gekennzeichnet ist, wollen wir von einer *begrifflich-operativen* Definition sprechen, im zweiten Fall, in dem der Vorgang durch exemplarischen Aufweis gegeben ist, von einer *empirisch-operativen* Definition. Während die Realisierung der durch exemplarischen Aufweis gegebenen Vorgänge kein Problem darstellt, enthalten die für begrifflich-operative Definitionen erforderlichen Meßvorgänge möglicherweise Idealisierungen, deren Berechtigung noch genauer geprüft werden muß. Wir befassen uns daher zunächst mit den begrifflich-operativen Definitionen.

Die durch bestimmte Postulate festgelegten Meßverfahren für begrifflich-operative Definitionen müssen empirisch realisierbar sein. Da bei der Konstituierung der Grundbegriffe noch keine wissenschaftliche Sprache existiert, in der man die empirische Möglichkeit oder Unmöglichkeit eines Vorganges ausdrücken könnte, muß sich die Feststellung der empirischen Realisierbarkeit eines Meßvorganges auf eine qualitative Kenntnis der vorwissenschaftlichen Erfahrung beziehen. Diese Kenntnisse sind dabei in einer terminologisch noch nicht präzisierten Umgangssprache formuliert und sind daher weder exakt noch quantitativ faßbar. Die in dieser Umgangssprache formulierten Erfahrungen mit den Vorgängen und Gegenständen der unmittelbaren menschlichen Umwelt wollen wir als *vorwissenschaftliche Erfahrung* bezeichnen. Damit sind Feststellungen von der Art gemeint, daß es unterscheidbare und diskrete Dinge gibt, daß diese Dinge Veränderungen unterliegen können, daß es Bewegungen gibt, usw. Dazu gehören auch die Erfahrungen, daß es nahezu unveränderliche „starre" Körper gibt, und daß gewisse Gegenstände feste, stets wiederkehrende Eigenschaften besitzen. Der Gültigkeitsbereich dieser Erfahrungen ist auf die unmittelbare menschliche Umwelt beschränkt, da nur sie durch die alltägliche Umgangssprache adäquat erfaßt werden kann.

Von einem Vorgang, der durch begrifflich festgelegte Eigenschaften definiert ist, und der für die begrifflich-operative Definition eines physikalischen Grundbegriffes verwendbar sein soll, muß also verlangt werden, daß er in Hinblick auf diese vorwissenschaftliche Erfahrung möglich ist. Damit ist gemeint, daß die allgemeinen, qualitativen Züge der vorwissenschaftlichen Erfahrung nicht notwendig den betreffenden Vorgang ausschließen. Es ist aber damit nicht gemeint, daß man den definierenden Vorgang real mit völliger Genauigkeit ausführen kann, sondern nur, daß man sich im Prinzip vorstellen kann, daß der untersuchte Vorgang mit beliebiger Genauigkeit hergestellt werden könnte. So wird man sicher niemals eine Bewegung herstellen können, bei der ein Körper sich exakt auf einer geraden Linie bewegt. Es existieren aber im Rahmen der vorwissenschaftlichen Erfahrung keine Gründe für die Annahme, daß die Geradlinigkeit der Bahn nicht mit beliebig großer Genauigkeit verwirklicht werden kann.

Durch die Postulate, die einen Vorgang, der für eine begrifflich-operative Definition brauchbar ist, kennzeichnen, wird der betreffende Begriff exakt und quantitativ faßbar definiert. Das Maß an Exaktheit einer solchen Definition orientiert sich an der Schärfe, mit der diese Postulate formuliert sind. Der entsprechende reale Vorgang wird dagegen nur umso genauer als Meßprozeß für den betrachteten Begriff angesehen werden können, je genauer die den Meßvorgang kennzeichnenden Postulate realisiert sind. Da auf Grund der soeben formulierten Voraussetzungen die Realisierung der Postulate mit beliebiger Genauigkeit möglich ist, so kann jedenfalls im Prinzip ein realer Vorgang gedacht werden, der als Meßvorgang für den exakten Begriff Verwendung finden kann.

b) Die Syntax der Primärsprache

Mit Hilfe der begrifflich-operativ definierten Grundbegriffe einer Theorie und den aus diesen durch explizite Definitionen gebildeten weiteren Begriffen läßt sich eine erste Sprache zur Erfassung der physikalischen Wirklichkeit aufbauen, die wir auch *Primärsprache* nennen wollen. Diese Primärsprache ist in dem oben erläuterten Sinne exakt und auf die Wirklichkeit bezogen. Die Meßvorgänge, die die Begriffe der Primärsprache zu definieren und zu messen erlauben, wollen wir als *primäre Meßvorgänge* bezeichnen. Primäre Meßvorgänge sind durch Forderungen gekennzeichnet, durch die andererseits einige Eigenschaften der zu definierenden Begriffe bereits von vornherein bestimmt sind. Sätze über Begriffe, die sich in dieser Weise aus den Vorschriften zur Herstellung der primären Meßvorgänge ergeben, bezeichnen wir als *a-priori* gültig. Durch diese Sätze ist die Verwendung der Begriffe in der Primärsprache festgelegt, so daß sich also eine a-priori gültige *Syntax* der Primärsprache angeben läßt.

Diese Syntax der Primärsprache, – die man häufig auch als *Protophysik* bezeichnet, – ist nicht in einem absoluten Sinne a-priori gültig, sondern die Sätze der Protophysik folgen aus den Postulaten, durch die die primären Meßvorgänge gekennzeichnet sind. Da aber diese Postulate nicht völlig willkürlich sein dürfen, sondern bezogen auf die vorwissenschaftliche Erfahrung möglich sein sollen, so sind es letztlich die für diese Möglichkeit verantwortlichen Eigenschaften der vorwissenschaftlichen Erfahrung, die die Sätze der Protophysik zur Folge haben. Wir können daher sagen, daß die Syntax der Primärsprache in dem Sinne a-priori gültig ist, daß sich ihre Sätze aus den vorwissenschaftlichen Bedingungen der Möglichkeit wissenschaftlichen Sprechens über die Erfahrung ergeben. Um einen vermeintlichen und nicht aufrecht zu erhaltenden Absolutheitsanspruch der Protophysik zu vermeiden, ist es daher zweckmäßig, die für die Syntax der Primärsprache verantwortlichen qualitativen Eigenschaften der vorwissenschaftlichen Erfahrung explizit zu reflektieren.

Die begrifflich-operative Definition der Grundbegriffe und die Formulierung der für diese Begriffe geltenden Syntax sind die ersten Schritte zum Aufbau einer physikalischen Theorie. Die Gesamtheit der a-priori gültigen syntaktischen Sätze bildet zunächst eine Rahmentheorie, die noch durch empirische Sätze ergänzt werden muß. Im Gegensatz zu den Sätzen der vorwissenschaftlichen Erfahrung, die mit Hilfe der Umgangssprache formuliert sind, sind die hier gemeinten empirischen Sätze in den Begriffen der Theorie formuliert. Wir bezeichnen diese in den Begriffen der Theorie formulierte Erfahrung als *wissenschaftliche Erfahrung*. Zusammen mit der a-priori gültigen Syntax erhält man aus den Sätzen der wissenschaftlichen Erfahrung die eigentliche physikalische Theorie. Aus dieser Theorie lassen sich dann exakte, quantitativ formulierte Sätze herleiten, die innerhalb des Anwendungsbereiches der Begriffe der Theorie sämtlich empirisch richtig sind. Der Begründungszusammenhang wird in den einzelnen Sätzen der Theorie allerdings verschieden sein. Im allgemeinen wird ein empirisch richtiger Satz sowohl empirische als auch apriorische Bestandteile enthalten.

In einigen Fällen wird der angedeutete Aufbau einer Theorie in etwas komplizierterer Form vor sich gehen. Verschiedene Begriffe – z.B. der Begriff der trägen Masse in der Mechanik – lassen sich erst dann operativ definieren, wenn über die definierenden Vorgänge auch Aussagen mit Hilfe der wissenschaftlichen Erfahrung gemacht werden können [1]. Man wird daher mit den zu Anfang definierten Grundbegriffen zunächst einige Erfahrungssätze formulieren, die es ermöglichen, mit Hilfe weiterer Meßverfahren weitere Begriffe zu definieren usw. Durch diesen stufenweisen Aufbau, der in der schematischen Darstellung (Bild 1) in einem Schritt angegeben ist, wird die ursprünglich rein apriorische Syntax schrittweise durch empirische Bestandteile angereichert und erweitert. Die scharfe Trennung zwischen einer apriorischen Protophysik und einer auch empirische Elemente enthaltenden vollständigen Theorie wird daher in vielen Fällen sehr kompliziert sein. Die klassische Mechanik ist ein besonders durchsichtiges Beispiel für eine solche komplexe Struktur.

Da jeder a-priori gültige Satz der Protophysik natürlich auch empirisch richtig ist, könnte es sein, daß einige Sätze einer Theorie, die zunächst für empirisch gehalten wurden, sich bei einer genaueren Analyse als a-priori gültig erweisen. Da eine Entscheidung darüber, ob ein bestimmter richtiger Satz apriorisch oder empirisch ist, in vielen Fällen sehr schwierig ist, und teilweise noch gar nicht gefällt werden konnte, ist die Frage von Bedeutung, wie weit eine apriorische Syntax mindestens entwickelt werden muß, um damit eine Theorie formulieren zu können, die einen vorgegebenen Bereich von Phänomenen vollständig erfaßt. Aus den Bemerkungen über den stufenweisen Aufbau einer Theorie

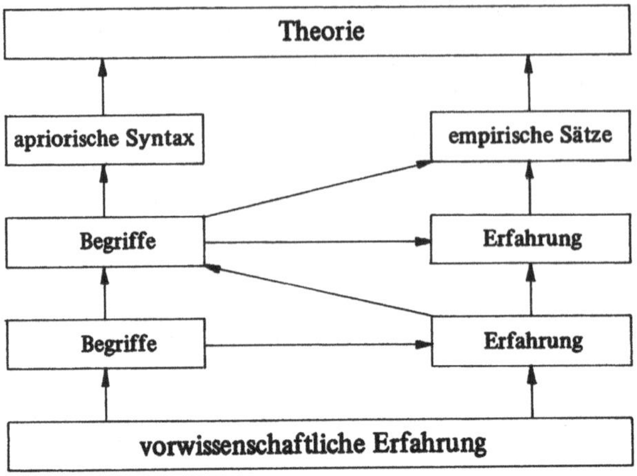

Bild 1

geht hervor, daß die Primärsprache jedenfalls so weit entwickelt sein muß, daß damit ein sinnvolles Sprechen über diejenigen einfachsten Erfahrungstatsachen möglich ist, mit deren Hilfe aus geeigneten Meßvorgängen die Eigenschaften weiterer und neuer Begriffe ermittelt werden können. Es muß also in jedem Fall möglich sein, die für die Weiterentwicklung der Theorie tatsächlich oder nur vermeintlich notwendigen Erfahrungstatsachen in den Begriffen der Theorie selbst zu formulieren. Ob ein bestimmter syntaktischer Satz, zu dessen Herleitung Sätze der wissenschaftlichen Erfahrung verwendet wurden, sich bei genauerem Hinsehen als apriorisch erweist, ist dagegen von geringerer Bedeutung und für Exaktheit und Richtigkeit der konstruierten Theorie nicht von Belang.

c) Empirisch-operative Definitionen

Neben der Möglichkeit, die Grundbegriffe einer physikalischen Theorie durch begrifflich-operative Definitionen zu kennzeichnen, besteht noch die andere Möglichkeit, empirisch-operative Definitionen zu verwenden. Die definierenden Meßvorgänge sind hier nicht durch bestimmte Forderungen bestimmt, deren empirische Realisierbarkeit noch in Hinblick auf die vorwissenschaftliche Erfahrung zu prüfen wäre, sondern sie sind durch exemplarischen Aufweis gegeben. Um Mißverständnisse zu vermeiden, sei betont, daß es sich bei einem exemplarischen Vorgang nicht um ein einmaliges individuelles Ereignis handelt, da für die praktische Handhabung die Wiederholbarkeit und Reproduzierbarkeit von entscheidender Bedeutung ist. Man wird als definierende Meßvorgänge einer empirisch-operativen Definition vielmehr mehrere, durch bestimmte Merkmale gekennzeichnete Vorgänge, die sich reproduzieren lassen, verwenden. So könnte man etwa, nachdem die Längenmessung definiert ist, die Zeitmessung durch die Ausbreitung von Lichtstrahlen festlegen. Damit ist nicht gemeint, daß ein individueller Lichtstrahl, den man über längere Zeiten gar nicht verfolgen könnte, als Uhr Verwendung finden soll, sondern daß beliebige Lichtstrahlen unter ähnlichen äußeren Bedingungen dazu bewegt werden können.

Das Verfahren der empirisch-operativen Definitionen ist schon deshalb nicht unproblematisch, weil zunächst keine Maßstäbe existieren, um zu überprüfen, ob ein bestimmter Vorgang tatsächlich die für einen primären Meßvorgang erforderlichen Merkmale in Strenge erfüllt. Ob solche Merkmale nahezu vorliegen, wird man im Rahmen des vorwissenschaftlichen Erfahrungswissens entscheiden können, die quantitative und exakte Überprüfung wird aber erst im Kontext der vollständigen Theorie möglich sein. Weiterhin ist offen, ob ein bestimmter Vorgang, der eine Anzahl von Merkmalen besitzt, auch tatsächlich immer der gleiche ist. So ist es, um im obigen Beispiel zu bleiben, für die Lichtausbreitung im Vakuum tatsächlich nur wesentlich, daß man jeweils Licht erzeugt, unabhängig davon, welche Frequenz, d.h. Farbe, es besitzt. Hätte man jedoch für die Zeitmessung statt Licht die Ausbreitung von Schallwellen verwendet, so wäre auch unter gleichen äußeren Bedingungen die Frequenz, d.h. die Tonhöhe von Bedeutung. Es hängt also bei empirisch-operativen Definitionen sehr viel vom Geschick und der Erfahrung des einzelnen Physikers ab, solche Meßprozesse auszuwählen, die durch wenige einfache Merkmale gekennzeichnet werden können, die sich dann auch im Kontext der vollständigen Theorie als ausreichend erweisen.

Unabhängig von der Schwierigkeit Meßverfahren zu finden, die durch vergleichsweise unempfindliche Kriterien charakterisiert werden können, tritt bei den empirisch-operativen Definitionen noch ein weiteres, für die Theorienbildung wesentliches Problem auf. Da die primären Meßvorgänge hier nicht durch Postulate gekennzeichnet sind, die sie jedenfalls approximativ erfüllen müssen, so ist über die Meßvorgänge und damit über die mit diesen Meßvorgängen erzielten Ergebnisse vor einer Messung noch nichts bekannt. Das hat insbesondere zur Folge, daß man die Eigenschaften der empirisch-operativ definierten Grundbegriffe nur empirisch ermitteln kann, weshalb es hier keine a-priori gültige Syntax der Primärsprache mehr gibt. Alle syntaktischen Zusammenhänge dieser Sprache sind bereits empirisch, weshalb in einer Theorie mit empirisch-operativ definierten Grundbegriffen eine Differenzierung in eine protophysikalische Rahmentheorie und eine eigentliche, auch empirische Elemente enthaltende Theorie, nicht mehr sinnvoll ist.

Im Gegensatz zu einer aus begrifflich-operativ definierten Begriffen aufgebauten Primärsprache treten bei Verwendung von empirisch-operativen Definitionen die Probleme der Vollständigkeit und der empirischen Realisierbarkeit der Sprache nicht auf. Die Vollständigkeit kann jederzeit durch Hinzunahme von neuen Vorgängen als definierende Meßvorgänge erreicht werden, falls die vorhandenen Begriffe zur Beschreibung eines bestimmten Phänomens nicht ausreichen. Die Realisierbarkeit ist deshalb kein Problem, weil die exemplarischen Vorgänge zunächst real gegeben sind und erst später zum Zwecke der Reproduzierbarkeit durch einige an diesen Vorgängen festgestellten Merkmale gekennzeichnet werden. Diese offensichtlichen Vorteile empirisch-operativer Primärsprachen haben dazu geführt, daß besonders in der modernen Physik die meisten Theorien in einer empirischen Primärsprache formuliert sind. Der Preis, den man für diese Vorteile zahlt, ist allerdings der Verzicht auf die Möglichkeit einer Reflexion auf die sprachlichen Voraussetzungen wissenschaftlicher physikalischer Erkenntnisse.

II. Der Aufbau der Semantik

a) Die sprachkritische Sicherung der Primärsprache

Die Primärsprache einer physikalischen Theorie ist mit operativ definierten Grundbegriffen aufgebaut. Je nachdem ob die Definitionen begrifflich oder empirisch sind, werden die konstitutiven oder die empirischen Eigenschaften der primären Meßvorgänge für die Syntax der Primärsprache und damit auch für die Theorie selbst von Bedeutung sein. Man wird daher zu fragen haben, in wieweit die Sätze einer physikalischen Theorie abhängig sind von der Sprache, in der diese Theorie formuliert ist. Bei begrifflich-operativ definierten Begriffen besteht der Verdacht, daß durch die Willkür bei der Aufstellung der Postulate zur Kennzeichnung der primären Meßvorgänge ein konventionelles Moment in die Theorie hineingetragen wird. Bei Theorien mit empirisch-operativ definierten Begriffen werden dagegen die zufälligen empirischen Eigenschaften der primären Meßvorgänge einen Einfluß auf die Struktur und die Ergebnisse der jeweiligen Theorie besitzen.

Von den hier betrachteten Theorien wollen wir stets voraussetzen, daß sie empirisch richtig sind. Im Rahmen der bisher eingeführten Begriffsbildungen bedeutet das, daß die wissenschaftliche Erfahrung in korrekter Weise beim Aufbau der Theorie berücksichtigt wurde[1]). Eine Theorie ermöglicht es über die Herleitung einzelner Theoreme hinaus, einen *Begründungszusammenhang* zwischen verschiedenen empirischen Phänomenen herzustellen. Konkret bedeutet das, daß sich komplizierte Vorgänge mit Hilfe einfacher Gesetze und Vorgänge *erklären* lassen, und daß sich zukünftige aus vergangenen und gegenwärtigen Ereignissen *vorausberechnen* lassen, wenn die Theorie Aussagen über den zeitlichen Verlauf von empirischen Systemen macht. Überall dort, wo die Theorie Zusammenhänge zwischen empirisch relevanten Sätzen behauptet, sollen diese Zusammenhänge auch empirisch nicht widerlegbar sein.

Neben den einzelnen Sätzen einer Theorie, die bisher nur durch die Forderung der empirischen Richtigkeit eingeschränkt sind, werden insbesondere die von einer Theorie behaupteten Begründungszusammenhänge in starkem Maße von der verwendeten Primärsprache und deren Syntax abhängig sein. Um einen Konventionalismus, der sich auf die Möglichkeit alternativer sprachlicher Formulierungen berufen könnte, zu begegnen, ist es notwendig, über die bisher formulierten Kriterien der Exaktheit und der empirischen Richtigkeit hinaus die verwendete Primärsprache insofern kritisch abzusichern, als sie sich neben anderen Alternativen als die einzige mögliche Primärsprache erweist. Nur durch den Nachweis einer solchen Unizität der Primärsprache könnte die Objektivität der von der Theorie behaupteten Sachverhalte gesichert werden. Man würde dadurch der physikalischen Theorienbildung eben jene sprachkritische Sicherheit geben, die sie unabhängig macht von den historisch und individuell verschiedenen Ausgangspositionen des einzelnen Physikers, der eine Theorie konzipiert bzw. ausarbeitet.

---

[1]) Die Frage, wie diese empirische Richtigkeit einer Theorie überprüft bzw. erreicht werden kann, soll zunächst zurückgestellt werden. Zu ihrer Beantwortung ist eine eingehendere Untersuchung des Meßvorganges erforderlich.

Eine derartige kritische Sicherung der Primärsprache ist, wie die folgenden Überlegungen noch zeigen werden, nur möglich, wenn man neben den syntaktischen auch die semantischen Eigenschaften eines Begriffes betrachtet. Die Semantik der Primärsprache macht Aussagen über die Bedeutung der verschiedenen im Rahmen der Primärsprache begrifflich-operativ oder empirisch-operativ eingeführten Grundbegriffe bzw. der daraus durch explizite Definitionen hergeleiteten Begriffe. Unter Bedeutung ist dabei stets die empirische Bedeutung zu verstehen, d.h. die Gesamtheit der Eigenschaften eines Begriffes im Rahmen der – in der Primärsprache formulierten – wissenschaftlichen Erfahrung. Diese wissenschaftlich empirischen Eigenschaften eines Begriffs können durch einen Meßvorgang, der auf den betreffenden Begriff bezogen ist und ihn quantitativ zu bestimmen gestattet, ermittelt werden. Zur Unterscheidung von den oben eingeführten primären Meßvorgängen, die zur operativen Definition eines Begriffes verwendet werden und deren Merkmale konstitutiv für dessen syntaktische Eigenschaften sind, wollen wir hier von *sekundären Meßvorgängen* sprechen. Sekundäre Meßvorgänge sind Vorgänge im Rahmen einer vollständigen Theorie bzw. der wissenschaftlichen Erfahrung, die mit anderen Vorgängen in Wechselwirkung treten und dadurch deren quantitative „Messung" ermöglichen. Während die primären Meßvorgänge die Syntax einer Primärsprache festlegen, ist deren Semantik durch die sekundären Meßvorgänge bestimmt.

Die Unterscheidung in primäre und sekundäre Meßvorgänge ist zunächst eine rein begriffliche Differenzierung, die sich auf die verschiedenen Funktionen bzw. Eigenschaften eines Meßvorganges bezieht. Es ist auf Grund der bisher vorgenommenen Definitionen nicht zu erkennen, ob es sich bei dieser Klassifizierung um eine Einteilung der Meßvorgänge in zwei disjunkte Klassen handelt. Zunächst besteht durchaus noch die Möglichkeit, daß ein und derselbe Vorgang sowohl zur Definition als auch zur Messung eines Begriffes verwendet werden kann. Andererseits existieren gewichtige Argumente dafür, daß die beiden Klassen echt voneinander verschieden sind, und daß sich die Verschiedenheit nicht nur auf die Funktion des betrachteten Vorganges beschränkt. Die primären Meßvorgänge müssen ihrer Definition nach möglich sein in Hinblick auf die vorwissenschaftliche Erfahrung, während die sekundären Meßvorgänge selbst zur wissenschaftlich formulierten Erfahrung gehören. Es ist daher sicherlich sinnvoll, vorläufig die Einteilung in primäre und sekundäre Meßvorgänge beizubehalten, und erst zu einem späteren Zeitpunkt zu entscheiden, ob diese Klassifizierung wirklich relevant ist oder nicht.

b) Die Selbstkonsistenz einer Theorie

Die oben formulierte Voraussetzung, daß die hier betrachteten Theorien empirisch richtig sind, besagt, daß die von der Theorie gemachten Aussagen übereinstimmen mit den entsprechenden Sachverhalten der wissenschaftlichen Erfahrung. Diese Übereinstimmung wird festgestellt mit Hilfe von realen Vorgängen, die durch die betrachteten Phänomene so beeinflußt werden können, daß dadurch eine quantitative Messung bestimmter Größen möglich ist. Diese Vorgänge sind die oben eingeführten *sekundären Meßvorgänge,* durch die die Semantik der jeweils betrachteten Theorie bestimmt ist.

Es ist vorläufig noch offen, ob die für die Semantik und die empirische *Verifikation* einer bestimmten Theorie notwendigen sekundären Meßprozesse – als physikalische Vorgänge betrachtet – selbst Gegenstand der Theorie sind, oder ob sie im Rahmen einer anderen Theorie behandelt werden. Um einen systematischen Aufbau der Sprache der Physik zu ermöglichen, wollen wir hier die methodische Forderung aufstellen, daß alle sekundären Meßvorgänge, die zur empirischen Überprüfung der Aussagen einer bestimmten Theorie notwendig sind, – als physikalische Vorgänge betrachtet – selbst mit Hilfe der Theorie beschreibbar sein sollen. Sekundäre Meßprozesse, die in dieser Weise zu der Theorie gehören, deren empirische Verifikation und Interpretation sie ermöglichen, bezeichnen wir auch als *theorieimmanent*. So sollen etwa die Gesetze der Mechanik mit Geräten überprüft werden, deren Verhalten im Rahmen der klassischen Mechanik beschrieben werden kann, nicht aber mit Hilfe von Radarmessungen, da diese hinsichtlich der Mechanik nicht theorieimmanent sind und zur Elektrodynamik gehören. Eine Theorie, die alle zu ihrer Verifikation und Interpretation erforderlichen sekundären Meßvorgänge selbst erfaßt, und somit eine empirische Überprüfung aller ihrer Aussagen durch theorieimmanente Meßprozesse ermöglicht, bezeichnen wir als *semantisch abgeschlossen*.

Trotz der Wichtigkeit der genannten methodischen Forderung für den systematischen Aufbau einer Theorie bzw. der zur Formulierung der Theorie erforderlichen Sprache, darf nicht übersehen werden, daß die meisten formal und thematisch abgeschlossenen Theorien der Physik nicht semantisch abgeschlossen im obigen Sinne sind. So wird man etwa der klassischen Elektrodynamik eine gewisse formale und thematische Geschlossenheit nicht absprechen können. Sie ist jedoch keine semantisch abgeschlossene Theorie. Die empirische Bedeutung eines elektrischen und eines magnetischen Feldes besteht in der Wirkung, die diese Felder auf geladene und bewegte Massenpunkte ausüben. Durch diese Wirkungen werden die betreffenden Felder quantitativ ausgemessen und damit die Aussagen der Theorie empirisch überprüft. Reale, nahezu punktartige geladene Massen, etwa Elektronen oder Protonen, sind aber selbst nicht Gegenstand der Elektrodynamik. Ihre Existenz bzw. Stabilität ist im Gegenteil im Rahmen der Elektrodynamik allein überhaupt nicht zu verstehen, weshalb hier notwendig andere, nicht zur Elektrodynamik gehörige Gesetzmäßigkeiten hinzukommen müssen.

Es ist eine noch offene Frage, ob überhaupt eine Theorie, die nur ein Teilgebiet der Physik erfaßt, in dem hier präzisierten Sinne semantisch abgeschlossen werden kann. Zwar ist es meist das Ziel der theoretischen Bemühungen neben der empirischen Richtigkeit auch die semantische Abgeschlossenheit der betreffenden Theorie zu erreichen, es ist jedoch nicht sicher, ob dieses Ziel in den verschiedenen Einzeltheorien tatsächlich erreicht worden ist. Es könnte sein, daß durch den engen Zusammenhang aller Teilgebiete die Physik nur als Ganze in dem genannten Sinn als semantisch abgeschlossene Theorie formuliert werden kann. An den grundsätzlichen Überlegungen ändert sich dadurch jedoch nichts. Wir wollen daher im folgenden stets annehmen, daß es semantisch abgeschlossene Theorien gibt, und für die konkrete Diskussion die verbreitete Auffassung akzeptieren, daß etwa die nichtrelativistische Quantentheorie und die allgemeine Relativitätstheorie durch theorieimmanente Meßvorgänge semantisch abgeschlossen werden können.

Ist eine Theorie semantisch abgeschlossen, so sind alle zu ihrer Interpretation und Verifikation erforderlichen sekundären Meßvorgänge theorieimmanent, d.h. als physikalische Vorgänge betrachtet selbst Gegenstände der Theorie. Die für die begrifflich-operativen Definitionen der Grundbegriffe erforderlichen primären Meßvorgänge sind dagegen durch Postulate gekennzeichnet, die zunächst nur im Rahmen der vorwissenschaftlichen Erfahrung realisierbar sein sollen. Damit ist gemeint, daß reale physikalische Vorgänge gefunden werden können, die die durch die Postulate geforderten Eigenschaften im Rahmen des Gültigkeitsbereiches der vorwissenschaftlichen Erfahrung, d.h. in den raumzeitlichen Dimensionen der unmittelbaren menschlichen Umwelt, besitzen. Wir wollen annehmen, daß diese Realisierung der Postulate der primären Meßvorgänge möglich ist durch solche physikalischen Vorgänge, die hinsichtlich der betrachteten Theorie theorieimmanent sind. Dann müssen sich im Rahmen dieser Theorie die für einen primären Meßprozeß charakteristischen Postulate als physikalische Eigenschaften desjenigen Vorganges erweisen, durch den der Meßprozeß realisiert ist. Das wird jedenfalls in demjenigen Bereich der wissenschaftlichen Erfahrung zutreffen, der mit dem Gültigkeitsbereich der vorwissenschaftlichen Erfahrung übereinstimmt.

Die oben vorausgesetzte empirische Richtigkeit der untersuchten Theorie ermöglicht es jedoch, das Vorliegen derjenigen Eigenschaften, die den definierenden Postulaten des primären Meßvorgangs entsprechen, auch in solchen Dimensionen zu überprüfen, die den Gültigkeitsbereich der vorwissenschaftlichen Erfahrung weit überschreiten. Falls die den Postulaten des primären Meßvorgangs entsprechenden Eigenschaften exakte und überall vorliegende Eigenschaften des den Meßvorgang realisierenden physikalischen Vorganges sind, d.h. nicht eingeschränkt sind auf den Definitionsbereich der primärsprachlichen Begriffe, wollen wir die betreffende Theorie als *selbstkonsistent* bezeichnen. Die durch die Postulate geforderten Eigenschaften der primären Meßvorgänge erweisen sich dann im Kontext der vollständigen Theorie als exakte physikalische Eigenschaften des entsprechenden realen Vorganges.

Die *Selbstkonsistenz* einer Theorie folgt nicht schon aus den bisher formulierten von einer Theorie zu erfüllenden Postulaten der Exaktheit, der empirischen Richtigkeit und der semantischen Abgeschlossenheit, sondern sie ist eine von diesen Forderungen unabhängige Eigenschaft, die eine Theorie besitzen kann oder auch nicht. Sie ist auch keine notwendige von einer sinnvollen Theorie zu fordernde Eigenschaft, also keine Norm, der die existierenden Theorien sich anzugleichen hätten, sondern eine strukturelle Besonderheit einiger konkret vorliegender Theorien. Die Selbstkonsistenz drückt aus, daß die Primärsprache und deren Syntax vollständig durch theorieimmanente Vorgänge empirisch realisiert werden können, daß also die der Formulierung einer Theorie zugrunde liegende Syntax semantische Relevanz besitzt. Gleichbedeutend damit ist die Feststellung, daß die zur Definition der Grundbegriffe einer Theorie erforderlichen primären Meßvorgänge zugleich *sekundäre, theorieimmanente* Vorgänge sind, daß also kein über die Funktion hinausgehender Unterschied zwischen primären und sekundären Meßvorgängen besteht.

Während die Theorieimmanenz eines sekundären Meßvorganges durch geeignete Erweiterungen der betrachteten Theorie stets erreicht werden kann, ist die exakte Realisierbarkeit der primären Meßvorgänge durch reale Prozesse durchaus nicht selbst-

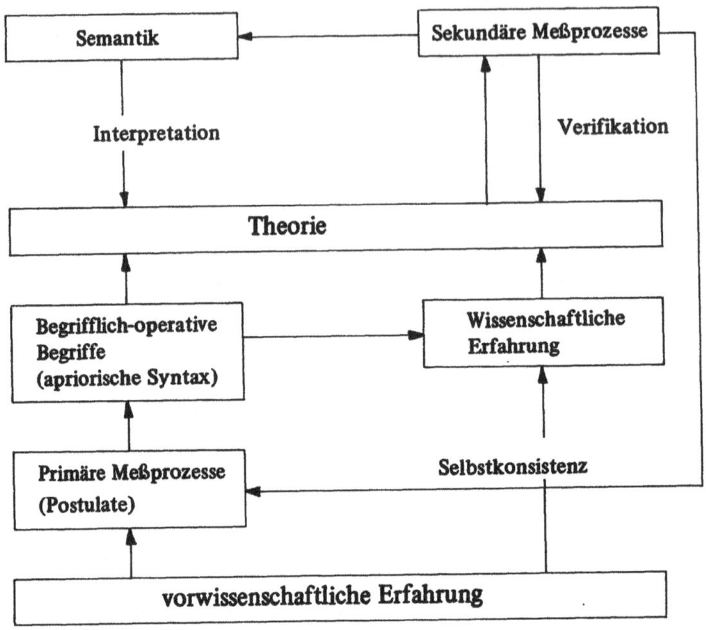

Bild 2

verständlich. Die primären Meßvorgänge müssen in Hinblick auf die qualitativen Eigenschaften der vorwissenschaftlichen Erfahrung möglich sein. In dem Bereich, in dem die Primärsprache sinnvoll zur Formulierung der wissenschaftlichen Erfahrung verwendet werden kann, wird auch die wissenschaftliche Erfahrung diese qualitativen Eigenschaften besitzen, so daß die primären Meßvorgänge dort auch hinsichtlich der wissenschaftlichen Erfahrung empirisch realisierbar sind. In dem Maße, in dem man den Erfahrungsbereich der vorwissenschaftlichen Erfahrung, also die unmittelbare menschliche Umwelt überschreitet, wird aber auch die Gewißheit dafür schwinden, die qualitativen Eigenschaften der vorwissenschaftlichen Erfahrung in der – hier stets als empirisch richtig vorausgesetzten – wissenschaftlichen Erfahrung bzw. der dazu gehörenden Theorie, weiterhin vorzufinden. Da die durch Postulate gekennzeichneten primären Meßvorgänge nur möglich sein müssen in Bezug auf die genannten qualitativen Eigenschaften der vorwissenschaftlichen Erfahrung, so kann es vorkommen, daß ein primärer Meßvorgang in Bereichen, die sich hinreichend stark von der menschlichen Umwelt unterscheiden, – etwa in kosmischen oder atomaren Dimensionen – nicht mehr empirisch realisierbar ist. Der durch einen solchen primären Meßvorgang operativ definierte Begriff kann dann zwar nach wie vor zur Formulierung der Theorie verwendet werden, er besitzt aber in den genannten Dimensionen keine empirische Bedeutung mehr.

Theorien, deren primäre Meßvorgänge auch möglich sind im Rahmen der in der Primärsprache formulierten wissenschaftlichen Erfahrung – die also im oben genannten Sinne selbstkonsistent sind – bezeichnen wir auch als *klassische Theorie.* Das wesentliche Kennzeichen einer klassischen Theorie ist, daß die an der unmittelbaren menschlichen Umwelt orientierte Begriffsbildung und die damit gebildete Primärsprache im Rahmen der wissenschaftlichen Erfahrung empirisch realisierbar ist. Die theoretische Formulierung von Phänomenen, die der menschlichen Umwelt angehören, ist daher sicher eine klassische Theorie. Nach unseren heutigen Kenntnissen sind aber auch *nur* die Theorien der makroskopischen, terrestrischen Umwelt klassisch. Da diese Theorien wegen ihres begrenzten Gültigkeitsreiches sicher nicht *empirisch richtig* in dem oben präzisierten Sinne sind, gibt es vermutlich keine überall empirisch richtige, klassische Theorie.

Trotzdem sind die klassischen Theorien von strukturellen Gesichtspunkten aus von großem Interesse, da sie die einfachsten physikalischen Theorien darstellen, und auch für den Aufbau der modernen physikalischen Theorien als anzustrebende Norm verwendet werden. Außerdem fallen viele konkret vorliegende Theorien – die klassische Mechanik, die klassische Elektrodynamik, die klassische Gravitationstheorie, usw. – unter diesen Begriff. Die Struktur einer klassischen Theorie ist in Bild 2 dargestellt. Sie entspricht in ihrem unteren Teil dem in Bild 1 angegebenen Aufbau einer Theorie mit begrifflich-operativ definierter Primärsprache. Die Semantik der Theorie ergibt sich dann zunächst aus den theorieimmanenten sekundären Meßvorgängen, die sich aber wegen der vorausgesetzten Selbstkonsistenz als identisch mit den der Primärsprache zugrunde liegenden primären Meßvorgängen erweisen.

c) Die Hintergehbarkeit der Primärsprache

Eine Theorie ist nicht selbstkonsistent, wenn die in der vorwissenschaftlichen Erfahrung vorausgesetzten qualitativen Eigenschaften sich in der wissenschaftlichen Erfahrung nicht, oder jedenfalls nicht im gesamten Erfahrungsbereich reproduzieren lassen. Die zur Definition der Grundbegriffe erforderlichen primären Meßprozesse existieren dann zum Teil gar nicht im Sinne einer exakten wissenschaftlichen Erfahrung. Diejenigen Begriffe der Primärsprache, zu deren begrifflich-operativer Definition solche nicht durchgängig realisierbaren Meßvorgänge gehören, besitzen dann eine empirische Bedeutung nur in dem engen Erfahrungsbereich der unmittelbaren menschlichen Umwelt. Das gleiche gilt von gewissen syntaktischen Strukturen, die sich aus den Postulaten zur Herstellung der primären Meßvorgänge ergeben, die also in dem oben erklärten Sinne a-priori gültig sind in Bezug auf eine vorgegebene Primärsprache. Solche Strukturen – z.B. bestimmte Invarianzeigenschaften – können in nicht selbstkonsistenten Theorien ohne empirische Relevanz, vom Gesichtspunkt des beobachtenden Experimentators gesehen, also verborgene und empirisch nicht nachweisbare Eigenschaften sein.

Solche empirisch nicht realisierbaren Bestimmungsstücke einer Theorie, – und das können sowohl einzelne Meßgrößen als auch syntaktische Strukturen sein – bezeichnet man auch als *verborgene Parameter*. Theorien mit verborgenen Parametern spielen in der Diskussion um die erkenntnistheoretische Bedeutung der Theorien der modernen Physik eine bedeutsame Rolle. Sie werden allerdings selten zum Zwecke der praktischen Berechnung von Naturerscheinungen verwendet. Der Grund dafür ist, daß in solchen Theorien zwei Arten von Begriffen existieren – die beobachtbaren Größen und die verborgenen Parameter –, die nur durch eine explizite Theorie der sekundären Meßvorgänge voneinander getrennt werden können. Ein aus der Theorie gewonnenes Resultat muß also jeweils mit Hilfe der Theorie des Meßprozesses daraufhin untersucht werden, ob es empirisch relevant ist, oder nicht. Dadurch sind Theorien mit verborgenen Parametern für den praktischen Gebrauch oft ungeeignet. Die zu ihrer Verwendung erforderliche Theorie der sekundären Meßvorgänge ist zudem kaum wesentlich einfacher als die betrachtete Theorie selbst, da Meßvorgänge im allgemeinen sehr komplizierte physikalische Prozesse sind, deren theoretische Verfolgung häufig die Kenntnis der gesamten Theorie erfordert.

Man kann diese Schwierigkeiten, die bei nichtklassischen Theorien auftreten, wenn man sie mit Hilfe verborgener Parameter konstruiert, beseitigen und die Theorie in eine für den *praktischen Gebrauch* geeignetere Form bringen. Dazu ist es nötig, alle nicht materiell realisierbaren Begriffe, also die verborgenen Parameter, aus der Theorie zu eliminieren. Soweit die Theorie nicht überhaupt redundante Bestandteile enthält, kann man die verborgenen Parameter allerdings nicht einfach aus der Formulierung der Theorie weglassen, da diese sonst unvollständig würde. Man muß vielmehr die verborgenen Parameter mit Hilfe solcher Begriffe eliminieren, die auf Grund der Theorie bzw. der wissenschaftlichen Erfahrung empirisch realisierbar sind. Diese realisierbaren Begriffe lassen sich durch sekundäre Meßvorgänge empirisch-operativ definieren, da sie voraussetzungsgemäß empirisch realisierbar sein müssen. Der für die Elimination der verborgenen Parameter durch beobachtbare Größen erforderliche Zusammenhang der beiden Größenarten ergibt sich daher aus der mit Hilfe verborgener Parameter formulierten physikalischen Theorie derjenigen Vorgänge, die als sekundäre Meßvorgänge zur empirisch-operativen Definition der beobachtbaren Größen Verwendung finden.

Man erhält auf diese Weise eine Theorie, die nur noch beobachtbare Größen enthält. Die sekundären, und das heißt die realen Meßvorgänge, dienen zur empirisch-operativen Definition derjenigen Begriffe, mit deren Hilfe die Theorie formuliert ist. Da diese Meßvorgänge zugleich – als physikalische Vorgänge betrachtet – theorieimmanent sind, ist eine solche Theorie beobachtbarer Größen stets selbstkonsistent. Da die definierenden Meßvorgänge nicht durch Postulate bestimmt sind, sondern nur exemplarisch gegeben sind, ist die Selbstkonsistenz der Theorie oft nicht explizit formuliert. Sie kommt erst dann zum Ausdruck, wenn man mit Hilfe der vollständigen Theorie die definierenden Meßvorgänge behandelt und aus der Theorie dieser Meßvorgänge einige Eigenschaften der mit diesen Meßvorgängen definierten Begriffe herleitet. Diese aus der Theorie der Meßprozesse hergeleiteten Eigenschaften bilden dann die Syntax derjenigen Theorie beobachtbarer Größen, mit deren Hilfe die Meßvorgänge theoretisch untersucht wurden. In Bild 3 ist diese zyklische Struktur einer selbstkonsistenten Theorie beobachtbarer Größen schematisch dargestellt. Der Meßvorgang erfüllt hier eine doppelte Funktion: Methodisch ist er eine Voraussetzung und physikalisch ein Ergebnis der Theorie.

Durch die Elimination der verborgenen Parameter mit Hilfe der empirisch-operativ definierten Begriffe verzichtet man in einer Theorie beobachtbarer Größen auf die Möglichkeit einer Reflexion auf die sprachlichen Bedingungen der Möglichkeit der Erkenntnis. Der Grund für diese Einengung des sprachkritischen Bewußtseins ist die bessere praktische Verwendbarkeit einer Theorie, die nur Verknüpfungen zwischen beobachtbaren Größen enthält. Dagegen ist auch solange nichts einzuwenden, als die operative Basis einer solchen Theorie bekannt ist und gegebenen Falles für wissenschaftstheoretische Überlegungen zur Verfügung steht. In der Vergangenheit wurde jedoch dieser Unterbau sehr häufig als ein überflüssiger metaphysischer Ballast angesehen, von dem man sich möglichst vollständig zu befreien habe. Besonders durch Einstein wurde die später weitgehend akzeptierte Auffassung vertreten, daß die einzig sinnvolle Form einer physikalischen Theorie eine Theorie beobachtbarer Größen sei.

Diese Auffassung war zur Zeit der Entdeckung der Relativitätstheorie und der Quantenmechanik besonders bedenklich, da diese Theorien von vornherein als Theorien beobachtbarer Größen konzipiert worden waren, und somit gar keine operative Basis existierte, die man für eine wissenschaftstheoretische Diskussion hätte heranziehen können. Erst viele Jahrzehnte nach der Aufstellung dieser Theorien, als sie sich längst empirisch bewährt hatten, gelang es in einigen Fällen, die vorliegenden Theorien beobachtbarer Größen aus operativ aufgebauten Theorien mit verborgenen Parametern durch Elimination aller unbeobachtbaren Bestandteile herzuleiten. Diese historische Reihenfolge der Entstehung der verschiedenen Theorien ist insofern etwas erstaunlich, als der Weg zur Auffindung einer Theorie beobachtbarer Größen eigentlich über eine Theorie mit verborgenen Parametern hätte gehen sollen. Tatsächlich ergibt sich aus der in Bild 3 dargestellten zyklischen Struktur für die Konstruktion einer Theorie beobachtbarer Größen die Schwierigkeit, daß man die aus der Theorie des Meßvorganges folgenden allgemeinen Eigenschaften der Grundbegriffe der Theorie erst dann kennt, wenn man bereits über die vollständige Theorie verfügt, zu deren Formulierung andererseits aber diese Grundbegriffe und deren syntaktische Eigenschaften erforderlich sind.

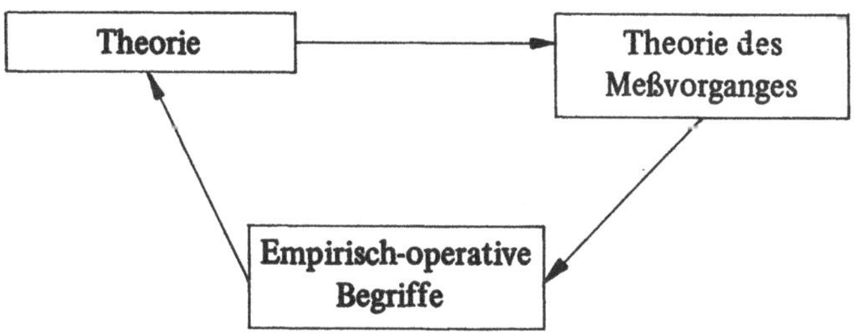

Bild 3

Eine nicht selbstkonsistente Theorie liegt vor, wenn die zur Formulierung der Primärsprache vorausgesetzten qualitativen Eigenschaften der vorwissenschaftlichen Erfahrung sich im Kontext der vollständigen Theorie für die wissenschaftlich formulierte Erfahrung nicht als zutreffend erweisen. Man kann dann auf Grund der bisherigen Überlegungen diese Theorie entweder in der dargestellten Form belassen und die Existenz von empirisch nicht relevanten Größen in Kauf nehmen, oder man kann durch Verzicht auf primärsprachliche Basis zu einer Theorie beobachtbarer Größen übergehen. Beide Lösungen sind möglich, aber unbefriedigend. Im ersten Fall werden durch die unbeobachtbaren Bestandteile der Theorie Strukturen vorgetäuscht, die empirisch gar nicht realisierbar sind. Im zweiten Fall wird zu Gunsten der empirischen Relevanz auf die sprachkritische Reflexion verzichtet. Es ist daher wichtig, auf eine dritte Möglichkeit der Formulierung einer Theorie genauer einzugehen, die weder auf die durchgehende empirische Relevanz der Primärsprache und die damit verbundene Selbstkonsistenz noch auf die begrifflich-operative Definition der primärsprachlichen Begriffe verzichtet.

Die Tatsache, daß die vorwissenschaftliche Erfahrung und die ihr zugeschriebenen vermeintlichen qualitativen Eigenschaften im Kontext der vollständigen Theorie auf ihre Richtigkeit und auf ihren Gültigkeitsbereich überprüft werden können, ermöglicht eine Revision des vorwissenschaftlichen Erfahrungswissens. Falls nämlich die ursprünglich angenommenen qualitativen Eigenschaften der vorwissenschaftlichen Erfahrung sich insofern als falsch im Sinne der wissenschaftlichen Erfahrung erweisen, als diese Eigenschaften nur im Bereich der unmittelbaren menschlichen Umwelt vorliegen, in allen darüber hinausgehenden Dimensionen aber nicht mehr vorhanden sind, kann man aus dem besseren und genaueren wissenschaftlichen Erfahrungswissen solche qualitativen Eigenschaften der Erfahrung entnehmen, die nicht nur in den Dimensionen der menschlichen Umwelt, sondern überall Gültigkeit haben. Die Revision des vorwissenschaftlichen Erfahrungswissens besteht dann darin, daß von den umgangssprachlich formulierten, qualitativen Eigenschaften der vorwissenschaftlichen Erfahrung nur diejenigen verwendet werden, die sich auch im Rahmen der primärsprachlich formulierten wissenschaftlichen Erfahrung als überall vorliegend erweisen.

Die Revidierbarkeit der vorwissenschaftlichen Erfahrung hat zur Folge, daß auch die Primärsprache nicht absolut ist, sondern auf ihre Berechtigung hin überprüft werden kann. Die Primärsprache bildet zwar jeweils das sprachliche und syntaktische Fundament der betreffenden Theorie, sie ist jedoch von der vollständigen Theorie bzw. der wissenschaftlichen Erfahrung her ***hintergehbar*** und revidierbar. Durch den Ausbau der wissenschaftlichen Theorien findet so – historisch gesehen – ein ständiger *Lernprozeß* statt, der immer wieder zu einer Revision der Primärsprache führt, die ihrerseits in einer erweiterten Einsicht in die Struktur der wissenschaftlichen Erfahrung begründet ist. Die mit einer derartig revidierten Primärsprache formulierte Theorie ist dann in dem erweiterten Anwendungsbereich der Primärsprache wieder selbstkonsistent. In Bild 4 ist die Struktur einer zunächst nicht selbstkonsistenten Theorie sowie ihre durch Revision der vorwissenschaftlichen Erfahrung und der Primärsprache entstehende selbstkonsistente Erweiterung dargestellt.

In Bezug auf das revidierte, erweiterte vorwissenschaftliche Erfahrungswissen, sind andere und insofern verallgemeinerte primäre Meßvorgänge möglich, als diese in dem erweiterten vorwissenschaftlichen Erfahrungsbereich realisierbar sind. Die ursprünglichen primären Meßvorgänge sind dagegen in dem erweiterten Erfahrungsbereich nur näherungsweise realisierbar. Mit Hilfe derjenigen Postulate, durch die die verallgemeinerten primären Meßvorgänge bestimmt sind, lassen sich dann wieder die Eigenschaften der durch diese Meßvorgänge definierten Begriffe herleiten. Die durch diese Begriffe gebildete Sprache wollen wir zur Unterscheidung von der ursprünglichen Primärsprache als *Sekundärsprache* bezeichnen. Analog zur Primärsprache ist auch die Syntax der Sekundärsprache insofern a-priori gültig, als sich diese Syntax wieder aus den Bedingungen der Möglichkeit wissenschaftlichen Sprechens über die Erfahrung ergibt. Da der Gültigkeitsbereich der sekundärsprachlichen Begriffe übereinstimmt mit dem Gültigkeitsbereich der vollständigen Theorie,

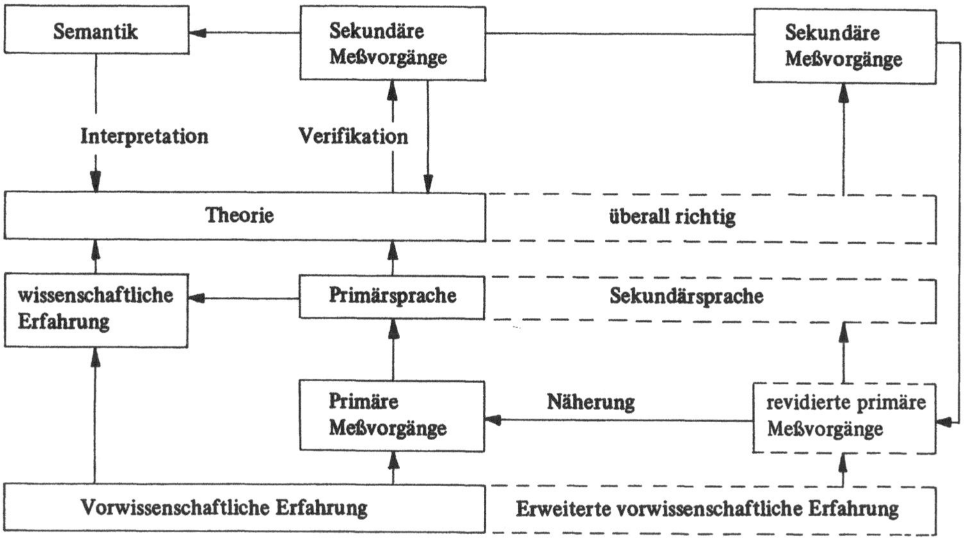

Bild 4

ist eine *sekundärsprachlich formulierte Theorie* weiterhin stets selbstkonsistent. Da eine solche Theorie außerdem überall empirisch richtig und semantisch abgeschlossen ist, verfügt sie über alle Vorzüge einer klassischen Theorie, ohne deren Mängel zu besitzen, nämlich nur in einem beschränkten Erfahrungsbereich empirisch richtig zu sein.

Der Prozeß der Revision der vorwissenschaftlichen Erfahrung ist hier nur in einem Schritt dargestellt worden. Entsprechend der oben gemachten Bemerkung über den permanenten Lernprozeß, in dem sich die Physik historisch gesehen befindet, ist eine durch Revision der Primärsprache entstandene Sekundärsprache im allgemeinen aber keine endgültige Sprache, sondern bei einer erneuten Erweiterung der wissenschaftlichen Erfahrung in bisher unbekannte Bereiche, ihrerseits revisionsbedürftig. Man muß also, um dem historischen Entwicklungsprozess der Physik gerecht zu werden, sich den dargestellten Prozeß des Hintergehens der Primärsprache und der anschließenden Konstruktion einer Sekundärsprache iteriert denken. Wir verzichten hier darauf, die verschiedenen Iterationsschritte terminologisch zu kennzeichnen, und bezeichnen jeweils die bisherige Sprache als Primärsprache und die daraus durch Revision entstandene Sprache als Sekundärsprache.

III. Beispiele für klassische und moderne Theorien

a) Primärsprachlich formulierte Theorien

Theorien, die in einer Primärsprache formuliert sind, deren definierende primäre Meßvorgänge nur in Hinblick auf die zur unmittelbaren menschlichen Umwelt gehörende vorwissenschaftliche Erfahrung realisierbar sein müssen, können zwei mögliche

Strukturen besitzen. Falls die Theorie selbstkonsistent ist, handelt es sich um eine klassische Theorie, die aber nach unseren heutigen Kenntnissen nicht überall empirisch richtig ist. Wenn die Theorie hingegen überall empirisch richtig ist, so ist sie nicht selbstkonsistent und enthält in ihrer Primärsprache Bestandteile, die keine empirische Relevanz besitzen. Wir geben zunächst ein Beispiel für eine klassische Theorie an, und im Anschluß daran zwei Beispiele für Theorien mit verborgenen Parametern.

Das wichtigste Beispiel für eine klassische Theorie ist die nichtrelativistische klassische Mechanik [2]. Die für die begrifflich-operativen Definitionen der Grundbegriffe Länge, Zeit und Bezugssystem erforderlichen primären Meßvorgänge setzen die Existenz und freie Beweglichkeit von ideal starren Körpern voraus, die im Rahmen der vorwissenschaftlichen Erfahrung nicht notwendig unmöglich ist. Außerdem muß die vorwissenschaftlich unproblematische Annahme gemacht werden, daß alle meßbaren Eigenschaften eines Körpers gleichzeitig objektivierbar sind. Die komplizierteren Begriffe der trägen Masse und der Kraft können dagegen im Sinne von Bild 1 erst dann operativ definiert werden, wenn einige empirische Eigenschaften der Grundbegriffe bekannt sind. Die klassische Mechanik ist insofern semantisch abgeschlossen, als die Überprüfung der Theorie mit theorieimmanenten Meßvorgängen geschehen kann. Da darüber hinaus auch die primären Meßvorgänge theorieimmanent sind, ist die Theorie außerdem selbstkonsistent. Sie ist jedoch, wie bereits die für die primären Meßvorgänge notwendige Voraussetzung der Existenz starrer Körper erkennen läßt, nicht im gesamten Erfahrungsbereich empirisch richtig. Bei sehr hohen, relativistischen Geschwindigkeiten wird sie aus diesem Grunde empirisch falsch. Das Versagen der klassischen Mechanik in atomaren Dimensionen ist dagegen dadurch zu erklären, daß die von der vorwissenschaftlichen Erfahrung vorausgesetzte Objektivierbarkeit aller Eigenschaften im atomaren Bereich auch vorwissenschaftlich nicht mehr gewährleistet ist.

Das bedeutet jedoch nicht, daß man die auch in atomaren Dimensionen gültige Mechanik, die Quantenmechanik, nicht mit der für die klassische Mechanik geschaffenen Primärsprache formulieren kann. Es ist vielmehr durchaus möglich, mit Hilfe des aus der klassischen Mechanik bekannten Begriffssystems die empirisch richtige Quantenmechanik zu formulieren, wenn man dabei in Kauf nimmt, daß einige zur Formulierung der Theorie verwendeten Begriffe – z.B. der der mechanischen Bahn – empirisch keine Bedeutung besitzen [3]. Eine derartige Theorie mit (empirisch) verborgenen Parametern bietet den scheinbaren Vorteil, daß sie viele aus der klassischen Mechanik bekannte Strukturen, – die Objektivierbarkeit und die Kausalität sind die wichtigsten Beispiele, – enthalten, aber eben nur im Rahmen der Syntax. Mit Hilfe der Theorie des quantenmechanischen Meßvorganges kann nämlich gezeigt werden, daß die Objektivierbarkeit und die Kausalität keinerlei empirische Bedeutung besitzen. Diese Strukturen treten vielmehr auf Grund der gleichen Theorie, zu deren Formulierung sie verwendet wurden, in keinem möglichen Experiment jemals auf. Sie stellen lediglich unbeobachtbare Zusammenhänge zwischen teilweise verborgenen Parametern her.

Ein weiteres Beispiel für eine Theorie mit verborgenen Parametern ist die im Minkowskiraum formulierte Gravitationstheorie [4]. Im Gegensatz zur klassischen Mechanik wird hier aber eine insofern revidierte Primärsprache verwendet, als diese bereits im Bereich der speziell-relativistischen Phänomene empirische Relevanz besitzt. Dagegen sind die zur Definition der primärsprachlichen Begriffe erforderlichen primären Meßvorgänge nicht mehr sämtlich in Anwesenheit von starken Gravitationsfeldern realisierbar. Insbesondere ist die zur empirischen Realisierung einer pseudoeuklidischen Geometrie des Raum-Zeit-Kontinuums erforderliche vorwissenschaftliche Voraussetzung, daß geometrisch starre Körper frei beweglich sind, nicht mehr erfüllt. Trotzdem kann man mit Hilfe dieser Primärsprache eine empirisch richtige, lorentzinvariante Gravitationstheorie formulieren, deren Lorentz-Invarianz jedoch nur eine syntaktische Eigenschaft ist, ohne empirische Bedeutung zu besitzen. Man kann dann wieder mit Hilfe der vollständigen Theorie die für die Messung von Raum- und Zeit-Intervallen erforderlichen Meßvorgänge, z.B. die Lichtausbreitung, untersuchen, und stellt auf diese Weise fest, daß die so gemessenen Raum-Zeit-Intervalle nicht mehr den in der Syntax verwendeten Gesetzen der pseudoeuklidischen Geometrie unterliegen sondern eine Riemannsche Geometrie bilden. Die pseudoeuklidischen Koordinatenabstände zwischen zwei Ereignissen sind daher unbeobachtbare, empirisch verborgene Parameter, die nur in der Syntax der Theorie von Bedeutung sind.

b) Theorien beobachtbarer Größen

Die beiden eben erwähnten Theorien mit verborgenen Parametern, die in der klassischen Sprache formulierte Quantenmechanik und die lorentzinvariante Gravitationstheorie, lassen sich durch die oben beschriebene Methode der Elimination der verborgenen Parameter in Theorien umwandeln, die nur noch beobachtbare Größen enthalten. Die historische Reihenfolge, in der die Theorien entstanden sind, ist jedoch auch hier wieder umgekehrt gewesen. Sowohl die Gravitationstheorie als auch die Quantenmechanik sind zuerst als Theorien beobachtbarer Größen konzipiert worden (1915 bzw. 1925) und die Theorien mit verborgenen Parametern, aus denen diese beiden Theorien durch Elimination der verborgenen Parameter hergeleitet werden können, erst wesentlich später (1957 bzw. 1959) gefunden worden. Die Gründe für diese merkwürdige Reihenfolge der Entstehung sind sowohl in der philosophischen Einstellung der an den Theorien arbeitenden Physiker als auch in den verschiedenen wissenschaftsgeschichtlichen Voraussetzungen der einzelnen Theorien zu suchen.

Die nichtrelativistische Quantenmechanik in der Heisenberg-Schrödingerschen Formulierung ist eine Theorie, die nur beobachtbare Größen enthält [5]. Die Prinzipien der Nichtobjektivierbarkeit und der Indeterminiertheit sind bereits so in den Formalismus der Theorie eingearbeitet, daß etwa das gleichzeitige Vorliegen von mehreren inkommensurablen Größen in der formalen Sprache der Quantenmechanik überhaupt nicht ausgedrückt werden kann. Daß diese Restriktion der sprachlichen Möglichkeiten konsistent ist mit dem realen physikalischen Inhalt der Theorie, sieht man durch eine genaue Diskussion des quantenmechanischen Meßvorganges [6]. Eine Meßapparatur, die selbst den Gesetzen der Quantenmechanik gehorcht und die zur Messung einer bestimmten Größe geeignet ist, ermöglicht es nämlich niemals, diese Größe an einem vorgegebenen System zu messen, ohne dadurch alle anderen, zu der ersten Größe inkommensurablen Eigenschaften, die das System vor der Messung besessen hat, zu verändern. Es liegt in der physikalischen

Struktur des quantenmechanischen Meßvorganges begründet, daß diese Veränderung – die man auch Störung nennt – nicht exakt, sondern nur mit einer gewissen Wahrscheinlichkeit vorausgesagt werden kann.

Da es somit auf Grund des Meßprozesses unmöglich ist, einem physikalischen System zwei miteinander nicht kommensurable Eigenschaften gleichzeitig zuzusprechen, ist es im Rahmen einer Theorie beobachtbarer Größen gerechtfertigt, diese Unmöglichkeit bereits in der formalen Sprache der betreffenden Theorie zum Ausdruck zu bringen. In der Quantenmechanik geschieht das durch Einführung des Zustandsbegriffes, der ein Ausdruck ist für die maximale Information, die man über ein quantenmechanisches System besitzen kann. Indem die Theorie gar nicht mehr von den Systemen selbst, sondern nur noch von den Zustandsänderungen handelt und dafür Differentialgleichungen aufstellt, bewegt sie sich immer nur innerhalb des Bereiches, der auf Grund der Meßtheorie als möglich erkannt worden ist.

Eine ähnliche Situation liegt in der Einsteinschen Formulierung der relativistischen Gravitationstheorie vor. Da die besten in der Natur vorkommenden Maßstäbe zur Ausmessung von Raum-Zeit-Intervallen – und das sind Lichtstrahlen und die Bahnen kräftefreier Massenpunkte – auf Grund der Gesetze der Gravitationstheorie in Anwesenheit von Gravitationsfeldern nur auf solche Intervalle führen, die einer vierdimensionalen Riemannschen Geometrie gehorchen, so ist es im Rahmen einer Theorie beobachtbarer Größen sinnvoll, diese Riemannsche Geometrie des Raum-Zeit Kontinuums bereits der Formulierung der Theorie der Gravitation zugrunde zu legen. Die in diesem Riemannschen Raum der beobachtbaren Raum-Zeit-Intervalle formulierte Gravitationstheorie ist die Einsteinsche Allgemeine Relativitätstheorie. Daß die in der Formulierung der Theorie vorausgesetzte Riemannsche Geometrie wiederum konsistent ist mit dem physikalischen Inhalt der Theorie, sieht man an der Behandlung der Meßvorgänge, und d.h. hier der Lichtausbreitung und der Trägheitsbahnen von Massenpunkten, im Rahmen der Einsteinschen Theorie [8]. Da sowohl das Licht als auch die kräftefreien Massenpunkte sich auf den Geodäten des zugrunde gelegten Riemannschen Raumes bewegen, erweist sich dieser Riemannsche Raum als ein selbstkonsistenter formalsprachlicher Rahmen, in dem sich die Gravitationstheorie als Theorie beobachtbarer Größen formulieren läßt.

c) Sekundärsprachlich formulierte Theorien

Die mit Hilfe der Theorie der sekundären Meßvorgänge gewonnenen Einsichten in die Struktur der wissenschaftlichen Erfahrung können dazu verwendet werden, die vorwissenschaftliche Erfahrung so zu revidieren, daß sie nicht nur im Bereich der unmittelbaren menschlichen Umwelt Gültigkeit besitzt. Auf Grund der erweiterten Kenntnisse werden dann von den ursprünglich angenommenen qualitativen Eigenschaften der vorwissenschaftlichen Erfahrung nur noch einige dieser Eigenschaften, möglicherweise in einer abgeschwächten Form, vorausgesetzt werden dürfen. Die auf dieser verallgemeinerten vorwissenschaftlichen Erfahrung aufbauende wissenschaftliche Sprache ist die Sekundärsprache, deren Syntax gegenüber der Syntax der Primärsprache gewisse Restriktionen aufweisen wird. Diese Sekundärsprache ermöglicht dann den systematischen Aufbau einer selbstkonsistenten Theorie der wissenschaftlichen Erfahrung. Als Beispiele behandeln wir wiederum die Gravitationstheorie und die Quantentheorie, wobei sich die Revision der Primärsprache im letzteren Falle dadurch ausdrückt, daß für die Sekundärsprache nur eine restriktive Logik, die Quantenlogik gilt.

In der im Minkowskiraum formulierten Gravitationstheorie ist die für den pseudoeuklidischen Charakter des Raum-Zeit-Kontinuums verantwortliche Eigenschaft der vorwissenschaftlichen Erfahrung die freie Beweglichkeit geometrisch starrer Körper. Aus der vollständigen Theorie der Gravitation ergibt sich andererseits, daß diese freie Beweglichkeit in Anwesenheit von Gravitationsfeldern nicht mehr für endlich ausgedehnte, sondern nur noch für infinitesimale Körper existiert. Endliche Körper sind nur noch in einem beschränkten Raumgebiet frei beweglich. Revidiert man nun das vorwissenschaftliche Erfahrungswissen insofern, als man nicht mehr die „unbeschränkte Beweglichkeit" endlicher Körper annimmt, sondern nur noch die schwächere Eigenschaft der „beschränkten Beweglichkeit" voraussetzt, so führen die auf dieser Voraussetzung aufbauenden Meßvorgänge nicht mehr auf eine pseudoeuklidische, sondern auf eine Riemannsche Geometrie des Raum-Zeit-Kontinuums. Die auf der verallgemeinerten vorwissenschaftlichen Erfahrung aufgebaute Sekundärsprache weist also in ihrer Syntax gewisse Restriktionen auf, die sich hier auf die Geometrie der begrifflich-operativ definierten Raum-Zeit-Intervalle beziehen [9].

Verfügt man einmal über diese sekundärsprachliche Basis, so unterscheidet sich der weitere Aufbau der Gravitationstheorie nicht von der als Theorie beobachtbarer Größen formulierten Einsteinschen Theorie. Der wesentliche Unterschied zur Einsteinschen Theorie besteht nur darin, daß die Sprache, in der die Theorie formuliert wird, aus der verallgemeinerten vorwissenschaftlichen Erfahrung mit Hilfe von *begrifflich-operativen* Definitionen konstruiert wird, während in der Einsteinschen Theorie alle Begriffe *empirisch-operativ* definiert werden.

Die nichtrelativistische Quantenmechanik kann mit der für die klassische Mechanik entwickelten Primärsprache formuliert werden, wobei allerdings einige Begriffe keine empirische Relevanz besitzen. Die Syntax dieser Primärsprache enthält neben speziellen syntaktischen Regeln der klassischen Begriffe einige für alle derartigen Begriffe und Aussagen gültige Regeln, d.h. die Gesetze der klassischen Logik. Diese logischen Gesetze beziehen sich u.a. auf Aussagen, die das Vorliegen von Eigenschaften an einem physikalischen System behaupten. Die Regeln der Logik ergeben sich dabei aus den allgemeinen Bedingungen der Möglichkeit, Aussagen über Systeme zu machen. Diese Bedingungen sind aber die vorwissenschaftlichen Voraussetzungen, die die Realisierung der primären Meßvorgänge ermöglichen. Eine für die Gültigkeit der logischen Gesetze in besonderem Maße verantwortliche Eigenschaft der vorwissenschaftlichen Erfahrung ist die Tatsache, daß verschiedene an einem Objekt festgestellte Eigenschaften insofern unbeschränkt verfügbar sind, als man durch erneutes Nachprüfen stets die einmal erzielten Meßergebnisse reproduzieren kann. Diese unbeschränkte Verfügbarkeit aller auf ein festes Objekt bezogenen Meßaussagen ist eine im Rahmen der vorwissenschaftlichen Erfahrung völlig unproblematische Eigenschaft und wird daher im allgemeinen auch gar nicht explizit formuliert.

Die Theorie des quantenmechanischen Meßvorganges hat nun andererseits zu dem Ergebnis geführt, daß mehrere – im allgemeinen inkommensurable – Eigenschaften nicht gleichzeitig auf ein Objekt bezogen werden können, weshalb Aussagen über das Vorliegen von Eigenschaften eines Objekts auch nur unter der Einschränkung verfügbar sind, daß die verschiedenen betrachteten Eigenschaften miteinander kommensurabel sind. Die vorwissenschaftlich vorausgesetzte unbeschränkte Verfügbarkeit von Meßaussagen liegt daher auf Grund der Meßtheorie in der wissenschaftlichen Erfahrung nicht mehr vor, sondern nur noch eine auf kommensurable Meßaussagen beschränkte Verfügbarkeit. Revidiert man nun die vorwissenschaftliche Erfahrung insofern, als man die ursprünglich angenommene „unbeschränkte Verfügbarkeit" von Meßaussagen ersetzt durch die schwächere, aber ebenfalls qualitative Voraussetzung der „beschränkten Verfügbarkeit", so werden die von dieser Voraussetzung abhängigen Eigenschaften der Sekundärsprache, die auf der revidierten vorwissenschaftlichen Erfahrung aufgebaut ist, auch im Bereich atomarer Dimensionen empirische Relevanz besitzen.

Entsprechend den schwächeren Voraussetzungen über die vorwissenschaftliche Erfahrung werden in der Syntax der Sekundärsprache im allgemeinen nur schwächere Sätze beweisbar sein als in der Syntax der Primärsprache. Das gilt insbesondere von den in Sekundärsprache geltenden logischen Regeln, die auf Grund der oben gemachten Bemerkungen in besonderem Maße von der beschränkten bzw. unbeschränkten Verfügbarkeit von Meßaussagen abhängig sind. Die durch die Beschränkung der Verfügbarkeit von Meßaussagen implizierten Restriktionen der klassischen Logik führen auf ein eingeschränktes System logischer Regeln, die sogenannte Quantenlogik. Diese restriktive Quantenlogik umfaßt die Gesamtheit derjenigen Regeln, die sich auch noch unter der Voraussetzung der beschränkten Verfügbarkeit von Meßaussagen herleiten lassen, die also auch in der empirisch realisierbaren Sekundärsprache Gültigkeit besitzen [10].

Eine in dieser Sekundärsprache formulierte Theorie der Quantenmechanik sollte auf Grund der allgemeinen Überlegungen zu sekundärsprachlich formulierten Theorien zu dem Ergebnis führen, daß die mit Hilfe sekundärer Meßvorgänge erhältlichen Meßaussagen im allgemeinen nur den Regeln der Quantenlogik genügen. Das bedeutet nichts anderes, als daß die Selbstkonsistenz der Theorie sich auf die vollständige Syntax der Sekundärsprache, insbesondere aber auf die in der Sekundärsprache geltenden logischen Regeln bezieht. Ein Nachweis dieser Selbstkonsistenz-Eigenschaft ist jedoch vorläufig nicht möglich, da eine sekundärsprachlich formulierte, und das heißt auf der Quantenlogik aufbauende Theorie der Quantenmechanik, bisher nicht vorliegt. Die Schwierigkeiten einer sekundärsprachlichen Formulierung der Quantenmechanik bestehen insbesondere darin, daß die bekannte primärsprachlich formulierte Quantenmechanik in Hinblick auf die in ihr verwendeten logischen Schlußweisen noch nicht hinreichend analysiert bzw. formalisiert worden ist.

Literatur

[1] *P. Mittelstaedt:* Klassische Mechanik, Bibliographisches Institut, Mannheim 1970, S. 50 f.
[2] l.c. S. 18 ff.
[3] *D. Bohm:* Phys. Rev. 85, 166, 180 (1952), Hidden Variables in Quantum Theory, in D. R. Bates Quantum Theory III, Academic Press, New York und London 1962
J; S. Bell: Rev. Mod. Phys. 38, 447 (1966)
[4] *W. Thirring:* Ann. Phys. **16,** 96 (1961)
W. Wyss: Helv. Phys. Acta **38,** 469 (1965)
P. Mittelstaedt und *J. B. Barbour:* Z. Physik 203, 82 (1967)
[5] *J. v. Neumann:* Mathematische Grundlagen der Quantenmechanik, Springer Berlin 1932
G. Ludwig: Die Grundlagen der Quantenmechanik, Springer, Berlin 1954
[6] *G. Süßmann:* Über den Meßvorgang, Abh. der Bayer. Akad. der Wissenschaft. 88 (1958)
[7] *C. M. Møller:* The Theory of Relativity, Clarendon Press, Oxford, 1952
[8] *W. Kundt* und *B. Hoffmann,* in: Recent developments in general relativity, Warschau; PWN 1962, p. 303
R. F. Marzke and *J. A. Wheeler,* in: Chiu, H. Y. and *W. F. Hoffmann:* Gravitation and relativity, Benjamin New York 1964, p. 40
[9] *P. Mittelstaedt:* Philosophische Probleme der modernen Physik, 3. Auflage, Bibliographisches Institut, Mannheim 1968, S. 45 ff.
[10] l.c. S. 162 ff.

Synthetische Urteile a priori

B. L. van der Waerden

Als Basis für eine künftige Erkenntnistheorie der Naturwissenschaften scheint mir eine Präzisierung der Begriffe Urteil, a priori und a posteriori unerläßlich. Nur so können die fundamentalen Mißverständnisse, die jede fruchtbare Diskussion bis jetzt unmöglich gemacht haben, beseitigt werden.

1. Urteile

Ich will eine realistische Haltung einnehmen und solche Urteile betrachten, wie sie in naturwissenschaftlichen Abhandlungen wirklich vorkommen. Als typische Beispiele zitiere ich einen Satz aus einer experimentellen und einen aus einer theoretischen Arbeit:

„Während des Verdunstens des Amylacetates wandern über den Film lebhafte Interferenzfarben."

"The motion of an individual star in the system is described by the same equations as in the previous note."

Obwohl diese Sätze präziser und vollständiger formuliert sind als die meisten Urteile im täglichen Leben, fällt es doch auf, daß sie nur dann einen Sinn haben, wenn sie in einen Zusammenhang hineingestellt werden, d.h. wenn sie von einem bestimmten Menschen in einer bestimmten Situation ausgesprochen oder niedergeschrieben werden.

Wir müssen uns also davor hüten, einen grammatikalischen Satz wie „Es regnet" oder „Sokrates ist sterblich" ein Urteil zu nennen. Wenn ein solcher Satz aus dem Zusammenhang gerissen und in Anführungsstrichen in eine philosophische Abhandlung aufgenommen wird, so kann man nicht sagen, er sei wahr oder falsch, denn man weiß ja nicht mehr, in welcher Situation er ausgesprochen wurde. Es kann ja heute regnen und morgen nicht mehr.

Man könnte versuchen, der Schwierigkeit zu entgehen, indem man sich auf „vollständige Urteile" beschränkt, in welchen alle für die Richtigkeit des Urteils erheblichen Umstände ausdrücklich genannt werden, z.B.: „Heute, am 4. Nov. 1956 regnet es in Zürich".

Eine nähere Betrachtung zeigt jedoch, daß dieser Weg nicht gangbar ist. Der eben aufgestellte Satz ist nämlich nicht äquivalent mit dem einfachen, heute ausgesprochenen Urteil „Es regnet". Es regnet tatsächlich heute: ich sehe es. Daß heute der 4. November ist, schließe ich daraus, daß heute Sonntag ist und mein Kalender mir „November Sonntag 4" zeigt, aber ich kann mich darin irren: ich habe mich schon öfter im Datum geirrt. Von den beiden Sätzen „Es regnet" und „Am 4. Nov. 1956 regnet es in Zürich" kann also der erste richtig und der zweite falsch sein.

Die meisten oder alle in naturwissenschaftlichen Abhandlungen vorkommenden Urteile sind „unvollständige Urteile", d.h. sie haben nur im Zusammenhang einen Sinn. Will man also die Urteile, die in der Naturwissenschaft effektiv gefällt und die Schlüsse, die effektiv gezogen werden, erkenntnistheoretisch untersuchen, so kann man sich nicht auf „vollständige Urteile" beschränken. Ich definiere daher:

Ein Urteil ist eine Behauptung eines bestimmten Menschen in einer bestimmten Situation.

2. Der Begriff Apriori bei Kant

Kant definiert im 1. Abschnitt der Einleitung zur 2. Auflage der Kritik der reinen Vernunft:

„Wir werden also im Verfolg unter Erkenntnissen a priori nicht solche verstehen, die von dieser oder jener, sondern die schlechterdings von aller Erfahrung unabhängig stattfinden. Ihnen sind empirische Erkenntnisse, oder solche, die nur a posteriori, d.i. durch Erfahrung, möglich sind, entgegengesetzt. Von den Erkenntnissen a priori heißen diejenigen rein, denen gar nichts empirisches beigemischt ist."

Im 2. Abschnitt fragt Kant, durch welches Merkmal man reine Erkenntnis sicher von empirischer unterscheiden kann, und er antwortet:

„Findet sich *erstlich* ein Satz, der zugleich mit seiner Notwendigkeit gedacht wird, so ist er ein Urteil a priori; . . . *zweitens:* . . . wird also ein Urteil in strenger Allgemeinheit gedacht, d.i. so, daß gar keine Ausnahme als möglich verstattet wird, so ist es nicht von der Erfahrung abgeleitet, sondern schlechterdings a priori gültig."

Man hat diese Sätze häufig so aufgefaßt, daß die Merkmale Notwendigkeit und Allgemeingültigkeit nach Kant zum *Begriff* des Apriori gehören. Liest man aber den Text genau, so sieht man, daß Kant es nicht so gemeint hat. Die Begriffe Apriori und Aposteriori sind nach Kants Meinung im 1. Abschnitt vollständig definiert: *Apriori heißt, von aller Erfahrung unabhängig.* Notwendigkeit und Allgemeinheit sind für Kant nur sichere Merkmale, an denen man erkennen kann, ob ein Urteil a priori ist. Er begründet auch, warum die Merkmale unfehlbar sind. Im Fall des 2. Merkmals heißt die Begründung so:

„Zweitens: Erfahrung gibt niemals ihren Urteilen wahre oder strenge, sondern nur angenommene und comparative Allgemeinheit (durch Induktion), so daß es eigentlich heißen muß, soviel wir bisher wahrgenommen haben, findet sich von dieser oder jener Regel keine Ausnahme. Wird also ein Urteil . . . " (weiter wie oben).

Es handelt sich hier um einen Schluß, den man in kurzen Stichworten so charakterisieren kann:

Erfahrung → keine Allgemeinheit,

also

Allgemeines Urteil → Urteil a priori.

Der Schluß ist nicht umkehrbar: der Begriff a priori enthält nicht den der Allgemeinheit in sich, sondern besagt nur: unabhängig von Erfahrung.

So ist es zumindest in der 2. Auflage. In der ersten ist die Situation weniger klar. Es heißt dort:

„Solche allgemeine Erkenntnisse nun, die zugleich den Charakter der inneren Notwendigkeit haben, müssen, von der Erfahrung unabhängig, vor sich selbst klar und gewiß sein; man nennt sie daher Erkenntnisse a priori: da im Gegenteil das, was lediglich von der Erfahrung erborgt ist . . . , nur a posteriori oder empirisch erkannt wird."

„A priori" soll also bedeuten: „Von der Erfahrung unabhängig und vor sich selbst klar und gewiß." Andererseits aber wird a priori als Gegenteil von a posteriori = empirisch erklärt. Ein paar Zeilen weiter heißt es dann: „Urteile, die gänzlich a priori, unabhängig von der Erfahrung entstanden sein müssen." Hier hat also a priori nur noch die Bedeutung „unabhängig von der Erfahrung", wie in der 2. Auflage.

Etwas später werden die synthetischen Urteile untersucht und in zwei Klassen aufgeteilt:

1. empirische oder Erfahrungsurteile
2. synthetische Urteile a priori.

Hier ist also a priori einfach das Gegenteil von empirisch, wie in der 2. Auflage.

Es liegt also in der 1. Auflage eine deutliche Unklarheit in den Begriffen vor, die in der 2. Auflage von Kant selbst beseitigt worden ist. Wir sind demnach berechtigt, uns auf die klarere Fassung der zweiten Auflage zu stützen.

3. Urteile a priori und a posteriori

Die Analyse der Kantischen Definitionen war nur ein Seitensprung. Unser Hauptziel ist nicht, zu erforschen, was Kant meinte, sondern wie die Urteile der Naturwissenschaftler in Wirklichkeit begründet werden. Da gibt es jeweils zwei Möglichkeiten: entweder die Begründung zieht die Erfahrung mit heran oder sie geschieht unabhängig von der Erfahrung. Im ersten Fall nennen wir das Urteil *a posteriori* (wobei nicht von vornherein ausgeschlossen ist, daß auch a priori Elemente in der Begründung mit drin stecken), im zweiten Fall *a priori*. Es würde nur Verwirrung stiften, wenn wir die Momente der Notwendigkeit, Klarheit und Gewißheit in die Definition des Begriffes a priori mit hineinnehmen würden, wie Kant es anfangs getan hat.

4. Erkenntnisse und Urteile

Kant spricht an den zitierten Stellen der Einleitung immer von *Erkenntnissen* a priori. Mit Erkenntnissen meint er wohl *richtige Urteile*. Wir lassen die Frage nach der Richtigkeit ganz aus dem Spiel. Es handelt sich für uns nur um die Begründung der Urteile. Die Frage nach der Begründung kann man genau so gut stellen bei solchen Urteilen, die sich später als falsch oder nur näherungsweise richtig herausstellen.

Diese Erweiterung der Problemstellung hat den Vorteil, daß wir jeden Forscher nach den Maßstäben seiner eigenen Zeit beurteilen können. Wir können bei Ptolemäus genau so gut wie bei Newton die Frage stellen, wie er zu seinen Theorien kam, was er dabei aus der Erfahrung entnahm und was aus anderen Quellen. Das Erfahrungsmaterial, das Ptolemäus im Almagest benutzt hat, ist beschränkt und leicht zu übersehen: es besteht nur aus Himmelsbeobachtungen. Ptolemäus gibt von allen seinen Gründen genau Rechenschaft; Newton kann es nicht, weil er mit dem Kraftbegriff arbeitet, der für uns alle mit unzähligen vorwissenschaftlichen Erfahrungen verbunden ist. Es ist also viel leichter, die Astronomie des Ptolemäus auf ihre Begründung hin zu untersuchen, als die des Newton. Würden wir uns auf „Erkenntnisse" beschränken, so müßten wir Ptolemäus ausschalten, denn seine Ergebnisse sind größtenteils Irrtümer.

Die Notwendigkeit, die Begründungen eines Forschers an den Maßstäben seiner eigenen Zeit zu messen, ergibt sich auch aus unserer Definition eines Urteils als einer Aussage eines bestimmten Menschen zu einer bestimmten Zeit. Die Begründung, die ein Forscher zu seiner Zeit für einen Satz gab, kann verschieden sein von der Begründung, die man heute für denselben Satz gibt. Die eine Begründung beruhte vielleicht größtenteils auf a priori-Erwägungen, die andere auf Erfahrungen, die man in der Zwischenzeit gemacht hat.

5. Ist das Psychologismus?

Einen Einwand erwarte ich an dieser Stelle, nämlich: Wird so die Erkenntnistheorie nicht ganz auf Geschichte der Wissenschaften, die Logik auf Psychologie zurückgeführt?

Ich glaube nicht. Wir untersuchen ja nicht die psychischen Regungen, die die einzelnen Forscher zu ihren Ergebnissen geführt haben, nicht ihre Motive und Einfälle, sondern nur ihre Logoi, ihre schriftlich niedergelegten Urteile und Begründungen. Wir untersuchen diese kritisch, indem wir versuchen, bei der Beurteilung denselben Maßstab anzulegen wie ihre Zeitgenossen. Wir fragen nicht, ob ihre Sätze richtig oder falsch, sondern ob ihre Begründungen stichhaltig sind und was darin ausdrücklich oder stillschweigend vorausgesetzt wird. Wir untersuchen ihre Schlüsse logisch und nicht psychologisch. Wir brauchen zwar die Hilfe der Geschichte, um uns in die damaligen Voraussetzungen und Denkgewohnheiten zurückzuversetzen, aber letzten Endes ist es uns um die Erkenntnistheorie und nicht um die Geschichte zu tun.

6. Können a priori-Urteile auch falsch sein?

Ein Urteil kann nach der allgemeinen Auffassung der Logiker richtig oder falsch sein. Insbesondere kann man also bei den synthetischen Urteilen a priori die Frage stellen, ob sie immer richtig sind oder ob es darunter auch zweifelhafte oder falsche Urteile geben kann.

Die Frage muß sachlich beurteilt werden, nicht philologisch. Es handelt sich nicht darum, was Kant zu dieser Frage sagen würde, sondern wie es sich wirklich verhält, wenn man sich strikte an die Kantischen Definitionen hält. Kant selbst hat sich fast ganz auf die Betrachtung von solchen Urteilen beschränkt, die er selbst für notwendig und allgemeingültig hielt; aus der Notwendigkeit und Allgemeingültigkeit folgert er, daß die betrachteten Urteile a priori sind. Die Frage, ob der umgekehrte Schluß auch erlaubt ist, stellt sich ihm gar nicht. Überhaupt interessiert er sich in erster Linie für Erkenntnisse, d.h. richtige Urteile. Es war für ihn gar kein Anlaß da, sich mit den falschen und unsicheren Urteilen zu befassen.

Fragen wir also unabhängig von Kant: Gibt es in der Geschichte der Wissenschaft Urteile, die synthetisch und a priori und dennoch falsch waren?

Ein berühmtes Beispiel ist das Fallgesetz des Aristoteles (Physik IV 8, 214 b). Eine Teilaussage dieses Fallgesetzes ist: „Beim freien Fall von verschiedenen Körpern im gleichen Medium sind die Fallgeschwindigkeiten proportional den Gewichten."

Dieses Urteil ist falsch. Es ist nicht durch Analyse der Begriffe gewonnen, sondern fügt den Begriffen eine neue Bestimmung hinzu; es ist also synthetisch. Es frage sich nun: Ist das Urteil aus Erfahrung gewonnen oder unabhängig von der Erfahrung?

Eines ist klar: Wenn Aristoteles Fallzeiten wirklich gemessen hätte, wenn auch noch so primitiv und ungenau, hätte er seine Behauptung niemals aufgestellt. Deswegen ist sie aber noch nicht unabhängig von aller Erfahrung. Es ist eine alltägliche Erfahrung, daß eine Feder in der Luft langsamer fällt als ein Stein. Aber diese bloße Ungleichung begründet noch keine Proportionalität. Wenn also Aristoteles eine Proportion behauptet, so muß er andere Gründe gehabt haben, die nicht aus Erfahrung stammen. Welche diese Gründe waren, wissen wir nicht; vielleicht meinte er ganz allgemein, daß zwischen Ursache und Folge eine Proportion bestehen muß. Für uns genügt jedenfalls die Feststellung, daß die Begründung dieses Urteils nicht in der Erfahrung lag, wenn auch vielleicht ganz primitive Erfahrungen den Anlaß zur Aufstellung des falschen Fallgesetzes gebildet haben mögen. Es handelt sich also, wenn nicht um ein ganz reines Urteil a priori, so doch um ein Urteil, das in der Hauptsache durch Überlegungen a priori begründet wurde.

Im Grunde bezweifelt ja auch niemand, daß es falsche Urteile a priori gibt. Die Sprache hat sogar einen eigenen Namen dafür: man nennt sie *Vorurteile.* Und wer wagt es, zu behaupten, daß es in der Wissenschaft nie Vorurteile gegeben hat oder daß die heutige Wissenschaft frei von Vorurteilen ist?

7. Evidenz

Wenn wir in der Naturwissenschaft nach Urteilen a priori suchen, so müssen wir unsere Aufmerksamkeit vor allem auf solche Behauptungen richten, die ohne Begründung oder nur unter Berufung auf ihre Evidenz, d.h. auf ihren einleuchtenden Charakter aufgestellt werden.

Es gibt verschiedene Grade der Evidenz. Worte wie „plausibel", „natürlich", „einleuchtend", „selbstverständlich" drücken schwächere oder stärkere Evidenz aus. Noch häufiger wird die Evidenz durch Schweigen ausgedrückt. Indem man eine Voraussetzung stillschweigend zugrunde legt oder eine Behauptung nicht begründet, drückt man damit aus, daß man eine Begründung nicht für nötig und die Behauptung für unmittelbar einleuchtend hält.

Die Griechen pflegten die Grundvoraussetzungen, auf denen ihre Beweise beruhten, als Axiome vorauszuschicken (so Archimedes in seiner berühmten Arbeit über das Hebelgesetz). Aristoteles verlangt ausdrücklich, daß jede Wissenschaft auf evidenten Grundvoraussetzungen beruhen soll. Die heutigen Naturwissenschaftler pflegen die Grundvoraussetzungen ihrer Wissenschaften nicht so genau und ausdrücklich zu formulieren, was die erkenntnistheoretische Analyse sehr erschwert.

Evidenz ist ein individuelles Gefühl. Eine Behauptung kann einem Forscher evident erscheinen, einem anderen nicht. Es kann auch vorkommen, daß man auf Grund der Erfahrung zu zweifeln anfängt an Urteilen, die man früher für evident gehalten hat. Die Wissenschaft korrigiert laufend ihre Vorurteile.

Eine Art Evidenz, nämlich eine sehr starke ist das „Bewußtsein der Notwendigkeit" eines Urteils, das bei Kant eine wichtige Rolle spielt. Kant schreibt in der Transzendentalen Ästhetik (2. Auflage, § 3):

„Die geometrischen Sätze sind insgesamt apodiktisch, d.i. mit dem Bewußtsein der Notwendigkeit verbunden."

Was Kant aber nicht berücksichtigt, ist, daß dieses „Bewußtsein der Notwendigkeit", wenn es auch noch so stark ist, doch ein individuelles Gefühl bleibt. Manche Sätze, die Kant für „apodiktisch sicher" hielt, werden von den heutigen Wissenschaftlern bezweifelt oder gar für falsch gehalten, z.B. der Satz „daß in allen Veränderungen der körperlichen Welt die Quantität der Materie unverändert bleibe". Es ist wahr, daß man den Satz retten kann, indem man die Masse der Energie zur Masse der Materie addiert, aber daß dieser Erhaltungssatz mit dem Bewußtsein der Notwendigkeit verbunden sei, wird wohl kein Physiker behaupten.

8. „Apodiktisch sicher"

Hätte Kant sich streng an seine Definition „apodiktisch = mit dem Bewußtsein der Notwendigkeit verbunden" gehalten, so hätte er bemerkt, daß dieses Bewußtsein nur subjektiv verstanden werden kann. Die Notwendigkeit eines Satzes kann von verschiedenen Forschern verschieden beurteilt werden, ebenso wie die Richtigkeit verschieden beurteilt werden kann. Bewußtsein der Richtigkeit ist nicht dasselbe wie Richtigkeit und Bewußtsein der Notwendigkeit nicht dasselbe wie objektive Notwendigkeit.

Bei Kant scheint aber neben seiner eigenen Definition auch noch die ursprüngliche Bedeutung „beweiskräftig", die das Wort apodeiktikos bei Aristoteles hat, mitzuspielen. So kommt er dazu, das Prädikat „apodiktisch sicher" als ein objektives Prädikat aufzufassen. Ein schlüssiger Beweis ist auch für andere verbindlich und wenn ein Urteil wirklich unbezweifelbar ist, so wird sich auch bei anderen das Bewußtsein der Notwendigkeit einstellen. In diesem Sinne hat Kant die geometrischen Grundsätze, das Kausalitätsprinzip und den Satz von der Erhaltung der Quantität der Materie für unbezweifelbar gehalten. Es ist ihm gar nicht der Gedanke gekommen, daß andere diese Grundsätze bezweifeln könnten.

An diesem Punkt hat die Kritik der Mathematiker und Physiker sofort eingesetzt. Bei Gauß und vielen anderen nach ihm finden wir immer wieder dasselbe Argument: die Euklidische Geometrie ist nicht apodiktisch sicher, denn die nicht-Euklidische Geometrie ist ebenso gut denkbar und vorstellbar wie die Euklidische. Also, so schließt man, hat Kant Unrecht mit seiner Ansicht, die geometrischen Grundsätze seien apodiktische synthetische Urteile a priori.

Diese Kritik trifft aber meines Erachtens nur einen ganz nebensächlichen Punkt, nämlich Kants Überzeugung von der unbezweifelbaren Richtigkeit der Axiome.

In Wahrheit hat Kant nur einen kleinen Fehler gemacht, seine Kritiker einen großen. Kant hat seiner persönlichen Überzeugung, daß gewisse Grundsätze der Wissenschaft apodiktisch sicher und unbezweifelbar seien, zu kräftig Ausdruck gegeben, das ist alles. Für Kants Lehre von den synthetischen Urteilen a priori ist diese Überzeugung nicht wesentlich, wie wir weiter unten näher ausführen werden. Kants Gegner aber haben sich einer Begriffsverwechslung schuldig gemacht, indem sie die Begriffe „a priori“ und „apodiktisch sicher“ gleichgesetzt haben. Sie haben bemerkt, daß die Axiome der Geometrie nicht unbedingt sicher sind und sie haben daraus geschlossen, daß diese Axiome keine synthetischen Urteile a priori sein können.

Im folgenden soll versucht werden, diese Begriffsverwechslung völlig zu klären. Wir wollen das Verhältnis zwischen den Begriffen „apodiktisch“ und „a priori“ untersuchen und sehen, was von Kants Lehre übrig bleibt, wenn man die unbezweifelbare Richtigkeit der Grundsätze der Geometrie und der übrigen synthetischen Urteile a priori fallen läßt.

9. „Apodiktisch" und „a priori"

Verschiedene Male verwendet Kant den apodiktischen Charakter von Urteilen, d.h. das Bewußtsein ihrer Notwendigkeit, als Beweismittel dafür, daß diese Urteile a priori sind. Nur einmal scheint es, als ob er den umgekehrten Schluß ziehen wollte. Im ersten Abschnitt der transzendentalen Ästhetik (1. Auflage) heißt es:

„3. Auf diese Notwendigkeit a priori (der Raumvorstellung) gründet sich die apodiktische Gewißheit aller geometrischer Grundsätze und die Möglichkeit ihrer Konstruktion a priori.“

Man könnte meinen, daß Kant hier aus A: die Raumvorstellung ist a priori schließen will auf

B: die geometrischen Grundsätze sind apodiktisch gewiß.

Wenn wir Kants Schlußweise so interpretieren, so hätte Kant sich einer petitio principii schuldig gemacht. Er hätte die falsche Prämisse

C: „Alle apriori-Urteile sind apodiktisch gewiß" als stillschweigende Voraussetzung seinen Schlüssen zugrunde gelegt.

Aber es ist nicht unbedingt nötig, den Passus so zu interpretieren. Es kann sehr wohl sein, daß Kant nur hat sagen wollen, daß die Notwendigkeit a priori der Raumvorstellung die notwendige Voraussetzung für die apodiktische Gewißheit der geometrischen Grundsätze ist und die geometrischen Konstruktionen erst ermöglicht.

Übrigens hat Kant diesen nicht sehr glücklich formulierten Absatz in der 2. Auflage weggelassen. Nach den Ausführungen der 2. Auflage ist es völlig klar, das Kant das Bewußtsein der Notwendigkeit und Allgemeingültigkeit von Urteilen immer nur als Beweismittel für den Apriori-Charakter verwendet. Nirgends behauptet er, daß alle a priori-Urteile auch notwendig und apodiktisch sicher sein müssen.

Hat Kant recht, daß das Bewußtsein der Notwendigkeit oder allgemeiner das Evidenzgefühl, das gewisse Urteile begleitet, ein „unfehlbares Kriterium" für den Apriori-Charakter dieser Urteile ist? Wir rühren hier an einen wesentlichen Punkt seiner Lehre und wollen daher die Frage möglichst sorgfältig prüfen.

10. Evidenz und Apriori

Wir haben gesehen, daß der Apriori-Charakter eines Urteils individuell ist: was einem Forscher a priori richtig erscheint, kann ein anderer empirisch prüfen. So hat Gauß die Winkelsumme eines großen Dreiecks nachgemessen.

Wir haben auch gesehen, daß der Evidenzcharakter, der einem Urteil anhaftet, individuell ist. Der eine kann ein Urteil evident finden, aber der andere nicht.

Die richtig gestellte Frage lautet also: Wenn ein Urteil einem Forscher so evident erscheint, daß er keine Begründung gibt oder gar die Richtigkeit stillschweigend annimmt, kann man dann vermuten, daß das Urteil für diesen Forscher a priori ist?

Ich meine, ja. Es mag vielleicht im täglichen Leben vorkommen, daß etwas, das wir seit unserer Kindheit immer wieder wahrnehmen, uns schließlich selbstverständlich erscheint. Es mag auch bei weniger selbständigen Forschern, die die Wissenschaft aus Büchern gelernt haben, vorkommen, daß sie nicht mehr genau wissen, welche Sätze ursprünglich aus Erfahrung stammen, und daß ein früh gelernter Satz ihnen schließlich evident scheint. Aber die großen, originellen Forscher legen sich gewöhnlich genau Rechenschaft von ihren Gründen ab. Wenn ein solcher Forscher ein neues Urteil aufstellt, das er nicht von seinen Vorgängern übernommen hat, und wenn das Urteil auf Erfahrung beruht, so wird er sich auf diese Erfahrung berufen. Stellt er dagegen ein Urteil ohne Begründung auf und betrachtet es als evident, so ist anzunehmen, daß er es nicht aus Erfahrung hat. Es mögen natürlich vertraute alltägliche Erlebnisse eine gewisse Rolle spielen, aber die präzise und allgemeine Formulierung des Urteils geht in den meisten Fällen weit über diese unpräzise, qualitative Erfahrung hinaus.

Ob dieses Kriterium wirklich unfehlbar ist, wie Kant meint, weiß ich nicht. Darauf kommt es aber nicht an, denn in den meisten Fällen können wir noch andere Gründe anführen, die darauf hinweisen, daß das betreffende Urteil nicht aus Erfahrung stammt. Wir kennen doch in vielen Fällen aus der Geschichte der Wissenschaft die Erfahrungen, die einem Forscher zu Gebote standen. Nachher werden wir einige Beispiele geben, die die Methode erläutern, nach der gewisse Urteile mit großer Wahrscheinlichkeit als a priori erkannt werden können. Ganz sicher können wir allerdings nie sein; denn die Geschichte der exakten Wissenschaften, auf die wir uns immer berufen müssen, ist und bleibt eine unexakte Wissenschaft.

11. Allgemeinheit

Als zweites Merkmal für Urteile a priori verwendet Kant die Allgemeinheit. Wir haben seine Worte schon zitiert:

„Erfahrung gibt niemals ihren Urteilen wahre oder strenge Allgemeinheit, sondern nur angenommene und comparative Allgemeinheit (durch Induktion), so daß es eigentlich heißen muß: so viel wir bisher wahrgenommen haben, findet sich von dieser oder jener Regel keine Ausnahme. Wird also ein Urteil in strenger Allgemeinheit gedacht, d.i. so, daß gar keine Ausnahme als möglich verstattet wird, so ist es nicht von der Erfahrung abgeleitet, sondern schlechterdings a priori gültig."

Kants Gedankengang ist klar, aber an der Formulierung ist verschiedenes auszusetzen. Zunächst ist das Wort „gültig" am Schluß zu streichen. Wir dürfen die Begriffe „allgemein" und „allgemeingültig" nicht verwechseln. Jedes Urteil von der Form „alle A sind B" ist ein allgemeines Urteil, es wird „in strenger Allgemeinheit gedacht", es wird „gar keine Aussnahme als möglich verstattet": das steckt alles schon im Wort „alle". Aber deswegen braucht das Urteil noch nicht richtig zu sein. Ein Beispiel ist das Fallgesetz des Aristoteles, das in strenger Allgemeinheit gedacht, aber dennoch falsch ist.

Die Verstärkung „wahre oder strenge" bei Kant deutet ebenso wie das Wort „gültig" am Schluß darauf hin, daß Kant nur an richtige Urteile gedacht hat. Aber diese Beschränkung ist gänzlich unwesentlich. Worauf es ankommt, ist nur, daß der Forscher, der das allgemeine Urteil aufstellt, es in diesem Augenblick für richtig hält. Er geht damit über die Erfahrung, die ihm nur einzelne Fälle liefern kann, hinaus; denn er behauptet ja die allgemeine Richtigkeit. Insofern das Urteil über die Erfahrung hinausgeht, ist es a priori. Das ist der einfache Kern des Kantischen Gedankenganges und dieser Kerngedanke ist selbstverständlich richtig.

Ob ein Urteil allgemein ist, das kann man aus der Form des Urteils allein ersehen, nämlich aus dem Vorkommen von Worten wie „alle" oder „immer". Die Richtigkeit oder gar Allgemeingültigkeit braucht man nicht nachzuprüfen. Ist das Urteil allgemein, so steckt darin ein Element a priori. Wir haben also ein einfaches und wirklich unfehlbares Merkmal für Urteile a priori.

Zusammenfassend können wir sagen: von den kräftigen Ausdrücken Kants wie „wahre Allgemeinheit und strenge Notwendigkeit" müssen wir einiges abstreichen. Die Grundgedanken seiner Lehre von den synthetischen Urteilen a priori bleiben davon aber unberührt.

Die folgenden Beispiele mögen dazu dienen, das Gesagte näher zu erläutern.

12. Das Kausalprinzip als synthetisches Urteil a priori

Gemäß dem allgemeinen Prinzip, als Urteile nur bestimmte Aussagen von einzelnen Menschen gelten zu lassen, gebe ich das Kausalprinzip hier in einer Formulierung von David Hume (Enquiry concerning Human Understanding, Section VIII: Of Liberty and Necessity, Part I):

„The same motives produce always the same actions: The same events follow from the same causes".

Hume nennt dieses Prinzip, „the doctrine of necessity". Er schreibt:

„It seems almost impossible, therefore, to engage either in science or action of any kind, without acknowledging the doctrine of necessity."

„Necessity, according to the sense, in which it is here taken, has never been rejected, nor can ever, I think be rejected by any philosopher."

Die geläufige Ansicht, daß Hume das Kausalitätsprinzip in Zweifel gezogen hätte, ist also falsch. Er erklärt im Gegenteil, daß jeder handelnde Mensch, jeder Wissenschaftler und jeder Philosoph das Prinzip annehmen muß. Er selbst stellt das Prinzip an die Spitze seiner Untersuchung über Freiheit und Notwendigkeit und alle seine Folgerungen beruhen darauf.

Hume selbst hat aber in dem vorangehenden Section IV, Part II dargetan, daß unser Glaube an die Kausalität weder durch Erfahrung noch durch vernünftige Überlegung gerechtfertigt werden kann. Daraus folgt: *Das Kausalitätsprinzip, so wie Hume es ausgesprochen hat, ist für Hume selbst ein synthetisches Urteil a priori.*

Wir sehen also, daß zwischen Hume und Kant bezüglich der Evidenz und des nicht-empirischen Charakters des Kausalprinzips volle Übereinstimmung herrscht.

Kant selbst hat allerdings sein Verhältnis zu Hume ganz anders dargestellt. Er betont nicht (wie wir) die Übereinstimmung in den Hauptthesen, sondern die Unterschiede zwischen der Kausalitätslehre Humes und seiner eigenen. In der 2. Auflage der Einleitung VI schreibt er:

„David Hume, der dieser Aufgabe unter allen Philosophen noch am nächsten trat, sie aber sich beiweitem nicht bestimmt genug und in ihrer Allgemeinheit dachte, sondern bloß bei dem synthetischen Satz der Verknüpfung der Wirkung mit ihren Ursachen stehen blieb, glaubte heraus zu bringen, daß ein solcher Satz a priori gänzlich unmöglich sei, und nach seinen Schlüssen würde alles, was wir Metaphysik nennen, auf einen bloßen Wahn von vermeintlicher Vernunfteinsicht dessen hinauslaufen, was in der Tat bloß aus Erfahrung erborgt und durch Gewohnheit den Schein der Notwendigkeit übernommen hat."

Wer Hume im Original gelesen hat, weiß wie verzerrt Kant hier seine Lehre wiedergibt. Kants Deutung läßt sich (wenn man die Metaphysik, die mit Humes Problem gar nichts zu tun hat, aus dem Spiele läßt) so zusammenfassen: Die Verknüpfung der Wirkung mit der Ursache erfolge *nicht a priori*, sondern *bloß aus Erfahrung* und *durch Gewohnheit*, die einen *Schein der Notwendigkeit* erzeugt. In dieser Darstellung sind nur die Worte „durch Gewohnheit" ganz richtig im Geiste Humes. Der „Schein der Notwendigkeit" ist nur ein verächtlicher Ausdruck für das, was Kant selbst bei den geometrischen Urteilen „das Bewußtsein der Notwendigkeit" nennt. Zwischen einem „Schein der Notwendigkeit" und einem „Bewußtsein der Notwendigkeit" besteht ein Unterschied nur für einen Außenstehenden, der den Schein für trügerisch hält. Aber Hume hält die Verknüpfung zwischen Ursache und Wirkung, die „doctrine of necessity", gar nicht für trügerisch, wie wir ja gesehen haben, und Kant auch nicht. Wenn also Kant von einem „Schein" spricht, so entwickelt er ein gefühlsmäßig entstelltes Bild der Lehre Humes. Die Worte „bloß aus Erfahrung" endlich sind der wirklichen Lehre Humes diamentral entgegengesetzt, denn Hume betont viele Male, daß bloße Erfahrung uns gar nichts über kausale Verknüpfung lehren kann.

Natürlich gibt es Unterschiede zwischen der Humeschen und der Kantischen Kausalitätslehre. Kant versucht, das kausale Denken zu rechtfertigen, während Hume sich mit einer psychologischen Erklärung begnügt. Kant betont die Verknüpfung von Ursache und Wirkung *nach einer Regel*, während Hume nur erklärt, daß gleiche Ursachen notwendigerweise gleiche Folgen haben. Aber diese Unterschiede stellen keinen Gegensatz dar. Man kann die Lehre Kants so vortragen (G. Heymans hat es in seinem großartigen Werk „Die Gesetze und Elemente des wissenschaftlichen Denkens" getan), daß sie als Fortsetzung und Erweiterung der Lehre von Hume erscheint.

13. Ein geometrisches Axiom

Als weiteres Beispiel eines synthetischen Urteils a priori wähle ich das dritte der „allgemeinen Einsichten" Euklids.

III. „Wenn von Gleichem Gleiches weggenommen wird, sind die Reste gleich".

Euklid stellt die „Koinai ennoiai" ohne Beweis an die Spitze seines Lehrbuches. Benutzt wird dieses Axiom vor allem in der Lehre von den Flächen- und Rauminhalten, die mindestens auf Eudoxos zurückgeht. Aristoteles, der vor Euklid, aber nach Eudoxos lebte, zitiert das Axiom mehrfach als Beispiel für ein „allgemeines Axiom", das allen Wissenschaften gemeinsam ist. Wir können also annehmen, daß Eudoxos oder einer seiner Vorgänger es als erster ausdrücklich als Axiom formuliert hat.

Euklid gibt für die allgemeinen Einsichten keinerlei Begründung. Aristoteles sagt, daß es lächerlich wäre, zu versuchen, die Axiome zu beweisen. Beide betrachten offenbar das Urteil III als evident. Auch von den späteren griechischen Kommentatoren hat niemand Anstoß daran genommen, daß Euklid dieses Axiom und einige ähnliche ohne Beweis zugrunde gelegt hat.

Daß dieses Axiom kein analytisches Urteil ist, ist klar. Wie sollte man es durch Analyse aus den Begriffen „gleich“ und „wegnehmen“ herausholen können?

Daß das Axiom nicht aus Erfahrung gewonnen wurde, scheint mir ebenso klar. Dagegen spricht zunächst die Tatsache, daß man das Axiom als evident betrachtet hat. Sodann ist nicht recht einzusehen, wie man es empirisch verifizieren könnte. Man müßte etwa von zwei kongruenten Flächenstücken in verschiedenen Weisen kongruente Teile wegnehmen und jedesmal durch Ausmessen der Reste feststellen, daß sie gleich groß sind. Aber beim Ausmessen der Reste müßte man Sätze über Flächeninhalte von Polygonen benutzen, die ihrerseits mit Hilfe des Axioms III beweisen werden. Man würde sich also im Kreise herumdrehen. Ich glaube, die Platoniker und Mathematiker dieser Zeit würden jeden auslachen, der in dieser Weise versuchen würde, geometrische Axiome empirisch zu „beweisen“.

Es bleibt also nichts anderes übrig als die Annahme, daß das Axiom III für Eudoxos und Euklid ein synthetisches Urteil a priori war.

Andererseits kann man nicht leugnen, daß die griechische Wissenschaft wesentlich auf Axiomen dieser Art aufgebaut war.

14. Die Kreisbewegung der Himmelskörper

Die klassische griechische Astronomie beruht auf dem Postulat der gleichmäßigen Kreisbewegung der Himmelskörper. Geminos begründet in seiner „Einführung in die Astronomie“ (um 70 vor Chr.) das Postulat so:

„Grundlegend für die gesamte Astronomie ist (die These), daß die Sonne, der Mond und die fünf Planeten sich gleichmäßig und kreisförmig und in entgegengesetzter Richtung zum Kosmos bewegen. Die Pythagoreer nämlich, die als erste an solche Untersuchungen herantraten, legten für die Sonne, den Mond und die fünf Planeten kreisförmige und gleichmäßige Bewegungen zugrunde. Konnten sie doch für die göttlichen und ewigen (Himmelskörper) nicht eine derartige Unregelmäßigkeit annehmen, vermöge welcher diese sich bald schneller, bald langsamer bewegen, bald gar stillstehen sollten, wie man ja bei den fünf Planeten von „stationär werden“ spricht. Darf man doch selbst bei einem gebildeten und gesetzten Menschen in seinem Gang eine derartige Ungleichmäßigkeit der Bewegung nicht voraussetzen. Freilich werden für die Menschen die Bedürfnisse des Lebens häufig Ursache zu langsamerer oder schnellerer Bewegung; allein bei der unvergänglichen Beschaffenheit der Gestirne ist zu schnellerer oder langsamerer Bewegung keinerlei Ursache denkbar. Aus diesem Grunde stellten sie sich die Aufgabe so: wie durch kreisförmige und gleichmäßige Bewegungen die Erscheinungen zu erklären seien.“

Geminos war ein gut informierter Autor. Was er in seiner „Einführung“ (Isagoge) über die Astronomie der Chaldäer sagt, stimmt genau mit den Keilschrifttexten überein. Seine Mitteilungen über die astronomischen Kalender von Euktemon und Kallippos erlauben uns, diese schematischen Kalender genau zu rekonstruieren[1]). Außer der Isagoge

[1]) *B. L. van der Waerden:* Greek astronomical calendars. Journal of Hellenic Studies **80**, p. 168 (1960).

hat Geminos ein (nicht erhaltenes) Werk über die Prinzipien der mathematischen Wissenschaften geschrieben, aus dem Proklos in seinem Euklidkommentar öfter zitiert. Aus diesen Zitaten geht hervor, daß Geminos die „Geschichte der Geometrie" des Eudemos gut kannte. Wahrscheinlich kannte er auch dessen „Geschichte der Astronomie". Wie dem auch sei, jedenfalls können wir annehmen, daß Geminos die Gedankengänge der Pythagoreer richtig dargestellt hat. Die mathematischen und astronomischen Lehren der Pythagoreer wurden nämlich (im Gegensatz zu ihren religiösen Ideen) nicht geheim gehalten: sie waren schon zur Zeit Platons und noch zur Zeit des Ptolemaios allgemein bekannt. Zum Beispiel zitiert Eudemos einen Beweis der Pythagoreer für den Satz von der Winkelsumme im Dreieck, und Ptolemaios gibt in seiner Harmonik einen ausführlichen Bericht über die Harmonielehre der Pythagoreer.

Wir dürfen also annehmen, daß die von Geminos dargestellte Begründung für das Postulat der gleichmäßigen Kreisbewegung tatsächlich von den Pythagoreern herrührt. Diese Begründung ist sehr bemerkenswert. Nicht von der Erfahrung gingen die Pythagoreer aus, sondern von der Theologie. Die Erfahrung zeigt uns zwar, so argumentierten sie, daß die Planeten sich bald schneller, bald langsamer bewegen, bald gar stillzustehen scheinen, aber das kann nur Schein sein, denn die Sonne, der Mond und die Planeten sind „göttlich und ewig" und für sie ist „zu schnellerer oder langsamerer Bewegung keinerlei Ursache denkbar".

Für den Pythagoreer, der diese Betrachtung zuerst anstellte, war das Postulat der gleichmäßigen Kreisbewegung offensichtlich kein Erfahrungsurteil, sondern ein synthetisches Urteil a priori, das theologisch begründet wurde.

Nicht alle Griechen hielten dieses Urteil für richtig. Anaxagoras meinte, Sonne und Mond seien keine Götter, sondern nur feurige, tote Steine, die im Wirbel des Äthers mitgerissen wurden. Demokritos nahm ebenfalls eine Wirbelbewegung an und meinte, die Bewegung der Planeten sei ganz unregelmäßig. Wie Platon (Gesetze 886 D) bezeugt, waren solche gottlose Meinungen weit verbreitet. Zur Zeit des Demokritos hielten nur die Pythagoreer unentwegt an der These von der Göttlichkeit der Gestirne und der gleichmäßigen Kreisbewegung fest.

Die These von der Wirbelbewegung und die damit verbundene These vom „Zurückbleiben" der Planeten gegen die Fixsterne in ihrer täglichen Bewegung führte zu keiner brauchbaren Astronomie: sie konnte die Erscheinungen nicht erklären. Zur Blüte kam die griechische Astronomie erst dann, als die Mathematiker sich die These der gleichmäßigen Kreisbewegung zu eigen machten. Geminos hat also völlig recht, wenn er sagt, daß diese These „für die ganze Astronomie grundlegend" sei.

Wir haben hier ein sehr gutes Beispiel für die grundlegende Rolle, die Apriori-Überzeugungen in den Naturwissenschaften spielen. Anaxagoras und Demokritos, die nichts von diesen religiös begründeten Überzeugungen hielten, führten die Wissenschaft auf einen unfruchtbaren Holzweg. Erst als man die Hypothese der gleichmäßigen Kreisbewegung zugrunde legte, fing die Astronomie an, „den sicheren Gang einer Wissenschaft" (Kant, Vorrede zur 2. Ausgabe der Kritik der reinen Vernunft) zu gehen.

Die griechische Astronomie fand im System des Ptolemaios ihre großartige Vollendung. Das System beruhte ganz und gar auf der Annahme der Kreisbewegung. Die Gleichmäßigkeit wurde allerdings durch die Einführung des „Ausgleichspunktes" teilweise aufgehoben. Doch gelang es Kopernikus, ein verbessertes System aufzustellen, in dem nur gleichmäßige Kreisbewegungen vorkamen. Wiederum zeigte sich die Kraft und die Fruchtbarkeit des Postulates der gleichmäßigen Kreisbewegung.

Kepler übernahm von Kopernikus die heliozentrische Hypothese, aber in allen anderen Punkten ging er direkt auf Ptolemaios zurück. Wenn das System des Ptolemaios nicht vorhanden gewesen wäre, hätte Kepler seine „Astronomia Nova" schlechterdings nicht schreiben können. Er versuchte es immer wieder mit Kreisbewegungen und Ausgleichspunkten, wie Ptolemaios sie angenommen hatte, kam aber nicht zum Ziel. Nach mühsamen Rechnungen fand er, daß die Marsbahn kein Kreis ist, sondern eine ovale Figur. Er versuchte es mit einer Ellipse, aber die Ellipse war zu schmal. Dann probierte er es von neuem mit Epizykeln. Die Vorstellung, die ihn dabei leitete, war die einer magnetischen Kraft, die von der Sonne ausgeht und den Planeten seitwärts bewegt. Er schreibt in einem Brief:

„Mein Ziel ist es, zu zeigen, daß die himmlische Maschine nicht eine Art göttlichen Lebewesens ist, sondern gleichsam ein Uhrwerk, insofern nahezu alle die mannigfaltigen Bewegungen von einer einzigen, ganz einfachen magnetischen körperlichen Kraft besorgt werden, wie bei einem Uhrwerk alle Bewegungen von dem einfachen Gewicht." (Max Caspar: Kepler, S. 156.)

In diesen Worten Keplers tritt der Zusammenhang mit der Theologie von neuem zutage. Anaxagoras und Demokritos nahmen an, daß die Himmelskörper keine Lebewesen seien; dementsprechend versuchten sie, deren Bewegungen mechanisch (durch Wirbel) zu erklären. Die Pythagoreer und Platon glaubten an die Göttlichkeit des Himmels und der Gestirne; daher ließen sie nur zwanglose, gleichmäßige Kreisbewegungen zu. Kepler versuchte von neuem, das Uhrwerk des Himmels durch mechanische und magnetische Kräfte zu erklären. Diese neue Einstellung ermöglichte es ihm, sich vom Dogma der Kreisbewegungen zu befreien.

15. Zusammenfassung

Wenn man die Geschichte der Wissenschaften verfolgt, so zeigt sich immer deutlicher, daß die Wissenschaftler sehr häufig von vorgefaßten Meinungen ausgehen, die ihnen a priori plausibel vorkommen oder die sie von ihren Vorgängern übernehmen. So übernahm Kepler von den Pythagoreern die Vorstellung von der Harmonie des Himmels: von dieser Vorstellung war er begeistert und er ließ sich in allen seinen Forschungen von ihr leiten. Die euklidische Geometrie und die darauf beruhende Trigonometrie übernahm er ebenfalls von den Griechen und zog sie nie in Zweifel. Viele Male hat er das Drieeck Erde-Sonne-Mars berechnet; ohne die Annahme einer euklidischen Geometrie wären diese Rechnungen ganz oder doch nahezu unmöglich gewesen. Das Postulat der gleichmäßigen Kreisbewegung diente ihm als Sprungbrett. Wenn er das Sprungbrett nicht gehabt hätte, hätte er nie so weit springen können.

Die Wissenschaft braucht vorgefaßte Meinungen: die Erfahrung allein liefert keinen brauchbaren Ausgangspunkt. Große Wissenschaftler wie Kepler haben aber die wunderbare Fähigkeit, im entscheidenden Moment eine vorgefaßte Meinung fallen zu lassen und eine fruchtbare neue Hypothese aufzustellen. Solche Momente sind für den Forscher selbst befreiend und beglückend. „Mir war, als würde ich aus dem Schlafe geweckt und sähe ein neues Licht", schreibt Kepler im 56. Kapitel der Astronomia Nova, rückblickend auf den gesegneten Augenblick, in dem das Gesetz der Ellipsenbewegung im blitzartig eingefallen war.

Ähnlich äußerte sich Heisenberg, als ich ihn über die Entdeckung der Matrixmechanik interviewte:

„In Helgoland war ein Augenblick, in dem es mir wie eine Erleuchtung kam, als ich sah, daß die Energie zeitlich konstant war. Es war spät in der Nacht. Ich rechnete es mühsam aus, und es stimmte. Da bin ich auf einen Felsen gestiegen und habe den Sonnenaufgang gesehen und war glücklich."

Die Analogie zwischen Kepler und Heisenberg ist frappant. Ebenso wie Kepler damals, so hat auch Heisenberg in eben dieser Nacht im Juni 1925 eine bis dahin allgemein angenommene vorgefaßte Meinung glücklich überwunden, nämlich die Annahme, daß alle Teilchen bestimmte Bahnen durchlaufen. Diese Annahme war für die gesamte klassische Mechanik und für die ältere Quantentheorie grundlegend. Die Quantenmechanik wurde dadurch möglich, daß es Heisenberg gelang, sich von diesem kinematischen Vorurteil zu befreien, oder, wie er es selbst in einem Brief an Pauli vom 9. Juli 1925 ausdrückt, „den Begriff der Bahnen, die man doch nicht beobachten kann, restlos umzubringen und geeignet zu ersetzen".[1])

Zusammenfassend kann man sagen: Prinzipien (wie das Kausalitätsprinzip) und Vorurteile (wie die Axiome der euklidischen Geometrie) sind für die Wissenschaft wichtig, sogar unentbehrlich. Ohne sie kann man, wie Kant ganz richtig gesehen hat, die Sinnesempfindungen nicht zu Erfahrungen verarbeiten und die Erfahrungen nicht zur Theorie. In diesem Sinne sind synthetische Urteile, wie Kant sagt, notwendige Bedingungen für die Möglichkeit der Erfahrung. Jedoch die erfolgreiche Befreiung von einem Vorurteil ist für den Forscher ein beglückendes Erlebnis, das unter Umständen der Wissenschaft neue Bahnen eröffnet.

---

[1]) Siehe *B. L. van der Waerden:* Sources of Quantum Mechanics, Amsterdam 1967, S. 27.

Die Zeit und die Modalitäten

G. Picht

Alles, was ist, ist in der Zeit. Alles, was gewesen ist, ist in der Zeit gewesen. Alles, was sein wird, wird in der Zeit sein. Die Verbalformen: „es ist", „es ist gewesen", „es wird sein" bezeichnen verschiedene „Modi" der Zeit. Was immer der Begriff „Modi" bedeuten mag – jedenfalls vermögen wir Gegenwart, Vergangenheit und Zukunft nur zu unterscheiden, indem wir zugleich annehmen, daß die Zeit *in* dieser Differenz eine Einheit ist. In diesem Sinne ist die *Einheit* der Zeit der universale Horizont für alles, von dem wir sagen können, daß es ist, daß es gewesen ist, und daß es sein wird. Unsere Erkenntnis alles dessen, was – in den drei Modi der Zeit – ist, wird also stets durch jenes Vorverständnis bestimmt, das wir von der Einheit der Zeit, sei es auch noch so unartikuliert, mitbringen. Jedes Objekt, jede Struktur, jede Relation, jedes Gesetz, das wir erkennen oder zu erkennen glauben, ist zugleich ein Spiegel jenes Vorverständnisses der Einheit der Zeit, das menschliches Erkennen allererst möglich macht. In diesem Sinne kann man sagen: was wir „die Wahrheit" nennen, ist die Erscheinung der Einheit der Zeit, die sich in jeder einzelnen Erkenntnis widerspiegelt.

Die europäische Metaphysik hat von Parmenides bis Hegel die Einheit der Zeit als Identität der sich selbst gleichen, in sich selbst verharrenden, unerschütterlichen und unveränderlichen Ewigkeit verstanden und hat die Ewigkeit als die unwandelbare Präsenz des Seins ausgelegt. Sie hatte dafür starke Gründe. Die ewige Präsenz des Seins manifestiert sich in der Natur als *Kontinuität* des Raumes und der Zeit. Bekäme die Kontinuität des Raumes einen Riß, so müßte das Weltall auseinanderbersten. Würde die Kontinuität der Zeit unterbrochen, so wäre alsbald nicht mehr Zeit sondern Nichts. Deshalb erschien die ewige und unwandelbare Identität des Seins, das sich in der Kontinuität von Raum und Zeit manifestiert, als das Fundament des Universums überhaupt. Die griechischen Philosophen gaben der ewigen Präsenz des Seins, die alles, was ist, in seiner Identität zusammenhält, den Namen „Gott". Die Erkenntnis dieses Einen Gottes, der sich in allem, was ist, manifestiert, macht eben deshalb die Erkenntnis von allen anderen Phänomenen erst möglich. Die philosophische Gotteserkenntnis ist der Grund aller übrigen Erkenntnis. Theologie ist die primäre und alles mögliche Wissen begründende Ontologie. Die metaphysische Gotteslehre ist zugleich die Wissenschaft von der Wissenschaft, weil sie die Bedingungen der Möglichkeit und die innere Ordnung alles menschlichen Wissens von ihrem Grunde her durchsichtig macht.

Wenn in der Kontinuität der Zeit die Identität der ewigen Gegenwart des Seins in der Gestalt der *Unwandelbarkeit* erscheint, dann können die sogenannten Modi der Zeit nicht aus dem Wesen der Zeit selbst abgeleitet werden. Deswegen war das europäische Denken im Zeitalter der Metaphysik genötigt, die Einheit der Zeit in einer Form darzustellen, die es erlaubte, die Differenz der Modi der Zeit auszublenden. Bekanntlich hat Aristoteles – im Widerspruch zum archaischen Zeitverständnis der

Griechen – den Verlauf der Zeit durch das Bild einer Kreisbahn dargestellt. Wir vermögen heute die Vorstellung, daß die Zeit in sich selbst zurückläuft, nicht mehr nachzuvollziehen, und es ließe sich zeigen, warum wir das nicht können. Gewiß gibt es auch in der modernen Astrophysik Spekulationen über die Möglichkeit, daß sich in riesigen Perioden jener Zustand wieder herstellt, den man hypothetisch als Initialzustand unserer Welt rekonstruiert hat. Das ist ein Zeichen für die untergründige Macht, die uralte mythische Bilder auch im 20. Jahrhundert auf das Denken der Wissenschaft ausüben. Es ist nicht das Resultat einer wissenschaftlichen Analyse des Wesens der Zeit. Immerhin läßt sich einsehen, wie Aristoteles zu seinem Bild vom zyklischen Verlauf der Zeit gelangt ist. Das Bild ergibt sich nämlich mit strenger Konsequenz, wenn man drei Axiome miteinander verbindet, die für das griechische Denken von Parmenides bis Aristoteles unerschütterlich galten: 1. das Axiom der unwandelbaren Einheit des Seins, 2. das Axiom der Endlichkeit der Welt, 3. das Axiom, daß die unwandelbare Einheit des Seins in der Endlichkeit der Welt zur Erscheinung kommt. Die unwandelbare Einheit des Seins begründet die Beständigkeit der Welt in Einer ewigen Gegenwart. Die Endlichkeit der Welt begründet, daß die ewige Gegenwart in ihr nicht unmittelbar präsent sein kann. Die Vermittlung zwischen Ewigkeit (1. Axiom) und Endlichkeit (2. Axiom) ergibt sich aus dem Begriff der Erscheinung (3. Axiom). Das Medium der Erscheinung ist die Zeit, die, als Kontinuum aufgefaßt, ewige Gegenwart, in ihrem Verfließen aufgefaßt, *bloße* Erscheinung ist. Die Modi der Zeit gehören auf die Seite der bloßen Erscheinung. Wenn nun das Verfließen der Zeit innerhalb einer endlichen Welt verläuft, und wenn sich in diesem Verfließen zugleich die Einheit des Seins in seiner sich selbst gleichen Gegenwart manifestieren soll, so läßt sich die immer gleiche Beziehung der Bahn des Verfließens auf die sich selbst gleichbleibende Ruhe der Beständigkeit nur in dem Bild eines Kreises darstellen, innerhalb dessen jeder Punkt zum Zentrum den gleichen Abstand hat. Nur wenn sich der Verlauf der Zeit vom Zentrum der Identität nicht entfernt, kann der Satz durchgehalten werden, daß in diesem Verlauf die Präsenz der Ewigkeit erscheint. Das Bild der Kreisbahn ergibt sich also mit strenger Konsequenz aus den Prämissen der ewigen Präsenz des Seins und der Endlichkeit der Welt. Die Idee der ewigen Präsenz der Identität entwickelt sich mit staunenswerter Folgerichtigkeit aus einem Gottesbegriff, der sich schon bei Homer und Hesiod auszubilden beginnt. Sie macht die Form des Denkens, die man später „Philosophie" genannt hat, dadurch möglich, daß sie die Einheit der Zeit in einer Gestalt „präsentiert", die im gleichen Zusammenhang sowohl die *Kontinuität* von Raum und Zeit wie das *Verfließen* der Zeit durchsichtig und verständlich werden läßt. Alle Erkenntnisse, die im Horizont des griechischen Denkens möglich wurden, spiegeln die Idee wider, die Einheit der Zeit sei ewige Präsenz der Identität.

Das griechische Denken hat die Endlichkeit in ihrem Verhältnis zum Absoluten nicht einseitig als eine negative Bestimmung der Weltlichkeit der Welt aufgefaßt. Πέρας ist für die Griechen ein Prädikat des Guten, *ἄπειρον* ein Prädikat des Schlechten. Der Kosmos ist gerade darin, daß er *endlich* ist, ein Götterbild: er bringt das in sich abgeschlossene und in sich *vollendete* Wesen des Einen Gottes zur Erscheinung. Seit dem Nominalismus setzt sich im europäischen Denken der große Gedanke von der Unendlichkeit der Macht, der infinita potestas Gottes durch, und Nikolaus von Kues hat den Schritt vollzogen, aus der Unendlichkeit Gottes auf die Unendlichkeit der Welt zu schließen. Dadurch wird eines der Axiome der griechischen Gotteslehre außer Kraft gesetzt. Es kann nun nicht mehr daraus, daß Gott in sich vollendet ist, die Endlichkeit seines Abbildes gefolgert werden. Ein anderes Axiom hält Cusanus hingegen fest; er hält fest, daß Gott sich in der Welt manifestiert. Nur so folgt aus der Unendlichkeit Gottes die Unendlichkeit der Welt. Wenn Gott unendlich ist, so kann sich auch in einer nach Raum und Zeit unendlichen Welt an jedem Ort und zu jedem Zeitpunkt die Allgegenwart Gottes offenbaren. Das Bild der Kreisbahn wird nicht aufgegeben, denn es bleibt die einzige Form, in der sich darstellen läßt, daß jeder Punkt des Verlaufes die gleiche Nähe zu einem in sich ruhenden Zentrum hat. Aber eine unendlich große Kreisbahn hat die Gestalt einer Geraden. So führt der Wandel im Gottesbegriff zu einer Verwandlung der Form, in der die Einheit der Zeit vorgestellt wird. Das Denken der Neuzeit stellt sich die Zeit im Bild einer unendlichen Geraden vor. Die Einheit der Zeit ist gleichförmige Eindimensionalität.

Gewandelt hat sich der Gottesbegriff in dem *einen* Punkt, daß das Verhältnis von *πέρας* und *ἄπειρον* sich umkehrt: das Wesen des von seiner Allmacht her erfahrenen Gottes manifestiert sich nicht mehr in der in sich vollendeten Endlichkeit des Kosmos, sondern in der Unendlichkeit des Universums. Die übrigen Axiome der philosophischen Gotteslehre der Griechen und damit der Metaphysik bleiben jedoch erhalten. Das zeigt sich bei dem Philosophen, der die versteckten Grundlagen und Voraussetzungen des neuzeitlichen Denkens, vor allem aber der neuzeitlichen Physik, mit der größten Klarheit durchdacht hat, nämlich bei Kant. Kant sagt in dem Kapitel „Von dem Schematismus der reinen Verstandesbegriffe" (KrV B 183): „Die Zeit verläuft sich nicht, sondern in ihr verläuft sich das Dasein des Wandelbaren. Der Zeit also, die selbst unwandelbar und bleibend ist, korrespondiert in der Erscheinung das Unwandelbare im Dasein, d.i. die Substanz". Dem entspricht, was Kant im Abschnitt über die „Erste Analogie der Erfahrung" sagt (KrV B 224/5): „Die Zeit also, in der aller Wechsel der Erscheinungen gedacht werden soll, bleibt und wechselt nicht; weil sie dasjenige ist, in welchem das Nacheinander- oder Zugleichsein nur als Bestimmungen derselben vorgestellt werden können. Nun kann die Zeit für sich nicht wahrgenommen werden. Folglich muß in den Gegenständen der Wahrnehmung, d.i. den Erscheinungen das Substrat anzutreffen sein, welches die Zeit überhaupt vorstellt, und an dem aller Wechsel oder Zugleichsein durch das Verhältnis der Erscheinungen zu demselben in der Apprehension wahrgenommen werden kann. Es ist aber das Substrat alles Realen, d.i. zur Existenz der Dinge Gehörigen, die *Substanz*, an welcher alles, was zum Dasein gehört, nur als Bestimmung kann gedacht werden".

Welches Verständnis der Einheit der Zeit spricht sich in diesen Sätzen aus?

1. „Die Zeit bleibt und wechselt nicht". „Bleiben" bedeutet beständige Anwesenheit. „Nicht wechseln" bedeutet Unwandelbarkeit. Das Wesen der Zeit, genauer: die Einheit der Zeit, ist sich selbst gleiche, ewige Gegenwart. Zwar wird die Zeit jetzt als unendlich gedacht, aber die Prädikate, die ihr Wesen bezeichnen, sind immer noch die Prädikate des Gottes der griechischen Philosophie. Nicht die Zeit selbst verfließt, aber alles, was verfließt, verfließt *in* der Zeit. Die Unwandelbarkeit der Zeit als solche begründet die Möglichkeit, die Bahn des Verfließens im Bild einer unendlichen Geraden darzustellen, die in sich gleichförmig ist und den Unterschied zwischen Vergangenheit, Gegenwart und Zukunft nicht abbildet.

2. Die Zeit für sich kann nicht wahrgenommen werden; sie wird zur Vorstellung gebracht durch die Substanz. Als „Substanz“ bezeichnet Kant nicht diese oder jene, so oder so bestimmte Substanz, sondern „das Reale“ der Erscheinung, an welchem „alles, was zum Dasein gehört, nur als Bestimmung kann gedacht werden“. „Substanz“ bezeichnet also hier die reine Identität des Seins mit sich selbst, die immer schon vorausgesetzt wird, wenn wir uns Seiendes in den Kategorien der Quantität, der Qualität, der Relation und der Modalität vorstellen. Diese reine Identität des Seins mit sich selbst wird als Unwandelbarkeit, d.h. als die Negation alles Wechsels überhaupt begriffen, und diese reine Negation des Wechsels stellt uns die selbst nicht wahrnehmbare Zeit vor. Das deutsche Wort „Vorstellung“ wird in der Philosophie als Übersetzung des lateinischen Begriffes „re-praesentatio“ verwendet. Das Sein des Daseins repräsentiert für uns in allem Wechsel die Unwandelbarkeit der selbst nicht wahrnehmbaren Zeit. Als re-praesentatio ist das Dasein nach der Lehre von Kant Erscheinung. Der Horizont aller möglichen Erscheinung ist das, was in jeder Erscheinung überhaupt „repräsentiert“, d.h. zum Vorschein gebracht wird: die Einheit der Zeit. Die Einheit der Zeit kann aber nur dann in der Form der re-praesentatio zur Erscheinung kommen, wenn ihr uns verborgenes Wesen die reine *Präsenz* ist. Diese Präsenz ist bleibend und unwandelbar. Der Grund des Zeitbegriffes ist also auch bei Kant die ständige Gegenwart der Ewigkeit. Diese ständige Gegenwart – der Gott der griechischen Philosophie – kann selbst nicht wahrgenommen, ja sie kann, wie Kant in der „Transzendentalen Dialektik“ zeigt, vom endlichen Verstand nicht einmal gedacht werden. Sie *erscheint* uns nur im Spiegel der Substanz. Die Zeit hat also den unbedingten Vorrang vor dem Sein. In der griechischen Philosophie hatte umgekehrt das Sein den Vorrang vor der Zeit. Der Vorrang der Zeit vor dem Sein ist eine Konsequenz daraus, daß das neuzeitliche Denken das Verhältnis von Endlichkeit und Unendlichkeit umkehrt, alle übrigen Prädikate des Gottes der griechischen Philosophie aber festhält.

Kants Lehre von der Zeit ist nicht das Ergebnis einer ungezügelten Spekulation. Er gewinnt sie durch die transzendentale Reflexion auf die Bedingungen der Möglichkeit der klassischen Physik. Sie ist eine Lehre von den versteckten Implikationen dieser Physik. Kant deckt die Voraussetzungen auf, die man machen muß, wenn es gerechtfertigt sein soll, alles Verfließen der Erscheinungen *in* der Zeit mit einem auf einer feststehend gedachten Geraden definierten Parameter zu messen. Empirisch läßt sich dieses Bild des Verlaufs der Erscheinungen in der Zeit, wie Kant beweist, nicht verifizieren. Denn jede mögliche Empirie setzt ein Vorverständnis von der Einheit der Zeit schon voraus. Im Gegenteil: das der klassischen Physik zugrundeliegende Vorverständnis von Zeit widerspricht unserer unmittelbaren Erfahrung, denn wir erfahren Zeit immer in der Differenz der Modi der Zeit, während das Bild der unendlichen Geraden eine strukturelle Verschiedenheit von Vergangenheit, Gegenwart und Zukunft nicht zuläßt. Aus diesem Grund kann die Konstruktion des Zeitparameters nicht darstellen, daß die Zeit eine Richtung hat und unumkehrbar ist. Es macht keinen Unterschied, in welcher Richtung man die Zeitgerade durchläuft. Dies kommt darin zum Ausdruck, daß auch die Gesetze der klassischen Mechanik die Unumkehrbarkeit der Zeit nicht darstellen. Nach ihren Gleichungen könnte jede Bewegung auch wie ein rückwärts abrollender Film in umgekehrter Richtung verlaufen.

Die Darstellung des Verlaufs aller Bewegungen in der Zeit durch das Bild der unendlichen Geraden hat aber noch eine andere, sehr weittragende Konsequenz gehabt. Wenn man voraussetzt, daß Vergangenheit, Gegenwart und Zukunft isomorph sind, dann gilt für die Zukunft dasselbe, was für die Vergangenheit gilt: sie liegt dann fest. Deswegen war die direkte Konsequenz aus dem der klassischen Physik zugrundeliegenden Zeitbegriff der strenge Determinismus, also die Lehre, daß alle zukünftigen Ereignisse nach unabänderlichen Gesetzen eindeutig bestimmt sind, und daß es lediglich an der Beschränktheit des menschlichen Erkenntnisvermögens liegt, wenn wir nicht in der Lage sind, schon heute mit absoluter Sicherheit sämtliche Ereignisse vorauszusagen, die in der Zukunft zu einem beliebigen Zeitpunkt eintreten werden. Dies alles folgt aus der Prämisse, daß sämtliche Vorgänge in der Zeit in einer einzigen Richtung verlaufen, und daß diese Richtung sich stets gleichbleibt. Nur wenn man das Prinzip der Kausalität mit dem Prinzip der Geradlinigkeit der Zeit, d.h. mit der Elimination der Differenz zwischen Vergangenheit, Gegenwart und Zukunft verbindet, und wenn man außerdem voraussetzt, die Welt sei ein geschlossenes System, folgt aus der Kausalität die eindeutige Determination sämtlicher Vorgänge zu allen Zeiten. Kant hat auch diesen Zusammenhang mit vollkommener Klarheit analysiert; er stellt fest, daß der Verstand „die Zeitordnung auf die Erscheinungen und deren Dasein überträgt, indem er jeder derselben als Folge eine, in Ansehung der vorhergehenden Erscheinungen, a priori bestimmte Stelle in der Zeit zuerkennt, ohne welche sie nicht mit der Zeit selbst, die allen ihren Teilen a priori ihre Stelle bestimmt, übereinkommen würde“ (KrV B 245). Damit bestätigt sich der Satz, daß unser Vorverständnis von der Einheit der Zeit die Form bestimmt, in der die Phänomene, die in der Zeit sind, uns erscheinen. Die Darstellung des Verlaufs der Zeit durch einen geradlinigen Parameter zwingt zu der ihr entsprechenden Fassung des Begriffs der Kausalität. Durch diese Fassung des Begriffes der Kausalität ist festgelegt, in welcher Form wir die Gegenstände möglicher Erkenntnis objektivieren. Zugleich ist durch diesen Begriff der Kausalität der unüberbrückbare Gegensatz zwischen Natur und Freiheit statuiert, der dann die Form bestimmt, in der das neuzeitliche Denken die Hemisphäre des Geistes und der Geschichte sich zur Vorstellung bringt. Hätten wir Grund, den Zeitbegriff der klassischen Physik und seine von Kant wieder aufgedeckten metaphysischen Fundamente einer Revision zu unterwerfen, so würden wir zu einer entsprechenden Revision sämtlicher tragenden Begriffe der neuzeitlichen Wissenschaft genötigt. Die Physik des 20. Jahrhunderts sollte auch den Philosophen einen Anstoß geben, die nicht physikalische, sondern philosophische Frage nach unserem Vorverständnis von der Einheit der Zeit neu zu durchdenken.

Das ungelöste und stets unterdrückte Problem im Zeitverständnis der Metaphysik ist die Differenz der Modi der Zeit. Was soll der Begriff „Modi“ überhaupt bedeuten, wenn doch zugleich der Verlauf der Zeit im Bild einer gleichförmigen Geraden dargestellt wird, und wenn die in diesem Bild behauptete Isomorphie die Form ist, in der wir uns die Kontinuität und damit die Einheit der Zeit zur Vorstellung bringen? Wie sollen wir unsere unmittelbare Erfahrung von Zeit in der Differenz von Gegenwart, Vergangenheit und Zukunft mit der ebenso unmittelbaren Erfahrung der Einheit der Zeit zusammenbringen? Wie sollen wir die Verschiedenheit der Modi überhaupt denken können, da wir doch wissen, daß die Zeit nicht ein Substrat ist, das verschiedene Phasen durchläuft, sondern selbst nichts als die Differenz ihrer Modi „ist“? Diese Frage hängt nicht nur dem

Wortlaut nach mit einer anderen großen Crux der Philosophie, nämlich dem Problem der sogenannten „Modalitäten", zusammen. Wir sahen: alles, was ist, ist in der Zeit. Nicht weniger fundamental, so scheint es, ist der Satz: alles, was ist, ist entweder notwendig oder wirklich oder möglich. Wie hängen diese beiden Sätze miteinander zusammen? Hat etwa die Differenz der drei Modalitäten mit der Differenz der drei Modi der Zeit etwas zu tun? Oder wie wäre sie sonst zu begründen?

Auf dem Boden der klassischen Physik verliert diese Frage ihren Sinn, denn in einer durchgängig determinierten Natur gälte der Satz: alles, was ist, ist notwendig. Die neuere Philosophie hat daraus die Konsequenz gezogen, die Unterscheidung der drei Modalitäten aus der Natur gleichsam herauszuziehen und sie in das Denken zu verlegen. Nicht die Natur, sondern das denkende Subjekt ist so beschaffen, daß es genötigt ist, zwischen Möglichkeit, Wirklichkeit und Notwendigkeit zu unterscheiden. Als möglich gilt alles, was gedacht werden *kann,* ohne daß wir gegen die Regeln des Denkens verstoßen. Als notwendig gilt alles, was nach den Regeln des Denkens gedacht werden *muß.* Aber was würde dann „wirklich" heißen? Hier ist das Denken plötzlich genötigt, seine eigene Sphäre zu durchbrechen. Kant sagt: „Was mit den materialen Bedingungen der Erfahrung (der Empfindung) zusammenhängt, ist wirklich" (KrV B 266). Er geht sogar so weit, zu erklären, daß „die Bestimmung meines Daseins in der Zeit nur durch die Existenz wirklicher Dinge, die ich außer mir wahrnehme, möglich" ist (KrV B 275/6). Durch reines Denken läßt sich niemals ausmachen, was wirklich ist und was nicht; im Gegenteil: das Wirkliche ist „Bedingung" des Denkens, weil ohne „Bestimmung meines Daseins in der Zeit", also ohne Erfahrung, Denken nicht möglich ist. Aber dieser Austritt aus der Sphäre des Subjekts hat seine Folgen. Wir bemerken nämlich, daß die beiden anderen Modalitäten auf die Modalität der Wirklichkeit bezogen sind: möglich ist, was wirklich sein *kann;* notwendig ist, was wirklich sein *muß.* Die Modalität der Wirklichkeit hat in dem Gefüge der drei Modalitäten einen Vorrang. Die Modalitäten können also primär nicht als Modalitäten des Denkens dargestellt werden, sondern sind in der Natur selbst verankert. Sie haben ihren primären Ort nicht, wie man meint, in der Logik, sondern in der Ontologie. Hier aber waren die Modalitäten so lange nicht unterzubringen, als die Physik unter dem Zwang des von ihr vorausgesetzten Zeitbegriffes daran festhalten mußte: alles, was überhaupt ist, ist notwendig. Daraus ergab sich nicht nur in der Philosophie, sondern auch in den positiven Wissenschaften eine sich ständig fortpflanzende Konfusion, indem man einerseits sich genötigt sah, Ereignisse oder Zustände als möglich oder wahrscheinlich zu bezeichnen, und andererseits wieder darauf zurückgeworfen wurde, Aussagen, die die Begriffe „möglich" oder „wahrscheinlich" enthalten, nicht als Aussagen über die Zustände oder Ereignisse selbst, sondern als Aussagen über unsere Erkenntnis dieser Zustände oder Ereignisse aufzufassen.

Noch größer wird die Konfusion, wenn man sich klarmacht, daß wir nicht nur *in* den Modalitäten denken, sondern daß wir die Modalitäten selbst zu erkennen vermögen. Es ist uns *möglich,* Möglichkeit, Wirklichkeit und Notwendigkeit zu denken. Wir denken *wirklich,* wann auch immer wir denken, Möglichkeit, Wirklichkeit und Notwendigkeit. Ja, es ist sogar *notwendig,* daß wir Möglichkeit, Wirklichkeit und Notwendigkeit denken. Die drei Modalitäten begegnen uns hier also in der zweiten Potenz, und zwar so, daß jede der Modalitäten der zweiten Potenz sich allen drei Modalitäten der ersten

Potenz überordnen läßt. Aber die Unterscheidung zwischen den Modalitäten der ersten und der zweiten Potenz wird erst durchsichtig, wenn man sich klarmacht, daß die Begriffe „möglich", „wirklich" und „notwendig" in der zweiten Potenz etwas anderes bedeuten als in der ersten. In der ersten Potenz bezeichnen wir als „notwendig" das, was *sein* muß, in der zweiten das, was *wahr* sein muß. Entsprechend unterscheidet sich, was *sein* kann, von dem, was *wahr* sein kann, was *ist* von dem, was *wahr* ist. Da aber die Modalitäten der zweiten Potenz den Modalitäten der ersten Potenz übergeordnet sind, haben wir Grund zu der Vermutung, daß wir alles, was *ist,* in den Modalitäten der ersten Potenz auffassen, weil uns in den Modalitäten der zweiten Potenz zugänglich wird, was *wahr* ist. Die Trias der Modalitäten wäre dann fundiert in der Struktur der Wahrheit. Angenommen, die Trias der Modalitäten hätte mit der Trias der Modi der Zeit etwas zu tun, so ließe sich von dieser Überlegung aus das rätselhafte Verhältnis zwischen den beiden „Potenzen" der Modalitäten aufhellen. Beziehen sich die drei Modalitäten der ersten Potenz auf das Sein in den drei Modi der Zeit, so bezieht sich jede Erkenntnis, die alle drei Modalitäten und damit alle drei Modi übergreift, auf die *Einheit* der Zeit. Die Modalitäten der zweiten Potenz wären also verschiedene Modifikationen der Erscheinung der *Einheit* der Zeit. Gilt zugleich, daß uns in den Modalitäten der zweiten Potenz sich nicht nur zeigt, was *ist,* sondern, was *wahr* ist, so wird der Satz bestätigt, Wahrheit sei die Erscheinung der Einheit der Zeit. Was soll es aber bedeuten, daß nun die Differenz der Modalitäten in die Struktur der Wahrheit selbst eindringt? Es kann nur bedeuten, daß die Wahrheit selbst nicht „überzeitlich", sondern „zeitlich" ist. Als Erscheinung der Einheit der *Zeit* kann Wahrheit nur in der Differenz der Modi der Zeit ans Licht treten. Wir werden also selbst dann auf den Zusammenhang zwischen den Modalitäten und der Struktur der Zeit zurückgeführt, wenn wir den Sinn der Modalitäten von der Struktur des „Denkens" her zu begreifen versuchen.

Aber ist die Annahme denn berechtigt, die Differenz der Modalitäten habe in der Differenz der Modi der Zeit ihre Basis?

Man kann sich den Zusammenhang zwischen den Modi der Zeit und den Modalitäten auf eine sehr einfache Weise klarmachen. (Eine ausführliche Analyse der höchst komplexen Strukturen, die sich in diesem Bereich möglicher Erkenntnis aufzeigen ließen, kann hier nicht durchgeführt werden.) Konstitutiv für Zeit als solche sowie für jede mögliche Erfahrung von Zeit ist gerade jenes Merkmal, das in dem Bild der unendlichen Geraden *nicht* zur Darstellung kommt: ihre Irreversibilität. Zeit ist gerichtet, und es ist unmöglich, sie in umgekehrter Richtung zu durchlaufen. Weil Zeit als solche Richtung hat, muß alles, was in der Zeit ist, dieselbe Richtung haben; es ist durch diese Richtung in seinen Möglichkeiten bestimmt. Das gilt von der Natur nicht anders als vom Denken. Fragt man, was es bedeutet, daß die Zeit eine Richtung hat, so stößt man zunächst auf einen Grundsatz, der vielleicht als das fundamentale Axiom unserer gesamten Naturerkenntnis gelten darf. Er heißt: es ist unmöglich, was einmal geschehen ist, wieder ungeschehen zu machen. Zwar kann sich ein Zustand, der einmal eingetreten ist, verändern, ja, er muß sich sogar, weil er in der Zeit ist, verändern. Aber jeder neue Zustand geht aus dem vorherigen Zustand hervor. Wäre der vorherige Zustand nicht gewesen, so könnte auch der neue Zustand nicht sein. Der neue Zustand enthält also alles, was der vorherige Zustand an ihn kommuniziert hat. Der vorherige Zustand ist in dem neuen Zustand aufbewahrt; er ist als kommunizierter Zustand in ihm präsent. Deswegen kann man den Satz, es sei unmöglich, was einmal geschehen ist, wieder ungeschehen zu machen, auch auf die einfache Formel bringen: nichts, was vergangen ist, vergeht. Auf diesem Satz beruht das Prinzip der Kausalität. Es bedeutet nicht, daß der Spielraum der Möglichkeit für zukünftige Zustände *total* determiniert sei; es besagt lediglich, daß der Spielraum der Möglichkeiten durch das Gesetz eingeschränkt ist, daß jeder neue Zustand die an ihn kommunizierte Präsenz aller vorangegangenen Zustände in sich enthalten muß.

Nun haben wir schon von dem Begriff der Möglichkeit Gebrauch gemacht. Möglich ist nur, was in der Zukunft sein kann; denn was jetzt gegenwärtig ist, nennen wir wirklich, und alles, was vergangen ist, muß nach dem Satz, daß nichts Vergangenes vergehen kann, als notwendig betrachtet werden. Als möglich bezeichnen wir den Spielraum zwischen dem, was notwendig sein muß, und dem, was unmöglich sein kann. In diesen offenen Spielraum hinein bewegt sich jeder Prozeß in der Zeit. Die Zeit ist also asymmetrisch gebaut. Ihre Struktur ist so beschaffen, daß durch sie alles Vergangene festgelegt, alles Zukünftige in den Grenzen offengehalten ist, die sich daraus ergeben, daß das Bestehen des Vergangenen auch in Zukunft notwendig fortdauern muß. Dank der Asymmetrie zwischen auch in Zukunft notwendig fortdauernder Vergangenheit und offener Möglichkeit ist Zeit gerichtet. In dieser Asymmetrie manifestiert sich die Differenz der Modi der Zeit.

Möglich ist alles, was wirklich sein kann; notwendig ist alles, was wirklich sein muß. Entsprechend nennen wir zukünftig, was einmal gegenwärtig sein kann, vergangen, was einmal gegenwärtig war. Die Stellung der Modalität der Wirklichkeit korrespondiert mit der Stellung des Modus der Gegenwart. Wie die Wirklichkeit im Gefüge der Modalitäten, so hat die Gegenwart im Gefüge der Modi einen Vorrang: Vergangenheit und Zukunft sind auf (mögliche) Gegenwart, Notwendigkeit und Möglichkeit auf (mögliche) Wirklichkeit bezogen. Wie verstehen wir „Gegenwart", wie „Wirklichkeit", wenn wir diese beiden Begriffe auf einander beziehen? Es liegt auf der Hand, daß wir dann „Gegenwart" nicht als einen bestimmten Punkt auf einem linearen Zeitparameter auffassen können. Wir sind dann genötigt, andere Dimensionen der Gegenwärtigkeit von Gegenwart ins Auge zu fassen. Nach Kant ist, wie wir sahen, wirklich, „was mit den materialen Bedingungen der Erfahrung (der Empfindung) zusammenhängt" (KrV B 266). Von der Materialität einer Erfahrung überzeugen wir uns durch den Nachweis, daß das, von dem wir behaupten, es sei wirklich, an einem bestimmten Ort jetzt gegenwärtig ist oder zu einem bestimmten Zeitpunkt gegenwärtig war. Die Gegenwärtigkeit *innerhalb eines Kommunikationsnetzes* macht die Wirklichkeit aus. Außerhalb der Vieldimensionalität des Bezugssystems, in dem uns Wirklichkeit erscheint, hat das Wort „Gegenwart" keinen möglichen Sinn. Diese Vieldimensionalität macht vielmehr selbst das Wesen der Gegenwart aus. Gegenwart ist der vieldimensionale Horizont, innerhalb dessen Wirkliches erscheint.

Wirklichkeit ist unmittelbare oder vermittelte Präsenz. Der Sinn der Modalität der Wirklichkeit läßt sich nur in der universalen Interdependenz eines Kommunikationszusammenhanges beschreiben. Innerhalb dieses Kommunikationszusammenhanges hat alles, was wir wirklich und damit gegenwärtig nennen, den Grundcharakter, sich zu manifestieren. Was sich – so oder so – manifestiert, bezeichnen wir als „Phänomen". In diesem Sinne wäre Gegenwart der Horizont der Phänomenalität von Phänomenen innerhalb eines universalen Kommunikationszusammenhanges. Alles, was sich in diesem Horizont als Phänomen manifestiert, nennen wir wirklich. Im Hinblick auf den so gewonnenen Begriff der Wirklichkeit wären die beiden anderen Modalitäten in einem neuen Durchgang zu interpretieren.

Den universalen Kommunikationszusammenhang dessen, was gleichzeitig gegenwärtig ist, bezeichnet die Physik der Neuzeit nicht als Zeit; sie nennt ihn vielmehr „Raum". Im Raum ist das Verschiedene nebeneinander, in der Zeit ist es nacheinander. „Nebeneinander" bedeutet aber immer: gleichzeitig präsent, und zwar innerhalb eines Kommunikationszusammenhanges, denn was nicht miteinander kommunizieren kann, von dem können wir auch nicht mehr behaupten, es befände sich innerhalb desselben Raumes. Wenn aber der Raum durch die Gleichzeitigkeit konstituiert wird, so wird seine Phänomenalität durch die Zeit, genauer gesagt: durch einen bestimmten Modus der Zeit, nämlich die Gegenwart, konstituiert. Wir können dann zwischen Raum und Zeit nicht mehr unterscheiden. Wir müssen vielmehr sagen, daß sich im sogenannten Raum die in sich wiederum vieldimensionale Gegenwärtigkeit von Gegenwart manifestiert.

Wenn der Raum Zeit ist, läßt sich verstehen, wie die Koordinaten des Raumes mit der in der klassischen Physik nur äußerlich hinzugefügten Zeitkoordinate zusammenhängen. Der Satz: alles, was ist, ist in der Zeit, erhält dann seinen ausweisbaren Sinn. Aber die Richtung der Zeit läßt sich dann nicht mehr als lineare Kurve darstellen. Zeit ist dann ein vieldimensionales, offenes Gefüge mit mobilen Parametern, und jede Zeitbestimmung erfordert innerhalb dieses Gefüges die Festlegung eines bestimmten Bezugssystems, das einem bestimmten „Standort" zugeordnet ist und einen bestimmten Schnitt durch die Vieldimensionalität der Zeit fixiert. Von einem anderen „Standort" aus käme man durch ein anderes Bezugssystem zu einer anderen Zeitbestimmung. Die Relation der möglichen „Standorte" läßt sich aber selbst nur im Kontext der Modi der Zeit und der Modalitäten bestimmen; sie ist selbst zeitlich. Die Zeit ist deshalb der universale Horizont der Phänomenalität der Phänomene überhaupt im Spielraum ihrer durch die Modi der Zeit begründeten Modalitäten.

Wahrheit ist die Erscheinung der Einheit der Zeit. Wie ist menschlichem Denken *in* der Zeit die Erkenntnis der *Einheit* der Zeit überhaupt möglich? Wir sind genötigt, diese Frage zu stellen, denn alles menschliche Denken hat die Struktur, daß es sich nur durch die Frage nach seiner eigenen Möglichkeit den geschichtlichen Spielraum seiner Erkenntnis zu entwerfen vermag. Aber verstehen wir diese Frage? Was heißt hier „möglich"? In welcher Bedeutung gebrauchen wir hier den Begriff der „Möglichkeit"?

In der ersten „Potenz" bedeutete „möglich": das, was *sein* kann. In diesem Sinn war der Begriff dem Zeitmodus der Zukunft zugeordnet. In der zweiten „Potenz" bedeutete „möglich": das, was *wahr* sein kann. In dieser Bedeutung war die Möglichkeit, wie die beiden anderen „Modalitäten", den drei Modi der Zeit übergeordnet. Die drei Modalitäten bezogen sich nun auf verschiedene Modifikationen der Erscheinung der *Einheit* der Zeit. Wenn wir aber fragen, wie die Erkenntnis der Einheit der Zeit selbst für ein wirkliches, in seiner Gegenwart befindliches Wesen überhaupt „möglich" sein soll, transzendieren wir auch die zweite Potenz. Die „Möglichkeit" der Erscheinung der Einheit der Zeit überhaupt kann nicht mit einer bestimmten Modifikation dieser Erscheinung gleichgesetzt werden. Dieser neue Begriff der Möglichkeit ist von den beiden anderen „Potenzen" dadurch unterschieden, daß er das Gefüge der drei Modalitäten aufsprengt. Selbst wenn die Erkenntnis der Einheit der Zeit uns „möglich" ist, können wir niemals sagen, daß sie wirklich, geschweige denn, daß sie notwendig sei. Sie ist, um einen Begriff von Kant zu gebrauchen, nur in der Gestalt einer „unendlichen Aufgabe" möglich. Wie sollen wir diesen Begriff der „Möglichkeit" interpretieren?

Seit Kant bezeichnet man die Frage nach den Bedingungen der Möglichkeit einer Erkenntnis durch den Begriff „transzendental". Kant interpretiert diesen Begriff noch im Horizont der unwandelbaren Einheit des Vernunftvermögen, also im Horizont der zeitlosen Gegenwart der Identität. Deshalb ist seine „Transzendentalphilosophie" Metaphysik – eine Metaphysik der endlichen Vernunft. Aber die Begriffe „unendliche Aufgabe" und „Möglichkeit" sind nur im Horizont von Zukunft verständlich; sie widersetzen sich jedem Versuch, sie in eine ewige Gegenwart zurückzubiegen. Nur zeigt sich uns hier die Zukünftigkeit von Zukunft in einer Gestalt, die sich – analog dem neuen Begriff der Möglichkeit – in das Gefüge der drei Modi der Zeit nicht mehr einbauen läßt. Was soll das Wort „Zukunft" dann bedeuten?

Die Struktur der drei Modi der Zeit war, wie sich zeigte, durch den Vorrang eines bestimmten „Modus", nämlich der Gegenwart, zusammengehalten. Dieser Vorrang war dadurch begründet, daß die Gegenwart sich als der universale Horizont der Phänomenalität aller möglichen Phänomene erwies. So begründete Gegenwart die Wirklichkeit dessen, was wir wirklich nennen. Deshalb nennen wir die Gestalt von Zeit, die sich in der Differenz der drei Modi entfaltet, die *„phänomenale"* Zeit. In der Möglichkeit der Erkenntnis der Einheit der Zeit begegnet uns ebenfalls Zukunft, und damit Zeit, aber in einer anderen Gestalt, die hier nicht mehr expliziert werden kann. Wir nennen sie die *„transzendentale"* Zeit. Das darf nicht so verstanden werden, als ob es sich um zwei verschiedene Zeiten handelte; es sind zwei nicht auf einander reduzierbare Gestalten einer und derselben Zeit. Wir können die Einheit der phänomenalen Zeit nur deshalb erkennen, weil wir immer zugleich die transzendentale Zeit erfahren, und weil sich die Einheit der phänomenalen Zeit für unsere Zeiterfahrung von der transzendentalen Zeit abhebt. Deshalb läßt sich der Satz aussprechen: alles menschliche Denken bewegt sich in der Differenz zwischen phänomenaler und transzendentaler Zeit.

Wie ist die Erfahrung der transzendentalen Zeit selbst „möglich"? Im Zeitalter der Metaphysik war alle Erkenntnis ein Spiegel der in der Idee der ewigen Gegenwart ans Licht getretenen Einheit der phänomenalen Zeit. In dieser Idee manifestierte sich den griechischen Philosophen Gott. Wird auch die transzendentale Zeiterfahrung durch eine Offenbarung Gottes ermöglicht? Aus dem transzendentalen Begriff der Zukunft folgt, daß dies eine Frage ist, die man nur so lange zu verstehen vermag, als man entschlossen ist, sie offenzuhalten.

Wirklichkeit und Freiheit im Lichte von Heisenbergs Revolution

I. Supek

I

Der geniale Forscher, Vater der Biologie, Aristoteles, bemerkte, daß das Vorgehen der Tiere die Erreichung eines bestimmten Zwecks zum Ziel hat. Die Schwalbe baut ihr Nest, um sich und ihre Jungen zu beschützen. Nach Aristoteles sind solche Zwecke die Ursachen gewisser Tätigkeiten, also gerade das Gegenteil unseres üblichen Begriffes von Ursache und Folge. Der griechische Philosoph sah eine Schwierigkeit in der Voraussetzung, daß das Nachher auf das Vorher wirkt, doch rettete er sich durch trübe Mutmaßungen über die Formen, die lebende Organismen in sich tragen. Die katholische Kirche hat jedoch die Aristotelische Teleologie oder die Lehre von der Zweckmäßigkeit übernommen. So lehrte auch der große Scholastiker Thomas von Aquin, daß das Schicksal des Menschen durch Gottes Willen im voraus bestimmt, prädestiniert ist, und demzufolge wird sich der Sterbliche derart verhalten, daß das vorbestimmte Ende erreicht wird. Diese Prädestination konnte natürlich auch auf strenge Bestimmtheit zurückgeführt werden. Denn wenn das Endziel bestimmt ist, ist auch jeder Schritt zwischen Entstehung und Tod bestimmt, und jeder nächste Schritt kann als Folge des vorangegangenen Schrittes, der vorangegangenen Ursache betrachtet werden. Bei Erklärung der Determiniertheit ist das Dilemma illusorisch, ob jenes früher oder jenes später als Ursache auftritt. Ebenso illusorisch ist es, sagt Heisenberg, den Determinismus auf die Weise zu definieren, daß das, was geschehen ist, auch geschehen *mußte*. Das, was einmal geschehen ist, ist für immer vergangen, und wie soll dann festgestellt werden, ob es geschehen mußte oder nicht? Die Scholastik stellte das Kriterium der Determiniertheit jedenfalls in Gottes Auge, das alles sieht, die Vergangenheit, die Gegenwart und die Zukunft. Jemanden muß es geben, der die Welt betrachtend künftige und vergangene Ereignisse aussagen kann. Indem man Gott absetzte, wurde dies der Genius von Newtons Mechanik. Nach den Gesetzen der klassischen Mechanik und aufgrund der Kenntnis der Kräfte konnten die Bewegungen der Planeten und Atome für alle Zeiten errechnet werden; sowohl Zukunft als Vergangenheit wären einem solchen mathematischen Genie offenbar. Nachdem Newtons Schüler auffällige astronomische Erscheinungen vorausgesagt hatten, wurde das Vorhersagen zum Wesen der Wissenschaft überhaupt.

Schwierigkeiten entstehen, sobald sich die Forscher an die Geschichte wenden. Die Gesellschaft ist aus Menschen zusammengesetzt, und diese handeln nach eigenem Willen (der natürlich manchem Druck ausgesetzt sein kann). Ist diese Freiheit des Willens nur unsere Illusion? Fasziniert von den Naturwissenschaften und der offenkundigen Motivation des menschlichen Verhaltens, waren die Gelehrten geneigt, auch in der Menschengeschichte bestimmte Strukturen und Gesetze zu entdecken, und dieser Standpunkt ging sofort in einen strengen Determinismus der Geschehnisse über. Denn wenn es solche

Strukturen und Gesetze nicht gäbe, würde die Vergangenheit in ein Gemisch von Zufälligkeiten zerfallen und über die Zukunft könnte man nichts aussagen. Was würden dann die Sozialwissenschaften noch bedeuten? Gewiß handelt es sich nicht nur um Professorenlehrstühle, sondern um weit verhängnisvollere Dinge. Engels sagte in seiner Grabrede für Karl Marx, der Autor des „Kapitals" habe die Gesetze der Menschengeschichte erkannt. Offenbar konnten aus diesen Gesetzen künftige Ereignisse nicht wie aus einer physikalischen Gleichung errechnet werden, doch waren gewisse Schlüsse möglich, ja sogar auch Voraussagungen, jedenfalls aber mehr durch eine logisch-empirische Methode (nicht gerade eindeutig). Das Bestehen zweier Arten von Gesetzen, des Gesetzes der Natur und des Gesetzes der Gesellschaft, rief sofort das Problem ihres genetischen Zusammenhanges hervor, mit Rücksicht darauf, daß niemand mehr die Evolution der Welt bezweifeln konnte. Die Physiker haben mit vielen Argumenten schon früher auf das primäre Bestehen einer leblosen Welt geschlossen, so daß, in letzter Instanz, alle Erscheinungen auf physikalische Gesetze zurückzuführen sind. Fasziniert von Hegels Dialektik und Marxens Anwendung dieser Dialektik, gab Engels den Naturwissenschaftlern „Maß für Maß" zurück und unternahm es in seiner „Dialektik der Natur", die Gesetze der Physik, Mathematik und Biologie auf erweiterte dialektische Begriffe des Kampfes von Gegensätzen zurückzuführen, des Übergangs von Quantität in Qualität, der Negierung der Negation. Diese Wendung hat die Physiker nie zufriedengestellt, selbst Einstein hat Moskau empfohlen, dieses Buch Engels, wegen des Ansehens und der Bedeutung des Verstorbenen für die Arbeiterbewegung, nicht zu veröffentlichen. Jedoch gerade dieses Herunterreißen der Physik vom göttlichen Piedestal begeisterte die Philosophen und Ideologen, allerdings meist nur, um sich selbst auf dieses prophetische Piedestal zu schwingen. Als die Ideen von Marx und Engels zur staatlichen und Partei-Dogmatik erhoben wurden, namentlich in jenem famosen Kapitel von Stalins Breviar, wurden Physiker, Chemiker, Biologen und Mathematiker umgeschult, die Naturgesetze als besondere Ausdrücke der allgemeinen Dialektik zu verstehen, natürlich ohne irgendwelche Resultate.

Der dialektische und historische Materialismus trat an die Welt vom selben Standpunkt aus heran, wie die klassische Wissenschaft, daß er nämlich vor sich eine Materie habe, die sich nach ihren immanenten Gesetzen bewegt, nur während sich die Prinzipien und Ableitungen der Mechanik Newtons sehr genau auf das Bewegen der Planeten und Maschinen bezogen haben, wurde diese wissenschaftliche Stufe im bezug auf gesellschaftliche Geschehnisse nie erreicht und somit wurde auch die Dialektik selbst in Zweifel gezogen. Physiker, die das Prinzip des Determinismus so festsetzten, haben das während der ganzen Zeit der nach Lukacs mit „Klassenbewußtsein" geführten Diktatur schwer gebüßt. Indem man die menschliche Freiheit ableugnete, wurde die politische Macht als Ausdruck der objektiven Gesetzlichkeit aufgestellt. Instrumente der Gewaltherrschaft und Terror verwandelten sich auf diese Art in eine geschichtliche Notwendigkeit. Belehrt, daß es keine Freiheit gibt, verwandelte sich der Untertan oder Gläubige in den Vollstrecker der Gesetze jener, die die Gesetze kannten, und er konnte auch selbst frei werden, indem er die Notwendigkeit erkannte. Eine größere Freiheit haben weder Hegel noch seine Anhänger dem Menschen hinterlassen. Äußerste Willkür der Behörden und Gehorsam der Bürger waren die paradoxen Folgen dieses Glaubens an die strengen sozialen Gesetze.

In allen schweren Augenblicken eilten die Massen zu den Propheten. Auch die Führer des modernen Sozialismus haben der Versuchung, die Zukunft vorauszusagen, nicht widerstanden. Die Menschen fühlen sich natürlich stärker, wenn die „Zeit" für sie arbeitet und wenn sich ihr Ziel bewahrheiten „muß". Der Glaube an den historischen Determinismus befreit den Menschen von der qualvollen Unsicherheit, doch er entzieht ihm die stärkste Sehne : die Freiheit. Wenn der Mensch keinen freien Willen hat, wenn das nur eine Illusion ist, dann ist er für seine Handlungen auch nicht verantwortlich. Alle, die die individuelle Handlung über alles erhoben, empörten sich sofort gegen jene, die den Glauben an strenge Gesetze der Welt predigten. In diesem Widerstand zum Determinismus übte auch die Philosophie des Existentialismus einen wichtigen Einfluß aus.

Schon Kierkegaard hat hervorgehoben, daß für den Menschen jenes einzelne wichtig ist, warum er gerade hier ist und nicht wo anders, warum gerade in diesem Augenblick, in dieser Situation. Dieses einzelne, intensiv erlebte, beschäftigt auch die Künstler, während sie sich für solche Allgemeinheiten, mit denen sich Wissenschaftler abgeben, weniger interessieren. Der Andrang dieser Einzelheiten kann jedoch offenbar nicht in eine Reihenfolge oder ein Gesetz eingeordnet werden ; darum lehnt auch der Existentialismus das Streben der alten Philosophen nach Ausbau eines Systems ab, er verwirft sogar selbst die rationale Erkenntnis. Gabriel Marcel sagt bildlich, es sei nicht des Philosophen Arbeit zu bauen, sondern zu wühlen, nicht zu erfahren, sondern zu begegnen und zu begrüßen. Die Existenz des Menschen – das ist unser Stützpunkt und Abgrund ; wir erwachen aus dem Nichts, setzt Marcel fort, und beginnen unser Lebensabenteuer als *homo viator*, umherirrender Mensch. Für Sartre gleicht der Mensch, der an Gesetze glaubt, einem Irren, der aus einem imaginären Telefon Direktiven entgegennimmt. Wir betrachten andere Leute als Objekte, doch gleichzeitig verwandelt sich unter ihrem Auge jeder von uns in ihr Objekt. Dieses Objektivisieren bedeutet für Sartre Unterordnung, Freiheitsverlust und Tod; und konsequent weist er, wenigstens in seinen früheren Jahren, jeden Objektivismus und jedes Gesetz zurück. Die Freiheit des Existentialismus ist auf dem Nichts gegründet. Ein Theist würde sagen : Gott hat den Menschen aus nichts erschaffen, und der Atheist würde variieren : der Mensch ist aus nichts auferstanden. Indem er aus nichts auferstanden ist, kommt der Mensch in die Wahl verschiedener Möglichkeiten ; die Wahl, die er trifft, bestimmt dann sein Leben und seinen Charakter, wie Sartre dies im Drama „Die Verbannten" künstlerisch darzustellen versucht.

Sartres Existentialismus konnte sich nur deshalb der radikalen Linken nähern, weil auch sie unter der Maske objektiver historischer Gesetze äußersten Voluntarismus und Eigenwillen verbarg. Moralisten und Künstler haben von Anfang an leidenschaftlich hervorgehoben, daß es ohne freien Willen auch keine menschliche Verantwortung und keine authentische schöpferische Gestaltungskraft gäbe. Für sie war es nur ungelegen, daß sich doch überall gewisse Strukturen und Gesetze vorgefunden haben. Natürlich wird der Mensch nicht aus dem Nichts geboren, sondern aus dem Mutterleib mit der ganzen komplizierten Genetik, und später wächst er in einer nicht minder komplizierten familiären und gesellschaftlichen Umwelt auf. Der Leser kann ontologische Konstruktionen nur dann schlucken, wenn er jeden Zusammenhang mit der Welt vergessen hat. Außerdem haben die Schriftsteller durch den Realismus alle tiefen Beweggründe der menschlichen

Handlungen entdeckt, wogegen Sartres Helden als Papierpuppen erscheinen. Verwerfen wir jedoch als Trugbild diese Freiheit im Nichts, geraten wir dann nicht wieder in die Zange des Determinismus?

Sigmund Freud gründete seine Psychoanalyse auf dem Prinzip der Kausalität ; es gibt keine seelische Erscheinung, mag sie uns noch so launisch, verworren oder zufällig vorkommen, die nicht ihre Ursache hätte. Aus Analysen von Neurosen, Träumen und Sprachfehlern folgerte Freud, daß ein Vorbewußtsein oder ein Unterbewußtsein bestehen muß, woraus determinierte Prozesse fragmentarisch auf die Oberfläche des Bewußtseins kommen. Diese Bruchstücke im Bewußtsein erscheinen uns nur deshalb unzusammenhängend und launenhaft, sagen wir *frei*, weil wir nicht den ganzen Prozeß kennen. Das Unterbewußtsein ist hier eingeführt, um eine geschlossene kausale Kette zu erreichen. Der Begründer der Psychoanalyse war der Meinung, daß im Unterbewußtsein die Triebe des Eros und deren Zensur und Frustration schon in der frühen Kindheit dominant sind, doch war es ebenso möglich, hier auch geschichtliche Faktoren einzuführen, was einige Marxisten getan haben (Reich, Fromm, Marcuse). Auf jeden Fall hat der Freudismus den Glauben an den Determinismus des menschlichen Benehmens und der Seele gestärkt, gestützt auf die traditionelle Wissenschaft.

Erst als die Fundamente der klassischen Wissenschaft ins Wanken gerieten, waren dem Problem der Freiheit und der Notwendigkeit ganz andere Zugänge geöffnet. Die Forschung hat entdeckt, daß das Gefüge der Wahrnehmungen nicht in ein konsistentes System makroskopischer Gesetze (Gesetz von Newtons Mechanik und Elektrodynamik) zusammengepfercht werden kann. Wollen wir die Gültigkeit der Prinzipien von der Kraft, dem Impuls und der Energie, die wir so oft verifiziert haben, aufrechterhalten, so müssen wir hinter makroskopischen Wirkungen unsichtbare Atome oder Felder einführen. Die Hypothese über die Atome ermöglichte das Verständnis einer endlosen Menge von Erscheinungen, aber damit bekam auch der Begriff des physischen Gesetzes einen ganz anderen Sinn. Die Gesetze der Mikrowelt beziehen sich vorzugsweise auf die Wirkung jenes Unsichtbaren (Elektrons, Protons) in den makroskopischen Apparaten und nicht bloß auf das Unsichtbare, unseren Sinnesorganen Unzugängliche. Heisenberg hat gezeigt, daß sich beim Betrachten atomarer Prozesse der Forscher mit seinen Apparaten von den wahrgenommenen Prozessen nicht loslösen kann; jedes Experiment ist ein radikaler Eingriff in die Mikrowelt. Bei Betrachtung der Planeten mittels Lichtstrahlen können wir den Druck dieser Strahlen auf die Oberfläche der Planeten eliminieren und eine Reihe aufeinander folgender Beobachtungen in den realen Pfad der Planeten verbinden. Allein jede Wahrnehmung atomarer Prozesse zerstört vollkommen den anfänglichen Zustand; ja noch mehr : jede Beobachtung bedeutet einen Übergang aus dem Unsichtbaren in eine makroskopische Wirkung. Man bemerkt also nicht jenes Unsichtbare, sondern den endgültigen makroskopischen Effekt. Die Gesetze der Quantentheorie bringen überhaupt die Transformation jenes Unsichtbaren in unsere makroskopische Rahmen zum Ausdruck. Der Forscher mit seinen Apparaten und das Betrachtete sind unlösbar verbunden.

Somit wird auch die Grundvoraussetzung des deterministischen Prinzips hinfällig – die Trennung des Betrachtenden und die Bestimmung des Zustandes. Wie Heisenberg durch eingehende Analyse zeigte, bringt jede Untersuchung eine gewisse Unbestimmtheit in die betrachteten Atomprozesse. Wir können die Mirkowelt nie vollkommen bestimmen und demzufolge können wir nicht mehr weder über die Vergangenheit noch über die Zukunft Genaues aussagen. Die Gesetze der Atomphysik sind notwendigerweise statistisch, das heißt, wir können nur mit berechenbarer Wahrscheinlichkeit den Ausgang künftiger Experimente prognosieren.

Es unterliegt keinem Zweifel, daß die seelischen und Lebensprozesse von mikroskopischer Feinheit sind. Kann doch ein einziges schnelles Elektron eine ganze Zelle vernichten! Die erblichen Eigenschaften sowie auch das Denken und Fühlen sind an große Moleküle gebunden. Anderseits aber ist der Mensch ein makroskopisches Wesen, das sich in einer makroskopischen Umwelt historisch entwickelte, mit dominanter Mechanik des Körpers, besonders der Hände und mit der Optik des Auges. Diese Zweiseitigkeit ist wesentlich für das Verstehen des Menschen. Dies bedeutet vor allem, daß man die klassische Determiniertheit an die biologischen Grundfähigkeiten nicht anwenden darf, es gibt daher noch Raum für den Einfluß geschichtlicher, gesellschaftlicher Faktoren. Weiteres ist die Domination der makroskopischen Physik in der Entwicklung unserer Vorstellungen von der Welt offenkundig. Boltzmann und Freud begingen einen Fehler, indem sie den Menschen als reinen makroskopischen Gegenstand angenommen haben. Nicht geringer war der Fehler der Existentialisten, die diese makroskopische Determiniertheit vollkommen eliminierten. Demzufolge ist der Mensch weder vollkommen determiniert im Sinnc der klassischen Physik, noch ist er frei im leeren Raum. Das Verhalten des Menschen bestimmen teils physische Strukturen und Prozesse, teils kulturelle Motivationen und eine Seite kann nicht auf die andere zurückgeführt werden. Der Begriff der menschlichen Freiheit erhält seinen Sinn in der Gegenüberstellung zu den gesellschaftlichen Strukturen und Vorgängen, in der Wahl verschiedener Möglichkeiten und in der Herausforderung von etwas Neuem. Die Freiheit liegt im Entscheiden, sie bedeutet aber auch Forschen, schöpferisches Gestalten und Spiel.

Dadurch, daß der Mensch frei ist, unterscheidet sich auch die Erforschung der Gesellschaft von jener der Naturwissenschaften, wie es Heisenberg oft hervorgehoben hat. Der Soziolog kann auch „Strukturen" und „Gesetze" finden, doch diese haben nicht den Charakter des Ewigen, wie in der Physik und sie bedeuten mehr festgewurzelte Verhältnisse und Gewohnheiten, die durch viele Faktoren, auch durch die menschliche Entscheidung geändert werden können. Die Menschen als Gestalter der Geschichte können niemals auf Objekte herabgeleitet werden und man kann daher hier auch nicht strenge von objektiven Gesetzen reden, sondern es dringt in alles die Ungewißheit des menschlichen Denkens und Fühlens. Dürfen wir mit Rücksicht darauf überhaupt von Gesellschaftswissenschaften sprechen? Erinnern wir uns daran, daß auch die Erforschung der Mikrowelt in eine ebenso gründliche Unbestimmtheit gefallen ist, was trotzdem nicht verhinderte, daß Prophezeiungen über künftige Ereignisse gegeben werden. Ebenso hat uns auch die Erforschung der Gesellschaft viele gegenseitige Zusammenhänge oder gefestigte Strukturen entdeckt und sie prophezeit unter gewissen Bedingungen ständig die Ergebnisse gegenwärtiger Vorgänge. Dies kann als Hinweis gelten, daß sich jeder von uns noch angestrengter um eine Lösung bemühe, je nach seinem Bedürfnis, Geschmack und moralischem Urteil.

II

Im gewöhnlichsten Sinne nennen wir wahr, was für uns nachprüfbar ist, indem wir zur angegebenen Stelle gehen und nachsehen oder ein gewisses Experiment wiederholen, und in etwas abstrakterem Sinne ist auch das wahr, was wir aus glaubwürdigen Gesetzen errechnen oder sonst aus irgendwelchen Axiomen logisch ableiten können. Es ist wahr, sagen auch die Anhänger einer Partei für ihr Programm oder ihren Wahlspruch. Die Wahrheit ist also das Ergebnis einer Untersuchung, sie ist aber auch ein Appell oder eine Prophezeiung. Auf den ersten Blick schon ist der Unterschied zwischen den zwei Wahrheiten offenbar. Der Positivismus anerkannte nur die erste Art von Wahrheiten, die Tatsächlichkeit jener Erklärungen, die man empirisch nachprüfen kann und die etwas ausdrücken, was in letzter Instanz auf unsere sinnlichen Wahrnehmungen zurückgeführt werden kann. Indessen, ist Newtons Gravitationsgesetz eine Wahrheit? Wenn ja, dann kommt darin etwas vor, die Kraft, was nicht direkt auf Beobachtungen oder Empfindungen zurückgeführt werden kann , und konsequent haben die Neopositivisten die Kräfte aus der Wissenschaft herausgeworfen (erfolglos, natürlich). Weiteres behaupteten die Neopositivisten, ethische Erklärungen seien weder wahr noch unwahr, sie hätten nur einen emotiven Beiklang. Selbst Russell, einer aus dieser Schule, rief dennoch aus: Dein Untergang, Erde, wenn du auf Gewalttätigkeit und Lüge beharrst! Wer würde das nicht als Wahrheit unserer Welt annehmen, obwohl kein Teil dieser Warnung im positivistischen Sinne verifiziert werden kann? Wir bringen nicht nur unsere Worte in Zusammenhang mit Dingen und Taten, sondern wir sprechen auch von unseren Stimmungen und Wünschen. Aus Träumereien, Visionen, Ahnungen und Projektionen erwachsen Kunstwerke, von denen ihre Schöpfer sagen: das ist meine Wahrheit! Welch eine Verwirrung stiftet doch diese Frage, was ist Wahrheit?

Die traditionelle Wissenschaft hatte scheinbar ein einfaches Kriterium im Glauben, vor sich eine Welt mit immanenten Gesetzen zu haben. Die Wahrheit würde demzufolge der äußeren Wirklichkeit entsprechen. Es ist die Aufgabe der Wissenschaft, sagt Bolzmann, nach Möglichkeit getreue Bilder der Dinge zu schaffen, oder, wie Lenin dies umformulierte, der Gedanke ist der Widerschein der Materie. Die Theorie des Bildes oder des Widerscheins hat ihren Stützpunkt zweifellos in der täglichen Erfahrung, doch wenn sie zu Ende geführt und absolutisiert wird, gerät sie in Schwierigkeit, da die entdeckten Gesetze keinen Bildern ähneln. Erstens bezieht sich das Bild auf eine einzelne Sache oder ein Gefüge von Sachen, während Gesetze Allgemeinheiten sind, die sich auf gewisse Durchschnitte oder allgemeine Eigenschaften beziehen. Diese allgemeinen Eigenschaften sind in Newtons Gesetz die Massen und die Beschleunigung der Körper, das erste etwas ganz Unbildliches; und weiters, ist die Kraft ein Bild? Die Spaltung in Subjektives und Objektives kann auch auf makroskopischer Stufe nicht absolut durchgeführt werden, sie ist nicht nur für die Forschung der Mikrowelt kennzeichnend. Bei Analyse der Gesetzlichkeit hat Hume scharfsinnig bemerkt, daß wir nur die Folge von Ereignissen wahrnehmen; wenn zwei Ereignisse ständig zugleich vorkommen und wir das eine ohne das andere nicht bemerkt haben, gewöhnen wir uns daran, das erste Ereignis als Ursache des zweiten zu betrachten. Doch in der Natur selbst gibt es keine Kausalität, das ist nur unsere Gewohnheit. Durch diese Bemerkung Humes wird Immanuel Kant, nach eigener Aussage, aus dem metaphysischen Schlummer geweckt, und er versetzt das Prinzip der Kausalität in das Subjekt selbst, gleichermaßen auch die Zeit und den Raum. Wir können Dinge nicht außerhalb des Raumes und der Zeit betrachten, schreibt der Autor der „Kritik der reinen Vernunft", doch können wir uns Raum und Zeit ohne Dinge darin vorstellen. Kausalität, Raum und Zeit sind für Kant Formen des menschlichen Geistes, in die er die äußeren Dinge einreiht und unter denen er sie betrachtet. Wahrlich, eine radikale Wendung!

Die Wahrheit geometrischer Axiome oder der Mathematik muß und kann demnach nicht durch Erfahrung überprüft werden. Diese Axiome sind uns *a priori* als Formen unserer Anschauung gegeben. Wir sehen z.B. sofort ein, daß man aus einem Punkt nur eine Parallele zur anderen Geraden ziehen kann. Demnach ist Euklids System *a priori* gültig, das heißt, daß wir alle Dinge in einem gerade so gearteten Raum betrachten. Keine Erfahrung kann einen a priori Grundsatz widerlegen, schon deshalb nicht, weil diese Apriori überhaupt Erfahrungen ermöglichen und wir durch diese Formen die äußeren Dinge wahrnehmen und ordnen. Merkwürdigerweise zweifelte Kant nicht am Bestehen des Dinges selbst, obgleich er ihm alle wesentlichen Eigenschaften (Raum, Zeit und kausale Zusammenhänge) aberkannte ; und dieses Ding an sich zog Kant in einen noch tieferen metaphysischen Traum, als es der Schlummer war, aus dem ihn Hume geweckt hatte.

Wiewohl sich Kant selbst auf den englischen Empiristen beruft, war die historische Entwicklung der Mechanik vielleicht entscheidender. Indem er seine Prinzipien im Einklang mit Galileis und Keplers Erkenntnissen aufstellte, setzt Newton stillschweigend die Richtigkeit von Euklids Raum und die astronomische Gleichzeitigkeit voraus. Das, was sich nach tausendjähriger Erfahrung zuerst entwickelt hat und was der Schöpfer der Mechanik nicht mehr erforscht, wird bei Kant die Form des menschlichen Geistes. Gleichzeitig versuchte Gauss, die Genauigkeit von Euklids Axiomen durch Messungen festzustellen und ein Jahrhundert später werden diese Axiome von Einsteins Relativitätstheorie verworfen, indem er die Gekrümmtheit des Raumes entdeckte. Die Formen des Raumes sind daher keine Wahrheiten *a priori*, sondern unsere Vorstellungen von Raum und Zeit werden durch Forschungen sogar wesentlich umgestaltet.

Die Theorie des Widerscheins, inspiriert durch das klassische Bild des Kosmos, und Kants Apriorismus, inspiriert durch den traditionellen Idealismus und die Theologie, glaubten an die absolute Wahrheit, die einen, daß sie sich ihr allmählich nähern, die anderen, daß sie sie schon im voraus im Geiste tragen. Schon Plato sagte : Erkenntnis ist die Erinnerung der Seele. Als niemand mehr Plato glaubte, daß unsere Seele im Reiche von Ideen weilte, beschenkt der Königsberger Philosoph unser Subjekt mit Eigenschaften, die das Primat des Subjektes über das Objekt verbürgen, das Primat des Geistes über die Materie. Umgekehrt hat natürlich der Materialismus die Natur mit allen nötigen Eigenschaften und Gesetzen versehen, damit unser Bewußtsein zum Spiegel der äußeren Bewegung wird. Marx selbst hat die Praxis als Kriterium der Wahrheit aufgestellt, jedoch können die Menschen an der Macht auch die ärgsten Ideen ausführen oder verwirklichen. Demnach impliziert dieses Kriterium der Praxis in sich, daß die Siegesmacht auch die Kraft des geschichtlichen Fortschrittes ist, was letzten Endes wieder auf den Hegelschen Determinismus zurückgeführt werden kann. Die Kopenhagener Interpretation

Bohrs und Heisenbergs verwarf das absolute Spalten auf Subjekt und Objekt, Bild und Sache und ging über den alten Gegensatz, Idealismus-Materialismus hinweg, wie es bereits Marx in seinen frühen Thesen über Feuerbach vorweggenommen hatte. Somit erscheint auch das traditionelle Problem der Wahrheit oder der Erkenntnis der Welt in ganz anderer Bedeutung.

Was bedeutet noch das All? Jenen Kosmos, wo alles begann, auch unser Leben? Wenn wir auch die Idee der Evolution annehmen, können wir nicht vom All beginnen oder von der Materie mit vorausbestimmten Eigenschaften. Wir sind es, die das All erforschen, antwortet Heisenberg auf Einsteins Kritik, am Anfang steht also unsere Forschung, unser Handeln, unser Gedanke. Unzertrennlich an seine Umgebung gebunden, konnte der Mensch nach seiner biologischen Beschaffenheit und seinem ganzen Handeln die Natur auch gar nicht anders begreifen, denn als makroskopische Gegenstände im dreidimensionalen Raum. Natürlich können wir von Objekten nur dann sprechen, wenn wir sie vor uns im Raum mit bestimmten Eigenschaften feststellen können. Ein solches objektives Bestehen kann nach Heisenberg auf die Entdeckung von Atomprozessen nicht angewendet werden. Ist das dann überhaupt noch eine Welt? Die Forscher mit ihren Meßinstrumenten und mathematischen Konstruktionen können nur etwas über den Übergang dieses Unsichtbaren in makroskopische Rahmen aussagen oder über die meßbaren Wirkungen. Die Physik erfaßt zuerst die äußere, mit Meßinstrumenten feststellbare Seite, aber auch noch mehr – die Transformation des Atomaren in unsere Rahmen. Doch was ist es, daß außerhalb unserer Zange liegt? – Man kann nicht mit physischen Untersuchungen antworten, kann es nicht als objektives Bestehen in unserem dreidimensionalen Raum begreifen. Hier unten liegen die Grenzen des traditionellen Begriffes vom Kosmos. Wenn auch dieses Verlieren des Kosmos mit dem Flug in den Weltraum paradox in dasselbe Jahrhundert fällt, verleiht es uns dennoch neue und größere Inspirationen in Hinsicht darauf, daß sich auf diesem Grunde in langer Evolution auch das Wunder des Lebens und des Bewußtseins kundtut.

III

Zwischen Balzacs „Le père Goriot" und Laplaces „Mécanique céleste" sind die Unterschiede so augenscheinlich, daß sich der Leser berechtigt fragen kann, gibt es überhaupt etwas Gemeinsames zwischen diesen beiden Werken. Und dennoch würden der Autor selbst des realistischen Romans und der Schöpfer selbst der rationalen Mechanik den Zweck ihres Unterfangens auf ähnliche Weise bezeichnen; der erste wollte eine genaue Rechnung über die französische Gesellschaft vorlegen, der zweite über den Himmel; der erste sagte, seine Romane hätte in Wirklichkeit die französische Gesellschaft geschrieben, der zweite glaubte auf ähnliche Weise an den Kosmos, der sich nach seinen mechanischen Kräften und Gesetzen bewegt. Folglich ist der Standpunkt zur Welt hier derselbe, zumindest laut Erklärung der Autoren. Balzac nannte sich das Auge Frankreichs, Laplace stellte (sich als) einen Genius vor, der, die Beschaffenheit des Weltalls kennend, in einem Augenblick aus Newtons Gleichung die ganze Zukunft und Vergangenheit errechnen kann. Im Glauben, er sei nur ein Spiegel, blieb der Romancier in einer gewissen Entfernung von den akuten Geschehnissen; im ähnlichen Glauben an strenge Gesetze nahm der

Himmelsmechaniker an, Napoleons Polizeiminister zu sein. Die eine und die andere Stellungnahme, so gegensätzlich sie auch sein mögen, gingen aus dem Zweifel an der menschlichen Freiheit hervor. Der klassische Realismus und die klassische Wissenschaft wollten ein genaues Bild der äußeren Wirklichkeit sein. Und tatsächlich, der Erfolg war beiderseitig. Man begann es besser zu verstehen, daß das Schicksal oder die Erkenntnis des Menschen von den Kräften und Gesetzen der Welt abhängig sind. Das größte jedoch im klassischen Realismus und in der Wissenschaft war des Menschen Einfall und Projektion aus den Vermutungen heraus, es war das, was der Erforscher „hinzugab"

Die Wissenschaft und die Kunst vereinigen sich nicht nur in der allgemeinen philosophischen, ideologischen oder pragmatischen Stellungnahme, die auch rein deklarativ sein kann und oft auch so war, aus politischem Opportunismus. Die gemeinsamen Wurzeln gehen tiefer. Sowohl die wissenschaftlichen als auch die künstlerischen Entdeckungen werden von der Phantasie getragen, von jenem Spiel des menschlichen Geistes, alles umzuwerfen, gegenseitig auszuwechseln, zu vergrößern oder zu verkleinern in das Nichts oder das Endlose zu projizieren, in ein Gemenge zusammenzufassen oder das Einzelne in ein endloses Gefüge zu zergliedern. Was ist überhaupt die Phantasie? In ihrer Üppigkeit berührt uns vor allem der Unterschied gegenüber der sorgfältigen, genauen Beschreibung eines Ereignisses, wie sie die Gerichtssachverständigen geben. Jedes Element einer solchen Beschreibung kann mit einem anderen ausgetauscht, geändert oder in ein anderes Verhältnis gestellt werden, und was wir durch solch ein Spiel bekommen, ist verschieden von dem, was sich tatsächlich ereignet hat. Bei solcher Umgestaltung spielen natürlich unsere Wünsche und Gefühle eine große Rolle, wissen wir doch, wie sehr unser Phantasieren von der jeweiligen Stimmung abhängig ist. Nach diesen Bemerkungen scheint es, als könnten wir eine deutliche Grenze zwischen Phantasie und akkuratem Denken ziehen, doch diese Grenze erblaßt schnell, wenn Menschen über sich selbst zu sprechen beginnen, wo gewisse Tatsachen nicht so festgestellt werden können, wie die Lage von Gegenständen. Dieser Unterschied verschwindet im Kunstwerk vollkommen. Hier hat die Phantasie des Menschen etwas Neues geschaffen, und es ist vergeblich zu fragen, ob das schon dagewesen ist oder ob es sich tatsächlich so abgespielt hat. Gewiß, in jedem Kunstwerk finden wir Züge oder Teile, die Ähnlichkeit mit etwas im Alltag Gesehenen aufweisen, der Zusammenhang mit dem Leben ist unbestritten tief und verzweigt, doch ist das ganze nach Geschmack und auf eine Weise zusammengesetzt, die diese Kunstgebilde von den Gegenständen und Erscheinungen des Alltags absondern. Das, was sich im Theater an einem Abend abspielt, kann ein ganzes Menschenleben bedeuten; ein Fresko kann uns mehr entzücken als tausend Ansichten einer Landschaft; in einer Tondichtung erklingen unerfüllte Sehnsüchte, all das in Kompositionen vereinigt nach den Prinzipien künstlerischer Tradition und der Freiheit, was immer überrascht. Der Mensch ist selten zufrieden mit dem, was er hat und was er ist, und so ist auch sein Gedanke, immer bereit, alles zu ändern und das Gewünschte zu erreichen. Der Hang zum Phantasieren liegt in den Wurzeln und den Trieben des menschlichen Gedankens. Wenn man sagt, daß Kunstwerke Schöpfungen der Phantasie sind, dann bedeutet das vor allem daß sie das der ewigen menschlichen Unzufriedenheit mit der Wirklichkeit und der Begierde nach einem reichhaltigeren Leben entstanden sind. Damit gibt uns die Kunst einerseits all das zurück, was in Wirklichkeit unerreichbar ist, doch anderseits erhebt sie gerade auf diese Weise am stärksten das menschliche Streben nach Neuem und Reicherem, sie ist gleichzeitig der berauschendste Ersatz und der aufständischste Prophet.

Offenbar ist die menschliche Phantasie im Kunstwerk nicht so zügellos und unzusammenhängend wie in Träumen oder kindlichen Schwärmereien. Herrliche Ornamente auf alten Teppichen oder Vasen zeigen Symetrien und Regeln, wie sie auch die Mathematiker beschäftigen. Aus der mathematischen Theorie der Gruppen gehen Eigenschaften und Harmonien hervor, die man auch in Bachs Fugen und auf persischen Ornamenten findet. Demnach zeigen sich die gleichen Regeln in der Einbildungskraft des Mathematikers und im Gehör des Musikers und in der Vision des Malers, die gleichen oder ähnliche. Diese Symmetrien und Harmonien, Wiederholungen und Vereinigungen sind in Verbindung mit gewissen allgemeinen Erfahrungen und Ansprüchen, die Arbeit und Schaffen des Menschen durchdringen. So ändert sich beim Spiegeln, wo die linke Seite zur rechten wird, nichts wesentlich, und ebenso gibt es keine wesentlichen Änderungen, wenn wir uns um einen gewissen Winkel umdrehen oder im Weltall nach vorne rücken, ob wir etwas auf der Erde oder im Schnellzug messen. Aufgrund solcher invarianten Prinzipien können Atomprozesse errechnet werden, man kann z.B. bestimmen, daß sich eine Lösung in vollkommener Harmonie kristallisieren wird, ähnlich den Ornamenten auf Teppichen. Es ist offenbar, daß solche oder ähnliche Prinzipien auch im künstlerischen Schaffen zugegen sind. Die Phantasie des Künstlers gleicht in bedeutendem Maße jener mathematischen Phantasie, die die mehrdimensionalen Räume, die Harmonien von Gruppen und die Paradoxe der Menge ersonnen hat, damit man dies auf einmal als die getreueste Darstellung der Mikrowelt entdeckt. Es ist daher kein Wunder, daß die Entwicklung der Kunst viele Übereinstimmungen mit der Wissenschaft zeigte, von den antiken Zeiten bis heute.

Es ist nicht minder wichtig auch das hervorzuheben, wodurch sich das Kunstwerk von den wissenschaftlichen Forschungen absondert. Im erwähnten Roman Balzacs konzentrierte sich die Aufmerksamkeit darauf, was Vater Goriot mit anderen Leuten erlebt, was er denkt und fühlt, in der Abhandlung von Laplace hingegen war das abstrakte mathematische Denken zu den Planeten gerichtet, ohne Rückblick auf Empfinden und Geschick des Menschen. Nach allem liegt der Unterschied nicht darin, daß eines subjektiv, das andere objektiv ist, einfach aus dem Grunde, weil man in unserem Gedanken das Subjektive vom Objektiven nicht abtrennen kann; ebenso liegt der Unterschied nicht darin, daß sich das Kunstwerk mit etwas Besonderem oder Partikularem beschäftigt, wie es die Existentialisten behaupten, denn Vater Goriot kann ein sehr typischer Vertreter der Gesellschaft sein, und was er denkt und fühlt ist keineswegs originell. Es dürfte kaum ein Schriftsteller eine Gestalt schaffen, die nicht die Merkmale ihrer Zeitgenossen hätte. Das Universale ist in den Kunstwerken so wie in der Wissenschaft zugegen, nur daß es sich in diesen durch persönliches Schicksal und Empfinden offenbart. Die Kunst ist immer persönlich, und die Person hat ihre Geburt, ihr Reifen und ihr Ende. Obgleich dieser Zyklus eine periodische Erscheinung im Leben der Spezies ist, ereignet sich dies bei jeder Person nur einmal, mit unvermeidlichem Ende. Eine solche Einmaligkeit gibt den menschlichen Handlungen ein tragisches Finale. Kunstwerke sind die intensivste Anstrengung, das persönliche Dahinschwinden mit aller Schönheit, Freude und Qual aufzuhalten und das zu erreichen, was in Wirklichkeit nie erlangt wird. Wenn Wissenschaft die Erforschung der

Welt ist, dann ist Kunst in erster Linie die Erweiterung der menschlichen Wirklichkeit, unserer Individualität ; und dieses künstlerische Element muß, nach Heisenberg, beim Herantreten an die gesellschaftlichen Erscheinungen und deren Erforschung anwesend sein.

Die Kunst kann uns niemals jenen Trost geben, den uns die Religion vor dem Tode gibt ; im Gegenteil, sie fördert alles Persönliche und macht dadurch den Tod noch grauenhafter. Die Religionen indessen lehren den Menschen Selbstverleugnung und Transzendenz, sie haben dadurch das persönliche Schicksal verringert oder gar beseitigt. Doch dieser Trost war illusorisch und außerdem erlangte man ihn mit dem schwersten Opfer, der persönlichen Eigenart. Authentische Kunst ist von menschlicher Tragik erfüllt, doch sie ermutigt uns trotzdem dadurch, daß sie uns die Größe der menschlichen Leistungen offenbart. Wenn Antigone auch zugrunde geht, ihr Opfer erleuchtet weiterhin andere Menschen, und sie bleibt verewigt in dieser verfeinerten Empfindsamkeit. Dieser Trost ist zwar nicht so wie jener in Erwartung des Paradieses, aber er steht wenigstens nicht in Widerspruch zu den wissenschaftlichen Entdeckungen über Körper und Seele des Menschen.

Die Kunst ist Festlegung der menschlichen Persönlichkeit und Würde, seiner Sehnsucht und Freiheit. Demnach sind die Künstler, so ungelegen dies den zeitgenössischen Bürokratien auch sein mag, das aufständische und hellseherische Element der Welt. Nachdem die Erforschung der Natur den gesellschaftlichen Organisationen fast unendliche Potentiale zu allerlei Unternehmungen gegeben hat, ist es eine verhängnisvolle Frage der heutigen Zeit, wie man diese neuen Kräfte verwenden wird, was für Umwelten geschaffen werden, was man arbeiten und womit man die freie Zeit ausfüllen wird. Wenn die Künstler hier keine humanen Züge hineinbringen, kann die Welt tatsächlich langweilig, häßlich und mörderisch werden, selbst wenn sie nicht auch vernichtet wird. Durch Stärken der Eigenart des Menschen wird die Kunst dem Ansturm einer gefühllosen Dynamik, die das Menschenleben arg gefährdet, widerstehen, doch darf dieser Widerstand nicht mit der Ableugnung der wissenschaftlichen Revolution enden, vielmehr muß er gemeinsame Wege mit der Wissenschaft suchen. Die Lebenswirklichkeit, durch neue Entdeckungen und Vorgänge so unheilvoll zerrissen, ist die Unterlage, auf der sich freie, phantasievolle Kunstwerke erheben als Signale gegenwärtiger Drohungen und künftiger Ufer.

IV

In seinem Werk „Deutsche Ideologie" definiert Marx die Ideologie als ein mystifiziertes Bild der Welt zur Erhaltung der Macht, und wir könnten hinzufügen, mystifiziert sowohl zur Erhaltung als auch zur Eroberung der Macht. Denn die Eroberer der Macht sind durchaus nicht weniger zur Vortäuschung geneigt als die Machthaber. In dieser Marxschen Definition verbirgt sich jedenfalls eine Verwerfung der Ideologie. Er und Engels waren der Meinung, daß die sozialistische Revolution von der Wissenschaft ausgehen muß und sie sprechen daher auch vom wissenschaftlichen Sozialismus. Doch haben sich auf gewisse wissenschaftliche Erfindungen nicht auch andere gestützt, die Marx gewiß zu den gebrandmarkten Ideologen stecken würde? So nahm der Rassenhaß gewisse genetische Resultate an, während der Marxismus zu Stalins Zeiten die gesamte

Genetik, ihren ersten Lehrern widersprechend, verworfen hat. Zweifellos sind wissenschaftliche Elemente mehr oder weniger in jedem zeitgemäßen Denken anwesend, auch in den Ideologien und Religionen, doch sie sind dem Kampf um die Macht oder den Grundzielen untergeordnet. Daher auch die Mystifikation der Welt.

Seit der päpstlichen Kirche streben die Ideologien in ihrem historischen Auftreten nach innerer Verschlossenheit, in der die Verurteilung der jetzigen Welt und die Prophezeiung der künftigen enthalten sind. Deshalb sind sie auch so unduldsam gegen Häretiker und Fremde, weil sie in ihnen eine Herausforderung ihrer Wahrheit sehen. Da die Ideologen mit der Eroberung oder Erhaltung der Macht in Anspruch genommen sind, verwandeln sich ihre Worte in Erkennungszeichen oder kriegerische Parolen. Diese Parolen, die oft gerechtfertigte Forderungen oder Verurteilungen bedeuten, zu bezweifeln, heißt die im Kampf so wichtige Führung und Einheit in Abrede zu stellen. Die Sakrosanktheit der Dogmen ist nicht nur ein Privilegium der Kirche, sondern sie wird unvermeidlich auch auf politische, mit totalen Visionen der Welt geführte Bewegungen übertragen. Die furchtbaren Folgen davon sind nur zu gut bekannt.

Ideoligischer Radikalismus ist vor allem ein mentaler Zustand, in dem alles Gegenwärtige oder Gegnerische schlecht erscheint und alles Zukünftige oder Eigene als ein Paradies. Hierzu ist das beste Heilmittel, auf die Schönheiten und den Reichtum der bisherigen Kultur und auf die Notwendigkeit einer Koexistenz hinzuweisen. Wer all das, was unermüdliche Zeitalter bisher geleistet haben, in Abrede stellt, wird sich wahrlich vor einen Abgrund versetzt finden. Es ist auch wichtig zu begreifen, daß unser unendliches Leben nicht so geknetet werden kann wie Tonerde unter den Händen des Bildhauers. Die Welt ist maßlos kompliziert. Wenn du unternimmst, was du willst, wie darfst du diese Freiheit anderen verwehren? Die pluralistische, verschiedenartige und vielseitige Auffassung ist nicht nur mit der Kompliziertheit der Welt begründet, sondern vor allem mit der menschlichen Freiheit. Ideologien, die das Kommen einer bestimmten gesellschaftlichen Verfassung predigten und alle Außenseiter oder Gegner als Reaktionäre brandmarkten, glaubten an den Determinismus und traten mit Füßen die menschliche Freiheit – diese Schatzkammer ungeahnter und endloser Möglichkeiten! Kritisches Erforschen der Prämissen solcher utopistischen Ideologien und Rückgabe der Worte ihrem Ursprung soll die Gläubigen von dem fanatischen Glauben an die Magie der Parolen und die Prädestination befreien. Wie die Welt sein wird – das hängt von allen menschlichen Wünschen und Handlungen ab, aber auch von den jahrhundertelangen Gewohnheiten und Grundlagen. Niemand von uns kann die Zukunft vorhersagen, weil er dadurch die Freiheit seiner Nächsten bestreiten würde, jeder von uns kann nur darum kämpfen, daß seine Ideen die Zustimmung einer möglichst großen Anzahl von Menschen bekommen und somit eine gesellschaftliche Kraft werden. Als extreme Abwendung vom Determinismus endete der zeitgemäße Existentialismus in Sartres Variante als eine Ideologie, militant und totalitär intolerant gegen alle anderen. Ob sich das Gesetz der Materie oder das persönliche Abenteuer zum Gott erhebt – das Ergebnis ist dasselbe, äußerster diktatorischer Voluntarismus und Gewalttätigkeit.

Den Ideologen kann man natürlich nicht allgemein das edle Bestreben, die Welt zu verbessern, aberkennen. Bei diesem Verbessern müssen die Menschen gewisse Ansichten und Wünsche haben, die teilweise auf geschichtlichen Vorgängen und wissenschaftlichen Forschungen begründet sein können, doch verbleibt hier immer ein Element des menschlichen Willens, der Zustimmung und des Eigenwillens. Die Demokratie, die in allen Sektoren die Genehmigung der substantiellen Mehrheit fordert, kann nur allmählich fortschreiten und steht im Grunde der reformistischen Auffassung näher. Wird anderseits von einer totalen Kritik der Gegenwart und einem fertigen Bild der künftigen Welt ausgegangen, neigen die Ideologien zu radikalen Eingriffen und zur Diktatur. In der heutigen explosiven Situation ist es am wichtigsten, diesen ideologischen Totalitarismus zu zügeln. Insofern die fanatische Kampfbereitschaft im Geiste der Toleranz schwächer wird, können alle diese aus verschiedenen Horizonten und gesellschafltichen Interessen stammenden unterschiedlichen Glaubensbekenntnisse und Bewegungen nur die nötige Spannung und die reiche Auswahl für schicksalhafte Änderungen aufrechterhalten. Ohne Konflikte entgegengesetzter Ideen und Programme wäre die Welt gewiß sicherer, aber auch geistig ärmer. Entscheidend ist hier, daß die vereinigten Bemühungen der Wissenschaft und der Kunst das Übergewicht erringen.

In Abweichung von der neuzeitlichen Philosophie, die den Weg der Wissenschaft mit ihren Problemen der Erkenntnis und der Moral begleitete, unternimmt es Hegel, eine besondere philosophische Denkart, eine über die wissenschaftliche Forschung erhabene Dialektik zu schaffen. Dieser Versuch beschäftigt auch Husserl am Anfang unseres Jahrhunderts, nur möchte er durch unmittelbares Eindringen in das Wesen der Dinge den Hegelschen abstrakten Formalismus und seine äußerste Gleichgültigkeit für die Erfahrung vermeiden. Sowohl Hegels Dialektik als Husserls Phänomenologie stärkten das Streben der Ideologien nach authentischer und absoluter der wissenschaftlichen Kritik unzugänglicher Wahrheit; und es ist kein Wunder, daß sich diese Ansicht auf den Lehrstühlen der Universitäten verbreitete und den Schein einer neuen Philosophie erweckte. Damit öffnete sich gewiß eine Kluft zwischen dieser (sogenannten) modernen Philosophie und der Wissenschaft, so wie sie einst zwischen der kirchlichen Scholastik und der Erforschung der Natur bestand. Da die Ideologien mit den Strukturen der Macht oder dem Kampf um die Macht verbunden sind, ist es verständlich, daß manche philosophische Lehrstühle in den Besitz der ideologischen Protagonisten kamen, besonders in totalitären Systemen. Schon zur Zeit des Stalinismus, namentlich vor dem Zweiten Weltkrieg, wurde der Bund der Gelehrten gegen die dialektischen Dogmen als Ableugnung der Philosophie klassifiziert und diese philosophische Mystifikation verbreitete sich seither auf alle Seiten.

Gegen die ideologische Herrschaft verteidigten die Gelehrten nicht nur die Freiheit der Forschung, sondern auch das alltägliche Denken, das in der Wechselfolge von Mutmaßungen und Experimenten fortschreitet. Diese Forschung sowie auch das Denken bleiben immer offen, ohne endgültige Wahrheiten, kritisch gegen alle Behauptungen, getragen von der Imagination, untergeordnet dem Ergebnis des Experiments und der Praxis. Die Wissenschaft zeigte sich unendlich scharfsichtig und fruchtbar, während sich zur gleichen Zeit die ideologische Scholastik im Kreise von Dogmen und Gewalttätigkeiten drehte. Die wissenschaftliche Forschung hat jedoch kein freies menschliches Feld eingenommen, und dadurch hinterließ sie eine Leere, in die seit jeher verschiedene Glauben hineingeraten sind. Der Konflikt entstand, als aus solchen Glaubensfestungen ein Sturmangriff auf das wissenschaftliche Forschen und das alltägliche Leben unternommen wurde. Aufgrund der Erkenntnis, daß die Wissenschaft dort aufhört, wo die menschliche Freiheit beginnt, und über die Gewalttätigkeit der Ideologien bestürzt, haben wir uns auf jene Schaffenskraft verlassen, die ebenfalls von der Phantasie und der Sehnsucht getragen wird, sich aber auf die Freiheit des Menschen stützt. Das ist Kunst.

Nebst der wissenschaftlichen Forschung war unser verläßlichster Stützpunkt die künstlerische Gestaltungskraft. Gedichte, Dramen, Romane, Fresken, Skulpturen, Kompositionen sagen uns am vollkommensten, was der Mensch fühlt und wünscht. Wenn wir Kunstwerke neben wissenschaftliche Entdeckungen stellen, erkennen wir die unendlichen menschlichen Möglichkeiten. Auch unsere Wünsche und Visionen sind durch diese unerschöpfliche Gestaltungskraft bereichert. Die Synthese der Wissenschaft und der Kunst bedeutet keine oberste Philosophie, die einzelne Wissenschaften oder Künste erklären und bestimmen würde, sondern sie bedeutet vor allem das, was uns all diese Forschungen und Schöpfungen vom Menschen in der heutigen Welt, von seiner Gefährdung und Hoffnung sagen. In der betäubenden Mühle der Spezialisierung zerreißt die ursprüngliche Ganzheit und somit welkt auch der moralische Appell. Erneuern kann man diese menschliche Solidarität nicht mehr mit einem Wahlspruch oder einem ideologischen Programm. Diejenigen, die das versuchten, säten Wüstenland um sich. Die Welt wird sich auf keine erhöhte humane Hochebene emporschwingen, wenn sie sich nicht auf die gesamte schöpferische Gestaltungskraft stützt. Nimmt die Menschheit dies an, so wird sie die Zerstörungswut bezwingen.

Der geschichtliche Konflikt zwischen Arbeit und Besitzergreifung ist heute in Widersprüche der wissenschaftlichen Revolution und der Machtstrukturen apokalyptisch zugespitzt. Der synthetische, in der Freiheit eingewurzelte Auftritt Gelehrter und Künstler stärkt jene demokratischen Prozesse, die heute den alten Etatismus und wirtschaftliche Monopole unterwühlen. In seinem Ursprung und im äußersten Ziel vereinigen sich wissenschaftliches und künstlerisches Schaffen mit dem Streben und dem Schicksal aller Menschen ; der von der Wissenschaft und Kunst getragene Humanismus wird somit das Wort jedes Menschen.

Der Humanismus stellt heute vor die gefährdeten Zeitgenossen kein fertiges Bild der Welt und keine Utopie, sondern er wünscht vor allem die allgemeinen Bedingungen des menschlichen Daseins, Schaffens und seiner Freiheit zu sichern. Hier ist das erste und wichtigste, eine allgemeine und vollständige Abrüstung durchzuführen, was gewiß die Mobilisierung der gesamten Öffentlichkeit erfordert sowie aller durch die Aufrüstung und die kriegerische Politik geschädigten Institutionen. Nebst den traditionellen demokratischen Formen kann hier auch die Arbeiter-Mitverwaltung oder Selbstverwaltung eine wichtige Rolle spielen, was wesentlich auf der menschlichen Freiheit begründet ist, im Gegensatz zum etatistischen Zentralismus, der seinen Eigenwillen mit gesellschaftlichen Gesetzen oder Gottes Vorsehung bemäntelte. Durch die Zerstörung der monopolistischen Strukturen in der Politik, Wirtschaft und in den Mitteln der Massen-Kommunikationen eröffnen sich günstigere Bedingungen für alle menschliche Arbeit, so auch für die Wissenschaft und Kunst. In diesen veränderten Verhältnissen wird sich auch eine volle Solidarität unter den Völkern entwickeln können. In diesem großen Ringen ist auch die nationale Existenz entscheidend, durch die viele Menschen ihre Grundrechte gegen allerlei Dominationen oder Machtblöcke erkämpfen können. Solange das Volk nicht in jedem Lande sein Recht erkämpft, wird man es auf dem internationalen Plan schwer erzielen. Außerdem widersetzt sich die Hingebung zur Heimat dem Ansturm einer entfremdeten Zivilisation und erhöht die Verschiedenartigkeit des Landes. Wenn der Humanismus den Menschen auch keine endgültig eingerichtete Welt verspricht, sondern nur danach trachtet, die Grundgefahren zu beseitigen und die Bedingungen eines freien Lebens zu erweitern, ist dies dennoch ein Unterfangen von größtem historischen Schwung, vielleicht auch deshalb, weil es bescheidender angelegt ist, mit einer Chance für die Verständigung der Menschen. Unser Humanismus ist vor allem eine menschliche Stellungnahme zu allen anderen Menschen und zu akuten Problemen, wo verschiedene Zutritte und Programme möglich sind, was nur dann in Terror und Krieg ausbrechen kann, wenn die Grundsätze der Freiheit, Güte und Toleranz niedergetreten werden. Und diesen uralten Grundsätzen hat Heisenbergs Werk einen zeitgemäßen Geist verliehen.

Die Verantwortlichkeit des Wissenschaftlers in der Gesellschaft

E. Teller

Ohne Verantwortlichkeit wäre unsere Gesellschaft nicht menschlich.

Aber wessen Verantwortlichkeit? In der langsamen Entwicklung der Jahrtausende oder auch der Jahrhunderte konnte ein großer Teil der Verantwortlichkeit von der Tradition getragen werden.

Wer soll sie heute tragen in den Jahren der stürmischen Veränderungen? Die Wissenschaftler, die aus Wissen Macht geschaffen haben? Die Philosophen von Platos „Staat", die ihr Leben der Gemeinde widmen sollen? Die Juristen, die gelernt haben, über das Gute und das (sogenannte) Böse diszipliniert zu denken? Die Politiker, die wie Bohrs Experten durch persönliche peinliche Erfahrung über alle Fehler gelernt haben, die man in einem beschränkten Gebiet begehen kann? Oder aber das Volk, das die Fehler an der eigenen Haut spürt und dem in einer Demokratie die letzte Entscheidung gehören soll?

In seinem Buch „Der Teil und das Ganze" zitiert Heisenberg, was sein Freund, Carl Friedrich von Weizsäcker in einer der schweren Stunden gesagt hat: „In dem Maß, in dem der wissenschaftliche und technische Fortschritt für die Allgemeinheit wichtig wird, könnte sich auch der Einfluß der Träger dieses Fortschritts auf das öffentliche Leben vergrößern. Natürlich wird man nicht annehmen können, das die Physiker und Techniker wichtige politische Entscheidungen besser fällen könnten als die Politiker. Aber sie haben in ihrer wissenschaftlichen Arbeit besser gelernt, objektiv, sachlich und, was das Wichtigste ist, in großen Zusammenhängen zu denken".

Das Ausschlaggebende ist der letzte Satz. Auf Objektivität haben Wissenschaftler schon immer Anspruch erhoben. Die Zusammenhänge in unserer Arbeit sind sowohl kosmisch wie auch analytisch, indem wir versuchen, die endgültigen Ursachen bis über das Atom hinaus zu erkennen.

Andererseits haben wir auch gelernt, die Erfahrung zu respektieren. Wie war es mit der Verantwortlichkeit zur Zeit, als die Physiker in Amerika den Quantensprung ins Atomzeitalter unternahmen? Vielleicht ist dies die richtige Gelegenheit, über diese Erfahrung zu sprechen. Die Erinnerung ist noch nicht erloschen, die Folgen und die Perspektiven sind etwas klarer.

1939 war die Triebkraft mein ungarischer Freund Leo Szilàrd. Seine Motive? Auf der Oberfläche erschien die Angst, daß Hitler die Welt erobern könnte („Heute gehört uns Deutschland, und morgen die ganze Welt". Es ist merkwürdig, wie verschieden dieser Satz den deutschen Physikern tönte, die ihn nicht glauben konnten).

Aber bei Szilàrd ging es auch um etwas Tieferes. Manchmal habe ich den Eindruck, als ob von aller Materie das menschliche Gehirn das größte Maß an Trägheit besäße. Szilàrds Gehirn war die Ausnahme, er wollte und er mußte gegen die Trägheit aller kämpfen. Sein Element war der Wechsel und der Widerspruch. Er war nicht der Geist, der stets verneint, doch ebenso sicher war er diesem Geiste verwandt. Damals war das mir weniger klar als heute.

Oppenheimer betonte etwas später (1942) ganz andere positive Argumente. Europa könnte man ohne Atombomben unmöglich befreien. Auch sagte er: „Wenn wir Erfolg haben, wird es nie wieder arbeitslose Physiker geben". Damals erinnerten sich viele an die schlimmen Jahre der Depression. Trotzdem schien mir der letztere Standpunkt (der wahrscheinlich gar nicht Oppenheimers eigentlicher Grund war) unangebracht. Im Jahre 1971, nachdem sich die amerikanischen Physiker von praktischen Anwendungen abgewandt haben, gibt es unter ihnen wieder viele Arbeitslose.

Auf der anderen Seite standen viel größere Physiker, vor allem Niels Bohr, der im Frühjahr 1939 zu Besuch in Amerika war. Er argumentierte mit Szilard, Weisskopf, mit jedem, der die Schrecken der Atombombe in Hitlers Händen sich ausmalte. Seine Argumente waren nicht moralischer Natur. Er widersprach nicht, wenn die Mehrzahl behauptete, man müsse Hitler mit allen Mitteln bekämpfen. Sein Hauptpunkt war praktisch. Es sei zu schwierig, Atombomben zu machen. Man müsse Isotopen trennen. Es wäre notwendig, das ganze Land in eine ungeheure Fabrik zu verwandeln (später sagte er: „Und das ist genau, war ihr getan habt").

Es ist besonders interessant, aus dem Buch „Der Teil und das Ganze" zu erfahren, daß Bohr nicht zu hören schien, als Heisenberg zu ihm später über dieselben Schwierigkeiten sprach. Damals, in Kopenhagen, wußte Bohr. daß wir in Amerika es uns ernstlich überlegten, wie man die technischen Schwierigkeiten überwinden könnte. Wie weit wir bei diesem Unternehmen gekommen sind, konnte er in Dänemark nicht wissen.

Übrigens betonte Bohr auch einen zweiten Punkt, der im März 1939 in Princeton im Brennpunkt der Diskussion stand. Man dürfte nicht Geheimnisse in die Physik einführen. Er berief sich auf die große Tradition der Offenheit in der Wissenschaft. Dann nahm er uns einzeln zur Seite, um persönliche Schwierigkeiten mit Joliot zu erklären.

Ich glaube kaum, daß Bohr uns sagte, was er eigentlich meinte. Was er verschwieg, war wahrscheinlich wichtiger, als was er sagte. Ich habe das sichere Gefühl, daß er weiter sah als die anderen. Ich will damit nicht sein Schweigen preisen, sondern nur seine Weisheit, die nutzlos blieb. Trotzdem war vielleicht das Gegenteil, das sich dann durchsetzte, nicht nur notwendig sondern auch richtig.

Der andere Gegner der Geheimhaltung (aber nicht der praktischen Atomforschung) war Fermi. Er betrachtete eine Abweichung von der wissenschaftlichen Tradition als falsch, war aber durchaus bereit, sich der Mehrzahl anzuschließen.

Ich selbst hörte viel mehr als ich sprach. Einmal fuhr ich Szilàrd zu Einstein hinaus (Szilàrd war der einzige, der mich je für einen guten Fahrer hielt). Entschließen konnte ich mich noch nicht. Auch war das kaum notwendig. Dann kam der Tag, als Hitler in die Niederlande einmarschierte. Am nächsten Tag hörte ich Roosevelts Ansprache in der Panamerikanischen Wissenschaftlichen Sitzung. Er sprach über die Pflicht der Wissenschaftler, die Freiheit zu verteidigen. Für mich waren seine Worte ausschlaggebend.

Damals war es bereits ein Geheimnis, aber ich wußte, daß der Präsident unter anderem auch an die Atombombe dachte. Roosevelts Rede war der Kontakt mit der wirklichen Welt, und die Worte tönten vernünftig.

Dann kam die Arbeit. Die Trägheit des Nichtstuns war vergessen. Die Trägheit der Organisation und des Fortschritts war wirksam (ja, Trägheit kann wirksam sein). Wir hatten keine Zeit, über Verantwortlichkeit weiter nachzudenken.

Das erste Zeichen, daß sich dieser Zustand ändern wird, kam für mich Ende 1942 in Chicago. Die Zeitungen schrieben über Erfolge der russischen Gegenoffensive. Als ich Wigner traf (er arbeitete eifrig am Kernreaktor), fragte ich ihn, was er meinte. Er war pessimistisch, wie immer: „Ja, die Russen erobern hier ein Städtchen und dort ein Dorf. Es bedeutet nichts. Mit dem Krieg geht es schlimm, sehr schlimm". In der nächsten Woche war Stalingrad umringt. Die Situation hatte sich vollständig geändert. Als ich Wigner das nächste Mal sah, sagte er mit unerschütterlichem Pessimismus: „Ja, es geht schlimm, sehr schlimm. Was für einen Frieden wird es da geben?" Das war meine erste Anregung, ernstlich die fernere Zukunft mir zu überlegen.

Dann kam ich nach Los Alamos, und ich fühlte mich wie ein Elektron mitten im Quantensprung. Es war der Übergang von der reinen zu der angewandten Wissenschaft, vom Forscher zum Erfinder. Der Unterschied in der intellektuellen Leistung ist nicht so groß. Aber in bezug auf Arbeitstempo und Zielsetzung ist es eine andere Welt.

Ich will klar sagen, was die Zielsetzung für mich bedeutete. Daß ich überhaupt an der angewandten Arbeit teilnahm, war von der Politik mitbestimmt. Die Arbeit selbst hatte ihre eigenen Gesetze. Es wurde mir klar, daß wir in einem neuen und äußerst fruchtbaren Gebiet arbeiteten. Die Konstruktion der Atombombe, die Erforschung der physikalischen Effekte einer Explosion führte zu vielem, was wir nicht erwarteten. Außerdem gab es die Möglichkeit der thermonuklearen Explosion. Es schien mir notwendig, die neuen Gebiete gründlich kennenzulernen. Ich fühlte, daß es sicherlich falsch sei, auf halbem Wege stehenzubleiben.

Im Frühjahr 1945 war die Arbeit in Chicago am Kernreaktor beendet. Der Friede (der schreckliche Friede, den Wigner vorhersah) war in Europa hergestellt. In Los Alamos arbeiteten wir fieberhaft an der Atombombe. Im Osten konnte man das Ende noch kaum absehen. Wenige hatten es verstanden, warum Japan uns angegriffen hatte. Vielleicht war es noch schwerer zu erraten, wann, wie und warum die Japaner ihre Niederlage anerkennen würden. Während des Krieges hat sich ja fast kein Japaner ergeben. Bushido, „der Stolz der Preußen" ins Japanische übersetzt, ließ es nicht zu.

In Chicago erhob sich die Frage unserer Verantwortlichkeit. Es war in erster Linie wieder Szilàrd, der der Trägheit des Fortschritts entgegentrat. Compton, der Leiter des Laboratoriums, ermutigte die Diskussion. Soll man die Atombombe benützen, und unter welchen Verhältnissen ist dies berechtigt? Franck, Szilàrd und viele andere versuchten etwas zu formulieren, das auf Truman, unseren neuen Präsidenten, einen Eindruck machen könnte. Der Plan, die Bomben ohne Beschränkung zu benutzen, sobald sie fertig waren, wurde scharf kritisiert. Szilàrd schrieb seinen Freunden: „Wie gering die Chance einer Bittschrift auch sein mag, ich bin fest überzeugt, daß eine große Anzahl der beteiligten Wissenschaftler ihre Opposition gegen den Gebrauch der Bomben kundgeben sollen – und zwar auf einer moralischen Grundlage".

„Viele unter uns sind geneigt, den einzelnen Deutschen dessen zu beschuldigen, daß er seine Stimme nicht gegen das erhoben hat, was während des Krieges geschah. Und doch, ihr Protest hätte kaum geholfen – sie hätten aber ihre Freiheit und ihr Leben aufs Spiel gesetzt. Wir können, ohne uns einer ähnlichen Gefahr auszusetzen, versuchen, Einfluß auszuüben . . . "

Ich erhielt in Los Alamos einen dieser Briefe und auch eine Bittschrift. Der wesentliche Teil lautete:

„Wir haben für mehrere Jahre an Atomenergie gearbeitet. Bis vor kurzem bestand die Gefahr, daß Amerika einen Atomangriff erleiden könnte. Die einzige Verteidigung bestand im Gegenangriff. Heute ist diese Gefahr vorbei, und wir müssen folgendes sagen:"

„Der Krieg muß einem raschen Ende zugeführt werden, und die Zerstörung der Städte Japans mit Hilfe der Atombomben könnte ein effektives Mittel sein. Jedoch wir glauben nicht, daß man diese Methode rechtfertigen kann. Die Vereinigten Staaten sollten die Atombomben nicht gebrauchen, bis man Japan Friedensbedingungen gestellt hat."

„Wenn wir den Japanern öffentlich versicherten, daß sie in ihrer Heimat friedlich weiterleben können und Japan den Krieg trotzdem weiterführt, dann wären wir berechtigt, die Sachlage von neuem zu untersuchen."

„Atombomben sind die Werkzeuge ruchloser Zerstörung. Einmal angewandt, wird es kaum möglich sein, die wiederholte Anwendung zu vermeiden."

„Die letzten Jahre tragen das Zeichen ansteigender Schrecklichkeit. Heute wenden unsere Flieger dieselben Methoden gegen Japan an, die wir vor wenigen Jahren verurteilten, als Hitler England ähnlich angriff. Der Gebrauch der Atombomben hieße, noch viel weiter in derselben furchtbaren Richtung vorzudringen."

„Atomenergie eröffnet neue Perspektiven der Zerstörung. Unsere Bomben sind nur der erste Schritt. Man sieht nicht, wie man der Entwicklung Schranken setzen könnte. Die Nation, die die neuentdeckten Kräfte zur Zerstörung benutzt, ladet auf sich die Verantwortung für eine Katastrophe von unvorstellbarem Ausmaß . . . " .

Szilàrds Brief machte auf mich einen tiefen Eindruck. Ich zog mit ihm zu unserem Direktor, Oppenheimer. Dieser riet mir mit größter Entschiedenheit, die Bittschrift nicht zu unterschreiben und sie auf keinen Fall zu verbreiten. Szilàrd mißbrauche sein wissenschaftliches Prestige, um die Politik zu beeinflussen, die er nicht verstünde. Die Leute, die in Washington die Entscheidungen träfen, hätten die volle Information und die Weisheit, sie richtig zu gebrauchen.

Was mir Oppenheimer verschwieg, war die Tatsache, daß die Behörden in Washington sehr wohl den Rat der Wissenschaftler einholten, und daß er selbst einer der Berater war.

Mir schien die Verantwortung zu groß, und ich wurde von Oppenheimer leicht überredet. Ich antwortete Szilàrd im negativen Sinn. Nach mehr als einem Vierteljahrhundert lese ich meinen alten Brief mit gemischten Gefühlen:

„Ich habe über Ihre Einwände gegen eine baldige militärische Anwendung nachgedacht. Ich beschloß nichts zu tun. Dieses sind meine Gründe: Erstens möchte ich klarmachen, daß ich nicht hoffe, mein Gewissen beruhigen zu können. Das, woran wir arbeiten, ist so schrecklich, daß kein Protestieren, kein politischer Kunstgriff helfen kann."

„Ich kann behaupten, daß ich nicht aus eigennützigen Gründen gearbeitet habe. Ich hatte viel Mühe und nicht viel Freude daran. Aber das Problem war interessant, und es zu lassen, schien mir eine große Beschränkung. Ich habe nicht einfach meine Pflicht getan. Pflichtgefühl hätte nicht genügt. Gegen einen inneren Antrieb hätte ich nie bei der Arbeit verharren können. Wenn Sie mich von Ihren moralischen Einwänden überzeugten, würde ich auf das Unternehmen verzichten. Aber protestieren würde ich auf keinen Fall."

„Aber Sie haben mich nicht überzeugt. Es gibt keine Möglichkeit, die Atombomben zu verbannen. Unsere einzige Chance liegt in der Vermeidung von künftigen Kriegen. Je mächtiger eine Waffe ist, um so sicherer ist es, daß sie in einem wirklichen Konflikt auch angewandt wird. Verträge werden nicht helfen."

„Die wirkliche Hoffnung besteht darin, dem Volke die Sachlage klarzustellen. Das könnte zur allgemeinen Überzeugung führen, daß der nächste Krieg das Ende bedeutet. Zu diesem Zwecke könnte es sogar nützen, die Bomben gleich zu gebrauchen."

„Und das bringt mich zum wesentlichen Punkt. Der Zufall wollte, daß wir die Atombombe entdeckten. Dies gibt uns nicht die Verantwortlichkeit, über den Gebrauch zu entscheiden. Die Verantwortlichkeit trägt jeder, und jedermann muß darum die Tatsachen kennen und verstehen. Dies ist unsere wichtigste Aufgabe: Die Geheimhaltung aufzuheben, wenigstens in Bezug auf die allgemeinen Tatsachen. Ich glaube, daß dies auch möglich wird, sobald es die militärische Situation erlaubt."

„Vielleicht finden Sie all dies ganz falsch. Bitte zeigen Sie meinen Brief Wigner und Franck. Ich möchte hören, ob sie die weitere Arbeit an Atombomben verurteilen. Ich selber fühle, es ist nicht richtig, den Geist an der kleinen Zehe an die Flasche zu binden, aus der wir ihn eben erst herausgeholfen haben."

Natürlich weiß ich, daß es wenig geholfen hätte, die Bittschrift zu unterzeichnen. Die Stimme der protestierenden Wissenschaftler wurde kaum beachtet, Compton, Fermi, Lawrence und Oppenheimer wurden in einer Geheimsitzung gefragt. Sie rieten einstimmig, daß die Atombombe benützt werden solle. Sie sahen nicht viel Hoffnung in einer Demonstration und einer Warnung an Japan.

In Chicago, wo es eine Diskussion gab, waren die Details der Bombeneffekte nicht bekannt. In Los Alamos, wo man eine praktische Demonstration auf Grund guter Kenntnisse hätte planen können, gab es fast gar keine Diskussion. In dieser Hinsicht haben wir etwas durchaus Wichtiges unterlassen.

War Hiroshima Recht oder Unrecht. Ich kann auch jetzt, nach vielen Jahren, nicht mit Sicherheit antworten.

Auf der einen Seite steht das starke Argument: Es brachte das Ende des Krieges. Auch hatte die Tragödie von Hiroshima und der mutige Eingriff des Kaisers Hirohito knapp genügt, um den Frieden herbeizuführen. Fast gelang es dem Kriegsminister Anami, den Kampf bis zum unglaublich bitteren Ende fortzusetzen. Schließlich mußte er nachgeben. Er verhinderte noch, bewußt seiner Verantwortung, eine Revolte seiner eigenen Leute im Militär. Dann nahm er sich das Leben.

Auf der anderen Seite steht der Traum: Man hätte die Grausamkeit des Weltkrieges ohne Blutvergießen mit einer Demonstration beenden können. Ich wünschte, wir hätten es versucht. Was die politischen Folgen gewesen wären, weiß ich nicht. Aber in einer anderen Hinsicht, in der Auswirkung der Ereignisse auf die Wissenschaft, habe ich eine festere Meinung.

Der technische Fortschritt wird heutzutage nicht hochgeschätzt. Man findet eher ein mittelalterliches Grauen vor technischen Entwicklungen. Gerade in Amerika, wo Technologie einmal an der höchsten Stufe der Anerkennung stand, kam es zu einem Umsturz der Werturteile. Die Mehrheit der jungen Menschen sehen in der Technik nur mühsame Kleinarbeit und Entmenschlichung.

Hat das etwas mit Hiroshima zu tun? Mir scheint, daß der Prozeß, den ich soeben beschrieb, im August 1945 seinen Anfang genommen hat. Kurz nachher hörte man, daß die Wissenschaft ein Übermaß an Macht erzeugt hat. Man müsse diesem unheilvollen Fortschritt eine Grenze setzen. Das jüngste Resultat ist die moderne Ökologie. Daß man sich für größere Reinlichkeit bemüht, ist natürlich erfreulich. Aber es gibt die Tendenz, eine reinere Umgebung dadurch zu erzeugen, daß man die Technik beschränkt. Es tönt fast wie Wilhelm Busch:

„Das Gute, dieser Satz steht fest,
ist stets das Böse, das man läßt“.

Daran, daß die Technik selber der Säuberung dienen könnte, wird wenig gedacht.

Die Atombombe ist das Kind der angewandten Wissenschaft. Es scheint, daß dieses Kind dabei ist, seinen Erzeuger umzubringen. In Rußland ist das wahrscheinlich nicht der Fall. Im Westen, in der freien Welt, hat die praktische Forschung eine begrenzte Zukunft. Die Ursachen sind vielleicht unklar, der Tatbestand ist kaum zu bezweifeln.

All dies ist eine lange Vorrede zu einem kurzen Schluß. Wessen Verantwortlichkeit?

Am liebsten würde ich eine logische Antwort geben. Es wäre schön, wenn man die Konsequenzen von den historischen Erfahrungen in strenger Weise ableiten könnte. Mir wird das nicht gelingen.

Die Vergangenheit ist nur der Hintergrund, der das, was man zu sagen hat, besser hervorhebt. Wenn ich zwischen den Wissenschaftlern, den Philosophen, den Juristen, den Politikern und dem Volk wählen soll, so wähle ich das Volk. Jede andere Wahl hieße an irgendeine Art von Aristokratie glauben. Das soll nicht ein Argument sein, sondern nur die Beschreibung meiner Motive.

Was ist aber dann die Rolle des Wissenschaftlers? Ich würde vorschlagen, daß er eine scharf beschränkte Rolle hat. Aber eben die Beschränkung macht ihn in gewissen Beziehungen um so wichtiger.

Die erste Aufgabe des Wissenschaftlers ist die Wissenschaft. Wer die Überraschungen der wissenschaftlichen Entwicklung miterlebt hat, kann daran nie zweifeln. Von innen betrachtet, steht die Wissenschaft am Gipfel der Wertskala, ebenso wie für den Künstler die Kunst das höchste ist.

Die zweite Aufgabe ist die Anwendung der Wissenschaft. Das ist die Sache des Erfinders. Hier wird Wissen in Macht verwandelt, und das ist natürlich gefährlich. Ich würde aber der Behauptung nicht zustimmen, daß der Erfinder für seine Erfindung verantwortlich ist. Keine Erfindung, kein Objekt ist gut oder böse. Das Gute und das Böse liegt in dem Gebrauch, und diesen muß man (nach meinem Vorschlag) dem Volke überlassen. Wohl ist der Wissenschaftler auch ein Staatsbürger. Als solcher trägt er einen Teil der Verantwortlichkeit, aber weder mehr noch weniger als jeder andere.

Aber damit hört noch die eigentliche Verantwortlichkeit des Wissenschaftlers nicht auf. Die letzte Aufgabe ist noch zu nennen, und sie ist die schwierigste. Was der Wissenschaftler gelernt hat, was der Erfinder zustandebrachte, muß dem Volk erklärt werden. Und hier müssen wir versuchen, streng sachlich zu sein und die großen Zusammenhänge nie aus dem Auge zu lassen. In dieser Beziehung haben wir unsere Arbeit nicht gut verrichtet.

Ich möchte zwei Beispiele anführen:

Die großen modernen Leistungen der Physik, die Relativität und die Quantenmechanik, sind jetzt ein halbes Jahrhundert alt. Wie wenige wissen darüber! Wie gering ist unser Erfolg, das neue Wissen in klarer Form auszudrücken! Hat nicht Bohr gefordert, daß man die Komplementarität jedem Achtzehnjährigen klarmachen müßte? Natürlich ist die neue Wissenschaft unanschaulich. Darin besteht die Schwierigkeit. Aber es geht eben darum, diese Schwierigkeit zu überwinden.

Das zweite Beispiel hängt mit der Erklärung der Atombombe zusammen. Man kann sich nicht über Mangel an Diskussion oder Interesse beklagen. Etwas mehr Objektivität wäre aber sicher zu wünschen. Man wiederholt, daß ein Atomkrieg die menschliche Rasse ausrotten würde. Zumindest wird es behauptet, daß wir nach einem solchen Kriege zum Steinzeitalter zurückkehren würden. Die wesentliche Kritik ist, daß diese Behauptungen unbegründet sind. Sie beruhen nicht auf einer sachlichen Untersuchung. Damit, daß man diese furchterregenden Voraussagen widerlegt, hat man nicht viel erreicht. Wir bewegen uns in einem Gebiete, wo das Gegenteil eines schrecklichen Fehlers ein anderer schrecklicher Fehler ist. Ich glaube zum Beispiel, daß die Menschheit und die Technik den Atomkrieg fast sicher überleben werden. Der menschliche Geist mit allen seinen Werten könnte aber untergehen.

Der Ausweg liegt wahrscheinlich in einer geduldigen, unvoreingenommenen Auseinandersetzung unter Berücksichtigung aller technischer Einzelheiten. Im Prinzip wäre die Gemeinschaft der Wissenschaftler fähig, so etwas zu unternehmen. Aber bis jetzt ist es noch nicht geschehen.

1945 begingen wir in Los Alamos den großen Fehler, uns die Möglichkeiten der Benutzung von Atombomben (einschließlich der Möglichkeit einer Demonstration) nicht klarzumachen. Es scheint mir, daß wir heute einen ähnlichen Fehler in größerem Maßstab begehen. Allerdings fehlt eine Voraussetzung. Wissenschaftliche Untersuchung ohne Offenheit wird nicht gelingen. Wir werden von der alten Entscheidung, das Geheimnis der Atomwaffen zu bewahren, heimgesucht. Ende 1945 erklärte Bohr: „Es wäre vernünftig zu erwarten, daß im kalten Kriege jeder die Mittel anwendet, die er am besten handhaben kann. Die beste Waffe einer Diktatur ist das Geheimnis. Aber für eine Demokratie paßt die Waffe der Offenheit".

Die Verantwortlichkeit der Wissenschaftler ist es, zu forschen, zu erfinden und zu erklären. Diese sind spezifische Aufgaben, die uns keiner abstreiten kann. In der Forschung gibt es zu viele Spezialitäten, zu viel Zersplitterung. In dem Erfinden haben wir unseren Mut verloren. Und anstatt einer Erklärung gibt es Verwirrung und Übertreibung. So verlieren wir das Vertrauen der Jugend. Eben hier scheint die Zukunft besonders dunkel. Wenn Heisenberg seine Unterhaltung 1933 mit einem jungen Anhänger Hitlers beschreibt, dann klingt es erschreckend modern. Damals war es Deutschland, heute ist's die ganze Welt.

Es ist nötig, unsere Verantwortlichkeit zu beschränken. Auch wenn wir das tun, ist die Verantwortlichkeit noch groß genug und schwer genug.

Naturgesetz und Mathematik

P. Jordan

Nur um Monate jünger als *Werner Heisenberg,* dem zu seinem 70. Geburtstag der vorliegende kleine Beitrag gewidmet ist, habe ich das Glück gehabt, durch mehrere für die Entwicklung der Quantenphysik ereignisreiche Jahre mit ihm eng zusammenarbeiten zu können. Ich hoffe auf die Nachsicht des Lesers, wenn einige im Folgenden eingeflochtenen Bemerkungen etwas aus dem gewohnten Rahmen unpersönlicher Sachlichkeit fallen mögen.

Ein großer Teil meiner späteren physikalischen Arbeit hat sich auf mathematische Untersuchungen bezogen, denen der von mir erhoffte physikalische Erfolg versagt geblieben ist, obwohl eine gewisse Stimulierung moderner mathematischer Arbeit daraus entstanden ist. Wiederholt habe ich für einige Jahre die Fortsetzung meiner mathematischen Spekulationen unterbrochen, aber später doch wieder der Versuchung nachgegeben, sie erneut zu betrachten; und auch heute bin ich wieder geneigt, es für *möglich* zu halten, daß aus der Weiterverfolgung dieser Überlegungen ein physikalischer Fortschritt entstehen könnte, – den zu erreichen ich freilich jüngeren Verfassern überlassen muß. Ich gebe im Folgenden eine kurze Erläuterung des Erzielten und des wesentlich weiter gegangenen Erhofften.

Seit den geschichtlichen Anfängen der Physik hat sich immer wieder gezeigt, daß in erstaunlichem Maße die Naturgesetze ihre Entsprechung oder ihre Abbildung besitzen in tiefen und schönen Gesetzen der Mathematik. Auch hat die Überzeugung bedeutender Forscher, daß solche Entsprechung vorhanden sei, große heuristische Kraft erwiesen. Bekanntlich ist *Eddington* so weit gegangen, Ausführungen in ungefähr dem Sinne zu wagen, daß das menschliche Denken ein Teil der Kraft sei, welche der Natur ihre Gesetze gegeben hat – so daß die Entdeckung tiefer Naturgesetze gewissermaßen ein *Wiederfinden* von Beziehungen sei, die „wir selber" in der Natur versteckt haben.

Heisenberg hatte ja 1924 die Denkrichtung des *Bohrschen Korrespondenzprinzips* verdichtet zum Programm einer ausschließlich *Beziehungen zwischen beobachtbaren Größen* formulierenden Theorie – als beobachtbare Größen waren uns auf der Unterlage der damals so stürmisch entwickelten Erforschung der *Spektren* von Atomen und Molekülen vor allem die „Eigenwerte" der Energien bekannt geworden, sowie die ihren *Paaren* entsprechenden „Übergangs-Amplituden", deren Absolutquadrate in *Einsteins* berühmten Übergangswahrscheinlichkeiten $(8\pi h\ \nu^3/c^3 + \rho_\nu)\,B$ sowie in der *Dispersionsformel* nach *Ladenburg* und *Kramers* zutage traten; daß auch die Phasenbeziehungen zwischen den komplexen Übergangsamplituden beobachtbare Größen sind, hatten *Heisenberg* und *Kramers* bei der Analyse des *Raman*-Effektes erkannt. Die von *Bohr* so gern als Grundformel aller Quantentheorie hervorgehobene Beziehung $h\nu = W_2 - W_1$, welche Energiestufen und Spektralfrequenzen in Beziehung setzt, konnte durch die Untersuchung der *Elektronenstöße* gegen Atome ausführlich gerechtfertigt werden, und der *Stern-Gerlach*-Effekt ergab nach anderer Seite hin die unmittelbare Rechtfertigung der Vorstellung von unstetig „gequantelten" Atom-Zuständen. *Heisenbergs* Programm erschien mir damals in überwältigender Überzeugungskraft als die sinngemäße Verwirklichung der einerseits notwendigen Anerkennung realer Existenz von Atomen und der andererseits notwendigen Erfüllung *Mach*scher erkenntnistheoretischer Forderungen: Die vorher so lebhaft erörterten „Bahnen" von Elektronen im Atom wurden aufgegeben.

Zugleich fand *Heisenberg* das *Multiplikationsgesetz* der *„Schemata"* von Übergangsamplituden, das sich (in Rücksicht auf die „Korrespondenz" von Übergangsamplituden und klassischen Fourierkoeffizienten) völlig naturgemäß aus der obigen Formel für $h\nu$ ergab, und – wie *Born* bemerkte – mit dem mathematisch wohlbekannten Multiplikationsgesetz der *Matrizen* übereinstimmte. So wurde hier ein neues Beispiel gefunden für das Walten tiefer mathematischer Gesetze in den Naturvorgängen.

Nachdem *Dirac* einerseits und *Born-Jordan* andererseits eine gewisse Systematisierung des *Heisenberg*schen Entwurfes erzielt hatten – dabei kam *Dirac* zu dem Ergebnis, daß die Anwendungen der neuen Theorie großenteils aus der bloßen Tatsache abgeleitet werden konnten, daß die „Observablen" eines quantenmechanischen Systems eine *nichtkommutative, aber assoziative Algebra* bilden – ergaben sich wichtige neue Fortschritte aus den „wellenmechanischen" Entdeckungen *Schrödingers,* und der von ihm (und auch von *Pauli*) geführte Beweis einer mathematischen Äquivalenz von matrizenmechanischer und wellenmechanischer Berechnung eines Atoms veranlaßte *Dirac* und mich zu einer umfassenden Verallgemeinerung, die oft als die „statistische Transformationstheorie" bezeichnet worden ist.

Diese wiederum – an welche sich *Heisenbergs* und *Bohrs* Überlegungen zum Thema der Komplementarität angeschlossen haben – gab außerdem den Anstoß für eine neuartige Gedankenrichtung, die mein verstorbener Freund *J. v. Neumann* ausgeführt hat. Ihm ging es um eine mathematische „Axiomatisierung" der Quantentheorie, bei welcher an die Entstehung aus der Theorie der Spektren kaum noch zurück gedacht, sondern statt dessen der Begriff der „Observablen" von vornherein in abstrakter Allgemeinheit betrachtet wurde. Seine Betrachtungsweise wurde nach einigen Jahren Richtschnur der Überlegungen, von denen ich nachfolgend sprechen möchte.

Schon vorher war jedoch in der 1925 erschienen Arbeit *Born-Heisenberg-Jordan* eine Überlegung durchgeführt, die mir damals besonders am Herzen lag. Es handelte sich um die von *Einstein* entdeckten Gesetze der *Energieschwankungen* im *Planck*schen Strahlungsfelde, für welche *Einstein* durch *thermodynamische* Ermittlungen Formeln abgeleitet hatte, welche von den (zuerst von *Lorentz* ausgerechneten) Folgerungen der *Maxwellschen Theorie* abwichen (im Sinne des von *Einstein* betonten Zutagetretens von korpuskularen Lichtquanten). Unsere erwähnte Arbeit zeigte, daß die *Einstein*schen Formeln auch dadurch als folgerichtige Rechnungsergebnisse zu bekommen waren, daß man den Formalismus der Quantenmechanik (obwohl er zunächst nur als eine Theorie für die im Sinne *Bohrs* gedachten *Atome* gemeint war) auch auf das *Maxwellsche Feld* als solches anwandte. Meine Überzeugung, daß hiermit die Quantenmechanik als fähig erwiesen sei, auch das berühmt-berüchtigte Problem der Lichtquanten zu lösen, *ohne* daß hierfür eine nochmalige grundsätzliche Erweiterung oder Abänderung nötig wäre – diese Überzeugung traf damals zunächst viel Skepsis im Kreise der Freunde (und konnte vor allem von *Einstein* nicht geteilt werden, da dieser ja die ganze Quantenmechanik mit einer niemals voll überwundenen Skepsis betrachtete: „Daß sich die Fourier-Koeffizienten selbständig machen, das glaube ich nicht"). Sie kam jedoch zu weitgehender Anerkennung, als sie auch von *Dirac* aufgenommen wurde, der ihr seine wunderbare Kunst der Erfindung aufhellender, suggestiver Bezeichnungsweisen lieh. (Diese Kunst hatte ja seinerzeit in der Infinitesimal-Mathematik *Leibniz* einen Vorsprung vor *Newton* gegeben.)

Einige Jahre später wurde das Problem einer vollständigen „Quantenelektrodynamik" reif zur Behandlung. Die durch *Diracs* Methode besonders durchsichtig gemachte Theorie eines Materie-Wellenfeldes, das durch „zweite Quantelung" zur Beschreibung eines *Vielkörperproblems* von Teilchen der fraglichen Art gemacht wurde, bezog sich zwar zunächst nur auf den Fall von *Bosonen,* mit unrelativistischen Geschwindigkeiten, und ohne Wechselwirkung. Jedoch konnten in gemeinsamen Arbeiten mit *Wigner, Pauli* und *Klein* diese drei Lücken weitgehend geschlossen werden. Die *Fermionen* sind entsprechend zu beschreiben durch eine gewisse Abänderung im Formalismus der „zweiten Quantelung" (*Jordan-Wigner;* als *Problem,* dessen Lösung erstrebt werden mußte, hatte übrigens auch *Oppenheimer* die von uns gelöste Frage gesehen). Für den Fall des elektromagnetischen Vakuum-Feldes konnte eine auch die spezielle Relativitätstheorie befriedigende Lösung gefunden werden *(Jordan-Pauli).* Betreffs der Coulombschen Wechselwirkung in einem Mehr-Elektronenproblem ergab sich *(Jordan-Klein)* eine überraschende Feststellung. Man muß die Wechselwirkung der in zwei Raumpunkten r und r' befindlichen Ladungen *nicht* etwa proportional dem *Produkte* der Ladungsdichten $\psi^\dagger(r)\ \psi(r)$ und $\psi^\dagger(r')\ \psi(r')$ setzen, sondern statt dessen den Ausdruck $\psi^\dagger(r)\ \psi^\dagger(r')\ \psi(r')\ \psi(r)$ hinschreiben. Gerade die Nichtkommutativität der Matrizen $\psi^\dagger(r)$, $\psi(r')$ usw. ist nötig, aber auch genügend, um dafür zu sorgen, daß bei Umformulierung des Problems in die Gestalt entsprechend vieldimensionaler *Schrödinger*-Gleichungen die Summe der elektrostatischen Wechselwirkungsenergien herauskommt als eine Doppelsumme über die *Elektronenpaare,* ohne Hinzufügung eines unendlich großen Anteils in Form einer Wechselwirkung jedes einzelnen Elektrons mit sich selbst.

Dies schien damals besonders ermutigend für den weiteren Fortgang des Aufbaus einer folgerichtigen Quantenelektrodynamik; aber als dann *Heisenberg* und *Pauli* unter Einführung weiterer wichtiger Gedanken zur Vollendung dieses Programms ansetzten, stellte sich eine Enttäuschung heraus: Es war *nicht* möglich, auch für eine durch das *Maxwellfeld* vermittelte Nahewirkung zwischen den Elektronen mit ähnlicher Ausnützung der Nichtkommutativität eine Beseitigung singulärer Selbst-Rückwirkung der Elektronen auf sich zu erreichen. Dieser Mißerfolg beeinflußte meine weitere Arbeit stark, in einer Weise, die vielleicht nachträglich als negativ zu bezeichnen ist: Ich kam zu der Vermutung, daß der die Quantenmechanik begründende Übergang zu einer nichtkommutativen Algebra der Observablen radikalisiert werden müßte zur Betrachtung solcher Algebren, die auch das *assoziative* Gesetz der Algebra verletzen. Über die mathematische Existenz solcher Algebren war damals noch sehr wenig bekannt, und ich habe mehrere Jahre auf vergebliche diesbezügliche Spekulationen verwendet.

Bekanntlich ist die Unvollkommenheit, welche der Quantenelektrodynamik in der von *Heisenberg* und *Pauli* gegebenen Form noch anhaftete, später durch jüngere Verfasser, vor allem *Feynman*, weitgehend behoben worden im Sinne der Theorie der *Renormalisierung*. Für meine seinerzeit gefaßte Vermutung bleibt also – sofern man sie nicht als abwegig ansehen will (was vielleicht berechtigt ist) – nur die Möglichkeit offen, daß sie bestenfalls eine *andere Formulierung* für die renormalisierte Quantenelektrodynamik liefern würde, und vielleicht auch eine Verbesserung für die späteren Ansätze zu einer *nicht* renormalisierbaren Theorie *starker* Wechselwirkungen. Die letzteren zeigen ja, daß jedenfalls ein *Bedürfnis* für mathematische Hilfsmittel der Theorie der Elementarteilchen noch vorhanden ist, trotz der Erfolge der Renormalisierung, deren ad hoc gemachte Schritte noch immer eine tiefere Rechtfertigung aus einer grundsätzlich *einfachen* Theorie heraus vermissen lassen. Ganz offen lasse ich dabei die Frage, ob die Quantelung des *Gravitationsfeldes* vielleicht ebenfalls für eine Einführung neuer mathematischer Hilfsmittel spricht; die wichtigen Teilerfolge, die *Rosenfeld* schon frühzeitig betreffs der Gravitations-Quantelung erreicht hat, sind zwar in vielen neuen Untersuchungen anderer Verfasser weiter bearbeitet, aber meines Wissens nicht bis zur Stufe einer Erörterung von Renormalisationsfragen voran getrieben worden. Ebenso enthalte ich mich eines Urteils darüber, ob der in *Heisenbergs* „Weltformel" unternommene kühne Versuch, die Gesamtheit der Elementarteilchen in einem einzigen Wellenfeld zusammen zu fassen, in den Folgerungen, wie sie vor allem von *Dürr* mathematisch entfaltet worden sind, eher für oder gegen die Notwendigkeit einer über die Matrizen bzw. Operatoren hinaus führenden Erweiterung des mathematischen Instrumentariums der Elementarteilchen-Theorie spricht.

Ohne mir die erwähnte Auffassung *Eddingtons* voll zu eigen machen zu wollen, bin ich freilich durchdrungen von der Überzeugung, daß die Grundgesetze der Mikrophysik mathematische Formgesetze enthalten, welche bei sinngemäßer Betrachtung einen hohen Grad von mathematischer Einfachheit und Schönheit zeigen werden. Daß meine Vermutung der Existenz noch unentdeckter mathematischer Zusammenhänge, die für eine Theorie der Elementarlänge Bedeutung haben dürften, vielleicht doch nicht unberechtigt sei, wird mir von dieser Überzeugung aus wahrscheinlich gemacht. Während ich den Gedanken einer auch von der Assoziativität abweichenden Algebra der Observablen anfangs mehr im Sinne der von *Dirac* gepflegten „*q*-Zahl-Algebra" meinte, habe ich ihn später in einer greifbareren Weise an die oben erwähnten *Neumannschen* Betrachtungen angelehnt. Hierbei befestigte sich mir der Eindruck, daß eine bestimmte Richtung zu versuchender Erweiterung oder Verallgemeinerung der jetzigen Theorie *naheliegend* ist.

Wir betrachten im Folgenden nur solche Probleme, welche – soweit die Matrizentheorie der Quantenmechanik zuständig ist – durch *endliche* statt unendliche Matrizen beschreibbar sind. Dadurch wird zwar viel Charakteristisches der Atomtheorie abgeschnitten, doch verbleibt ein keineswegs trivialer, aber mathematisch viel übersichtlicher gewordener Restbestand. Man kann dann die heutige Theorie im Geiste *Neumanns* so erläutern: Als *Observable* eines mikrophysikalischen Systems bezeichnen wir einen auf diesen anwendbaren *Meßapparat* a. Seine Anwendung ergibt, daß das System einen der *reellen Eigenwerte* α_k von a annimmt. Es ist wesentlich für *Neumanns* Betrachtungsweise, uns das fragliche System als Individuum eines *Kollektivs* solcher Systeme vorzustellen und dabei die Fülle denkbarer statistischer Gesamtzustände dieses Kollektivs ins Auge zu fassen. Wir betrachten die Observablen a und b als *gleich,* wenn sie in *allen* Zuständen des Kollektivs übereinstimmende *Erwartungswerte* Ew (a) = Ew (b) haben. Wir nehmen an, daß es zu jedem *Paar* a,b von Observablen eine als ihre *„Summe"* $a + b$ bezeichnete dritte gibt, dadurch (eindeutig) definiert, daß in jedem Kollektiv der Erwartungswert dieser Summe gleich der Summe der Erwartungswerte der Summanden ist:

$$\mathrm{Ew}(a+b) = \mathrm{Ew}(a) + \mathrm{Ew}(b). \tag{1}$$

Wir definieren als *Funktion* $f(a)$ (z.B. a^3) von a diejenige Observable, für welche dann, wenn für a stets der *Eigenwert* α_k gefunden wird, statt dessen der Wert $f(\alpha_k)$ gefunden wird. (Diese Observable $f(a)$ *existiert:* Man nehme dasjenige Meßinstrument, welches als a bezeichnet wurde, benenne aber seine *Meß-Skala* mit veränderten Zahlenwerten $f(\alpha_k)$ statt α_k.)

Insbesondere gibt es nach dieser Definition zu jeder Meßgröße a auch ihr Quadrat a^2; und zu jedem Paar a,b von Observablen das *„symmetrisierte Produkt"*

$$\tfrac{1}{2}(ab + ba) = \tfrac{1}{4}\{(a+b)^2 - (a-b)^2\}. \tag{2}$$

Man hat also eine *Algebra* der Meßgrößen an einem mikrophysikalischen System, und zwar ist es eine *kommutative* Algebra. Daß diese Algebra auch *distributiv* ist, kann durch Annahme des folgenden weiteren Axioms gesichert werden:

$$(a+b)^2 + (a-b)^2 = 2a^2 + 2b^2. \tag{3}$$

Ferner muß, da wir uns die Eigenwerte als *reelle* Zahlen vorstellen wollen, die fragliche Algebra „formal reell" (im Sinne von *Artin* und *Schreyer*) sein: Eine Summe von Quadraten kann nur dann verschwinden, wenn die quadrierten Größen selbst sämtlich verschwinden.

Aus diesen so allgemein gehaltenen Voraussetzungen kann man die ganze Quantenmechanik ableiten – jedenfalls für solche Systeme, bei denen die Algebra der Observablen eine *endliche Basis* hat (nur endlich viele linear unabhängige Elemente enthält).

Zunächst nämlich ist aus unseren Bemerkungen über *Funktionen* einer Meßgröße a zu entnehmen, daß unsere Algebra *„potenzassoziativ"* sein, d.h. folgendes Gesetz erfüllen muß:

$$a^n a^m = a^{n+m}. \tag{4}$$

Danach wird eine mathematische Feststellung anwendbar, welche in einer Untersuchung von *Jordan, v. Neumann* und *Wigner*[1]) 1934 vorgelegt wurde: Eine kommutative (und distributive) Algebra endlicher Basis mit Zulassung beliebiger reeller Koeffizienten, welche formal-reell und irreduzibel ist, außerdem (mindestens) ein Element mit

---

[1]) *P. Jordan, J. v. Neumann* und *E. Wigner:* Ann. of Math. **36,** 29 (1934).

vier verschiedenen Eigenwerten besitzt, ist äquivalent der gemäß (2) „symmetrisierten" Algebra

1. aller reellen symmetrischen Matrizen eines Grades n; *oder*
2. aller hermiteschen komplexen Matrizen eines Grades n; *oder*
3. aller „selbstadjungierten" Quaternionen-Matrizen eines Grades n.

Der Begriff „selbstadjungiert" für Matrizen A, deren Elemente Quaternionen sind, ist so gemeint, daß die zwei Matrix-Elemente A_{kl} und A_{lk} konjugiert sind. (Analog wie bei hermiteschen Matrizen).

Es gibt zusätzlich einen Ausnahmefall, bei welchem es sich um wiederum „selbstadjungierte" Matrizen handelt, deren Elemente aber nicht mehr Quaternionen sind, sondern einen von *Cayley* entdeckten, später von *Artin* und von *Zorn* weiter untersuchten, nicht mehr assoziativen, sondern „alternativen" Schiefkörper bilden. Dies ergibt aber nur bei Beschränkung des Matrizengrades auf n = 3 noch eine potenzassoziative Algebra. (Dahinter steht die mathematische Tatsache, daß man wohl in der *Ebene*, aber *nicht* mehr bei höherer Dimensionszahl, eine *projektive Geometrie* mit Verletzung des *Desarguesschen* Satzes bilden kann. Diese Tatsache wurde von *R. Moufang* entdeckt).

J. v. Neumann hatte seinerzeit noch durch ein besonderes Axiom gefordert, daß die Meßgrößen $a, b, \ldots$ eine assoziative Algebra (und dann mit mathematischer Zwangsläufigkeit eine Matrizen-Algebra) bilden sollten. Im obigen Sinne ist dieses Axiom jedoch entbehrlich, sofern man nur die ganz allgemeinen obigen Voraussetzungen axiomatisch zugrunde legt und sich des in der Arbeit *Jordan-v. Neumann-Wigner* bewiesenen mathematischen Satzes bedient.

Die formal reellen potenzassoziativen kommutativen Algebren endlicher Basis erfüllen übrigens auch das Axiom

$$[a, b, a^2] = 0 \tag{5}$$

für jedes Elementenpaar a, b, wenn wir definitionsweise den „Assoziator" folgendermaßen bezeichnen:

$$[x, y, z] = (xy)z - x(yz). \tag{6}$$

Man erkennt leicht, daß (4) eine *Folgerung* von (5) ist.

Amerikanische Mathematiker haben für (kommutative) Algebren, die (5) erfüllen, die Bezeichnung „Jordan-Algebren" üblich gemacht. Der weiteren Untersuchung dieses Themas sind mehr als tausend Abhandlungen sowie verschiedene zusammenfassende Bücher[1]) gewidmet worden. Auch die Untersuchung anderer Klassen von nichtassoziativen Algebren ist nach dieser Stimulierung diesbezüglicher Aufmerksamkeit stark belebt worden – während vorher zu diesem Thema außer den Lie-Algebren kaum mehr als die oben kurz erwähnte *Cayleysche* Algebra bearbeitet worden war.

---

[1]) *H. Braun* und *M. Koecher:* „Jordan-Algebra", Heidelberg 1966. *N. Jacobson:* „Structure and Representations of Jordan algebras". Providence 1967.

Es sei erwähnt, daß *J. M. Osborn*[2]) gewisse Normalformen möglicher Axiome aufgestellt hat, durch welche bestimmte Klassen von (kommutativen) nichtassoziativen Algebren definiert werden können. Dabei ist *Osborn* auch zu folgendem Axiom geführt worden – Algebren, die es erfüllen, seien im Folgenden *Osborn-Algebren* genannt:

$$2u\,[v, v, u] + 2v\,[u, u, v] = u^2 v^2 - (uv)^2. \tag{7}$$

Über nichttriviale Beispiele von *Osborn*-Algebren ist wenig bekannt – das Problem diesbezüglicher Aufklärung „resisted attack", wie *Osborn* bei Veröffentlichung von (7) schrieb. Kürzlich konnte gezeigt werden[3]): Hat eine *Lie*-Tripel-Algebra $A(x)$ die Eigenschaft, daß ihre Elemente durch ein einziges Element x *erzeugt* werden, so ist $A(x)$ eine *Osborn*-Algebra. (Die *Lie*-Tripel-Algebren sind eine in den letzten Jahren eingehend untersuchte naheliegende Verallgemeinerung der sog. Jordan-Algebren; sie sind jedoch, soweit *keine* Jordan-Algebren, ausdrücklich nicht formal reell.)

Als Beitrag zur Klärung physikalischer Fragen hat die erwähnte Arbeit *Jordan-v. Neumann-Wigner* gezeigt, daß in *v. Neumanns* axiomatischer Begründung der Quantenmechanik dasjenige Axiom entbehrlich ist, welches noch in spezifischer Weise aus der Matrizentheorie der Quantenmechanik entnommen war: Es genügt, statt dessen die unmittelbar aus der zugrunde gelegten Vorstellung vom mikrophysikalischen Meßvorgang entstehende Potenzassoziativität (4) axiomatisch zu fordern. Andererseits legen diese Ergebnisse eine bestimmte Wegrichtung für *erwägbare* Verallgemeinerungen der Theorie nahe. Man könnte, statt sich vorzustellen, daß jede Observable a ihre bestimmten *Eigenwerte* hat, die schwächere Annahme machen, daß für jede Meßgröße a der statistische Erwartungswert Ew (a) für jeden Zustand des oben betrachteten Kollektivs wohldefiniert (und der Messung zugänglich) ist; sowie, daß das zugehörige Schwankungsquadrat ebenfalls meßbar ist, so daß zu jeder Observablen a auch eine weitere Observable a^2 gehört. Schon dies würde genügen, um im oben besprochenen Sinne – mit zusätzlicher Annahme des Axioms (3) – die Gesamtheit der Meßgrößen zu einer kommutativen *Algebra* zu machen, *welche jetzt nicht mehr das Axiom* (4) *erfüllen müßte.*

Dieser Gedanke, der mir verlockend scheint, enthält allerdings noch nicht eine Verallgemeinerung der heutigen Theorie, sondern nur einen *Hinweis* auf eine *vielleicht* bestehende mathematische Möglichkeit einer solchen Verallgemeinerung. Nach längerer Beschäftigung mit diesem Fragenkreise möchte ich allerdings *hypothetisch* eine bestimmte Präzisierung zu diesem Hinweis zur Diskussion stellen: Als Ersatz für das Axiom (4), das natürlich nicht einfach gestrichen, sondern nur durch ein toleranteres *ersetzt* werden dürfte, könnte vielleicht das *Osbornsche* Axiom (7) in Frage kommen. (Einen andernorts einmal zur Diskussion gestellten *abweichenden* Vorschlag halte ich für überholt.)

Diese Hypothese wird allerdings erst dann einen greifbaren Inhalt bekommen, wenn die mathematisch existierenden nichttrivialen Strukturen formal reeller *Osborn*-Algebren bekannt sind – wovon wir vielleicht noch weit entfernt sind.

---

2) *J. M. Osborn*, Canad. J. of Math. 17, 78 (1965)

3) *P. Jordan* und *H. Rühaak:* Akad. d. Wiss. u. d. Lit. Mainz 1969. S. 49.

Was mir als *vielleicht* unter den *Osborn*-Algebren vorkommend vorschwebt, wäre eine Algebra, die z.B. der nachfolgenden Algebra $\hat{A}$ *qualitativ* ähnlich wäre (aber leider gehört diese Algebra $\hat{A}$ selber ausdrücklich *nicht* zu den *Osborn*-Algebren): Eine *Basis* von $\hat{A}$ bilden die Potenzen x^μ ($\mu = 0, 1, 2, \ldots$) eines Elementes x mit $x = x^1$; $xx^\mu = x^{\mu+1}$; $x^0 x^\mu = x^\mu$ und dem Multiplikationsgesetz

$$x^\mu x^\nu = \sum_{\rho=0}^{\infty} (2\rho)! \binom{\mu}{2\rho}\binom{\nu}{2\rho} x^{\mu+\nu-4\rho}; \tag{8}$$

also insbesondere $x^2 x^2 = x^4 + 2$.

Diese Formel (8) ist invariant sowohl gegen Vorzeichenwechsel von x als auch gegen eine „Nullpunktsverschiebung" $x' = x + \xi x^0$.

Sie hat die Folge[1])

$$e^{i\alpha x}\, e^{i\beta x} = e^{i(\alpha+\beta)x} \cdot \cosh(\alpha\beta); \tag{9}$$

dies scheint auszudrücken, daß bei einem (eindimensional beweglichen) Teilchen, dessen Ortskoordinate, als Vielfaches der Elementarlänge gemessen, das x von (9) wäre, Wellenpakete nicht beliebig schmal gemacht werden können.

Sofern die obigen Erwägungen einen Kern von Berechtigung enthalten, müßte die mathematische Untersuchung der *Osborn*-Algebren als empfehlenswert angesehen werden. Diese Empfehlung dürfte aber auch vom Standpunkt der reinen Mathematik aus vertretbar sein, unabhängig davon, ob ihre physikalische Anwendbarkeit für wahrscheingehalten wird oder nicht.

(Nachträglicher Zusatz). Obwohl die obigen Ausführungen auch in mathematischer Hinsicht noch mit Hypothesen belastet sind, mag es doch erlaubt sein, anzudeuten, in welche Richtung die naheliegende Fortsetzung dieser Überlegungen zu weisen scheint. Von der (heute wohl zu verbreiteter Zustimmung gelangten) Überzeugung aus, daß eine die Mikrophysik voll einschließende Theorie *zwei* mikrophysikalische Konstanten h und $l \cong 10^{-14}$ cm einzuschließen hat, muß man folgern, daß innerhalb der noch gesuchten vollständigen Theorie drei verschiedene Grenzfälle enthalten sein werden: Außer der *Makrophysik* als Grenzfall $h = l = 0$ die als fertig bekannt anzusehende Quantentheorie als Grenzfall $l = 0$ bei $h \neq 0$; ferner der Grenzfall $h = 0, l \neq 0$. Die grundsätzliche Betrachtungsweise *J. v. Neumanns* könnte auch für die künftige vollständige Theorie anwendbar sein. Für ein Kollektiv individuell nicht unterscheidbarer Objekte sollte es dann also eine *kommutative Algebra* geben; im Falle der Quantentheorie erfüllt diese Algebra das Gesetz (4), also auch (5). Für den Grenzfall $h = 0$ bei $l \neq 0$ könnte die Hypothese versucht werden, daß dabei an Stelle der sog. *Jordan*-Algebren, welche (5) erfüllen, die durch (7) definierten *Osborn*-Algebren in Betracht kommen.

---

1) Vgl. *P. Jordan*, Comm. math. Phys. 11, 293 (1969)

Sollte sich diese Vermutung als vertretbar erweisen, so würde für diejenige Klasse kommutativer Algebren, die für die vollständige Theorie zu erwarten wäre, ein Axiom in Frage kommen, welches *sowohl* durch die quantentheoretischen Algebren (5), als auch durch die *Osborn*-Algebren (7) erfüllt wird. Ein solches bekommt man z.B. durch folgende Erwägung: Aus dem *Osborn*-Axiom bekommt man durch „*Linearisierung*" die damit gleichwertige Beziehung

$$\begin{aligned} &x[v, v, y] + y[v, v, x] \\ &+ v[x, y, v] + v[y, x, v] = v^2(xy) - (vx)(vy). \end{aligned} \tag{10}$$

Eine *schwächere* Folgerung ergibt sich durch die Wahl $x = v^2$, die zu

$$\begin{aligned} &y[v, v, v^2] + v^2[v, v, y] \\ &+ v[y, v^2, v] + v[v^2, y, v] = v^2(v^2 y) - v^3(vy) \end{aligned} \tag{11}$$

führt. *Diese* Beziehung ist aber auch in den sog. *Jordan*-Algebren erfüllt, da in ihnen als Verallgemeinerung von (5) die Beziehung

$$v^\mu(v^\nu y) = v^\nu(v^\mu y) \tag{12}$$

gilt.

Naturgemäß wird die weitere Prüfung dieses Gedankenganges noch umfangreiche Überlegungen erfordern, die nur im Falle *negativer* Entscheidung vielleicht schnell durchgeführt werden könnten.

Betreffs der mathematischen Existenz einer *Osborn*-Algebra, welche der obigen Algebra $\hat{A}$ „ähnlich" wäre, scheint mir die Frage prüfungswürdig, ob eine Abänderung von (8) zu

$$x^\mu x^\nu = \sum_{\rho=0}^{\infty} \frac{h(\rho)\, \mu!\, \nu!\, x^{\mu+\nu-4\rho}}{(2\rho)!\, (\mu-2\rho)!\, (\nu-2\rho)!} \tag{13}$$

bei geeigneter Wahl der Funktion $h(\rho)$ das *Osborn*-Axiom erfüllen könnte. *Notwendige* Bedingung dafür wäre Erfüllung der Rekursionsformel[1])

$$h(\rho) = \left(2 - \frac{1}{\rho}\right) h(\rho - 1). \tag{14}$$

Als sinngemäßes Kriterium für die Brauchbarkeit des angedeuteten Ansatzes wird man es ansehen, ob er Hilfsmittel liefern kann, in der Quantenelektrodynamik nachträgliche „Renormalisierung" entbehrlich zu machen durch eine geschlossene Theorie, in welcher z.B. die *Maxwellschen* Feldstärken quantenphysikalische Observable wären, welche Funktionen von Weltkoordinaten x_1, x_2, x_3, x_4 sind, die ihrerseits als Elemente einer *Osborn*-Algebra angenommen werden.

---

1) Die notwendige Bedingung (14) ist aber nicht auch hinreichend, so daß die mathematische Existenz einer mit (8) ähnlichen Osborn-Algebra noch ungewiß bleibt.

Grundvorstellung der Quantenphysik [1)]

F. Bopp

1. Zum Thema

Wir sprechen von Quantenphysik und nicht nur von Quantenmechanik, weil erst die ganze Theorie ihre anschauliche Grundlage erkennen läßt.

Dabei gehen wir von einer Vorstellung aus und nicht von mathematischen Prinzipien oder Axiomen, weil der Prozeß der Mathematisierung, der von den Vorstellungen zu den Prinzipien führt, Einblicke gewährt, die für die Wirklichkeitserkenntnis wesentlich sind [2)].

Das Wort Grundvorstellung deutet an, daß es auch bei der Mathematisierung ein Fortschreiten von Stufe zu Stufe gibt. Es wird jedoch nicht wie beim logischen Schließen allein von den Voraussetzungen her, sondern auch von dem Ziele her gesteuert, am Ende zu Prinzipien zu gelangen. Hier hat die oft geschmähte Evidenz ihren legitimen Platz. Axiome müssen im Hinblick auf die Vorstellungen, aus denen sie hervorgehen, evident sein. Klarerweise hat die Evidenz nichts in den Beweisen zu suchen, sobald wir Axiome in Händen haben. Sie hat auch keine Bedeutung für die Frage, ob wir mit unseren Vorstellungen und Prinzipien Wirklichkeitsordnung im Griff haben. Sie ermöglicht jedoch ein Urteil darüber, ob die Axiome zu den Vorstellungen passen, die wir mathematisieren wollen. Sie nur als Motivation zu betrachten, wird ihrer Bedeutung für die Erkenntnis nicht gerecht.

Hier gehen wir meistens nicht auf Beweise ein. Viele sind leicht nachvollziehbar, andere aus den Lehrbüchern bekannt. Nur wo wir über Folgerungen aus den Prinzipien etwas Neues sagen, müssen wir mindestens den Weg aufzeigen, der zum Beweis führt.

2. Betrachtungsweisen und Grundvorstellungen

Das materielle Geschehen läßt sich auf zwei verschiedene Weisen betrachten, die zu verschiedenen Arten seiner Beschreibung führen.

Die erste Betrachtungsweise knüpft an die Erfahrung an, daß es Körper gibt, die sich im Raum bewegen und dabei – augenscheinlich – ihre Identität bewahren.

---

1) Dem folgenden Beitrag liegt einer Vorlesung des Verfassers zugrunde: „Felder und Teilchen", Ludwig Maximilians-Universität München, Winterhalbjahr 1967/68.

2) *P. Lorenzen:* „Differential und Integral", Akademische Verlagsgesellschaft Frankfurt/Main, 1965, Kap. I. Daß der Verfasser statt von den *Peano*schen Axiomen der natürlichen Zahlen von einer Konstruktionsvorschrift, also von einer Handlungsanweisung ausgeht, ist m.E. mit unserem Vorgehen vergleichbar.

Daraus leitet man idealisierend die Vorstellung ab, daß sich alles materielle Geschehen auf die Bewegung sich selbst gleichbleibender Massenpunkte zurückführen lasse. Auf dieser Vorstellung beruht die ganze klassische Physik[3]).

Bei der zweiten Betrachtungsweise faßt man ein überschaubares Gebiet im Raum ins Auge und beschreibt die Vorgänge in ihm. Reduziert man das Gebiet auf einen Punkt und das Geschehen in ihm auf den Wechsel zwischen zwei Zuständen[4]), so wird alles Geschehen auf das Zusammenspiel vieler solcher Elementarprozesse zurückgeführt. Wir wollen zeigen, daß sich die Quantenphysik aus dieser Grundvorstellung ableiten läßt.

Sicherlich sind beide Betrachtungsweisen möglich. Darum sollte man erwarten, daß sie zum gleichen Ergebnis führen. Das ist nicht der Fall; die erste führt zur klassischen Physik und die zweite zur Quantenphysik.

Der Unterschied ergibt sich daraus, daß in der ersten Grundvorstellung bereits eine inhaltliche Annahme steckt, von der die zweite frei ist, nämlich die der Wahrung der Identität, die man durch den „Augenschein nur im Großen" nicht als gesichert betrachten kann. Darum darf man sich nicht wundern, daß die aus der zweiten Grundvorstellung folgende Quantenphysik von der klassischen Physik verschieden ist und daß diese nur als Näherung aus jener hervorgeht.

3. Zustandsgrößen und Operatoren für Elementarprozesse

Nach dem gerade Gesagten wollen wir die Quantenphysik aus folgender Vorstellung entwickeln:

1. Alles Geschehen beruht auf dem Zusammenspiel einer Menge von Elementarprozessen.
2. Jeder Elementarprozeß besteht in einem Wechsel zwischen zwei Zuständen.

Vorläufig betrachten wir die Menge der Elementarprozesse als endlich[5]). Bezeichnen wir die Zustände mit 0 und 1, so enthält die Menge eine endliche Anzahl von Paaren von Übergängen $0 \to 1$ und $1 \to 0$. Diese Paare numerieren wir in willkürlicher Reihenfolge mit $1, 2 \ldots i \ldots N$. Die Nummer i bezeichnet eine „Stelle" in der Menge. An jeder Stelle gibt es ein Prozeßpaar $0 \to 1$, $1 \to 0$. Beide Zustände sind in gleicher Weise Ausdruck von Wirklichem.

Dieser Gleichwertigkeit der beiden Zustände trägt eine eingebürgerte Sprechweise nicht Rechnung. Wir behalten sie dennoch bei, weil sie bequem ist. Danach be-

---

3) *F. Bopp*, Sitzungsber. d. Bay. Akad. d. Wiss., Math.-Naturw. Kl., 1971, im Druck.

4) Das ist ohne Beschränkung der Allgemeinheit möglich; vgl. Ziff. 7.1. Hierin unterscheiden wir uns von *A. Landé:* "New Fondations of Quantum Mechanics", Cambridge 1965, der im übrigen ebenfalls das Ziel verfolgt, die Quantenphysik auf eigene Beine zu stellen. Die Gesetze für die Quantensprünge haben nur beim Wechsel zwischen zwei Zuständen elementaren Charakter, wie die Vergleichung mit Landé, l. c., p 155 ff. zeigt.

5) Betreffend unendliche Mengen vgl. Ziff. 7.2. Im Hinblick darauf denken wir von vorneherein an sehr große N, gemäß früheren Arbeiten z.B. an $N = 4\,Z^3, \sqrt{Z} = 2^{137}$

deuten 0 und 1 Teilchenzahlen. Stellen im Zustand 0 heißen „leer", solche im Zustand 1 „besetzt". Um diese Teilchen von den eigentlichen Elementarteilchen zu unterscheiden, nennen wir sie Urfermionen, – Fermionen, weil nur die Besetzungszahlen 0 und 1 vorkommen, so daß das Pauliprinzip gilt. Es ist bereits in der Grundvorstellung verankert. Die Prozesse $0 \rightarrow 1$ und $1 \rightarrow 0$ bestehen hiernach in der Erzeugung bzw. Vernichtung von Urfermionen. Wir entgehen den Schwierigkeiten der Sprechweise, wenn wir die leeren Stellen nicht als nichtseiend, sondern als andersseiend betrachten.[6])

Der Zustand des ganzen Systems ist bekannt, wenn wir wissen, an welchen Stellen Urfermionen sitzen. Seien dies die Stellen $i = (i_1, i_2 \ldots i_r)$, $(0 \leqslant r \leqslant N)$, so können wir den Zustand durch das Symbol

$$|i; r\rangle := |i_1, i_2 \ldots i_r\rangle \tag{1}$$

kennzeichnen. Nach seiner Bedeutung müssen alle i_ν $(\nu = 1, 2 \ldots r)$ voneinander verschieden sein, und die Reihenfolge darf keine Rolle spielen. Wir können beide Forderungen in der Bedingung zusammenfassen: [7])

$$|Pi; r\rangle = (-1)^p \, |i; r\rangle \tag{2}$$

(P = Permutation, p = Ordnung derselben), wenn wir vereinbaren, daß $+ \, |i; r\rangle$ und $- \, |i; r\rangle$ den gleichen Zustand bezeichnen. Damit sind die Zustandsgrößen schiefsymmetrisch, so daß ihre Anzahl

$$A = \sum_{r=0}^{N} \binom{N}{r} = 2^N \tag{3}$$

ist, was damit im Einklang ist, daß es in jeder der N Stellen zwei Zustände gibt. Den Zustand der völligen Leere bezeichnen wir mit $|0\rangle$:

$$\text{Urfermionenvakuum} = |0\rangle. \tag{4}$$

Seien ferner $\psi_i^\dagger$ und ψ_i Zeichen für die Erzeugung bzw. Vernichtung eines Urfermions an der Stelle i, so ergeben sich aus ihrer Bedeutung und der von $|i; r\rangle$ die Gleichungen

$$\begin{aligned} \psi_i^\dagger \, |i; r\rangle &= |i, i; r+1\rangle, \\ \psi_i \, |i, i; r+1\rangle &= |i; r\rangle, \end{aligned} \tag{5}$$

[6]) Das entspricht der „Uralternative" von *C. F. v. Weizsäcker*. Wir verstehen die Alternative als eine in der Wirklichkeit verankerte und nicht als eine primär logische. Vgl. Deutsche Physikertagung, Plenarvorträge 1966.

[7]) Das ist eine Definition. Eine andere wäre: $|Pi; r\rangle = |i; r\rangle$, $|i; r\rangle = 0$, wenn es ein $P \neq 1$ gibt mit $Pi = i$. Beide Darstellungen der Zustandsgrößen sind mit der Jordan-Wignerschen Vorzeichenfunkaufeinander abbildbar: *P. Jordan, E. Wigner*, Z. Physik **47**, 631 (1928).

falls i nicht in $i = (i_1 \ldots i_r)$ enthalten ist:

$$i \cap i = 0. \tag{6}$$

Vereinbaren wir, daß Zustände $|i; r\rangle$ annulliert werden, wenn durch $\psi_i^\dagger$ und ψ_i Zustände entstehen würden, die in unserer Vorstellung nicht vorkommen, so gelten ferner die Gleichungen:

$$\psi_i^\dagger |i, i; r\rangle = 0, \tag{7}$$

$$\psi_i |i; r\rangle = 0.$$

Unter Heranziehung von Permutationen kann man damit alle Transformationen ausrechnen, die von Polynomen $f(\psi^\dagger, \psi)$ aus $\psi^\dagger := \{\psi_1^\dagger \ldots \psi_N^\dagger\}$ und $\psi := \{\psi_1 \ldots \psi_N\}$ bei Anwendung auf $|i; r\rangle$ erzeugt werden.

Es ergeben sich auf diese Weise[8]) beliebige Lineartransformationen von $|i; r\rangle$, die somit einen linearen Vektorraum aufspannen, in dem die Operatoren $\psi^\dagger$ und ψ wechselseitig hermitesch konjugiert sind und den Vertauschungsrelationen für Fermionoperatoren genügen. Es existieren hermitesch konjugierte Vektoren und damit hermitesche Skalarprodukte. Die Basisvektoren $|i; r\rangle$ erweisen sich als orthogonal und, wenn man $|0\rangle$ als normiert annimmt, auch als normiert. Danach spannen die $|i; r\rangle$ einen 2^N-dimensionalen Hilbertraum auf, in dem die Polynome $f(\psi^\dagger, \psi)$, wenn sie von den Komponenten der Vektoren unabhängig sind, beliebige lineare Transformationen liefern.

Wir gelangen also von unserer Grundvorstellung zum Hilbertraum und zu linearen Transformationen in diesem, müssen aber beachten, daß zunächst nur die Basisvektoren und nur solche Transformationen einen physikalischen Sinn haben, die die Basisvektoren in sich überführen.

4. Statistische Beschreibung der Vorgänge

Die Transformationen, die Basisvektoren in sich überführen, beschreiben Zustandsänderungen. Sie bilden eine diskrete Mannigfaltigkeit. Die Zustandsänderungen spielen sich in der Zeit ab. Bei kontinuierlicher Zeit stehen infinitesimalen Zeitelementen endliche Geschehensakte gegenüber. In solcher Situation kann es höchstens statistische Gesetze geben.[9])

---

[8]) Alles hier Gesagte ist elementar beweisbar. Eine ähnliche Darstellung der Quantenphysik hat *F. A. Kaempfer* in "Concepts in quantum Mechanics". Academic Press 1965, New York gegeben. Doch setzt er voraus, was hier als Folge erscheint.

[9]) Das gilt auch für unendliche und kontinuierliche Mengen von Elementarprozessen, weil die durch $\psi^\dagger$ und ψ beschriebenen Elementarprozesse diskret sind. Da Beobachtungen nur punktweise möglich sind, setzen deterministische Gesetze Interpolierbarkeit voraus. Diese besteht nicht bei diskreten Vorgängen.

In einer statistischen Gesamtheit sind im allgemeinen alle Zustände $|i; r\rangle$, jeder mit einer bestimmten Wahrscheinlichkeit $w(i; r; t)$, enthalten, die sich infolge der Geschehensakte im Laufe der Zeit ändert. Für diese Wahrscheinlichkeiten gelten folgende Gleichungen: [10])

$$w(i; r; t) \geqslant 0, \; w(Pi; r; t) = w(i; r; t), \tag{8}$$

$$\sum_{r=0}^{N} \frac{1}{r!} \sum_{i} w(i; r; t) = 1.$$

Wahrscheinlichkeiten sind nicht negativ. Da Permutationen Pi den gleichen Zustand bezeichnen wie i, muß w in i symmetrisch sein, und der Faktor $1/r!$ vor $\sum_i$ bedeutet, daß jeder Zustand nur einmal zählt. Es erhebt sich die Frage: Wie kann man die Wahrscheinlichkeiten $w(i; r; t)$ mit den Zuständen $|i; r\rangle$ in Verbindung bringen?

An den Zuständen $|i; r\rangle$ ändert sich nichts. Vorgänge werden wie zuvor durch Funktionen $f(\psi^\dagger, \psi)$ beschrieben. Da nun jedoch mit gewissen Wahrscheinlichkeiten aus einem Zustand verschiedene Zustände hervorgehen werden, können wir uns nicht mehr auf Transformationen beschränken, die Basisvektoren in sich überführen. Wir brauchen den ganzen Hilbertraum, also Vektoren von der Form:

$$|\varphi(t)\rangle = \sum_{r=0}^{N} \frac{1}{r!} \sum_{i} \varphi(i; r; t) |i; r\rangle,$$
$$\varphi(Pi; r; t) = (-1)^P \varphi(i; r; t), \tag{9}$$

deren Komponenten $\varphi(i; r; t)$ irgendwie mit den Wahrscheinlichkeiten $w(i; r; t)$ zusammenhängen müssen; $|\varphi(t)\rangle$ ist nun ein Zustandsvektor, der die statistische Gesamtheit beschreibt. Das statistische Gesetz für Zustandsänderungen zwischen zwei Zeiten t und t' lautet daher [11])

$$|\varphi(t')\rangle = f(\psi^\dagger, \psi; t, t') |\varphi(t)\rangle. \tag{10}$$

Damit ist nichts darüber gesagt, wie die Vektoren $|\varphi(t)\rangle$ mit den Wahrscheinlichkeiten $w(i; r; t)$ zusammenhängen. Es ist nicht einmal klar, ob ein solcher Zusammenhang existiert und ob er gegebenenfalls eindeutig bestimmt ist. Da $w(i; r; t)$ eine Zahl ist und $|\varphi(t)\rangle$ ein Vektor, muß man jedenfalls $w(i; r; t)$ mit Skalarprodukten in Verbindung

---

[10]) Dazu kommt das Mischungsgesetz. Vgl. Absatz nach Gl. (16).

[11]) Nach Ziff. 1 haben zunächst nur Monome $f(\psi^\dagger, \psi)$ physikalische Bedeutung. Da es statistische Übergänge von einem Zustand in mehrere gibt, brauchen wir zwischen zwei Zeiten t und t' einen ganzen Satz von Monomen, etwa A_i, $i = 1, 2 \ldots a$. Für das Zeitintervall (t', t'') gibt es einem im allgemeinen davon verschiedenen Satz B_k, $k = 1, 2 \ldots b$. Aus $|\varphi\rangle$ entstehen also die Zustände $A_i|\varphi\rangle$ und daraus $B_k A_i|\varphi\rangle$. Diese Art der Kombination aufeinander folgender Operationen, die der Ausmultiplikation von Summen entspricht, kann man dadurch erfassen, daß man die Monome A_i und B_i zu Polynomen zusammenfaßt: $A = \sum_i A_i$, $B = \sum_k B_k$. So ist Gl. (10) zu verstehen.

bringen, die $|\varphi(t)\rangle$ enthalten. Außerdem muß $|i; r\rangle$ vorkommen, da dieser Vektor den Zustand bezeichnet, auf den sich $w(i; r; t)$ bezieht. Bezeichnet man die hermitesch konjugierten Vektoren zu $|i; r\rangle$ und $|\varphi(t)\rangle$ wie üblich mit $\langle i; r|$ und $\langle\varphi(t)|$, so erhält man die beiden komplex konjugierten Skalarprodukte

$$\langle\varphi(t)|i; r\rangle, \langle i; r|\varphi(t)\rangle \tag{11}$$

als einzige, in denen die beteiligten Vektoren untransformiert vorkommen. Daraus ergibt sich als positiv definiter Ausdruck

$$w(i; r; t) = \langle\varphi(t)|i; r\rangle\langle i; r|\varphi(t)\rangle = |\varphi(i; r; t)|^2, \tag{12}$$

letzteres nach (9) wegen der Orthonormiertheit der $|i; r\rangle$.

Das reicht für sich allein noch nicht aus, $w(i; r; t)$ in Gl. (12) als Wahrscheinlichkeit zu betrachten. Denn die Summe über alle Wahrscheinlichkeiten darf nicht mehr von $|i; r\rangle$ abhängen. Doch fallen diese wegen der Vollständigkeitsrelation

$$\sum_{r=0}^{N} \frac{1}{r!} \sum_{i} |i; r\rangle\langle i; r| = \tag{13}$$

aus der Summe in (8) heraus:

$$\sum_{r=1}^{N} \frac{1}{r!} \sum_{i} w(i; r; t) = \langle\varphi(t)|\varphi(t)\rangle = 1. \tag{14}$$

Nach der letzten Gleichung muß die Transformation (10) eine unitäre sein:

$$|\varphi(t)\rangle = U(\psi^\dagger, \psi; t)|\varphi(0)\rangle, U^\dagger U = UU^\dagger = 1. \tag{15}$$

Daraus erhält man in bekannter Weise die Schrödingergleichung:

$$i|\varphi(t)\rangle = H(\psi^\dagger, \psi; t)|\varphi(t)\rangle, H^\dagger = H. \tag{16}$$

Der Schrödingeroperator ist hiernach eine hermitesche Funktion von $\psi^\dagger$ und ψ, die eventuell noch von der Zeit abhängen kann.

Auf die Folgen des Mischungsgesetzes der Wahrscheinlichkeitstheorie brauchen wir hier nicht einzugehen. Sie führen in bekannter Weise zu gemischten Gesamtheiten, die durch statistische Zustandstensoren beschrieben werden.

Während in Ziff. 3 alle Folgerungen unmittelbar aus der Grundvorstellung hervorgegangen sind, mußten wir hier neue Gesichtspunkte heranziehen. Die Vorgänge spielen sich in der Zeit ab. Setzen wir diese als stetig veränderlich voraus, so gibt es keine deterministischen Gesetze, eventuell jedoch statistische. Die einzige Möglichkeit, alle Zustände ins Spiel zu bringen, besteht darin, beliebige Transformationen in den von den Basisvektoren aufgespannten Hilbertraum zuzulassen und entsprechend auch beliebige Vektoren $|\varphi\rangle$ in diesem. Der Zusammenhang dieser Vektoren mit den Wahrscheinlichkeiten bleibt zunächst dunkel.

Man kann nur schließen, daß diese durch Skalarprodukte bestimmt sind, in die die Vektoren $|\varphi\rangle$ und $|i; r\rangle$ eingehen. Nimmt man an, daß es keine anderen Bestimmungsstücke gibt als diese Vektoren, – führt man also keine weiteren Elemente ein, keine, deren Notwendigkeit nicht einzusehen ist, – so erhält man die üblichen Ausdrücke für die Wahrscheinlichkeit. Sie erfüllen alle Bedingungen, die von der Wahrscheinlichkeitstheorie zu erwarten sind. Insbesondere fallen in der Summe über die Wahrscheinlichkeiten die nur diese kennzeichnenden Basisvektoren wegen der Vollständigkeitsrelation heraus. Da man diese notwendig braucht, gibt es, wie man zeigen kann, keine weiteren Möglichkeiten, außer solchen, die durch harmlose Transformationen mit der in (12) verbunden sind.[12])

Zum Schluß ist noch eine Bemerkung über die Transformationen in (15), (16) zu machen. Rein mathematisch könnte man zulassen, daß $U(\psi^\dagger, \psi; t)$ bzw. $H(\psi^\dagger, \psi; t)$ noch von den Koeffizienten $\varphi(i; r; t)$ der Zustandsvektoren abhängt, so daß die Gleichungen nicht linear wären. Doch hätte das zur Folge, daß das Geschehen von den Wahrscheinlichkeiten abhinge, also von unserer Information über den Zustand. Das darf bei objektivem Geschehen nicht sein. Darum müssen die Transformationen U und H von $|\varphi\rangle$ unabhängig sein. Mathematisch fällt die Quantenmechanik daher mit der Theorie der unitären Transformationen im Hilbertraum zusammen.

5. Größen, Meßwerte und Mittelwerte

Noch fehlt ein wesentlicher Punkt zur Vervollständigung der Quantenphysik: Was sind physikalische Größen, die möglichen Meßwerte und die Mittelwerte von Größen?

Bei der Beantwortung dieser Frage können wir uns nicht mehr auf die Korrespondenz berufen. Doch können wir uns an Beispielen der klassischen Physik orientieren, wie Messungen zustandekommen.

Dazu betrachten wir eine ballistische Impulsmessung. Ein Geschoß stößt inelastisch mit einer schweren Pendelmasse zusammen und bleibt in ihr stecken. Beide Massen bewegen sich gemeinsam bis zum Umkehrpunkt des Pendels, das danach weiterschwingt. Der erste Ausschlag des Pendels wird beobachtet. Man macht also eine Ortsmessung. Erst mittels der Bewegungsgleichungen schließt man auf den Impuls des ankommenden Geschosses vor dem Stoß. Dieser Rückschluß ist für alle Messungen charakteristisch. In ihr gehen bereits alle physikalischen Gesetze ein, aus denen auch hervorgeht, was als beobachtbar gilt und wie man aus der Beobachtung auf die Meßwerte physikalischer Größen schließen kann. In der klassischen Physik sind es die Orte der materiellen Punkte im Laufe der Zeit. Davon unabhängig ist die weitergehende Frage, was man wirklich beobachten und aus unvollständigen Beobachtungen noch schließen kann.

---

[12]) Ersetzt man (11) z.B. durch $\langle i, r|\eta|\varphi(t)\rangle$, $\eta = \eta(\psi^\dagger, \psi)$, so muß det $\eta \neq 0$ sein, weil sonst gewisse Zustände annulliert werden. Wenn die Determinantenbedingung gilt, kann man durch Transformation zu Skalarprodukten der ursprünglichen Form zurückkehren.

Ausgehend von der Vorstellung des Zusammenspiels von Elementarprozessen gelten in der Quantenphysik die Wahrscheinlichkeiten $w(i;r;t)$ als grundsätzlich beobachtbar. Nach Gl. (12) enthalten sie den Zustandsvektor $|\varphi\rangle$, der Ausdruck unserer Information ist, und die davon unabhängigen Operatoren

$$B(i;r) = |i;r\rangle\langle i;r|, \tag{17}$$

durch die die Zustände unabhängig von unserer Information, also objektiv dargestellt werden. Wir nennen sie „Besetzungsoperatoren". Für die Linearkombination

$$C = \sum_{r=0}^{N} \frac{1}{r!} \sum_{i} c(i;r)\, B(i;r) \tag{18}$$

gilt offensichtlich

$$\langle\varphi|C|\varphi\rangle = \sum_{r=0}^{N} \frac{1}{r!} \sum_{i} c(i;r)\, w(i;r). \tag{19}$$

Das ist klarerweise der Mittelwert der Koeffizienten $c(i;r)$ oder, wie wir auch sagen können, der der durch (18) definierten Größe C; der Mittelwert der Größe C ist gleich

$$\bar{C} = \langle\varphi|C|\varphi\rangle. \tag{20}$$

Entsprechendes gilt für alle Funktionen von C, z.B. für das mittlere Schwankungsquadrat:

$$\Delta C^2 = \langle\varphi|(C-\bar{C})^2|\varphi\rangle. \tag{21}$$

Das mittlere Schwankungsquadrat verschwindet dann und nur dann, wenn $|\varphi\rangle$ gemäß

$$C|\varphi\rangle = \bar{C}|\varphi\rangle \tag{22}$$

Eigenlösung von C ist. Speziell für C aus Gl. (18) sind das die Basisvektoren:

$$C|i;r\rangle = c(i;r)|i;r\rangle. \tag{23}$$

Da für $|\varphi\rangle = |i;r\rangle$ auch alle anderen mittleren Schwankungspotenzen von C verschwinden, sind die $c(i;r)$ diejenigen dem Operator C zugeordneten Werte, die trotz statistischer Variabilitäten wohlbestimmt sein können. Darum sind $c(i;r)$ die Werte der Größe C und, wie wir sehen werden, die möglichen Meßwerte.

Dieses Ergebnis kann man verallgemeinern. Beliebige Operatoren im Hilbertraum lassen sich wie folgt darstellen:

$$G = \sum_{r,s=0}^{N} \frac{1}{r!\,s!} \sum_{i,k} g(i;r|k;s)\,|i;r\rangle\langle k;s|. \tag{24}$$

Definieren wir die Mittelwerte analog:

$$G = \langle \varphi | G | \varphi \rangle, \tag{25}$$

so verschwinden auch jetzt die mittleren Schwankungspotenzen von G für die Eigenlösungen

$$G | \varphi_n \rangle = g_n | \varphi_n \rangle. \tag{26}$$

Nach dem Entwicklungssatz ist:

$$G = \sum_n g_n | \varphi_n \rangle \langle \varphi_n | . \tag{27}$$

Daraus folgt für den Mittelwert

$$G = \sum_n g_n w_n, \; w_n = | \langle \varphi_n | \varphi_n \rangle |^2 . \tag{28}$$

Darin sind g_n die Werte der Größe G und w_n die Wahrscheinlichkeiten, mit denen die Zustände $| \varphi_n \rangle$ in $| \varphi \rangle$ enthalten sind.

Die Bedeutung dieser Definitionen beruht darauf, daß die Eigenwerte des Operators G, d.h. daß die Werte g_n der Größe G meßbar sind. Diese Aussage besteht aus zwei Teilen. Da wir vorausgesetzt haben, daß nur die Zustände $| i; r \rangle$ beobachtbar sind, muß es erstens möglich sein, die Eigenzustände $| \varphi_n \rangle$ von G eineindeutig auf $| i; r \rangle$ abzubilden. Zweitens muß es einen Meßapparat geben, der gerade diese Transformation hervorruft.

Numerieren wir die Eigenzustände in beliebiger Reihenfolge mit n:

$$| i; r \rangle : = | n \rangle, \tag{29}$$

so liefert der unitäre Operator

$$M_G = \sum_n | n \rangle \langle \varphi_n | \tag{30}$$

die gewünschte Abbildung. Man kann sie auf verschiedene Weisen realisieren. Welche man wählen wird, hängt von experimentiertechnischen Fragen ab. Hier genügt es zu zeigen, daß es überhaupt Meßgeräte gibt, also Vorrichtungen, die den Schrödingeroperator so modifizieren, daß man die Werte von G messen kann.

Wir wählen diese Modifikation nicht unter dem Gesichtspunkt der experimentellen, sondern unter dem der mathematischen Bequemlichkeit aus und machen daher den Ansatz

$$H' = H(\psi^\dagger, \psi) + \delta(t)\, \eta(\psi^\dagger, \psi), \tag{31}$$

schalten also das durch $\eta(\psi^\dagger, \psi)$ charakterisierte Meßinstrument nur einen Augenblick lang ein. Darin sei die δ-Funktion durch

$$\delta(t) = \begin{cases} \frac{1}{\tau} \text{ für } 0 \leqslant t \leqslant \tau \to 0, \\ 0 \text{ sonst,} \end{cases} \tag{32}$$

dargestellt. Daraus folgt als Transformation im Zeitintervall $(0, \tau)$:

$$M_G \,|\, \varphi(0)\,\rangle = \lim_{\tau \to 0} e^{-i(H\tau + \eta)} \,|\, \varphi(0)\,\rangle = e^{-i\eta} \,|\, \varphi(0)\,\rangle, \tag{33}$$

also

$$M_G = e^{-i\eta} \tag{34}$$

Danach gehört zu jeder Meßtransformation M_G eine im Sinne von Gl. (31) passende Modifikation des Schrödingeroperators.

Es braucht nicht besonders betont zu werden, daß das durch η beschriebene Meßinstrument z.B. schon dadurch weit von einem realen entfernt ist, daß es sich um eine globale Modifikation von H handelt, während wirkliche Instrumente räumlich begrenzt sind. Hier kommt es nur auf zwei Feststellungen an: 1. An die Stelle der Aussage der klassischen Physik, alle Messungen seien letztlich Ortsmessungen (Zeigerausschläge!), tritt hier die, alle seien Zustandsmessungen. 2. Die Messungen beliebiger Größen lassen sich experimentell auf Zustandsmessungen zurückführen.

So wenig wie man in der klassischen Physik durch Messungen wirklich an die einzelnen Materiepunkte herankommt, so wenig gelingt es in der Quantenphysik, die Zustände $|\, i; r\,\rangle$ in den Griff zu kriegen. In beiden Theorien muß man sich darüber Klarheit verschaffen, welche Aussagen bei unvollständiger Beobachtung möglich sind. So wichtig das für Anwendungen der Theorien und auch für die Frage nach der Tragweite ihrer Voraussetzungen ist, so kann es doch bei der Formulierung der Grundlagen außer Betracht bleiben.

6. Normaldarstellung

Die Bestimmung des Schrödingeroperators hängt wie die der Lagrangefunktion in der klassischen Physik nicht mehr unmittelbar mit der Grundvorstellung zusammen. Sie gehört nicht mehr zu unserem Thema. Doch wollen wir eine der Bedingungen für Schrödingeroperatoren schon hier betrachten, nämlich die der Homogenität der Zeit, nach der die Schrödingergleichung stets die gleiche Gestalt hat. Sie darf sich bei der Transformation

$$t \to t' = t - \tau, \tau = \text{const},$$

nicht ändern. Der Schrödingeroperator muß zeitunabhängig sein:

$$H = H(\psi^\dagger, \psi) = H^\dagger, \dot{H} = \frac{dH}{dt} = 0. \tag{35}$$

Daraus folgt, daß auch die Eigenwerte zeitlich konstant sind, also die möglichen Meßwerte der Größe H, der Energie, die hiernach durch die Invarianz gegen Zeittranslationen definiert wird.

Unterwerfen wir nun die Zustandsvektoren einer zeitlich konstanten, sonst aber beliebigen unitären Transformation

$$|\varphi\rangle \to |\varphi'\rangle = U(\psi^\dagger, \psi)|\varphi\rangle, \; U^\dagger U = UU^\dagger = 1, \tag{36}$$

so bleiben bekanntlich die Schrödingergleichung und die Ausdrücke für die Mittelwerte invariant, wenn wir alle Größen G, auch H folgender unitärer Transformation unterwerfen:

$$G \to G' = UGU^\dagger, H \to H' = UHU^\dagger. \tag{37}$$

In diesem Sinne sind alle Darstellungen der Quantenphysik unitär äquivalent. Die Eigenwerte sind invariant.

Das gilt nicht für das Urfermionenvakuum. Offensichtlich ist der transformierte Zustand

$$|0\rangle \to |0'\rangle = U(\psi^\dagger, \psi)|0\rangle \tag{38}$$

im allgemeinen kein Vakuumzustand.[13]) Das wird anders, wenn wir uns auf eine ausgezeichnete Klasse von Darstellungen beschränken, nämlich auf die sogenannten „Normaldarstellungen“:

$$H = (\psi^\dagger \psi) + (\psi^\dagger \psi \; \psi^\dagger \psi) + \dots \tag{39}$$

Darin bedeuten die Klammersymbole homogene Formen von der angegebenen Struktur.

Jeder Schrödingeroperator $H(\psi^\dagger, \psi)$ läßt sich auf Normalform bringen. Um das zu zeigen, gehen wir von den 2^N Eigenwerten von H aus, die wir durch folgendes Symbol darstellen: $E(i; r)$ mit

$$E(Pi; r) = E(i; r) \text{ und } E(i; r) = 0, \tag{40}$$
falls es ein $P \neq 1$ gibt mit $Pi = i$,

also falls $E(i_1 \dots i_r)$, $r = 0, 1, 2 \dots N$, symmetrische Funktionen sind, die stets verschwinden, wenn mindestens zwei der Argumente gleich sind, so daß es gerade 2^N Funktionswerte gibt. Damit bilden wir den Operator

$$E = \sum_{r=0}^{N} \frac{1}{r!} \sum_{i} E(i; r)|i; r\rangle\langle i; r|. \tag{41}$$

[13]) Man pflegt darum, statt von Urfermionenvakuum vom mathematischen Vakuum zu sprechen und den Grundzustand des Systems als physikalisches Vakuum zu betrachten. Doch ist dieses, wie gleich gezeigt wird, nicht eindeutig definierbar.

Er hat offensichtlich die gleichen Eigenwerte wie H. Im endlich dimensionalen Hilbertraum gibt es also eine unitäre Transformation, die beide Operatoren verbindet:

$$H \to H' = UHU^\dagger = E. \tag{42}$$

Nun ist $|i;r\rangle = \psi_{i_1}^\dagger \ldots \psi_{i_r}^\dagger |0\rangle$ und, wie man leicht nachrechnet:

$$|0\rangle\langle 0| = \psi_1 \psi_2 \ldots \psi_N \psi_N^\dagger \ldots \psi_2^\dagger \psi_1^\dagger.$$

Damit folgt aus (41):

$$E = \sum_{r=0}^{N} \frac{1}{r!} \sum_i E(i_1 \ldots i_r)\, \psi_{i_1}^\dagger \ldots \psi_{i_r}^\dagger \psi_1 \ldots \psi_N \psi_N^\dagger \ldots \psi_1^\dagger \psi_{i_r} \ldots \psi_{i_1}. \tag{43}$$

Die einzelnen Summanden kann man mittels der Vertauschungsrelationen noch vereinfachen, so daß am Ende ein Ausdruck vom Typus (40) herauskommt. Dieser Typus ändert sich nicht mehr, wenn wir weiterhin nur noch unitäre Transformationen folgender Form anwenden:

$$U = e^{i\eta}, \eta = (\psi^\dagger \psi) + (\psi^\dagger \psi\ \psi^\dagger \psi) + \ldots \tag{44}$$

In Ausnützung der Unitäräquivalenz können wir den Schrödingeroperator in Normalform voraussetzen. Bleiben wir gemäß (44) innerhalb der Klasse der Normaldarstellungen, so ist wegen $\eta|0\rangle = 0$ auch das Urfermionenvakuum unitäräquivalent.

In der Klasse der Normaldarstellungen ist die Zahl der Urfermionen

$$r = \sum_{i=1}^{N} \psi_i^\dagger \psi_i \tag{45}$$

mit H vertauschbar und daher zeitlich konstant. Der Hilbertraum zerfällt also gemäß r in verschiedene Teilräume. Die mit größter Dimensionszahl sind:

$$r = \frac{N}{2}, \quad \text{falls } N \text{ gerade}, \tag{46}$$

$$r = \frac{N \pm 1}{2}, \quad \text{falls } N \text{ ungerade}.$$

Da es keine Übergänge gibt, kann nur einer der Teilräume physikalische Bedeutung haben.[14]) Wählen wir N geradzahlig und die Dimensionszahl maximal:

$$N = 2N_0, r = N_0, N_0 \text{ ganzzahlig}, \tag{47}$$

so sind wir bei der Diracsee-Darstellung.

---

[14]) Jeder dieser Unterräume hat einen eigenen Grundzustand und somit ein eigenes physikalisches Vakuum.

Bei Beschränkung auf die Klasse der Normaldarstellungen hängen sowohl H als auch η bzw. U nur von den bilinearen Produkten $\psi_i^\dagger \psi_k$ ab. Sie bilden einen Lie-Ring, – sieht man von der mit allen diesen Operatoren vertauschbaren Urfermionenzahl ab, – mit $N^2 - 1$ linear unabhängigen Operatoren, also einen Lie-Ring[15]) zur Gruppe $SU(N)$.

7. Bemerkungen zum Ausbau der Quantenphysik

Damit haben wir die Struktur der Gesetze der Quantenphysik aus der Grundvorstellung abgeleitet. Die Bestimmung ihrer konkreten Gestalt erfordert Betrachtungen, wie sie uns ähnlich auch in der klassischen Physik begegnen. Sie gehören nicht mehr zum gegenwärtigen Thema. Doch seien einige Gesichtspunkte genannt, die für den Ausbau der Quantenphysik wesentlich sind.

1. Die Beschränkung auf zwei Quantenzustände pro Stelle führt zu keiner Einschränkung der Allgemeinheit. Statt von vielen Zuständen an einer Stelle kann man stets von Zustandspaaren an vielen Stellen sprechen, bei Boseteilchen z.B. statt von einem, zwei, drei oder vielen Teilchen in einem Punkt von einem Einfach-, Zweifach-, Dreifach- oder Vielfachteilchen. Man vgl. dazu Aufgabe IV. 7. in Sommerfeld Thermodynamik und Statistik.[16]) Wir teilen darum Heisenbergs Auffassung,[17]) daß wir in der Quantenphysik von Spinorfeldgleichungen auszugehen haben.

2. Denkt man an das Raumkontinuum und auch an die Notwendigkeit, für Bosonen Platz zu haben, so muß man die Beschränkung auf endliche Mengen aufgeben. Formal steht nichts im Wege, den Index i in $\psi_i^\dagger$, ψ_i statt von 1 bis N von 1 bis ∞ laufen zu lassen oder mittels eines vollständigen orthonormierten Funktionensystems $\varphi_i\,(r)$ zu kontinuierlichen Mengen überzugehen:

$$\psi^\dagger(r) = \sum_i \psi_i^\dagger\, \varphi_i^*(r),$$

$$\psi(r) = \sum_i \psi_i \varphi_i(r).$$

Doch führt das bekanntlich zu dem Problem der Existenz nicht mehr unitäräquivalenter Darstellungen,[18]) womit einige der obigen Beweise problematisch werden. Wir versuchen, dieser Schwierigkeit zu entgehen, indem wir die Menge von Endlichen her approximieren, wobei wir den Grenzübergang nicht im Hilbertraum ausführen, sondern erst bei Zahlenwerten wie Massen, Wirkungsquerschnitten u.dgl., die bei diesem Verfahren Funktionen der Zahl N der Stellen sind.

---

[15]) *F. L. Bauer*, Sitzungsberichte d. Bay. Akad. d. Wiss., Math.-Naturw. Kl. 1952, Nr. 13, hier: Tafel 1, p. 121.

[16]) *A. Sommerfeld*, „Vorlesungen über Theoretische Physik", Band V, 1. Aufl., Dieterich'sche Verlagsbuchhandlung, Wiesbaden 1952, pp 331, 362.

[17]) *W. Heisenberg:* „Einführung in die einheitliche Feldtheorie der Elementarteilchen", Hirzel, Stuttgart 1967, § 3.1.

[18]) *R. Haag*, Dansk. Vid. Selskab, Mat. Fys. Medd., **29**, No. 12 (1955).

3. Bisher haben wir nur von Stellen in der Menge und von der Zeit und am Ende auch schon von der Energie und von der Urfermionenzahl gesprochen, aber noch nicht von Ort, Impuls u. dgl. So wie wir die Energie durch die Invarianz von H gegen Zeittranslationen definiert haben, so sollten alle anderen Größen durch eine Gruppe bestimmt sein. Bei Impuls, Drehimpuls u. dgl. ist das wohlbekannt. Es gilt aber auch z.B. für Orte. Der Raum ist also nicht mehr a priori gegeben, sondern durch die Gruppe. Wir sprechen von der die Ordnung des Geschehens bestimmenden „Struktur"gruppe und nicht nur von der „Symmetrie"gruppe, der Gruppe der unitären Transformationen, welche H invariant lassen, die selbstverständlich im Hinblick auf die Integrale des Geschehens eine wichtige Untergruppe ist. Hiernach verschmelzen Raum, Zeit und Materie enger noch als in der Allgemeinen Relativitätstheorie zu einer neuen Einheit. Welche Möglichkeiten sich auf diesem Wege für die Frage der Raumstruktur ergeben, zeigen die unvollendet gebliebenen Arbeiten des allzu früh verstorbenen H. S. Snyder.[19])

4. Die Bestimmung des Schrödingeroperators $H = H(\psi^\dagger, \psi)$ erfolgt ähnlich wie die der Lagrangefunktion in der klassischen Physik (l.c. 2) in zwei Schritten. Der erste führt zur Bestimmung einer die Bewegung der Urfermionen beschreibenden Bilinearform: $H_{\text{kin}} = \sum\limits_{i,k} \psi_i^\dagger C_{ik} \psi_k$, wobei Bewegung durch eine Vernichtung „hier" bei gleichzeitiger Erzeugung „da" zustandekommt. Der Operator H_{kin} ist durch die Strukturgruppe bestimmt.

5. In der klassischen Physik erhält man den Wechselwirkungsteil der Lagrangefunktion (l. c. 3) durch Brechung der Symmetrie für jedes Teilchen bei globaler Wahrung derselben. Ähnliches ist in der Quantenphysik zu erwarten. So konnte z.B. gezeigt werden, daß die Heisenbergsche Wechselwirkung durch Brechung der Touschek-Invarianz zustandekommt.[20])

Wenn auch die Ausführungen in dieser Ziffer überwiegend programmatisch und bisher nur punktweise gesichert sind, so wird man doch selbst bei sehr vorsichtiger Beurteilung sagen dürfen, daß man auf dem eingeschlagenen Wege zu einer Quantenphysik aus eigenem Recht kommen wird, zu einer, die nicht mehr von der klassischen Physik auszugehen braucht, was umsomehr geboten erscheint, als letztere nur approximativ gültig ist.

Daß die Quantenphysik tiefer wurzelt, zeigt sich darin, daß die Existenz des Schrödingeroperators bereits aus der Grundvorstellung folgt, während die der Lagrangefunktion in Erfahrungen verankert werden muß, die zu den in der Grundvorstellung der klassischen Physik enthaltenen hinzukommen müssen. Tatsächlich handelt es sich um eine Erfahrung, die auf die Quantenmechanik hinweist, nämlich um die, daß es Teilchenstrahlinterferenzen gibt, aus denen in klassisch physikalischer Approximation folgt, daß es eine Metrik in Raum-Zeit gibt und daß sich die materiellen Punkte längs Bahnen stationärer Länge bewegen (l. c. 3).

---

[19]) *H. S. Snyder*, Phys. Rev. 71 (1947) pp. 38.

[20]) *F. Bopp*, Sitzungsbericht d. Bay. Akad. d. Wiss., Math.-Naturw. Kl. 1969, Nr. 5, pp. 39–47.

Über Heisenbergs einheitliche Theorie der Elementarteilchen

H. P. Dürr

Es sind zehn Jahre vergangen, seitdem ich in der Festschrift anläßlich *Heisenbergs* 60. Geburtstag [1] eine kurze Zusammenfassung über *Heisenbergs* einheitliche Theorie der Elementarteilchen geschrieben habe. In diesen vergangenen zehn Jahren ist die Elementarteilchenphysik um vieles reicher und farbiger geworden. Vieles, was damals nur als Andeutung sichtbar war, hat sich in aller Klarheit entfaltet. So offenbarte eine raffinierte Meßtechnik an den Hochenergiebeschleunigern, daß es eine Unmenge neuer Elementarteilchen gibt, die auf mannigfache Weise miteinander wechselwirken und sich ineinander verwandeln können. Die von *Heisenberg* oft zitierte Analogie zwischen den Elementarteilchen und den Energietermen der Atome und Moleküle wurde hier in eindrucksvoller Weise sichtbar. Es erwies sich jedoch als äußerst schwierig, die reichlich anfallenden Daten theoretisch zu deuten. In den meisten Fällen war und ist man gezwungen, sich mit ziemlich rohen Modellen zu begnügen. Die auf den Symmetrieprinzipien aufbauende Stromalgebra konnte einige beachtliche Erfolge erzielen [2]. Sie scheint auf einen engen inneren Zusammenhang zwischen starker, elektromagnetischer und schwacher Wechselwirkung hinzuweisen und stärkte auf diese Weise indirekt den Grundgedanken der Heisenbergschen Theorie, daß alle Wechselwirkung aus einer einheitlichen Wurzel stamme.

Die vergangenen zehn Jahre brachten auch einige Überraschungen. Insbesondere die Entdeckung, daß es neben den bisher bekannten Wechselwirkungen der Elementarteilchen noch eine weitere Wechselwirkung gibt, die unterhalb der schwachen Wechselwirkung einzuordnen ist und welche die PC-Parität verletzt [3]. Von großer Wichtigkeit war auch die Feststellung, daß sich die bekannten Elementarteilchen in ein SU_3-Ordnungsschema einreihen lassen. Dieser Befund deutete darauf hin, daß die Dynamik der Elementarteilchen näherungsweise eine SU_3-Symmetrie besitzt [4]. Weiterhin scheinen die neuesten Elektronenstreudaten bei stark inelastischen Stößen darauf hinzuweisen, daß die Wechselwirkung bei kleinen Abständen unabhängig von jeglichen Längenmaßstäben (skaleninvariant) wird [5].

Die Arbeiten an der Heisenbergschen einheitlichen Elementarteilchentheorie sind während der letzten Jahre mit Energie fortgesetzt worden unter wesentlicher Beteiligung von *Heisenberg* selber [6]. Die der Theorie zugrunde liegenden Grundvorstellungen haben sich u.E. in diesen letzten zehn Jahren bestens bewährt und haben an manchen Stellen eine begriffliche Vertiefung erfahren. Der konkrete Ansatzpunkt, die Heisenberg-Pauli-Gleichung [7], hat sich bei allen Untersuchungen immer als besonders einfach ausgezeichnet, offenbarte jedoch andererseits auch manche Züge, die bei naiver Betrachtung zu Schwierigkeiten bei der Deutung der experimentellen Daten führen. Wie weit diese Schwierigkeiten die Heisenberg-Pauli-Gleichung ernstlich in Frage stellen, bleibt allerdings unklar. Denn das Hauptdilemma der Theorie ist – wie bei jeder anderen Elementarteilchentheorie – daß noch kein vernünftiges und überzeugendes Näherungsverfahren angegeben werden kann, mit dem experimentell meßbare Größen einigermaßen verläßlich aus den Grundannahmen der Theorie abgeleitet werden können. Die bisher verwendeten Näherungsverfahren sind mehr durch ihre Einfachheit als durch nachgewiesene Verläßlichkeit diktiert. Alle abgeleiteten numerischen Ergebnisse müssen deshalb unter diesen Gesichtspunkten gesehen werden.

Warum ist die Elementarteilchenphysik so schwierig ?

Angesichts der ungeheuerlichen Komplexität des Problems, das dem Theoretiker in der Elementarteilchenphysik von der Natur aufgegeben ist, stellt sich immer wieder die Frage, ob diese Komplexität vielleicht nur vorgetäuscht sei, weil uns wesentliche Einsichten in die Grundlagen der Elementarteilchenphysik fehlen, die uns erst ein zukünftiger „Niels Bohr" oder „Werner Heisenberg" eröffnen müßte. Im Gegensatz etwa zu dem Vorstadium der Quantenmechanik erscheint jedoch die experimentelle Situation in der Elementarteilchenphysik frei von quälenden Widersprüchen, und die wesentlichen Phänomene sind uns schon qualitativ aus der Atom- und Molekülphysik geläufig. Den wesentlichen Umstand für die Komplexität erblicken wir deshalb darin, daß jedes dynamische Problem in der Elementarteilchenphysik wegen der relativistischen Struktur der Dynamik streng genommen die Lösung eines Systems mit unendlich vielen Freiheitsgraden verlangt. Das dynamische Problem ist also mindestens so schwierig wie ein nichtrelativistisches Vielkörperproblem, wie es uns in der Physik komplizierter Moleküle, der Festkörperphysik oder gar der Kernphysik begegnet. In der nichtrelativistischen Quantenphysik sind jedoch Teilchen und die Zahl der Teilchen, die ein System aufbauen, wohldefinierte Begriffe und die Zahl der Freiheitsgrade eines Systems ist direkt durch die Zahl der Konstituenten gegeben. Infolgedessen gibt es in der nichtrelativistischen Quantenphysik auch immer sehr einfache Systeme, die aus ganz wenigen Teilchen aufgebaut sind, wie z.B. das Wasserstoffatom oder das Deuteron. Diese einfachen Systeme waren von entscheidender Bedeutung bei der Entzifferung der zugrunde liegenden dynamischen Gesetzmäßigkeiten. In der relativistischen Quantenphysik ist andererseits ein Teilchen nur noch außerhalb des Wechselwirkungsbereichs, d.h. als isoliertes System, begrifflich scharf faßbar. Im Wechselwirkungsbereich wird, durch die virtuelle Erzeugung einer unbegrenzten Zahl von Teilchen der gleichen oder anderen Art, die Zahl der an der Wechselwirkung mitwirkenden Partner beliebig erhöht und dadurch das dynamische Problem auch in den „einfachsten" Fällen genauso verwickelt und vielfältig wie im kompliziertesten Fall. Es scheint uns deshalb ausgeschlossen zu sein, daß die Elementarteilchenphysik in der Teilchensprache eine einfache Beschreibung erlaubt.

Angesichts dieser pessimistischen Beurteilung der Situation ist die oft gestellte Frage durchaus berechtigt, wie man unter diesen Umständen überhaupt den Versuch wagen kann, auf Grund der Kenntnis der Massenspektren der Elementarteilchen und ihrer Eigenschaften und Umwandlungsformen eine einheitliche Theorie der Elementarteilchen entwerfen zu wollen. Entspräche dies doch etwa dem Unterfangen, aus dem Spektrum eines Uranatoms – oder gar eines DNS-Moleküls – die Schrödinger-Gleichung mit der einfachen

Coulomb-Wechselwirkung zwischen Atomkern und Elektronen ohne Kenntnis des Wasserstoffatoms zu erraten. Ein solcher Versuch wäre allerdings rettungslos zum Scheitern verurteilt, könnte man nicht hoffen, daß durch die allgemeinen Bedingungen, die wir an eine relativistische Quantentheorie stellen müssen, die dynamischen Möglichkeiten enorm eingeschränkt werden. In einer nichtrelativistischen Theorie, wie der Atom- und Kernphysik, wird die Wechselwirkung durch allgemeine Prinzipien nicht festgelegt. Für eine relativistische, wechselwirkende Theorie ist die Teilchensprache untauglich. Eine solche Theorie läßt sich am besten in der Sprache von wechselwirkenden lokalen Feldoperatoren beschreiben, die die Unendlichkeit der Teilchenzahlen begrifflich beinhalten. Für diese Felder sind wegen der Einstein-Kausalität nur lokale Wechselwirkungen zugelassen, von denen es bei einfachen Feldern nur wenige Möglichkeiten gibt. Vielleicht kann man hier deshalb hoffen, bei Berücksichtigung aller prinzipiell wichtigen Fakten, die wir über Elementarteilchen kennen, und im Vertrauen darauf, daß allgemeine Gesetze in irgendeinem Sinne „einfach" sein müssen, einen glücklichen Griff zu tun.

Die Heisenberg-Pauli-Feldgleichung

Im Jahr 1953 hat *Heisenberg* [8] in seiner nichtlinearen Spinortheorie den Gedanken vertreten, daß sich alle Elementarteilchen und ihre Wechselwirkungen aus einem selbstwechselwirkenden Spionorfeld $\psi(x)$ ableiten lassen sollen. Zusammen mit *Pauli* [7] und Mitarbeitern [9] hat er 1958 einen Vorschlag für eine realistische, fundamentale Materie-Gleichung gemacht, die in einer vom Verfasser [10] angegebenen Form lautet

$$i\sigma^{\mu}\,\partial_{\mu}\psi(x) + g : \sigma^{\mu}\psi(\psi^{*}\sigma_{\mu}\psi) : (x) = 0. \tag{1}$$

Dies ist eine raum-zeitliche hyperbolische Differentialgleichung [1]) erster Ordnung für einen vierkomponentigen Weyl-Spinor-Feldoperator $\psi(x)$ mit halbzahligem Spin und Isospin, wobei $\sigma^{\mu} = (I, \sigma)$ die 2×2 Pauli-Spin-Matrizen multipliziert mit einer 2×2 Einheitsmatrix im Isospinraum bedeuten. Diese Gleichung ist invariant gegenüber den relativistischen Transformationen (Poincaré-Gruppe), einer Phasentransformation (U_1) und den Isospindrehungen (SU_2), ferner unter PC- und Zeitspiegelung. Weyl-Spinor-Feldoperatoren sind die einfachsten Feldoperatoren, mit denen man hoffen kann, Teilchenfelder mit halb- oder ganzzahligem Spin aufzubauen. Die Form der Gleichung (1) ist für diese Felder im wesentlichen eindeutig durch die Symmetrie-Eigenschaften festgelegt. Möglich wäre im Prinzip nur noch ein nichtlinearer Term der Form $\sim : \sigma^{\mu}\psi(\psi^{*}\sigma_{\mu}\psi)(\psi^{*}\sigma^{\nu}\psi)(\psi^{*}\sigma_{\nu}\psi)$: und Wechselwirkungsterme, die raumzeitliche Ableitungen enthalten. Diese Terme würden zu einem extrem singulären Wechselwirkungsverhalten führen, was ausgeschlossen werden muß, worauf wir weiter unten nochmals zurückkommen werden.

Es würde den Rahmen dieses Aufsatzes bei weitem übersteigen, auf Einzelheiten dieser Gleichung und ihrer Konsequenzen einzugehen [6]. Ich möchte mich deshalb darauf beschränken, einige wenige Punkte aufzuzeigen, die für die Theorie charakteristisch oder für ihre Bewertung kritisch sind. Die Diskussion wird sich dabei auf zwei verschiede-

[1]) Wir verwenden zur Abkürzung $\partial_{\mu} \equiv \partial/\partial x^{\mu}$.

nen Ebenen bewegen. Wir müssen zunächst diskutieren, inwieweit eine Theorie der obigen Art überhaupt für eine konsistente Beschreibung wechselwirkender, quantenmechanischer Systeme geeignet ist. Sollte dies der Fall sein, so wäre die nächste Frage zu untersuchen, inwieweit die angegebene Theorie wirklich die wesentlichen Voraussetzungen beinhaltet, die für eine Beschreibung der uns bekannten empirischen Tatsachen notwendig erscheinen. Es ist klar, daß wir für keine der Fragen eine abschließende Antwort anbieten können. Was wir versuchen wollen, ist Argumente anzugeben, die eine positive Beantwortung beider Fragen möglich erscheinen lassen.

Nichtkanonische Felder

Wir wollen uns zunächst der schwierigen Frage zuwenden, inwieweit man überhaupt hoffen kann, durch eine Feldgleichung der Art (1) eine Dynamik sinnvoll definieren zu können. Quantenfeldgleichungen der Art (1) gehören unter konventionellen Bedingungen zur Klasse der nichtrenormierbaren Feldtheorien. Dies bedeutet, daß bei ihrer näherungsweisen Lösung mit Hilfe einer Störungsentwicklung nach der Kopplungskonstanten zunächst extrem divergente Ausdrücke auftreten. Diese divergenten Ausdrücke lassen sich allerdings durch geeignete Regularisierungsverfahren beseitigen, doch ist diese Prozedur beliebig vieldeutig (unendlich viele unbestimmte Regularisierungskonstanten). Auch gibt es unter den gegebenen Regularisierungsmöglichkeiten keine, die sich als besonders „natürlich" vor den anderen auszeichnen würde. Es ist nicht klar, ob diese Schwierigkeiten nur von einer unzulässigen Anwendung der Störungsentwicklung, auf die man bislang fast ausschließlich angewiesen ist, herrühren und deshalb durch Anwendung raffinierterer, nichtstörungstheoretischer Näherungsmethoden vermieden werden könnten. Es scheint uns jedoch wahrscheinlicher, daß die Schwierigkeiten von prinzipieller Natur sind und davon herrühren, daß die Wechselwirkung bei kleinen Abständen in der konventionellen Formulierung zu singulär wird, um ein quantenmechanisches System widerspruchsfrei beschreiben zu können. In diesem Fall würde man nur durch geeignete Abänderung der Wechselwirkung, etwa durch „Ausschmieren" der Singularität bei kleinen Abständen, zu einer physikalisch interpretierbaren Theorie gelangen. Die eigentliche Schwierigkeit liegt hierbei nicht darin, eine solche Ausschmierung anzugeben, sondern dabei die Eindeutigkeit der Wechselwirkung nicht zu verlieren, auf die man aus praktischen und philosophischen Gründen dringend angewiesen ist. Dies würde z.B. vermieden, wenn diese Ausschmierung der Wechselwirkung durch die Dynamik selbst bestimmt wird (Formfaktoren).

Um das Regularisierungsproblem der Quantenfeldtheorie deutlicher zu machen, wollen wir es am einfacheren Beispiel einer Potentialtheorie etwas näher betrachten [1]). In einer nichtrelativistischen Theorie führen attraktive Potentiale, die bei kleinem Abstand r stärker als $1/r^2$ zunehmen, zu prinzipiellen Schwierigkeiten in der physikali-

[1]) Da die Potentialtheorie wesentliche Züge einer relativistischen Quantenfeldtheorie entbehrt, sind die folgenden Ausführungen etwas mit Vorsicht zu verwenden. Sie scheinen mir aber das Wesen der Schwierigkeiten richtig zu treffen.

schen Interpretation, da ein Absturz des Teilchens in ein solches singuläres Potential nicht mehr durch seine kinetische Nullpunktsenergie ($E^0_{\text{kin}} \sim p^2$), die nur wie $1/r^2$ anwächst, verhindert werden kann. Für relativistische Teilchen werden schon attraktive Potentiale gefährlich, die für $r \to 0$ schneller als $1/r$ anwachsen, da die kinetische relativistische Nullpunktsenergie nur wie $1/r$ anwächst.

Das Abstandsverhalten der Wechselwirkung bei kleinen Abständen läßt sich an der Längendimension der Kopplungskonstanten [1]) ablesen. Da die potentielle Energie die Dimension einer reziproken Länge hat, nimmt das Potential $V(r)$ bei kleinen Abständen, bei denen die Massen der Teilchen wegen ihrer hohen kinetischen Nullpunktsenergie vernachlässigt werden können, im Falle dimensionsloser Kopplungskonstanten wie $1/r$ zu. Diese Situation finden wir in der Quantenelektrodynamik vor, da die elektrische Ladung e eine dimensionslose Kopplungskonstante ist. In niederster Ordnung Störungstheorie ist das Potential $V(r) = -e^2/r$ und ändert sich in höheren Ordnungen nur dadurch, daß die Ladung durch eine „renormierte" Ladung ersetzt werden muß. In diesem Fall hält das Potential der kinetischen Nullpunktsenergie gerade die Waage und führt auf keine Schwierigkeiten, wenn die Kopplungskonstante nicht zu groß wird. Theorien mit dimensionsloser Kopplungskonstante entsprechen im wesentlichen den sogenannten renormierbaren Theorien in der Nomenklatur der Quantenfeldtheorie.

Bei Kopplungskonstanten von der Dimension einer Länge oder höheren Potenzen einer Länge muß die Wechselwirkung bei kleinen Abständen jedenfalls stärker als $1/r$ anwachsen, wenn die Wechselwirkung wie bei der Störungsentwicklung der Kopplungskonstanten proportional ist. Dazu wird die Wechselwirkung singulärer mit zunehmender Potenz der Kopplungskonstanten, d.h. in höherer Ordnung der Störungstheorie. Diese Situation entspricht im wesentlichen den nichtrenormierbaren Quantenfeldtheorien. Hier kann man nur eine vernünftige Theorie erhoffen, wenn eine Störungsentwicklung nach der Kopplungskonstanten sich als unzulässig erweist, oder wenn man die singulären Anteile der Wechselwirkung durch Zusatzterme künstlich abschneidet. Ist z.B. $\dim g = 2$ [2]), so würde man eine Störungsentwicklung bekommen von der Art

$$V(r) = -\frac{g}{r^3} + a_1 \frac{g^2}{r^5} + a_2 \frac{g^3}{r^7} + \dots, \tag{2}$$

bei der die höheren Entwicklungsglieder bei kleinen Abständen immer singulärer werden. Die Reihe kann also für kleine Abstände nicht konvergieren, wenn die a_l-Koeffizienten nicht hinreichend stark abnehmen. Für den Sonderfall $a_1 = -a_2 = a_3 = \dots = 1$ z.B. ist sie nur für $r > \sqrt{g}$ konvergent. Eine formale Aufsummation der Reihe ergibt das Potential

$$V(r) = -\frac{g}{r^3(1 + g/r^2)}, \tag{3}$$

das für kleine Abstände ($r \ll \sqrt{g}$) nur wie $1/r$ anwachsen würde.

Für Kopplungskonstanten von der Dimension einer reziproken Länge wächst das Potential für $r \to 0$ schwächer als $1/r$ an, wobei das erste Glied in der Störungsent-

---

[1]) Im Maßsystem, in dem $\hbar = c = 1$ gesetzt ist.

[2]) dim = Längendimension.

wicklung am singulärsten wird. Dies entspricht im wesentlichen der Situation bei überrenormierbaren Quantenfeldtheorien.

Aus einer Dimensionsbetrachtung der obigen Differentialgleichung (1) lesen wir ab, daß

$$\dim (g\psi^*\psi) = -1 \tag{4}$$

sein muß. In einer konventionellen Beschreibung wird nun aber angenommen, daß die Feldoperatoren ψ kanonische Spinorfelder sind, d.h. daß sie der kanonischen Antivertauschungsrelation gehorchen:

$$\lim_{t \to t'} \{\psi(x), \psi^*(x')\} = \delta(x-x'), \tag{5}$$

woraus folgt, daß

$$\dim \psi = \dim \psi^* = -\frac{3}{2} \tag{6}$$

ist, d.h. daß $(\psi^*\psi)$, wie korrespondenzmäßig im klassischen Fall, die Dimension einer Felddichte hat. Dann folgt aber

$$\dim g = 2 \tag{7}$$

und damit die Einstufung dieser Theorie unter die nichtrenormierbaren Theorien mit ihrem fatalen Verhalten bei kleinen Abständen.

Um dieses singuläre Verhalten bei kleinen Abständen abzuwehren, wird nun in der Heisenbergschen Theorie, im Gegensatz zum konventionellen Fall, angenommen, daß die Felder $\psi(x)$ keine kanonischen Felder mehr sind, sondern der weniger singulären nichtkanonischen Antivertauschungsrelation gehorchen

$$\lim_{t \to t'} \{\psi(x), \psi^*(x')\} = \lim_{t \to t'} (t-t')^2 \delta(x-x') + \textit{weniger singuläre Terme}. \tag{8}$$

Die Weyl-Ableitungen dieser Felder $i\sigma^\mu \partial_\mu \psi(x)$ wären in diesem Fall wieder kanonische Felder. Aus (8) ergibt sich aber

$$\dim \psi = \dim \psi^* = -\frac{1}{2} \tag{9}$$

und daraus folgt mit (4)

$$\dim g = 0. \tag{10}$$

Die Theorie fällt in diesem Fall also formal unter die renormierbaren Theorien die sich aus obiger Betrachtung als gerade noch zulässiger Grenzfall physikalisch interpretierbarer Theorien anbieten.

In der Vergangenheit [9] wurde anstelle von (8) sogar die nichtkanonische Quantisierungsbedingung

$$\lim_{t \to t'} \{\psi(x), \psi^*(x')\} = \lim_{t \to t'} (t-t')^4 \delta(x-x') + \textit{weniger singuläre Terme} \tag{11}$$

angenommen, die zu

$$\dim \psi = \dim \psi^* = \frac{1}{2}; \quad \dim g = -2 \tag{12}$$

und damit zu einer formal überrenormierbaren Theorie führte. Diese Forderung ist zweifellos zu stark. In näherungsweisen Berechnungen, wie sie bisher in der Theorie durchgeführt wurden, geht jedoch der Unterschied von (11) und (8) nur unwesentlich ein.

Eine nichtlineare Spinortheorie mit der nichtkanonischen Vertauschungsrelation (8) erfordert also eine dimensionslose Kopplungskonstante. Dies bedeutet, daß in einer solchen Theorie bei kleinen Abständen oder im Grenzfall hoher Energie und Impulsübertragung kein Längenmaßstab existiert, wenn auch die Massen in diesem Grenzfall nicht eingehen. Die Theorie wäre bei kleinen Abständen skaleninvariant [11]. Dies ist wohl im Hinblick auf die experimentellen Ergebnisse bei stark inelastischer Elektronenstreuung von Interesse [5].

Nimmt man die Forderung der Skaleninvarianz als weitere Symmetrieforderung für die Gleichung hinzu, so können die oben erwähnten weiteren möglichen Wechselwirkungsterme ausgeschlossen werden.

Wahrscheinlichkeits-Interpretation und Kausalität

Die Abweichung von der kanonischen Quantisierungsvorschrift hat wesentliche Konsequenzen, denn nichtkanonische Felder erlauben keine Teilcheninterpretation auf übliche Weise. Die Situation erscheint in gewisser Hinsicht analog zur Quantenelektrodynamik. Dort besitzen die Feldstärken $F_{\mu\nu}(x)$ eine Teilcheninterpretation, während die formal als Hilfsfelder eingeführten lokal gekoppelten Vektorpotentiale $A_\mu(x)$ nur teilweise eine Teilcheninterpretation, nämlich bezüglich ihrer transversalen Anteile, zulassen. Der longitudinale und skalare Anteil hat nicht Teilchencharakter; er ist mit einem Teil (eichvarianter Anteil) gar nicht eindeutig festgelegt und beschreibt mit einem anderen die Coulombkraft, die ein Wechselwirkungsfeld ohne Teilcheneigenschaften darstellt. In der Gupta-Bleuler-Formulierung der Quantenelektrodynamik [12], in der die $A_\mu(x)$ als lineare Operatoren in einem erweiterten Zustandsraum mit indefiniter Metrik aufgefaßt werden, wird diese Unterscheidung verwischt. Die skalaren Freiheitsgrade hängen hier mit Geisterzuständen (Zuständen negativer Norm) zusammen, die zusammen mit den longitudinalen Anteilen im physikalischen Unterraum gerade das Phänomen der Coulomb-Wechselwirkung erzeugen. Die beobachtbaren $F_{\mu\nu}(x)$-Felder gehen aus den $A_\mu(x)$-Feldern durch eine Ableitungsoperation (Rotationsbildung bzw. im Spinorkalkül Weyl-Ableitung) hervor.

Auf ähnliche Weise wie die $A_\mu(x)$-Potentiale müssen auch die Spinorfelder $\psi(x)$ als Hilfsfelder gedacht werden, in denen die Theorie lokal formulierbar ist und die lineare Operatoren in einem Zustandsraum sind, der größer ist als der Zustandsraum der physikalischen Zustände. Dieser Zustandsraum muß, ähnlich wie in der Quantenelektrodynamik aber in einer weniger trivialen Form, eine indefinite Metrik haben, d.h. er muß nicht nur Zustände mit positiver Norm, sondern auch Zustände mit negativer und verschwindender Norm besitzen [13]. Da die Norm der Zustände in der Quantenmechanik mit der Wahrscheinlichkeit in Verbindung gebracht wird, stößt man in einer Theorie mit indefiniter Zustandsraum-Metrik auf die Schwierigkeit, daß Teilwahrscheinlichkeiten negativ und größer als eins werden können. Dies führt dazu, daß die Streumatrix im allgemeinen nicht mehr unitär sein wird. Um eine widerspruchsfreie physikalische Interpretation zu ermöglichen, müssen deshalb zusätzliche Bedingungen an die Theorie gestellt werden, die insbesondere verhindern, daß positive und negative Normzustände ineinander übergehen können. Wir wollen dieses Verfahren im folgenden kurz „Unitarisierung" der Theorie nennen.

Die Einführung eines nichtkanonischen Feldes in der fundamentalen Feldgleichung hat den großen Vorzug, daß auf diese Weise kein bestimmtes kanonisches Feld und damit kein bestimmtes Elementarteilchen vor anderen ausgezeichnet wird. Dadurch bleibt die dynamische Gleichwertigkeit aller Elementarteilchen gewährleistet. Unser bisheriges Unvermögen, eine lokale Quantenfeldtheorie mit Wechselwirkung mit Hilfe kanonischer Felder zu formulieren, kann dann wohl auch so gedeutet werden, daß der Elementarteilchenbegriff mit dem Begriff der lokalen Wechselwirkung inkompatibel ist. Will man deshalb die Dynamik der Elementarteilchen in Form von Feldgleichungen beschreiben, so muß man entweder die Teilchenfelder (kanonische Felder) oder die lokale Wechselwirkung aufgeben.

In der Vergangenheit [14] ist mehrfach betont und an einigen einfachen Beispielen auch explizit gezeigt worden, daß eine lokale nichtkanonische Theorie in eine nichtlokale kanonische Theorie umgeschrieben werden kann. Die resultierende, nichtlokale Struktur der Wechselwirkung ist in diesen Fällen durch die Dynamik festgelegt. Sie kann u.U. zu einem Verhalten führen, das die Einsteinsche Kausalität verletzt. Die Erweiterung des Zustandsraumes erweist sich von dieser Warte aus nicht als unausweichliche Notwendigkeit für die dynamische Beschreibung des Systems, sondern nur als die einfachste Beschreibung, da sie uns erlaubt, im wesentlichen die Werkzeuge einer freien Feldtheorie oder einer Feldtheorie zu verwenden, in der die Wechselwirkung als kleine Störung behandelt werden kann. Die Situation ist vielleicht in gewissem Sinne vergleichbar mit der Situation in der Streutheorie, in der man die Beschreibung von gebundenen Zuständen als Pole der S-Matrix bei reellen Energien ohne Schwierigkeit auch auf Resonanzzustände erweitern kann, wenn man in der Beschreibung auch komplexe Energien zuläßt. Ein Pol bei komplexer Energie entspricht dann im physikalischen Bereich einer „verschmierten" δ-Funktion (Breit-Wigner-Verteilung), deren Verschmierungsbreite über die unphysikalische Komponente (Imaginärteil) eindeutig durch die Dynamik bedingt ist.

Daß eine lokale Beschreibung in einem erweiterten Zustandsraum mit indefiniter Metrik zu akausalen Effekten für physikalische Prozesse führen kann, läßt sich in unserer nichtkanonischen Theorie etwa auf folgende Weise sehen:

Das von uns eingeführte nichtkanonische Feld kann als eine Überlagerung von mindestens zwei kanonischen Feldern aufgefaßt werden, die entgegengesetzte Norm haben. Wir können z.B. schreiben

$$\psi(x) = \psi_+(x) + \psi_-(x)\,, \tag{13}$$

wobei

$$\lim_{t \to t'} \{\psi_+(x), \psi_+^*(x')\} = \lim_{t \to t'} [1 + m^2 (t-t')^2 + \dots]\, \frac{1}{m^2}\, \delta(x-x') = \frac{1}{m^2}\, \delta(x-x') \tag{14}$$

$$\lim_{t \to t'} \{\psi_-(x), \psi_-^*(x')\} = - \lim_{t \to t'} [1 + \mu^2 (t-t')^2 + \dots] \frac{1}{m^2} \delta(x-x') = - \frac{1}{m^2} \delta(x-x'). \quad (15)$$

In diesem Fall entspräche

$$\psi_B(x) = m\, \psi_+(x) \quad (16)$$

einem kanonischen Feld der Masse m und

$$\psi_L(x) = m\, \psi_-(x) \quad (17)$$

einem kanonischen Feld der Masse μ aber mit negativer Norm. Den kanonischen ψ_B- und ψ_L-Feldern können B- und L-Teilchen zugeordnet werden. Sie sind so aufeinander abgestimmt, daß sich ihre stärkste Singularität in der Vertauschungsrelation bei kleinen Abständen genau kompensiert. Da die B- und L-Teilchen mit demselben Feld $\psi(x)$ zusammenhängen, wird es bei Streuprozessen im allgemeinen auch passieren, daß ein B-Teilchen sich in ein L-Teilchen verwandelt. Ein solcher Prozeß führt nun aber zu einer Störung der Wahrscheinlichkeitsinterpretation. Um die Wahrscheinlichkeitsinterpretation wiederherzustellen, müssen deshalb solche Prozesse durch Zusatzbedingungen an die Theorie unterbunden werden. Dies kann konsistent z.B. dadurch geschehen, daß man in einer analytischen Beschreibung der Streuamplitude die mit den unphysikalischen Kanälen zusammenhängenden Verzweigungsschnitte durch geeignete Wahl des physikalischen Blattes unterdrückt [15]. Anstelle der Verzweigungspunkte an den Schwellen der unphysikalischen Kanäle bleiben dann nichtanalytische Punkte zurück, die dazu führen, daß man die Streuamplituden nicht mehr global, sondern nur noch stückweise durch eine analytische Funktion darstellen kann [16]. Man weist nun nach, daß diese nichtanalytischen Punkte physikalisch ein akausales Verhalten implizieren: Wellenpakete bekommen nach der Streuung zeitlich vorauslaufende Schwänze, die mit einer bestimmten negativen Potenz des Abstands vom Streuzentrum abfallen. Diese Potenz hängt direkt mit den Stetigkeitseigenschaften der Streuamplitude an den nichtanalytischen Punkten zusammen: Je stetiger die Funktion um so schneller der Abfall, d.h. um so kausaler der Prozeß [15, 17]. Da die Zweiteilchenschwellen die stärksten Unstetigkeiten zeigen, führt ihre Unterdrückung zu den gröbsten Akausalitäten.

Möglicherweise lassen sich die akausalen Effekte vermindern oder sogar vermeiden, indem man ein raffinierteres Verfahren für die Unitarisierung der Theorie anwendet. Beim jetzigen Stand der Untersuchung müssen wir jedoch davon ausgehen, daß durch die Unitarisierung einer nichtkanonischen Theorie solche akausalen Effekte auftreten, die auch als Ergebnis einer dynamisch bedingten nichtlokalen Wechselwirkung interpretiert werden können. In den meisten Fällen ist allerdings die Akausalität so klein, daß sie experimentell nur sehr schwer auszumachen wäre.

Die Unitarisierung der Theorie im obigen Fall verlangt, daß man durch analytische Bedingungen jeglichen Übergang von einem B- zu einem L-Teilchen und umgekehrt unterdrückt. Auf diese Weise wird eine Auswahlregel etabliert, die positiv normierte Fermionzustände von negativ normierten Fermionzuständen reinlich trennt. Die Auswahlregel würde in diesem Fall nicht von einer Symmetrie-Eigenschaft bedingt sein.

Fundamentale Symmetrien

Wir wollen uns jetzt der Frage zuwenden, inwieweit eine dynamische Theorie der Form (1) eine Chance hat, die beobachtete komplexe Vielfalt der Elementarteilchenphysik beschreiben zu können, d.h. die beobachteten Elementarteilchen mit ihren Eigenschaften (Quantenzahlen, Massen, Lebensdauer) und Wechselwirkungsformen (Kopplungskonstanten) als spezielle Lösungen zu liefern. Hierbei wollen wir nur die gruppentheoretische Seite des Problems – nämlich die Frage möglicher Quantenzahlkombinationen der Elementarteilchen, ihre Multiplettstruktur und die Erhaltungssätze bei Umwandlungsprozessen – etwas näher betrachten, da man hier im allgemeinen einfacher zu Schlüssen kommen kann.

Die angegebene fundamentale Materiegleichung (1) ist invariant gegenüber der Poincaré-Gruppe, den Isospinrotationen, einer Phasentransformation, der Skalentransformation und den *PC*- und *T*-Spiegelungen. Vergleicht man dies mit dem Symmetrieverhalten, das man aus der Existenz bzw. Nichtexistenz bestimmter Erhaltungssätze in der Natur folgert, so ergeben sich zunächst die folgenden Diskrepanzen:

1. Die Theorie enthält keine Symmetrie, die einem erlaubt, die Baryonenzahl und Leptonenzahl und eventuell auch die Myonenzahl getrennt zu erhalten. Für die Baryonen und Leptonen existieren bei physikalischen Prozessen strenge Auswahlregeln.

2. Die Theorie enthält keinen Freiheitsgrad zur Beschreibung der Hyperladung. Sie liefert keine Anhaltspunkte, warum die Isotopenspinrotation zusammen mit den Hyperladungstransformationen sich näherungsweise als Teilsymmetrien einer SU_3 interpretieren lassen sollen.

3. Die Theorie enthält nur eine *PC*-Spiegelungssymmetrie, aber keine reine Raumspiegelungssymmetrie, obwohl die Raumspiegelungsparität in der Natur, wenn auch nicht streng, so doch mit außerordentlich hoher Wahrscheinlichkeit erhalten zu sein scheint.

4. Die Theorie ist symmetrisch gegenüber Isospinrotation, obwohl die Isospinerhaltung nur für starke Wechselwirkungen gilt.

5. Die Theorie ist symmetrisch unter Skalentransformation, obwohl die Existenz eines diskreten Massenspektrums bei den Elementarteilchen einen universellen Maßstab und damit eine Brechung der Skaleninvarianz voraussetzt.

6. Die Theorie ist *PC*-symmetrisch, obwohl die *PC*-Erhaltung durch die superschwache Wechselwirkung durchbrochen wird.

Die Gesamtsituation erscheint also insgesamt reichlich unbefriedigend, da einerseits in der Theorie Symmetrien fehlen (1.–3.) und andererseits Symmetrien auftreten, die nicht streng gelten (4.–6.).

Daß man trotzdem der dynamischen Grundgleichung (1) überhaupt eine Chance gibt, die Realität zu beschreiben, liegt an dem Umstand, daß der Zusammenhang zwischen Symmetrien der dynamischen Gleichung und den beobachteten Erhaltungssätzen nicht so eng zu sein braucht, wie man gewöhnlich anzunehmen pflegt. Ein solch enger Zusammenhang existiert nur für isolierte Systeme. Die in der Natur beobachtete Hierarchie der Wechselwirkungen von der starken Wechselwirkung bis hinunter zur superschwachen Wechselwirkung oder gar der Gravitationswechselwirkung könnte jedoch gerade ein Ausdruck dafür sein, daß wir bei der versuchsweisen Isolierung eines Teilsystems vom Gesamtsystem der „Welt“ den Einfluß der „Restwelt“ in verschiedenen Näherungen zu berücksichtigen versuchen, ähnlich wie wir in einem unendlich ausgedehnten Festkörpersystem einen Quasiteilchenzustand in mehreren Näherungsstufen zu beschreiben suchen. Eine Verletzung von Erhaltungssätzen kann hier dadurch vorgetäuscht werden, daß man sie fälschlicherweise auf ein nicht ganz entkoppeltes Teilsystem anwendet. Andererseits können Quasiteilchensysteme näherungsweise einem Multiplettsystem angehören, welches einer höheren Symmetriegruppe zugeordnet ist, die nicht als solche in der zugrunde liegenden dynamischen Gleichung auftritt. Wir wollen in diesem Aufsatz auf diese komplizierten Zusammenhänge nicht näher eingehen. Sie sind an anderer Stelle eingehend erörtert worden [18]. Wir wollen hier lediglich festhalten, daß eine Beschreibung der Elementarteilchen mehr in Parallele zu einer Beschreibung der Energieterme eines unendlich ausgedehnten Festkörpers gesehen werden sollte, als in Analogie zu einem Einkörperproblem, wie etwa dem Elektron im Wasserstoffatom. In einem Mehrkörperproblem tritt die Symmetrie der zugrunde liegenden Dynamik nur indirekt in Erscheinung. Die Multiplettstruktur ist hier weit komplizierter als bei einfachen Systemen. Es bestehen Anhaltspunkte dafür, daß die Schwierigkeiten 2. 4. und 6. dadurch beseitigt werden können.

Die Diskrepanz 1. scheint im Vergleich dazu viel schwerer zu wiegen. Der nächstliegende Ausweg aus dem Dilemma, wenigstens noch eine weitere zusätzliche Phasensymmetrietransformation in die Theorie einzubauen, könnte nur durch eine Verdopplung der Zahl der unabhängigen Komponenten des Spinorfeldes erreicht werden. Für ein solches 8-komponentiges Spinorfeld ließen sich jedoch eine große Zahl von möglichen Wechselwirkungstermen mit unbestimmten Kopplungskonstanten angeben, die nur unter der Annahme höherer Symmetrien wieder reduziert werden könnte. Für die Existenz solcher höheren Symmetrien, die Baryonen und Leptonen miteinander verbinden, findet sich jedoch in der Natur kein Hinweis.

Um dieser Schwierigkeit zu entgehen, sollte man untersuchen, inwieweit Auswahlregeln anders als durch gruppentheoretische Bedingungen verursacht sein können. In dem oben diskutierten Fall bietet sich z.B. an, die B-Teilchen mit den Baryonen und die L-Teilchen mit den Leptonen in Verbindung zu bringen [19]. Durch die Unitarisierung würde hier eine Auswahlregel erzwungen. Baryonen und Leptonen würden in diesem Falle mit dem gleichen Feldoperator zusammenhängen und bei kleinen Abständen bzw. bei hohen Energien und Impulsübertragungen sich genau gleich verhalten.

Unter Mißachtung einer Reihe von Komplikationen (Auftreten von logarithmischen Divergenzen und ihre mögliche Beseitigung ohne unendliche Regularisierungsterme) kann man der Gleichung (1) möglicherweise die anschauliche Bedeutung zudiktieren, daß sie das Verhalten der Materie im Grenzfall kleiner Abstände beschreibt. Dies hieße dann, daß im Grenzfall großer Energien und Impulsübertragungen, bei denen die Massen der

Teilchen kinematisch keine Rolle mehr spielen, in der Theorie kein Längenmaßstab mehr auftritt und die Isospinsymmetrie vollständig hergestellt wäre. Weiterhin würde es heißen, daß alle Fermiteilchen, Baryonen und Leptonen, nicht nur sich wie masselose Teilchen verhalten, sondern wie Neutrinos nur in zweikomponentiger Form, d.h. je nachdem ob Teilchen oder Antiteilchen als reine Links- oder Rechtsform auftreten. Die übrigen zwei entgegengesetzt chiralen Komponenten $\hat{\psi}(x)$ sollten den Fermionen erst in dem Maße zuwachsen, wie ihre Masse von Bedeutung würde. Dies wäre gewährleistet, wenn [1])

$$\dim \hat{\psi} = \dim \hat{\psi}^* = \frac{1}{2}\,, \tag{18}$$

wobei der Operator $\hat{\psi}(x)$ aus dem Operator $\psi(x)$ konstruiert sein kann. Die Operatoren $\psi(x)$ und $\hat{\psi}(x)$ würden dann einen gewöhnlichen Diracspinor aufbauen, wie wir ihn zur Beschreibung von Fermiteilchen mit endlicher Masse benötigen.

Die wesentliche Frage, ob wir mit unserer Weylartigen Gleichung (1) oder besser mit einer Diracartigen Spinorgleichung als fundamentale Gleichung beginnen sollen, hängt bei dieser Betrachtungsweise mit der Frage zusammen, wie man verstehen kann, daß es in der Natur eine fast vollständige Paritätserhaltung gibt. Die Parität erscheint in dem uns experimentell bisher zugänglichen Energiebereich nur „schwach" verletzt zu sein, d.h. nur durch Prozesse, die etwa zehn Größenordnungen langsamer als die starken Prozesse verlaufen. Dieser Umstand scheint die Auswahl einer fundamentalen paritätssymmetrischen Gleichung, d.h. einer Diracartigen Spinorgleichung stark zu begünstigen. Es würde dann allerdings die Aufgabe bleiben, die Verletzung der Parität durch andere Umstände, etwa ähnlich wie die Verletzung des Isotopenspins, zu erklären. Dieser Standpunkt wurde von uns vielfach in der Vergangenheit vertreten [6]. Es wurde insbesondere aufgezeigt, daß man u.U. mit Hilfe einer Umkehr des Längenmaßstabes $l \to -l$, der entsprechend (12) in der Kopplungskonstanten g vorkam, eine Raumspiegelungsoperation für Gl. (1) definieren kann, wodurch diese Gleichung sich in eine Diracartige Gleichung umschreiben ließ [10]. Diese Erklärung hat zwei unschöne Seiten:

1. Findet man es unbefriedigend, die Parität in einem ersten Schritt auf etwas ungewöhnliche Weise in die Theorie als exakte Symmetrie einzuführen, um sie dann in einem zweiten Schritt wieder als exakte Symmetrie herauszuwerfen.

2. Für die früher [10] vorgeschlagene l-Umkehr ergibt sich eine neue Situation, wenn man, wie hier, annimmt, daß die Kopplungskonstante g in (1) dimensionslos ist und deshalb bei kleinen Abständen kein Längenmaßstab existiert. In diesem Fall lassen sich die gespiegelten Komponenten, die auf der Existenz eines Maßstabes beruhten, nicht mehr erzeugen.

Wir wollen deshalb hier die zweite Alternative näher ins Auge fassen, die von der prinzipiell einfacheren Weylartigen Gleichung ohne Längenmaßstab ausgeht. Diese Alternative konfrontiert uns mit der oben unter 3. genannten ernsten Schwierigkeit, die

---

[1]) Hier ist mit dim analog zu (8) und (9) die dem Feld eingeprägte Längendimension verstanden, wie sie in der Vertauschungsrelation zum Ausdruck kommt. Sie ist durch das Skalenverhalten des Feldes bei kleinen Abständen gegeben.

in der Natur beobachtete fast vollständige Paritätssymmetrie mit einer vollständigen paritätsasymmetrischen Randbedingung bei kleinen Abständen in Einklang bringen zu müssen. Läßt sich diese Schwierigkeit überwinden?

Wir wollen einmal von der Voraussetzung ausgehen, daß im Bereich größerer Abstände ein Prinzip existiert, das eine vollständige Paritätssymmetrie der Wechselwirkung bevorzugt. Vielleicht könnte dies dadurch zustande kommen, daß Prozesse bei größeren Abständen (nicht zu hohen Energien) durch virtuellen Austausch von massebehafteten Teilchen dominiert werden, in denen die Rechts- und Linkskomponenten gleich stark vertreten sind. In einer renormierbaren Theorie gehen nun die Verhältnisse bei kleinen Abständen relativ unkritisch ein. Auf diesen Umstand ist es ja gerade zurückzuführen, daß man in diesen Theorien bei der Deutung von Experimenten im physikalisch erreichbaren Energiebereich die Ignoranz über das dynamische Verhalten bei kleinsten Abständen durch empirische Festlegung der renormierten Kopplungskonstanten und Massen beseitigen kann. In einer nichtrenormierbaren Theorie ist dies nicht mehr möglich. Hier hängt das Verhalten bei kleinen Energien und Impulsübertragungen (große Abstände) entscheidend vom Verhalten bei kleinen Abständen ab. In unserer Theorie scheint nun die Wechselwirkung ein ähnlich harmloses Abstandsverhalten wie bei renormierbaren Theorien zu haben, so daß hier die Dynamik im wesentlichen durch die Verhältnisse bei nicht allzu kleinen Abständen dominiert sein würde und deshalb unter der obigen Voraussetzung näherungsweise die Paritätssymmetrie zeigen sollte. Die sogenannte „schwache" Wechselwirkung müßte bei dieser Betrachtung als der noch asymmetrische Anteil interpretiert werden, der an die paritätsasymmetrische Randbedingung bei kleinen Abständen erinnert.

Wir wollen versuchen, diese Überlegungen an einem unserer Theorie nahestehenden Beispiel zu konkretisieren. Wir wollen annehmen, daß es in unserer Theorie neben dem Feld $\psi(x)$, das der Gleichung (1) genügt, noch ein zweites aus $\psi(x)$ aufgebautes Feld $\hat{\psi}(x)$ mit der in (18) angegebenen Dimension gibt, das näherungsweise einer Gleichung

$$Mi\sigma^{\mu}\partial_{\mu}\hat{\psi}(x) + M^3 g : \sigma^{\mu}\hat{\psi}(\hat{\psi}^*\sigma_{\mu}\hat{\psi}) : (x) = 0 \tag{19}$$

genügen soll, wo M eine geeignete gewählte Masse ist [1]). Für kleine Abstände sollen Massen keine Rolle spielen, d.h. die Theorie sich auf den Grenzfall $M \to 0$ reduzieren, wodurch Gl. (19) trivial erfüllt wird. Das verschiedene Dimensionsverhalten von ψ und $\hat{\psi}$ kommt in einem verschiedenen Verhalten der Zweipunktfunktion bei kleinen Abständen bzw. großen Viererimpulsen zum Ausdruck [2]).

$$\lim_{x \to x'} \langle 0 | T\psi(x)\psi^*(x') | 0 \rangle \sim \lim_{x \to x'} \int d^4p \frac{\bar{\sigma}_{\mu}p^{\mu}}{(p^2)^2} e^{-ip(x-x')} \tag{20}$$

$$\lim_{x \to x'} \langle 0 | T\hat{\psi}(x)\psi^*(x') | 0 \rangle \sim \lim_{x \to x'} \int d^4p \frac{\sigma_{\mu}p^{\mu}}{(p^2)^2(M^2 - p^2)} e^{-ip(x-x')}. \tag{21}$$

---

[1]) Daß M auf diese Weise in der Gleichung auftreten muß, folgt aus einer Dimensionsbetrachtung.

[2]) Für den Antikommentator entspricht (20) in der Ortsdarstellung dem Verhalten (8), (21) bis auf ein Vorzeichen dem Verhalten (11).

Für $p^2 \ll M^2$ verhält sich deshalb diese Theorie wie eine paritätssymmetrische Theorie mit einem Dirac-Spinor

$$\Psi(x) = \begin{pmatrix} \psi(x) \\ M\hat{\psi}(x) \end{pmatrix} \tag{22}$$

der wegen (1) und (19) die $U_2 \otimes U_2$ chiral-invariante paritätssymmetrische Dirac-Spinorgleichung befriedigt

$$i\gamma^\mu \partial_\mu \Psi(x) + \frac{g}{2} : [\gamma^\mu \Psi(\overline{\Psi}\gamma_\mu \Psi) + \gamma_5 \gamma^\mu \Psi(\overline{\Psi}\gamma_5 \gamma_\mu \Psi)] : = 0. \tag{23}$$

Durch die etwas unmotivierte Forderung der Gl. (10) haben wir hierbei das Paritätssymmetrieprinzip bei größeren Abständen eingebaut.

Es läßt sich leicht feststellen, daß in einer solchen Theorie auf Grund des paritätsverletzenden Hochenergieverhaltens Paritätsverletzungen der Größenordnung P^2/M^2 oder m^2/M^2 auftreten, wobei P^μ etwa dem Relativimpuls im Schwerpunktssystem bei einem Streuexperiment und m eine charakteristische Elementarteilchenmasse, etwa die Nukleonenmasse, bedeutet. Um die beobachtete geringe Stärke der paritätsverletzenden vektoriellen und axialvektoriellen schwachen Wechselwirkung im Vergleich zur Vektorwechselwirkung der Elektrodynamik oder der Axialvektorwechselwirkung der pionischen starken Wechselwirkung zu verstehen, müßte M etwa die Größenordnung von 100 Nukleonmassen haben.

Anders ausgedrückt würde dies bedeuten: Die schwache paritätsverletzende Wechselwirkung erscheint nur bei den bisher erreichbaren Energien und Impulsübertragungen und den damit korrespondierenden Abständen als schwache Wechselwirkung. Bei höheren Energien und Impulsübertragungen bzw. bei kleineren Abständen nimmt sie sehr schnell zu und erreicht etwa bei 100 GeV bzw. bei 10^{-16} cm eine Stärke, die mit der elektromagnetischen oder der starken Wechselwirkung vergleichbar wird. Die Paritätsverletzung wird also in diesem Fall stark und von solcher Art, daß alle Fermiteilchen sich wie zweikomponentige Neutrinos verhalten und nach Art von (1) wechselwirken, wobei die Baryonen-„Neutrinos" und die Leptonen-„Neutrinos" so aufeinander abgestimmt sind, daß ihre stärksten Singularitäten am Lichtkegel (auf Grund der umgekehrten Norm dieser Teilchen) sich wechselseitig kompensieren.

Die geringe Stärke der schwachen Wechselwirkung hängt bei obiger Erklärung entscheidend vom Auftreten einer im Vergleich zu der Masse der bekannten Elementarteilchen großen Masse M ab. Inwieweit in einer dynamischen Theorie der obigen Form eine so große Masse „natürlich" auftreten kann, bleibt unklar. Man sollte jedoch beachten, daß in einer formal renormierbaren Theorie Massenverhältnisse dominant nur über logarithmische Glieder eingehen, die auch bei solchen Massenverhältnissen nicht ungewöhnlich groß werden.

Die obige Deutung setzt voraus, daß bei endlichen Abständen die Skaleninvarianz durch das Auftreten eines Längenmaßstabs M^{-1} gebrochen wird. Dieser Längenmaßstab wäre gleichzeitig dann auch dafür verantwortlich, daß bei nicht zu hohen Energien sich näherungsweise eine Paritätssymmetrie herausbildet. Dies könnte möglicherweise die oben genannten Diskrepanzen 3. und 5. beseitigen.

Teilchen mit Masse Null

Elementarteilchen treten in der hier diskutierten Theorie formal als Pole von Green-Funktionen, die aus den Feldern ψ aufgebaut sind, in Erscheinung, wobei die Lage der Pole ihre Masse und das Residuum am Pol ihre Kopplung mit anderen Teilchen festlegt. In gewissem Sinne können deshalb Elementarteilchen als „Bindungszustände" dieser Spinorfelder ψ aufgefaßt werden. Wir wollen uns im folgenden auf eine Diskussion von Masse-Null-Teilchen beschränken. Denn Teilchen der Masse Null bereiten in einer dynamischen Theorie besondere Schwierigkeiten, da man bei Lösung eines Bindungsproblems kaum erwarten kann, daß sich die Bindungsenergie zufällig genau auf Null einstellt.

Auch gruppentheoretisch fallen die Masse-Null-Teilchenzustände (irreduzible Darstellungen der Poincaré-Gruppe) etwas aus dem Rahmen. Ein Masse-Null-Zustand mit „Spin S" hat nicht $(2S + 1)$ verschiedene Komponenten, wie ein entsprechender Zustand mit endlicher Masse, sondern nur eine Komponente, unabhängig vom Spin, bzw. für $S > 0$ zwei Komponenten, wenn man die Antiteilchen (CPT-Spiegelung) mitzählt. Für $S = 0$, $S = 1/2$ (Neutrinos) macht sich dieser Unterschied noch nicht bemerkbar. Aber für $S = 1$ (Lichtquanten) und $S = 2$ (Gravitonen) wird dieser Unterschied bedeutsam, da interessanterweise die nichtteilchenartigen Komponenten der Felder physikalisch sich indirekt als Kräfte langer Reichweite in Form der elektromagnetischen bzw. Gravitationskräfte bemerkbar machen. Um die Quantenelektrodynamik und die Gravitationstheorie aus einer fundamentalen Theorie abzuleiten, ist es deshalb nicht ausreichend, Masse-Null-Bosonen mit Spin 1 (Quantenelektrodynamik) und Masse-Null-Bosonen mit Spin 2 (Gravitation) als spezielle Lösungen nachzuweisen, sondern diese müssen gleichzeitig auch die langreichweitigen Kräfte enthalten. In der konventionellen Beschreibung der Theorie wird dies dadurch erreicht, daß nicht die beobachtbaren Feldstärken $F_{\mu\nu}(x)$, sondern die nicht beobachtbaren Potentiale $A_\mu(x)$ lokal an die anderen Teilchenfelder gekoppelt werden (minimale Kopplung).

Masse-Null-Lösungen wird man aus einer dynamischen Theorie nur erhalten, wenn durch bestimmte allgemeine Bedingungen diese Lösungen erzwungen werden. Wir kennen heute zwei Situationen, die Masse-Null-Teilchen bedingen, nämlich 1. Die Existenz eines asymmetrischen Grundzustandes und 2. Die Invarianz der dynamischen Gleichung unter sogenannten Eichtransformationen.

Der erstere Fall spielt in der nichtrelativistischen Vielteilchenphysik eine große Rolle. Betrachtet man z.B. einen makroskopischen Ferromagneten, so sind in seinem Grundzustand die Spins der äußeren Elektronen der Eisenatome am absoluten Temperaturnullpunkt in einer bestimmten Richtung ausgerichtet und führen zu einer magnetischen Polarisation. Der Grundzustand ist deshalb nicht mehr rotationssymmetrisch. Da die Dynamik rotationssymmetrisch ist, gibt es zu jedem Grundzustand eine unendliche Zahl von anderen energetisch gleichwertigen Zuständen, die sich nur durch die Orientierung des magnetischen Polarisationsvektors unterscheiden (unendliche Grundzustandsentartung). Wegen dieser Orientierungsentartung sind Ferromagneten, bei denen gewisse weitausgedehnte Bereiche gegenüber dem Rest leicht verdreht sind, energetisch nur unmerklich vom Grundzustand verschieden. Dies entspricht der Erregung von Spinwellen, deren Energie mit zunehmender Wellenlänge zu Null abnimmt. Quantenmechanisch führen sie zur Existenz der Magnonen, deren Energie mit abnehmendem Impuls zu Null geht. Sie sind das nichtrelativistische Analogon der Masse-Null-Teilchen der relativistischen Physik.

Ganz allgemein kann man feststellen, daß bei einer bezüglich einer bestimmten Symmetriegruppe invarianten Dynamik (hier der Rotation) eine Asymmetrie des Grundzustandes bezüglich dieser Symmetrie zu „Masse-Null-Teilchen" führt, die gewissermaßen lokalisierten Formen *der* Symmetrietransformation entsprechen, die den Grundzustand in einen mit ihm entarteten anderen Grundzustand überführen würden (Goldstone-Theorem) [20]. Diese Schlußfolgerung gilt allerdings nur, wenn nicht langreichweitige Kräfte im Spiel sind [21].

Auf die Elementarteilchenphysik übertragen, führt die Annahme eines bezüglich der internen Symmetrien (und nicht bezüglich der Raum-Zeit-Struktur) asymmetrischen Grundzustands (z.B. bezüglich Isospinrotation) zu Masse-Null-Teilchen mit Spin Null [22]. Es ist leicht einzusehen, daß bei einer solchen Asymmetrie niemals die Existenz eines „transversalen" Masse-Null-Teilchens, also etwa die Existenz des Photons, gefolgert werden kann. Das Spin-Null-Teilchen ist das einzige nichttransversale Masse-Null-Teilchen. Die Hoffnung wäre aber, daß man durch eine entsprechende Verallgemeinerung des Goldstone-Theorems stattdessen auch die nichttransversalen Coulombkräfte implizieren könnte. Im Augenblick läßt sich jedoch nur sagen, daß bei Existenz von langreichweitigen Kräften, z.B. den Coulombkräften, ein asymmetrischer Grundzustand nicht mehr notwendigerweise ein Masse-Null-Teilchen mit Spin Null impliziert, so daß man vielleicht sagen könnte, daß die langreichweitigen Kräfte die Rolle der Spin-Null-Teilchen übernommen haben [23].

Eine andere Möglichkeit, Masse-Null-Teilchen in einer Theorie zu präjudizieren, ergibt sich durch die Forderung einer Symmetrie der Dynamik unter Eichtransformationen. Unter Eichtransformation wollen wir hierbei eine kontinuierliche, durch Liesche Parameter charakterisierte Transformation verstehen, bei denen diese Parameter Funktionen von Ort und Zeit sind. Dies sei am Beispiel einer Dirac-Gleichung für ein Spinorfeld erläutert.

Eine Dirac-Gleichung ist invariant unter einer Phasen-Eichtransformation

$$\Psi(x) \to e^{-i\alpha(x)}\Psi(x) \tag{24}$$

nur, wenn man ein Vektorfeld $A_\mu(x)$ auf folgende Weise in die Gleichung einführt

$$[\gamma^\mu(i\partial_\mu - A_\mu) - m]\Psi(x) = 0 \tag{25}$$

und von diesem neuen Feld $A_\mu(x)$ fordert, daß es sich inhomogen wie

$$A_\mu(x) \to A_\mu(x) + \partial_\mu\alpha(x) \tag{26}$$

unter dieser Transformation transformiert. Dies läßt sich am einfachsten erfüllen durch die Einführung eines skalaren Feldes $\Lambda(x)$ mit der Eigenschaft

$$\Lambda(x) \to \Lambda(x) + \alpha(x), \tag{27}$$

dessen Viererdivergenz gerade $A_\mu(x)$ ist, d.h.

$$A_\mu(x) = A_\mu^0(x) = \partial_\mu\Lambda(x). \tag{28}$$

Die Rotation des Vektorfeldes ist unabhängig von $\alpha(x)$ und in diesem Fall

$$F_{\mu\nu}^0 = \partial_\nu A_\mu - \partial_\mu A_\nu = 0. \tag{29}$$

Die Eichinvarianz (24) erzwingt also die Existenz eines skalaren Feldes $\Lambda(x)$ mit der Eigenschaft (27). Für dieses skalare Feld läßt sich allerdings keine eichinvariante Bewegungsgleichung aufstellen.

Wählt man jedoch für $A_\mu(x)$ nicht (28), sondern ein beliebiges Vektorfeld, so ist im allgemeinen $F_{\mu\nu} \neq 0$. In diesem Fall kann A_μ bzw. $F_{\mu\nu}$ durch eine eichinvariante Bewegungsgleichung bestimmt werden, nämlich durch

$$\partial^\mu F_{\mu\nu}(x) = \, : \bar{\Psi}\gamma_\nu\Psi : (x) \,. \tag{30}$$

Gleichungen (25) und (30) sind gerade die beiden Gleichungen der Quantenelektrodynamik. Das Nichtauftreten eines eichvarianten Terms proportional $m^2 A_\nu$ auf der linken Seite von (30) zeigt, daß das A_μ-Feld zu Masse-Null-Teilchen führt. Wegen des Vektorcharakters der Felder haben die Teilchen Spin 1.

Interessant bei obiger Überlegung ist, daß die Forderung der Eichinvarianz nicht nur Masse-Null-Teilchen mit Spin 1 liefert, sondern die zugehörigen Felder in einer Form einführt (minimale Kopplung der Potentiale), in der auch die nichtteilchenartige Wechselwirkung (Coulomb-Potential) automatisch enthalten ist. Es sollte jedoch betont werden, daß die Forderung der Eichinvarianz eigentlich nicht die Einführung eines Vektorfeldes erzwingt, sondern die Einführung eines solchen nur nahelegt. Erzwungen wird nur die Einführung eines Skalarfeldes $\Lambda(x)$, dem der Spin Null zugeordnet ist.

Wir wollen diesen Punkt von der Elektrodynamik her noch etwas weiter aufhellen. Physikalisch relevant sind in der Elektrodynamik nur die elektrischen und magnetischen Feldstärken, die den Feldstärkentensor $F_{\mu\nu}(x)$ aufbauen. Das $A_\mu(x)$ ist zunächst ein mathematisches Hilfsfeld, dem keine direkte physikalische Bedeutung zukommt. Insbesondere ist es durch $F_{\mu\nu}$ nur bis auf eine willkürliche Viererdivergenz bestimmt, d.h. die Transformation

$$A_\mu(x) \to A_\mu(x) + \partial_\mu\Lambda(x) \tag{31}$$

mit $\Lambda(x)$ einem beliebigen Skalarfeld ist physikalisch irrelevant. Auf Grund dieser Betrachtung ersieht man, daß durch die Eichinvarianz gerade nur die Einführung des physikalisch irrelevanten Anteils $\Lambda(x)$ des Vektorpotentials erzwungen wird. Um den physikalischen Anteil $A_\mu(x)$ und damit die Masse-Null-Teilchen einzuführen, benötigt man noch zusätzliche Argumente.

Obige Eichbetrachtungen lassen sich auf beliebige Symmetrietransformationen erweitern. Um die Invarianz einer dynamischen Gleichung unter einer n-parametrigen Eichtransformation zu erreichen, benötigt man im allgemeinen n zusätzliche Vektorfelder [24]. Von besonderem Interesse ist die Betrachtung einer orts-zeitabhängigen relativistischen Transformation (Poincaré-Eichtransformation) [25]. Diese Transformationen stehen in unmittelbarem Zusammenhang mit den allgemeinen Koordinatentransformationen der allgemeinen Relativitätstheorie. Es läßt sich zeigen, daß die durch die Poincaré-Eichtransformation erzwungenen Masse-Null-Teilchen Spin 2 besitzen und auf teilchenfreie Wechselwirkungsfelder führen, die im klassischen Grenzfall der Gravitation in der Form der Einsteinschen Allgemeinen Relativitätstheorie mit all ihren bekannten geometrischen Konsequenzen entsprechen.

Um die Quantenelektrodynamik und die Gravitationstheorie aus einer fundamentalen Theorie abzuleiten, erscheint es deshalb notwendig, Eichsymmetrien der obigen Art für die fundamentale Theorie zu fordern. Eine nähere Untersuchung zeigt [26], daß Gleichungen der Art (1) automatisch Eichsymmetrien von obiger Art besitzen ohne Einführung zusätzlicher Vektorfelder, wenn die noch unbestimmte dimensionslose Kopplungskonstante geeignet gewählt wird. Hierbei übernehmen z.B. die bilinearen Feldkombinationen $:\bar{\psi}\sigma_\mu\psi:$ die Funktion der Vektorfelder $A_\mu(x)$. Das inhomogene Transformationsverhalten (26) ergibt sich aus der nichtkanonischen Natur der Spinorfelder (9) und der besonderen, durch :: gekennzeichneten Bildung des Operatorprodukts (Wick-Produkt). Da überhaupt keine zusätzlichen Felder eingeführt werden müssen, benötigt man hier keine weiteren Argumente, um die Einführung von $A_\mu(x)$ zu begründen. Dafür muß man nachweisen, daß zu $A_\mu(x)$ wirklich auch Masse-Null-Lösungen gehören. Dies läßt sich unter bestimmten Bedingungen demonstrieren [27].

Bei der großen Bedeutung, welche der Eichinvarianz bei dieser Formulierung zukommt, wäre es wünschenswert, sie tiefer zu begründen. Um Erhaltungssätze zu bekommen, benötigt man auf Grund der Noetherschen Sätze [28] für klassische dynamische Gleichungen nur die Forminvarianz unter den Transformationen mit konstanten Parametern. Für quantisierte Feldgleichungen gilt im allgemeinen [1]) dasselbe. Bei den Eichtransformationen erhält man die differentiellen Erhaltungssätze in einer verschärften Form als Identitäten (Bianchi-Identitäten) [28]. Es ist nicht klar, ob diesem Umstand in einer quantisierten Theorie eine besondere Bedeutung zukommt. Vielleicht lassen sich die Eichtransformationen auch dadurch motivieren, daß sie erlauben, an raumartig zueinander liegenden Punkten, die wegen der Einstein-Kausalität „nichts voneinander wissen“ sollten, die internen Koordinatenachsen beliebig wählen zu können. Diese Betrachtungsweise entspricht der Forderung der Unabhängigkeit aller physikalischen Beobachtungen von speziellen Koordinatensystemen, externer (raum-zeitlicher) oder interner (ladungsartiger) Art. Differentialgeometrisch führt sie dazu, daß man bei der Definition der Raum-Zeitableitungen, wie sie in der Differentialgleichung (1) vorkommen, den Begriff einer Parallelverschiebung benötigt, die durch die affinen Konnexionskoeffizienten festgelegt werden. Bei dieser Interpretation stehen die durch die allgemeinen Eichtransformationen erzwungenen Eichfelder – klassisch interpretiert – im direkten Zusammenhang mit diesen affinen Konnexionen. Die beobachtbaren Feldstärken haben die Bedeutung von „Krümmungen“ [25].

Ausblick

Wir haben mit obigen Ausführungen nur einige wenige kritische Punkte aus dem großen Fragenkomplex herausgegriffen, der sich im Zusammenhang mit den Untersuchungen an Heisenbergs einheitlicher Theorie der Elementarteilchen herausgebildet hat.

[1]) Dies ist jedoch ein etwas heikles Kapitel. Für den Nachweis der Existenz von Strömen (als den lokalen Generatoren der unitären Darstellungen der Symmetrietransformationen) und deren Erhaltung sind eine Reihe von zusätzlichen Bedingungen nötig.

Wir haben uns dabei mehr auf eine Erörterung der gruppentheoretischen Probleme beschränkt. Diese erscheinen leichter faßbar und lösbar, da bei ihnen die Problematik geeigneter Näherungsverfahren nicht ganz so im Vordergrund steht. Gruppentheoretische Überlegungen, insbesondere solche über Eichtransformationen, können umgekehrt eine wesentliche Hilfe bei der Auswahl effektiver Näherungsmethoden für die Berechnung von Massen und Kopplungskonstanten der Elementarteilchen bieten.

Die in diesem Aufsatz ausgesprochene Vorstellung über einen möglichen Zusammenhang zwischen Baryonen und Leptonen ist im Augenblick nicht viel mehr als eine vage Vermutung, die sich einer gründlichen Untersuchung erst noch stellen muß. Wir wollten damit zeigen, wie die unkonventionellen Züge der Heisenbergschen einheitlichen Theorie einige recht ungewöhnliche Spekulationen erlauben.

Trotz ihrer 13 Jahre ist die Heisenbergsche einheitliche Theorie der Elementarteilchen noch nicht genügend ausgereift, um ausreichende konkrete Handhaben für eine quantitative Deutung des reichen experimentellen Datenmaterials zu liefern. Mit der näherungsweisen Berechnung von Massen und Kopplungskonstanten der einfachsten Elementarteilchen wurde hier nur ein erster, recht dürftiger Anfang gemacht. Die enorme Komplexität relativistischer Eigenwert- und Streuprobleme steht hier einem zügigen Fortschritt als großes Hindernis im Wege, das sich wohl nur mit raffinierten Näherungsmethoden in Zukunft überwinden lassen wird. Nahziel einer einheitlichen Theorie der Elementarteilchen sollte jedoch sein, ein qualitatives Verständnis für die charakteristischen Züge der Elementarteilchenphysik zu gewinnen, wie insbesondere für die eigentümliche Symmetriestruktur, die in den verschiedenartigen Wechselwirkungsformen phänomenologisch zum Ausdruck kommen.

Literatur

[1] *H. P. Dürr* : Werner Heisenberg und die Physik unserer Zeit, S. 299, Vieweg Verlag, Braunschweig 1961. S. auch Acta Physica Austriaca, Suppl. III, 1 (1966).

[2] Siehe z.B. *B. Renner* : Current Algebras and their applications, Pergamon Press 1968. Dort ist auch ein umfangreiches Schriftenverzeichnis angegeben.

[3] *J. H. Christenson, J. W. Cronin, V. L. Fitch, R. Turlay* : Phys. Rev. Lett. 13, 138 (1964); Phys. Rev. 140, B 74 (1965).

[4] *M. Gell-Mann* : Phys. Rev. 125, 1067 (1962).
Y. Ne'eman : Nuclear Phys. 26, 222 (1961).

[5] *E. D. Bloom* et al.: Phys. Rev. Lett. 23, 930 (1969); SLAC-PUB-796 (1970).
R. Brandt, G. Preparata : CERN preprint TH-1208.
Y. Frishman : Phys. Rev. Lett. 25, 966 (1970).

[6] Für eine zusammenfassende Darstellung der Arbeiten über die nichtlineare Spinortheorie siehe *W. Heisenberg* : Einführung in die einheitliche Feldtheorie der Elementarteilchen, Hirzel Verlag, Stuttgart 1967.

[7] *W. Heisenberg, W. Pauli* : On the isospin group in the theory of elementary particles, Preprint 1958; unveröffentlicht.

[8] *W. Heisenberg*: Nachr. d. Göttinger Akad. d. Wiss. 1953, S. 111.

[9] *H. P. Dürr, W. Heisenberg, H. Mitter, S. Schlieder, K. Yamazaki*: Z. Naturforschung **14a**, 441 (1959).

[10] *H. P. Dürr*: Z. Naturforschung **16a**, 327 (1961).

[11] *H. Mitter*: Nuovo Cim. **38**, 1040 (1965).

[12] *S. N. Gupta*: Proc. Phys. Soc. **A 63**, 681 (1950).
K. Bleuler: Helv. Phys. Acta **23**, 567 (1950).
S. auch *H. P. Dürr, E. Rudolph*: Nuovo Cim. **62 A**, 411 (1968).

[13] *W. Heisenberg*: Nuclear Phys. **4**, 532 (1957).
S. Schlieder: Z. Naturforschung **15a**, 448 (1960); **15a**, 460 (1960); **15a**, 555 (1960).
S. auch *K. L. Nagy*: State Vector Spaces with Indefinite Metric in Quantum Field Theory, Akademiai Kiadó, Budapest 1965.

[14] *E. C. G. Sudarshan*: Phys. Rev. **123**, 2183 (1961).
J. Schnitzer, E. C. G. Sudarshan: Phys. Rev. **123**, 2193 (1961).
H. P. Dürr: Proc. International Symposium on Nonlocal Quantum Field Theory, S. 69; Dubna (UdSSR) Juli 1967.
M. Karowski: Z. Naturforschung **24a**, 510 (1969).

[15] *H. P. Dürr, E. Seiler*: Nuovo Cim. **66 A**, 734 (1970).

[16] *M. E. Arons, M. Y. Han, E. C. G. Sudarshan*: Phys. Rev. **137**, 4 B, 1085 (1965).
T. D. Lee, G. C. Wick: Nucl. Phys. **B 9**, 209 (1969); **B 10**, 1 (1969).
R. E. Cutkosky, P. V. Landshoff, D. I. Olive, J. C. Polkinghorne: Nuclear Physics **B 12**, 281 (1969).
A. M. Gleeson, R. J. Moore, H. Rechenberg, E. C. G. Sudarshan: Analyticity, Covariance and Unitarity in Indefinite Metric Quantum Field Theories, CPT-77, AEC-26; Preprint 1971.

[17] *K. Baumann*, Diplomarbeit Univ. München, Juli 1971.

[18] *H. P. Dürr*: Properties of Matter under unusual conditions (E. Teller Festschrift), S. 301, Wiley & Sons, New York 1969.

[19] *H. P. Dürr, W. Heisenberg, H. Yamamoto, K. Yamazaki*: Nuovo Cim. **38**, 1220 (1965).
H. P. Dürr: Indefinite Metric and macroscopic causality, International Symposium on Nonlocal Interactions, Azau (UdSSR), März 1970.

[20] *J. Goldstone*: Nuovo Cim. **19**, 154 (1961).

[21] *P. W. Anderson*: Phys. Rev. **130**, 439 (1963).

[22] *J. Goldstone, A. Salam, S. Weinberg*: Phys. Rev. **127**, 965 (1962).

[23] *P. W. Higgs*: Physics Letters **12**, 132 (1964), Phys. Rev. **145**, 1156 (1966).
G. S. Guralnik, C. R. Hagen, T. W. Kibble: Phys. Rev. Lett. **13**, 585 (1964).

[24] *C. N. Yang, R. L. Mills*: Phys. Rev. **96**, 191 (1954).
R. Utiyama: Phys. Rev. **101**, 1597 (1956).

[25] *T. W. B. Kibble*: Journ. Math. Phys. **2**, 212 (1961).
K. Hayashi: Preprint Max-Planck-Institut für Physik und Astrophysik, München, April 1971.

[26] *H. P. Dürr, N. H. Winter*: Nuovo Cim. **70 A**, 467 (1970).

[27] *H. Saller*: Preprint Max-Planck-Institut für Physik und Astrophysik, München, Januar 1971.

[28] *E. Noether*: Nachrichten Kgl. Ges. d. Wiss. Göttingen **2**, 235 (1918).

Zum kausalen Verhalten eines relativistischen quantenmechanischen Systems

S. Schlieder

1. Einleitung und Voraussetzungen

Dieser Beitrag beschäftigt sich mit einigen Besonderheiten, die auftreten, wenn man die Begriffe der Quantentheorie und die Forderungen der speziellen Relativitätstheorie zu einer in sich konsistenten Struktur vereinigen will. Im Mittelpunkt wird dabei die Frage nach der Gültigkeit der relativistischen Kausalität (manchmal auch Einstein-Kausalität genannt) stehen. Dieses Wort soll nicht einen technisch mathematischen Begriff bezeichnen. Es wird hier gefragt, ob sich bei einem relativistischen quantenmechanischen System physikalische Effekte mit größerer Geschwindigkeit als mit Lichtgeschwindigkeit fortpflanzen können oder nicht.

Dabei ist vornehmlich daran gedacht, daß das betrachtete System durch ein relativistisches Quantenfeld beschrieben wird. Die physikalische Interpretation dieses Quantenfeldes soll sich nicht darin erschöpfen, daß man es als interpolierendes Feld einer zu konstruierenden Streumatrix deutet. In Übereinstimmung mit den Vorstellungen von *Segal, Haag, Kastler, Araki, Borchers* und Mitarbeitern [1] soll das Feld Träger einer Observablen-Algebra sein.

Ohne auf ein vorgegebenes Quantenfeld zurückgreifen zu müssen, kann man eine solche Observablen-Algebra unmittelbar aus der physikalischen Intuition begründen: Zu jedem Raumteil R_l des 4-dimensionalen Minkowskiraumes gehört eine Menge von Observablen, welche die in diesem Raumteil vornehmbaren Messungen am fest vorgegeben gedachten physikalischen System repräsentieren. Es ist zweckmäßig, aus einer solchen Menge von Observablen eine Algebra zu bilden, und diese in einer Weise abzuschließen, so daß als Resultat die zu den Raumteilen $\{R_l\}$ bzw. zugeordneten Algebren $\{\mathbf{A}_l\}$ durch die in ihnen jeweils enthaltenen Projektionsoperatoren erzeugt werden.

Es wäre naheliegend zu versuchen, die auftretenden physikalischen Gesetzmäßigkeiten allein mit Hilfe dieser Algebren $\{\mathbf{A}_l\}$ zu formulieren. Wir wollen die Algebren hier jedoch als Operatorenalgebren in einem Hilbertraum H behandeln.

Im einzelnen sollen die folgenden Postulate gelten:

(1) Die Elemente $\{f\}$ des Hilbertraumes H werden als Heisenbergzustände interpretiert.

(2) Die Poincarégruppe $\{(\Lambda, a)\}$ (bzw. ihre Überlagerungsgruppe, falls in H Zustände mit $\frac{1}{2}$-zahligen Spin vorkommen) sei unitär dargestellt.

$(\Lambda, a) \longrightarrow U(\Lambda, a)$

(3) Es soll genau einen Zustand $\Omega \in H$ geben, der unter den 4-dimensionalen Translationen invariant ist; dieser soll auch unter den übrigen Transformationen der Poincarégruppe invariant sein.

(4) Das Spektrum des 4-Impulses soll im abgeschlossenen Vorwärtslichtkegel V^+ liegen (Spektrumsbedingung).

(5) Falls die Gebiete R_1 und R_2 raumartig zueinander liegen, soll für die Operatoren, welche zu den entsprechenden Algebren $\mathbf{A}_1$ bzw. $\mathbf{A}_2$ gehören, gelten:

$$[A, B] = 0, \text{ sofern } A \in \mathbf{A}_1 \text{ und } B \in \mathbf{A}_2$$

sind (Lokalitätsforderung).

(6) Jede einem Gebiet R_l zugehörende Algebra $\mathbf{A}_l$ soll den Hilbertraum H erzeugen, sofern $\mathbf{A}_l$ auf Ω angewandt wird. Genauer: Schließt man den durch Anwendung aller Operatoren einer bestimmten Algebra $\mathbf{A}_l$ auf das Vakuum Ω entstehenden linearen Unterraum von H ab, so soll man H selbst erhalten.

Wir wollen zwei Bemerkungen zu den Forderungen (3) bzw. (6) machen:

Zu (3): Wir beschränken uns mit der Annahme genau eines Vakuumzustandes auf einen einfachen Fall, welcher ausreichend erscheint, um die charakteristischen Züge der abzuleitenden Ergebnisse hervortreten zu lassen. Das Vorhandensein mehrerer Vakua in H würde zu ähnlichen Resultaten führen. Da außerdem verlangt wird, daß es keine weiteren invarianten Zustände unter der Translationsgruppe geben soll, sind damit auch Spurionzustände ausgeschlossen.

Zu (6): In einer Feldtheorie vom Wightman'schen Typus läßt sich die Forderung (6) für die Feldoperatoren, die zu einem Gebiet R_l gehören, beweisen. Für den Fall der Observablen-Algebren, die sich nicht auf ein Feld vom Wightman'schen Typus stützen, hat *Borchers* [2] eine zu (6) äquivalente Eigenschaft entdeckt: die schwache Additivität. Dieser Begriff wird zusammen mit einigen anderen mehr technisch-mathematischen Fragen, welche den Aufbau der Observablen-Algebra betreffen, im Anhang 1 erklärt.

2. Vorbemerkung zur Frage der Einstein-Kausalität

Die interessierenden Fragen, welche das kausale Verhalten von relativistischen quantenmechanischen Systemen betreffen, können hier nur ohne Berücksichtigung der Einflüsse von Gravitation und Raumkrümmung behandelt werden. Das wird schon aus den in Abschnitt 1 formulierten Postulaten deutlich.

Es ist hier auch nicht daran gedacht, Beispiele von physikalischen Systemen welche die Postulate erfüllen, explizit zu behandeln. Uns liegt daran, die in Allgemeinheit geltenden Züge darzustellen, sofern die Forderungen von Abschnitt 1 erfüllt sind. Trotzdem wollen wir nicht darauf verzichten, die aus den Postulaten folgenden Ergebnisse an Hand konkreter physikalischer Situationen zu interpretieren.

Mit Vorteil kann man sich das Gesamtproblem in mehrere Teilfragen zerlegt denken. Eine solche Zerlegung ist nach verschiedenen Gesichtspunkten möglich.

Es bietet sich eine einfache Gliederung, herrührend vom begrifflichen Aufbau einer quantenmechanischen Theorie an:

a) Verhält sich das durch Meßeingriffe nicht gestörte System infolge einer entsprechenden Bewegungsgleichung relativistisch kausal?

b) Stören Meßeingriffe das kausale Verhalten des Systems?

c) Spielt die begrenzte Geschwindigkeit bei der Informationsübertragung, die Meßergebnisse betreffen, eine Rolle bei dem behandelten Problem?

Benutzt man das häufig verwandte Bild eines Schnittes zwischen dem quantenmechanisch zu behandelnden System einerseits und den mit den Methoden der klassischen Physik zu behandelnden Meßapparaten andererseits, so kann man die Aufgliederung in a), b) und c) grob auch so ausdrücken: Wie steht es mit dem kausalen Verhalten unterhalb des Schnittes, beim Durchgang durch den Schnitt, oberhalb des Schnittes?

Dabei kann Kausalität natürlich nicht in der starken Form des Determinismus auftreten. Der Versuch einer genaueren Definition, was mit Kausalität eigentlich gemeint ist, führt zu einer anderen Gliederung des Problems:

1. Kann sich ein physikalischer Effekt mit größerer als mit Lichtgeschwindigkeit ausbreiten, genauer: Kann sich ein Teilchen mit Überlichtgeschwindigkeit bewegen oder kann sich eine typische Eigenschaft eines Quantenfeldes mit Überlichtgeschwindigkeit fortpflanzen oder nicht?

2. Ist eine Signalgebung mit Überlichtgeschwindigkeit möglich oder nicht?

Bezüglich der Zerlegung des Problems gemäß der Unterteilung a), b) und c) konzentrieren wir uns hier auf die Unterfrage b). Wie im nächsten Abschnitt gezeigt wird, spielt die in c) gefragte Eigenschaft der relativistischen Kausalität bei der Nachrichtenübermittlung hinsichtlich der Meßergebnisse für die Gesamtfrage eine wichtige Rolle. Da es sich bei c) um eine Eigenschaft für klassische physikalische Systeme handelt, nehmen wir an, daß diese Unterfrage positiv hinsichtlich der Gültigkeit der relativistischen Kausalität beantwortet ist. Wir denken dabei an die älteren Arbeiten von *Sommerfeld* und *Brioullin*, in denen gezeigt wird, daß keine Signalgebung und damit auch keine Nachrichtenübermittlung relativistisch akausal erfolgen kann [3].

Hinter der Unterfrage a) verbirgt sich das wohlbekannte Existenzproblem von nichttrivialen Beispielen für relativistische Quantenfelder. Wichtige Teilaspekte des Problems sind z.B. in der konsistenten Durchführung der Störungsrechnung renormierbarer Theorien erfolgreich behandelt worden [4], desgleichen wurden im Rahmen der konstruktiven Feldtheorie [5] Fortschritte erzielt. Wir wollen hier heuristisch annehmen, daß das Existenzproblem für relativistische Quantenfelder gelöst sei.

Beim Teilproblem b), dem diese Überlegungen in der Hauptsache gewidmet sind, ist der folgende Sachverhalt von zentraler Bedeutung: Eine Messung am quantenmechanischen System verändert im allgemeinen seinen Zustand. Man kann dafür zwei Ursachen angeben:

1. Eine Messung am System erfordert eine Wechselwirkung mit dem Meßapparat; beim quantenmechanischen System kann die dadurch bedingte Störung nicht vernachlässigt werden.

2. Die Messung liefert im allgemeinen eine neue Information über das System, die ebenfalls in einer Änderung des Zustandes zum Ausdruck kommt.

Die Auswirkungen der beiden Ursachen können dadurch voneinander getrennt werden, daß man in dem einen Falle das Meßresultat zur Kenntnis nimmt, im anderen Falle nicht.

Die Unterscheidung der beiden Fälle erscheint zunächst etwas künstlich. Sie bekommt jedoch dann physikalische Substanz, wenn sie – wie im nächsten Abschnitt auszuführen ist – im Zusammenhang mit Teilproblem c) gesehen wird: Die Informationsmöglichkeit eines Beobachters, der sich nicht am Ort der Messung befindet, ist dadurch begrenzt, daß das Meßergebnis höchstens mit Lichtgeschwindigkeit übermittelt werden kann.

Wir wollen in den folgenden Abschnitten der Reihe nach die Auswirkungen der Lokalitätsbedingung, der Spektrumsbedingung und schließlich beider zusammen mit den übrigen Postulaten auf das Problem der relativistischen Kausalität prüfen.

3. Lokalitätsforderung und Kausalität

Der Inhalt dieses Abschnittes beruht im wesentlichen auf einem Satz über die Erwartungswerte von vertauschbaren selbstadjungierten Operatoren und der dem Kausalitätsproblem angepaßten Interpretation seines Inhaltes. Zum Verständnis dieses Satzes ist eine Vorbemerkung über die Gemischbildung notwendig, die sich infolge der Messung einer Observablen mit entartetem Spektrum ergibt. Wenn man die Fragen der Kausalität diskutiert, muß man vorzugsweise Observable betrachten, die zu finiten Mengen des Minkowskiraumes gehören (lokale Observable). Man macht sich leicht klar, daß es sich bei diesen Observablen um solche mit hochentartetem Spektrum handelt. So ist z.B. der Unterraum, der zu einem lokalen Projektionsoperator gehört, unter den gemachten Annahmen unendlich-dimensional.

Wir wollen den entscheidenden Punkt hinsichtlich der Gemischbildung am Beispiel einer Observablen, welche durch einen selbstadjungierten Operator mit reinem Punktspektrum repräsentiert wird, aufzeigen. Es sei A der Operator, $\{a_j\}$ das System seiner Eigenwerte, $\{f_{jm}\}$ eine Orthonormalbasis im Unterraum, der zu a_j gehört. Gegeben sei ein Anfangszustand $f \in H$ mit $\|f\| = 1$ und der Entwicklung

$$f = \sum_{j,m} c_{jm} f_{jm} \ .$$

Sofern eine Messung von A durchgeführt wird und das Meßergebnis dem Beobachter zugänglich ist – es werde z.B. der Eigenwert a_l gemessen – so soll f übergehen in

$$f \longrightarrow \text{const.} \sum_m c_{lm} f_{lm} \ ,$$

dabei dient const. der erneuten Normierung.

Ist das Meßergebnis dem Beobachter nicht zugänglich, so soll ein Gemisch der auf 1 normierten Zustände $\{\sum_m c_{jm} f_{jm}\}$ mit den relativen Gewichten $\sum_m |c_{jm}|^2$ nach der

Messung als Zustandsbeschreibung dienen. Bei Benutzung von statistischen Operatoren schreibt sich der erste Fall:

$$P_{f'} \longrightarrow \text{const.}\, P_l P_f P_l \ ,$$

wobei P_l auf den zu a_l gehörenden Unterraum projiziert.
Der zweite Fall wird durch

$$P_f \longrightarrow \sum_k P_k P_f P_k$$

beschrieben, wobei natürlich $\sum_k P_k = I$ gilt. Diese Vorschrift der Gemischbildung wurde z.B. von *G. Lüders* [6] deutlich ausgesprochen; die im Anschluß mitzuteilende Konsequenz ist dort ebenfalls gezogen. Die Art der Gemischbildung entspricht einem idealen Meßapparat, der die zwischen den einzelnen Komponenten eines Zustandes auftretenden relativen Phasen nur in dem Umfange zerstört, der für die Gewinnung des Meßresultats notwendig ist. Wir wollen für den Fall, daß keine Kenntnis vom Meßresultat zum Beobachter gelangt, für diese Gemischbildung schreiben

$$f \longrightarrow A;f \ .$$

Falls f ein Ensemble beschreibt, so bedeutet $A;f$ das entstehende Gemisch, ohne daß eine Selektion auf Grund des Resultates der Messung von A vorgenommen wird.

Es gilt der folgende Satz: A und B seien zwei vertauschbare selbstadjungierte Operatoren:

$$[A,B] = 0 \ .$$

Es sei $f \in H$ beliebig; dann gelten für die Erwartungswerte die folgenden Gleichungen:

$$\langle B \rangle_{A;f} = \langle B \rangle_f \qquad \text{entsprechend}$$
$$\langle A \rangle_{B;f} = \langle A \rangle_f \ .$$

Dieser Satz ist auch richtig, wenn anfangs nicht ein reiner Zustand f vorlag, sondern ein Gemisch. Der Satz gilt auch für selbstadjungierte Operatoren mit kontinuierlichem Spektrum, wenn man das begrenzte Auflösungsvermögen der zugehörigen Meßapparate in Rechnung stellt [7]. Eine Umkehrung des Satzes ergibt sich in der folgenden Form:
Wenn für jedes $f \in H$ gilt

$$\langle B \rangle_{A;f} = \langle B \rangle_f \ ,$$

so folgt

$$[A,B] = 0 \ .$$

Der Beweis der Umkehrung findet sich ebenfalls in den Arbeiten [6] und [7].

Nach diesen vorbereitenden Bemerkungen sind wir in der Lage, die Auswirkung der Lokalitätsbedingung auf die Frage der Einstein-Kausalität zu erkennen. Geben wir einen Anfangszustand z.B. $f \in H$ vor und dazu gleichfalls ein kleines Meßprogramm, das aus der Messung zweier Observabler A und B besteht! Dabei soll $A \in \mathbf{A}_1$, $B \in \mathbf{A}_2$ gelten, und die zugehörigen Raumteile R_1 und R_2 seien raumartig zueinander. Es ist für die Diskussion gut, sich einen Fall vorzustellen, bei dem die Abmessungen von R_1 und R_2 klein sind gegenüber ihrer Entfernung voneinander (Bild 1).

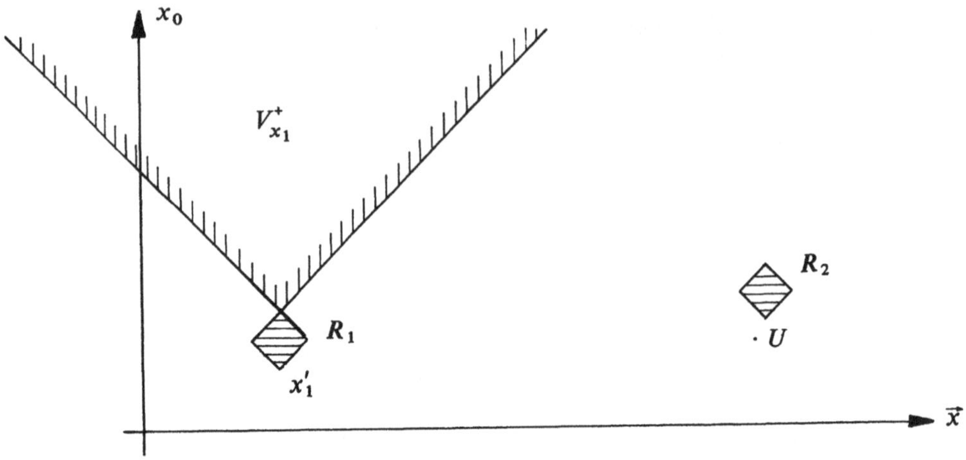

Bild 1

Die erste Aussage, die aus dem oben mitgeteilten Satz folgt, betrifft den Fall, daß f als der Zustand eines großen Ensembles von Systemen gedeutet wird. Die Erwartungswerte sind dann gleich den Mittelwerten über das Ensemble. Aus

$$\langle B\rangle_{A;f} = \langle B\rangle_f$$

folgt, daß für B dieser Mittelwert nicht davon abhängt, ob eine Messung für A vorgenommen wird (und zwar an jedem einzelnen Individuum des Ensembles) oder nicht. Die Änderungen, die infolge einer Messung von A in jedem Einzelfall eintreten, mitteln sich in ihrer Wirkung auf den Erwartungswert von B heraus.

Um Aussagen über Einzelsysteme machen zu können, müssen wir den Ort des Beobachters mit in die Diskussion einbeziehen. Der die Zustandsbeschreibung vornehmende Beobachter muß in dieser Funktion ja deutlich von den Experimentatoren unterschieden werden, welche die Meßeingriffe vornehmen. Der Beobachter kann nicht gleichzeitig in R_1 und R_2 sein.

Eine Messung von A, welches ja zu R_1 gehört, ändert im allgemeinen den Zustand f, der nunmehr als Symbol für ein Einzelsystem steht, nicht nur im Zukunftskegel von R_1. Auf Grund von Erhaltungssätzen, welche langreichweitige Korrelationen zur Folge haben, gibt eine durch die Messung von A in R_1 erhaltene Information im allgemeinen nicht nur eine verbesserte Kenntnis über die physikalische Situation in R_1, sondern auch global für den Zustand. Ein einfaches wohlbekanntes Beispiel hierfür ist die Reduktion der Wellenpakete; in diesem Zusammenhang noch eindrucksvoller sind die Situationen, die als sog. *Einstein-Podolsky-Rosen-Paradoxon* in die Literatur eingegangen sind [8]. Diese Änderungen eines Zustandes f infolge der Messung von A, welche momentan global an dem System vor sich gehen, werden von Beobachtern, die sich an verschiedenen Punkten des Minkowskiraumes befinden, im allgemeinen in unterschiedlicher Weise registriert.

Nehmen wir konkret an, daß zu A die Spektralschar $\{ P_k \}$ von Projektionsoperatoren gehört und daß auf Grund einer bestimmten Messung an einem Einzelsystem f in einen Zustand des Teilraumes $P_l H$ übergeführt wird.

$$P_f \longrightarrow \text{const.}\, P_l P_f P_l \ .$$

So sehen es jedenfalls Beobachter, die das Meßresultat zur Kenntnis nehmen können. Auf Grund der über c) in Abschnitt 2 gemachten Annahme sind es die, welche sich im Zukunftskegel von R_1 befinden, genauer diejenigen, welche sich in $V_{x_1}^+$ dem Zukunftskegel von x_1 befinden.

Wenn sich ein Beobachter dagegen außerhalb des Zukunftskegels von R_1 befindet, genauer außerhalb von $V_{x_1}^+$, so kann er denselben objektiven Sachverhalt nur durch

$$P_f \longrightarrow \sum_k P_k P_f P_k$$

beschreiben.
Insbesondere muß ein Beobachter, der sich am Ort der Messung von B kurz vor der Messung von B befindet, z.B. beim Punkte u, das Gemisch $\sum\limits_k P_k P_f P_k$ der Berechnung des Erwartungswertes von B zugrunde legen. Deshalb hängt für ihn der Erwartungswert für B nicht davon ab, ob A gemessen wurde oder nicht. Aus diesen Bemerkungen geht das folgende hervor: Die infolge eines Meßeingriffs sich ergebenden momentanen globalen Änderungen des Zustandes des Systems, welche akausale Züge aufweisen, können, sofern die Lokalitätsbedingung gilt, nicht dazu benutzt werden, Signale mit Überlichtgeschwindigkeit zu übermitteln. Hierzu wäre ja eine Änderung des Erwartungswertes einer zweiten Observablen notwendig, deren Messung am Ort des Empfängers des Signals vorgenommen wird. Dabei ist der Erwartungswert natürlich vom Empfänger des Signals zu berechnen. Eine genauere Durchführung dieser Gedankengänge findet sich in [7].

Die oben zitierte Umkehrung des Satzes führt zu dem entsprechenden umgekehrten Schluß: Will man erreichen, daß in keinem Fall die akausalen Änderungen eines Zustandes zu einem die relativistische Kausalität verletzenden Signal ausgenutzt werden können, so muß man die Lokalitätsbedingung postulieren.

4. Spektrumsbedingung und Kausalität

Die bisher erörterten Akausalitäten, die sich in Begleitung der Reduktion der Wellenpakete oder in Verbindung mit dem Einstein-Podolsky-Rosen-Paradoxon ergeben, legen die Vermutung nahe, daß der Grund für sie der wesentlich statistische Charakter der Aussagen der Quantenmechanik ist. Auch bei einem klassischen System, das mit Mitteln der statistischen Mechanik beschrieben wird, kann ja eine lokale Messung eine solche neue Information über das System ergeben, daß man bei ihrer Verwertung momentan zu einer abgeänderten Beschreibung des Systems im Globalen kommt.

Die weitere Diskussion wird zeigen, daß die auftretenden Akausalitäten nicht nur von so harmloser Natur sind. Schon die Spektrumsbedingung für den 4-Impuls führt zu einem wichtigen Beispiel von Akausalitäten ernsteren Charakters. Die Spektrumsbedingung beinhaltet ja die Positivität des Spektrums des Energieoperators. *Borchers* [9] hat mit Hilfe von analytischen Eigenschaften, welche aus der Positivität der Energie folgen, gezeigt, daß der folgende Satz gilt:

Gegeben sind zwei Projektionsoperatoren E und F; diese sollen die beiden Gleichungen

$$[E_t, F] = 0 \qquad \text{für } |t| \leqslant \epsilon,\ \epsilon \neq 0$$

und

$$EF = 0$$

erfüllen. Dann gilt

$$E_t F = 0$$

identisch in t.

Wir haben dabei $U(t)\, EU^*(t) = E_t$ gesetzt; $U(t)$ ist der unitäre Operator, der eine Zeittranslation um t darstellt. Deshalb muß man E_t so interpretieren: Wenn E zum Gebiet R des Minkowskiraumes gehört, dann gehört E_t zum um t verschobenen Gebiet R_t. D.h., daß ein Meßapparat, der zu einem Ja-Nein-Experiment, beschrieben durch E und $I - E$, gehört, zu einer um t späteren Zeit eine Entscheidung über das Vorliegen von E_t bzw. $I - E_t$ zu treffen erlaubt.

Wir wollen den Inhalt dieses Satzes hier in einem ersten Schritt mit den Ergebnissen der Theorie der Lokalisierung von quantenmechanischen Teilchen konfrontieren. Es ist ja naheliegend, der Frage nach dem relativistisch-kausalen Verhalten eines Systems dadurch einen präzisen Sinn zu geben, daß man z.B. die Bewegung eines Teilchens verfolgt; hierzu muß man sich zuerst einen Ortsoperator für das Teilchen verschaffen.

Aufbauend auf Vorarbeiten von *Newton* und *Wigner* [10] und auf der allgemeinen Theorie der imprimitiven Darstellungen von *Mackey* hat *Wightman* Ortsoperatoren für Teilchen konstruiert [11]. Wir wollen die Hauptergebnisse der Mackey-Wightman-Theorie mitteilen und gleichzeitig auf den entscheidenden Punkt bei der Konstruktion der Ortsoperatoren aufmerksam machen.

Das Hauptergebnis dieser Theorie bei den hier angenommenen Voraussetzungen ist das folgende: Falls in H die Poincarégruppe unitär dargestellt ist, kann man für Teilchen mit von Null verschiedener Ruhmasse den Ortsoperator konstruieren; das gleiche gilt für Teilchen der Ruhmasse 0, sofern auch ihr Spin 0 ist. Die Konstruktion dieser Ortsoperatoren ist eindeutig.

Ein entscheidender Punkt bei der Herleitung des Ortsoperators ist dieser: Ort eines Teilchens bedeutet natürlich: Ort des Teilchens als Funktion der Zeit. Man muß also den Ortsoperator zunächst zu einer Hyperfläche t = const. konstruieren. Das geschieht in der Weise, daß zu jeder Menge S_k des dreidimensionalen Raumes zur Zeit t = const. (genauer zu jeder Borelmenge dieses Raumes) ein Projektionsoperator $E(S_k)$ gehört. Diese

Projektionsoperatoren müssen solche Bedingungen erfüllen, daß sie als Spektralschar des zu konstruierenden Ortsoperators $\vec{q}_{t\,=\,\text{const.}}$ dienen können:

$$\vec{q}_{t\,=\,\text{const.}} = \int_{-\infty}^{+\infty} \vec{\lambda}\, \mathrm{d}F(\vec{\lambda})$$

mit

$$\int_a^b \int_c^d \int_e^r \mathrm{d}F(\lambda_1, \lambda_2, \lambda_3) = E(S_k)$$

und mit

$$S_k : \{\vec{x};\ a \leqslant x_1 \leqslant b,\ c \leqslant x_2 \leqslant d,\ e \leqslant x_3 \leqslant r\}.$$

Neben anderen Voraussetzungen müssen diese Projektionsoperatoren daher die Gleichung $E(S_k \cap S_l) = E(S_k) \cdot E(S_l)$ erfüllen ($\cap$ bedeutet Durchschnittsbildung). Insbesondere wird für $S_m \cap S_n = \phi$ (ϕ ist die leere Menge):

$$E(S_m) \cdot E(S_n) = 0\,.$$

(Siehe Bild 2.) Diese Forderung ist auch evident: Falls das Teilchen im Zustand f ist, soll ja aus $E(S_m) f = f$ folgen, daß das Teilchen bei einer Ortsmessung zur Zeit t = const. in S_m festgestellt wird; dann soll es zu derselben Zeit nicht in S_n in Erscheinung treten können.

Wenn man zu der für den Begriff eines Ortsoperators unabdingbaren Voraussetzung

$$E(S_m) \cdot E(S_n) = 0 \quad \text{für } S_m \cap S_n = \phi$$

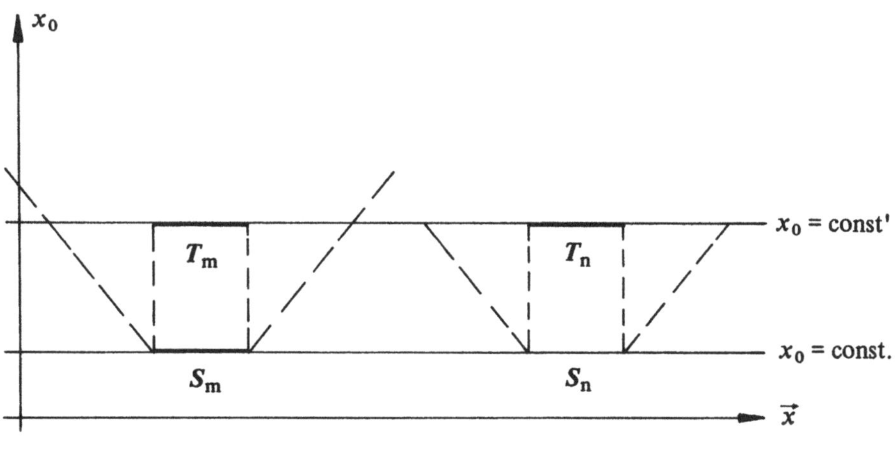

Bild 2

noch eine Kausalitätsbedingung einführte, würden sich sehr unrealistische Konsequenzen ergeben. Zur Formulierung der Kausalitätsbedingung hat man zunächst $\vec{q}_t$ für verschiedene Zeiten t zu konstruieren. Betrachtet man z.B. eine zweite Hyperfläche t = const.' mit Mengen $T_k, T_l, \ldots$ und zugeordneten Projektionsoperatoren $E'(T_k), E'(T_l), \ldots$ so erschiene die relativistische Kausalitätsbedingung in der Gestalt

$$E(S_m) \cdot E'(T_n) = 0,$$

sofern S_m und T_n raumartig zueinander liegen; denn das Teilchen, wenn in S_m festgestellt, sollte nicht ein dazu raumartig gelegenes T_n erreichen können. Nun muß aber von der Interpretation her, mit $(S_n)_t = T_n$

$$E'(T_n) = E_t(S_n)$$

sein, mit $t = \text{const}' - \text{const}$. Aus Kausalitätsgründen müßte also

$$E(S_m) \cdot E_t(S_n) = 0$$

für $|t| \leqslant (\text{const}' - \text{const.})$ gelten. Das anfangs dieses Abschnittes mitgeteilte Theorem führt dann zu

$$E(S_m) \cdot E_t(S_n) = 0$$

oder

$$E(S_m) \cdot E'(S_n)_t = 0$$

identisch in t. D.h. ein in S_m zur Zeit t = const. festgestelltes Teilchen könnte zu keiner Zeit in das durch $(S_n)_t$ gekennzeichnete Gebiet gelangen.

Um diese unphysikalische Konsequenz zu vermeiden, kann man daher an die Ortsoperatoren keine Kausalitätsbedingung stellen. Wir werden im nächsten Abschnitt umgekehrt zeigen, daß unter den lokalen Projektionsoperatoren der in Abschnitt 1 eingeführten Observablen-Algebra $\{ \mathbf{A}_l \}$ zu finiten Mengen $\{ R_l \}$, die ja die Lokalitätsbedingung erfüllen und damit Kausalitätseigenschaften zumindest in einer schwachen Form aufweisen, keine Kandidaten für die zu einem Ortsoperator gehörenden Projektionsoperatoren zu finden sind.

Gewisse Züge des in diesem Abschnitt dargelegten Sachverhaltes sind bei verschiedenen Anlässen bemerkt worden (bei der Entwicklung der Dispersionsrelationen, bei der Feststellung von *Wigner*, daß Lokalisierung nicht in invarianter Weise durchgeführt werden kann, bei der akausalen Ausbreitung von lokalisierten Wellenpaketen). Uns kommt es hier darauf an festzustellen, daß weder eine raffinierte Dynamik, noch eine Reinterpretation der Koordinaten helfen kann, einen kausalen Ortsoperator zu konstruieren, sofern man nicht gewillt ist, die Spektrumsbedingung zu opfern. Die entsprechende Feststellung gilt auch für die umfassendere Lokalisierungstheorie von *Jauch* und *Piron* [12], die zwar im allgemeinen keinen Ortsoperator mehr liefert, aber Teilchen mit Ruhmasse 0 und Spin ungleich 0 umfaßt (z.B. das Photon). Das System der dort auftretenden Projektionsoperatoren enthält ja auch die Forderung

$$E(S_m) \cdot E(S_n) = 0 \quad \text{für } S_m \cap S_n = \phi .$$

5. Zwei Resultate für lokale Projektionsoperatoren und die Konsequenzen für die relativistische Kausalität

Nunmehr sollen die in Abschnitt 1 eingeführten Observablen-Algebren betrachtet werden, die zusammen mit den Forderungen über den Zustandsraum die Postulate (1) bis (6) erfüllen. Insbesondere interessieren wir uns für die den finiten Gebieten $\{R_l\}$ des Minkowskiraumes zugeordneten lokalen Algebren $\{\mathbf{A}_l\}$.

Definition: R_l und R_m sollen stark raumartig zueinander heißen, wenn es ein $\epsilon \neq 0$ gibt, so daß $(R_l)_t$ raumartig zu R_m ist, sofern $|t| \leqslant \epsilon$ gewählt wird.

Satz 1: R_l und R_m seien stark raumartig zueinander. Dann gilt, sofern die Postulate (1) bis (6) erfüllt sind, für jeden Projektionsoperator $E \in \mathbf{A}_l$ und jeden Projektionsoperator $F \in \mathbf{A}_m$, wobei $\mathbf{A}_l$ zu R_l und $\mathbf{A}_m$ zu R_m gehört:

$$E\ F \neq 0\,.$$

Dieser Satz zeigt, daß man unter den lokalen Projektionsoperatoren keine finden kann, die als Operatoren der Spektralschar eines Ortsoperators dienen könnten. Da $EF \neq 0$ stets gilt, sofern R_l und R_m stark raumartig zueinander sind, d.h. insbesondere auch dann, wenn R_l und R_m sehr weit voneinander entfernt liegen, heißt das, daß die Unmöglichkeit einer solchen Verwendung nicht nur von der Nahstruktur herrührt. Einen Beweis von Satz 1 findet man in [13].

Satz 2: Es sei E ein Projektionsoperator, der zur Observablenalgebra $\mathbf{A}_l$ eines finiten Gebietes R_l gehört; es sei $f \in H$ ein beliebiger Zustand. Es wird (1) bis (6) vorausgesetzt; dann liegen die Punkte mit

$$E_t f \neq 0$$

dicht auf der t-Achse.

In Worten: Man kann das Auftreten einer beliebigen lokalen Eigenschaft (dargestellt durch E bzw. $\{E_t\}$) für keinen Zustand und kein von Null verschiedenes Zeitintervall ausschließen.

Ein Beweis von Satz 2 findet sich im Anhang, der Beweis unter etwas stärkeren Voraussetzungen wurde bereits in [13] gegeben.

Der Inhalt des Satzes 2 stellt eine weitgehende Verallgemeinerung dessen dar, was in Abschnitt 4 über die Akausalität des Ortsoperators gesagt wurde.

Diese Verallgemeinerung besteht in zweierlei Hinsicht:

1. Die Akausalitäten treten nicht nur auf, wenn man das Partikelbild verwendet, bei dem sie sich eben in der Akausalität des Ortsoperators äußern. Denkt man z.B. daran, daß durch E eine gewisse mittlere Ladungsdichte für einen lokalen Bereich R (diese muß zwischen zwei Grenzen liegen) beschrieben wird. Um diese Ladungsdichte mit der üblichen im dreidimensionalen Raum annähernd gleichsetzen zu können, denken wir uns hierzu die zeitliche Ausdehnung von R sehr klein. (Die zeitliche Ausdehnung der Bereiche wird ja ohnedies nur eingeführt, um die teilweise auftretende technisch-mathematische Schwierigkeit für die Existenz der Operatoren auf Flächen $t = \text{const.}$ zu vermeiden.)

Nehmen wir andererseits an, daß die zu $R_{\vec{x}}$ gehörenden Ladungsdichten identisch in $\vec{x}$ sehr klein sind, sofern nur $R \cap R_{\vec{x}} = \phi$ gilt. Das globale Bild ergibt also zur Zeit $t = \text{const.}$

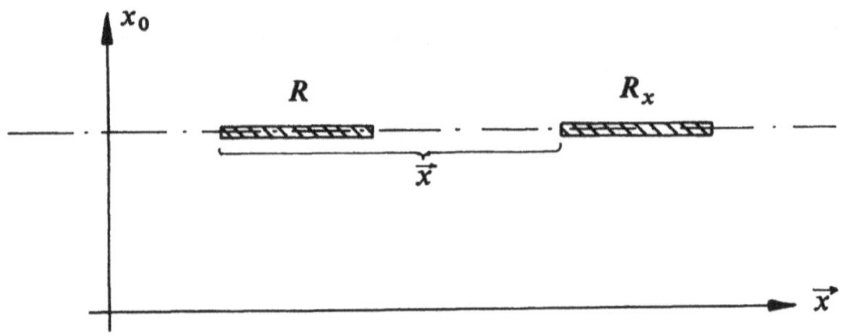

Bild 3

einen Zustand, bei dem die Ladung in R konzentriert ist. Wegen Satz 2 kann aber nicht ausgeschlossen werden, daß diese Ladung kurze Zeit später in einem beliebig weit von R entfernten Bereich konzentriert ist. Nach Satz 2 gilt dieser akausale Zug für jede lokale Eigenschaft des Systems.

2. Da die Diskussionen, welche Satz 2 vorangingen, sich auf Operatorgleichungen bezogen, könnte der Eindruck entstehen, daß nur in speziell ausgewählten Zuständen akausale Züge auftreten. Satz 2 belehrt einen, daß dieses in jedem Zustand f so ist.

Schlußbemerkung

Die konventionelle Methode der Verwendung von Projektionsoperatoren für die Beschreibung von Eigenschaften eines Quantensystems mag nicht geeignet sein, um das quantitative Ausmaß der auftretenden Akausalitäten zu erfassen. Dazu wäre auch eine Annahme über die speziellen dynamischen Verhältnisse notwendig. Das Resultat der Überlegung ist, daß vom prinzipiellen Standpunkt her die Verletzungen der Einstein-Kausalität in der Weise auftritt, daß man bei der durch Messungen kontrollierten zeitlichen Entwicklung des Systems Überlichtgeschwindigkeiten antreffen muß. Diese Aussage ist allgemein und umfassend: Sie gilt allgemein für jede lokale Eigenschaft, sie gilt umfassend für jeden Zustand.

Andererseits ist die Einstein-Kausalität in der Weise gültig, daß die auftretenden Akausalitäten nicht zu einer Signalgebung mit Überlichtgeschwindigkeit ausgenutzt werden können. Dieses wird durch die Lokalitätsbedingung und eine Annahme über das kausale Verhalten von klassischen physikalischen Systemen garantiert.

Die Annahme einer positiven Metrik im Zustandsraum, zusammen mit der Verwendung von Projektionsoperatoren, bedeutet den Versuch der Einführung von lokalen Wahrscheinlichkeitsdichten. Die daraus hier mitgeteilten Konsequenzen sollten verglichen werden mit *Heisenbergs* schriftlich [14] und auch oftmals mündlich geäußerter Meinung über die Verwendung einer indefiniten Metrik im Zustandsraum.

Anhang 1: Lokale Observablenringe und schwache Additivität

Wir wollen hier einige mathematisch präzise Angaben über die auftretenden Observablenalgebren machen.

Der Zusammenhang zwischen der Struktur des Minkowskiraumes und der Zuordnung der Observablenalgebren ist der folgende:

Jeder finiten offenen Menge des Minkowskiraumes R_l (dieser wird mit Hilfe einer positiven Metrik topologisiert) wird eine von-Neumann-Algebra $\mathbf{A}_l$ zugeordnet. Die Konstruktion einer solchen von-Neumann-Algebra kann ausgehend von einer Menge von beschränkten selbstadjungierten Operatoren $\mathbf{M}_l$ durch Doppelkommutatorbildung erreicht werden $\mathbf{A}_l = (\mathbf{M}_l)''$; da man zu jeder dieser Mengen $\mathbf{M}_l$ auch den I Operator adjungieren kann, ist das äquivalent zu dem folgenden Vorgehen: Aus $\mathbf{M}_l$ wird rein algebraisch (durch Bildung aller Polynome mit Elementen von $\mathbf{M}_l$ über den komplexen Zahlen) ein Objekt gewonnen, das ausschließlich im Sinne der schwachen (hier gleichbedeutend mit starken) Operatortopologie abgeschlossen wird; auf beiden Wegen erhält man das gleiche $\mathbf{A}_l$. Für die Menge der $\{\mathbf{A}_l\}$ gilt die Eigenschaft der Isotonie: Aus $R_l \subset R_m$ folgt $\mathbf{A}_l \subset \mathbf{A}_m$; es gilt weiter die in Abschnitt 1 erwähnte Lokalitätsbedingung.

Aus allen $\{\mathbf{A}_l\}$ kann man eine globale von-Neumann-Algebra bilden

$$\mathbf{A} = \{\bigcup_l \mathbf{A}_l\}''.$$

Diese soll zyklisch in bezug auf den Vakuumzustand Ω sein. Symbolisch

$$\overline{\mathbf{A}\Omega} = H.$$

Die Eigenschaft der schwachen Additivität besteht in der folgenden Annahme: Falls R_k eine beliebige offene Menge des Minkowskiraumes ist und $\mathbf{A}_k$ die zugeordnete von-Neumann-Algebra, falls $(R_k)_x$ die um den 4-Vektor x gegenüber R_k verschobene offene Menge und $(\mathbf{A}_k)_x$ die zugehörige von-Neumann-Algebra, dann soll die globale Algebra $\mathbf{A}$ auch so erzeugt werden können: $\mathbf{A} = \{\bigcup_x (\mathbf{A}_k)_x\}''$; dabei geht die Vereinigung über alle Verschiebungen um x.

Anhang 2: Beweis von Satz 2 aus Abschnitt 5

Es sei E ein beliebiger lokaler Projektionsoperator in H; d.h. E soll einer lokalen von-Neumann-Algebra nach Anhang 1 angehören.

Für festes t bilden die Zustände $\{f\}$ mit

$E_t f = 0$ einen abgeschlossenen Unterraum $\hat{H}_t$.

$\hat{H} = \bigcap_{-\infty < t < +\infty} \hat{H}_t$ ist ebenfalls ein abgeschlossener Unterraum.

(Wie man sieht, ist $\hat{H}$ homogen und linear und es ist auch abgeschlossen, da es Durchschnitt von abgeschlossenen Unterräumen ist.)

Für jedes $g \in \hat{H}$ gilt:

$$E_t g = 0 \text{ identisch in } t.$$

Falls andererseits $E_t h = 0$ identisch in t gilt, so ist $h \in \hat{H}$. Bezeichnet man mit $\hat{P}$ den zu $\hat{H}$ gehörenden Projektionsoperator, so gilt

$$E_t \hat{P} = 0 \text{ identisch in } t \text{ und } \hat{P} \text{ ist der größte Projektionsoperator,}$$

der diese Gleichung erfüllt.

Es sei $\mathbf{B}$ eine geeignete lokale von-Neumann-Algebra, so daß mit Hilfe der Lokalitätsbedingung

$$[\mathbf{B}, E_\tau]_- = 0 \text{ gilt, für } |\tau| \leqslant \epsilon, \epsilon \neq 0;$$

τ soll hier ebenfalls eine Zeitverschiebung bedeuten.

Entsprechend gilt auch

$$[\mathbf{B}_t, E_{t+\tau}]_- = 0 \text{ für } |\tau| \leqslant \epsilon, \epsilon \neq 0;$$

in der letzten Gleichung ist t beliebig.

Für $g \in \hat{H}$ ergibt sich

$$\mathbf{B}_t E_{t+\tau} g = E_{t+\tau} \mathbf{B}_t g = 0 \quad \text{für } |\tau| \leqslant \epsilon;$$

d.h.

$$\{\mathbf{B}_t g\} \in \hat{H}_{t+\tau} \quad \text{für } |\tau| \leqslant \epsilon.$$

Den Abschluß von $\mathbf{B}_t \hat{H}$ bezeichnen wir mit $\hat{H}_{\mathbf{B}_t}$ und den zugehörigen Projektionsoperator mit $P_{\mathbf{B}_t}$. Wegen $\mathbf{I} \in \mathbf{B}_t$ gilt

$$\hat{H} \subset \hat{H}_{\mathbf{B}_t} \text{ und wegen } E_t \mathbf{B}_{t+\tau} f = 0 \text{ für } |\tau| \leqslant \epsilon$$

und alle $f \in \hat{H}_t$ gilt auch

$$\hat{H}_{\mathbf{B}_t} \subset \hat{H}_t.$$

Faßt man zusammen, so ergibt sich

$$\hat{H} \subset \hat{H}_{\mathbf{B}_t} \subset \hat{H}_t.$$

Weiter hat man

$$E_t \hat{P}_{\mathbf{B}_t} = 0$$

und sogar

$$E_{t+\tau} \hat{P}_{\mathbf{B}_t} = 0 \qquad \text{für } |\tau| \leqslant \epsilon, \epsilon \neq 0.$$

Aus den letzten beiden Gleichungen folgt wegen des zu Anfang des Abschnitts 4 zitierten Satzes

$$E_{t'} \hat{P}_{\mathbf{B}_t} = 0$$

identisch in t'.

Da $\hat{P}$ der größte Projektor ist, der die letzte Gleichung erfüllt und wegen der abgeleiteten Beziehung $\hat{H} \subset \hat{H}_{\mathbf{B}_t}$ folgt

$$\hat{P}_{\mathbf{B}_t} = \hat{P}.$$

Die letzte Gleichung gilt ebenfalls identisch in t. Nach Konstruktion ist

$$\hat{P}_{\mathbf{B}_t} \in \mathbf{B}'_t$$

($\mathbf{B}'_t$ ist der Kommutator von $\mathbf{B}_t$). Damit ist

$$\hat{P} \in \mathbf{B}'_t$$

identisch in t und damit z.B. $\hat{P} \in \mathbf{B}'$.
Es gilt

$$(\Omega, E_t \hat{P}\, \Omega) = 0$$

identisch in t und damit

$$\lim_{T \to \infty} \frac{1}{2T} \int_{-T}^{+T} (\Omega, E_t \hat{P}\, \Omega)\, \mathrm{d}t = 0 .$$

Die Bildung des Cesaromittels führt aber wegen der Eindeutigkeit des Vakuums zu

$$\lim_{T \to \infty} \frac{1}{2T} \int_{-T}^{+T} (\Omega, E_t \hat{P}\, \Omega) \mathrm{d}t = (\Omega, E\, \Omega)(\Omega, \hat{P}\, \Omega) .$$

Es ergibt sich

$$(\Omega, E\, \Omega)(\Omega, \hat{P}\, \Omega) = 0 .$$

Damit muß mindestens einer der beiden Ausdrücke $\|E\Omega\|$ bzw. $\|\hat{P}\,\Omega\|$ verschwinden.
Da E ein lokaler Projektor ist und das Postulat (6) von Abschnitt 1 gelten soll, muß $\|E\ \Omega\| \neq 0$ sein. Mithin folgt

$$\hat{P}\ \Omega = 0.$$

Wegen $\hat{P} \in \mathbf{B}'$ und wiederum wegen Postulat (6) folgt hieraus

$$\hat{P} = 0 .$$

Das heißt: Zu jedem $f \in H$ kann man ein t finden, so daß

$$E_t f \neq 0$$

ist; bezeichnet man mit P_f den Projektor auf f, so gibt es mindestens ein t mit $E_t P_f \neq 0$.
Gäbe es auf der t-Achse ein von Null verschiedenes Intervall $a \leqslant t \leqslant b$ mit

$$E_t f \neq 0 \qquad \text{für } a \leqslant t \leqslant b ,$$

so würde man mit Hilfe des in Abschnitt 4 zitierten Satzes auf $E_t f = 0$ identisch in t schließen, im Widerspruch zu dem vorangehenden Ergebnis. Damit ist der Beweis von Satz 2 erbracht.

Literatur

[1] Siehe z.B. *I. E. Segal*: Foundations of the Theory of Dynamical Systems of Infinitely Many Degrees of Freedom. Kon. Dansk. Vid. Selsk. **31**, no. 12 (1959); und weitere Arbeiten von *Segal* Ende der 50er Jahre.
R. Haag und *D. Kastler*: An algebraic approach to quantum field theory. J. Math. Phys. **5**, 848–861 (1964).
H. Araki: On the algebra of all local observables, Progr. Theoret. Phys. **32**, 844–854 (1964).
M. Guenin und *B. Misra*: On the von Neumann Algebras generated by field operators, Nuovo Cimento **30**, 1272–1290 (1963).
H. J. Borchers: Cummun. Math. Phys. **4**, 315–323 (1967), Lectures in Quantum Field Theory, Princeton 1965 (Notes by J. L. Challifour, unpublished).

[2] *H. J. Borchers*: On the converse of the Reeh-Schlieder-Theorem, Commun. in Math. Phys. **10**, 269–273 (1968).

[3] *A. Sommerfeld*: Über die Fortpflanzung des Lichtes in dispergierenden Medien I, Ann. Phys. **44**, 177–202 (1914);
L. Brioullin: Über die Fortpflanzung des Lichtes in dispergierenden Medien II, Ann. Phys. **44**, 203–240 (1914).

[4] z.B. *K. Hepp*: Théorie de la renormalisation, Springer Verlag, Lecture Notes in Physics, Heft **2**, 1969.
Epstein und *Glaser*: Le Rôle de la Localité dans la Renormalisation Perturbative en Theorie Quantique des Champs, Preprint 1970.

[5] z.B. *J. Glimm* und *A. Jaffé*: A Yukawa-Interaction in Infinite Volume, Comm. Math. Phys. **11**, 9–18 (1968);
J. Glimm und *A. Jaffé*: A quantum field theory without cutoffs, Phys. Rev. **176**, 1945–1951 (1968).

[6] *G. Lüders*: Über die Zustandsänderung durch den Meßprozeß. Ann. Phys. 6. Folge, Bd. **8**, 322–328 (1951).

[7] *S. Schlieder*: Einige Bemerkungen zur Zustandsänderung von rel. quantenmechanischen Systemen durch Messungen und zur Lokalitätsforderung. Commun. math. Phys. **7**, 305–331 (1968).

[8] *A. Einstein, B. Podolsky* und *N. Rosen*: Can quantum-mechanical description of physical reality be considered complete? Phys. Rev. **47**, 777–780 (1935).

[9] *H. J. Borchers*: Commun. Math. Phys. **4**, 315–323 (1967).

[10] *T. D. Newton* und *E. P. Wigner*: Localized States for Elementary Systems, Rev. of Modern Physics **21**, 400–406 (1949).

[11] *A. S. Wightman*: On the Localizability of Quantum Mechanical Systems, Rev. of Modern Physics, Vol. **34**, 845–872 (1962).

[12] *J.M. Jauch* und *C. Piron*: Generalized Localizability, Helvetica Physica Acta **40**, 559–570 (1967).

[13] *S. Schlieder*: Einige Bemerkungen über Projektionsoperatoren, Commun. Math. Phys. **13**, 216–225 (1969).

[14] z.B. *W. Heisenberg*: Einführung in die einheitliche Feldtheorie der Elementarteilchen, S. Hirzel Verlag Stuttgart 1967.

Operatorproduktentwicklungen in der Quantenfeldtheorie

W. Zimmermann

1. Einleitung

In dem vorliegenden Artikel soll eine Übersicht neuerer Arbeiten zur Methode und Anwendung von Operatorproduktentwicklungen in der Quantenfeldtheorie gegeben werden. Wir beginnen mit einer kurzen Zusammenfassung einiger Grundlagen der Quantenfeldtheorie, soweit zum Verständnis des Folgenden erforderlich.

Zuerst einige Hinweise zur Bezeichnung. Die Komponenten eines Vierervektors x werden mit

$$x = (x^0, x^1, x^2, x^3)$$

bezeichnet. Die zugrundegelegte Metrik ist

$$g_{00} = 1, g_{11} = g_{22} = g_{33} = -1, g_{\mu\nu} = 0 \quad \text{falls } \mu \neq \nu$$

ab ist das Skalarprodukt zweier Vierervektoren a und b,

$$ab = a_\mu b^\mu .$$

Über wiederholte griechische Indizes ist stets zu summieren. ∂_μ oder genauer ∂_μ^x bezeichnet den Differentialoperator

$$\partial_\mu = \partial_\mu^x = \frac{\partial}{\partial x^\mu} .$$

Für (Anti-)Kommutatoren verwenden wir das Symbol

$$[A, B]_\pm = AB \pm BA .$$

Die Masse- und Zeiteinheit seien so gewählt, daß $\hbar = c = 1$ ist. Die Dimension $[G]$ einer physikalischen Größe wird – nach entsprechender Multiplikation mit Potenzen $\hbar$ und c – in Potenzen von cm^{-1} angegeben. So ist cm^{-1} die Dimension einer Masse m, wofür wir schreiben

$$[m] = 1 .$$

Als Dimension des Tensors $T_{\mu\nu}$ der Energieimpulsdichte haben wir cm^{-4} oder

$$[T_{\mu\nu}] = 4 .$$

In der allgemeinen Formulierung der Quantenfeldtheorie wird ein physikalisches System durch Zustandsvektoren und Felder $\varphi_1(x), \ldots, \varphi_N(x)$ beschrieben [1,2].

Die Zustandsvektoren bilden einen Hilbertraum, in dem die Felder φ_j als Operatoren wirken [3, 4]. Es werden die folgenden Prinzipien postuliert:

1. *Lorentzinvarianz.* Jeder inhomogenen Lorentztransformation entspricht

$$x' = \Lambda x + a \qquad \Lambda = (\Lambda^\mu{}_\nu)$$

einer unitäre Transformation $U(\Lambda, a)$ des Zustandsraums. Die $U(\Lambda, a)$ bilden eine unitäre Darstellung der inhomogenen Lorentzgruppe. Dem Transformationsverhalten entsprechend besitzen die Felder eine oder mehrere Komponenten. Für ein skalares Feld haben wir die Transformationseigenschaft

$$\varphi_j(\Lambda x + a) = U(\Lambda, a)\, \varphi_j(x)\, U(\Lambda, a)^{-1}\,.$$

Ein Vektorfeld mit den Komponenten

$$\varphi_j = (\varphi_j^0, \varphi_j^1, \varphi_j^2, \varphi_j^3)$$

transformiert sich nach

$$\varphi_j^\mu(\Lambda x + a) = \Lambda^\mu{}_\nu\, U(\Lambda, a)\, \varphi_j^\nu(x)\, U(\Lambda, a)^{-1}\,.$$

Entsprechende Transformationsgesetze gelten für Spinorfelder und allgemeine Tensorfelder.

Teilchen vom Spin Null werden durch (pseudo) skalare Felder beschrieben, Teilchen vom Spin 1/2 und Spin 1 durch Spinor- bzw. Vektorfelder. Man unterscheidet zwischen Bose- und Fermifeldern [5]. Bosefelder sind (pseudo)skalare Felder oder transformieren sich wie Produkte von Vektorfeldern, Fermifelder transformieren sich wie Produkte einer ungeraden Anzahl von Spinorfeldern.

2. *Lokalität.* Für raumartige Abstände vertauschen bzw. antivertauschen die Feldoperatoren,

$$[\varphi_j(x), \varphi_k(y)]_\pm = 0, \text{ falls } (x-y)^2 < 0, \tag{1.1}$$

für beliebige Komponenten der Felder φ_j und φ_k. Der Antikommutator ist zu nehmen, falls beide Felder Fermifelder sind, der Kommutator steht, falls mindestens eines der beiden Felder ein Bosefeld ist [6].

3. *Spektrumsbedingung.* Der Energie-Impulsoperator P_μ ist als Erzeugende der Translationen definiert durch

$$U(\Lambda = 1, a) = e^{ia_\mu P^\mu}\,.$$

Von den Eigenwerten p_μ des Energie-Impulsoperators wird vorausgesetzt, daß Energie und das Quadrat der Ruhemasse niemals negativ sind

$$p_0 \geqslant 0, \quad p^2 \geqslant 0 \tag{1.2}$$

Ferner wird die Existenz eines Vakuumzustands postuliert, der gegenüber Lorentztransformationen invariant ist

$$U(\Lambda, a)\,\Omega = \Omega\ .$$

Hinzu kommt als weitere Bedingung die Vollständigkeit der für $x^0 \to \pm\infty$ asymptotischen Zustände, von der wir jedoch keinen Gebrauch machen werden.

Die einfachsten Lösungen, die diese Postulate erfüllen, sind die wechselwirkungsfreien quantisierten Felder. Als Beispiel freier Felder sei das hermitesche skalare Feld angeführt, das durch die Bedingungen

$$\begin{aligned}
&(\Box + m^2) A(x) = 0 \quad \Box = \partial_\mu \partial^\mu \\
&[A(x) A(y)]_- = i\,\Delta(x-y) \qquad (1.3)\\
&\Delta(z) = \frac{1}{(2\pi)^3} \int \mathrm{d}k\, \mathrm{e}^{-ikz} \epsilon(k_0) \delta(k^2 - m^2) \\
&\mathrm{d}k = \mathrm{d}k_0\, \mathrm{d}k_1\, \mathrm{d}k_2\, \mathrm{d}k_3
\end{aligned}$$

charakterisiert ist. Lösungen mit Wechselwirkungen erhält man als Entwicklung nach Potenzen von einer oder mehreren Kopplungskonstanten [7]. Es ist möglich, jedoch ziemlich mühsam, diese Potenzreihenentwicklungen direkt aus den genannten Postulaten abzuleiten [8]. Den einfachsten Zugang zur Konstruktion der Potenzreihenlösungen bietet auch heute noch die von *Heisenberg* und *Pauli* begründete Formulierung der Quantenfeldtheorie durch den Lagrangeformalismus [9]. In dieser Formulierung geht man von einer Lagrangedichte aus, die ein Polynom der Felder $\varphi_j(x)$ und deren Ableitungen $\partial_\mu \varphi_j(x)$ ist. Das durch diese Lagrangefunktion beschriebene klassische System wird durch Postulierung der Vertauschungs- bzw. Antivertauschungsrelation für kanonisch konjugierte Größen quantisiert. Durch Anwendung von Störungsrechnung bezüglich der Wechselwirkungsterme der Lagrangefunktion erhält man formale Entwicklungen der Feldoperatoren nach Potenzen der Kopplungskonstanten. Die Koeffizienten dieser Potenzreihen sind jedoch divergent. Mit Hilfe der Renormierungstechnik lassen sich diese Divergenzen eliminieren und man findet schließlich Potenzreihenentwicklungen der Feldoperatoren, die gliedweise endlich sind [10]. Wegen der divergenten Zwischenschritte ist diese Ableitung zwar unbefriedigend, doch läßt sich nachträglich nachweisen, daß die Postulate der allgemeinen Feldtheorie in jeder Ordnung der Störungsrechnung erfüllt sind.

Man unterscheidet zwischen renormierbaren und nicht renormierbaren Theorien. In einer renormierbaren Theorie treten in der Störungsrechnung nur endlich viele Kopplungskonstanten auf. Eine nicht renormierbare Theorie enthält dagegen in der Störungsrechnung unendlich viele unabhängige Parameter, obwohl die Zahl der Kopplungskonstanten in der ursprünglich vorgegebenen Lagrangefunktion endlich war. Beispiele renormierbarer Wechselwirkungen sind die Yukawakopplung und die Elektrodynamik von Teilchen mit Spin Null oder 1/2. Nicht renormierbar sind dagegen die schwachen Wechselwirkungen in der üblichen Formulierung. Für die Renormierbarkeit einer Wechselwirkung läßt sich ein einfaches Kriterium angeben, wenn man sich auf die folgenden Typen von Feldern beschränkt: (pseudo)-skalare Felder, Spinorfelder, sowie reelle Vektorfelder [11]. Falls sämtliche Kopplungskonstanten g_j der ursprünglich vorgegebenen Lagrangefunktion die Dimension haben, ist die Theorie renormierbar,

$$[g_j] \geqslant 0$$

andernfalls nicht renormierbar.

Ein zentrales Problem der Quantenfeldtheorie ist die Definintion von Produkten von Feldoperatoren am gleichen Punkt. Wichtige Beispiele solcher zusammengesetzter Feldoperatoren sind die Lagrangedichte, der Energie-Impulstensor, sowie Stromoperatoren. Die Schwierigkeit, das Produkt der Feldoperatoren $A_1, \ldots, A_n$ an der Stelle x zu konstruieren, liegt darin, daß der Ausdruck

$$A_1(x_1) \ldots A_n(x_n) \tag{1.4}$$

für $x_j \to x$ im allgemeinen singulär wird. *Wilson* [12] hat eine Entwicklung des Operatorprodukts (1.4) für kleine Abstände $x_j - x$ vorgeschlagen, die

1. die Singularitäten des Operatorprodukts für $x_j = x$ wiedergibt
2. die Konstruktion zusammengesetzter Feldoperatoren erlaubt.

Dieses Verfahren ist eine Verallgemeinerung der von *Dirac* und *Heisenberg* [13] begründeten Subtraktionstechnik, die für freie Felder bereits zu einer befriedigenden Definition zusammengesetzter Feldoperatoren führt [14].

Zur Vereinfachung der Schreibweise betrachten wir das Produkt

$$A_1(x_1)A_2(x_2) \tag{1.5}$$

zweier skalarer Feldoperatoren. *Wilsons* Hypothese besagt für diesen Fall, daß das Operatorprodukt (1.5) in der Form

$$A_1(x_1)A_2(x_2) =$$

$$= \sum_{j=1}^{k} f_{j\mu_1 \ldots \mu_{n(j)}}(\xi) B_j^{\mu_1 \ldots \mu_{n(j)}}(x) + R(x, \xi), \tag{1.6}$$

$$x = \frac{x_1 + x_2}{2}, \quad \xi = \frac{x_1 - x_2}{2}$$

entwickelt werden kann. Die Feldoperatoren $B_j^{\mu_1 \ldots \mu_{n(j)}}(x)$ sind im Sinne von Gl. (1.1) lokal und transformieren sich wie Tensoren der Stufe $n(j)$ bzw. wie ein Skalar falls $n(j) = 0$ ist. Die Koeffizienten f_j verhalten sich für $\xi \to 0$ singulär (oder nicht verschwindend), während das Restglied R im Limes $\xi \to 0$ verschwindet.

Die Entwicklung (1.6) führt somit die Singularitäten des Operatorprodukts auf eine endliche Zahl singulärer Funktionen f_j zurück. Die durch (1.6) definierten Operatoren $B_j^{\mu_1} \cdots$ können als zusammengesetzte Operatoren interpretiert werden.

Eine entsprechende Entwicklung, die die Singularitäten des Operatorprodukts (1.5) längs des Lichtkegels $(x_1 - x_2)^2 = 0$ darstellt, ist von *Brandt, Preparata* und *Frishman* vorgeschlagen worden [15, 16]. Dies ist von besonderem Interesse, da Lichtkegelsingularitäten eine entscheidende Rolle beim Verhalten der Wirkungsquerschnitte tiefinelastischer Elektron-Nukleonstreuung spielen. Es besteht so die Möglichkeit, theoretische Voraussagen über die Stärke von Lichtkegelsingularitäten experimentell zu testen.

Im folgenden Abschnitt wird eine Ableitung der Wilsonschen Entwicklung im Rahmen der allgemeinen Feldtheorie gegeben. Die Dimensionsregel wird in Abschnitt 3 für skaleninvariante Theorien hergeleitet und für allgemeine Theorien formuliert (Abschnitt 4). In Abschnitt 5 folgt eine Zusammenfassung der zu *Wilsons* Entwicklung bekannten Resultate in der Störungsrechnung. Verschiedene Hypothesen zum Dimensionsbegriff werden in Abschnitt 6 diskutiert. Lichtkegelentwicklungen werden in Abschnitt 7 behandelt und auf die tiefinelastische Elektron-Protonstreuung angewandt (Abschnitt 8).

2. Wilsons Entwicklung [17]

Der Einfachheit halber wählen wir als Modell ein skalares Feld $A(x)$ mit Selbstwechselwirkung, das die Postulate der allgemeinen Feldtheorie erfüllt. Die Überlegungen dieses Abschnitts lassen sich leicht auf allgemeinere Modelle übertragen. Es soll das Verhalten des Operatorprodukts

$$A(x+\xi)A(x-\xi) \tag{2.1}$$

für kleine Abstände ξ untersucht werden. Eine Komplikation besteht darin, daß das Verhalten im allgemeinen von der Richtung des Vektors ξ abhängen wird. Wir setzen deshalb

$$\xi = \rho\eta \tag{2.2}$$

und untersuchen (2.1) für kleine Werte des Parameters ρ. Zur Vereinfachung nehmen wir an, daß die Matrixelemente

$$(\Phi, A(x+\rho\eta)A(x-\rho\eta)\Psi) \tag{2.3}$$

zwischen geeigneten Zuständen Φ, Ψ gewöhnliche Funktionen der Parameter x, η und ρ sind, sofern nur η außerhalb des Lichtkegels liegt: $\eta^2 \neq 0$.

Das Verhalten des Matrixelements (2.3) für $\rho \to 0$ hängt von der Wahl der Zustände Φ, Ψ ab. Wir greifen zunächst ein spezielles Matrixelement

$$f_1(\rho) = (\hat{\Phi}, A(\hat{x}+\rho\,\hat{\eta})A(\hat{x}-\rho\,\hat{\eta})\hat{\Psi}) \tag{2.4}$$

heraus, das sich für $\rho \to 0$ stärker oder ebenso stark wie jedes andere Matrixelement verhält. Das bedeutet, daß

$$\lim_{\rho\to 0} \frac{(\Phi, A(x+\rho\eta)A(x-\rho\eta)\Psi)}{f_1(\rho)} \neq \infty \tag{2.5}$$

endlich ist für beliebige Matrixelemente und Werte von x und η. Der durch

$$C_1(x\eta) = \lim_{\rho \to 0} \frac{A(x+\rho\eta)A(x-\rho\eta)}{f_1(\rho)} \tag{2.6}$$

definierte Operator hat demnach endliche Matrixelemente und ist wegen

$$(\hat{\Phi}, C_1(\hat{x}, \hat{\eta})\hat{\Psi}) = 1$$

nicht identisch Null. Aus der Lokalitätsbedingung (1.1) folgt, daß C_1 für jeden Wert von η ein lokaler Operator bezüglich x ist:

$$\left.\begin{aligned} &[C_1(x\eta)A(y)]_- = 0 \\ &[C_1(x\eta)\,C_1(y\zeta)]_- = 0 \;. \end{aligned}\right\} \quad \text{falls } (x-y)^2 < 0 \tag{2.7}$$

Um das führende Verhalten des Operatorprodukts (2.1) im Grenzwert $\rho \to 0$ zu gewinnen, definieren wir einen Operator P_2 durch die Beziehung

$$A(x+\rho\eta)A(x-\rho\eta) = f_1(\rho)\,C_1(x,\eta) + P_2(x,\eta,\rho) \tag{2.8}$$

P_2 verhält sich im Limes $\rho \to 0$ offensichtlich schwächer als $f_1(\rho)$

$$\lim_{\rho \to 0} \frac{P_2(x\eta\rho)}{f_1(\rho)} = \lim_{\rho \to 0} \frac{A(x+\rho\eta)A(x-\rho\eta)}{f_1(\rho)} - C_1(x\eta) = 0 \;. \tag{2.9}$$

Das führende Verhalten des Operatorprodukts (2.1) ist also durch den Term $f_1 C_1$ in Gl. (2.8) gegeben, f_1 ist eine Funktion von ρ, C_1 ist ein Feldoperator, der bezüglich x lokal ist, und außerdem von dem Vektor η abhängt.

Um Terme höherer Ordnung in ρ zu erhalten, wiederholen wir das Verfahren in Anwendung auf das Restglied P_2. Dazu greifen wir ein Matrixelement $f_2(\rho)$ von P_2 heraus, das sich stärker oder ebenso stark wie alle anderen Matrixelemente von P_2 für $\rho \to 0$ verhält. Der durch

$$C_2(x,\eta) = \lim_{\rho \to 0} \frac{P_2(x,\eta,\rho)}{f_2(\rho)} \tag{2.10}$$

gegebene Operator ist endlich, aber nicht identisch Null. Führen wir das Operatorprodukt P_3 durch die Beziehung

$$P_2(x,\eta,\rho) = f_2(\rho)\,C_2(x,\eta) + P_3(x,\eta,\rho) \tag{2.11}$$

ein, so folgt

$$\lim_{\rho \to 0} \frac{P_3(x,\eta,\rho)}{f_2(\rho)} = 0 \tag{2.12}$$

Einsetzen von (2.11) in (2.8) ergibt

$$\begin{aligned} &A(x+\rho\eta)A(x-\rho\eta) = \\ &\quad = f_1(\rho)\,C_1(x,\eta) + f_2(\rho)\,C_2(x,\eta) + P_3(x,\eta,\rho) \end{aligned} \tag{2.13}$$

mit

$$\lim_{\rho \to 0} \frac{f_2(\rho)}{f_1(\rho)} = 0 . \tag{2.14}$$

Neben dem für $\rho \to 0$ führenden Term $f_1 C_1$ enthält Gl. (2.13) den Term $f_2 C_2$ der wegen (2.12) und (2.14) von nächst höherer Ordnung in ρ ist.

Mit Hilfe der Rekursionsformeln

$$\begin{aligned} P_1(x,\eta,\rho) &= A(x+\rho\eta)A(x-\rho\eta) \\ P_k(x,\eta,\rho) &= f_k(\rho)C_k(x,\eta) + P_{k+1}(x,\eta,\rho) \\ C_k(x,\eta) &= \lim_{\rho \to 0} \frac{P_k(x,\eta,\rho)}{f_k(\rho)} \end{aligned} \tag{2.15}$$

läßt sich das Verfahren fortsetzen. Nach k Schritten erhalten wir

$$\begin{aligned} A(x+\rho\eta)A(x-\rho\eta) &= \\ &= \sum_{j=1}^{k} f_j(\rho)\, C_j(x\eta) + P_{k+1}(x\eta\rho) \end{aligned} \tag{2.16}$$

worin die Koeffizienten f_j nach abnehmendem Verhalten für $\rho \to 0$ geordnet sind:

$$\lim_{\rho \to 0} \frac{f_{j+1}(\rho)}{f_j(\rho)} = 0 \tag{2.17}$$

Für das Restglied P_{k+1} gilt

$$\lim_{\rho \to 0} \frac{P_{k+1}(x\eta\rho)}{f_j(\rho)} = 0, \quad j = 1, \ldots, k \tag{2.18}$$

Statt (2.16) schreiben wir auch

$$A(x+\rho\eta)A(x-\rho\eta) = \sum_{j=1}^{\infty} f_j(\rho)\, C_j(x\eta) \tag{2.19}$$

wobei die unendliche Reihe als asymptotische Entwicklung im Sinne von (2.16–18) zu verstehen ist. (2.19) ist Wilsons Entwicklung des Operatorprodukts $A(x_1)$ $A(x_2)$.

In der Ableitung der Wilsonschen Entwicklung wurde die Annahme gemacht, daß für $A(x_1)\,A(x_2)$ und jeden Operator P_k Matrixelemente existieren, die sich maximal für $\rho \to 0$ verhalten. Es handelt sich hierbei um Zusatzannahmen, die zur Zeit noch nicht aus den Grundpostulaten der Quantenfeldtheorie abgeleitet werden können.

Mit Hilfe der Rekursionformeln (2.15) kann man zeigen, daß die Operatoren C_j lokal sind

$$\left.\begin{aligned} [C_j(x\eta)A(y)]_- &= 0 \\ [C_j(x\eta)\,C_{j'}(y\eta')]_- &= 0 \end{aligned}\right\} \quad \text{für } (x-y)^2 < 0 . \tag{2.20}$$

und sich bei Lorentztransformationen nach

$$C_j(\Lambda x + a, \Lambda\eta) = U(\Lambda, a)\, C_j(x, \eta)\, U(\Lambda, a)^{-1} \tag{2.21}$$

transformieren.

Wilsons Entwicklung löst demnach gleichzeitig zwei Probleme: Die Bestimmung des asymptotischen Verhaltens eines Operatorprodukts für $\rho \to 0$, sowie die Konstruktion neuer lokaler Feldoperatoren. Im Gegensatz zu dem elementaren Feldoperator $A(x)$ werden durch Limesbildungen aus $A(x)$ gewonnenen Operatoren C_j als zusammengesetzte Operatoren bezeichnet.

Eine gewisse Willkürlichkeit in (2.16) kann beseitigt werden, wenn man verlangt, daß die Operatoren C_j linear unabhängig sein sollen. Dies läßt sich stets erreichen, ohne daß die Eigenschaften (2.17–18) der Koeffizienten geändert werden. Im Folgenden sei stets vorausgesetzt, daß die Operatoren C_j linear unabhängig sind. Die noch verbleibende Willkür in f_j und C_j wird durch folgendes Eindeutigkeitstheorem beschrieben. Seien

$$A(x + \rho\eta) A(x - \rho\eta) = \sum_{j=1}^{k} f_j(\rho) C_j(x\eta) + R(x\eta\rho) \tag{2.22}$$

$$A(x + \rho\eta) A(x - \rho\eta) = \sum_{j=1}^{k} f_j'(\rho)\, C_j'(x\eta) + R'(x\eta\rho) \tag{2.23}$$

zwei Formen der Wilsonschen Entwicklung, die die Bedingungen (2.16–18) erfüllen. Dann gilt

$$C' = \Delta C \tag{2.24}$$

mit

$$C = (C_1, \dots, C_k)\,, \quad C' = (C_1', \dots, C_k')$$

$$\Delta = \begin{pmatrix} a_{11} & 0 & \dots & 0 \\ a_{21} & a_{22} & \dots & 0 \\ \vdots & \vdots & & \vdots \\ a_{k1} & a_{k2} & \dots & a_{kk} \end{pmatrix}. \tag{2.25}$$

Die Koeffizienten f' erfüllen

$$\tilde{\Delta} f' = f - h \tag{2.26}$$

worin $\tilde{\Delta}$ die zu Δ transponierte Matrix bezeichnet und

$$\lim_{\rho \to 0} \frac{h_j(\rho)}{f_j(\rho)} = 0\,. \tag{2.27}$$

Andererseits führt jede beliebige Transformation (2.24–27) einer gegebenen Entwicklung (2.22) zu einer neuen Form (2.23), in der wieder die Bedingungen (2.17–18) erfüllt sind.

Die Aufspaltung des Differenzvektors ξ in $\xi = \rho\eta$ hatte rein beweistechnische Gründe. Nachdem wir die Wilsonsche Entwicklung in der Form (2.16) abgeleitet haben, kehren wir zur ursprünglichen Variablen ξ zurück, indem wir

$$\rho = \sqrt{-\xi^2}, \quad \eta = \frac{\xi}{\sqrt{-\xi^2}} \tag{2.28}$$

setzen. Hiermit erhalten wir

$$A(x+\xi)\,A(x-\xi) = \\ = \sum_{j=1}^{k} f_j(\sqrt{-\xi^2})\, C_j\left(x, \frac{\xi}{\sqrt{-\xi^2}}\right) + P_{k+1}\left(x, \sqrt{-\xi^2}, \frac{\xi}{\sqrt{-\xi^2}}\right) \tag{2.29}$$

wobei

$$\lim_{\xi^2 \to 0} \frac{f_{j+1}(\sqrt{-\xi^2})}{f_j(\sqrt{-\xi^2})} = 0$$

$$\lim_{\xi^2 \to 0} \frac{P_{k+1}\left(x, \sqrt{-\xi^2}, \frac{\xi}{\sqrt{-\xi^2}}\right)}{f_k(\sqrt{-\xi^2})} = 0\,. \tag{2.30}$$

Die Bedingungen (2.17–18) schließen nicht die Möglichkeit aus, daß sämtliche f_k für $\rho = 0$ singulär werden. Durch einschränkende Annahmen über das Verhalten der Matrixelemente des Operatorprodukts $A(x_1)\,A(x_2)$ für kleine Abstände läßt sich jedoch erreichen, daß das Restglied P_j und die Koeffizienten f_j die Bedingung

$$\lim_{\xi \to 0} \frac{P_j\left(x, \sqrt{-\xi^2}, \frac{\xi}{\sqrt{-\xi^2}}\right)}{(\sqrt{-\xi^2})^N} = 0$$

$$\lim_{\xi \to 0} \frac{f_j(\sqrt{-\xi^2})}{(\sqrt{-\xi^2})^N} = 0 \qquad \text{für } j > J(N) \tag{2.31}$$

erfüllen. (2.31) gilt für jede Zahl N falls $j > J(N)$ ist. Nach (2.31) verschwinden die Koeffizienten f_j am Ursprung stärker als jede gegebene Potenz vorausgesetzt j ist groß genug gewählt.

Über die Abhängigkeit der zusammengesetzten Operatoren C_j von η lassen sich weitgehende Aussagen machen. Mit Hilfe der Lokalitätsbedingung (1.1) und der Spektrumsbedingung (1.2) läßt sich beweisen, daß C_j bei festgehaltenem $\eta^2 \neq 0$ nur ein Polynom in den Komponenten von η sein kann [18, 19]. Wir erhalten somit

$$C_j(x,\eta) = \sum_{n=1}^{N_j} \eta_{\mu_1} \ldots \eta_{\mu_n} B_j^{\mu_1 \ldots \mu_n}(x) \ . \tag{2.32}$$

Als Folge von (2.21) transformiert sich $B_j^{\mu_1 \ldots \mu_n}$ bei Lorentztransformation wie ein Tensor n-ter Stufe. (2.32) läßt sich weiter vereinfachen, wenn wir $B_j^{\mu_1 \ldots \mu_n}$ in irreduzible Tensoren zerlegen und eventuelle Faktoren $g^{\mu\nu}$ abspalten. Enthält beispielsweise $C_j^{\mu_1 \mu_2 \mu_3 \mu_4}$ einen Term der Form

$$g^{\mu_1 \mu_2} F^{\mu_3 \mu_4}(x)$$

so läßt sich wegen $\eta^2 = -1$ dessen Beitrag

$$\eta_{\mu_1} \ldots \eta_{\mu_4} g^{\mu_1 \mu_2} F^{\mu_3 \mu_4} = -\eta_{\mu_3} \eta_{\mu_4} F^{\mu_3 \mu_4}$$

mit dem Term $n = 2$ der Summe (2.32) zusammenfassen. In dieser Weise denken wir uns alle vorkommenden Faktoren $g^{\mu\nu}$ eliminiert. Schließlich schreiben wir *Wilsons* Entwicklung mit Hilfe von (2.32) in der Form

$$A(x+\xi) A(x-\xi) =$$

$$= \sum_{j=1}^{k} \sum_{n=1}^{N_j} f^{(jn)}_{\mu_1 \ldots \mu_n}(\xi) B_j^{\mu_1 \ldots \mu_n}(x) + P_{k+1} \tag{2.33}$$

wobei

$$f^{(jn)}_{\mu_1 \ldots \mu_n}(\xi) = f_j(\sqrt{-\xi^2}) \frac{\xi_{\mu_1} \ldots \xi_{\mu_n}}{(\sqrt{-\xi^2})^n} \ .$$

Allgemeiner erhält man für beliebige Tensorfelder $A_{1(\alpha)}$, $A_{2(\beta)}$ ((α) und (β) bezeichnen je einen Satz von Vektor- oder Spinorindizes) die Entwicklung

$$A_1^{(\alpha)}(x+\xi) A_2^{(\beta)}(x-\xi) =$$

$$= \sum_{j=1}^{k} \sum_{n=1}^{N_j} f^{(\alpha)(\beta)(jn)}_{\mu_1 \ldots \mu_n}(\xi) B_j^{\mu_1 \ldots \mu_n}(x) + P_{k+1} \ . \tag{2.34}$$

Entsprechende Entwicklungen gelten auch für Produkte einer beliebigen Anzahl von Operatoren.

Unter gewissen Voraussetzungen haben *De Mottoni* und *Genz* [20] gezeigt, daß sich für ein skalares Feld der Vakuumerwartungswert (Ω, $A(\xi) A(-\xi) \Omega$) stärker oder ebenso verhält wie andere Matrixelemente von $A(x_1) A(x_2)$. Dies trifft für das freie Feld und die Störungstheorie renomierbarer Wechselwirkungen zu. Außerdem ist in diesen Fällen B_1 durch den Einheitsoperator

$$B_1\left(x, \frac{\xi}{\sqrt{-\xi^2}}\right) = I$$

gegeben, so daß der erste Term der Entwicklung (2.33)

$$f_1(\xi^2)\,I$$

lautet mit

$$f_1(\xi^2) = (\Omega, A(\xi)\,A(-\xi)\Omega) \quad .$$

Zum Abschluß geben wir die Entwicklung (2.34) für das durch (1.3) gegebene freie skalare Feld explizit an. Das Operatorprodukt $A(x)\,A(y)$ wird für $x \to y$ singulär wie $\frac{1}{(x-y)^2}$. Das nach *Wick* definierte Normalprodukt

$$:A(x)\,A(y): = A(x)\,A(y) - (\Omega, A(x)\,A(y)\Omega)$$

ist hingegen für $x \to y$ mit sämtlichen Ableitungen konvergent [21]. Wir können also in

$$A(x+\xi)\,A(x-\xi) = (\Omega, A(\xi)\,A(-\xi)\,\Omega) + :A(x+\xi)\,A(x-\xi):$$

das Normalprodukt bezüglich ξ in einer Taylorreihe entwickeln und erhalten

$$A(x+\xi)\,A(x-\xi) = (\Omega, A(\xi)\,A(-\xi)\,\Omega) +$$
$$+ \sum_{j=1}^{k} \frac{\xi^{\mu_1}\ldots\xi^{\mu_j}}{j\,!}\,\partial_{\mu_1}\ldots\partial_{\mu_j}{:}A(x+\xi)\,A(x-\xi){:}\,/_{\,\xi=0} + P_{k+1} \qquad (2.35)$$

bis auf Glieder der Ordnung $k+1$. Dies ist die gewünschte Operatorproduktentwicklung für das freie skalare Feld.

Entsprechend läßt sich nach *Wick* ein Normalprodukt

$$:A_1(x_1)\ldots A_n(x_n): \qquad (2.36)$$

von n freien Feldern definieren, das mit sämtlichen Ableitungen für $x_j \to x$ konvergent ist [14]. Auf diese Weise erhält man die *Wilsonsche* Entwicklung eines beliebigen Produkts freier Felder. Die hierbei auftretenden zusammengesetzten Operatoren sind

$$:\partial_{(\mu)_1} A_1(x)\ldots\partial_{(\mu)_n} A_n(x): \qquad (2.37)$$

mit den Differentialoperatoren

$$\begin{aligned} \partial_{(\mu)_1} &= \partial_{\mu_{11}}\ldots\partial_{\mu_{1c(1)}} \\ & \qquad\qquad\qquad c(j) = 0, 1, 2, \ldots \\ \partial_{(\mu)_n} &= \partial_{\mu_{n1}}\ldots\partial_{\mu_{nc(n)}} \quad . \end{aligned}$$

Die Linearkombination der Normalprodukte (2.37) sind demnach die allgemeinsten zusammengesetzen Operatoren eines Systems freier Felder.

3. Skaleninvariante Theorien [21]

Im Limes kleiner Abstände wird das Verhalten der Koeffizienten in *Wilsons* Entwicklung (2.34) weitgehend durch Dimensionsregeln bestimmt. Wir beginnen mit der Diskussion skaleninvarianter Theorien, in denen sich diese Regeln zwangsläufig ergeben [12]. In einer skaleninvarianten Theorie ist jeder Skalentransformation

$$x \to sx \tag{3.1}$$

eine unitäre Transformation $U(s)$ des Zustandsraums zugeordnet, so daß sich jeder lokale Feldoperator $O(x)$ nach

$$U(s)^{-1}\, O(x)\, U(s) = s^{\mathrm{d}(O)}\, O(sx) \tag{3.2}$$

transformiert. Der Vakuumzustand Ω wird als invariant angenommen

$$U(s)\, \Omega = \Omega. \tag{3.3}$$

Die durch (3.2) gegebene Zahl $\mathrm{d}(O)$ wird als Dimension des Operators O bezeichnet.

Das Skalengesetz der Koeffizienten f_j läßt sich nun nach *Wilson* folgendermaßen bestimmen [12]. Anwendung der Transformation (3.2) auf beide Seiten der Entwicklung (2.34) ergibt

$$s^{\mathrm{d}(A_1)+\mathrm{d}(A_2)}\, A_1^{(\alpha)}(s(x+\xi))\, A_2^{(\beta)}(s(x-\xi)) =$$

$$= \sum_{j=1}^{k} \sum_{n=1}^{N_j} f_{j\mu_1\ldots\mu_n}^{(\alpha)(\beta)}(\xi)\, s^{\mathrm{d}(B_j)}\, B_j^{\mu_1\ldots\mu_n}(sx) \tag{3.4}$$

Hieraus folgt

$$s^{\mathrm{d}(A_1)+\mathrm{d}(A_2)} \sum_j \sum_n f_{j\mu_1\ldots\mu_n}^{(\alpha)(\beta)}(s\xi)\, B_j^{\mu_1\ldots\mu_n}(sx) =$$

$$= \sum_j \sum_n f_{j\mu_1\ldots\mu_n}^{(\alpha)(\beta)}(\xi)\, s^{\mathrm{d}(B_j)}\, B_j^{\mu_1\ldots\mu_n}(sx)$$

durch Entwicklung des Operatorprodukt $A_1(x)\, A_2(x)$ auf der linken Seite von (3.4). Da die B_j linear unabhängig sind, folgt das Skalengesetz

$$f_j(\xi) = s^{\mathrm{d}(f_j)}\, f_j(s\xi) \tag{3.5}$$

mit

$$\mathrm{d}(f_j) = \mathrm{d}(A_1) + \mathrm{d}(A_2) - \mathrm{d}(B_j)\,.$$

Der durch (3.5) definierte Exponent $\mathrm{d}(f_j)$ wird als Dimension des Koeffizienten f_j bezeichnet. Wir erhalten somit *Wilsons* Regel in der Form

$$\mathrm{d}(A_1 A_2) = \mathrm{d}(A_1) + \mathrm{d}(A_2) = \mathrm{d}(f_j) + \mathrm{d}(B_j) \tag{3.6}$$

Wenn die Koeffizienten f_j gemäß (2.30) nach abnehmendem Verhalten für $\xi \to 0$ geordnet sind, müssen die Dimensionen der Operatoren B_j mit j wachsen:

$$d(B_j) < d(B_k) \quad \text{falls} \quad j < k.$$

Eine weitere Folge von (3.6) ist, daß die Koeffizienten f_j genau dann singulär oder von Null verschieden für $\xi \to 0$ werden, wenn die Dimension von B_j kleiner oder gleich der Dimension des Produkts $A_1 A_2$ ist.

Die einfachsten Beispiele skaleninvarianter Theorien sind freie Felder der Masse Null. In diesem Fall ist die Dimension d(O) mit der physikalischen Dimension in Potenzen von cm^{-1} identisch. So haben wir für das freie skalare Feld A und das freie Spinorfeld der Masse Null die Dimensionen

$$d(A) = [A] = 1, \quad d(\psi) = [\psi] = 3/2 \tag{3.7}$$

wie sich aus den kanonischen Vertauschungsrelationen ergibt. Für normal geordnete Produkte (2.36) von freien Feldern und deren Ableitungen folgt die Dimension aus (3.7) und den Produktregeln

$$d(:PQ:) = d(:P:) + d(:Q:), \quad d(\partial_\mu P) = d(P) + 1 .$$

Allgemein stimmt für ein Normalprodukt N freier Felder die durch (3.2) definierte Dimension mit der physikalischen Dimension überein:

$$d(N) = [N] \; .$$

Formal sind auch Wechselwirkungen masseloser Teilchen skaleninvariant, sofern alle Kopplungskonstanten dimensionslos sind. In vier Raumzeitdimensionen scheint es jedoch unmöglich, Wechselwirkungen dieser Art auf skaleninvarianter Weise zu renormieren. In der Störungsrechnung gibt es also keine nicht-trivialen skaleninvarianten Theorien in vier Dimensionen.

In zwei Raumzeitdimensionen ist jedoch das Thirringmodell (Fermiwechselwirkung eines masselosen Spinorfeldes ψ) ein nicht-trivialer Fall einer skaleninvarianten Theorie. Überraschenderweise hat sich ergeben, daß die Dimension des Feldes ψ im Thirringmodell eine Funktion der Kopplungskonstanten ist [23]. Die Dimension des Feldes bleibt also nicht konstant gleich der Dimension des freien Feldes, sondern ändert sich mit der Wechselwirkung.

4. Verallgemeinerung des Dimensionsbegriffs

Um die Dimensionsregel (3.6) auch für Theorien zu formulieren, die nicht skaleninvariant sind, verallgemeinern wir zuerst die im letzten Abschnitt gegebene Definition der Dimension. Die Dimension d(f_j) der Funktion f_j definieren wir durch die Limesbeziehungen

$$\lim_{\rho \to 0} \rho^a f_j(\rho\eta) \begin{cases} = 0, & \text{falls} \quad a > d(f_j) \\ \\ = \infty, & \text{falls} \quad a < d(f_j) \end{cases} \tag{4.1}$$

wobei der Vektor η festgehalten ist. (4.1) bedeutet, aaß sich $f_j(\rho\eta)$ für kleine ρ wie

$$f_j(\rho\,\eta) = \rho^{-\mathrm{d}(f_j)}\; c(\rho,\eta) + \ldots \tag{4.2}$$

verhält bis auf Terme höherer Ordnung. Der Faktor c kann für $\rho = 0$ endlich sein, aber auch schwächer als jede Potenz von ρ verschwinden oder divergieren. Die Dimension $\mathrm{d}(f_j)$ ist also durch das führende Potenzverhalten im Limes $\rho \to 0$ definiert.

Die Dimension $\mathrm{d}(O)$ eines Feldoperators O definieren wir durch das Potenzverhalten der Fortpflanzungsfunktionen am Ursprung. $\mathrm{d}(O)$ sei die kleinste Zahl, für die

$$\lim_{\rho\to 0} \rho^a (\Omega, O^*(\rho\eta)\, O(-\rho\eta)\Omega) = 0 \quad \text{falls} \quad a > 2\mathrm{d}(O) \tag{4.3}$$

$$\lim_{\rho\to 0} \rho^a (\Omega, O^*(\rho\eta)\varphi_j(-\rho\eta)\Omega) = 0 \quad \text{falls} \quad a > \mathrm{d}(O) + \mathrm{d}(\varphi_j)$$

gilt. $\varphi_1, \ldots \varphi_N$ bezeichnen die elementaren Felder der Formulierung (für eine renormierbare Theorie sind das die in der Lagrangefunktion auftretenden Felder). Gl. (4.3) bedeutet

$$(\Omega, O^*(\rho\,\eta)\, O(-\rho\,\eta)\,\Omega) = \rho^{-e_0} c_0(\rho,\eta) + \ldots \tag{4.4}$$

$$(\Omega, O^*(\rho\,\eta)\,\varphi_j(-\rho\,\eta)\,\Omega) = \rho^{-e_j} c_j(\rho,\eta) + \ldots$$

$$e_0 \leqslant 2\,\mathrm{d}(O), \qquad e_j \leqslant \mathrm{d}(O) + \mathrm{d}(\varphi_j),$$

wobei das Gleichheitszeichen für mindestens einen Wert $j = 0, 1, \ldots, N$ gilt. Die Faktoren $c_0, \ldots, c_N$ sind endlich und von Null verschieden oder verhalten sich schwächer als jede Potenz von ρ.

Im Spezialfall skaleninvarianter Wechselwirkungen stimmt (4.3) offensichtlich mit der durch (3.2) gegebenen Definition überein. Nach (4.3) ist die Dimension des Einheitsoperators stets Null

$$\mathrm{d}(I) = 0\,. \tag{4.5}$$

Ferner gilt

$$\mathrm{d}(aO) = \mathrm{d}(O) \tag{4.6}$$

für jede Konstante $a \neq 0$.

Mit den Definitionen (4.1), (4.3) formulieren wir

$$\mathrm{d}(A_1) + \mathrm{d}(A_2) \geqslant \mathrm{d}(f_j) + \mathrm{d}(B_j) \tag{4.7}$$

als Dimensionregel für die Entwicklung (2.34). In der Form (4.7) gilt die *Wilsonsche* Dimensionsregel für freie Felder, die Störungstheorie renormierbarer Wechselwirkungen, sowie skaleninvarianter Theorien. Im allgemeinen Fall konnte (4.7) noch nicht aus wesentlich einfacheren Annahmen abgeleitet werden.

Für freie Felder kann (4.7) unmittelbar aus Gl. (2.35) abgelesen werden. Es ist jedoch zu beachten, daß für das freie skalare Feld mit Masse zwar

$$d(\partial_\mu \partial_\nu A) = d(A) + 2 = 3$$

ist, aber

$$d(\Box A) = d\left(-\frac{A}{m^2}\right) = d(A) = 1$$

als Folge von (4.6) und der Feldgleichung gilt. $d(\Box A) = 1$ ist also von $[\Box A] = 3$ verschieden.

Die Gültigkeit der Dimensionsregel (4.7) in der Störungstheorie renormierbarer Theorien wird im folgenden Abschnitt besprochen werden.

5. Störungstheorie renormierbarer Wechselwirkungen

Zum Nachweis der *Wilsonschen* Entwicklung in der Störungsrechnung konstruiert man zuerst die zusammengesetzten Feldoperatoren der Theorie. Für das Modell eines skalaren Feldes mit renormierbarer Wechselwirkung geht man von den Produkten

$$\partial_{(\mu)_1} A(x) \ldots \partial_{(\mu)_n} A(x) \tag{5.1}$$

der Ableitungen

$$\partial_{(\mu)_k} A(x) = \partial_{\mu_{k_1}} \ldots \partial_{\mu_{kc(k)}} A(x)$$

aus, die formal am gleichen Punkt x gebildet werden. Ausdrücke der Form (5.1) sind in der Störungsrechnung hoffnungslos divergent. Durch Anwendung der Renormierungstechnik (in der von *Bogoliubov* entwickelten allgemeinen Form [10]) lassen sich jedoch sämtliche Divergenzen beseitigen, so daß man schließlich lokale Operatoren

$$N\{\partial_{(\mu)_1} A(x) \ldots \partial_{(\mu)_n} A(x)\} \tag{5.2}$$

gewinnt, die in jeder Ordnung der Störungsrechnung endlich sind. Die Operatoren (5.2) sind die Verallgemeinerung der *Wickschen* Normalprodukte (2.37) freier Felder.

Die Dimension dieser Normalprodukte ist von der Wechselwirkung unabhängig. Sie ergibt sich rekursiv aus

$$\begin{aligned} &d(A) = 1 \\ &d(N\{PQ\}) = d(N\{P\}) + d(N\{Q\}) \\ &d(\partial_\mu P) = d(P) + 1 \quad . \end{aligned} \tag{5.3}$$

Es läßt sich nun zeigen, daß *Wilsons* Entwicklung mit den Normalprodukten (5.2) als Operatoren B_j in jeder Ordnung der Störungsrechnung richtig ist [24–26].

Dieses Resultat läßt sich auf beliebige renormierbare Wechselwirkungen (pseudo-)skalarer Felder, Spinorfelder und reeller Vektorfelder verallgemeinern [11]. Seien $O_1 \ldots O_c$ die elementaren Felder des Systems, so bildet man die Normalprodukte

$$N \{ \partial_{(\mu)_1} O_{i_1}(x) \ldots \partial_{(\mu)_n} O_{i_n}(x) \} . \tag{5.4}$$

Die *Wilsonsche* Entwicklung von zwei oder mehr lokalen Feldern gilt dann in jeder Ordnung der Störungsrechnung mit den Normalprodukten als zusammengesetzten Operatoren B_j. Die Dimension der Normalprodukte (5.4) ist von der Wechselwirkung unabhängig.

Die Dimensionsregel (4.7) gilt in der folgenden genaueren Form [25]

$$d(A_1 A_2) = [g_{i_1}^{\alpha_1} \ldots g_{i_N}^{\alpha_N}] + d(E_j) + d(B_j) \tag{5.5}$$

für jeden Term der Störungsrechnung, der von der Ordnung $g_{i_1}^{\alpha_1} \ldots g_{i_N}^{\alpha_N}$ in den Kopplungs- und Massenkonstanten g_j der Theorie ist. Da für renormierbare Wechselwirkungen stets $[g_j] \leqslant 0$, ist (5.5) mit (4.7) verträglich.

6. Hypothesen über die Dimension von Feldgrößen

Wenn die Dimension eines Feldes von der Wechselwirkung unabhängig ist, spricht man von normaler oder kanonischer Dimension. So haben die Normalprodukte renormierbarer Wechselwirkungen in der Störungstheorie stets kanonische Dimensionen. Dagegen bezeichnet man die Dimension eines Feldoperators als anormal oder dynamisch, wenn sie eine Funktion der Kopplungskonstanten ist. Wie bereits erwähnt, ist die Dimension des Feldes ψ im Thirringmodell wechselwirkungsabhängig, also dynamisch. Da die Wechselwirkung des Thirringmodells renormierbar ist, besitzt ψ in der Störungsrechnung zwar eine kanonische Dimension. Jedoch summieren sich die logarithmischen Terme in der störungstheoretischen Entwicklung der Fortpflanzungsfunktion zu einer Potenz auf, so daß die durch das Potenzverhalten definierte Dimension geändert wird. Aus der Tatsache, daß ein Feldoperator in der Störungstheorie kanonische Dimension hat, läßt sich also keineswegs schließen, daß dies für die exakte Lösung auch gelten sollte. Es ist denkbar, daß – wie im Thirringmodell – auch in anderen renormierbaren Wechselwirkungen dynamische Dimensionen auftreten.

Wilson hat nun die Hypothese aufgestellt, daß in renormierbaren Wechselwirkungen die Dimensionen der Feldoperatoren im allgemeinen dynamisch sein sollen [12]. Ausgenommen sind lediglich Felder, die auf Grund gleichzeitiger Vertauschungsrelationen, Symmetrien oder anderen Gründen notwendig kanonische Dimensionen haben müssen. Zu diesen Ausnahmen zählen beispielsweise der Energie-Impulstensor mit $d = 4$ und die Stromoperatoren von *Gell-Manns* Stromalgebra mit $d = 3$.

Zusätzlich hat *Wilson* die Minimalitätsforderung postuliert, daß nicht mehr Felder eine Dimension $d \leqslant 4$ haben sollen, als aus Symmetriegründen, infolge gleichzeitiger Vertauschungsrelationen usw. vorgeschrieben ist. Beispielsweise wird verlangt, daß – abgesehen von der Rotation eines Stromoperators – der Energie-Impulstensor der einzige Tensor vom Rang zwei ist, dessen Dimension $d \leqslant 4$ ist.

Brandt und *Preparata* vertreten demgegenüber die Hypothese, daß im allgemeinen Feldoperatoren renormierbarer Wechselwirkungen auch unabhängig von der Störungstheorie kanonische Dimensionen haben, gegebenenfalls in einer geeignet zu wählenden Eichung [15]. Das masselose Thirringmodell wird in dieser Hinsicht als pathologische Ausnahme angesehen.

Argumente für die Hypothesen dynamischer Dimensionen bieten die Ergebnisse des masselosen Thirringmodells [23], Approximationsverfahren zum Modell der A^6-Kopplung in drei Dimensionen [27], sowie Analogien zur statistischen Mechanik [27].

Zweifellos handelt es sich bei der Alternative, ob dynamisch oder kanonische Dimensionen für die starken Wechselwirkungen in der Natur gelten, um eine der wichtigsten Fragen der Elementarteilchenphysik. Eine theoretische, strenge Entscheidung darüber, welche der beiden Hypothesen richtig ist, wird für realistische Wechselwirkungen in nächster Zeit kaum zu erwarten sein. Um so interessanter ist die Aussicht, Konsequenzen dieser Hypothesen experimentell zu testen. So bieten die kürzlichen SLAC-Experimente tiefinelastischer Elektron-Proton- und Elektron-Deuteronstreuung die Möglichkeit, wenigstens einige Punkte in dieser Frage zu klären.

7. Lichtkegelentwicklungen

Wir wenden uns nun der Aufgabe zu, das Operatorprodukt

$$A(x+\xi)A(x-\xi) \tag{7.1}$$

zweier skalarer Felder in der Nähe des Lichtkegels $\xi^2 = 0$ zu entwickeln. Zuerst zeigen wir, wie man eine Lichtkegelentwicklung aus der Entwicklung (2.33) am Ursprung durch Umordnen von Gliedern erhalten kann. Solange über das Konvergenzverhalten der *Wilsonschen* Entwicklung nichts bekannt ist, ist die erforderliche Umordnung der Glieder zwar nicht erlaubt. Es ist jedoch der schnellste Weg, eine übersichtliche Form der Lichtkegelentwicklung zu gewinnen. Das Resultat läßt sich nachträglich auf andere Weise rechtfertigen.

Die Schwierigkeit liegt darin, daß sich die Terme der *Wilsonschen* Entwicklung bei Annäherung an den Lichtkegel stärker verhalten können als in der Nähe des Ursprungs. Beispielsweise ist

$$\frac{\xi_\mu \xi_\nu}{\xi^2}, \quad \xi = \rho\eta \tag{7.2}$$

eine richtungsabhängige Konstante für $\rho \to 0$ während (7.2) bei Annäherung $\xi \to \zeta$ eines Punktes ζ des Lichtkegels quadratisch divergiert, wenn nur $\zeta_\mu, \zeta_\nu \neq 0$ ist. In der Störungsrechnung renormierbarer Wechselwirkungen tragen sogar Terme beliebig hoher Ordnung in der Entwicklung am Ursprung zu einem gegebenen Potenzverhalten in der Nähe des Lichtkegels bei.

Allgemein ist das Verhalten des Terms

$$f_j(\sqrt{-\xi^2})\ \frac{\xi_{\mu_1}\ldots\xi_{\mu_n}\,C^{\mu_1\ldots\mu_n}(x)}{(\sqrt{-\xi^2})^n} \tag{7.3}$$

für $\xi \to 0$ maximal durch

$$\frac{f_j(\sqrt{-\xi^2})}{(\sqrt{-\xi^2})^n} \tag{7.4}$$

gegeben. Sollte das Matrixelement

$$\xi_{\mu_1}\ldots\xi_{\mu_n}(\Phi, C^{\mu_1\ldots\mu_n}(x)\,\Psi) \tag{7.5}$$

eine Nullstelle an der Stelle ζ des Lichtkegels haben, so wird das Verhalten von (7.3) im Limes $\xi \to \zeta$ entsprechend schwächer. Die Stärke des Verhaltens kann dann – ähnlich wie am Ursprung – von der Richtung des Vektors $\xi - \zeta$ abhängen.

Die Funktionen

$$f_j(\sqrt{-\xi^2})\ \frac{\xi_{\mu_1}\ldots\xi_{\mu_n}\,C^{\mu_1\ldots\mu_n}(x)}{(\sqrt{-\xi^2})^n} \tag{7.6}$$

denken wir uns nun nach abnehmendem Verhalten für $\xi^2 \to 0$ geordnet. Die so geordneten Funktionen (7.6) bezeichnen wir mit

$$g_{11}(\xi^2), \ldots, g_{21}(\xi^2), \ldots, \ldots, g_{kl}(\xi^2) \ldots \tag{7.7}$$

wobei

$$\lim_{\xi^2 \to 0} \frac{g_{kl}(\xi^2)}{g_{kl'}(\xi^2)} \neq 0, \infty \tag{7.8}$$

$$\lim_{\xi^2 \to 0} \frac{g_{kl}(\xi^2)}{g_{k'l'}(\xi^2)} = 0 \quad \text{für } k > k'\,. \tag{7.9}$$

Nach entsprechender Umordnung der Glieder nimmt Entwicklung (2.33) die Form

$$A(x+\xi)\,A(x-\xi) = \Sigma g_{kl}(\xi^2)\,\Sigma\,\xi_{\mu_1}\ldots\xi_{\mu_n} D_{kl}^{\mu_1\ldots\mu_n}(x) \tag{7.10}$$

an. Wenn wir außerdem Funktionen g_{kl}, die sich im Sinne von (7.8) für $\xi^2 \to 0$ äquivalent verhalten, rekursiv eliminieren, bekommen wir schließlich

$$A(x+\xi)\,A(x-\xi) = \Sigma g_j(\xi^2)\,\Sigma\,\xi_{\mu_1}\ldots\xi_{\mu_n} D_j^{\mu_1\ldots\mu_n}(x) \tag{7.11}$$

mit

$$\lim_{\xi^2 \to 0} \frac{g_{j+1}(\xi^2)}{g_j(\xi^2)} = 0\,. \tag{7.12}$$

(7.11) ist die von *Brandt* und *Preparata* gefundene Lichtkegelentwicklung [15].

Das Resultat (7.11–12) läßt sich in der folgenden Fassung streng begründen [28]. Zu jeder ganzen Zahl $N \geqslant 0$ gibt es eine Darstellung des Operatorprodukts

$$A(x_1)A(x_2) = \sum_{j=1}^{A\,(N)} g_j^{(N)}(\xi^2)\,E_j^{(N)}(x\xi) \tag{7.13}$$

$$x = x_1 + \xi, \quad x = x_2 - \xi$$

in welcher E_j bei Annäherung an den Lichtkegel $\xi^2 = 0$ endlich bleibt, ohne identisch Null zu werden, und außerdem an der Stelle $\xi = 0$ mindestens N-mal differenzierbar ist. Die Operatoren E_j erfüllen die Lokalitätsbedingung

$$[E_j^{(N)}(x,\xi), A(y)]_- = 0$$

falls

$$(y - x_1)^2 < 0, (y - x_2)^2 < 0 \tag{7.14}$$

und

$$(y - x)^2 < 0$$

ist. Zum Beweis dieses Resultats benötigt man außer der asymptotischen Form (2.33) von *Wilsons* Entwicklung die Bedingung (2.31), sowie eine einschränkende Annahme über das Verhalten des Operatorprodukts am Lichtkegel.

Für $N = 0$ nimmt (7.12) die triviale Gestalt

$$A(x + \xi)A(x - \xi) = h(\xi^2)E(x\xi) \tag{7.15}$$

an. Nach Definition ist E ein bilokaler Operator (im Sinne von Frishman [16]), d.h.

$$[E(x\xi), A(y)]_- = 0 \tag{7.16}$$

falls

$$(y - x_1)^2 < 0 \text{ und } (y - x_2)^2 < 0\,.$$

Je höher N gewählt ist, desto mehr Terme sind in der Darstellung (7.13) erforderlich. Die Taylorkoeffizienten der Operatoren $E_j^{(N)}$ entsprechen den lokalen Operatoren $D_k^{\mu_1 \cdots \mu_n}(x)$ der formalen Entwicklung (7.11). (7.13) erlaubt die führende Lichtkegelsingularität aus dem Verhalten am Ursprung zu bestimmen.

Entwicklungen der Form (7.13) sind von *Frishman* [16] aufgestellt worden mit der Forderung, daß die Operatoren E_j bilokal im Sinne von (7.16) sind, jedoch ohne Differenzierbarkeitsvoraussetzungen.

Fritzsch und *Gell-Mann* [29] haben die Existenz bilokaler Stromoperatoren postuliert, die in der Nähe des Lichtkegels Vertauschungsrelationen einer geschlossenen Algebra erfüllen – bis auf Terme, die sich am Lichtkegel schwächer verhalten.

8. Tiefinelastische Elektron-Nukleonstreuung

Wir betrachten Streuprozesse mit einem Elektron und einem Nukleon als einlaufenden Teilchen, sowie einem auslaufenden Elektron und einer beliebigen Zahl auslaufenden Hadronen. l und l' sind die Impulse des ein- bzw. auslaufenden Elektrons, p der Impuls des einlaufenden Protons, p' der Gesamtimpuls der auslaufenden Hadronen. Wir benützen das Laborsystem, in welchem

$$p = (M, 0, 0, 0)$$

(M Protonenmasse). E und E' bezeichnen die Energie des ein- bzw. auslaufenden Elektrons, Θ den Streuwinkel des Elektrons. Der Streuprozeß wird in unterster elektromagnetischer Näherung behandelt, zunächst jedoch ohne Vernachlässigung in den starken Wechselwirkungen. Die Kinematik ergibt sich aus Bild 1. q ist der Impuls des ausgetauschten Photons, somit $l' = l - q$ und $p' = p + q$. Wir führen die folgenden kinematischen Größen ein

$$\nu = \frac{pq}{M} = E' - E \qquad \text{(Energieverlust des Elektrons)}$$

$$\Delta = -q^2 \qquad \text{(Impulsübertrag)}$$

$$\omega = \frac{2M\nu}{\Delta} \quad .$$

Der Paramter ω ist dimensionslos und stets $\geqslant 1$. Für elastische Streuung ist $\omega = 1$.

Der Wirkungsquerschnitt $\frac{d^2\sigma}{d\Omega\, dE'}$ dieses Prozesses, differentiell lediglich im Raumwinkel Ω und der Energie E' des auslaufenden Elektrons, hat aus kinematischen Gründen die Form

$$\frac{d^2\sigma}{d\Omega\, dE'} = \frac{\alpha^2}{4E^2 \sin^4 \Theta/2}\left[\cos^2 \frac{\Theta}{2}\, W_2(\Delta,\nu) + 2 \sin^2 \frac{\Theta}{2}\, W_1(\Delta,\nu)\right] \tag{8.1}$$

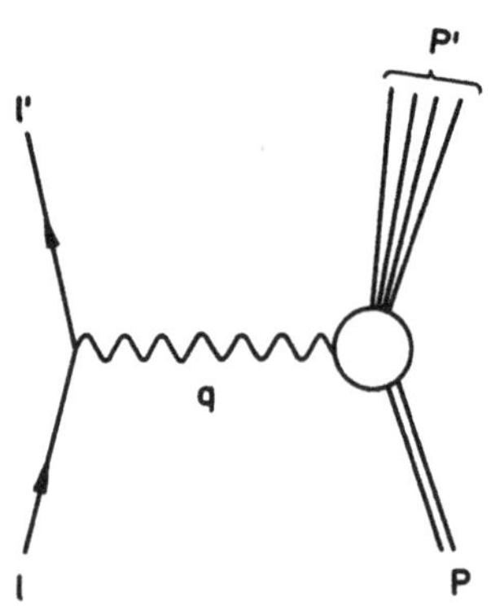

Bild 1

worin α die Feinstrukturkonstante ist. Der Wirkungsquerschnitt (8.1) wird also durch zwei Strukturfunktionen W_1 und W_2 beschrieben. Diese stehen zu den Wirkungsquerschnitten σ_T und σ_L für die Absorption eines transversalen bzw. longitudinalen Photons in der Beziehung

$$W_1 = \frac{\nu}{4\pi^2\alpha}\left(1-\frac{1}{\omega}\right)\sigma_T \tag{8.2}$$

$$W_2 = \frac{M}{2\pi^2}\frac{1}{\omega+\frac{2M}{\nu}}\left(1-\frac{1}{\omega}\right)(\sigma_T+\sigma_L)\,.$$

Im Limes $\nu \to \infty$, bei festgehaltenem ω, hat *Bjorken* [30] für die Strukturfunktion W_j die Beziehungen

$$\lim_{\substack{\nu\to\infty \\ \omega \text{ konstant}}} W_1(\Delta\nu) = F_1(\omega)$$

$$\lim_{\substack{\nu\to\infty \\ \omega \text{ konstant}}} \nu W_2(\Delta\nu) = F_2(\omega) \tag{8.3}$$

aufgestellt, worin die Grenzwerte $F_j(\omega)$ endlich und von Null verschieden sind. Experimentell sind *Bjorkens* Relationen soweit gut bestätigt. Für Werte $\Delta \geqslant 2.5$ GeV sind die Größen W_1, νW_2 im wesentlichen nur noch Funktionen des dimensionslosen Parameters ω [31].

Limesbeziehungen der Art (8.3) hängen nun eng mit dem Lichtkegelverhalten des Kommutators $[j_\mu(x) j_\nu(y)]$ des elektromagnetischen Stromes j_μ zusammen. Die Strukturfunktionen W_j lassen sich nämlich streng durch den Protonerwartungswert $K_{\mu\nu}$ des Stromkommutators ausdrücken. $K_{\mu\nu}(\xi)$ ist durch

$$K_{\mu\nu}(\xi) = \frac{1}{2}\sum_{s=-\frac{1}{2}}^{+\frac{1}{2}} \lim_{p'\to p} K_{\mu\nu}(\xi, p, p', s)$$

$$K_{\mu\nu}(\xi, p, p') = \left(\Phi_{ps}, \left[j_\mu\left(\frac{\xi}{2}\right) j_\nu\left(-\frac{\xi}{2}\right)\right]_- \Phi_{p's}\right) \tag{8.4}$$

$$-(\Phi_{ps}, \Phi_{p's})\left(\Omega, \left[j_\mu\left(\frac{\xi}{2}\right) j_\nu\left(-\frac{\xi}{2}\right)\right]_- \Omega\right)$$

definiert, worin Φ_{ps}, $\Phi_{p's}$ den Zustand mit einem Proton vom Impuls p bzw. p' und Spin s bezeichnet. Die Fouriertransformierte

$$\tilde{K}_{\mu\nu}(q) = \int dx\, e^{iq\xi} K_{\mu\nu}(\xi) \tag{8.5}$$

hat aus Invarianzgründen und wegen Stromerhaltung $\partial_\mu j^\mu = 0$ die allgemeine Form

$$\tilde{K}_{\mu\nu}(q) = (q_\mu q_\nu - g_{\mu\nu} q^2)\, V_1 + \\ + [q^2 p_\mu p_\nu - pq(p_\mu q_\nu + q_\mu p_\nu) + q_{\mu\nu}(pq)^2]\, V_2 \; . \tag{8.6}$$

Die Strukturfunktionen W_1, W_2 sind dann durch

$$W_1 = q^2 V_1 - \frac{(pq)^2}{M^2 q^2} V_2 \tag{8.7}$$

$$W_2 = q^2 V_2$$

gegeben. Für die neuen Strukturfunktionen V_j lauten *Bjorkens* Beziehungen

$$\lim_{\substack{\nu \to \infty \\ \omega \text{ konstant}}} \nu V_1(\Delta\nu) = G_1(\omega) \tag{8.8}$$

$$\lim_{\substack{\nu \to \infty \\ \omega \text{ konstant}}} (-\nu^2)\, V_2(\Delta\nu) = G_2(\omega)\, . \tag{8.9}$$

Diese Grenzwerte sind durch das führende Verhalten von $K_{\mu\nu}$ am Lichtkegel bestimmt [32]. Zwischen F_j und G_j folgen aus (8.3), (8.7) die Beziehungen

$$G_1(\omega) = \frac{\omega}{2M} \lim_{\substack{\nu \to \infty \\ \omega \text{ konstant}}} W_1 \lim_{\substack{\nu \to \infty \\ \omega \text{ konstant}}} \frac{\sigma_L}{\sigma_T} = \frac{\omega^2}{4M^2} F_2(\omega) - \frac{\omega}{2M} F_1(\omega) \tag{8.10}$$

$$G_2(\omega) = \frac{\omega}{2M} F_2(\omega)\, . \tag{8.11}$$

Lediglich die Beziehung (8.9) ist mit endlichem und nicht verschwindendem Grenzwert experimentell bestätigt [31]. Hingegen geht der Funktionsverlauf von V_1 (Δ,ν) für $\nu \to \infty$, ω konstant, aus den vorhandenen Daten nicht hervor. Während nämlich in (8.10) der Grenzwert F_1 und W_1 existiert und von Null verschieden ist, kann man über σ_L/σ_T lediglich sagen, daß die soweit gemessenen Werte klein sind mit einem Durchschnittswert von [31]

$$\sigma_L/\sigma_T = 0{,}18 \pm 0{,}05\; .$$

Der Zusammenhang zwischen dem Lichtkegelverhalten von $K_{\mu\nu}(\xi)$ und den Grenzwerten (8.10–11) ist in mehreren Arbeiten untersucht worden [31]. Danach ist im Limes $\nu \to \infty$, ω konstant, nur das Verhalten von $K_{\mu\nu}$ bei $\xi^2 = 0$ wesentlich.

Wir folgen zunächst der Argumentation von *Brandt* und *Preparata* [15] und leiten aus der Hypothese kanonischer Dimensionen die Bjorkenschen Relationen (8.10–11) ab. Anschließend diskutieren wir Bjorkens Relationen im Rahmen der Hypothese dynamischer Dimensionen.

In Verallgemeinerung von (7.13) ergibt sich für das Stromoperatorprodukt

$$j_\mu(x+\xi)\,j_\nu(x-\xi) = \langle j_\mu(\xi)\,j_\nu(-\xi)\rangle + \\ + \sum_{j=1}^{A(N)} g_j^{(N)}(\xi^2)\,E_{j\mu\nu}^{(N)}(x\xi) \tag{8.12}$$

Das führende Potenzverhalten der Koeffizienten $g_j^{(N)}$ ist durch die Annahme kanonischer Dimensionen bestimmt. *Brandt* und *Preparata* vernachlässigen außerdem logarithmische Singularitäten oder allgemeine Faktoren, die sich für $\xi^2 \to 0$ schwächer als jede Potenz verhalten. Hiermit ergibt sich durch Koeffizientenvergleich mit der Wilsonschen Entwicklung

$$j_\mu(x+\xi)\,j_\nu(x-\xi) = \langle j_\mu(\xi)\,j_\nu(-\xi)\rangle + \\ + \frac{1}{(\xi^2 - i\epsilon\xi_0)^3}\,E_{\mu\nu}(x\xi) + \ldots \tag{8.13}$$

bis auf Terme, die am Lichtkegel von höherer Ordnung sind. $E_{\mu\nu}$ hat die allgemeine Form

$$E_{\mu\nu}(\xi) = \xi_\mu\xi_\nu P_1(x\xi) + g_{\mu\nu}\xi^2 P_2(x\xi) + \\ + \xi_\nu P_{3\mu}(x\xi) + \xi_\mu P_{4\nu}(x\xi) + (\xi^2)^2 P_{5\mu\nu}(x\xi) \tag{8.14}$$

Entsprechend erhält man

$$j_\nu(x-\xi)\,j_\mu(x+\xi) = (\Omega, j_\nu(-\xi)\,j_\mu(\xi)\,\Omega) + \\ + \frac{1}{(\xi^2 + i\epsilon\xi_0)^3}\,E'_{\mu\nu}(x,-\xi) + \ldots \tag{8.15}$$

wobei

$$E'_{\mu\nu}(x,-\xi) = E_{\mu\nu}(x,\xi) \quad \text{für} \quad \xi^2 < 0 \tag{8.16}$$

als Folge der Lokalitätsbedingung

$$[j_\mu(x_1)\,j_\nu(x_2)] = 0 \quad \text{für} \quad (x_1 - x_2)^2 < 0\,. \tag{8.17}$$

Da $E_{\mu\nu}$ und $E'_{\mu\nu}$ für $\xi^2 = 0$ endlich sind, stimmen die Grenzwerte von $E_{\mu\nu}$ und $E'_{\mu\nu}$ auf dem Lichtkegel überein und wir dürfen in (8.15) bis auf Terme höherer Ordnung

$$\frac{E'_{\mu\nu}(x,-\xi)}{(\xi^2 + i\epsilon\xi_0)^3} = \frac{E_{\mu\nu}(x,\xi)}{(\xi^2 + i\epsilon\xi_0)^3} + \ldots \tag{8.18}$$

setzen.

Der Erhaltungssatz

$$\partial^\mu j_\mu = 0$$

des elektromagnetischen Stromes liefert zwei Bedingungsgleichungen, die die Form von $E_{\mu\nu}$ einschränken. Auf diese Weise erhalten *Brandt* und *Preparata* (8.13) in der vereinfachten Gestalt

$$j_\mu(x+\xi)\,j_\nu(x-\xi) = D_{\mu\nu}\frac{1}{\xi^2}R_1(x\xi) + i\epsilon_{\mu\nu\alpha\beta}\,\partial^\alpha\frac{1}{\xi^2}R(x\xi) \tag{8.19}$$

$$+ D_{\mu\nu\alpha\beta}\lg(-\xi^2)\,R_2^{\alpha\beta}(x\xi) + \dots$$

$$D_{\mu\nu} = (\partial_\mu\partial_\nu - g_{\mu\nu}\Box)$$

$$D_{\mu\nu\alpha\beta} = g_{\mu\nu}\partial_\alpha\partial_\beta - g_{\alpha\nu}\partial_\beta\partial_\mu - g_{\alpha\mu}\partial_\beta\partial_\nu + g_{\alpha\mu}g_{\beta\nu}\Box$$

Mit (8.15), (8.18) und

$$\frac{1}{\xi^2 - i\epsilon\xi_0} - \frac{1}{\xi^2 + i\epsilon\xi_0} = 2\pi i\epsilon(\xi_0)\,\delta(\xi^2)$$

$$\lg(-\xi^2 + i\epsilon\xi_0) - \lg(-\xi^2 - i\epsilon\xi_0) = 2\pi i\epsilon(\xi_0)\,\Theta(\xi^2) \tag{8.20}$$

folgt daraus für den Kommutator

$$[j_\mu(x+\xi)\,j_\nu(x-\xi)] = (\Omega, [j_\mu(x+\xi)\,j_\nu(x-\xi)]\,\Omega) + \tag{8.21}$$

$$+ 2\pi i D_{\mu\nu}\epsilon(\xi_0)\delta(\xi^2)R_1(x\xi) - 2\pi\epsilon_{\mu\nu\alpha\beta}\partial^\alpha\epsilon(\xi_0)\delta(\xi^2)R(x\xi)$$

$$+ 2\pi i D_{\mu\nu\alpha\beta}\,\epsilon(\xi_0)\Theta(\xi^2)R_2^{\alpha\beta}(x\xi) + \dots$$

Schließlich setzen wir $x = 0$ und bilden den Protonerwartungswert von (8.21). Wegen $p^2 = M^2$ ist der Protonerwartungswert

$$\frac{1}{2}\sum_s(\Phi_{ps}, R_1(O\xi)\,\Phi_{ps}) = r_1(p\xi, \xi^2) \tag{8.22}$$

lediglich eine Funktion von $p\xi$ und ξ^2. Entsprechend lautet die allgemeine Form des Protonerwartungswerts von $R_2^{\alpha\beta}$

$$\frac{1}{2}\sum_s(\Phi_{ps}, R_2^{\alpha\beta}(O\xi)\,\Phi_{ps}) = \tag{8.23}$$

$$= g^{\alpha\beta}r(p\xi,\xi^2) + p^\alpha p^\beta r_2(p\xi,\xi^2)$$

Da R_1 und R_2 für $\xi^2 = 0$ endlich sind, darf man bis auf Terme höherer Ordnung

$$r_1(p\xi,\xi^2) \approx r_1(p\xi, 0) = f_1(p\xi) \tag{8.24}$$

$$r(p\xi,\xi^2) \approx r(p\xi,0)$$

$$r_2(p\xi,\xi^2) \approx r_2(p\xi,0) = f_2(p\xi)$$

setzen. Mit (8.21), (8.24) bekommen wir für den Protonerwartungswert des Stromkommutators

$$K_{\mu\nu}(\xi) = 2\pi i D_{\mu\nu}(\xi_0)\,\delta(\xi^2)\,f_1(p\xi) + \tag{8.25}$$

$$+ 2\pi i p^\alpha p^\beta D_{\mu\nu\alpha\beta}\,\epsilon(\xi_0)\,\Theta(\xi^2)\,f_2(p\xi) + \dots$$

Andererseits ergibt die Fouriertransformation von (8.6)

$$K_{\mu\nu}(\xi) = D_{\mu\nu}\, v_1(\xi) + p^{\alpha}p^{\beta}D_{\mu\nu\alpha\beta}\, v_2(\xi) \tag{8.26}$$

$$v_j(\xi) = \frac{1}{(2\pi)^4}\int \mathrm{d}q\, e^{-iq\xi}\, V_j(q)$$

Durch Vergleich von (8.25) mit (8.26) erhalten *Brandt* und *Preparata*

$$v_1(\xi) = 2\pi i\epsilon(\xi_0)\,\delta(\xi^2) f_1(p\xi) + \ldots \tag{8.27}$$

$$v_2(\xi) = 2\pi i\epsilon(\xi_0)\,\Theta(\xi^2) f_2(p\xi) + \ldots$$

Die Beziehungen (8.27) sind zu den Limesrelationen (8.8–9) äquivalent mit

$$G_1(\omega) = \int \mathrm{d}\lambda\, e^{-i\frac{\lambda}{2\omega}} f_1(\lambda) \tag{8.28}$$

$$G_2(\omega) = \int \mathrm{d}\lambda\, e^{-i\frac{\lambda}{2\omega}} \lambda f_2(\lambda)$$

vorausgesetzt, daß f_1 und f_2 vernünftige Fouriertransformierte besitzen [32]. Die Hypothese kanonischer Dimensionen ist somit in Übereinstimmung mit den vorhandenen experimentellen Daten zur Elektron-Protonstreuung.

Inwieweit die Bjorkenschen Relationen mit der Annahme dynamischer Dimensionen verträglich sind, ist in einer Arbeit von Mack eingehend untersucht worden. Als Folge der Minimalitätsannahme über Felder kleiner Dimension konnte *Mack* [33] die Bjorkenschen Limesrelationen ableiten, ohne kanonische Dimensionen vorauszusetzen. In ihrer ursprünglichen Formulierung gibt *Wilsons* Minimalitätsannahme allerdings eine zu starke Einschränkung, die inzwischen experimentell widerlegt wurde. Zur Diskussion dieser Schwierigkeit betrachten wir allgemeine Streuprozesse mit einem Elektron und einem beliebigen Hadron der Masse M als einlaufende Teilchen. Falls der Energie-Impulstensor der einzige Tensor vom Rang 2 und der Dimension d $\leqslant$ 4 ist (abgesehen von Ableitungen des Stromoperators) so folgt nach *Mack* die Summenregel, daß das *Callan-Cross*-Integral

$$\Delta \int_1^{\infty} \frac{\mathrm{d}\omega}{\omega}\, W_2(\Delta, \nu)$$

proportional der Masse M des Hadrons ist [34]. Kürzliche Experimente zu tief-inelastischen Elektron-Deuteronstreuung stehen hierzu im Widerspruch.

Die Hypothese dynamischer Dimensionen ist damit jedoch nicht widerlegt. Wie aus *Macks* Untersuchungen hervorgeht, kann man nur schließen, daß es außer dem Energie-Impulstensor und Rotationen der Stromoperatoren noch einen weiteren Tensor vom Rang 2 und der Dimension 4 geben muß. Im Sinne der Hypothese dynamischer Dimensionen müßte dieser Tensor allerdings auch mit einer Symmetrie zusammenhängen, um den speziellen Wert d = 4 seiner Dimension zu erklären.

Anmerkungen und Referenzen

[1] *R. Haag:* Mat.-Fys. Medd. Danske Vid. Selsk. **29**, No. 12 (1955)
H. Lehmann, K. Symanzik und *W. Zimmermann:* Nuovo Cimento **1**, 205 (1955) und **6**, 319 (1957)
A. S. Wightman: Phys. Rev. **101**, 860 (1956)

[2] Lehrbücher der allgemeinen Feldtheorie:
R. Streater and *A. Wightman:* PCT, Spin and Statistics, Benjamin, New York (1964), Deutsche Übersetzung: Prinzipien der Quantenfeldtheorie, Bibliographisches Institut, Mannheim (1969).
R. Jost: The Generalized Theory of Quantized Fields, American Mathematical Society, Providence (1965). Siehe auch den Übersichtsartikel von *K. Symanzik* in „Werner Heisenberg und die Physik unserer Zeit", Vieweg, Braunschweig (1961), Seite 275.

[3] Die Verhältnisse sind hier etwas vereinfacht. Eigentlich werden Zustände durch Vektorstrahlen im Hilbertraum dargestellt. Die Felder $\varphi_j(x)$ sind genaugenommen distributionsartige Operatoren, definiert auf einer dichten Teilmenge des Hilbertraums. Zur Diskussion dieser Fragen siehe Ref. 2.

[4] Falls φ_j nicht hermitesch ist, soll der hermitesch adjungierte Operator φ_j^* ebenfalls der Folge $\varphi_1, \ldots, \varphi_N$ angehören.

[5] Die Bezeichnung beruht auf dem Zusammenhang zwischen Spin und Statistik. Bosefelder beschreiben Teilchen mit ganzzahligem Spin und Bose-Einstein-Statistik, Fermifelder beschreiben Teilchen mit halbzahligem Spin und Fermi-Dirac-Statistik. Siehe auch Anmerkung 6.

[6] In diesem Fall spricht man von normalen Vertauschungsrelationen. Der Satz über den Zusammenhang von Spin und Statistik besagt, daß anormale Vertauschungsrelationen entweder unverträglich sind oder durch Äquivalenztransformationen der Felder in normale Vertauschungsrelationen umgewandelt werden können.

[7] Diese Reihen sind wahrscheinlich divergent und als asymptotische Reihen zu verstehen. Die Existenz exakter Lösungen mit Wechselwirkung konnte bisher nur im Fall von zwei Raumzeitdimensionen nachgewiesen werden, siehe *J. Glimm* und *A. Jaffe:* Ann. of Math. **91**, 362 (1970).

[8] *O. Steinmann:* Ann. Phys. **29**, 76 (1964), **36**, 267 (1966) und Springer Tracts, im Erscheinen.

[9] *W. Heisenberg* und *W. Pauli:* Z. Physik **56**, 1 (1929) und **59**, 160 (1930).

[10] Zur Theorie der Renormierung siehe *N. N. Bogoliubov* and *D. W. Shirkov:* Introduction to the Theory of Quantized Fields, Interscience Publ., New York (1959). Eine zusammenfassende Übersicht neuerer Arbeiten zur Renormierung findet man in *K. Hepp:* Les Houches Lectures 1970, im Erscheinen.

[11] Vorausgesetzt ist, daß die reellen (d.h. hermiteschen) Vektorfelder an erhaltene Ströme gekoppelt sind und eine bestimmte Eichung (beispielsweise Landau- oder Feynmaneichung) verwendet wird.

[12] *K. Wilson:* On Products of Quantum Field Operators at Short Distances, Cornell Report 1964
K. Wilson: Phys. Rev. **179**, 1499 (1969).

[13] *P. Dirac:* Proc. Cambridge Phil Soc. **30**, 150 (1934)
W. Heisenberg: Z. Phys. **90**, 209 (1934).

[14] *L. Garding* and *A. Wightman:* Arkiv Fys. **28** (1965)

[15] *R. Brandt* and *G. Preparata:* Nucl. Phys. **B27**, 541 (1971).

[16] *Y. Frishman:* Ann. Phys.

[17] Zu einer mathematisch strengen Behandlung der in diesem Abschnitt gegebenen Ableitung der Wilsonschen Entwicklung siehe *K. Wilson* und *W. Zimmermann:* Operator Produkt Expansions and Composite Field Operators in the General Framework of Quantum Field Theory.

[18] *P. Otterson* und *W. Zimmermann:* Directional Dependence of Composite Field Operators, NYU-Preprint (1971).

[19] Die Abhängigkeit von ξ^2 enthält nur Potenzen von ξ^2 und $\lg \xi^2$. Siehe Ref. 18.
[20] *R. de Mottoni* und *H. Genz:* Nuovo Cimento **67B**, 1 (1970).
[21] *C. Wick:* Phys. Rev. **80**, 268 (1950),
L. Garding und *A. Wightman:* Arkiv Fys. 28 (1965).
[22] Zur allgemeinen Diskussion der Skaleninvarianz siehe
J. Wess: Nuovo Cimento **18**, 1086 (1960),
H. Kastrup: Ann. der Phys. **7**, 388 (1962),
G. Mack und *A. Salam:* Ann. Phys. **53**, 174 (1969).
[23] *J. Lowenstein:* Comm. Math. Phys. **16**, 265 (1970)
K. Wilson: Phys. Rev. **D2**, 1473 (1970).
[24] *R. Brandt:* Ann. Phys. **44**, 221 (1967) und **52**, 122 (1969).
[25] *K. Wilson*, unpubliziert
[26] *W. Zimmermann:* Comm. Math. Phys. **6**, 161 (1967), **10**, 325 (1968) und 1970 Brandeis Lectures, Cambridge MIT-Press (1970).
[27] *K. Wilson:* Cornell University preprints.
[28] *G. Dell'Antonio* und *W. Zimmermann*, in Vorbereitung.
[29] *H. Fritzsch* und *M. Gell-Mann:* Scale Invariance and the Light Cone, Proceedings 1971 of Coral Gables Conference, University of Miami (1971).
[30] *J. Bjorken:* Phys. Rev. **179**, 1547 (1969).
[31] *R. Taylor:* Proceedings of XVth International Conference on High Energy Physics (1970).
[32] *R. Brandt:* Phys. Rev. D, **1**, 2808 (1970),
H. Leutwyler und *J. Stern:* Nucl. Phys. B, **20**, 77 (1970),
R. Jackiw, R. Van Royen und *G. B. West:* Phys. Rev. D, **2**, 2473 (1970).
[33] *G. Mack:* The Scaling Law of Electroproduction as a Consequence of Broken Dilatation Symmetry, Trieste Preprint (1970).
[34] Allerdings muß die Gültigkeit gewisser unsubtrahierter Dispersionsrelationen vorausgesetzt werden.

Funktionale Quantentheorie

H. Stumpf

Das Ziel der theoretischen Physik ist die Aufstellung eines einheitlichen Axiomensystems mit dessen Symbolen und Verknüpfungsoperationen alle physikalischen Naturvorgänge mathematisch beschrieben und die zugeordneten Observablen berechnet werden können. Zur Annäherung an dieses Ziel bedient man sich Folgen von immer umfassenderen und zugleich differenzierteren Welt- bzw. Materiemodellen, die die Naturvorgänge approximativ beschreiben und in bestimmten Situationen ungültig werden. In der zeitlichen Entwicklung kennzeichnen diese Situationen den experimentellen und theoretischen Zustand der Physik. Abgesehen von kosmologischen Aspekten wird gegenwärtig die Grenzsituation durch die subatomare Struktur und die Wechselwirkung von Elementarteilchen gegeben. Durch die Umwandlungsprozesse von Elementarteilchen und die theoretische Energie- Massenäquivalenz wird eine Beschreibung durch ein einheitliches Materiemodell nahegelegt. Da dieses auch die Niederenergiephänomene enthalten muß, so muß in ihm die diese Phänomene beschreibende konventionelle Quantentheorie enthalten sein. Dies bedeutet aber nicht, daß die mathematische Struktur dieses Modells mit jener der konventionellen Quantentheorie identisch sein muß. Vielmehr wird man erwarten müssen, daß die konventionelle Quantentheorie einen Spezialfall im Sinne eines Korrespondenzprinzips darstellt, wie auf einer Stufe tiefer die klassische Mechanik korrespondenzmäßig in der Quantenmechanik enthalten ist. Es liegt daher nahe, einen mathematischen Formalismus zu suchen, der die konventionelle Quantentheorie enthält, aber so flexibel ist, daß er auch Abänderungen zuläßt. Dieser Formalismus ist die funktionale Quantentheorie. Ihre Formulierung und Begründung soll im folgenden kurz dargestellt werden.

1. Grundlagen

Die Quantentheorie von Hochenergiephänomenen muß eine relativistische Quantenfeldtheorie eines einheitlichen Feldes sein. *Heisenberg* u.a. haben eine nichtlineare Spinorfeldgleichung vorgeschlagen [1, 2]. Da die Wechselwirkungsprozesse der Elementarteilchen der relativistischen Kinematik unterworfen sind, muß die quantentheoretische Rechnung relativistisch invariant bzw. kovariant durchgeführt werden. Dabei erweist sich, daß die von *Heisenberg* [3] begründete Operatorquantentheorie die umfassendere Formulierung der Quantentheorie darstellt, da Heisenbergoperatoren relativistischer Felder explizit die benötigten relativistischen Eigenschaften aufweisen. Die Operatortheorie der Felder, wie sie von *Heisenberg* und *Pauli* [4] eingeführt wurde, leidet jedoch daran, daß im allgemeinen keine Operatordarstellungen bekannt sind, die alle zu fordernden Bedingungen erfüllen, und zur konstruktiven Bestimmung der Observablen nicht ohne weiteres Rechenmethoden der konventionellen Matrixmechanik übernommen werden können. Ausnahmen hiervon bilden nur die Darstellungsräume der freien physikalischen Felder. Diese sind jedoch für die Darstellung einer Wechselwirkungstheorie im allgemeinen nicht ausreichend. Es wurden daher Methoden entwickelt, auch in der Heisenbergschen Operatorformulierung vom gesamten Zustandsraum abzugehen und die Konstruktion einzelner Zustände zu versuchen. Ausgehend von der Untersuchung sog. Zweiteilchenamplituden [5, 6, 7, 8] wurden Verfahren entwickelt, die auf unendliche Gleichungssysteme für die Projektionen eines bestimmten Zustands auf ein durch die Feldoperatoren erzeugtes zyklisches Basissystem führen, *Schwinger* [9], *Freese* [10]. Ein ähnliches Verfahren wurde bereits von *Landau* und *Peierls* [11] angewendet. Da die Quantenfeldtheorien mit konventioneller Quantisierung im allgemeinen divergent sind und die Spinorgleichung zu den nichtrenormierbaren Feldtypen zählt, muß im Hochenergiebereich die Quantentheorie in der einen oder anderen Weise erweitert bzw. abgeändert werden. *Heisenberg* hat dazu eine nichtkanonische Quantisierung vorgeschlagen [12] und sie mathematisch in die unendlichen Gleichungssysteme eingeführt. Es zeigte sich, daß man diese nichtkanonische Quantisierung zwanglos durch eine funktionale Formulierung erfassen kann und zwischen kanonischer und nichtkanonischer Quantisierung einen stetigen Übergang erhält [13, 14]. Es liegt daher nahe, die aus der Heisenbergschen Operatorquantentheorie entstammenden Funktionale zur Grundlage einer umfassenderen funktionalen Quantentheorie zu machen. Wir gehen daher auch auf die Entwicklung der Funktionale kurz ein.

Als Funktional bezeichnet man im allgemeinen eine Funktion, deren Argumente wieder reell- oder operatorwertige Funktionen sind. Die Energiedichte eines klassischen Feldes, die Lagrangefunktion, die Wirkungsfunktion oder die Lösung einer partiellen Differentialgleichung in Abhängigkeit von den Anfangsbedingungen sind Beispiele für Funktionale. Die Benutzung derartiger Funktionale in der klassischen Physik blieb jedoch lange Zeit ohne weitere Konsequenz. Als erster hat *Volterra* [15] die Funktionale systematisch für die Entwicklung physikalischer Theorien benutzt. Funktionale wurden dann von *Wiener* [16] bei der Untersuchung der Brownschen Bewegung, von *Fock* [17] und *Feynman* [18] in der nichtrelativistischen Quantentheorie, von *Bogoljubov* [19] und *Lux* und *Münster* [20] in der statistischen Mechanik verwendet. In die Quantenfeldtheorie wurden Funktionale von *Schwinger* eingeführt [9] und zugehörige Gleichungen abgeleitet. In einer größeren Anzahl mathematischer Arbeiten wurde dann versucht, dem Funktionalbegriff und damit verknüpften Operationen wie funktionale Differentiation und Integration usw. eine strenge Grundlage zu geben, u.a. von *Friedrichs* [21] und *Segal* [22]. Die Integrationstheorie für Funktionale ist ein Teil der modernen Maß- und Integrationstheorie auf topologischen Vektorräumen, *Bourbaki* [23], *Zerner* [24], *Varadarajan* [25]. Auch in zahlreichen physikalischen Arbeiten wurden insbesondere in der Quantenfeldtheorie Schwingerfunktionale und damit zusammenhängende Funktionale verwendet [26, 27, 28, 29, 30]. In einem großen Teil der Arbeiten werden Funktionale jedoch nur als formale Kurzschrift benutzt. Versuche zur Lösung von quantenfeldtheoretischen Funktionalgleichungen und damit zur selbständigen Anwendung der Funktionale wurden u.a. unternommen von *Symanzik* [31]. Ein Vorschlag zur autonomen funktionalen Formulierung der S-Matrix stammt von *Rzewuski* [32]. Die Benutzung des Funktionalbegriffs zur Formulierung einer umfassenden funktionalen Quantentheorie wurde vorgeschlagen von *Stumpf* [33]. Im folgenden soll der gegenwärtige Stand dieses Projekts kurz dargestellt werden.

2. Funktionalräume

Ganz allgemein können sowohl die konventionelle Quantentheorie als auch die von *Heisenberg* erweiterte Quantentheorie strukturell dadurch gekennzeichnet werden, daß ein oder mehrere Zustandsräume gegeben sind, die eine Quantenzahlendefinition und eine Wahrscheinlichkeitsinterpretation gestatten. Die Quantenzahlendefinition wiederum wird durch die Eigenwerte eines maximalen Satzes von simultan diagonalisierbaren infinitesimalen Operatoren zugeordneter Symmetriegruppen ermöglicht, so daß der Zustandsraum ein Basisraum für Darstellungen dieser Symmetriegruppen mit Wahrscheinlichkeitsinterpretation sein muß. In der konventionellen Quantentheorie ist die explizite Darstellung der infinitesimalen Operatoren durch Feldoperatoren bekannt, in der nichtkanonischen Quantentheorie nicht, jedoch existieren sie. Eine funktionale Quantentheorie stellt dann einen Isomorphismus dieses physikalischen Zustandsraumes auf einen Funktionalraum dar. Im folgenden beschäftigen wir uns im Hinblick auf die nichtlineare Spinortheorie nur mit der Konstruktion dafür geeigneter Funktionalräume. Wir setzen zunächst die Existenz funktionaler Operatoren $j_\alpha(x)$ und $\partial_\alpha(x)$ mit x als Lorentzraumpunkt voraus und verlangen für sie die Antikommutatoren

$$\begin{aligned} &[j_\alpha(x), j_\beta(x')]_+ = 0 \\ &[j_\alpha(x), \partial^\beta(x')]_+ = \delta_\alpha^\beta(x-x') \\ &[\partial^\alpha(x), \partial^\beta(x')]_+ = 0\,. \end{aligned} \tag{2.1}$$

Zufolge des geforderten Isomorphismus zwischen physikalischen und funktionalem Zustandsraum muß der letztere sich ebenfalls als Basis einer Darstellung der Lorentzgruppe auffassen lassen, dies führt auf die Forderungen [34] für die Quellen

$$\begin{aligned} &V j_\alpha(x)\, V^{-1} = D_\alpha^\beta\, j_\beta(ax+b); \quad V\, \partial_\alpha(x)\, V^{-1} = D_\alpha^\beta\, \partial_\beta(ax+b) \\ &V j^\alpha(x)\, V^{-1} = D^{-1}\,{}^\alpha_\beta\, j^\beta(ax+b); \quad V\, \partial^\alpha(x)\, V^{-1} = D^{-1}\,{}^\alpha_\beta\, \partial^\beta(ax+b) \end{aligned} \tag{2.2}$$

als Transformationsverhalten bei einer Poincaré-Transformation $x' = ax + b$. Durch diese Forderungen wird auch die Bedeutung der Indizes α festgelegt. Es handelt sich um Hermitesche Dirac-Spinoren [35, 14], deren Transformationsverhalten durch D_β^α bestimmt wird. In der Hermiteschen Dirac-Algebra läßt sich eine Schreibweise einführen, bei der in Analogie zur Tensoranalysis $\psi_\alpha \psi^\alpha$ eine Invariante ist [34]. Es gilt dann

$$\partial^\alpha(x) = g^{\alpha\beta}\, \partial_\beta(x); \quad j^\alpha(x) = g^{\alpha\beta}\, j_\beta(x)\,. \tag{2.3}$$

Die Forderungen (2.1, 2.2) können dann als konsistent betrachtet werden, wenn man eine (2.1, 2.2) genügende Darstellung findet. Eine allein (2.1) genügende Darstellung kann man durch Wahl eines festen Basissystems im Testfunktionenraum mittels einer *Jordan-Wigner*-Algebra [36] direkt konstruieren. Die Anwendung auf die Quellen wurde u.a. von *Rzewuski* [29], *Berezin* [37], *Coester* [38] vorgenommen. Eine Darstellung, die sowohl (2.1) als auch (2.2) befriedigt, wurde von *Stumpf* [34] konstruiert. Es zeigt sich, daß erst eine solche (2.1, 2.2) genügende Darstellung eine für die Konstruktion von Funktionalräumen geeignete Grundlage abgibt. Aus dieser Darstellung folgt nämlich, daß

$$j_\alpha^+(x) = \partial_\alpha(x); \qquad \partial_\alpha^+(x) = j_\alpha(x) \tag{2.4}$$

gelten muß und daß ein funktionaler Grundzustand $|\varphi_0\rangle$ mit

$$\partial_\alpha(x)|\varphi_0\rangle = 0 \tag{2.5}$$

existiert. Daraus folgt, daß $\partial_\alpha(x)$ ein funktionaler Vernichtungs- und $j_\alpha(x)$ ein funktionaler Erzeugungsoperator ist. Durch wiederholte Anwendung von $j_\alpha(x)$ auf $|\varphi_0\rangle$ kann daher ein funktionaler Hilbertraum konstruiert werden. Definiert man die Potenzfunktionale

$$|D_n\begin{pmatrix} x_1 \ldots x_n \\ \alpha_1 \ldots \alpha_n \end{pmatrix}\rangle := \frac{1}{n!} j_{\alpha_1}(x_1) \ldots j_{\alpha_n}(x_n)|\varphi_0\rangle \tag{2.6}$$

und

$$\langle D_n\begin{pmatrix} \alpha_1 \ldots \alpha_n \\ x_1 \ldots x_n \end{pmatrix}| := \left(|D_n\begin{pmatrix} \alpha_1 \ldots \alpha_n \\ x_1 \ldots x_n \end{pmatrix}\rangle\right)^+, \tag{2.7}$$

so folgt sofort mit den gegebenen Rechenregeln

$$\langle D_n\begin{pmatrix} \alpha_1 \ldots \alpha_n \\ x_1 \ldots x_n \end{pmatrix}|D_m\begin{pmatrix} x'_1 \ldots x'_m \\ \alpha'_1 \ldots \alpha'_m \end{pmatrix}\rangle =$$

$$P \sum_{\lambda_1 \ldots \lambda_n} (-1)^P \delta_{\alpha_{\lambda_1}}^{\alpha'_1} \delta(x_1 - x'_{\lambda_1}) \ldots \delta_{\alpha_{\lambda_n}}^{\alpha'_n} \delta(x_n - x'_{\lambda_n}) \delta_{mn} \frac{1}{[n!]^2}. \tag{2.8}$$

Der so konstruierte Zustandsraum ist aber nicht der einzige funktionale Basisraum für Darstellungen der Lorentzgruppe. Wir führen einen Gewichtsfaktor $\exp(-jGj)$ ein, wobei mit der Abkürzung $g_\alpha(x) f^\alpha(x) := \int g_\alpha(x) f^\alpha(x)\, dx$

$$jGj := j_\alpha(x)\, G\begin{pmatrix} \alpha & \beta \\ x & y \end{pmatrix} j_\beta(y) \tag{2.9}$$

definiert sein möge und G eine antisymmetrische Testfunktion sei. Es kann dann eine Menge von möglichen Grundzuständen $\exp(-jGj)|\varphi_0\rangle =: |G\rangle$ durch Variation von G erzeugt werden. Für jedes G ist der Zustand $|G\rangle$ der Ausgangszustand eines funktionalen Hilbertraumes. Um dies zu zeigen, definieren wir

$$A^\kappa(x) := 2\, G^{\kappa\alpha}(x, x')\, j_\alpha(x') + \partial^\kappa(x). \tag{2.10}$$

Es gilt dann

$$A^\kappa(x)|G\rangle = 0 \tag{2.11}$$

Daher ist $A^\kappa(x)$ ein verallgemeinerter Vernichtungsoperator. Der hermitesch konjugierte Operator wird definiert durch

$$A^+_\kappa(x) := 2\, G^+_{\kappa\alpha}(x, x')\, \partial^\alpha(x') + j_\kappa(x). \tag{2.12}$$

Diese Operatoren erfüllen die Vertauschungsrelationen

$$\begin{aligned} &[A^\kappa(x) A^{\kappa'}(x')]_+ = 0 \\ &[A^\kappa(x) A^+_{\kappa'}(x')]_+ = -4\, G^\kappa_\rho(x, y)\, G^{\rho\chi}_{\kappa'}(y, x') + \delta^\kappa_{\kappa'}(x - x') =: a^\kappa_{\kappa'}(x, x') \\ &[A^+_\kappa(x) A^+_{\kappa'}(x')]_+ = 0 \end{aligned} \tag{2.13}$$

und weisen die zu (2.2) analogen Transformationseigenschaften auf. Für die explizite Konstruktion des zugehörigen Hilbertraumes definieren wir die wegen des Exponentialfaktor $\exp(-jGj)$ als Hermitesche Basisfunktionale zu bezeichnenden Zustände

$$|I_n\begin{pmatrix} x_1 \ldots x_n \\ \alpha_1 \ldots \alpha_n \end{pmatrix}\rangle_G := \frac{1}{\sqrt{n!}} A^+_{\kappa_1}(x_1) \ldots A^+_{\kappa_n}(x_n)|G\rangle, \tag{2.14}$$

so daß der hermitesch konjugierte Zustand lautet

$$_G\langle I_n\begin{pmatrix} x_1 \ldots x_n \\ \alpha_1 \ldots \alpha_n \end{pmatrix}| := \frac{1}{\sqrt{n!}} \langle G|A_{\alpha_1}(x_1) \ldots A_{\alpha_n}(x_n). \tag{2.15}$$

Für das Skalarprodukt ergibt sich dann

$$_G\langle I_n\begin{pmatrix} \alpha_1 \ldots \alpha_n \\ x_1 \ldots x_n \end{pmatrix}|I_m\begin{pmatrix} x'_1 \ldots x'_m \\ \alpha'_1 \ldots \alpha'_m \end{pmatrix}\rangle_G =$$

$$\frac{1}{n!}\delta_{nm} P \sum_{\lambda_1 \ldots \lambda_n} (-1)^P a^{\alpha_1}_{\alpha_{\lambda'_1}}(x, x'_{\lambda_1}) \ldots a^{\alpha_n}_{\alpha_{\lambda_n}}(x_n, x'_{\lambda_n}), \tag{2.16}$$

wobei zusätzlich durch $\langle G|G\rangle$ dividiert wird. Im Spezialfall $G \equiv 0$ erhält man die alte Formel (2.8) bis auf einen Faktor $\frac{1}{n!}$ zurück. Neben den Hermiteschen Funktionalen gibt es dann für $G \neq 0$ noch die gewichteten Potenzfunktionale

$$|D_n\begin{pmatrix} x_1 \ldots x_n \\ \alpha_1 \ldots \alpha_n \end{pmatrix}\rangle_G := \frac{1}{n!} j_{\alpha_1}(x_1) \ldots j_{\alpha_n}(x_n)\, |G\rangle. \tag{2.17}$$

Auch für diese können Skalarprodukte ausgerechnet werden, worauf wir aber nicht weiter eingehen wollen [34]. In diesen so konstruierten Räumen soll die funktionale Quantentheorie entwickelt werden.

3. Funktionale Quantenzahlendefinition

In diesen und den folgenden Abschnitten stellen wir die Grundlagen einer funktionalen Quantentheorie und gegenwärtig daraus entwickelte Aussagen und Methoden war. Der Zusammenhang mit der konventionellen Quantentheorie wird im Anhang behandelt. Zur Formulierung der funktionalen Quantentheorie werden die in Abschnitt 2 eingeführten Funktionalräume benutzt. Darin werden zur Beschreibung physikalischer Zustände Zustandsfunktionale

$$|T(j)\rangle := \sum_{n=0}^{\infty} i^n \tau_n \begin{pmatrix} x_1 \dots x_n \\ \alpha_1 \dots \alpha_n \end{pmatrix} |D_n \begin{pmatrix} \alpha_1 \dots \alpha_n \\ x_1 \dots x_n \end{pmatrix} \rangle \tag{3.1}$$

als Linearkombinationen über die Basisvektoren (2.6) definiert. Die Koeffizientenfunktionen τ_n werden als total antisymmetrisch in allen Variablen angenommen. Zur Definition der physikalische Zustände charakterisierenden Quantenzahlen müssen die Zustände (3.1) sich als Basisvektoren von Darstellungen der geforderten Symmetriegruppe transformieren. Wir betrachten hier nur die für die Hochenergiephysik wichtige Poincarégruppe. Zufolge (2.2) muß dann gelten

$$|T'(j)\rangle = \mathbb{V}\,|T(j)\rangle . \tag{3.2}$$

Das Basissystem (2.6) wird als vollständig zur Beschreibung physikalischer Zustände angenommen. Daher muß sich $|T'(j)\rangle$ in diesem System ausdrücken lassen.

$$|T'(j)\rangle = \sum_{n=0}^{\infty} i^n \tau'_n \begin{pmatrix} x'_1 \dots x'_n \\ \alpha'_1 \dots \alpha'_n \end{pmatrix} |D_n \begin{pmatrix} \alpha'_1 \dots \alpha'_n \\ x'_1 \dots x'_n \end{pmatrix} \rangle . \tag{3.3}$$

Nach Konstruktion gilt $\mathbb{V}|\varphi_0\rangle = |\varphi_0\rangle$. Daher folgt für die Koeffizientenfunktionen bei einer Poincaré-Transformation $x = \Lambda x' + a$ das Transformationsverhalten

$$\tau'_n \begin{pmatrix} x'_1 \dots x'_n \\ \alpha'_1 \dots \alpha'_n \end{pmatrix} = D^{\alpha_1}_{\alpha'_1} \dots D^{\alpha_n}_{\alpha'_n} \tau_n \left(\Lambda^{-1} \begin{pmatrix} x_1 - a \\ \alpha_1 \end{pmatrix} \dots \Lambda^{-1} \begin{pmatrix} x_n - a \\ \alpha_n \end{pmatrix} \right) . \tag{3.4}$$

Bezeichnet man die Generatoren der Poincarégruppe im Minkowskiraum mit $P_\mu(x)$ und $M_{\rho\sigma}(x)$, so ergibt sich aus (3.4) für eine allgemeine infinitesimale Transformation

$$\tau'_n(x'_1 \dots x'_n) = (1 + \sum_{k=1}^{n} [i\epsilon^\mu P_\mu(x_k) + \frac{i}{2} \omega^{\rho\sigma} M_{\rho\sigma}(x_k)])\, \tau_n(x_1 \dots x_n), \tag{3.5}$$

wenn man die Spinorindizes unterdrückt. Definiert man im Funktionalraum

$$\mathbf{P}_k := j_\alpha(x) P_k(x)\, \partial^\alpha(x); \qquad \mathbf{M}_{kl} := j_\alpha(x) M_{kl}(x)\, \partial^\alpha(x) , \tag{3.6}$$

so folgt bei Substitution von (3.5) in (3.3) und (3.3) in (3.2) für die infinitesimale Erzeugende $\delta\,\mathbb{V}$ von $\mathbb{V}$ der Ausdruck

$$\delta\,\mathbb{V} := (1 + i\,\epsilon^\mu\, \mathbf{P}_\mu + \frac{i}{2} \omega^{\rho\sigma}\, \mathbf{M}_{\rho\sigma}) . \tag{3.7}$$

Die Quantenzahlen werden durch die Eigenwerte eines maximalen diagonalisierbaren Satzes infinitesimaler Operatoren definiert, in Anwendung auf den Funktionalraum also

$$P_k \,|\, T(j)\rangle = p_k \,|\, T(j)\rangle; \qquad P^2 \,|\, T(j)\rangle = m^2 \,|\, T(j)\rangle \tag{3.8}$$
$$G_\mu \, G^\mu \,|\, T(j)\rangle = s(s+1) \,|\, T(j)\rangle; \quad S_3 \,|\, T(j)\rangle = s_3 \,|\, T(j)\rangle$$

mit

$$G^\mu := \frac{1}{2m} \epsilon^{\mu\nu\rho\sigma} P_\nu M_{\rho\sigma} \,. \tag{3.9}$$

Auf S_3 gehen wir der Einfachheit halber hier nicht ein. Eine Auswertung der Bedingungen (3.8) wird zweckmäßig im Ruhesystem vorgenommen. Über Einzelheiten zu diesem Abschnitt s. *Stumpf, Scheerer, Märtl* [39] sowie für Bosonenfunktionale *Rieckers* [40].

4. Funktionalgleichungen

Die Symmetrieforderungen legen die Menge möglicher Quantenzahlen fest. Die Auswahl der davon physikalisch realisierten Quantenzahlen wird durch die Dynamik des Systems, also die Bewegungsgleichungen bewirkt. Diese werden als Zusammenfassung physikalischer Erfahrung postuliert. Für die funktionale Quantentheorie als Isomorphismus der von *Heisenberg* betrachteten nichtlinearen Spinortheorie postulieren wir die Funktionalgleichung

$$[D_\alpha^\beta(x)\, \partial_\beta(x) + V_\alpha^{\beta\gamma\delta} \,[\partial_\beta(x)\, \partial_\gamma(x)\, \partial_\delta(x) + 3F_{\beta\gamma}(0)\, \partial_\delta(x)] - i\rho_0 j_\alpha(x)] \,|\, T(j)\rangle = 0 \,, \tag{4.1}$$

welche in den in Abschnitt 2 eingeführten Räumen erklärt sei. Hierbei ist D der Hermitesche Dirac-Operator [34] und V der von *Dürr* und *Wagner* [14] eingeführte Hermitesche Vertexoperator. Die Abbildung dieser Funktionalgleichung in die zugehörige Operatorfeldgleichung im feldtheoretischen Hilbertraum wird im Anhang diskutiert. Daraus folgt auch die Bedeutung von ρ_0. Wendet man die kausale Greenfunktion D^{-1} auf (4.1) an, so ergibt sich unter Beachtung der Summationskonvention

$$[\partial_\kappa(x) + G_\kappa^\alpha(x-x') \left\{ V_\alpha^{\beta\gamma\delta} [\delta_\beta(x')\delta_\gamma(x')\,\delta_\delta(x') + 3F_{\beta\gamma}(0)\, \partial_\delta(x')] - i\rho_0 j_\alpha(x') \right\}] \,|\, T(j)\rangle = 0 \,. \tag{4.2}$$

Um die Erweiterung der konventionellen Quantentheorie auf Hochenergiephänomene vorzunehmen, ist es zweckmäßig, „Normaltransformierte“ durch

$$|\, T(j)\rangle =: \mathrm{e}^{-jFj} \,|\, \phi(j)\rangle \tag{4.3}$$

einzuführen, wobei F die sog. Zweipunktfunktion der zugehörigen Quantentheorie ist. Die Gleichung (4.2) geht dann über in

$$[\partial_\kappa(x) + F^1_{\kappa\alpha}(xx')\, j^\alpha(x') + G_\kappa^\alpha(x-x')\, V_\kappa^{\beta\gamma\delta}\, d_\beta(x') d_\gamma(x') d_\delta(x')] \,|\, \phi(j)\rangle = 0 \,, \tag{4.4}$$

wobei die Definitionen

$$d_\kappa(x) := F\begin{pmatrix} x & z \\ \kappa & \alpha \end{pmatrix} j^\alpha(z) + \partial_\kappa(x) \tag{4.5}$$

$$F^1\begin{pmatrix} x & x' \\ \kappa & \alpha \end{pmatrix} := F\begin{pmatrix} x & z \\ \kappa & \alpha \end{pmatrix} - i\rho_0 G_{\kappa\dot{\alpha}}(x - x')$$

benutzt werden. Ebenso folgt aus (3.8) durch Transformation mit (4.3)

$$P_k |\phi(j)\rangle = p_k |\phi(j)\rangle; \qquad P^2 |\phi(j)\rangle = m^2 |\phi(j)\rangle \tag{4.6}$$
$$G_\mu G^\mu |\phi(j)\rangle = s(s+1)|\phi(j)\rangle; \quad S_3 |\phi(j)\rangle = s_3 |\phi(j)\rangle .$$

An Stelle von (4.1) bzw. (4.2) und (3.8) kann man daher auch die Normaltransformierte $|\phi(j)\rangle$ mit den Gleichungen (4.4) und den Quantenzahlenbedingungen (4.6) zur funktionalen Beschreibung eines Quantensystems verwenden. Sofern für die zugehörige Quantentheorie eine eindeutige Darstellung des Zustandsraumes existiert, ist die Zweipunktfunktion F völlig festgelegt. Die Einführung der Normaltransformierten bedeutet dann die Benutzung einer wohldefinierten Vorinformation. Aus allgemeinen Überlegungen folgt, daß bei konventioneller, d.h. kanonischer Quantisierung F in der Variablen $z := x - x'$ eine singuläre Distribution am Lichtkegel sein muß [41, 42]. Diese Eigenschaft hängt eng mit den Divergenzproblemen von kanonisch quantisierten Feldtheorien zusammen, die natürlich auch in den entsprechenden funktionalen Rechnungen auftreten. Es liegt daher nahe, F so zu verändern, daß die Theorie regularisiert wird [12]. Dadurch wird die Quantisierung nichtkanonisch. Der Übergang zu Normaltransformierten (4.3) ist dann die funktionale Formulierung dieser von *Heisenberg* [12] eingeführten nichtkanonischen Quantisierung. Über das Selbstkonsistenzproblem der bezüglich einer nichtkanonischen Quantisierung durch F eingeführten Vorinformation s. [2, 13, 43].

Gegenüber einer solchen Regularisierungsprozedur verhalten sich Operatorquantentheorie und funktionale Quantentheorie wesentlich verschieden. In der Operatorquantentheorie können bei nichtkanonischer Quantisierung die infinitesimalen Erzeugenden i.a. nicht mehr explizit durch die Feldoperatoren ausgedrückt werden, was eine wesentliche strukturelle Änderung der Theorie bedeutet. Die funktionalen Gleichungen (4.4, 4.6) dagegen bleiben weiterhin gültig. Sieht man davon ab, daß im kanonischen Fall bei relativistischen Theorien Divergenzen auftreten, so kann (4.4) als Zustandsgleichung einer funktionalen Quantentheorie für kanonische wie für nichtkanonische Quantisierung formal völlig gleich behandelt werden. Im Hinblick auf die angestrebte stetige Erweiterung der konventionellen Quantentheorie ist dies daher einer der Gründe für die Entwicklung einer funktionalen Quantentheorie.

5. Globale funktionale Observable

In der konventionellen Operatorquantentheorie besteht die Menge der Observablen aus lokalen und globalen Größen. Globale Observable werden durch den maximalen Satz diagonalisierbarer infinitesimaler Erzeugenden der zugehörigen Symmetriegruppe sowie durch die Streumatrix gegeben. Lokale Observable dagegen sind Funktionen der Feldoperatoren an der Stelle x, hängen vom gewählten Feldtyp ab und können in beliebigen Kombinationen definiert werden, sofern sie simultan meßbare Operatoren betreffen. Da die strenge Lokalität problematisch ist, hat *Heisenberg* [44] die Beschränkung der Hochenergiequantentheorie auf globale Observable gefordert. Eine solche Reduktion der Observablenmenge auf den globalen Anteil hat jedoch keinerlei physikalische Konsequenz, da man streng genommen zwischen theoretisch beobachtbaren und physikalisch beobachtbaren Observablen unterscheiden muß. Physikalisch beobachtbar sind nur die globalen Observablen, während die lokalen Observablen ein theoretischer Luxus sind. Die effektive Ausmessung lokaler Observabler läuft über Streuexperimente, mithin über globale Observable. Für eine Hochenergiequantentheorie ist daher die Definition globaler Observabler hinreichend. Die bisherigen Untersuchungen der funktionalen Quantentheorie legen nahe, daß der Isomorphismus zur konventionellen Quantentheorie nur für die globalen Observablen durchgeführt werden kann. Die funktionale Quantentheorie wäre damit zugleich eine Realisierung der von *Heisenberg* vorgeschlagenen S-Matrix-Theorie, die gegenwärtig mit Dispersionsrelationen nur sehr unvollkommen behandelt werden kann. Da die globalen Observablen stationärer Zustände, d.h. ihre Quantenzahlen in Abschnitt 3 funktional eingeführt wurden, verbleibt nur noch die funktionale Definition der S-Matrix. Eine vollständige Untersuchung ist im Druck, *Stumpf* [57]. Bisher wurde nur die S-Matrix-Definition für die Streuung von Spin-1/2-Fermionen publiziert, *Stumpf* [45, 46], *Stumpf, Engeser, Illig* [47]. Man betrachtet dazu erst die Normalfunktionale der asymptotisch ein- und auslaufenden freien Spin-1/2-Teilchen:

$$|\phi(j, k_1 \dots k_n)\rangle = P \sum_{\lambda_1 \dots \lambda_n} (-1)^P f_{\beta_1}(x_1 | k_{\lambda_1}) \dots f_{\beta_n}(x_n | k_{\lambda_n}) | D_n \begin{pmatrix} \beta_1 & \dots & \beta_n \\ x_1 & \dots & x_n \end{pmatrix} \rangle, \quad (5.1)$$

wobei die $f(x \,|\, k)$ Lösungen der Hermiteschen Diracgleichung zur Quantenzahl k sind. Es ist $k := p, s$ mit p als Viererimpuls und s als Spin sowie übrige Quantenzahlen. Man definiert nun das in (2.9) eingeführte G als

$$G(x, x', \vartheta) := i\,({}^5G^\lambda G)\, n_\lambda\, f(n^\lambda x_\lambda - \vartheta)\, \delta(x - x') \quad (5.2)$$

mit beliebigem reellem ϑ, wobei ${}^5G$, ${}^\lambda G$ Elemente der Hermiteschen Dirac-Algebra sind, n_λ ein zeitartiger Vierervektor und $f(z)$ eine geeignet gewählte Funktion. Bezüglich der Forderungen an $f(z)$ sei auf [34], [46] verwiesen. Setzt man ferner

$$e^{-jGj} |\phi(j, k_1 \dots k_n)\rangle := |\phi(j, k_1 \dots k_n)\rangle_G\,, \quad (5.3)$$

so folgt mit den Skalarprodukten von Abschnitt 3 für Teilchen gleicher Masse nach *Stumpf* [34]

$$_{G(\vartheta)}\langle \phi(j, k'_1 \dots k'_m) | \phi(j, k_1 \dots k_n)\rangle_{G(\vartheta)} =$$

$$\delta_{nm} \frac{1}{n!} \sum_{\lambda_1 \dots \lambda_n} (-1)^P \delta(k'_1 - k_{\lambda_1}) \delta_{m_1 m_{\lambda'_1}} \dots \delta(k'_m - k_{\lambda_m}) \delta_{m_n m_{\lambda'_n}} \quad (5.4)$$

für beliebiges reelles ϑ, d.h. die Orthonormalität der freien Feldfunktionale. Diese Orthonormalität kann auch für die freien Feldfunktionale von Teilchen verschiedener Masse im limes $\vartheta \to \infty$ nachgewiesen werden [46], was die Orthonormalität der asymptotischen Spin-1/2-Teilchenzustände der Spinortheorie bedeutet. Im nichtrelativistischen Fall kann unter geeigneten Annahmen über das Wechselwirkungspotential streng nachgewiesen werden, daß die Streuzustandsfunktionale sich additiv aus den asymptotischen freien Feldfunktionalen und einem Wechselwirkungsanteil zusammensetzen [45]. Im relativistischen Fall wird dies als plausible Annahme postuliert. Es gilt dann, daß ein Streufunktional definiert wird durch

$$|\phi^{(\pm)}(j, k_1 \ldots k_n)\rangle = |\phi(j, k_1 \ldots k_n)\rangle + |\chi^{(\pm)}(j, k_1 \ldots k_n)\rangle, \tag{5.5}$$

wobei der erste Term die asymptotisch ein- oder auslaufenden Spin-1/2-Teilchen beschreibt, deren Quantenzahlen den Streuzustand charakterisieren, wogegen der zweite Term den eigentlichen Wechselwirkungsanteil des Streuzustandes enthält. Bezeichnet man mit $N := k_1 \ldots k_n$ die Menge der Quantenzahlen der ein- oder auslaufenden Teilchen, so wird die Streumatrix durch

$$S_{N'N} = \lim_{\vartheta \to \infty} {}_{G(\vartheta)}\langle \phi^{(+)}(j, N') | \phi^{(-)}(j, N) \rangle_{G(\vartheta)}\, a_1^{-2} \ldots a_n^{-2} \tag{5.6}$$

gegeben. Die a_i bezeichnen hierbei Größen, die mit den bezüglich G gebildeten Einteilchennormen zusammenhängen und vollständig funktional berechnet werden können, worauf hier nicht näher eingegangen werden soll. Untersuchungen der S-Matrix für Prozesse mit Teilchen anderer Drehimpulse sind im Gange.

6. Funktionale Rechenmethoden

Mit Hilfe der in Abschnitt 2 eingeführten möglichen Funktionalräume kann die Funktionalgleichung (4.4) mit der Methode der kleinsten Quadrate behandelt werden. Eine Unsicherheit besteht jedoch bezüglich der Wahl von G. Daher ist diese Methode wahrscheinlich mehr für Existenzbeweise von Lösungen als für praktische Rechnungen verwendbar. Vielleicht können solche Existenzbeweise in Analogie zu [48] entwickelt werden. Für praktische Rechnungen verwenden wir im folgenden eine direkte Methode, *Stumpf* [49]. Auf (4.4) wird der Operator $j^\kappa(x)P_h(x)$ angewandt, wobei (4.4) in

$$j^\kappa(x)P_h(x)\,\partial_\kappa(x)|\phi(j)\rangle = -D_h(j, \vartheta)|\phi(j)\rangle \tag{6.1}$$

übergeht mit

$$D_h(j, d) := j^\kappa(x)P_h(x)F^1\begin{pmatrix} x & z \\ \kappa & \alpha \end{pmatrix} j^\alpha(z) +$$

$$j^\kappa(x)P_h(x)G\begin{pmatrix} x & z \\ \kappa & \alpha \end{pmatrix} V^{\alpha\beta\gamma\delta}\, d_\beta(z)d_\gamma(z)d_\delta(z). \tag{6.2}$$

Mit (3.6) und (4.6) kann dies in

$$[m^2 - D^h(j, d)\, D_h(j, d)]\,|\,\phi(j)\rangle = 0 \tag{6.3}$$

umgeformt werden. Wegen der Baryonenzahlerhaltung, die hier nicht explizit diskutiert wurde, gibt es für spezielle Einteilchenzustände ein kleinstes ρ mit $\varphi_\rho \neq 0$, wogegen alle $\varphi_n \equiv 0$ für $n < \rho$ werden. Daher kann in diesem Baryonensektor das Normalfunktional durch

$$|\,\phi(j)\rangle = \sum_{n=\rho}^{\infty} \varphi_n \begin{pmatrix} x_1 \ldots x_n \\ \alpha_1 \ldots \alpha_n \end{pmatrix} |\,D_n \begin{pmatrix} \alpha_1 \ldots \alpha_n \\ x_1 \ldots x_n \end{pmatrix} \rangle \tag{6.4}$$

dargestellt werden. Man definiert nun Projektionsoperatoren

$$\mathbb{P}_k := |\,D_k \begin{pmatrix} \beta_1 \ldots \beta_k \\ z_1 \ldots z_k \end{pmatrix} \rangle\, \delta_{\beta_1}^{\gamma_1}\, \delta(z_1 - y_1) \ldots \delta_{\beta_k}^{\gamma_k}\, \delta(z_k - y_k)\, \langle D_k \begin{pmatrix} y_1 \ldots y_k \\ \gamma_1 \ldots \gamma_k \end{pmatrix} | \tag{6.5}$$

$$\Pi_k := \sum_{n=k+1}^{\infty} \mathbb{P}_n\,. \tag{6.6}$$

(6.4) läßt sich dann schreiben als

$$|\,\phi(j)\rangle = \mathbb{P}_\rho\,|\,\phi(j)\rangle + \Pi_\rho\,|\,\phi(j)\rangle =: |\,\phi_\rho\rangle + |\,\phi_r\rangle\ . \tag{6.7}$$

Wegen der linearen Unabhängigkeit von (6.5, 6.6) kann man (6.3) zerlegen und $|\,\phi_r\rangle$ durch $|\,\phi_\rho\rangle$ ausdrücken. Dies führt auf

$$|\,\phi_r\rangle = -\,(m^2 - \Pi_\rho D_h D^h \Pi_\rho)^{-1}\, \Pi_\rho (m^2 - D_h D^h)\ \mathbb{P}_\rho\,|\,\phi_\rho\rangle \tag{6.8}$$

und Substitution in den auf $\mathbb{P}_\rho$ projizierten Teil von (6.3) ergibt als Gleichung

$$(m^2 - \mathbb{P}_\rho D_h D^h\, \mathbb{P}_\rho)\,|\,\phi_\rho\rangle +$$

$$\frac{1}{m^2} \sum_{l=0}^{\infty} \mathbb{P}_\rho D_h D^h \Pi_\rho\ \frac{1}{m^2}\, \Pi_\rho D_h D^h \Pi_\rho\ \Pi_\rho D_h D^h\ \mathbb{P}_\rho\,|\,\phi_\rho\rangle = 0\,. \tag{6.9}$$

wenn man eine Potenzentwicklung der in (6.8) auftretenden Inversen vornimmt. Die Gleichung (6.9) muß dann gelöst werden. Um Quantenzahlen für stationäre Zustände zu definieren, müssen zusätzlich die Bedingungen (4.6) erfüllt sein. Von *Schuler* und *Stumpf* [50] wurde gezeigt, daß diese Bedingungen erfüllt werden können, wenn der maximale Satz von Quantenzahlenoperatoren mit dem Operator der Gleichung (6.3) kommutiert und wenn $|\,\phi_\rho\rangle$ selbst diese Bedingungen erfüllt. Da die Kommutativität von (6.3) und (4.6) durch Konstruktion gesichert ist, genügt es demnach, (6.9) unter den Quantenzahlenbedingungen für $|\,\phi_\rho\rangle$ allein zu lösen. Das gesamte Problem ist daher auf die Lösung einer Gleichung für die Funktion $\varphi_\rho(x_1 \ldots x_\rho)$ reduziert. Da der Kern von (6.9) eine unendliche Reihe enthält, wird man für praktische Rechnungen nur eine endliche Anzahl von Gliedern berücksichtigen. Nimmt man diese Entwicklung und Vernachlässigung auch in (6.8) vor, so entspricht dies der Vernachlässigung höherer φ-Funktionen, welche durch Randbedingungen gerechtfertigt erscheint [49] und gerade auf die N.T.D.-Prozedur führt. Auf diese Weise wird der Vorschlag von *Heisenberg* [51] für nichtkanonische Zustandsberechnungen funktional reproduziert. Natürlich muß die Konvergenz der Neumann-Reihe in (6.9) noch bewiesen bzw. die Resolvente allgemein konstruiert werden. Erste erfolgreiche Ansätze in dieser Richtung wurden von *Schuler* und *Stumpf* [52] unternommen. Für Streuzustandsberechnung können analoge Überlegungen ausgeführt werden [49].

Anhang

Wir betrachten zunächst die dynamischen Annahmen der nichtlinearen Spinortheorie:

a) Es wird ein Hermitescher Feldoperator $\psi_\alpha(x)$ definiert [14], dessen dynamisches Verhalten durch die Feldgleichung

$$D_\alpha^\beta(x)\,\psi_\beta(x) + V_\alpha^{\beta\gamma\delta} : \psi_\beta(x)\,\psi_\gamma(x)\,\psi_\delta(x) : = 0 \tag{I.1}$$

beschrieben wird, wobei die Punkte Normalordnung bedeuten. Bezüglich der Definition von D und V sei auf Abschnitt 4 verwiesen.

b) In Analogie zu den freien Hermiteschen Fermifeldern werden für $\psi_\alpha(x)$ die Vertauschungsrelationen

$$[\psi_\alpha(x)\,\psi_\beta(x')]_+\,|_{x_0=x_0'} = \rho_0\,\delta_{\alpha\beta}\,\delta(\mathbf{r}-\mathbf{r}') \tag{I.2}$$

angesetzt, wobei ρ_0 bei nichtkanonischer Heisenberg-Quantisierung verschwindet, ohne das Spinorfeld zu einem klassischen Feld zu machen [1, 13].

c) Das nichtkanonische Verhalten des Spinorfeldes hat zur Folge, daß der Darstellungsraum der Feldoperatoren ein Hilbertraum mit indefiniter Metrik sein muß. Es wird angenommen, daß die indefinite Metrik die Wahrscheinlichkeitsinterpretation der Theorie nicht zerstört. Dies wurde an lösbaren Modellen bereits streng verifiziert [53, 54].

d) Die Quantenzahlen der Theorie werden definiert durch die Bedingung, daß der Darstellungsraum der Feldoperatoren ein Basisraum für Darstellungen der Poincarégruppe und zusätzlicher Symmetriegruppen ist. Wir betrachten nur die aus der Poincarégruppe resultierenden Quantenzahlen. Wir bezeichnen die Generatoren der Poincarégruppe mit P_h und M_{kl}, ihre Darstellungen im Hilbertraum der nichtlinearen Spinortheorie mit $\mathbb{P}_k$ und $\mathbb{M}_{kl}$. Dann werden die Quantenzahlen (Masse m, Impuls p, Gesamtspin s, Spinrichtung s_3) eines Zustands $|a\rangle$ in diesem Raum durch

$$\mathbb{P}_h\,|a\rangle = p_h\,|a\rangle; \qquad \mathbb{P}^2\,|a\rangle = m^2\,|a\rangle \tag{I.3}$$
$$\mathbb{\Gamma}_\mu \mathbb{\Gamma}^\mu\,|a\rangle = s(s+1)|a\rangle; \qquad \mathbb{S}_3\,|a\rangle = s_3\,|a\rangle$$

definiert mit

$$\mathbb{I}\Gamma^{\mu} = \frac{1}{2m} \epsilon^{\mu\gamma\rho\sigma} \mathbb{P}_{\nu} \mathbb{M}_{\rho\sigma} \tag{I.4}$$

(bezüglich S_3 s. [55]).

e) Jede Lorentztransformation im gewöhnlichen Raum

$$x_{\mu} = a_{\mu}^{\nu} x_{\nu}' + b_{\mu} \tag{I.5}$$

verursacht entsprechend unseren Annahmen eine Transformation im Darstellungsraum der Spinortheorie

$$|a\rangle' = U|a\rangle \tag{I.6}$$

und zufolge der Invarianzforderungen [13, 56] müssen sich die Feldoperatoren transformieren wie

$$U\,\psi_{\alpha}(x')\,U^{-1} = D_{\alpha}^{\beta}\,\psi_{\beta}(ax'+b) \tag{I.7}$$

wobei D die Transformation des entsprechenden klassischen Spinorfeldes ist. Die Abbildung dieser Theorie in den Funktionalraum wird durch die Vorschrift

$$\tau_n \begin{pmatrix} x_1 \dots x_n \\ \alpha_1 \dots \alpha_n \end{pmatrix} := \langle 0|T\,\psi_{\alpha_1}(x_1)\dots\,\psi_{\alpha_n}(x_n)|a\rangle \tag{I.8}$$

bewirkt, wobei $\langle 0|$ das physikalische Vakuum sein möge. Aus dieser Abbildungsvorschrift lassen sich die Transformationseigenschaften (3.4) sowie die Funktionalgleichungen herleiten. Bezüglich der Transformationseigenschaften verweisen wir auf [39]. Die Funktionalgleichung (4.1) dagegen soll hier hergeleitet werden. Wir definieren

$$Txx_1 \dots x_n := T\psi_{\alpha}(x)\,\psi_{\alpha_1}(x_1)\dots\,\psi_{\alpha_n}(x_n) \tag{I.9}$$

Eine direkte etwas langwierige Rechnung ergibt, *Stumpf* [34],

$$\frac{\partial}{\partial t} Txx_1 \dots x_n = T\dot{x}x_1 \dots x_n - \sum_{r=1}^{n} (-1)^r \delta(x-x_r)\,Tx_1 \dots x_{r-1}x_{rr_1} \dots x_n \tag{I.10}$$

bei kanonischer Quantisierung. Substituiert man

$$i\,{}^0G\partial_0\psi(x) = -i\sum_{k=1}^{3} {}^kG\partial_k\,\psi(x) - V_{\alpha}^{\beta\gamma\delta}\,[\psi_{\beta}(x)\psi_{\gamma}(x)\,\psi_{\delta}(x) - 3F_{\beta\gamma}(0)\,\psi_{\delta}(x)] \tag{I.11}$$

in (I.10), so entsteht wegen der Kommutativität von $\sum_k {}^kG\partial_k$ mit T der Ausdruck

$$(i^\mu G_\alpha^\beta \partial_\mu)\, T\, \psi_\beta(x)\, \psi_{\beta_1}(x_1) \ldots \psi_{\beta_n}(x_n) \tag{I.12}$$
$$= - V_\alpha^{\beta\gamma\delta} [T \psi_\beta(x) \psi_\gamma(x) \psi_\delta(x) \psi_{\beta_1}(x_1) \ldots \psi_{\beta_n}(x_n) - 3 T \psi_\delta(x) \psi_{\beta_1}(x_1) \ldots \psi_{\beta_n}(x_n) F_{\beta\gamma}(0)]$$
$$- i^0 G_\alpha^\beta \sum_{r=1}^{n} (-1)^r \delta(x - x_r)\, \delta_{\beta_r \beta}\, T \psi_{\beta_1}(x_1) \ldots \psi_{\beta r-1}(x_{r-1})\, \psi_{\beta r+1}(x_{r+1}) \ldots \psi_{\beta_n}(x_n).$$

Wegen

$$\partial_\beta(x) | T(j) \rangle = i \sum_{n=0}^{\infty} \frac{i^n}{n!} \langle 0 | T \psi_\beta(x) \psi_{\beta_1}(x_1) \ldots \psi_{\beta_n}(x_n) | a \rangle j^{\beta_1}(x_1) \ldots j^{\beta_n}(x_n) | \varphi_0 \rangle \tag{I.13}$$

sowie

$$\partial_\beta(x)\, \partial_\gamma(x)\, \partial_\delta(x) | T(j) \rangle =$$
$$= i \sum \frac{i^n}{n!} \langle 0 | T \psi_\beta(x) \psi_\gamma(x) \psi_\delta(x) \psi_{\beta_1}(x_1) \ldots \psi_{\beta_n}(x_n) | a \rangle j^{\beta_1}(x_1) \ldots j^{\beta_n}(x_n) | \varphi_0 \rangle \tag{I.14}$$

und

$$j_\beta(x) | T(j) \rangle = \tag{I.15}$$
$$= \sum_{r=1}^{n} (-1)^r \delta(x - x_r) \delta_{\beta_r \beta} \langle 0 | T \psi_{\beta_1}(x_1) \ldots \psi_{\beta_{r-1}}(x_{r-1}) \psi_{\beta_{r+1}}(x_{r+1}) \ldots \psi_{\beta_n}(x_n) | a \rangle$$
$$j^{\beta_1}(x_1) \ldots j^{\beta_n}(x_n) | \varphi_0 \rangle$$

erhält man bei Multiplikation von (I.12) mit $j^{\beta_1}(x_1) \ldots j^{\beta_n}(x_n)$ und Integration über $x_1 \cdots x_n$ die Funktionalgleichung (4.1) w.z.b.w.

Literatur

[1] *W. Heisenberg:* An Introduction to the Unified Theory of Elementary Particles, Wiley and Sons, London 1967.

[2] *H. P. Dürr, W. Heisenberg, H. Mitter, S. Schlieder, K. Yamazaki:* Z. Naturforsch. **14a**, 441 (1959).

[3] *W. Heisenberg:* Physikalische Prinzipien der Quantentheorie, B. I. Hochschultaschenbücher, Mannheim 1958.

[4] *W. Heisenberg, W. Pauli:* Z. Phys. **56**, 1 (1929), **59**, 168 (1930).

[5] *R. P. Feynman:* Phys. Rev. **76**, 749, 769 (1949).

[6] *H. A. Bethe, E. E. Salpeter:* Phys. Rev. **84**, 1232 (1951).

[7] *M. Gell-Mann, F. E. Low:* Phys. Rev. **84**, 350 (1951).

[8] *K. Nishijima:* Prog. Theor. Phys. (Japan): **10**, 549 (1953).

[9] *J. Schwinger:* Proc. Nat. Acad. Sci. **37**, 452 (1951).

[10] *E. Freese:* Z. Naturforsch. **8a,** 776 (1953).
[11] *L. Landau, R. Peierls:* Z. Phys. **62,** 188 (1930).
[12] *W. Heisenberg:* Nachr. Göttinger Akad. Wiss. 111 (1953).
[13] *H. Rampacher, H. Stumpf, F. Wagner:* Fortschr. Phys. **13,** 385 (1965).
[14] *H. P. Dürr, F. Wagner:* Nuovo Cim. **46 A,** 223 (1966).
[15] *V. Volterra:* Sitzungsber. Berliner Math. Gesellsch. XIII. Jahrg., 6. Sitzung (1914).
[16] *N. Wiener:* Proc. Nat. Acad. Sci. **7,** 294 (1921).
[17] *V. A. Fock:* Phys. Z. Sowjetunion **6,** 245 (1934).
[18] *R. P. Feynman:* Rev. Mod. Phys. **20,** 367 (1948).
[19] *N. N. Bogoljubov:* J. Phys. (USSR) **10,** 265 (1946).
[20] *E. Lux, A. Münster:* Z. Phys. **199,** 465 (1967).
[21] *K. O. Friedrichs, H. N. Shapiro:* Integration of functionals, CIMS seminar notes, New York university (1957).
[22] *I. Segal:* Trans. Amer. Math. Soc. **81,** 106 (1956).
[23] *N. Bourbaki:* Integration, Chap. IX.
[24] *M. Zerner:* Cargese Lectures in Theor. Phys.
[25] *V. S. Varadarajan:* Amer. Math. Soc. Transl. Sect. 2, **48** (1965).
[26] *Y. V. Novozhilov, A. V. Tulub:* The method of functionals in the quantum theory of fields, Gordon and Breach, New York 1961.
[27] *W. T. Martin, I. Segal:* Analysis in Function Spaces, M.I.T. Press, New York 1963.
[28] *D. Lurie:* Particles and fields, Interscience Publ., New York 1968.
[29] *J. Rzewuski:* Field theory, Iliffe Books, London 1969.
[30] *P. Urban:* Quantum electrodynamics, Acta Phys. Austriaca, Suppl. II, Springer, Wien, New York 1965.
[31] *K. Symanzki:* Z. Naturforsch. **9,** 809 (1954).
K. Symanzik: Local quantum theory, Proc. Intern. School of Phys. "Enrico Fermi", Course XLV, Academic Press, New York, London 1969.
[32] *J. Rzewuski:* Acta Phys. Pol. **24,** 763 (1963).
[33] *H. Stumpf:* Z. Naturforsch. **24a,** 188 (1969).
[34] *H. Stumpf:* Z. Naturforsch. **25a,** 575 (1970).
[35] *J. Schwinger:* Phys. Rev. **91,** 713 (1953).
[36] *P. Jordan, W. Wigner:* Z. Phys. **47,** 631 (1928).
[37] *F. A. Berezin:* The method of second quantization, Academic Press, New York 1966.
[38] *F. Coester:* Phys. Rev. **95,** 1318 (1954).
[39] *H. Stumpf, K. Scheerer, H. G. Märtl:* Z. Naturforsch. **25a,** 1556 (1970).
[40] *A. Rieckers:* Z. Naturforsch. **26a,** 1971.
[41] *G. Källén:* Helv. Phys. Acta **25,** 417 (1952).
[42] *H. Lehmann:* Nuovo Cim. **11,** 342 (1954).
[43] *H. Mitter:* acta phys. austr., Suppl. III, 42 (1966).
[44] *W. Heisenberg:* Z. Phys. **120,** 513, 673 (1943).
[45] *H. Stumpf:* Z. Naturforsch. **24a,** 1022 (1969).
[46] *H. Stumpf:* Z. Naturforsch. **25a,** 795 (1970).
[47] *H. Stumpf, W. Engeser, K. Illig:* Z. Naturforsch. **26a,** (1971).
[48] *O. A. Ladyzenskaja:* Mat. Sb. **39,** [81] 491 (1965).
[49] *H. Stumpf:* Z. Naturforsch., **26a,** 623 (1971).

[50] *W. Schuler, H. Stumpf:* Z. Naturforsch. **22a,** 1842 (1967).
[51] *W. Heisenberg:* Nachr. Gött. Akad. Wiss. 1953, 111.
[52] *W. Schuler, H. Stumpf:* preprint.
[53] *W. Heisenberg:* Nucl. Phys. **4,** 532 (1957).
[54] *K. L. Nagy:* State vector spaces with indefinite metric in quantum field theory, P. Noordhoff L.T.D., Groningen 1966.
[55] *H. Joos:* Fortschr. Phys. **10,** 65 (1962).
[56] *S. S. Schweber, H. A. Bethe, F. de Hoffmann:* Mesons and fields I, Row Peterson Comp., New York 1956.
[57] *H. Stumpf:* Z. Naturforsch. **26a,** (1971) im Druck.

Statistische Thermodynamik – Provisorium für Dynamik der Elementarteilchen

R. Hagedorn

C'est le provisoire qui dure
(Französisches Sprichwort)

Statistische Thermodynamik ist ein Notbehelf, das offene Eingeständnis unserer Unfähigkeit, Systeme mit vielen Freiheitsgraden detailliert zu beschreiben. Indessen: Sie verschleiert nicht nur unsere Machtlosigkeit gegenüber einem zu komplizierten Satz von im übrigen völlig bekannten Bewegungsgleichungen, sie hilft uns sogar aus der Verlegenheit, wenn diese Gleichungen erst noch gefunden werden müssen, Nirgendwo in der Physik wird aus so großer Not so große Tugend gemacht wie in der statistischen Thermodynamik. Sie ist entstanden mit der Atomhypothese; zu einer Zeit als noch niemand ein Atom gesehen hatte und als selbst eminente Geister noch Bedenken äußerten. Und sie hat die Atomhypothese so glaubhaft machen können, daß nachdem *Maxwell, Boltzmann* und *Gibbs* – um nur die Größten zu nennen – ihre Arbeit getan hatten, *Planck* – der Statistik nicht einmal sonderlich liebte – es wagen durfte, aus statistisch-thermodynamischen Überlegungen den ungeheuerlichsten Schluß zu ziehen, ohne sofort gesteinigt zu werden. Die Folgen sind bekannt.

Natürlich hätte die Quantentheorie im Franck-Hertz Versuch: diskrete Anregung von Atomen durch Elektronenstoß; oder im Stern-Gerlach Experiment: diskrete Spin-Orientierung im Magnetfeld, entdeckt werden können; und das wäre weniger erstaunlich gewesen, denn in diesen beiden Fällen sieht man ja die Stufen der Energietreppe einzeln vor sich. Wieviel tiefer verborgen lagen die Quanten unter der sanft geschwungenen Kurve des Spektrums der Hohlraumstrahlung! Und gerade dort fand *Planck* sie, als er das scharfe und schöne Werkzeug der theoretischen Physik darauf ansetzte, diesen herrlichen Notbehelf: statistische Thermodynamik.

Es scheint, daß dieses Werkzeug heute wieder einen guten Dienst leistet; daß es sich in der Elementarteilchentheorie anwenden läßt; daß es dort, ähnlich wie damals, eine Hypothese glaubhaft machen kann und zu überraschenden Schlüssen verhilft. Nämlich:

> Die Hypothese, daß die starken Wechselwirkungen sich im wesentlichen darin äußern, daß stark wechselwirkende „Elementarteilchen" (Hadronen) aus Hadronen aller anderen Sorten zusammengesetzt sind – diese Hypothese läßt sich mit den Mitteln der statistischen Thermodynamik zu einem mathematischen konsistenten Modell ausbauen; mit dem überraschenden Ergebnis, daß diese Hypothese mit einer endlichen Anzahl verschiedener Sorten von Hadronen unerfüllbar ist, daß es also unendlich viele verschiedene Sorten gibt; genauer: daß das hadronische Massenspektrum exponentiell anwachsen muß und daß, als triviale Folge davon, eine universale höchste Temperatur existiert.

Wieder handelt es sich um eine statistische Thermodynamik der – diesmal hadronischen – Hohlraumstrahlung, und wieder wird das bislang rätselhafte Impulsspektrum dieser Strahlung verständlich: es war nämlich seit langem bekannt, daß die Transversalimpulse der in hochenergetischen Hadron-Zusammenstößen neu erzeugten Hadronen einer Art Boltzmann-Verteilung gehorchen, aus der man die Temperatur ablesen kann, die im Zentrum des Zusammenstoßes herrschte; und daß diese Temperatur nicht, wie in der gewöhnlichen Hohlraumstrahlung, mit der vierten Wurzel der Energiedichte wächst, sondern einem endlichen Grenzwert zustrebt. Genau das muß aber eintreten, wenn das hadronische Massenspektrum $\rho(m)$ exponentiell wächst:

$$\rho(m) \sim \exp(m/T_0) \tag{1}$$

hat zur Folge, daß T_0 die höchste Temperatur ist. Tatsächlich wächst das Massenspektrum dort, wo es bisher vollständig bekannt ist, exponentiell; so daß T_0 (mit etwa 10 % Fehler) abgelesen werden kann; und dieses T_0 fällt mit der aus der Transversalimpulsverteilung bestimmten Grenztemperatur zusammen.

Wieder also macht die statistische Thermodynamik der Hohlraumstrahlung eine merkwürdige Eigenschaft verständlich und damit eine Hypothese glaubhaft. Nur ist es diesmal so, daß die Hypothese nicht zuerst aus der empirischen Formel für die Hohlraumstrahlung geschlossen werden mußte, sondern schon lange in den verschiedensten Formen postuliert worden war und aus den Zusammenstößen von hochenergetischen Hadronen in denen massenweise neue, andere Hadronen entstehen, geradezu abgelesen werden konnte: die Hypothese eben, daß jedes Elementarteilchen aus Elementarteilchen aller anderen Sorten zusammengesetzt ist.

Wie kam es dazu? In einem Vortrag „From a Life of Physics", gehalten 1968 in Triest, sagt *Heisenberg* [1]:

> May I now turn to the problem of the elementary particles. I think that really the most decisive discovery in connection with the properties or the nature of elementary particles was the discovery of antimatter by Dirac. That was an entirely new feature which apparently had to do with relativity, with the replacement of the Galilei group by the Lorentz group. I believe that this discovery of particles and antiparticles by Dirac has changed our whole outlook on atomic physics completely. I do not know whether this change was realized at once at that time, probably it has been accepted only gradually; but I would like to explain why I consider it as so fundamental.
>
> We know from quantum theory, that for instance a hydrogen molecule may consist of two hydrogen atoms or of one positive hydrogen ion and one negative hydrogen ion. Generally one can say that every state consists virtually of all possible configurations by which you can realize the same kind of symmetry. Now as soon as one knows, that one can create pairs according to Dirac's theory, then one has to consider an elementary particle as a compound system; because virtually it could be this particle plus a pair or this particle plus two pairs and so on, and so all of a sudden the whole idea of an elementary particle has changed. Up to that time I think every physicist had thought of the elementary particles along the line of the philosophy of Democritus, namely by considering these elementary particles as unchangeable units which are just given in nature and are just al-

ways the same thing, they never change, they never can be transmuted into anything else. They are not dynamical systems they just exist in themselves.

After Dirac's discovery everything looked different, because now one could ask, why should a proton be only a proton, why should a proton not sometimes be a proton plus a pair of electron and positron and so on. This new aspect of the elementary particle being a compound system has at once looked to me as a great challenge. When later I worked together with Pauli on quantum electrodynamics, I always kept this problem in my mind.

The next step in this direction was the idea of multiple production of particles. If two particles collide then pairs can be created; then there is no reason why there should only be one pair; why should there not be two pairs. If only the energy is high enough one could eventually have any number of particles created by such an event, if the coupling is strong enough. Thereby the whole problem of dividing matter had come into a different light. So far one had believed that there are just two alternatives. Either you can divide matter again and again into smaller and smaller bits or you cannot divide matter up to infinity and then you come to smallest particles. Now all of a sudden we saw a third possibilitiy: we can divide matter again and again but we never get to smaller particles because we just create particles by energy, by kinetic energy, and since we have pair creation this can go on forever. So it was a natural but paradoxial concept to think of the elementary particle as a compound system of elementary particles. Of course then the problem arose "what kind of mathematical scheme can describe such a situation?"

Es gibt im wesentlichen zwei groß angelegte Versuche, diesen Sachverhalt mathematisch zu beschreiben: *Heisenbergs* und seiner Mitarbeiter „Einheitliche Feldtheorie der Elementarteilchen" [2] und die den Feldbegriff vermeidende *S*-Matrix-Theorie [3–5], um die sich eine solche Vielzahl von Einzelmodellen rankt – ja, die eigentlich aus ihnen besteht – daß allein das Autorenverzeichnis Seiten füllen würde; die ersten Impulse gingen von *Chew* und *Mandelstam* aus [6]. Neuerdings hat sich der Name „Bootstrap-Theorien" für diese Modelle [5, 7] eingebürgert (bootstrap = Schnürsenkel: man zieht sich an seinen Schnürsenkeln hoch, wie einst Münchhausen an seinen Haaren).

Beide Ansätze stoßen auf eine fundamentale Schwierigkeit : Wenn jedes Elementarteilchen aus anderen aller Sorten zusammengesetzt ist, dann hat man es immer – Feldtheorie oder Bootstrap – mit einem System zu tun, das unendlich viele Freiheitsgrade besitzt und bei dem die starken Wechselwirkungen diese Freiheitsgrade so sehr miteinander verkoppeln, daß jeder Versuch, nur endlich viele von ihnen zu berücksichtigen, die Grundidee selbst verleugnet.

Freilich war diese Schwierigkeit nicht leicht zu sehen, da beide Theorien darauf angelegt waren, die vollständigen Grundgleichungen aufzustellen und aus ihnen die individuellen Eigenschaften jedes einzelnen Elementarteilchens, dessen Einordnung in Symmetrieklassen und die einfachsten Streu- und Erzeugungsprozesse solcher Teilchen abzuleiten. Obwohl in beiden Theorien – in der einen durch die Tamm-Dancoff-Entwicklung, in der anderen durch Unitarität – beliebig hohe Teilchenzahlen auftreten, waren die

Fragen doch so gestellt, daß man hoffen durfte, hohe Teilchenmassen (wenn es die überhaupt geben sollte) und große Teilchenzahlen vernachlässigen zu dürfen. Der Verdacht, es könne unendlich viele Sorten von Elementarteilchen und gar mit exponentiell wachsendem Massenspektrum geben – in welchem Fall hohe Massen und große Teilchenzahlen nur unter besonderen Umständen vernachlässigbar wären – dieser Verdacht lag fern. So fern, daß er in der „Einheitlichen Feldtheorie" bisher nicht begründet werden konnte und in den Bootstrap-Theorien erst vor kurzem (Duale Bootstrap-Modelle) auftauchte, dort aber den aus der statistischen Thermodynamik gewonnenen bis in Einzelheiten bestätigte [8, 9].

Gesetzt, die Einheitliche Feldtheorie und/oder die Bootstrap-Theorie besäßen die exakten Grundgleichungen einer endgültigen Elementarteilchentheorie: selbst dann werden wir ebensowenig in der Lage sein, deren vollständige Lösungen anzugeben [1]), wie wir es im soviel einfacheren Fall des N-Teilchenproblems ($N \gg 1$) der klassischen Mechanik waren. Dort konnte man immerhin das zwei-Körperproblem exakt, das drei-Körperproblem in beliebig guter Näherung beschreiben und numerisch auf großen Rechenautomaten noch $N \approx 100$ bewältigen (wobei mehr die genaue Berechnung von Verteilungsfunktionen als die explizite Lösung, nämlich die Bahnkurve im $6N$-dimensionalen Phasenraum, interessiert). Aber das ist es ja eben: ein zwei-Körperproblem oder drei-Körperproblem oder dergleichen gibt es in der Elementarteilchentheorie von vornherein gar nicht mehr!

Es ist also sehr gut möglich, daß wir zwischen zwei sich ergänzenden aber je für sich unvollständigen Beschreibungen zu wählen haben: entweder das Massenspektrum abzuschneiden und ein Elementarteilchen – wider besseres Wissen – aus nur wenigen anderen, unter Benutzung der exakten Grundgleichungen, zusammengesetzt zu denken, um so möglichst viele Einzelheiten (Masse, Symmetrie, Kopplung) zu erfahren; oder das Massenspektrum nicht abzuschneiden und ein Elementarteilchen aus unendlich vielen anderen zusammenzusetzen – wobei die exakten Grundgleichungen gar nicht bekannt zu sein brauchen – um so, unter Verzicht auf alle Einzelheiten, ein globales Bild zu erhalten.

Während die erste Beschreibung auf die Elementarteilchen mit niedrigen Massen anzuwenden wäre, dort nämlich, wo die zu berechnenden Einzelheiten zugänglich sind, würde die zweite Beschreibung bestenfalls auf Teilchen großer Masse (hochangeregte Teilchen: Resonanzen) zutreffen. Wenn aber das Massenspektrum in der Tat exponentiell wächst, stellen die genauer bekannten niedrigen Massen ja nur einen kleinen, endlichen Bereich dar; es wäre dann ebenso wichtig, den unendlichen Rest global zu beschreiben, wie die Struktur der niedrigsten Massen zu verstehen.

Für eine derartige globale Beschreibung kommt die statistische Thermodynamik wie gerufen, denn sie kann unter gewissen Umständen auf die Wechselwirkungsterme in den Grundgleichungen verzichten, formal freie Teilchen einführen und trotzdem deren starke Wechselwirkung berücksichtigen. Das ist an Hand eines bekannten Falles leicht einzusehen: Nehmen wir an, wir hätten die statistische Thermodynamik eines verdünnten Heliumgases bei Zimmertemperatur zu formulieren: Niemand wird zögern, die Formeln für ein ideales Bose-Gas (aus He Atomen) zu benutzen – und damit kommt auch alles

[1]) Von Spezialfällen, wie etwa kohärenten Zuständen, abgesehen.

richtig heraus. Nur ein Purist wird einwenden, daß man ja eigentlich mit Protonen, Neutronen, Elektronen und sämtlichen Kern- und elektromagnetischen Kräften hätte anfangen, ja genau genommen auch die innere Struktur dieser Teilchen, also die ganze Elementarteilchentheorie, voraussetzen müssen. Indem man die Existenz der Heliumatome als gegeben ansieht, hat man den ganzen Spuk derjenigen Wechselwirkungen, denen diese Existenz zu verdanken ist, weggewischt und hat es, bis auf extreme Situationen, mit freien Teilchen, eben diesen He Atomen zu tun. Die extremen Situationen, in denen das nicht mehr geht, sind die, in denen entweder diese Atome in ihre Bestandteile zerfallen oder sich zu größeren Ordnungen zusammenfinden können: nämlich bei sehr hoher oder sehr niedriger Temperatur und bei sehr großer Dichte.

In Analogie zu dieser altbekannten Gewaltmethode betrachten wir nun ein hochangeregtes Hadron, d.h. eine Resonanz sehr großer Masse – sagen wir zehn oder mehr GeV – als aus anderen Hadronen aufgebaut. Diese anderen Hadronen, die selbst wieder ebenso kompliziert aufgebaut sind, werden nun einfach als gegeben angesehen und damit die Frage nach den sie zusammenhaltenden Wechselwirkungen vorerst (und später endgültig) beiseitegeschoben.

Unsere schwere Resonanz wäre dann als bestehend aus freien Teilchen, eben anderen Resonanzen und stabilen Elementarteilchen, zu beschreiben. Da diese Teilchen – im Gegensatz zu He Atomen – instabil sind und in nahezu beliebiger Weise zerfallen und rekombinieren können, ist ihre Zahl nicht festgelegt. Daher setzt sich unsere schwere Resonanz mal so, mal so aus immer wieder anderen Teilchen zusammen. Wenn sie schwer genug ist, gibt es für diese wechselnde Zusammensetzung so viele Freiheitsgrade, daß sie den Gesetzen der Statistik gehorcht. Das naheliegende Bild ist das einer Hohlraumstrahlung, bestehend aus unbestimmten Anzahlen aller Arten von Hadronen, die wiederum selbst ebenso aufgebaut sind [10]. Da wir ausdrücklich Zerfall, Neuerzeugung und Umwandlungen zulassen, besteht – anders als beim Helium-Gas – die Hoffnung, daß dieses Bild bei hohen Temperaturen und extremen Dichten nicht versagt. In der Tat haben wir ja eigentlich alles, was die starken Wechselwirkungen auszeichnet: die Existenz vieler, sich gegenseitig aufbauender Teilchen und deren Fähigkeit zu Reaktionen mit Neuerzeugung, Vernichtung und Umwandlung, implizit in unser Bild aufgenommen.

Ein besonderer Zug der statistischen Thermodynamik macht es nun möglich, diese impliziten Eigenschaften durch eine Konsistenzforderung explizit zu machen: ein statistisch-thermodynamisches System ist vollständig beschrieben, wenn seine Zustandsdichte $\sigma(E, V)$ bekannt ist. Gleichwertig damit ist die Entropie – Logarithmus von $\sigma(E, V)$ – und/oder die Zustandssumme $Z(V, T)$. In der Tat sind die Zustandssumme und die Zustandsdichte Laplace-Transformierte voneinander [wir benutzen Einheiten $\hbar = c = k$ (Boltzmannkonstante) = 1]:

$$Z(V, T) = \sum_i \exp\left(-\frac{E_i}{T}\right) = \int_0^\infty \sigma(E, V) \exp\left(-\frac{E}{T}\right) \mathrm{d}E \,. \tag{2}$$

Hier läuft der Index i über alle Energieniveaus des zu beschreibenden Systems, während $\sigma(E, V)\mathrm{d}E$ die Zahl dieser Niveaus im Intervall $\{E, \mathrm{d}E\}$ angibt.

Nehmen wir also an, unser System habe ein Volumen $V_0 = \frac{4\pi}{3} m_\pi^{-3}$ (d.h. ein „Elementarvolumen", Durchmesser $\approx 10^{-13}$ cm; m_π = Pionmasse = 140 MeV) und eine Temperatur T und es bestehe aus einer unbestimmten Anzahl aller möglichen Sorten von freien Teilchen. Wir zählen diese Sorten mit dem – vorläufig unbekannten – Massenspektrum $\rho(m)$, wobei $\rho(m)dm$ die Zahl der verschiedenen Sorten von Hadronen im Masseintervall $\{m, dm\}$ darstellt und jeden Spin- und Isospinzustand als neues Teilchen zählt. In einer genauen Behandlung werden selbstverständlich Bosonen und Fermionen unterschieden; hier verzichten wir darauf. Mit Hilfe des so definierten Massenspektrums läßt sich die Summe über alle Energieniveaus auswerten. Das Resultat lautet (angenähert):

$$Z(V_0, T) = \exp\left[V_0 \left(\frac{T}{2\pi}\right)^{\frac{3}{2}} \int_0^\infty \rho(m) m^{\frac{3}{2}} e^{-\frac{m}{T}} dm\right]. \tag{3}$$

Wir rechnen voll relativistisch, die Energie eines Teilchens ist $(p^2 + m^2)^{\frac{1}{2}}$ und die totale Energie E unserer schweren Resonanz ist die Summe aller Teilchenenergien und im Ruhesystem gleich der Masse m dieser Resonanz. Daher können wir mit Gl. (2) auch schreiben:

$$Z(V_0, T) = \int_0^\infty \sigma(m, V_0) e^{-\frac{m}{T}} dm\,, \tag{4}$$

und die Gln. (3) und (4) sind zwei Darstellungen derselben Funktion $Z(V_0, T)$.

Und nun machen wir die implizite Struktur explizit: $\sigma(m, V_0)$ ist die Zustandsdichte der durch $Z(V_0, T)$ zu beschreibenden schweren Resonanz; $\rho(m)$ die Zustandsdichte (Massenspektrum) der sie aufbauenden Teilchen (auch Resonanzen). Wenn also jedes Elementarteilchen in stets wechselnder Weise aus anderen aller Sorten zusammengesetzt ist, so sind die Resonanzen aus denen die eine, zu beschreibende, besteht, genau so aufgebaut wie diese selbst: nämlich statistisch. Da aber ein solcher Aufbau durch die Zustandsdichte so vollständig wie in der statistischen Thermodynamik überhaupt möglich festgelegt ist, folgt, daß die Zustandsdichten $\sigma(m, V_0)$ und $\rho(m)$ – da sie die gleiche Struktur beschreiben, gleich sein müssen: dies ist die versprochene explizite Konsistenzforderung. Genaugenommen können σ und ρ nicht überall gleich sein, sondern nur asymptotisch für $m \to \infty$ und auch dort nur bis auf eine Potenz von m, die von kinematischen Betrachtungen und Auswahlregeln abhängt [11] und uns hier nicht interessiert. Sagen wir, um Einzelheiten zu unterdrücken: $\sigma(m, V_0)$ und $\rho(m)$ müssen, für $m \to \infty$, „im wesentlichen gleich" sein, so folgt, daß dies mit Rücksicht auf die Identität von (3) und (4) überhaupt nur möglich ist, wenn beide Funktionen, ρ und σ exponentiell anwachsen [10]:

$$\rho(m) \sim \sigma(m, V_0) \sim \exp(m/T_0)\,, \tag{5}$$

wobei $\sim$ bedeutet: bis auf Faktoren, die durch eine Potenz von m beschränkt sind [1]). Natürlich treten solche Faktoren hinter der Exponentialfunktion weit zurück. Damit ist die Struktur unseres schweren Hadrons fast völlig festgelegt; ebenso aber auch die Struktur

[1]) Zwischen V_0 und T_0 besteht eine noch nicht völlig verstandene Relation, auf die wir hier nicht eingehen.

derjenigen Teilchen, aus denen es besteht; denn jedes kann dieselbe Beschreibung beanspruchen. Andererseits ist – soweit es sich um den globalen Aspekt handelt – die starke Wechselwirkung nicht nur vorerst, sondern endgültig beiseitegeschoben: sie steckt jetzt so vollständig wie in einem statistisch-thermodynamischen Bild nur möglich, im Massenspektrum $\rho(\mathrm{m})$, das durch die Forderung, jedes Teilchen sei aus allen Sorten statistisch zusammengesetzt, fast eindeutig festgelegt ist. Daß T_0 (experimentell etwa 160 MeV = 1,86 x 10^{12}K) eine universelle höchste Temperatur ist, folgt daraus, daß mit $\rho(m) \sim \exp(m/T_0)$ die Zustandssumme und mit ihr alle thermodynamischen Funktionen oberhalb T_0 nicht mehr existieren – wie man sofort sieht, indem man ein solches $\rho(m)$ in (3) einsetzt. Da alle Teilchen an Hadronen gekoppelt sind, kann keine Materie – nicht mal ein Neutrinogas – dauernd oberhalt T_0 gehalten werden, weil notwendig in den Zusammenstößen der Teilchen eines solchen Gases auch Hadronen erzeugt werden, die die Temperatur unter T_0 zurückzwingen. T_0 ist also eine Art Phasenumwandlungspunkt – der allerletzte: Siedepunkt der Urmaterie –, der, soweit unser Bild stimmt, durch Energiezufuhr nie überschritten werden kann, da jeder Energiezuwachs zur Teilchenerzeugung verbraucht wird.

Man kann all dies ausführlicher begründen und ferner, wenn nicht streng beweisen, so doch plausibel machen [11]:

– daß das hier skizzierte Modell sich nicht notwendig auf die oben angeführte Analogie zum He-Gas stützt (die mehr als Illustration gedacht war), sondern daß, da Wechselwirkung in der statistischen Thermodynamik durch die Heisenbergsche S-Matrix [3] darstellbar ist (*Dashen, Ma, Bernstein*, Ref. [12]), automatisch herauskommt, wieso Resonanzzustände, eingeführt als quasi-freie Teilchen, wesentliche Teile der Wechselwirkung simulieren können; im hier vorgeschlagenen Bild wird sogar vorausgesetzt, daß wir auf diese Weise – wenigstens asymptotisch für große Massen – der ganzen Wechselwirkung habhaft werden, sofern nur eine Selbstkonsistenzbedingung der Art wie wir sie stellten, befriedigt wird; freilich warten diese Hypothese und die Hoffnung, daß sie selbst bei extremen Dichten ($\gg$ Nukleondichte) noch funktioniert, dringend auf einen soliden theoretischen Unterbau – experimentell spricht bislang nichts gegen und alles für sie;

– daß das statistische Gleichgewicht von dem implizit die Rede ist, nicht wie in der üblichen statistischen Thermodynamik durch eine große Anzahl von Zusammenstößen gegebener Teilchen allmählich hergestellt wird, sondern als quantenmechanische Wahrscheinlichkeitsverteilung von vornherein vorhanden ist: die Teilchen werden, wie aus der S-Matrix-Formulierung folgt, in ein prästabiliertes Gleichgewicht hineingeboren; in der Tat konnte *Frautschi* [13] kürzlich zeigen, daß das „unendlich zusammengesetzte Elementarteilchen" ebensogut in der Sprache des mikrokanonischen (Energie gegeben), wie in der hier gewählten des kanonischen Ensembles (Temperatur gegeben) beschrieben werden kann: *Frautschi* arbeitet direkt mit $\sigma(E, V)$ – statt wie wir mit der Laplace-Transformierten von σ, nämlich der Zustandssumme $Z(V, T)$ – also mit der Zustandsdichte im Phasenraum, wobei Begriffe wie Gleichgewicht und Temperatur gar nicht benutzt werden;

- daß man sich also um die Lebensdauer der Teilchen, aus denen das zu beschreibende Hadron besteht, nicht zu kümmern braucht;
- daß aber diese Lebensdauer befriedigenderweise genau dann, wenn das Massenspektrum exponentiell wächst, eine untere Schranke hat (etwa $0{,}2 \times 10^{-23}$ sec), wie *Matthiae* [14] zeigen konnte;
- daß die so beschriebenen, hochangeregten Elementarteilchen gleichzeitig dreierlei sind (Bootstrap-Hadronen):
  * Objekt dieser Beschreibung,
  * Bausteine dieses Objektes,
  * Quanten der Kraftfelder, die das Objekt zusammenhalten;
- daß endlich auch umgekehrt geschlossen werden kann: wenn es (experimentell) eine höchste Temperatur T_0 gibt, muß $\sigma(m, V_0)$ wie $\exp(m/T_0)$ wachsen und das geht nur, wenn $\rho(m)$ ebenso wächst (d.h. die Wechselwirkung gerade so beschaffen ist, daß freie Teilchen mit exponentiellem $\rho(m)$ sie adäquat darstellen); wenn aber $\rho(m)$ und $\sigma(M, V_0)$ asymptotisch wie $\exp(m/T_0)$ wachsen, sind die physikalischen Objekte, die durch $\rho(m)$ und $\sigma(m, V_0)$ beschrieben werden, im Rahmen der statistischen Thermodynamik gleich; das heißt: das so beschriebene „Elementarteilchen" ist statistisch aus ebensolchen statistisch zusammengesetzten Elementarteilchen aufgebaut.

Natürlich versagt diese Beschreibung, wenn man von großen Massen in die Region der stabilen Hadronen und der untersten Resonanzen hinabsteigt. Bei größeren Massen und hohen Energien liefert sie aber ein Vogelschaubild, welches mit allem, was wir heute experimentell über Hochenergiephysik, d.h. Elementarteilchenphysik wissen, verträglich ist. Nachdem nämlich das asymptotische Verhalten des Massenspektrums aus diesen Überlegungen bestimmt ist und sich glücklicherweise zeigt, daß es schon im experimentell bekannten Gebiet (unter etwa 1,2 GeV) exponentiell wächst, kann man leicht interpolieren und damit das gesamte Massenspektrum als bekannt ansehen. Dann läßt sich die Zustandssumme beliebig genau ausrechnen, wobei auch leicht Erhaltungssätze (Baryonzahl und dergleichen) berücksichtigt werden können. Die thermodynamischen Relationen wie z.B. die zwischen Energiedichte und Temperatur, Druck und Temperatur usw. sind vollständig festgelegt; die Impulsspektren der im hochenergetischen Zusammenstoß neu erzeugten Teilchen werden durch ein Plancksches Gesetz beschrieben; ihre Anisotropie entsteht dadurch, daß ein Kontinuum von in Richtung der Stoßachse mit verschiedenen Geschwindigkeiten bewegten Hohlraumstrahlungen überlagert wird; zu jeder Geschwindigkeit gehört eine berechenbare Energiedichte und damit eine berechenbare Temperatur, deren universale obere Grenze T_0 ist. Die longitudinale Geschwindigkeitsverteilung läßt sich natürlich nicht thermodynamisch begründen und ist hier eine empirische, anscheinend aber universelle Funktion. Selbst ohne diese Funktion zu benutzen, kann man immer noch Aussagen über Erzeugungswahrscheinlichkeiten machen, die, vom Pion bis zum Anti-He^3, über zwölf Größenordnungen mit dem Experiment übereinstimmen [11].

Freilich lassen sich asymptotische Behauptungen wie: $\rho(m)$ wächst unbegrenzt exponentiell und: es gibt eine unüberschreitbare höchste Temperatur T_0, nie beweisen; bestenfalls läßt ihre Widerlegung auf sich warten. Bisher tut sie es: die höchsten Stoßenergien (kosmische Strahlung) bei denen Transversalimpulse von neu erzeugten Teilchen gemessen wurden, liegen bei 10^6 GeV; die zugehörige Energiedichte im Stoßzentrum ist dann etwa tausendmal größer als die Massendichte des Protons und immer noch liegt die zu der Transversalimpulsverteilung gehörige Temperatur bei $T_0 \approx 160$ MeV; daraus läßt sich schließen, daß das hadronische Massenspektrum $\rho(m)$ mindestens bis $m \approx 15-20$ GeV hinauf wie $\exp(m/T_0)$ wachsen muß [15]. Die asymptotischen Behauptungen sind also bisher mit den extremsten Experimenten verträglich und im Rahmen des selbstkonsistenten Bootstrap-Modells sogar unvermeidbar, in der realen Welt jedoch sicher spätestens dort zu modifizieren, wo Gravitation beginnt, mit der starken Wechselwirkung zu konkurrieren. Sogar im Rahmen der starken Wechselwirkungen könnte eine zukünftige Entdeckung der sogenannten „Quark"-Teilchen [16], die von vielen Physikern als „letzte Bausteine" postuliert und erhofft werden, unser Bild, wenn nicht widerlegen, so doch in anderem Licht erscheinen lassen. *Heisenbergs* oben zitierte Sätze bleiben natürlich richtig, auch wenn Quarks entdeckt werden: man muß nur überall das Wort „Proton" durch „Quark" ersetzen. Das heißt mit anderen Worten: Sollten Quarks entdeckt werden, wird nicht die Bootstrap-Idee falsch, sondern Quarks müssen irgendwie in sie eingebaut werden. Vielleicht in dem Sinne, daß sie eher Platonische Dreiecke als Demokritische materielle „Atome" sind: Es fällt uns heute leichter, an fundamentale Symmetriegruppen – deren kleinstdimensionale Darstellung natürlich durch Teilchen realisiert sein können und sein sollten – als an materielle letzte Bausteine zu glauben. Hier bleiben viele Fragen offen.

Da das thermodynamische Bild nicht auf ein Elementarvolumen $V_0 = \frac{4\pi}{3} m_\pi^{-3}$ beschränkt bleiben muß, sondern auch auf makroskopische Systeme mit Energiedichten von der Ordnung (und größer als) Nukleon-Energiedichte und/oder bei Temperaturen nicht viel kleiner als T_0 anwendbar ist, kann man jetzt die starken Wechselwirkungen auch explizit in astrophysikalischen Problemen berücksichtigen. Dort ist ja gerade eine globale Beschreibung erforderlich. Sowohl der Urknall („big bang") wie der Hadronstern (früher Neutronstern genannt; aber den gibt es neuerdings nicht mehr) sehen jetzt anders aus; wenn man will, kann man beide als zu groß geratene „Elementarteilchen" ansehen:

– Der *kalte* Hadronstern besteht aus Nukleonen und ihren Resonanzen: bei hinreichendem Gravitationsausdruck werden alle Elektronen in die Kerne gepreßt (das ist ein wenig bildlich ausgedrückt) und es entsteht zunächst der Neutronstern; bei wachsender Dichte steigt der Fermi-Grenzimpuls der Neutronen so, daß der Druck P proportional zur Dichte ϵ wächst. Wenn es nun Resonanzen gibt, erreicht der Fermi-Impuls irgendwann einen Wert, bei dem die Reaktion $n + n \rightarrow N^* + N^*$ möglich wird; wächst er weiter, so kommen nacheinander alle Resonanzen an die Reihe; jede Sorte konstituiert ein eigenes, von den anderen unabhängiges Fermi-Gas. Da mit wachsender Dichte die Zahl der unabhängigen Fermi-Gase immer größer wird, steigt die – allen gemeinsame – Fermi-Grenzenergie, und mit ihr der Druck, viel langsamer an, als wenn es nur Neutronen gäbe. Wächst das Resonanzspektrum exponentiell, so wird asymptotisch der Druck P proportional zu $\epsilon/\ln\epsilon$ [17–19]; gleichzeitig darf man hoffen, daß durch das Spektrum die Wechselwirkung im wesentlichen mitbeschrieben wird, obwohl man mit freien Teilchen arbeitet. Daß das in der Tat so ist, haben *Leung* und *Wang* [20] kürzlich gezeigt, indem sie bei kleinen Dichten explizit Kernkräfte einführten, bei großen Dichten dagegen freie Teilchen mit exponentiellem Spektrum und dann die Druck-Dichte-Relation in beiden Fällen ausrechneten und in ein Gebiet mittlerer Dichte extrapolierten, wo beide Kurven – ohne freien Anpassungsparameter! – in Wert und Steigung befriedigend zusammentrafen;

- der *heiße* Hadronstern erreicht höchstens die Temperatur T_0 und besteht dann im wesentlichen nicht mehr aus der eingebrachten Materie, sondern aus der bei $T \to T_0$ neu erzeugten. Der Druck wächst wie $\ln \epsilon$ oder bleibt sogar konstant [11, 13. 21, 22]. Natürlich enthält dieser Stern auch alle Bosonen, im Gegensatz zum kalten Stern, der bei $T = 0$ nur aus Nukleonresonanzen besteht;
- in beiden Fällen wächst der Druck langsamer als mit ϵ und Schallgeschwindigkeiten größer als die Lichtgeschwindigkeit (Kausalitätsverletzung) können nicht mehr, wie in früheren Modellen, auftreten. Die Stabilität gegen Gravitationskollaps wird nur geringfügig geändert. Das ganze Gebiet erscheint in neuem Licht und seine Untersuchung hat gerade erst begonnen [18–20, 23, 24]. Der reale Hadronstern (T weder null noch $\to T_0$) ist schwierig zu beschreiben;
- sollte das Universum mit einem Urknall (big bang) angefangen haben, d.h. mit einem Zustand unendlicher Energiedichte und mit Baroyonzahl, Ladung, Strangeness usw. gleich null, dann fällt die thermodynamische Beschreibung dieses Zustandes mit der eines Bootstrap-Hadrons wenigstens von dem Augenblick an zusammen, in dem der Durchmesser des Universums etwa m_π^{-1} (10^{-13}cm) erreichte und diese Beschreibung [9, 21] bleibt anwendbar bis zum Ende der Hadron-Ära; danach wird sie von den bisher gültigen übernommen.

Auch hier hat die Thermodynamik der starken Wechselwirkungen gerade erst angefangen, die kosmologischen Theorien zu beeinflussen, Ref. [9, 26–28].

Astrophysik und Elementarteilchenphysik sind über Nacht fast dieselbe Wissenschaft geworden. Vermutlich wird in Kürze die Allgemeine Relativitätstheorie in Sachen Elementarteilchen gehört werden müssen.

Seit *Diracs* theoretischer Entdeckung der Paarerzeugung und *Heisenbergs* Einsicht, daß damit die alten Vorstellungen falsch werden, hat sich unser Bild vom Elementarteilchen radikal geändert. Es ist befriedigender geworden. Der uralte Skandal um Elementarität, Ausdehnung, Struktur und Teilbarkeit ist beigelegt.

Jedes ist elementar, jedes ist teilbar, jedes ist aus allen anderen
ewig wechselnd statistisch zusammengesetzt.

Literatur

[1] *W. Heisenberg*: „From a Life of Physics", evening lecture at the International Centre for Theoretical Physics, Trieste, Italy, 1968, International Atomic Energy Agency, Vienna (Special Supplement to the IAEA Bulletin).

[2] *W. Heisenberg*: „Einführung in die einheitliche Feldtheorie der Elementarteilchen", S. Hirzel Verlag, Stuttgart 1967.

[3] *W. Heisenberg*: Z. Physik **120**, 513, 673 (1943).

[4] *G. F. Chew*: „S-Matrix Theory of Strong Interactions", Benjamin Inc., New York 1962.

[5] *S. C. Frautschi*: „Regge Poles and S-Matrix Theory", Benjamin Inc., New York 1963.

[6] *G. F. Chew* and *S. Mandelstam*: Nuovo Cimento **19**, 752 (1961);
F. Zachariasen: Phys. Rev. Letters **7**, 112 (1961).

[7] *G. F. Chew*: „Hadron Bootstrap: Triumph or Frustration? ", Physics Today **23**, 23 (1970) und dort angeführte Literatur.

[8] *S. Fubini* und *G. Veneziano*: Nuovo Cimento **64 A**, 811 (1969);
G. Veneziano: „Elementary Particles", Physics Today **22**, 31 (1969) und dort angeführte Literatur;
W. Nahm: private Mitteilung an den Autor, wiedergegeben in Ref. [11].

[9] *K. Huang* und *S. Weinberg*: Phys. Rev. Letters **25**, 895 (1970).

[10] *R. Hagedorn*: Suppl. Nuovo Cimento **3**, 147 (1965).

[11] *R. Hagedorn*: „Thermodynamics of Strong Interactions", Vorlesung, gehalten im Rahmen des „Academic Training Programme of CERN" (1971), CERN-71-12 (yellow report); enthält ausführliches Literaturverzeichnis.

[12] *R. Dashen, S. Ma* und *H. J. Bernstein*: Phys. Rev. **187**, 349 (1969).

[13] *S. C. Frautschi*: „A Statistical Bootstrap Model of Hadrons", California Institute of Technology, Preprint 68-286 (AEC Research and Development Report) 1970; soll etwa Mitte 1971 im Phys. Rev. erscheinen.

[14] *G. Matthiae*: Nucl. Phys. **B7**, 142 (1968).

[15] *R. Hagedorn*: Nuovo Cimento **56A**, 1027 (1968).

[16] *M. Gell-Mann*: Phys. Letters **8**, 214 (1964);
G. Zweig: CERN-Report 8181/TH.401 und 8419/TH.412 (1964); unveröffentlicht;
J. J. J. Kokkedee: „The Quark Model", Benjamin Inc., New York 1969.

[17] *R. Hagedorn*: unveröffentlichte schriftliche Mitteilung an
R. Ruffini, Nov. 1970, zitiert in Ref. [24].

[18] *J. C. Wheeler*: „Bootstrap Equation of State for Cold Ultradense Matter", California Institute of Technology Report OAP-239, April 1971.

[19] *S. C. Frautschi, J. N. Bahcall, G. Steigman* und *J. C. Wheeler*: „Ultradense Matter", California Institute of Technology Preprint, April 1971; zur Veröffentlichung in „Comments on Astrophysics and Space Physics" eingereicht.

[20] *Y. C. Leung* und *C. G. Wang*: „Properties of Hadron Matter II; Application to the Hadron Star", Prepring, Center for Space Research, Massachusetts Institute of Technology, CSR-P-70-49 (1970); zur Veröffentlichung im Astroph. Journ. eingereicht.

[21] *R. Hagedorn*: Astron. & Astrophys. **5**, 184 (1970).

[22] *H. Lee, Y. C. Leung* und *C. G. Wang*: „Properties of Hadron Matter I; the Equation of State", Preprint, Center for Space Research, Massachusetts Institute of Technology, CSR-P-70-48 (1970); zur Veröffentlichung im Astrophys. Journ. eingereicht.

[23] *K. Koebke, E. Hilf* und *R. Ebert*: Nature **226**, 625 (1970).

[24] *C. E. Rhoades* und *R. Ruffini*: Astrophys. Journ. **163**, L83 (1971).

[25] *E. R. Harrison*: Phys. Rev. **D1**, 2726 (1970).

[26] *C. Möllenhoff*: Astron. & Astrophys. **7**, 488 (1970).

[27] *W. Kundt*: Springer Tracts in Mod. Phys. **58**, 1, (1971).

[28] *R. Omnès*: „The Possible Role of Elementary Particle Physics in Cosmology", Preprint, Lab. de Phys. Théorique et Hautes Energies, Orsay 71-15, April 1971; zur Veröffentlichung in Physics Reports 1971 eingereicht.

High Energy Scattering of Hadrons

R. Oehme

Zusammenfassung

Nach einer kurzen Einleitung über die Entwicklung der Dispersionstheorie wird zunächst der Zusammenhang zwischen der asymptotischen Form von Streuamplituden bei hohen Energien und den Singularitäten der Partialwellenamplituden in der komplexen l-Ebene des gekreuzten Kanales betrachtet. Einschränkungen des Charakters und der analytischen Eigenschaften dieser singulären Flächen durch Analytizitätseigenschaften und Unitaritätsbedingungen in beiden Kanälen werden abgeleitet und deren Einfluß auf das Verhalten der Amplitude bei hohen Energien besprochen. Insbesondere werden komplexe Trajektorien eingeführt und ihr Zusammenhang mit Stoßparameter-Darstellungen aufgezeigt. Die Betrachtungen beziehen sich hauptsächlich auf Probleme der Diffraktionstreuung und auf damit zusammenhängende Fragen.

I. Introduction: Dispersion Theory

Twenty years ago in Göttingen, I wrote an article in collaboration with Lüders and Thirring which was dedicated to *Heisenberg* on the occasion of his fiftieth birthday [1]. In this paper, we explored the possible implications of covariant perturbation theory and of the renormalization scheme for the physics of strongly interacting particles. Although we saw some precursors of later developements, we also found that the methods of perturbation theory, which worked so well in quantum electrodynamics, were completely insufficient for hadronic interactions. We indicated that a new mathematical formalism was required which incorporated the general invariance principles. Indeed, a few years later, such a formalism began to take shape with the development of relativistic dispersion theory.

Dispersion relations for the forward scattering of light had been known for quite some time [2], and they were rederived on the basis of relativistic quantum electrodynamics [3]. Although analytic methods had been used before in order to make the connection between causality and forward dispersion relations [2, 3], for the extension of dispersion theory to hadronic interactions it became essential to recognize the importance of the complex plane and to view physical amplitudes as boundary values of analytic functions [4]. In particular, certain related amplitudes were seen to be different boundary values of one and the same analytic function of two or more complex variables. It is true that these crossing properties can be read off from perturbation theoretical models, but they were introduced at this time directly on a more general basis. Perturbation theory was so much in disrepute that it would not have been sufficiently convincing for the acceptance of these results. The further exploration of the analytic properties of amplitudes changed this view, and we learned to use perturbation theory as a valuable guide to extend our understanding of the singularity structure of Green's functions [5]. Particularly, the artificial limitations of general proofs of analytic properties from the basic assumptions of field theory could be judged very well on the basis of Feynman graphs [6]. The latter were also most helpful for the understanding of those singularities which are not directly related to the physical intermediate states of a given channel [6, 7]. These singularities describe the structure effects of particles considered as composite systems of other particles [8]; they emerge from unitarity and crossed channel properties. We described these singularities ten years ago in an article entitled "The Compound Structure of Elementary Particles", which was written on the occasion of *Heisenberg*'s sixtieth birthday [9]. These structure singularities or anomalous thresholds may well be of importance in connection with scaling properties of off-shell amplitudes at nonasymptotic energies, and for higher order Green's functions.

On the phenomenological side, the prompt and astonishing success of forward pion-nucleon dispersion relations [10] gave a welcome boost to the analytic approach to particle physics, as did sensible pole dominance methods and other approximate dispersion calculations for low energy scattering [11]. On the other hand, high energy limits came into focus with the advent of complex angular momentum methods. These provided a tool to correlate the asymptotic expansion in one channel with the low energy properties of the appropriate crossed channels. It also brought a connection between the classification of hadrons and the analytic methods [12].

Approximate higher symmetries had been developed rather independent of dispersion theoretical methods [13]. But then a very interesting connection was discovered with the help of superconvergent dispersion relations [14]. It was found that, for amplitudes which vanish sufficiently fast at infinity, these dispersion relations could be saturated with a finite number of resonances. Consistency requires that the saturation is made with sets of resonances which fall into the lower representations of rest symmetry groups like [15] $U(6) \otimes U(6)$, and it turns out that vertex symmetries of collinear U(6) [16] emerge automatically [17]. Since these symmetries are broken in reality, their association with an approximate scheme within the dispersion theoretical framework seems most natural. In any case, we have here a certain connection between the analytic methods of dispersion theory and the group theoretical structure which is characteristic for the quark model.

The approximation of amplitudes with only resonance states has in recent years been extended by the introduction of meromorphic functions which satisfy crossing and which have Regge asymptotic behavior in directions away from the real axes [18]. The resonances in one channel are generated by the controlled divergence of the infinite sum of resonances in the corresponding crossed channel (mathematical duality) [19]. Meromorphy makes it possible to write down explicit forms with factorized residua even for production amplitudes [20]. But the ghosts which have been seen before with superconvergence relations are still present in spite of the exponentially increasing degeneracy of states which factorization requires, although in certain models they reappear in the form of Tachyons. Nevertheless, there are attempts to use meromorphic amplitudes as a basis for a new approximation scheme which would bring in the unitarity constraints.

Of special interest are the implications of dispersion theory and complex angular momentum methods for high energy scattering. Unfortunately, what we have here is only a general scheme rather than a complete theory. We know from basic assumptions that there must be Regge poles, branch points, and possibly other singularities in the complex angular momentum plane [21]. But at present, we have no reliable method to calculate the actual singularity structure. In general, there are many constraints, and for certain situations these can be quite restrictive.

There are several models for diffraction scattering which use quasi-classical notions or intuitive abstractions from field theory [22]. These are often considered as an end in themselves because they can be easily explained and understood. On the other hand, the methods of dispersion theory are more mathematical and more abstract, and sometimes rather subtle to handle. Nevertheless, we think that this framework is a very comprehensive one for the description of hadrons, and hence that we should try to understand diffraction scattering on this basis. Of course, as we have pointed out on previous occasions [21], it is not impossible that the dispersion scheme itself is too narrow and that there is something wrong with the basic assumptions. To find such a discrepancy would be a most important discovery in itself, and may give a clue for a more concise theory.

In the following, we describe some of the constraints dispersion theory imposes upon the high energy limits of amplitudes. We are particularly interested in diffraction scattering, which is a most important and central problem. It is also of high current interest in view of the new data now becoming available from Serpukhov, CERN, and NAL.

II. Complexe Angular Momentum

1. Partial Wave Amplitudes

We consider first the high energy behavior of scattering amplitudes as described by Regge trajectories in the complex angular momentum plane of the crossed channel. The unique analytic interpolation of partial wave amplitudes is a direct consequence of the existence of single variable dispersion relations with a finite number of subtractions [21]. Let us use invariant amplitudes $F(s, t)$ and $\bar{F}(s, t)$ for particle and antiparticle scattering, and introduce the combinations

$$F_{\pm}(s, t) = F(s, t) \pm \bar{F}(s, t); \tag{2.1}$$

they satisfy the reality condition

$$F_{\pm}^{*}(s^{*}, t^{*}) = F_{\pm}(s, t), \tag{2.2}$$

and they have the symmetry property

$$F_{\pm}(s, t) = \pm F_{\pm}(u, t), \tag{2.3}$$

where $u = -s - t + \Sigma$ (Σ = sum of squares of external masses). For appropriate values of t (like real $t \leqslant 0$), we have the dispersion relations

$$F_+(\nu, t) = F_+(\nu_0, t) + \frac{2(\nu^2 - \nu_0^2)}{\pi} \int_0^\infty d\nu' \frac{\nu' A_+(\nu', t)}{(\nu'^2 - \nu^2)(\nu'^2 - \nu_0^2)} \tag{2.4}$$

$$F_-(\nu, t) = \frac{\nu}{\nu_0} F_-(\nu_0, t) + \frac{2\nu(\nu^2 - \nu_0^2)}{\pi} \int_0^\infty d\nu' \frac{A_-(\nu', t)}{(\nu'^2 - \nu^2)(\nu'^2 - \nu_0^2)}, \tag{2.5}$$

where the symmetric variable $\nu \equiv \frac{1}{2}(s - u)$ has been introduced for simplicity. On the basis of the dispersion relations, we obtain continued partial wave amplitudes

$$F_\pm(t, \lambda) = \frac{1}{\pi} \int_{\nu_0}^\infty d\nu \frac{1}{2q^2(t)} Q_\lambda\left(1 + \frac{\nu}{2q^2}\right) A \pm (\nu, t), \tag{2.6}$$

with

$$A_\pm(\nu, t) = A_s(\nu, t) \pm A_u(\nu, t). \tag{2.7}$$

The absorptive parts A_s and A_u determine analytic functions which uniquely interpolate the physical partial wave amplitudes for $l > 1$:

$$F_\pm(t, \lambda = l) = F_l(t), \quad l = \text{even/odd}. \tag{2.8}$$

Since Q_λ is a meromorphic function with only simple poles at negative integer values of λ, we have in eq. (2.6) a direct correspondence between the asymptotic expansion of absorptive parts $A_\pm(\nu, t)$ for $\nu \to \infty$, and the singularities of $F_\pm(t, \lambda)$ in the complex λ-plane. For sufficiently large values of Re λ, these functions are always given by the representation (2.6), and the continuation to smaller values of λ can be done with the help of the asymptotic expansion of $A_\pm(\nu, t)$. Hence the singular surfaces of $F_\pm(t, \lambda)$ are determined by the high energy part

$$F_{b^2_\pm}(t, \lambda) \propto \int_{b^2}^\infty d\nu\, \nu^{-\lambda-1} A_\pm(\nu, t) \tag{2.9}$$

of $F_\pm(t, \lambda)$, with b^2 taken as large as we please. We see that the power behavior of an asymptotic term in the expansion of $A_\pm$ corresponds generally to the *position* of the related singularity in the complex λ-plane; logarithmic factors are related to the character of the singular surfaces.

We are here particularly interested in the restrictions imposed upon the character of λ-plane singularities by the unitarity condition in the t-channel. We have discussed this subject on several previous occasions [23] but there are reasons to resume and to combine these earlier treatments.[1])

---

[1]) Prior to the introduction of complex angular momentum methods, it has already been pointed out by *Gribov* that a high energy behavior like $F(s, t) \sim i\, C(t)s$ is not allowed for $t_0 \leqslant t < t_i$. This interesting result is, however, much weaker than the absence of a fixed pole at $\lambda = 1$. For example, an asymptotic behavior of the form $F(s, t) \sim iC(t)s + \beta(t) s^{\alpha(t)}$ with Re $\alpha(t) < 1$ for $t \leqslant 0$ and Re $\alpha(t) > 1$ for $t \geqslant t_0$ would be compatible with the theorem of ref. [24], but it would be forbidden if a fixed pole at $\lambda = 1$ is not allowed.

2. Continued Unitarity

The continued unitarity condition, in the case of an elastic cut for $t_0 \leqslant t \leqslant t_i$, may be written in the form[1])

$$F(t+io, \lambda) - F(t-io, \lambda) = 2\, i\rho(t)\, F(t+io, \lambda)\, F(t-io, \lambda), \qquad (2.10)$$

and hence the continuation of $F(t, \lambda)$ around the branch point t_0 into the second sheet is given by

$$F^{\mathrm{II}^{-1}}(t, \lambda) = F^{-1}(t, \lambda) + 2i\rho(t). \qquad (2.11)$$

Here and in eq. (2.10), we have

$$\rho(t) = \left(\frac{t-t_0}{t}\right)^{\frac{1}{2}}. \qquad (2.12)$$

The characteristic feature of this condition is not only the boundedness which it implies for real $t_0 \leqslant t \leqslant t_i$, where

$$S(t, \lambda)\, S^*(t, \lambda^*) = 1\,, \qquad (2.13)$$

with

$$S(t, \lambda) = 1 + 2i\rho(t) F(t, \lambda), \qquad (2.14)$$

but also the more detailed information that $F(t, \lambda)$ has a square root branch point at $t = t_0$[2]). These features, combined with the fact that $F(t, \lambda)$ is an analytic function of two complex variables, impose many restrictions upon the singular surfaces of this function. In their most general form, these restrictions are a consequence of the continuity theorem [25]. Roughly speaking, this theorem states that a singularity of a function of several complex variables cannot simply disappear somewhere if one follows them through the inside of the domain of definition of the function.

The most simple example is a fixed pole of $F(t, \lambda)$ at the point $\lambda = \lambda_0$. If λ_0 is real, we see, of course, directly from the boundedness for $t_0 \leqslant t \leqslant t_i$ in eq. (2.13) that it is forbidden. But for complex poles, the situation in eq. (2.13) is not so straightforward. On the other hand, the continuity theorem immediately gives the result. We see from eq. (2.11) that

$$\lim_{\lambda \to \lambda_0} F^{\mathrm{II}}(t, \lambda) = \frac{1}{2i\rho(t)}, \qquad (2.15)$$

and hence the pole appears to get lost in the continuation from sheet I to sheet II. If this continuation is possible, then we have a contradiction and the fixed pole is forbidden. In order to see this more directly, we write for λ in a neighborhood of λ_0:

$$F^{\mathrm{II}}(t, \lambda) = \frac{1}{2\pi i} \oint d\lambda' \frac{F^{\mathrm{II}}(t, \lambda')}{\lambda' - \lambda},$$

[1]) Here and in the following, we ignore signature indices whenever they are not relevant.

[2]) There is a superimposed winding point, but the corresponding cut should be drawn to the left. It does not interfere with our considerations. In the physical sheet, it can be removed by multiplication with $(t-t_0)^{-\lambda} = (2q(t))^{-2\lambda}$ (see OI [21]).

which is possible since F^{II} is regular there as seen from eq. (2.15). Let us now continue this representation through the elastic branch cut, appropriately deforming the closed contour C in order to avoid other singularities. If this continuation is not blocked, and we will see later that it may be blocked by very specific shielding cuts, we obtain

$$F(t, \lambda_0) = \frac{1}{2\pi i} \oint_{C'} d\lambda' \frac{F(t, \lambda')}{\lambda' - \lambda_0} .$$

Hence, there can be no pole at $\lambda = \lambda_0$.

The arguments given above are not restricted to fixed poles in the λ-plane. They apply also for singular surfaces $\lambda = \alpha(t)$ which have the following properties:

1) $\lim_{\lambda \to \alpha(t)} F(t, \lambda) = \infty$.

2) $\alpha(t) = \alpha^{II}(t)$, i.e., the analytic function $\alpha(t)$ has no branch point at $t=t_0$.

From eq. (2.11) and the condition (1), wo obtain

$$F^{II}(t, \lambda = \alpha(t)) = \frac{1}{2 i \rho(t)}, \tag{2.16}$$

and if the limit $\lambda \to \alpha(t)$ and the continuation $F \longleftrightarrow F^{II}$ can be interchanged, we see that eq. (2.16), together with the condition (2), would lead to

$$F(t, \lambda = \alpha^{II}(t)) = -\frac{1}{2 i \rho(t)}, \tag{2.17}$$

which contradicts condition (1).

So far in our discussion, we had in mind trajectories $\alpha(t)$ which are pole surfaces and branch point surfaces with t-independent character. However, the arguments can be generalized to many other situations which we do not want to discuss here in detail. We mention only the case of an essential singularity of $F(t, \lambda)$ at a point $\lambda = \alpha(t)$ with $\alpha^{II}(t) = \alpha(t)$. We know, that there must then be sequences $\{\lambda_n(t)\} \to \alpha(t)$ for $n \to \infty$ such that

$$\lim_{n \to \infty} F(t, \lambda_n(t)) = \infty .$$

If there is a sequence $\{\lambda_n(t)\}$ with $\lambda_n^{II}(t) = \lambda_n(t)$ for almost all λ_n, then we have again a contradiction with the unitarity condition.

So far, we have considered only the implications of elastic unitarity in the t-channel. The arguments can, however, be generalized (26) to systems with many coupled channels. As long as all thresholds are different, we can always find a Riemann sheet where a singularity would have to disappear suddenly unless specially arranged shielding cuts intervene and prevent the continuation. There are some possible exceptions for nonfactorizing singularities, but they are not of direct physical interest for hadronic interactions. Also, coupled spin channels with identical threshold require special treatment. Here we do not want to elaborate on these details.

3. Shielding Cuts

As we have already indicated above, there are ways to prevent a contradiction with the unitarity condition, even though a singular surface $\alpha(t)$ satisfies the condition (1). If the character of the singularity is t-dependent, we may have in some cases the possibility to adjust this t-dependence in order to get consistency with the unitarity condition. But it is difficult then to comply with the known analytic properties of $F(t, \lambda)$. Here we do not want to elaborate on this possibility. Rather, we concentrate on two methods which are of importance for high energy scattering:

a) A well known solution to the unitarity problem is the introduction of a branch point in $\alpha(t)$ at $t = t_0$, with a cut along the real axis for $t \geqslant t_0$. Then we have $\alpha^{II}(t) \neq \alpha(t)$. This branch point is related to the unitarity cut of $F(t, \lambda)$, and for Regge poles one can show that it is of the form [21]

$$\alpha(t) = \alpha(t_0) + \text{const.}\,(t_0 - t)^{\alpha(t_0) + \frac{1}{2}} + \ldots .$$

b) The other possibility is the presence of shielding cuts which make the limits $\lambda \to \alpha(t)$ and the continuation through the cut $t \geqslant t_0$ noninterchangeable. Let us denote these branch point surfaces of $F(t,\lambda)$ by $t = t_s(\lambda)$ or $\lambda = \alpha_s(t)$, $\alpha_s(t_s(\lambda)) = \lambda$. In order to see the required character of these surfaces, we consider the function $\varphi(t, \lambda)$, which is defined by [1])

$$\varphi^{-1}(t, \lambda) = F^{-1}(t, \lambda) + i\rho(t), \tag{2.18}$$

and which does not have the unitarity branch point at $t = t_0$:

$$\varphi^{II}(t, \lambda) = \varphi(t, \lambda). \tag{2.19}$$

If $F(t, \lambda) \to \infty$ for $\lambda \to \alpha(t)$, we find

$$\varphi^{-1}(t, \lambda = \alpha(t)) = i\rho(t). \tag{2.20}$$

We assume here $\alpha^{II}(t) = \alpha(t)$. Since $\varphi(t, \lambda)$ does not have the elastic branch cut corresponding to $(t - t_0)^{\frac{1}{2}}$, the latter must be supplied by the shielding cut trajectory $t_s(\lambda)$. Hence we have the requirement

$$t_s(\lambda = \alpha(t)) = t_0 + \ldots \tag{2.21}$$

so that the branch cut on the right-hand side of eq. (2.20) is generated by

$$(t_s(\lambda) - t)^{\frac{1}{2}} \to (t_0 - t)^{\frac{1}{2}} \tag{2.22}$$

for $\lambda \to \alpha(t)$. We see that shielding cuts must be of square-root type.

As an oversimplified example for the way a shielding cut works, we give an explicit function which has a pole at $\lambda = \alpha_0(t)$ with $\alpha_0^{II}(t) = \alpha_0(t)$, and which is bounded at this point in the second sheet. We write

$$f(t, \lambda) = \frac{(t_s(\lambda) - t)^{\frac{1}{2}} + (t_0 - t)^{\frac{1}{2}}}{\lambda - \alpha_0(t)}, \tag{2.23}$$

[1]) Again there is a left-hand cut due to the factor $q^{2\lambda}(t)$, which does not disturb us.

with $t_s(\alpha_0(t)) = t_0$. Then we have in the physical sheet for $\lambda \to \alpha_0(t)$

$$f(t, \lambda) \to \frac{2(t_0 - t)^{\frac{1}{2}}}{\lambda - \alpha_0(t)}, \tag{2.24}$$

whereas in the second sheet we obtain

$$\lim_{\lambda \to \alpha_0(t)} f^{\text{II}}(t, \lambda) \to t_s'(\alpha_0(t)), \tag{2.25}$$

which is finite.

4. Applications

There are many physical implications of the restrictions discussed here. The most familiar is perhaps the fact that a positive signature fixed pole at $\lambda = 1$, which gives a high energy limit for $t \leqslant 0$ of the form

$$F_+(s, t) \sim i\beta(t)s \tag{2.26}$$

corresponding to a nonshrinking diffraction peak, must be accompanied by an appropriate shielding cut $\alpha_s(t)$ with $\alpha_s(t_0) = 1$. A high energy behavior of the form (2.26) is typical for semiclassical models which are a priori unrelated to the t-channel exchanges. But via the required shielding cut, and possible Regge poles which generate this shielding cut, they are indirectly connected with the low energy properties of the t-channel reaction.

As a further application, we mention the branch point trajectories which are associated with Regge poles. In the most simple cases, the position of these branch points is given by

$$\alpha_n(t) = n\alpha\left(\frac{t}{n^2}\right) - n + 1, \; n \geqslant 2, \tag{2.27}$$

where $\alpha(t)$ is a pole trajectory [27]. By themselves, these cuts act as shielding cuts for the nonsense wrong signature fixed poles of the amplitude $F(t, \lambda)$, which are due to the poles of Q_λ in eq. (2.6) [28]. Since the pole trajectory $\alpha(t)$ has a branch point at $t = t_0$, we see from eq. (2.27) that the functions $\alpha_n(t)$ generally do not have one at this threshold. Hence, we see from our previous disscussions that these trajectories α_n must be singular surfaces such that $F(t, \lambda)$ remains bounded for $\lambda \to \alpha_n(t)$. But quite apart from this general restriction, they must be square-root branch points in order to act as shielding cuts [23] for the fixed poles at nonsense wrong signature points.

From our discussions, we see that t-channel unitarity imposes certain restrictions upon the singular surfaces of the partial wave amplitude $F(t, \lambda)$, and hence also upon the high energy limits of $F(s, \lambda)$ in the s-channel. It is true that the connection with physical high energy limits requires analytic continuations between the regions $t \leqslant 0$ and $t \geqslant t_0$. It should be noted that this is not a very restrictive requirement in view of the analytic properties of $F(t, \lambda)$ as a function of two complex variables.[1]) Of course, there may be, for example, very sophisticated natural boundaries which in principle could block an analytic connection, but we must recall that such boundaries themselves must comply with the unitarity condition and also with the known analytic properties of $F(t, \lambda)$. We know that for $l > 1$, l = even/odd the function $F(t, \lambda)$ coincides with the physical partial wave amplitudes in the t-channel. For $l = 0, 1$, we cannot prove this coincidence, but this does not detract from the existence of a continuation of $F(t, \lambda)$ into the region $\mathrm{Re}\,\lambda < 1$. In fact, as we have seen in eq. (2.6), the asymptotic expansions of the absorptive parts A_s and A_u completely determine this continuation. If it should happen that $F_+(t, 0) \neq F_0(t)$ and/or $F_-(t, 1) \neq F_1(t)$, then we have only an additional real polynomial of the form

$$\Delta F_0(t) + \Delta F_1(t) P_1\left(1 + \frac{s}{2q^2(t)}\right)$$

in the asymptotic expansion of $F(s, t)$.[2]) In principle, the functions $\Delta F_0(t)$ and $\Delta F_1(t)$ are also determined by $F(t, \lambda)$, but at present we have no method for their explicit construction.[3])

III. High Energy Limits

1. General Bounds

The restrictions for the high energy limit of the amplitude, which follow fron direct channel properties, can in many cases be formulated independent of the complex angular momentum description. However, many of the constraints obtained from unitarity and analyticity are particularly interesting in connection with complex angular momentum methods. The usual axiomatic s-channel bounds have been discussed in great

---

[1]) For example, one may think of writing $F_+(s, t) \to i\beta(t)\, s$ for $s \to \infty$ with $\beta(t) \propto \Theta(t_0 - t)$. This would correspond to a term in the meromorphic expansion of $F_+(t, \lambda)$ which is proportional to

$$\frac{\Theta(t_0 - t)}{\lambda - 1}.$$

This term generally is not compatible with the analytic properties of the partial wave amplitudes in the finite t-plane. Although we are dealing with an asymptotic expansion of $F(s, t)$ for $s \to \infty$, the t-dependence appearing in the individual terms of this expansion is related to the t-dependence of the partial wave amplitude $F(t, \lambda)$, which is an analytic function.

[2]) Elsewhere we have given a detailed discussion of these terms, in particular in view of their connection with "elementary poles" [23].

[3]) It is important to note that the presence of a term proportional to $\Delta F_1(t)s$ in the high energy limit of $F(s, t)$ implies the existance of a contribution in the absorptive part which grows at least like s. Hence, there must be a singularity in the amplitude $F_+(t, \lambda)$ at $\lambda = 1$ for $t = 0$ [29]. This follows from s-channel unitarity for $t = 0$. Using s-channel unitarity also for $t < 0$, one can give some argument for [30]

$$A_s(s, o) \sim O(s \lg s).$$

A finite term $\Delta F_1(t)$ can be related to an "elementary" vector meson.

detail in the recent literature [31]. Therefore, we concentrate here on the interplay of these bounds with the crossed channel Regge description considered in the previous section.

Most of the general bounds for $F(s, t)$ in the s-channel are a consequence of the analyticity of $F(s, t)$ as a function of two complex variables and of unitarity. Actually only analyticity in a domain

$$[(s, t):\ \text{cut } s\text{-plane} \otimes |t| < t_0] \tag{3.1}$$

is required, which can even be proven from the axioms of field theory. The important practical step is the truncation of the partial wave series. From unitarity and polynomial boundedness in the domain (3.1), we obtain for $t < t_0$ and $s \to \infty$

$$F(s, t) \sim \sum_{l=0}^{L} (2l+1) F_l(s) P_l \left(1 + \frac{t}{2q^2(s)}\right), \tag{3.2}$$

with

$$L = \frac{1}{2}\sqrt{as}\,\lg s, \qquad a = t_0^{-1}, \tag{3.3}$$

because partial waves with $l > L$ decrease exponentially and become negligible for $s \to \infty$. With eq. (3.2) and the unitarity relations

$$\rho^2 |F_l(s)|^2 \leqslant \rho \operatorname{Im} F_l(s) \leqslant 1, \tag{3.4}$$

$\rho = (s - s_0/s)^{1/2}$, we get the Froissart bound [32]

$$|F(s, 0)| \leqslant \frac{\pi}{4} as (\lg s)^2 \tag{3.5}$$

for $s \to \infty$. It implies

$$\sigma_{\text{tot}} \leqslant 4\pi a s (\lg s)^2. \tag{3.6}$$

With the same assumptions and the Schwarz inequality, we find also that asymptotically [1])

$$\sigma_{\text{el}} \geqslant \frac{16\pi}{s} \frac{|F(s, 0)|^2}{\frac{a}{4} s (\lg s)^2} \tag{3.7}$$

Other bounds, which we will need later, are

$$|F(s, t)| \leqslant \frac{a}{4} s (\lg s)^2 I_0 (\sqrt{at}\,\lg s) \tag{3.8}$$

for $0 \leqslant t < t_0$, and

$$|F(s, t)| \leqslant \frac{a}{4} s (\lg s)^2 \tag{3.9}$$

for $t \leqslant 0$.

---

[1])

$$\sigma_{\text{el}} \sim \frac{16\pi}{s} \sum_0^L (2l+1) |F_l|^2 \geqslant \frac{16\pi}{s} \left(\sum_0^L (2l+1) |F_l|\right)^2 \left[\sum_0^L (2l+1)\right]^{-1}$$

$$\geqslant \frac{16\pi}{s} |F(s, 0)|^2 \left[\frac{a}{4} s (\lg s)^2\right]^{-1}.$$

2. Complex Trajectories

In section II, we have considered the properties of Regge trajectories from the point of view of the t-channel, and we have pointed out that the position of a singularity $\lambda = \alpha(t)$ of $F(t, \lambda)$ in the complex λ-plane corresponds to the power behavior of the related term in the asymptotic expansion of $F(s, t)$ for $s \to \infty$. Let us now see how the analytic properties of the trajectory function $\alpha(t)$ affect the high energy behavior. We are particularly interested in diffraction scattering, and hence in the neighborhood of $(t, \lambda) = (0, 1)$.

The singular surfaces $\alpha(t)$ do not inherit the left-hand branch points of $F(t, \lambda)$ [33]. This follows from eqs. (2.6) and (2.9), which show that only the asymptotic properties of A_s and A_u are relevant for the trajectory functions. A priori, we may therefore assume that the $\alpha(t)$ are regular functions near $t = 0$:

$$\alpha(t) = \alpha(0) + \alpha'(0)t + \dots . \tag{3.10}$$

For poles and branch-point trajectories, we obtain then a high energy contribution of the form

$$F(s, t) \propto s^{\alpha(t)},$$

which gives at most a logarithmic shrinkage of the diffraction peak. We have

$$\int_{-s}^{0} \mathrm{d}t \, |f(s, t)|^2 \propto (\alpha' \lg s)^{-1}, \tag{3.11}$$

with

$$f(s, t) \equiv \frac{F(s, t)}{F(s, 0)}. \tag{3.12}$$

Faster shrinkage can be obtained if there is a branch point in $\alpha(t)$ at $t = 0$. Such branch point must not be present in the continued partial wave amplitude $F(t, \lambda)$, and therefore it is only possible if we have two or more trajectories of the same character which cross at $t = 0$ [34]. Then $\alpha(t)$ near $t = 0$ can be expanded in the form

$$\alpha(t) = \alpha(0) + \sum_{j=0}^{\infty} c_j t^{j/n} \tag{3.13}$$

with $n \geqslant 2$ being an integer. There are n trajectories which are branches of the same analytic function [35], and all these branches must appear in $F(t, \lambda)$ in a completely symmetric fashion.

Of special interest for diffraction scattering are crossing trajectories with the behavior

$$\alpha(t) = 1 + c t^{\frac{m}{n}} \tag{3.14}$$

near $t = 0$. We are interested in exponents $\frac{m}{n} < 1$. For $\frac{m}{n} = \frac{1}{2}$, we have $\alpha(t)$ real for $t \geqslant 0$ and two complex conjugate singularities for $t < 0$. This case complies with the bounds (3.8) and (3.9) for $c \leqslant \sqrt{a}$. However, for $0 < \frac{m}{n} < \frac{1}{2}$ and $\frac{1}{2} < \frac{m}{n} < 1$, we must have and $m < n$, and hence there is always an asymptotic term like

$$s^{1 + b |t|^{\frac{m}{n}}} \tag{3.15}$$

with Re $b > 0$[1]). Such terms violate at least one of the bounds (3.8) or (3.9), and we are left with the possibility $\frac{m}{n} = \frac{1}{2}$. Trajectories of the form

$$\alpha(t) = 1 + \text{const.} \sqrt{t} \tag{3.16}$$

near $t = 0$ can give rise to diffraction peaks which shrink according to

$$\int_{-s}^{0} dt\, |f(s, t)|^2 \propto (\lg s)^{-2}, \tag{3.17}$$

and they have many interesting properties [37]. One is that they satisfy the bootstraplike condition

$$\alpha(t) = \alpha_n(t), \quad \alpha_n(t) = n\alpha\left(\frac{t}{n^2}\right) - n + 1, \tag{3.18}$$

where $\alpha_n(t)$ is the branch point trajectory generated by the iteration of poles $\alpha(t)$. Other properties will be mentioned later.

In order to see more directly when trajectories of the form (3.16) are required, we make specific Ansätze for the high energy limits of the forward positive and negative signature amplitudes as defined in eq. (2.1). In accordance with the dispersion relations (2.4) and (2.5), we write [38]

$$F_+(s, 0) \propto is (\lg s)^{\beta_+} + \frac{\pi}{2}\beta_+ s (\lg s)^{\beta_+ - 1} + \dots, \tag{3.19}$$

$$F_-(s, 0) \propto -\frac{2}{\pi} \frac{1}{\beta_- + 1} s (\lg s)^{\beta_+ + 1} + is (\lg s)^{\beta_-} + \dots . \tag{3.20}$$

General bounds like (3.5) and (3.7) imply the restrictions [31]

$$\beta_+ \leqslant 2 \quad \text{and} \quad \beta_- \leqslant \frac{1}{2}\beta_+ . \tag{3.21}$$

Using the requirement $\sigma_{el} \leqslant \sigma_{tot}$, it is a simple matter to show that the shrinkage of the diffraction peak must be faster than $(\lg s)$ if we have

$$\beta_+ > 1 \tag{3.22}$$

for the positive signature, and if

$$2\beta_- + 2 - \beta_+ > 1 \tag{3.23}$$

for the negative signature trajectory. In these cases, we conclude from our previous considerations that the appropriate singular surface $\alpha(t)$ must have a branch point at $t = 0$. Here we assume that the shrinkage is generated by the trajectory function, which is generally the case for pole surfaces and branch point surfaces.[2])

---

1) We assume here that there are no special "hiding cuts" present in $F(t, \lambda)$, which would make it possible to remove unwanted branches of $\alpha(t)$ into secondary sheets. With hiding cuts, we may also have trajectories of the form (near $t = 0$)

$$\alpha(t) = 1 + c t^{1/\beta}, \quad 0 < \beta \leqslant 2,$$

provided only branches with Re $\alpha(t) < 1$ for $t < 0$ remain in the physical sheet of the λ-plane.

2) There are possible exceptions in the case of essential singularities.

It is important to note that eq. (3.22) shows the necessity of a complex positive signature trajectory for cross sections which increase faster than ~ lg s [36].

For $\beta_- = \beta_+ = 0$ and $\alpha_-(0) = 1$, complex trajectories must be present in both the negative and the positive [36, 39] signature amplitude in order to comply with positive conditions for Im $F(s, t)$ and Im $F(s, t)$ for $0 \leq t < t_0$. Of course, we may have trajectories of the form (3.16) also in cases where they are not explicitly required.

3. Impact Parameter Representation

Another interesting aspect of complex trajectories like (3.16) is their simple relation to Bessel-function representations [40]. In general, we can write the amplitude $F(s, t)$ for large values of s in the form

$$F(s, t) \sim s \int_0^1 d\xi\, \psi(\xi, s) J_0(\xi \sqrt{-at}\, \lg s), \tag{3.24}$$

which is the usual impact parameter representation with

$$b = \xi \sqrt{a}\, \lg s$$

and

$$\psi(\xi, s) = \xi(\lg s)^2 \frac{a}{2} \frac{\eta(b(\xi), s)\, e^{2i\delta(b(\xi), s)} - 1}{2ip(s)}. \tag{3.25}$$

The maximal impact parameter $b_{max} = \sqrt{a}$ lg s corresponds to $L = \frac{1}{2}\sqrt{as}\, \lg s$ as given in eq. (3.3).

Near $(t, \lambda) = (0, 1)$, a rather general class of continued partial wave amplitudes with complex trajectories can be written in the form [41, 42]

$$F_\pm(t, \lambda) \propto \int_0^1 d\xi \frac{\rho_\pm(\xi, t)}{[(\lambda - 1)^2 - \xi^2 at]^{1/2}}. \tag{3.26}$$

We can make this Ansatz compatible with t-channel unitarity in several ways. The most direct one is to choose the weight functions appropriately.[1]) Otherwise we may consider the denominator in eq. (3.26) as a degenerate superposition of a complex pole trajectory and a square-root branch point trajectory. Further away from $t = 0$, the pole trajectory must then acquire the appropriate branch point at $t = t_0$ in order to comply with unitarity. As usual, we assume then that this threshold of $\alpha(t)$ can be neglected as far as the high energy behavior of $F(s, t)$ is concerned. For ρ_- we must also require the condition

$$\int_0^1 d\xi\, \xi^{-1} \rho_-(\xi, 0) = 0 \tag{3.27}$$

in order to prevent singularities of the partial wave amplitude which are not allowed.

---

[1]) See ref. [36] for explicite examples.

As an example for the negative signature amplitude, let us consider the case where $\beta_+ = \beta_- = 0$ in eqs. (3.19) and (3.20). Then the forward amplitude is dominated by the real part of $F_-(s, t)$, and we have different asymptotic total cross-sections σ and $\bar{\sigma}$ for particle and antiparticle scattering.[1]) Hence we write

$$F_-(s, 0) \sim -\frac{2}{\pi} s(\lg s) \frac{\sigma - \bar{\sigma}}{16\pi} + is \frac{\sigma - \bar{\sigma}}{16\pi} + \dots, \tag{3.28}$$

and with $\rho_-(\xi, t) = \rho_-(\xi)$, we have [42]

$$F_-(s, t) \sim \frac{2}{\pi} s(\lg s) \int_0^1 d\xi \left(\int_0^\xi dx \frac{\rho_-(x)}{x} \right) J_0(\xi \sqrt{-at} \lg s)$$

$$+ is \int_0^1 d\xi \, \rho_-(\xi) J_0(\xi \sqrt{-at} \lg s) + \dots . \tag{3.29}$$

For fixed $t \leqslant 0$ and $s \to \infty$, the first term dominates, and we can calculate the asymptotic integrated cross-section

$$\sigma^{(-)} \sim \frac{16\pi}{s^2} \int_{-s}^0 dt |F_-(s. t)|^2 \tag{3.30}$$

in terms of ρ_-:

$$\sigma^{(-)} \sim \frac{32\pi}{a} \frac{4}{\pi^2} \int_0^1 d\xi \, \xi^{-1} \left(\int_0^\xi dx \frac{\rho_-(x)}{x} \right)^2 . \tag{3.31}$$

Except for a factor, the quantity $\sigma^{(-)}$ is the charge exchange (e.g. $\pi\pi$, πN) or regeneration (KN) cross-section. In analogy with the rivation of eq. (3.7), we find the lower bound ($s \to \infty$) [43]

$$\sigma^{(-)} \geqslant \frac{(\sigma - \bar{\sigma})^2}{\pi^3 a} . \tag{3.32}$$

There is also the upper bound

$$\sigma^{(-)} \leqslant 4 \max (\sigma, \bar{\sigma}) . \tag{3.33}$$

---

[1]) At the present time, this example appears to be of academic character, since the recent Serpukhov experiments (up to about 60 GeV/c) show a decrease of $\sigma_{tot}(K^-p) - \sigma_{tot}(K^-p)$ corresponding to a power law. It remains to be seen whether this is the actual asymptotic behaviour. On the other hand, these same experiments indicate that the sum of the cross-sections increases with increasing energy. If this increase is asymptotic and faster than $\sim \lg s$, it follows from eq. (3.22) that complex trajectories of the form (3.16) are ***required*** for the positive signature amplitude.

It follows that the ratio

$$R \equiv \frac{\pi^3 a\,\sigma^{(-)}}{(\sigma-\bar{\sigma})^2} = \frac{\frac{1}{2}\int\limits_0^1 d\xi\,\xi^{-1}\left(\int\limits_0^\xi dx\,\frac{\rho_-(x)}{x}\right)^2}{\left(\int\limits_0^1 d\xi\int\limits_0^\xi dx\,\frac{\rho_-(x)}{x}\right)^2} \tag{3.34}$$

varies between the limits

$$1 \leqslant R \leqslant \frac{4\pi^3 a \max(\sigma,\bar{\sigma})}{(\sigma-\bar{\sigma})^2}\,. \tag{3.35}$$

Of particular interest is the boundary case $R \to 1+0$, which gives rise to a unique asymptotic form of the amplitude [42, 44] for $s \to \infty$ and $\tau = -at(\lg s)^2$ fixed. From eqs. (3.28) and (3.34), we obtain

$$\int\limits_0^\xi dx\,\frac{\rho_-(x)}{x} = \frac{\sigma-\bar{\sigma}}{16\pi}\,(-2\xi)\,\Theta(1-\xi-0), \tag{3.36}$$

and hence

$$\begin{aligned} F_-(s,t) \sim & -\frac{2}{\pi}s\,(\lg s)^2\,\frac{\sigma-\bar{\sigma}}{16\pi}\,\frac{2J_1(\sqrt{\tau})}{\sqrt{\tau}} \\ & + is\,\frac{\sigma-\bar{\sigma}}{16\pi}\left\{-\frac{2J_1(\sqrt{\tau})}{\sqrt{\tau}} + 2J_0(\sqrt{\tau})\right\}. \end{aligned} \tag{3.37}$$

This is an example of a limiting situation where the general constraints are sufficient to determine the form of the amplitude for large energies. In the intervall $0 \leqslant t < t_0$, we have the inequalities Im $F(s,t) \geqslant 0$ and Im $\bar{F}(s,t) \geqslant 0$, and they imply that the negative signature part of these amplitudes cannot dominate. Consequently, there must also be a related complex positive signature trajectory.

Of more direct present physical importance is the positive signature amplitude (3.26). For $at \ll 1$, it gives rise to a high energy limit

$$\begin{aligned} F_+(s,t) \sim & \; is\int\limits_0^1 d\xi\,\rho_+(\xi,t)\,J_0(\xi\sqrt{\tau}) - \\ & -\frac{\pi}{2}s\int\limits_0^1 d\xi\,\rho_+(\xi,t)\,\frac{\xi\sqrt{\tau}}{\lg s}\,J_1(\xi\sqrt{\tau}) \\ & + \dots \end{aligned} \tag{3.36}$$

A special case of interest is obtained for

$$\rho_+ (\xi, t) \propto -\frac{1}{at}\, \delta' (\xi - 1 + \epsilon)\,;$$

then

$$F_+ (t, \lambda) \propto [(\lambda - 1)^2 - at]^{-3/2}\,, \tag{3.37}$$

and

$$F_+ (s, t) \propto is\, (\lg s)^2\, \frac{J_1 (\sqrt{\tau})}{\sqrt{\tau}} + \frac{\pi}{2} s (\lg s)\, J_0 (\sqrt{\tau}) + O(t)\,, \tag{3.38}$$

which corresponds to total cross-sections rising $\sim (\lg s)^2$. In addition to terms of the form (3.38) or similar in the asymptotic expansion of $F_+ (s, t)$, there may well be contributions from a regular trajectory $\alpha(t)$ with $\alpha(0) = 1$, or from a fixed pole with shielding cuts [45].

The relevant feature of the representations (3.29) and (3.36) is the finite support of the weight functions for nonzero values of the parameter $\xi \leqslant 1$. In contrast, an asymptotic form corresponding to a Regge pole like

$$-\beta\, e^{-\frac{i\pi\alpha(t)}{2}}\, s^{\alpha(t)}\,,$$

with $\alpha(t) = 1 + \alpha'(0)t$, would correspond to an s-dependent weight function in eq. (3.24), which is given by

$$\psi(\xi, s) \sim \beta \frac{a}{2\alpha'}\; i \lg s - \frac{\pi}{2}\; \xi\, e^{-\xi^2 \frac{a \lg s}{4\alpha'}} \tag{3.39}$$

for $\lg s \gg 1$. For $\xi > 0$, its' support vanishes in the limit $s \to \infty$. A fixed pole at $\lambda = 1$ would correspond to

$$\psi(\xi, s) \sim i\beta\, \delta(\xi - \epsilon), \quad \epsilon \to 0_+\,. \tag{3.40}$$

There are other situations where a unique form of the asymptotic amplitude is obtained. The following case is quite familiar: We assume that the inelastic cross-section approaches a limiting form

$$\sigma_{\text{inel}} \sim 2\pi a (\lg s)^2. \tag{3.41}$$

which corresponds to the maximal value which is compatible with the bound $l \leqslant L = \frac{1}{2}\sqrt{as}\,\lg s$ for the relevant partial waves in the expansion of $F(s, t)$. Then we obtain [41, 42, 46]

$$F_+(s\, -\frac{\tau}{a(\lg s)^2}) \sim i\, \frac{a}{4} s\, (\lg s) \frac{2 J_1(\sqrt{\tau})}{\sqrt{\tau}} \tag{3.42}$$

for fixed $\tau = -at(\lg s)^2$. This amplitude gives $\sigma_{tot} \sim 2\sigma_{el}$, and if it is extended to fixed values of t, it corresponds to a fully absorbing disc of radius $\sqrt{a}$.[1]) In the complex angular momentum plane it corresponds to the expression (3.37) near $(t, \lambda) = (0, 1)$. Further away from this point the form (3.43) requires modification or shielding cuts.

IV. Concluding Remarks

Empirically, we know that high energy collisons are accompanied by the production of hadrons with an average multiplicity which appears to be slowly increasing with energy. Via s-channel unitarity, the absorptive part of the elastic amplitude is related to these production processes. It is therefore of great interest to connect models for the production amplitudes with the Ansätze made for the description of diffraction scattering. However, we may expect that, in the sum over intermediate states at high energy, many details of the actual production amplitudes will be washed out. In this sense, diffraction scattering should perhaps be considered more as a constraint for these amplitudes, although it is expected to depend upon the more general features like the increase of the multiplicity, etc. Because of the rather direct connection of the diffraction amplitude with the low energy properties of the crossed channel, we may hope that an understanding will be possible without a complete theory of production processes.

We have considered in this article only hadronic interactions and we have explored asymptotic expansions within this framework. We hope that the energy region of up to about 1000 GeV, which is now becoming available, will bring some clarification of the uncertainties which at present cloud the experimental situation of diffraction scattering. Some important questions are:

Do total cross-sections rise asymptotically or do they become constant? Does the difference of the cross-sections for particle and anti-particle scattering continue to decrease as indicated by the recent Serpukhov data, and what is the behaviour of corresponding charge exchange and regeneration cross-sections? Does shrinkage stop or not? There are of course many other questions.

We should also keep in mind the possibility that the strong interaction asymptotics is only relevant for an intermediate energy region. It is not impossible that there is a new regime at higher energies where electromagnetic or even weak interactions come into play and are no more small corrections to the strong ones. However, this possibility does not detract from the importance of exploring the hadronic asymptotics within the framework of dispersion theory. Any indication of deviations from the assumption of this framework would be of greatest interest. In the study of high energy limits within the framework of dispersion theory, it is a principal aim to get some idea about the physics in small dimensions. Once we have a reasonable understanding of the asymptotic expansions of hadron amplitudes, we may go back to quantum field theory in the hope of obtaining new insights. The recent developments of operator product expansions [47] may be very helpful in order to establish a more intimate relationship between high energy limits and the space-time formalism of field theory.

---

[1]) A form corresponding to eq. (3.42) except for a factor of two is obtained by requiring full saturation of the Froissart bound. Then we have $\sigma_{tot} \sim \sigma_{el} \sim 4\pi a(\lg s)^2$.

References and Notes

[1] *G. Lüders, R. Oehme,* and *W. Thirring,* Z. Naturforschung **7a**, 213 (1952).

[2] Sellmeier, Poggendorf Ann. **143**, 271 (1871). *R. Kronig,* J. Opt. Soc. Am. **12**, 547 (1926). *H. A. Kramers,* Physica **12**, 543 (1946), Atti del Congresso Internationale de Fisici; Como (Nicolo Zanchelli, Bologna, 1927) p. 454. *J. S. Toll,* Thesis, Princeton 1952; Phys. Rev. **104**, 1760 (1956). These papers contain further references.

[3] *M. Gell-Mann, M. L. Goldberger,* and *W. E. Thirring,* Phys. Rev. **98**, 771 (1955).

[4] *R. Oehme,* Phys. Rev. **100**, 1503 (1955); **102**, 1174 (1956); Nuovo Cimento **10**, 1316 (1956). *K. Symanzik,* Phys. Rev. **100**, 743 (1957). *N. N. Bogoliubov, B. V. Medvedev,* and *M. K. Polivanov, Voprossi Teorii Dispersionykh Sootnoshenii* (Fizmatgiz, Moscow, 1958). *N. N. Bogoliubov* and *D. V. Shirkov, Quantum Theory of Fields* (Interscience, New York 1959); this book contains many further references. *H. J. Bremermann, R. Oehme,* and *J. G. Taylor,* Phys. Rev. **109**, 2178 (1958); Proceedings of the "Colloque sur les Problèmes Mathématiques de la Théorie Quantique des Champs", Lille, France, June 1957. *R. Jost* and *H. Lehmann,* Nuovo Cimento **5**, 1598 (1957). *F. J. Dyson,* Phys. Rev. **110**, 1460 (1958). *H. Lehmann,* Nuovo Cimento **10**, 579 (1958). *K. Hepp,* Helv. Phys. Acta **37**, 639 (1964). *H. Epstein, V. Glaser,* and *A. Martin,* Commun. Math. Phys. **13**, 257 (1969).

[5] *S. Mandelstam,* Phys. Rev. **112**, 1344 (1958). For further references see, for example, *R. J. Eden, P. V. Landshoff, D. I. Olive,* and *J. C. Polkinghorne, The Analytic S-Matrix* (Cambridge University Press, Cambridge, 1966).

[6] *R. Oehme,* Phys. Rev. **111**, 1430 (1958); Phys. Rev. **117**, 1151 (1960); Phys. Rev. Letters **4**, 510 (1960).

[7] *R. Karplus, C. M. Sommerfield,* and *F. H. Wichmann,* Phys. Rev. **111**, 1187 (1958); **114**, 376 (1959). *Y. Nambu,* Nuovo Cimento **9**, 610 (1958).

[8] *R. Oehme,* Nuovo Cimento **13**, 778 (1959).

[9] *R. Oehme,* in *Werner Heisenberg und die Physik unserer Zeit,* ed. by *F. Bopp* (Vieweg, Braunschweig, 1961) p. 240; this paper contains further references.

[10] *M. L. Goldberger, H. Miyazawa,* and *R. Oehme,* Phys. Rev. **96**, 986 (1955). *H. L. Anderson, W. C. Davidon,* and *V. E. Kruse,* Phys. Rev. **100**, 339 (1955). *R. Karplus* and *M. A. Ruderman,* Phys. Rev. **98**, 771 (1955). *M. L. Goldberger,* Phys. Rev. **99**, 979 (1955). *R. Oehme,* Forward Dispersion Relations and Microcausality, in *Quanta* [Essays in Theoretical Physics Dedicated to Gregor Wentzel] (Univ. of Chicago Press, Chicago, 1970) p. 309; this article contains a list of further references.

[11] *G. F. Chew, S-Matrix Theory of Strong Interactions* (W. A. Benjamin, Inc., New York, 1961). *J. Hamilton* in *Strong Interactions and High Energy Physics,* ed. by R. G. Moorhouse (Oliver & Boyd, Edinburgh, 1964) p. 281. These papers contain many further references.

[12] *R. Blankenbeckler* and *M. L. Goldberger,* Phys. Rev. **126**, 766 (1962), and La Jolla Conference, 1961. *G. F. Chew* and *S. C. Frautschi,* Phys. Rev. Letters **7**, 394 (1961); **8**, 41 (1962). *G. F. Chew, S. Frautschi,* and *S. Mandelstam,* Phys. Rev. **126**, 1202 (1962). *S. C. Frautschi, M. Gell-Mann,* and *F. Zachariasen,* Phys. Rev. **126**, 2204 (1962).

V. N. Gribov, Zh. Eksprim. i Teor. Fiz. **41**, 1962 (1961) [Translation: Soviet Phys. JETP **14**, 1395 (1962)]. *R. Oehme,* Phys. Rev. Letters **9**, 358 (1962). *R. Oehme,* in *Strong Interactions and High Energy Physics* ed. by R. G. Moorhouse (Oliver & Boyd, Edinburgh, 1964) p. 129–222.

[13] See *M. Gell-Mann* and *Y. Ne'eman, The Eightfold Way* (W. A. Benjamin, Inc., New York, 1964).

[14] *R. Oehme,* Phys. Letters **21**, 567 (1966), **22**, 207 (1966); Phys. Rev. **154**, 1358 (1966). *S. Fubini* and *G. Segrè,* Nuovo Cimento **45**, 641 (1966). *V. de Alfaro, S. Fubini, G. Furlan,* and *G. Rossetti,* Phys. Letters **21**, 576 (1966). *L. D. Soloviev,* Sov. J. Nucl. Phys. **3**, 188 (1966).

[15] *A. Salam, R. Delburgo,* and *J. Strathdee,* Proc. Royal Soc. (London) **284**, 146 (1965). *A. Pais,* Rev. Mod. Phys. **38**, 215 (1966); this paper contains further references.

[16] *K. J. Barnes, P. Carruthers,* and *F. von Hippel,* Phys. Rev. Letters **14**, 81 (1965). *R. Oehme,* Phys. Rev. Letters **14**, 664, 866 (1965); *Preludes in Theoretical Physics* ed. by A. De Shalit, H. Feshbach, and L. Van Hove (North-Holland, Amsterdam 1966) pp. 143–153. *H. J. Lipkin* and *S. Meshkov,* Phys. Rev. Letters **14**, 670 (1965); Phys. Rev. **143**, 1269 (1966). *K. J. Barnes,* Phys. Rev. Letters **14**, 798 (1965). *P. G. O. Freund,* Phys. Rev. Letters **14**, 803 (1965). *P. G. O. Freund* and *R. Oehme,* Phys. Rev. Letters **14**, 1085 (1965). *A. Pais,* Rev. Mod. Phys. **38**, 215 (1966); this paper contains further references.

[17] *R. Oehme,* Phys. Rev. **154**, 1358 (1966). *R. Oehme* and *G. Venturi,* Phys. Rev. **159**, 1283 (1967). *G. Venturi,* Phys. Rev. **161**, 1438 (1967), **163**, 1826 (1967). *P. G. O. Freund, R. Oehme,* and *R. Rotelli,* Phys. Rev. **164**, 1859 (1967), Nuovo Cimento **51A**, 217 (1967). *R. Oehme,* Ann. of Physics (New York) **46**, 347 (1968); this paper contains further references.

[18] *G. Veneziano,* Nuovo Cimento **57A**, 190 (1968). *K. Bardakci* and *H. Ruegg,* Phys. Letters **288**, 342 (1968). For further references, see *M. Jacob, Proceedings of the Lund International Conference on Elementary Particles* ed. by G. von Dardel (Berlingska Boktryckeriet, Lund, 1969).

[19] *R. Oehme,* Nuclear Physics **B16**, 161 (1970).

[20] *Y. Nambu, Proceedings of the International Conference on Symmetries and Quark Models,* Wayne University (Gordon and Breach, New York, 1970) p. 269; preprint EFI 70-07 (1970). *S. Fubini, D. Gordon,* and *G. Veneziano,* Phys. Letters **29B**, 679 (1969). *L. Susskind,* Phys. Rev. **D1**, 1182 (1969). *Y. Miamoto,* Prog. Theor. Phys. **42**, 1166 (1969). *K. Bardakci* and *S. Mandelstam,* Phys. Rev. **184**, 1640 (1969).

[21] For details and for references see *R. Oehme,* Complex Angular Momentum in Elementary Particle Scattering, in *Strong Interactions and High Energy Physics,* ed. by R. G. Moorhouse (Oliver & Boyd, Edinburgh and London, 1964) pp. 129–222; this article will be referred to as 0I, *R. Oehme,* Complex Angular Momentum, in *Springer Tracts of Modern Physics,* Vol. 57, ed. by G. Höhler (Springer Verlag, Berlin-Heidelberg, 1971) pp. 132–157. This article will be referred to in the form 0II, it also contains further references. *R. Oehme,* High Energy Scattering and Dispersion Theory, in *Dispersion Relations and their Connection with Causality,* ed. by E. P. Wigner (Academic Press, New York, 1964) pp. 167–256.

[22] See, for example, the *Proceedings of the Third International Conference on High Energy Collisions,* ed. by C. N. Yang et al. (Gordon and Breach, New York, 1969).

[23] *R. Oehme,* Phys. Rev. Letters **9**, 358 (1962); Phys. Rev. **130**, 424 (1963); Phys. Rev. Letters **18**, 1222 (1967); 0I p. 160; 0II, p. 136.

[24] *V. N. Gribov,* Nuclear Physics **22**, 249 (1961).

[25] *H. Behnke* and *F. Sommer,* Math. Am. **121**, 356 (1950).

[26] See 0I, p. 161.

[27] *S. Mandelstam,* Nuovo Cimento **30**, 1127, 1148 (1963). 0I, p. 187.

[28] *C. E. Jones* and *V. Teplitz,* Phys. Rev. **159**, 1271 (1967). *S. Mandelstam* and *L. L. Wang,* Phys. Rev. **160**, 1490 (1967).

[29] *P. G. O. Freund* and *R. Oehme,* Phys. Rev. Letters **10**, 199 (1963).

[30] *K. Yamamoto,* Phys. Letters **5**, 355 (1963).

[31] See, for example, *A. Martin, Scattering Theory: Unitarity, Analyticity and Crossing* (Springer Verlag, Berlin-Heidelberg, 1969). *R. J. Eden,* Rev. Mod. Phys. **43**, 15 (1971). These papers contain further references.

[32] *M. Froissart,* Phys. Rev. **123**, 1053 (1961).

[33] *R. Oehme* and *G. Tiktopoulos,* Phys. Letters **2**, 86 (1962). 0I, p. 149.

[34] *R. Oehme,* Phys. Letters **30B**, 414 (1969); Phys. Rev. **D2**, 801 (1970). 0II, p. 144.

[35] *Hung Cheng,* Phys. Rev. **130**, 1283 (1963), 0I, p. 155.

[36] *R. Oehme*, Phys. Rev. **D3**, 3217 (1971); EFI-preprint 71-26 (1971) to be published in Phys. Rev.

[37] *R. Oehme*, Nuovo Cimento **25**, 183 (1962); Phys. Letters **31B**, 573 (1970); OII, p. 146. *P. G. O. Freund* and *R. Oehme*, Phys. Rev. Letters **10**, 415 (1963). *J. H. Schwarz*, Phys. Rev. **167**, 1342 (1968). *J. B. Bronzan*, MIT preprint 199 (1971). *F. Zachariasen*, in *Proceedings of the Coral Gables Conference on Fundamental Interactions at High Energies II.* ed. by A. Perlmutter et al. (Gordon and Breach, New York, 1970) pp. 103–122. This paper contains further references; CERN preprint TH-1290 (1971).

[38] See OI, p. 179.

[39] *J. Arafune* and *H. Sugawara*, Phys. Rev. Letters **25**, 1516 (1970).

[40] See, for example, *R. Blankenbecler* and *M. L. Goldberger*, Phys. Rev. **126**, 766 (1962). *F. Zachariasen*, CERN preprint TH-1284 (1971). *R. Oehme*, EFI preprint 71-26 (1971), OII, p. 151.

[41] *V. N. Gribov, I. Yu Kobsarev, V. D. Mur, L. B. Okun*, and *V. S. Popov*, Phys. Letters **32B**, 129 (1970). *J. Finkelstein*, Phys. Rev. Letters **24**, 172 (1970). *R. J. Eden* and *D. G. Kaiser*, Nuclear Phys. **B28**, 253 (1971).

[42] *R. Oehme*, Lectures delivered at the International Summer Institute for Theoretical Physics in Heidelberg, July 1970; OII, p. 151; EFI-preprint 71-26 (1971).

[43] *S. M. Roy* and *V. Singh*, Phys. Letters **32B**, 50 (1970). *J. Finkelstein* and *S. M. Roy*, Phys. Letters **34B**, 322 (1971).

[44] *S. M. Roy*, Phys. Letters **34B**, 407 (1971). *G. Auberson, T. Kinoshita*, and *A. Martin*, Cornell-preprint CLNS-144 (1971).

[45] *R. Oehme*, Phys. Rev. Letters **18**, 1222 (1967). **D. D. Friedman**, EFI-preprint 71-25 (1971).

[46] *H. Cheng* and *T. T. Wu*, Phys. Rev. Letters **24**, 1456 (1970). *J. Finkelstein* and *F. Zachariasen*, CERN-preprint TH-1298 (1971). *A. A. Anselm, G. S. Danilov, I. T. Dyatlov*, and *E. M. Levin*, Yardern Fiz. **11**, 896 (1970). *G. Auberson, T. Kinoshita*, and *A. Martin*, Cornell-preprint CLNS-144 (1971).

[47] *K. Wilson*, Phys. Rev. **179**, 1499 (1969).

Strutinsky's Energy Theorem

H. A. Bethe

Abstract. A simplified proof is given for the energy theorem of *Strutinsky*. According to the theorem, the self-consistent energy of a nucleus can be calculated from the sum of the shell model eigenvalues. If the nucleon-nucleon force depends on density, there is a correction which somewhat reduces the shell effect on energy.

1. Introduction

For a long time, it has been a problem how to calculate the total energy of a nucleus W from the "shell model energies" of individual nucleons, i.e., the energies computed from the *Nilsson* [1] or a similar model. This is important for deciding whether a nucleus with a given number of neutrons and protons is spherical or deformed, and for determining the magnitude of deformation. It will also permit the construction of potential curves for a fissile nucleus, as a function of the separation distance and shape, and this can lead to an understanding of fission, both spontaneous and neutron induced.

Preston [2] quotes a formula which has been widely used,

$$W = \Sigma\, n_\nu\, \epsilon_\nu - C, \tag{1}$$

where n_ν is the number of nucleons in the state ν, with energy ϵ_ν and C is a constant, independent of the deformation of the nucleus. However, in deriving (1), *Preston* assumes that the potential $V(r_j)$, which is taken to act on particle j in the shell model calculations, is in fact self-consistent, e.g.,

$$V(r_j) = \sum_{i \neq j} \langle \psi_i | v_{ij}(r_i - r_j) | \psi_i \rangle\,, \tag{2}$$

where v_{ij} is the interaction between nucleons i and j, and ψ_i the shell model wave function of nucleon i. This is, in general, not the case.

2. The Energy Theorem

A much better theory has been given by *Strutinsky* [3]. Its most important element is a fundamental theorem which was recently proved by *Strutinsky* et al. [4]. We shall reproduce their proof, partly to establish notation, partly because we believe our version is somewhat simpler and clearer.

We postulate the existence of a smooth potential $\widetilde{V}$, which we call the "shell model potential". The wave functions of individual nucleons in this potential we call $\psi_{\nu S}$ (S for shell), the eigenvalues $\epsilon_{\nu S}$. We also assume that the Hartree-Fock (HF) problem for the same nucleus has been solved, giving the self-consistent wave functions $\psi_{\nu H}$ and eigenvalues $\epsilon_{\nu H}$. For the present, we assume that the fundamental interaction between two nucleons is an ordinary potential $G(r_1, r_2)$, and we neglect the HF exchange term; these assumptions will later be generalized. Then the Hartree-Fock potential is

$$V_H(r_1) = \int G(r_1, r_2)\, \rho_H(r_2)\, dr_2 . \tag{3}$$

Similarly, we assume that V is derivable from a smooth density distribution, thus

$$\tilde{V}(r_1) = \int G(r_1, r_2)\, \tilde{\rho}(r_2)\, dr_2 . \tag{4}$$

The density distribution derived *from* the *shell model wave functions,*

$$\rho_S(r) = \sum_\nu n_\nu |\psi_{\nu S}(r)|^2 \tag{5a}$$

is, of course, different from $\tilde{\rho}$. As *Strutinsky* et al. [4] point out, we proceed, in the case of the shell model, only in one direction, viz.

$$\tilde{\rho} \rightarrow \psi_{\nu S} \rightarrow \rho_S \tag{5b}$$

Only for the self-consistent, Hartree-Fock case is the generating density, ρ_H in (3), equal to that derivable from the wave functions $\psi_{\nu H}$, which are the solutions of the HF Schroedinger equation.

The Hartree-Fock energy of the nucleus is

$$W_H = \Sigma n_\nu \epsilon_{\nu H} - \frac{1}{2} \int \rho_H(r_1)\, \rho_H(r_2) G(r_1, r_2)\, dr_1 dr_2$$

$$\equiv E_H - G_H . \tag{6}$$

We compare this with the "shell model energy", *defined* as

$$W_S = E_S - G_S = \Sigma n_\nu \epsilon_{\nu S} - \frac{1}{2} \int \tilde{\rho}(r_1) \tilde{\rho}(r_2) G(r_1, r_2)\, dr_1 dr_2 . \tag{7}$$

Since $\epsilon_{\nu H}$, $\epsilon_{\nu S}$ are the energies in the potentials V_H, $\tilde{V}$, respectively, Schroedinger perturbation theory gives, in first order

$$\epsilon_{\nu H} - \epsilon_{\nu S} = \int dr\, [V_H(r) - \tilde{V}(r)] |\psi_{\nu H}(r)|^2; \tag{8}$$

therefore

$$E_H - E_S \equiv \Sigma n_\nu (\epsilon_{\nu H} - \epsilon_{\nu S}) = \int dr\, [V_H(r) - \tilde{V}(r)]\, \rho_H(r), \tag{9}$$

and, using (3), (4)

$$E_H - E_S = \int dr_1 dr_2\, \rho_H(r_1)\, [\rho_H(r_2) - \tilde{\rho}(r_2)]\, G(r_1 - r_2). \tag{10}$$

The difference in the subtracted, potential energy, $G_{\mathrm{H}} - \tilde{G}$ is, from (6) and (7), exactly equal to (10), therefore

$$W_{\mathrm{H}} - W_S = 0 \tag{11}$$

Errors are of order $(\rho_{\mathrm{H}} - \tilde{\rho})^2$.

This is *Strutinsky's* energy theorem. It offers the very useful possibility of obtaining the (correct) Hartree-Fock energy by calculating the much simpler shell model energies $\epsilon_{\nu S}$. It is necessary, however, to calculate also the potential energy,

$$\tilde{G} = \frac{1}{2} \int \tilde{\rho}(r)\, \tilde{V}(r)\, \mathrm{d}r. \tag{12}$$

Here the smooth potential $\tilde{V}(r)$ is known because it is the basis of the shell model calculations. But $\rho(r)$ would have to be obtained by inverting (4), and this would require knowledge of the two-particle interaction $G(r_1, r_2)$. Of course, $\tilde{\rho}$ could be taken from experiment, at least for protons in spherical nuclei. But this would defeat the purpose of comparing the energy for two different shapes of the same nucleus; therefore we should really assume only the shell model potential $\tilde{V}$.

3. Extensions

For this purpose, *Strutinsky* makes the following additional *assumption:* If the distribution of shell energy levels is smoothed sufficiently so as to obliterate shell effects, then the resulting nuclear energy, $\tilde{W}$, calculated in the same way as (7), will be equal to the liquid drop model (LDM) energy. To effect the smoothing, *Strutinsky* defines the smoothed level density,

$$\tilde{g}(\epsilon) = \pi^{-1/2}\, \tilde{\gamma}^{-1} \sum_{\nu} \exp - (\epsilon - \epsilon_{\nu S})^2 / \tilde{\gamma}^2, \tag{13}$$

where $\tilde{\gamma}$ is chosen to be about 10 Mev, the approximate spacing between two major shells. Then the smoothed energy sum is defined,

$$E = \int_{-\infty}^{\tilde{\lambda}} \tilde{g}(\epsilon)\, \epsilon\, \mathrm{d}\epsilon, \tag{14}$$

with the Fermi energy $\tilde{\lambda}$ defined by the condition

$$\int_{-\infty}^{\tilde{\lambda}} \tilde{g}\, \mathrm{d}\epsilon = N, \tag{15}$$

where N is the number of neutrons (or protons). It is conjectured that $\tilde{E}$ is insensitive to the choice of $\tilde{\gamma}$, and more importantly, that

$$\tilde{W} = \tilde{E} - \tilde{G} = W_{\mathrm{LDM}}, \tag{16}$$

the liquid drop model energy. Accurate values for the latter can be deduced from the semiempirical mass formula [5].

Then the actual energy of the nucleus is

$$W_{\mathrm{H}} = W_{\mathrm{LDM}} + E_S - \tilde{E}. \tag{17}$$

A pairing correction may be applied to this [6]. This method has been used most effectively by *Strutinsky* and collaborators [3, 4, 7] for many nuclear problems. *Strutinsky* points out that only E_S varies rapidly with the number of neutrons and protons, N and Z, and with the nuclear deformation, β, while $W_{\mathrm{LDM}} - \tilde{E}$ is a smooth function of these variables. It is, of course, necessary to construct a shell model potential which is as close as possible to the self-consistent potential because there is, after all, an error of order $(\rho_{\mathrm{H}} - \tilde{\rho})^2$. *Strutinsky* et al. [8] have developed a method to solve the Schroedinger equation in a very general, deformed potential.

4. Generalization

The interaction between nucleons is not a simple, ordinary potential, $G_{\mathrm{D}}(r_1, r_2)$, but also contains an exchange term [9] $G_{\mathrm{X}}(r_1, r_2)$. The important point here is not the symmetry of the wave function, but the exchange *forces*. In fact, a realistic nuclear force gives a much bigger exchange than direct interaction [10]. Then the potential energy in the Hartree-Fock theory is

$$G_{\mathrm{H}} = \tfrac{1}{2} \int [\rho_{\mathrm{H}}(r_1) \rho_{\mathrm{H}}(r_2) G_{\mathrm{D}}(r_1, r_2) + |\rho_{\mathrm{H}}(r_1, r_2)|^2 \\ G_{\mathrm{X}}(r_1, r_2)] \mathrm{d}r_1 \, \mathrm{d}r_2 , \tag{18}$$

where $\rho(r_1, r_2)$ is the usual Dirac mixed density,

$$\rho(r_1, r_2) = \Sigma n_\nu \, \psi_{\nu\mathrm{H}}(r_1) \, \psi^*_{\nu\mathrm{H}}(r_2) . \tag{19}$$

The Schroedinger equation is then

$$(\hbar^2/2M) \quad {}^2 \psi_\nu(r_1) + \epsilon_\nu \, \psi_\nu(r_1) = V_{\mathrm{D}}(r_1) \, \psi_\nu(r_1) \\ + \int \mathrm{d}r_2 \, V_{\mathrm{X}}(r_1, r_2) \, \psi_\nu(r_2), \tag{20}$$

with the "exchange potential" given by

$$V_{\mathrm{X}}(r_1, r_2) = G_{\mathrm{X}}(r_1, r_2) \, \rho(r_1, r_2) . \tag{21}$$

The difference between the eigenvalues in the Hartree-Fock and the shell model theory is

$$\epsilon_{\nu\mathrm{H}} - \epsilon_{\nu S} = \int \mathrm{d}r \, [V_{\mathrm{HD}}(r) - \tilde{V}_{\mathrm{D}}(r] \, |\psi_{\nu\mathrm{H}}(r)|^2 \\ + \int \mathrm{d}r_1 \mathrm{d}r_2 \, [V_{\mathrm{HX}}(r_1, r_2) - \tilde{V}_{\mathrm{X}}(r_1, r_2)] \, \psi^*_{\nu\mathrm{H}}(r_1) \, \psi_{\nu\mathrm{H}}(r_2) \tag{22}$$

Exactly as in (9) to (11), one proves that (11) is still valid.

5. Density Dependence

In reality, the effective forces in a nucleus not only contain an exchange part, but also depend on density [10]. This dependence is strongest for the "direct" part, and we shall therefore discuss density dependence for this part alone. We shall assume a linear dependence on density; this is not the best approximation to realistic forces [10] but is sufficiently good to illustrate the point. Thus we set

$$G_D(r_1, r_2) = G_a(r_1, r_2) + \tfrac{1}{2} G_b(r_1, r_2)\,[\rho(r_1) + \rho(r_2)] \tag{23}$$

If we use this in the HF potential energy (18), neglect G_X, and vary ρ_H, we get the HF potential

$$V_H(r_1) = \int dr_2\, \rho_{H2}\,[G_a + G_b\,(\rho_{H1} + \tfrac{1}{2}\rho_{H2})], \tag{24}$$

where the subscripts 1 and 2 mean the densities at the points r_1 and r_2, respectively. The change of potential in going from shell model to HF is

$$V_H(r_1) - \tilde{V}(r_1) = \int dr_2\,(\rho_{H2} - \tilde{\rho}_2)\,[G_a + G_b\,(\rho_{H1} + \rho_{H2})] + (\rho_{H1} - \tilde{\rho}_1)\int dr_2\, G_b\, \rho_{H2}. \tag{25}$$

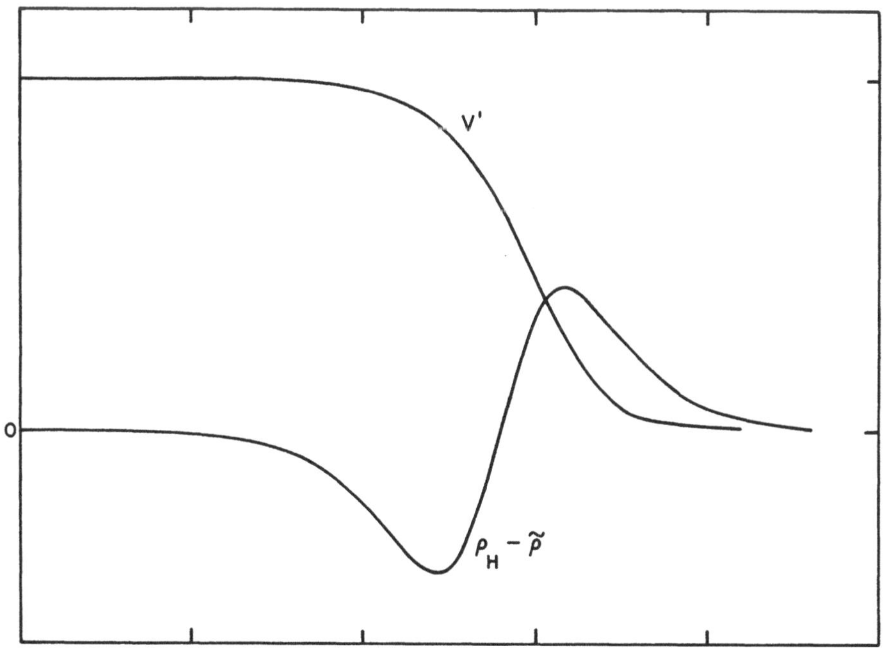

Fig. 1. Schematic plot of the density-dependent part of the potential, V, Eq. (29), and of the density differences, $\rho_H - \tilde{\rho}$, vs. radius (arbitrary units).

The change of the energy sum E is still given by (9) which now yields

$$E_H - E_S = \int dr_1 dr_2\, \rho_{H1} (\rho_{H2} - \tilde{\rho}_2) [G_a + G_b (\rho_{H1} + \rho_{H2})]$$
$$+ \int dr_1 dr_2 (\rho_{H1} - \tilde{\rho}_1) \rho_{H1} G_b \rho_{H2}$$
$$= \int dr_1 dr_2 (\rho_{H1} - \tilde{\rho}_1) \rho_{H2} [G_a + G_b (\rho_{H2} + 2\rho_{H1})]. \tag{26}$$

The change $G_H - G_S$ is

$$G_H - G_S = \int dr_1 (\rho_{H1} - \tilde{\rho}_1) V_{H1} \tag{27}$$

because V is defined as the variational derivative of the potential energy with respect to density. Inserting (24) and subtracting from (26) gives

$$W_H - W_S = \int dr_1 dr_2 (\rho_{H1} - \tilde{\rho}_1) G_b \tilde{\rho}_2 (\tilde{\rho}_1 + \tfrac{1}{2} \tilde{\rho}_2), \tag{28}$$

apart from terms of order $(\rho_H - \tilde{\rho})^2$.

In contrast to (11), $W_H - W_S$ is no longer zero. The reason can be seen from a comparison of (9) with (27): $E_H - E_S$ is essentially $\rho \delta V$, while $G_H - G_S$ is $V\delta\rho$. As long as V is linear in ρ, as it is for ordinary forces (3), and for exchange forces (21), these two changes are equal. But for density-dependent forces, V is no longer linear in ρ, equation (24).

While (28) is not zero, it is only a surface effect. We define

$$V'(r_1) = \int dr_2\, G_b (r_1, r_2) \tilde{\rho}_2 (\tilde{\rho}_1 + \tfrac{1}{2} \tilde{\rho}_2). \tag{29}$$

Now in the interior of the nucleus, $\tilde{\rho}$ is constant and about equal to ρ_0, the density of nuclear matter; hence also V' is nearly constant and equal to V'_0. But

$$\int dr (\rho_H - \tilde{\rho}) = 0. \tag{30}$$

Therefore, the interior of the nucleus does not contribute to (28), and we may write

$$W_H - W_S = \int dr (\rho_H - \tilde{\rho}) (V'(r) - V'_0). \tag{31}$$

This integral clearly comes only from the surface. Spatial fluctuations of ρ_H in the interior, due to shell effects, do not contribute because $V' = V'_0$.

Now G_b is certainly positive because nuclear forces are more repulsive at high than at low density. Therefore, V' is positive. But V' clearly decreases with increasing r because the density decreases (Fig. 1). Now we may arrange the smooth density $\tilde{\rho}$ to have the same (half-density) radius R as ρ_H. But, since $\tilde{\rho}$ must vary smoothly with N and Z, the surface *thickness* of $\tilde{\rho}$ must be essentially independent of N and Z. Suppose now for a given nucleus the actual HF surface thickness is larger. Then $\rho_H - \tilde{\rho}$ will behave as indicated in Fig. 1, with the integral being zero, equation (30). Clearly, the integral (31) will then be negative.

Thus a nucleus with a diffuse surface will have a negative contribution to the energy difference $W_H - W_S$, due to the saturation (density dependence) of nuclear forces. We may write roughly

$$W_H - W_S = C(b_H - \tilde{b}) \tag{32}$$

where b is the surface thickness and C a constant. Now spherical nuclei with an incomplete shell, especially one containing few nucleons, should theoretically have a thicker surface than closed-shell nuclei because some of the nucleons "stick out". Such nuclei will therefore have a lower energy than the *Strutinsky* scheme indicates. In other words, the *Strutinsky* method (slightly) overestimates the shell effect, and this is, indeed, what he finds when comparing his results with observation [11].

Deformed nuclei are essentially "closed shell" [4] and therefore have a thin surface, as has been confirmed by experiment. Therefore the correction (32) will be near zero for deformed nuclei. This makes spherical nuclei slightly more stable relative to deformed ones, compared to *Strutinsky's* calculations.

6. Critique

Bassichis et al. [12] have criticized the *Strutinsky* method. They point out that the Hartree-Fock method, being variational, can only lead to a minimum of the energy with regard to *all* parameters. In order to obtain the solution for fixed deformation β (the main question *Strutinsky* is interested in), one must use a Contrained Hartree-Fock method (CHF) in which a Lagrange parameter λ is introduced so as to give β the desired value (β may be defined from the quadrupole moment). They find that λ varies strongly with β. At any *equilibrium* configuration, $\lambda = 0$, so that CHF goes over into the ordinary HF, and the *Strutinsky* theory is then justified by the arguments given in our paper. However, away from equilibrium, λ is substantial, it enters the expression for the energy, and therefore modifies *Strutinsky's* results for $W(\beta)$. In particular, they state that the proper value of the equilibrium β can be obtained from *Strutinsky's* theory, but away from the minimum, *Strutinsky's* energy increases too fast, so that his theory may overestimate potential barriers in fission.

References

[1] *S. G. Nilsson,* K. Danske Vidensk: Selsk. mat.-fys. Medd. **29,** No. 15 (1955); *B. R. Mottelson* and *S. G. Nilsson:* ibid. Skr. **1,** No. 8 (1959).

[2] *M. A. Preston:* Physics of the Nucleus, (Addison-Wesley, Reading, Mass.) (1962), p. 271.

[3] *V. M. Strutinsky:* Nucl. Phys. **A 122,** 1 (1968), especially Sec. 8.

[4] *M. Brack, H. C. Pauli, V. M. Strutinsky, C. Y. Wong, A. Stenholm-Jensen, Jens Damgaard:* to appear in Rev. Mod. Phys.

[5] e.g., *W. D. Myers* and *W. J. Swiatecki:* Nucl. Phys. **81,** 1 (1966).

[6] Ref. 3, p. 12. Our E is *Strutinsky's* U.

[7] *S. Bjørnholm* and *V. M. Strutinsky:* Nucl. Phys. **A 136,** 1 (1969), further references in Ref. 4.

[8] *J. Damgaard, H. C. Pauli, V. V. Pashkevich* and *V. M. Strutinsky:* Nucl. Phys. **A 135,** 432 (1969).

[9] e.g., *L. Rosenfeld:* Nuclear Forces (North-Holland Publishing Co., Amsterdam (1948), p. 233.

[10] *J. W. Negele:* Phys. Rev. **C1,** 1260 (1970), espec. Table IV.

[11] Ref. 7, Fig. 2.

[12] *W. A. Bassichis, A. K. Kerman, C. F. Tsang, D. R. Tuerpe* and *L. Wilets:* to be published.

Betrachtungen zur quantenmechanischen Beschreibung von Mehrteilchenreaktionen

Th. Kanellopoulos und K. Wildermuth

I. Einleitung

Nach der Entdeckung der Quantenmechanik durch *Heisenberg* wurde in ihr zunächst hauptsächlich das Verhalten gebundener Systeme untersucht. In den letzten Jahrzehnten trat auf allen Gebieten der Quantenmechanik, sei es Atomphysik, Festkörperphysik, Kernphysik oder Elementarteilchenphysik, die sämtliche eng mit dem Namen *Heisenberg* verknüpft sind, immer mehr das Studium der Mehrteilchenreaktionen in den Vordergrund.

Bei der Behandlung dieser Reaktionen tauchen im Gegensatz zu den gebundenen Zuständen prinzipielle Schwierigkeiten auf, die zunächst kurz besprochen werden sollen. Anschließend wird ein Ansatz für eine Reaktionstheorie diskutiert, der es ermöglicht, diese Schwierigkeiten zu überwinden und der es gestattet, auch allgemeine Eigenschaften der Vielteilchenreaktionen zu beschreiben. Zum Schluß wird noch kurz untersucht, wie sich einige der häufigsten Verfahren zur numerischen Behandlung von quantenmechanischen Reaktionen in diesen Ansatz für eine Reaktionstheorie einfügen.

II. Schwierigkeiten der üblichen Reaktionstheorien bei der Behandlung von Vielteilchensystemen

Als Ausgangsgleichung für die Behandlung von Reaktionen dient üblicherweise die zeitabhängige Schrödingergleichung im Ortsraum:

$$H\psi = -\frac{\hbar}{i}\frac{\partial\psi}{\partial t} \tag{1}$$

wobei

$$H = \sum_{i=1}^{N} \frac{P_i^2}{2M} + \sum_{i>k}^{N} V(i,k) - T_{\text{CM}} \tag{2}$$

den Hamiltonoperator des Systems darstellt. In (2) ist die kinetische Energie des Schwerpunktes T_{CM} abgezogen. Da jedes beliebige zeitabhängige Ψ bekanntlich aus den Lösungen der zugehörigen zeitunabhängigen Schrödingergleichung

$$H\psi_n = E_n\psi_n \tag{3}$$

durch lineare Überlagerung aufgebaut werden kann, können wir auch (3), wie es normalerweise getan wird, als Ausgangsgleichung für die Behandlung quantenmechanischer Reaktionen nehmen.

Nur in ganz speziellen Fällen kann (3) für $N > 2$ exakt gelöst werden, die dazu noch alle physikalisch unrealistisch sind. Man ist deshalb bei numerischen Rechnungen auf Näherungsverfahren angewiesen, die man so zu formulieren sucht, daß sie sukzessiv zur exakten Lösung des Problems führen. Zur Ableitung dieser Verfahren formuliert man üblicherweise die Schrödingergleichung (3) als Integralgleichung, da man dann die bei einem Reaktionsproblem auftretenden Anfangsbedingungen besser in die Lösung einbauen kann.

Zur Ableitung dieser Integralgleichung (Lippmann-Schwinger-Gleichung) spaltet man H in zwei Teile auf:

$$H = H_0 + H'. \tag{4}$$

Hierbei ist H_0 der Hamiltonoperator, der das Targetteilchen und das Projektil ohne gegenseitige Wechselwirkung beschreibt. Der Störungsterm H' beschreibt die gegenseitige Wechselwirkung der beiden Streupartner. Aus (3) erhält man damit

$$(H_0 - E)\psi = -H'\psi. \tag{5}$$

Hieraus kann sofort folgende Lippmann-Schwinger-Gleichung abgeleitet werden:

$$\psi = \psi_0 - (H_0 - E - i\epsilon)^{-1} H'\psi \quad \epsilon > 0. \tag{6}$$

ψ_0 stellt eine Lösung der homogenen Gleichung

$$(H_0 - E)\psi_0 = 0 \tag{7}$$

dar. Sie beschreibt das Targetteilchen und das einfallende Teilchen ohne gegenseitige Wechselwirkung und ist so gewählt, daß die durch die Reaktion vorgegebenen Anfangsbedingungen erfüllt werden. Der Term $-(H_0 - E - i\epsilon)^{-1} H'\psi$ ist für die Streuung verantwortlich. Der infinitesimale Imaginärteil $-i\epsilon$ bewirkt, daß dabei nur auslaufende Wellen entstehen, wie es physikalisch sein muß.

Die Integralgleichung (6) löst man üblicherweise auf zweierlei Arten: 1. Mittels der Bornschen oder Neumannschen Reihe. 2. Mittels der Partialwellenmethode.

Wir wollen beide Methoden skizzieren und die dabei auftretenden Schwierigkeiten kurz diskutieren.

Zur Ableitung der Bornschen Reihe löst man (6) formal in folgender Weise:

$$\psi = (1 - K)^{-1} \psi_0 \tag{8}$$

mit

$$K = -(H_0 - E - i\epsilon)^{-1} H'.$$

Die einfachste Weise, um den Operator $(1 - K)^{-1}$ sukzessiv zu konstruieren, besteht darin, ihn in eine Potenzreihe nach K zu entwickeln. Man erhält dann die Bornsche oder Neumannsche Reihe

$$(1 - K)^{-1} = 1 + \sum_{n=1}^{\infty} K^n. \tag{9}$$

Zur Auswertung von (9) wählt man zumeist die Ortsdarstellung. Die zur Resolvente $-(H_0 - E - i\epsilon)^{-1}$ gehörige Greenfunktion $G(\vec{r}_1, \ldots, \vec{r}_n; \vec{r}\,'_1, \ldots, \vec{r}\,'_n)$ hat dann z.B. folgende Form:

$$G(\vec{r}_1, \ldots, \vec{r}_n; \vec{r}\,'_1, \ldots, \vec{r}\,'_n) = -\sum_{E_0^s, \lambda_s} \langle \vec{r}_1, \ldots, \vec{r}_n \mid E_0^s, \lambda_s \rangle \frac{1}{E_0^s - E - i\epsilon} \langle E_0^s, \lambda_s \mid \vec{r}\,'_1, \ldots, \vec{r}\,'_n \rangle . \tag{10}$$

$\vec{r}_1, \ldots, \vec{r}_n$ bezeichnen sämtliche Orts-, Spin- usw. Koordinaten der Teilchen. Die λ_s bezeichnen die Quantenzahlen der Operatoren, die gleichzeitig miteinander und mit H_0 diagonal sind – z.B. den Gesamtspin –. Die $(\vec{r}_1, \ldots, \vec{r}_n \mid E_0^s, \lambda_s)$ sind Lösungen der homogenen Gleichung (7).

Die Konstruktion des Operators $(1 - K)^{-1}$ mittels der Bornschen Reihe hat natürlich nur dann einen Sinn, wenn diese Reihe konvergiert und wenn sämtliche Übergänge zu irgendwelchen Endzuständen mit ihr erfaßt werden können. An diesem Punkt beginnen nun die Schwierigkeiten.

Wir wollen diese Schwierigkeiten ohne expliziten Beweis kurz skizzieren. Falls der Störungsterm H' genügend klein ist [1]), so kann man näherungsweise alle Übergänge zu solchen Endzuständen berechnen, die Eigenzustände zu H_0 sind. Betrachten wir als Beispiel die Streuung von zwei Wasserstoffatomen aneinander und nehmen im Augenblick an, daß die Elektronen in den Wasserstoffatomen voneinander unterscheidbar seien, so sind dies bei einer Streuenergie im Schwerpunktsystem unterhalb der Ionisationsenergie eines Wasserstoffatoms Zustände, bei denen die Wasserstoffatome nach der Streuung im Grundzustand oder in einem ihrer energetisch erlaubten angeregten Zustände sind und die Elektronen der beiden Atome nicht ausgetauscht sind. Dagegen können Übergänge zu Endzuständen, die nicht Eigenzustände zu H_0 sind, in der Praxis durch die Bornsche Reihe nicht beschrieben werden, da diese Zustände im allgemeinen durch eine sehr komplizierte Überlagerung von zum Teil sehr hoch angeregten Eigenzuständen zu H_0 beschrieben werden. Zudem divergiert dann die Bornsche Reihe im allgemeinen [2]. Bei der Streuung zweier H-Atome aneinander sind das z.B. Übergänge, bei denen man im Endzustand ein H^--Ion und ein H^+-Ion vorfindet, d.h. beide Elektronen sind nach der Streuung an einen H-Kern angelagert. In der Niederenergiekernphysik ist die $p,Li^6 \to \alpha,He^3$-Reaktion ein Beispiel für solch einen Übergang. Endzustände, bei denen nur gleichartige Teilchen ausgetauscht werden, sind ebenfalls keine Eigenzustände zu H_0. Übergänge zu ihnen können daher ebenfalls nicht im Rahmen der Bornschen Näherung beschrieben werden. Das liegt daran, daß die Aufspaltung von H in H_0 und H' im allgemeinen nicht symmetrisch in sämtlichen Teilchenkoordinaten ist. Die Greenfunktion $G(\vec{r}_1, \ldots, \vec{r}_n; \vec{r}\,'_1, \ldots, \vec{r}\,'_n)$ ist dann

[1]) Was man unter genügend klein versteht, soll hier nicht genauer diskutiert werden. Siehe dazu z.B. [1], S. 197 und S. 234.

ebenfalls nicht symmetrisch in diesen Koordinaten. Für den Fall zweier H-Atome haben H, H_0 und H' z.B. die Form:

$$H = -\frac{\hbar^2}{2M_H}\Delta_{R_1} - \frac{\hbar^2}{2M_H}\Delta_{R_2} + \frac{e^2}{|R_1 - R_2|} - \frac{\hbar^2}{2m_e}\Delta_{r_1} - \frac{\hbar^2}{2m_e}\Delta_{r_2}$$
$$- \frac{e^2}{|r_1 - R_1|} - \frac{e^2}{|r_1 - R_2|} - \frac{e^2}{|r_2 - R_1|} - \frac{e^2}{|r_2 - R_2|} + \frac{e^2}{|r_1 - r_2|} \tag{11}$$

$$H_0 = -\frac{\hbar^2}{2M_H}\Delta_{R_1} - \frac{\hbar^2}{2M_H}\Delta_{r_1} - \frac{e^2}{|r_1 - R_1|} - \frac{\hbar^2}{2M_H}\Delta_{R_2}$$
$$- \frac{\hbar^2}{2M_H}\Delta_{r_2} - \frac{e^2}{|r_2 - R_2|} \tag{12}$$

$$H' = \frac{e^2}{|R_1 - R_2|} - \frac{e^2}{|r_1 - R_2|} - \frac{e^2}{|r_2 - R_1|} + \frac{e^2}{|r_1 - r_2|} . \tag{13}$$

Man sieht, H ist invariant gegenüber einer Permutation der Elektronenkoordinaten, dagegen sind es H_0 und H' nicht.

Dies bedeutet für die Streuung zweier H-Atome aneinander, daß im Rahmen der Bornschen Näherung auch keine Prozesse beschrieben werden können, bei denen man im Endzustand zwar angeregte bzw. nichtangeregte H-Atome hat, wobei aber die beiden Elektronen ausgetauscht sind. D.h. im Rahmen der normalen Bornschen Näherung kann im allgemeinen selbst der Symmetriecharakter bzw. Antisymmetriecharakter gleichartiger Teilchen, aus denen die Streuteilchen zusammengesetzt sind, nicht berücksichtigt werden.

Wie schon erwähnt, kann man die Lippmann-Schwinger-Gleichung (6) auch mittels der Partialwellenmethode zu lösen versuchen. Man wählt auch hier üblicherweise die Ortsdarstellung, in der (6) folgende Form annimmt:

$$\psi(\vec{r}_1, \dots, \vec{r}_n) = \psi_0(\vec{r}_1, \dots, \vec{r}_n)$$
$$+ \sum\!\!\!\!\!\!\int_{\vec{r}', \vec{r}''} G(\vec{r}_1, \dots, \vec{r}_n; \vec{r}_1', \dots, \vec{r}_n') \langle \vec{r}_1', \dots, \vec{r}_n' | H' | \vec{r}_1'', \dots, \vec{r}_n'' \rangle \psi(\vec{r}_1'', \dots, \vec{r}_n''). \tag{14}$$

– $\sum\!\!\!\!\!\!\int$ bedeutet Summation über diskrete und Integration über kontinuierliche Variable –. Zur Lösung von (14) entwickelt man die Greenfunktion $G(\vec{r}_1, \dots, \vec{r}_n; \vec{r}_1', \dots, \vec{r}_n')$, die Wellenfunktionen ψ_0 und ψ nach Multipolwellen, die die Relativbewegungen der einlaufenden und auslaufenden Teilchen zu gegebenem Gesamtspin, Parität usw. beschreiben. Für die unbekannten Radialfunktionen $u_k(R_k)$ [1]) in ψ erhält man dann Sätze von gekoppelten Integralgleichungen unendlicher Anzahl, wobei die einzelnen Sätze durch die Quantenzahlen der Erhaltungsgrößen wie z.B. Gesamtspin und Parität charakterisiert sind. Diese

[1]) Die R_k sind die einzelnen Relativkoordinaten der im allgemeinen aus mehreren Teilchen zusammengesetzten einlaufenden und auslaufenden Reaktionspartner.

Sätze gekoppelter Integralgleichungen kann man nun dadurch näherungsweise lösen, daß man die Anzahl der Terme in der Multipolwellenentwicklung beschränkt. Man vernachlässigt z.B. solche Multipolwellen, bei denen die zugehörigen Fragmente hoch angeregt sind. Da auch diese Lösungsmethode darauf beruht, daß H in Bezug auf die Teilchenkoordinaten in unsymmetrischer Weise in H_0 und H' aufgespalten wird (und damit auch die zugehörige Greenfunktion $G(\vec{r}_1, \ldots, \vec{r}_n; \vec{r}_1', \ldots, \vec{r}_n')$ unsymmetrisch in den Teilchenkoordinaten ist), sind die hier auftretenden Schwierigkeiten grundsätzlich dieselben wie bei der Bornschen Reihenentwicklung. D.h., man kann wieder nur solche Reaktionen näherungsweise beschreiben, bei denen die Endzustände aus den einlaufenden Teilchen bzw. aus angeregten Zuständen dieser Teilchen bestehen. Weiter kann man auch hier den Symmetriecharakter bzw. den Antisymmetriecharakter gleicher Teilchen, aus denen sich die Streuteilchen zusammensetzen, nicht berücksichtigen.

Für die Streuung von Nukleonen an Kernen konnte die letztere Schwierigkeit im Rahmen einer Schalenmodellreaktionstheorie [3] dadurch überwunden werden, daß für H durch Beschränkung des Zustandsraumes eine angenäherte Hamiltonfunktion angegeben wird, die sich in ein bzgl. sämtlicher Nukleonenkoordinaten symmetrisches H_0 und H' aufspalten läßt. Die zugehörige Lippmann-Schwinger-Gleichung wird dann ebenfalls symmetrisch in sämtlichen Nukleonenkoordinaten. Dadurch wird es möglich, ein bzgl. der Nukleonenkoordinaten antisymmetrisches Basissystem anzugeben, nach dem die Gesamtwellenfunktion näherungsweise entwickelt werden kann. Die Streuung zusammengesetzter Teilchen aneinander und Übergänge zu Endzuständen, die nicht Eigenzustände zu H_0 sind, d.h. Übergänge zu Teilchen anderer Struktur (Umordnungsprozesse), gelingt auch in dieser Theorie nicht.

Als nächstes soll nun diskutiert werden, wie die hier geschilderten Schwierigkeiten bei der Beschreibung von Mehrteilchenreaktionen umgangen werden können.

III. Umformulierung der zeitabhängigen und zeitunabhängigen Schrödingergleichung

Wie wir in Kapitel II skizziert haben, liegt die Hauptschwierigkeit bei den üblichen Reaktionstheorien für Mehrteilchensysteme darin, daß durch die Aufspaltung der Hamiltonfunktion H in H_0 und H' zu früh ein orthogonales System von Basiswellenfunktionen festgelegt wird, nach dem die Gesamtwellenfunktion des betrachteten Systems entwickelt werden muß. Dadurch wird die Theorie von vornherein so inflexibel gestaltet, daß es nicht möglich ist, die einlaufenden und auslaufenden Reaktionsteilchen in gleicher Weise in die Theorie einzubauen. Dies ist aber für die Beschreibung von Umordnungsprozessen unbedingt erforderlich. Wir werden daher die Schrödingergleichungen (1) und (3) zunächst so umformulieren, daß die unterschiedliche Behandlung der einlaufenden und auslaufenden Teilchen vermieden wird.

Die zeitabhängige Schrödingergleichung (1) kann auch in folgender Weise geschrieben werden:

$$\langle \delta\Psi \left| H + \frac{\hbar}{i}\frac{\partial}{\partial t} \right| \Psi \rangle = 0. \tag{15}$$

Wie gewöhnlich zeigen die Dirac-Klammern in (14) an, daß man über den gesamten Bereich der Raum-, Spin- usw. Koordinaten zu integrieren bzw. zu summieren hat. Beschreibt zu einer gegebenen Zeit t $\delta\Psi$ eine vollständig freie Variation von Ψ in dem Funktionsraum, der zu den obigen Koordinaten gehört, so bedeutet (15), daß $(H - \frac{\hbar}{i}\frac{\partial}{\partial t})\Psi$ orthogonal zu einer beliebigen Funktion in diesem Funktionsraum sein muß. Es ist sofort einsichtig, daß das nur der Fall ist, wenn Ψ der zeitabhängigen Schrödingergleichung (1) gehorcht. Daher ist (15) nur als eine andere Formulierung der Gleichung (1) anzusehen.

Machen wir für Ψ den Ansatz

$$\Psi = \psi \, e^{-\frac{i}{\hbar}Et} \tag{16}$$

und setzen ihn in (15) ein, so erhalten wir die umformulierte stationäre Schrödingergleichung

$$\langle \delta\psi | H - E | \psi \rangle = 0. \tag{17}$$

Wie bereits am Anfang erwähnt, können wir auch diese einfachere Gleichung als Ausgangspunkt für unsere weiteren Betrachtungen wählen.

Wir wollen kurz einige allgemeine Eigenschaften der Lösungen der Gl. (17) besprechen, die wir später benötigen werden.

Machen wir für ψ den Ansatz

$$\psi = \sum_r a_r \varphi_r + \int a_k \varphi_k \, \mathrm{d}k = \mathop{\sum\!\!\!\!\!\!\int}_k a_k \varphi_k \,, \tag{18}$$

wobei a_r und a_k diskrete und kontinuierliche lineare Variationsparameter sind, und gehen mit (18) in (17) ein, so erhalten wir einen gekoppelten Satz von linearen Integralgleichungen der Form

$$\langle \varphi_{k'} | H - E | \mathop{\sum\!\!\!\!\!\!\int} a_k \varphi_k \rangle = 0 \;, \tag{19}$$

$$\cdots\cdots$$

$$\cdots\cdots$$

wobei k' diskrete und kontinuierliche Werte annehmen kann. Die Gleichungen (18) folgen daraus, daß die Variation $\delta\Psi$ durch eine beliebige Variation der diskreten und kontinuierlichen Amplituden a_k erhalten wird:

$$\delta\psi = \mathop{\sum\!\!\!\!\!\!\int} \delta a_k \varphi_k \,. \tag{20}$$

Bilden die φ_k einen vollständigen Funktionssatz im Koordinatenraum des Mehrteilchensystems, dann sind die Eigenwertslösungen der gekoppelten Gl. (19) gleich den Eigenwertslösungen der zeitunabhängigen Schrödingergleichung (3). Es muß hier ausdrücklich betont werden, daß die Funktionen φ_k nicht zueinander orthogonal zu sein brauchen, sie müssen nur linear unabhängig voneinander sein. Dieser Punkt ist von großer Wichtigkeit für unsere weiteren Betrachtungen, da es nur durch die Wahl von im allgemeinen nichtorthogonalen Funktionen φ_k uns später gelingen wird, sämtliche einlaufenden und auslaufenden Teilchen in gleicher Weise in die Theorie einzubauen.

Ein weiterer, sehr wichtiger Punkt für uns ist, daß, im Gegensatz zu den φ_k, die Eigenwertlösungen ψ_n der gekoppelten Gleichungen (19) alle zueinander orthogonal sind, wenn alle Entartungen, wie z.B. Drehimpulsentartung, Paritätsentartung usw. beseitigt sind. Dies gilt auch, wenn wir die Anzahl der Funktionen φ_k in (18) beschränken, d.h. wenn wir nur einen linearen Unterraum des vollständigen Hilbertraums betrachten. Weiter kann in solch einem linearen Unterraum die Hamiltonfunktion H als reelle Diagonalmatrix dargestellt werden. Das hat zur Folge, daß die Normierung der Lösungen der zeitabhängigen Gleichung (15), die als lineare Überlagerungen der Lösungen der zeitunabhängigen Gl. (17) dargestellt werden können, zeitlich konstant bleibt. Den einfachen Beweis für diese Tatsachen, die vollständig dem Verhalten der Lösungen der gewöhnlichen Schrödingergleichung entsprechen, wollen wir uns hier schenken.

Für numerische Rechnungen muß man die Anzahl der linearen Variationsparameter a_k, d.h. die Anzahl der Funktionen φ_k, beschränken. Dabei wird man all die φ_k vernachlässigen, von denen man erwarten kann, daß sie nur mit einer sehr kleinen Amplitude in der betrachteten stationären Lösung der Gl. (17) enthalten sind [1]). Ein Anzeichen dafür, daß solch eine Amplitude a_k sehr klein ist, ist das Folgende: Setzen wir voraus, wir haben einen Satz von Funktionen φ_r, deren Energieerwartungswerte $\langle\varphi_r|H|\varphi_r\rangle$ nahe bei der betrachteten Energie E des Mehrteilchensystems liegen, dann kann gezeigt werden, daß ein beliebiges φ_k, für das

$$\left|\frac{\langle\varphi_k|H|\varphi_r\rangle}{E-\langle\varphi_k|H|\varphi_k\rangle}\right| \ll 1 \tag{21}$$

gilt, eine relativ kleine Amplitude a_k haben wird. Mit anderen Worten: Eine Funktion φ_k mit einem kleinen Überlapp $\langle\varphi_k|H|\varphi_r\rangle$, deren Energieerwartungswert $\langle\varphi_k|H|\varphi_k\rangle$ weit entfernt von der Energie E des betrachteten Mehrteilchensystems liegt, wird nur mit einer kleinen Komponente in der Wellenfunktion ψ des Mehrteilchensystems enthalten sein. Für eine eingehendere Diskussion der Bedingung (21) sei auf [4] verwiesen.

In IV soll nun an einem Beispiel erläutert werden, wie man die Funktionen φ_k in ψ zu wählen hat, um Reaktionen beschreiben zu können, bei denen auch Umordnungsprozesse vorkommen. Durch Verallgemeinerung dieses Beispiels in V wird man dann direkt zu einer Reaktionstheorie für beliebig zusammengesetzte einlaufende und auslaufende Teilchen geführt. In dieser Theorie unterscheidet sich die Beschreibung gebundener Zustände von der Beschreibung der Reaktionen nur durch die Wahl der Randbedingungen.

IV. Beispiel aus der Kernphysik

Als Beispiel für unsere Betrachtungen soll kurz die n-α-Streuung diskutiert werden.

[1]) Es sei hier nur darauf hingewiesen, daß man bei solch einer Auswahl allerdings sehr vorsichtig sein muß, da es unter Umständen vorkommen kann, daß die Summe vieler φ_k mit kleinen Amplituden a_k den Hauptteil der Lösung ausmachen kann. Bei Absättigungsfragen in der Kernphysik kann das z.B. eine wichtige Rolle spielen.

Für die Niederenergiestreuung (< 10 MeV) können wir wegen der stabilen Struktur des α-Teilchens in guter Näherung annehmen, daß das α-Teilchen während des Streuprozesses praktisch nicht aufgebrochen wird und auch kaum deformiert wird – ausgenommen Austauschdeformationen, die mit dem Pauliprinzip zusammenhängen –. Wir machen daher folgenden Ansatz für die n-α-Streufunktion:

$$\psi = A\{\phi(\alpha, \vec{R}_\alpha)\, X(\vec{R}_n - \vec{R}_\alpha)\} \tag{22}$$

A ist der Antisymmetrisierer. $\phi(\alpha, R_\alpha)$ beschreibt die innere Struktur des α-Teilchens (α-Cluster) mit der Schwerpunktskoordinate $\vec{R}_\alpha$ und $X(\vec{R}_\alpha - \vec{R}_n)$ die Relativbewegung des n-α-Systems, die als kontinuierliche Variationsamplitude betrachtet wird. Der Ansatz (22) entspricht in (18) dem Term $\int a_k \varphi_k \mathrm{d}k$ mit der Variationsamplitude a_k. Das wird deutlicher, wenn man (22) in folgender Form schreibt:

$$\begin{aligned} \psi &= \int A\{\varphi(\alpha, \vec{R}_\alpha)\, X(R')\, \delta(\vec{R} - \vec{R}')\}\,\mathrm{d}\vec{R}' \\ \vec{R} &= \vec{R}_n - \vec{R}_\alpha. \end{aligned} \tag{22a}$$

Der Antisymmetrisierer A wirkt dabei nur auf die ungestrichenen Koordinaten, d.h. die Nukleonenkoordinaten. Die Wellenfunktion ψ, geschrieben in der Form (22a), stellt eine kontinuierliche lineare Überlagerung von Versuchsfunktionen der Form

$$A\{\varphi(\alpha, \vec{R}_\alpha)\, \delta(\vec{R} - \vec{R}')\} \tag{23}$$

dar, wobei $\vec{R}'$ die n-α-Relativabstandskoordinate ist. Die kontinuierliche Amplitude dieser Funktionen, die frei variiert wird, ist durch den Faktor $X(\vec{R}')$ gegeben. $\delta\psi$ hat daher die Form

$$\delta\psi = \int \delta X(\vec{R}')\, A\{\varphi(\alpha, \vec{R}_\alpha)\, \delta(\vec{R} - \vec{R}')\}\,\mathrm{d}\vec{R}'. \tag{24}$$

Setzt man (22) und (24) in (17) bzw. (19) ein, dann erhält man eine Integrodifferentialgleichung der folgenden Form für $X(R')$

$$\{-\frac{\hbar^2}{2M_{\text{red}}}\Delta_{\vec{R}'} + V(\vec{R}')\}\, X(\vec{R}') + \int K(\vec{R}', \vec{R}'')\, X(\vec{R}'')\,\mathrm{d}R'' = E X(\vec{R}''). \tag{25}$$

$V(\vec{R}')$ ist ein lokales Potential, das im wesentlichen vom Direktterm der Wellenfunktion ψ herkommt. Das nichtlokale Potential, das durch den hermiteschen Kern $K(\vec{R}', \vec{R}'')$ beschrieben wird, kommt von der Antisymmetrisierung und den Austauschkräften her. E ist die n-α-Relativenergie für $R' \to \infty$. Gleichungen der Form (25) können im Prinzip gebundene Zustände und elastische Streuzustände beschreiben. Für gebundene Zustände muß man zusammen mit der Randbedingung für $R \to 0$ verlangen, daß $X(\vec{R}')$ für $R \to \infty$ genügend rasch gegen 0 geht. Man erhält dann Eigenwertsgleichungen für die Bindungsenergien E_n. Bei Streuzuständen ist E vorgegeben. Die zugehörige Randbedingung lautet, daß man für $R \to \infty$ einlaufende und auslaufende Wellen hat. Das entspricht vollständig den Randbedingungen der Einteilchen-Schrödingergleichung.

Bei Schwerpunktsstreuenergien von 15 bis 20 MeV ist es energetisch möglich, das α-Teilchen aufzubrechen. In diesem Energiebereich muß man daher zumindest die nächste energetisch bevorzugte Konfiguration mitberücksichtigen. Sie ist eine Deuteron-

Triton-Konfiguration, bei der das Deuteron sich in seinem Triplett-Grundzustand befindet. Wir schreiben daher jetzt die Wellenfunktion als Überlagerung von zwei Kanalfunktionen (n-α-Kanal und d-t-Kanal):

$$\begin{aligned} \psi &= A\{\phi_\alpha X_{\mathrm{I}}(\vec{R}_{\mathrm{I}})\} + A\{\varphi_t \varphi_d X_{\mathrm{II}}(\vec{R}_{\mathrm{II}})\} \\ \vec{R}_{\mathrm{I}} &= \vec{R}_n - \vec{R}_\alpha; \quad \vec{R}_{\mathrm{II}} = \vec{R}_d - \vec{R}_t. \end{aligned} \tag{26}$$

Neben X_{I} ist nun auch die Clusterrelativfunktion X_{II} frei variierbar. Setzt man (26) in (17) bzw. (19) ein, so erhält man jetzt gekoppelte Integrodifferentialgleichungen für X_{I} und X_{II} der Form:

$$\begin{aligned} &\{-\frac{\hbar^2}{2M_{\mathrm{red}}^{\mathrm{I}}}\Delta_{\mathrm{I}} + V_{\mathrm{I}}(\vec{R}'_{\mathrm{I}})\} X_{\mathrm{I}}(\vec{R}'_{\mathrm{I}}) + \int K_{\mathrm{I}}(\vec{R}'_{\mathrm{I}}, \vec{R}''_{\mathrm{I}}) X(\vec{R}''_{\mathrm{I}}) \mathrm{d}\vec{R}''_{\mathrm{I}} \\ &\qquad + \int K_{\mathrm{I,II}}(\vec{R}'_{\mathrm{I}}, \vec{R}''_{\mathrm{II}}) X_{\mathrm{II}}(\vec{R}''_{\mathrm{II}}) \mathrm{d}\vec{R}''_{\mathrm{II}} = E_{\mathrm{I}} X_{\mathrm{I}}(\vec{R}'_{\mathrm{I}}) \\ &\{-\frac{\hbar^2}{2M_{\mathrm{red}}^{\mathrm{II}}}\Delta_{\mathrm{II}} + V_{\mathrm{II}}(\vec{R}'_{\mathrm{II}})\} X_{\mathrm{II}}(\vec{R}'_{\mathrm{II}}) + \int K_{\mathrm{II}}(\vec{R}'_{\mathrm{II}}, \vec{R}''_{\mathrm{II}}) X_{\mathrm{II}}(\vec{R}''_{\mathrm{II}}) \mathrm{d}\vec{R}''_{\mathrm{II}} \\ &\qquad + \int K_{\mathrm{II,I}}(\vec{R}'_{\mathrm{II}}, \vec{R}''_{\mathrm{I}}) X_{\mathrm{I}}(\vec{R}''_{\mathrm{I}}) \mathrm{d}\vec{R}''_{\mathrm{I}} = E_{\mathrm{II}} X_{\mathrm{II}}(\vec{R}'_{\mathrm{II}}). \end{aligned} \tag{27}$$ [1])

Zusätzlich zu Gl. (25) hat man jetzt noch die Übergangskerne $K_{\mathrm{I,\,II}}$ und $K_{\mathrm{II,\,I}}$ für den Übergang vom n-α- zum d-t-Kanal und umgekehrt. Sie gehorchen der Hermitizitätsrelation

$$K_{\mathrm{I,II}}(\vec{R}'_{\mathrm{I}}, \vec{R}''_{\mathrm{II}}) = K^*_{\mathrm{II,I}}(\vec{R}''_{\mathrm{II}}, \vec{R}'_{\mathrm{I}}). \tag{28}$$

Die Gln. (27) erlauben uns, die folgenden Reaktionen durch Wahl der geeigneten Randbedingungen zu beschreiben:

1. Elastische Streuung von Neutronen an α-Teilchen und Übergänge zum Deuteron-Triton-Kanal. Die zugehörigen Randbedingungen sind einlaufende und auslaufende Wellen im n-α-Kanal und nur auslaufende Wellen im d-t-Kanal.
2. Elastische Streuung von Deuteronen an Tritonen und Übergänge zum n-α-Kanal. In diesem Fall hat man einlaufende und auslaufende Wellen im d-t-Kanal und nur auslaufende Wellen im n-α-Kanal.
3. Gebundene Zustände – soweit vorhanden – haben wieder die Randbedingung, daß für $R \to \infty$ die Relativfunktionen genügend rasch gegen null gehen.

Dazu kommt noch in allen drei Fällen, wie bei der rein elastischen n-α-Streuung, die Randbedingung für das Verhalten der Wellenfunktionen am Ursprung ($R \to 0$).

Mit Gleichungen der Form (27) kann man z.B. neben der Niederenergie n-α-Streuung auch das Resonanzverhalten dieser Streuung bei einer Schwerpunktsstreuenergie von ~ 17 MeV, das durch eine Deuteron-Triton-Struktur des He^5-Compound-Kerns hervorgerufen wird, beschreiben [5].

[1]) In (22) bis (27) haben wir der Einfachheit halber die Spin- und isobaren Spinvariablen nicht explizit bezeichnet. Auf die allgemeine Struktur der Gl. (27) hat das keinen wesentlichen Einfluß.

Die Gl. (27) kann z.B. noch dadurch verfeinert werden, daß man zusätzlich eine lineare Überlagerung von verschiedenen gebundenen Li^5-Wellenfunktionen mit diskreten Variationsparametern hinzufügt, die es gestatten, Verzerrungen in den Deuteron-Triton-Clustern während ihrer gegenseitigen Durchdringung mitzuberücksichtigen. Das gilt natürlich auch für beliebige andere Reaktionen.

Es sei noch auf zwei wichtige Punkte hingewiesen, die auch bei der anschließend zu besprechenden Verallgemeinerung ihre Gültigkeit behalten:

1. Wegen der Hermitizität der Potentiale und Kerne in (25) und (27) ist der Nukleonenstromerhaltungssatz (Unitarität der S-Matrix) streng erfüllt. Dies ist eine andere Formulierung der in III erwähnten zeitlichen Konstanz der Normierung zeitabhängiger Lösungen.
2. Die Randbedingungen, die die einzelnen Reaktionen festlegen, werden großenteils bereits im Ansatz für die Wellenfunktion ψ mitberücksichtigt. Endgültig werden sie allerdings erst nach der Aufstellung der Integrodifferentialgleichungen festgelegt. Dadurch gelingt es in symmetrischer Weise, die einlaufenden und auslaufenden Teilchenwellen in der Theorie einzuführen. Das muß allerdings dadurch erkauft werden, daß die zugehörigen verschiedenen Kanalfunktionen in (26) nicht mehr aufeinander orthogonal sind. Wegen der Antisymmetrisierung gilt dies bereits für die zum selben Kanal gehörenden Versuchsfunktionen (23) untereinander und natürlich auch für die entsprechenden Versuchsfunktionen des d-t-Kanals. Wie in III bereits angedeutet, stört das unsere Betrachtungen grundsätzlich nicht.

Die an Hand des obigen kernphysikalischen Beispiels aufgezeigten prinzipiellen Überlegungen sind natürlich nicht auf die Kernphysik beschränkt, sondern gelten auch für die Atomphysik usw. Dasselbe ist der Fall für die nun zu besprechende Verallgemeinerung dieses Beispiels.

V. Erweiterung zu allgemeinen Reaktionsgleichungen [4, 6]

Es ist nun bereits klar, in welcher Weise man das Beispiel in IV verallgemeinern muß, um beliebige Reaktionen und gebundene Zustände in der Kernphysik, Atomphysik usw. zu beschreiben. Man führt mehr und mehr Kanalfunktionen zur Beschreibung der Wellenfunktion ψ des Mehrteilchensystems ein, deren Relativfunktionen als lineare kontinuierliche Variationsamplituden betrachtet werden. Dazu werden zur weiteren Verfeinerung von ψ im Reaktionsraum gebundene Zustandsfunktionen addiert, die mit linearen Variationsamplituden versehen sind. Der allgemeinste Ansatz für solch eine Wellenfunktion hat die Form

$$\begin{aligned}\psi = A\{&\sum_i \varphi(A_i)\,\varphi(B_i)\,X(\vec{R}_i) + \sum_j \varphi(A_j)\,\varphi(B_j)\,\varphi(C_j)\,X(\vec{R}_j^1, \vec{R}_j^2) \\ &+ \sum_k \varphi(A_k)\,\varphi(B_k)\,\varphi(C_k)\,\varphi(D_k)\,X(\vec{R}_k^1, \vec{R}_k^2, \vec{R}_k^3) \ldots + \sum_l a_l F_l\}. \end{aligned} \tag{29}$$

Die eventuell vorhandenen Spin- und isobaren Spinfunktionen denken wir uns dabei in die inneren Funktionen φ, die Atomkerne, Atome und sonstige zusammengesetzte Teilchen darstellen können, mit eingeschlossen. Die Terme, die die Relativfunktionen $X(\vec{R}_j^1, \vec{R}_j^2)$, $X(\vec{R}_k^1, \vec{R}_k^2, \vec{R}_k^3)$ usw. enthalten, sind für Drei-, Vier- usw. Teilchenzerfälle verantwortlich. Der Einfachheit halber beschränken wir uns in diesem Kapitel auf solche Reaktionen, bei denen Drei- und Mehrteilchenzerfälle energetisch nicht möglich sind. Die Terme, die solche Zerfälle beschreiben, können dann in die Summe der gebundenen Strukturen mit eingeschlossen werden. Um den entsprechenden Satz von linearen Integrodifferentialgleichungen und linearen Integralgleichungen zu erhalten, setzt man (29) wieder in (17) ein. Der gekoppelte Satz von Gleichungen, der eine Verallgemeinerung der in IV betrachteten Gleichungen darstellt, nimmt folgende Form an:

$$\begin{aligned}
&\sum_i \langle \varphi(A_m)\,\varphi(B_m)\,\delta(\vec{R}_m - \vec{R}'_m)\,|\,H-E\,|\,A\{\varphi(A_i)\,\varphi(B_i)\,X(\vec{R}_i)\}\rangle \\
&+ \sum_l a_l \langle \varphi(A_m)\,\varphi(B_m)\,\delta(\vec{R}_m - \vec{R}'_m)\,|\,H-E\,|\,AF_l\rangle = 0 \qquad (30)\\
&\sum_i \langle F_m\,|\,H-E\,|\,A\{\varphi(A_i)\,\varphi(B_i)\,X(\vec{R}_i)\}\rangle + \sum_l a_l \langle F_m\,|\,H-E\,|\,AF_l\rangle .
\end{aligned}$$

Setzt man voraus, daß die Hamiltonfunktion (2) außer translationsinvariant auch, wie es physikalisch sinnvoll ist, rotations- und spiegelungsinvariant ist, und berücksichtigt man weiter, daß die einzelnen Terme von ψ in (29) so konstruiert sind, daß sie nur von den Relativkoordinaten zwischen den Reaktionspartnern abhängen, so zerfallen die gekoppelten Gleichungen (30) in Gleichungssätze zu gegebenem Gesamtimpuls, Gesamtdrehimpuls und Parität.

Beschränken wir die Anzahl der Variationsfunktionen und Amplituden in (29) – wie wir es in dem Beispiel von IV getan haben –, so projizieren wir durch unser Variationsverfahren aus dem vollständigen Hilbertraum einen Unterraum heraus, in dem die gekoppelten Gleichungen definiert sind. Wir können die Gln. (15) und (17) daher auch Projektionsgleichungen nennen.[1]) In III und IV wurde bereits darauf hingewiesen, daß weder die allgemeine Struktur der gekoppelten Gleichungssätze noch die allgemeinen Eigenschaften der zugehörigen Lösungen von der Größe dieses Unterraumes abhängen. Zum Beispiel gilt, worauf bereits im Rahmen des in IV behandelten Beispiels hingewiesen wurde, der Teilchenstromerhaltungssatz für die einlaufenden und auslaufenden Reaktionspartner unabhängig von der Größe dieses Unterraums. Diese Eigenschaften der Lösungen der gekoppelten Gleichungen, die zu einem Unterraum des Hilbertraums gehören, ermöglichen es, die allgemeinen Eigenschaften der hier diskutierten Reaktionstheorie für Mehrteilchensysteme an Hand von einfachen Beispielen zu studieren.

Auf einen weiteren wichtigen Punkt sei hier ohne Beweis hingewiesen. Setzen sich die Reaktionspartner großenteils aus Teilchen gleicher Art zusammen, wie z.B. bei Kernen aus Nukleonen und bei Atomen aus Elektronen, so bewirkt die Ununterscheidbar-

---

[1]) Für Diskussionen zu diesem Punkt danken wir Herrn Prof. *H. Stumpf* und Herrn *R. Hub*.

keit gleichartiger Teilchen, daß die Unterschiede zwischen den einzelnen Termen, aus denen sich die Wellenfunktion ψ in (29) zusammensetzt, stark reduziert werden. Das hat zur Folge, daß die Anzahl der Terme in (29), die man zur Konstruktion einer angenäherten Wellenfunktion des betrachteten Mehrteilchensystems benötigt, stark reduziert.

VI. Ableitung einiger allgemeiner Eigenschaften [6]

Als Beispiel, in welcher Weise die hier besprochene Formulierung einer Theorie für Mehrteilchensysteme auch allgemeine Eigenschaften quantenmechanischer Reaktionen in sehr kondensierter Weise beschreibt, sollen die Ableitungen einiger Breit-Wigner-Resonanzformeln kurz skizziert werden.

Zunächst betrachten wir die elastische Streuung in der Nachbarschaft eines isolierten Resonanzniveaus bei so tiefen Energien, daß nur der elastische Kanal offen ist.

Wir gehen hierzu wieder von Gl. (17) aus. Die Wellenfunktion ψ des Mehrteilchensystems spalten wir in folgender Weise auf:

$$\psi\rangle = \psi_D\rangle + \psi_C\rangle$$

mit

$$\psi_D\rangle = A\{\varphi(A)\,\varphi(B)\,X(R_{AB})\} \tag{31}$$

und

$$\psi_C\rangle = A\{\sum a_l F_l\}.$$

Mit (31) erhalten wir aus Gl. (17) die folgenden gekoppelten Gleichungen:

$$\langle\delta\psi_D\,|H-E|\,\psi_D\rangle + \langle\delta\psi_D\,|H-E|\,\psi_C\rangle = 0 \tag{32a}$$

$$\langle\delta\psi_C\,|H-E|\,\psi_D\rangle + \langle\delta\psi_C\,|H-E|\,\psi_C\rangle = 0 \tag{32b}$$

$\delta\psi_C$ stellt eine beliebige Variation im Unterraum der gebundenen Strukturen F_l und $\delta\psi_D$ eine beliebige Variation im Unterraum des elastischen Kanals dar, wobei die beiden Unterräume normalerweise nicht aufeinander orthogonal sind. Wir führen zunächst in (32a) die Resolvente G_C, die zu (32b) gehört, ein. Sie ist durch die Gleichung

$$\langle\delta\psi_C\,|H-E|\,G_C = -\,\langle\delta\psi_C| \tag{33}$$

definiert und kann durch die Lösungen der homogenen Gleichung

$$\langle\delta\psi_C\,|H-E|\,\psi_C\rangle = 0 \tag{34}$$

dargestellt werden. Bezeichnen wir mit E_c^n die diskreten Energieeigenwerte der Gl. (34), so können wir für G_C folgende Spektraldarstellung angeben:

$$G_C = -\sum_n \frac{|\psi_C^n\rangle\langle\psi_C^n|}{E_c^n - E} \tag{35}$$

Dabei wird vorausgesetzt, daß die ψ_C^n orthonormiert sind. Führen wir G_C in Gl. (32b) ein, so erhalten wir

$$|\psi_C\rangle = G_C\,|H-E|\,\psi_D\rangle = -\sum_n \frac{|\psi_C^n\rangle\langle\psi_C^n\,|H-E|\,\psi_D\rangle}{E_c^n - E}. \tag{36}$$

Setzen wir (36) in (32a) ein, so erhalten wir folgende Gleichung für den offenen Kanalanteil ψ_D der Wellenfunktion ψ

$$\langle\delta\psi_D\,|H-E|\,\psi_D\rangle = \sum_n \frac{\langle\delta\psi_D\,|H-E|\,\psi_C^n\rangle\langle\psi_C^n\,|H-E|\,\psi_D\rangle}{E_c^n - E}. \tag{37}$$

Wir haben so ein effektives nichtlokales, aber hermitesches optisches Potential für ψ_D abgeleitet, das von den Resonanzstrukturen ψ_C^n abhängt. Dieses Potential ist zudem energieabhängig. Wegen der Singularitäten in den Nennern $(E_c^n - E)$ gibt dieses Potential Anlaß zu mehr oder weniger schmalen Resonanzen.

Zur Ableitung der Ein-Niveau-Resonanzformel für elastische Streuung schreiben wir (37) in der folgenden Form:

$$\langle\delta\psi_D\,|H'(E)-E|\,\psi_D\rangle = \frac{\langle\delta\psi_D\,|H-E|\,\psi_C^1\rangle\langle\psi_C^1\,|H-E|\,\psi_D\rangle}{E_c^1 - E} \tag{38a}$$

mit

$$H'(E) = H - \sum_{n\neq 1} \frac{|H-E|\,\psi_C^n\rangle\langle\psi_C^n\,|H-E|}{E_c^n - E}. \tag{38b}$$

Gl. (38a) kann mittels der Resolvente $G_D'^{+}(E)$ für H' im Unterraum des offenen (elastischen) Kanals formal gelöst werden, wobei $G_D'^{+}(E)$ analog zu G_C definiert ist [6].

Wir benötigen $G_D'^{+}(E)$ in einem Energiebereich, in dem das zu H' gehörige Energiespektrum im Gegensatz zu den E_c^n kontinuierlich ist, d.h. wo der zu $G_D'^{+}(E)$ gehörige Kanal (elastischer Kanal) offen ist. In diesem Energiebereich ist $G_D'^{+}(E)$ nicht hermitesch (siehe dazu [6]).

Mit der Resolvente $G_D'^{+}(E)$ erhalten wir als Lösung von (38a)

$$\begin{aligned} |\psi_D\rangle &= |\psi_D'^{+}(E)\rangle \\ &\quad + G_D'^{+}(E)\,|H-E|\,\psi_C^1\rangle \frac{\langle\psi_C^1\,|H-E|\,\psi_D'^{+}(E)\rangle}{E_c^1 - E - \langle\psi_C^1\,|H-E|\,G_D'^{+}(E)\,|H-E|\,\psi_C^1\rangle}. \end{aligned} \tag{39}$$

$|\psi_D'^{+}(E)\rangle$ ist eine rein elastische Streulösung der homogenen Gleichung und ist der einlaufenden Welle der Streuteilchen angepaßt.

Es erweckt zunächst den Anschein, als ob der Ansatz (31) für ψ es nicht mehr erlaubt, die exakte Lösung unseres Problems darzustellen, da dieser Ansatz bereits einen Unterraum des vollständigen Hilbertraums für unser Vielteilchensystem auswählt. Das ist aber nicht der Fall, wenn man verlangt, daß die F_l einen vollständigen Satz von Wellenfunktionen in einem endlichen Volumen bilden, das größer als der Wechselwirkungsbereich der beiden Streupartner ist. Dann können die F_l zusammen mit ψ_D die exakte Wellenfunktion innerhalb und außerhalb dieses Volumens beschreiben, vorausgesetzt daß $\varphi(A)$ und $\varphi(B)$ die exakten inneren Wellenfunktionen der Streupartner im asymptotischen Bereich sind. Daher stellt (39) eine exakte Lösung des hier diskutierten rein elastischen Streuproblems dar [1]).

Zur Ableitung der Breit-Wigner-Formel entwickeln wir die elastische Welle und $G_D'^{+}(E)$ in Wellen mit gegebenem Gesamtspin und gegebener Parität und spalten den nichthermiteschen Operator $G_D'^{+}$ in einen hermiteschen Teil $G_{D,j}'^{P}(E)$ und einen antihermiteschen Teil $i\pi\widetilde{G}'_{D,j}(E)$ auf. Aus dem asymptotischen Verhalten von (39) erhält man für den Phasenfaktor A_j, mit dem die auslaufende Partialwelle vom Gesamtspin j multipliziert ist:

$$A_j = e^{2i\delta_j'(E)} \left\{ \frac{E_c^1 - E - \Delta_j(E) + \frac{1}{2} i \Gamma_{j,1}(E)}{E_c^1 - E - \Delta_j(E) - \frac{1}{2} i \Gamma_{j,1}(E)} \right\} \tag{40a}$$

mit $$\Delta_j(E) = \langle \psi_C^1 | H - E | G_{D,j}'^{P} | H - E | \psi_C^1 \rangle$$

(40b)

und $$\Gamma_{j,1}(E) = 2\pi | \langle \psi_C^1 | H - E | \psi_{D,j}'^{+}(E) \rangle |^2 .$$

$e^{2i\delta_j'(E)}$ ist der Phasenfaktor des auslaufenden Teils der asymptotischen Welle $\psi_{D,j}'^{+}(E)_{\text{asympt}}$ ohne Resonanzstreuung, d.h. der Phasenfaktor, der in der Nähe der betrachteten Resonanz zur Potential- oder Hintergrundstreuung gehört Gl. (40a) ist exakt und gilt für jede Streuenergie vorausgesetzt, daß nur der elastische Kanal offen ist. D.h. sie gilt auch für Streuenergien weit entfernt von jeglicher Resonanz. Gl. (40a) sieht bereits wie die Ein-Niveau Breit-Wigner Resonanzformel für rein elastische Streuung aus. Der einzige, aber wesentliche Unterschied zu dieser Formel ist, daß $\Delta_j(E)$ und $\Gamma_j(E)$ in (40a) energieabhängig sind. Um diesen Unterschied zu beseitigen, müssen wir zum erstenmal davon Gebrauch machen, daß wir eine isolierte Resonanz betrachten. Das heißt, wir nehmen an, daß alle anderen Resonanzen von der isolierten Resonanz so weit entfernt sind, daß $\Delta_j(E)$ und $\Gamma_j(E)$ über die Energiebreite einer scharfen Resonanz näherungsweise als energieunabhängig betrachtet werden können. Weiter kann $\Delta_j(E)$ um die Resonanzenergie linear entwickelt werden. Damit erhalten wir folgende Breit-Wigner Resonanzformel aus (40a):

$$A_j \approx e^{2i\delta_j'(E_{\text{res}})} \frac{(E_{\text{res}} - E) + \frac{1}{2} i \Gamma_{j\,\text{res}}}{(E_{\text{res}} - E) - \frac{1}{2} i \Gamma_{j\,\text{res}}} \tag{41a}$$

mit

$$\Gamma_{j\,\text{res}} = \left. \frac{\Gamma_j(E)}{1 + \partial \Delta_j(E)/\partial E} \right|_{E = E_{\text{res}}} \tag{41b}$$

E_{res} ist durch

$$E_c^1 - E - \Delta_j(E) = 0 \tag{41c}$$

[1]) Siehe dazu die Bemerkungen auf S. 260

definiert. $\Delta_j(E)$ gibt somit die Verschiebung der Resonanzenergie durch die Kopplung von ψ_C^1 an den offenen Kanal an.

Als weiteres Beispiel betrachten wir kurz die Ein-Niveau-Resonanzstreuung unter Einschluß von inelastischen Prozessen und Teilchenumwandlungen („rearrangement"-Prozesse).

Diesmal zerlegen wir ψ_D zusätzlich noch in

$$\psi_D = \sum_{r=1}^{m} \psi_D^r \tag{42}$$

wobei die ψ_D^r die verschiedenen Wellenfunktionen der offenen Kanäle darstellen. Dann erhält man aus (38a) [1]) den folgenden Satz von Gleichungen:

$$\langle \delta\psi_D^s | H' - E | \sum_{r=1}^{m} \psi_D^r \rangle = \frac{\langle \delta\psi_D^s | H - E | \psi_C^1 \rangle \langle \psi_C^1 | H - E | \sum_{r=1}^{m} \psi_D^r \rangle}{E_c^1 - E - i\epsilon} \tag{43}$$

$s = 1, \ldots, m.$

Wir beschränken uns hier auf den Fall, für den auf der linken Seite von (43) die direkte Kopplung zwischen den offenen Kanälen vernachlässigt werden kann ($s \neq r$) und daher in erster Näherung nur Übergänge auftreten, die über die Bildung des Resonanzzustandes ψ_C^1 gehen. Aus (43) wird dann

$$\langle \delta\psi_D^s | H' - E | \psi_D^s \rangle = \frac{\langle \psi_D^s | H - E | \psi_C^1 \rangle \langle \psi_C^1 | H - E | \sum_{r=1}^{m} \psi_D^r \rangle}{E_c^1 - E - i\epsilon} \tag{44}$$

$s = 1, \ldots, m.$

Führt man die Resolventen für die verschiedenen offenen Kanäle ein, so läßt sich (44) leicht integrieren, und man erhält, ähnlich wie oben, nach einigen Zwischenrechnungen die folgenden Resonanzformeln für die elastischen und inelastischen Streuquerschnitte:

$$\sigma_{j\,\mathrm{el}} \sim \frac{1}{k_1^2} \left| \sin\delta'_{j,1}(E) + \frac{\frac{1}{2}\Gamma_{j,1\,\mathrm{res}}\, e^{i\delta_{j,1}(E)}}{E_{\mathrm{res}} - E - \frac{1}{2} i \Gamma_{j\,\mathrm{res}}} \right|^2 \tag{45a}$$

$$\sigma_{j,1\to s} \sim \frac{1}{4} \cdot \frac{1}{k_1^2}\; \frac{\Gamma_{j,1\,\mathrm{res}}\, \Gamma_{j,s\,\mathrm{res}}}{(E_{\mathrm{res}} - E)^2 + \frac{1}{4}(\Gamma_{j,\mathrm{res}})^2} \tag{45b}$$

Die Bezeichnungen in (45) sind analog zu denen in (40) und (41), nur daß jetzt

$$\Gamma_{j,\mathrm{res}} = \sum_{s=1}^{m} \Gamma_{j,s\,\mathrm{res}} \tag{45c}$$

ist. Mit $s = 1$ wird der Eingangskanal bezeichnet.

---

[1]) In die Ableitung von (38a) geht noch nicht die spezielle Form von ψ_D ein.

Man sieht, die Gl. (45) besitzt die für den elastischen Streuquerschnitt und die verschiedenen Reaktionsquerschnitte übliche B.W.-Form, wenn alle Reaktionen über den Resonanzzustand ψ_C^1 verlaufen. Diese Formeln haben sich in der Niederenergiekernphysik bei isolierten schmalen Resonanzen sehr gut bewährt, und es ist zu erwarten, daß sie auch in der Hochenergiephysik unter geeigneten Voraussetzungen gelten. Das liegt daran, daß in beiden Fällen die Wechselwirkungskräfte kurzreichweitig sind, und daher ein Übergang zu anderen Kanälen bzw. eine inelastische Streuung erst dann eintreten kann, wenn sich die beiden Reaktionspartner berühren. In der Atomphysik dagegen haben wir es mit langreichweitigen Coulombkräften zu tun. Daher können sich dort zumindest inelastische Streuprozesse bereits ereignen, wenn die beiden Streuatome noch relativ weit voneinander entfernt sind. In diesem Fall sind die direkten Kopplungsterme zwischen dem Eingangskanal und den inelastischen Kanälen sicher nicht zu vernachlässigen. Das heißt, es ist nicht zu erwarten, daß die Resonanzformeln (45) in der Atomphysik, im Gegensatz zur rein elastischen Resonanzstreuformel (41) einen weiten Gültigkeitsbereich besitzen.

Auf einen Punkt sei noch hingewiesen: Im Gegensatz zu den in II kurz skizzierten Reaktionstheorien bereitet es bei der oben diskutierten Ableitung der Formeln (45) keine Schwierigkeit, die Resolventen der verschiedenen offenen Kanäle in vollkommen symmetrischer Weise unabhängig von der Struktur der emittierten Reaktionspartner einzuführen. Daher gilt, wie noch einmal betont sei, (45) auch für beliebige Teilchenumwandlungen.

Ähnlich zu den oben diskutierten Ableitungen kann man die Breit-Wigner-Mehrniveau-Formel, die optische Potentialnäherung für elastische Streuprozesse mit Absorption usw. ableiten. Die Leitidee bei all diesen Ableitungen ist immer, daß man die Wellenfunktion ψ analog zu oben in verschiedene ψ_i in solch einer Weise aufspaltet, daß die im allgemeinen zueinander nicht orthogonalen Unterräume des Hilbertraums, die durch die $\delta\psi_i$ definiert sind, möglichst an das zu besprechende Problem angepaßt sind.

Bei den obigen Ableitungen wurde nicht berücksichtigt, daß ein Teil der gebundenen Zustandsfunktionen ψ_C^n unter speziellen Umständen von den offenen Kanalfunktionen in ψ_D linear abhängig sein können. Ist das der Fall, dann gelten die obigen Ableitungen nicht. Man kann dies aber sehr leicht dadurch verhindern, daß man einen Projektionsoperator P einführt, der aus ψ_D diese gebundenen Zustandsfunktionen *teilweise* herausprojiziert. Damit kann man ein $\bar{\psi}_D = (1-P)\psi_D$ und ein $\delta\bar{\psi}_D = (1-P)\delta\psi_D$ definieren, von denen die ψ_C^n nicht mehr linear abhängig sind. Für $\bar{\psi}_D$ und $\delta\bar{\psi}_D$ verlaufen dann die Beweise vollkommen analog zu oben.

VII. Weitere Verfahren zur numerischen Behandlung von gebundenen Zuständen und Reaktionen

In diesem Kapitel soll kurz angedeutet werden, wie sich einige der häufigsten Variationsverfahren zur näherungsweisen numerischen Behandlung gebundener Zustände und Reaktionen aus der Ausgangsgleichung (17) herleiten lassen. Bei all diesen Verfahren benutzt man eine endliche Anzahl von linearen Variationsparametern.

1. Lineares Ritzsches Variationsverfahren für gebundene Zustände

Für gebundene Zustände setzt man an:

$$\psi = \sum_{i=1}^{m} a_i \varphi_i . \tag{46}$$

Die φ_i, die im Unendlichen genügend rasch gegen 0 gehen, spannen einen Unterraum des vollständigen Hilbertraums auf. Wie bereits in III diskutiert, liefert damit (17) einen Satz linearer Gleichungen für die a_i der Form:

$$\langle \varphi_k | H - E | \psi \rangle = 0. \tag{47}$$

Die Energieeigenwerte der zueinander orthogonalen Zustände erhält man bekanntlich aus der Verträglichkeitsbedingung

$$\det \langle \varphi_k | H - E | \varphi_i \rangle = 0 \qquad i, k = 1, \ldots, m . \tag{48}$$

Bei Streuproblemen ist dagegen die Energie bekannt, und man ist daran interessiert, die zugehörigen S-Matrix- bzw. T-Matrixelemente zu finden. Wir wollen hier kurz die Ausgangspunkte für drei der bekanntesten Verfahren zur Berechnung von Reaktionsprozessen besprechen.

2. Hulthén-Verfahren

Dieses Verfahren schließt sich formal besonders eng an das lineare Ritzsche Variationsverfahren für die Berechnung gebundener Zustände an. Für ψ macht man den Ansatz

$$\psi = \lambda (S + \mu C) + \sum_{i=1}^{m} a_i \varphi_i . \tag{49}$$

S und C geben die einlaufende und auslaufende Welle des elastischen Kanals an. Die a_i stellen gebundene Konfigurationen des „compoundsystem" und die auslaufenden Wellen in den übrigen Kanälen dar. Die einlaufende Welle und sämtliche auslaufenden Wellen sind mit einem Abschneidefaktor versehen, der bewirkt, daß diese Wellen sich am Ursprung regulär verhalten. λ und die a_i sind lineare Variationsparameter. Geht man mit (49) in (17) ein, so erhält man folgenden Satz linearer Gleichungen für die Bestimmung von λ und der a_i:

$$\begin{aligned} \langle S + \mu C | H - E | \psi \rangle &= 0 \\ \langle \varphi_i | H - E | \psi \rangle &= 0. \end{aligned} \tag{50}$$

Der Phasenverschiebungsfaktor μ mit normalerweise komplexer Phase ($|\mu| \leqslant 1$) bestimmt sich analog zu den Eigenwerten E_i bei gebundenen Zuständen aus der Verträglichkeitsbedingung

$$\det \langle \varphi_k | H - E | \varphi_i \rangle = 0 \qquad i, k = 0, \ldots, m \tag{51}$$
$$\varphi_0 = S + \mu C.$$

Für μ erhält man eine quadratische Gleichung. Auf die Frage, welcher der beiden μ-Werte die physikalisch korrekte Phasenverschiebung liefert, wollen wir hier nicht eingehen (siehe dazu [7]). Man kann, statt mit einlaufenden und auslaufenden Wellen zu rechnen, auch mit reellen Wellenfunktionen S, C und φ_i in ψ beginnen und daraus in wohlbekannter Weise die S- bzw. T-Matrixelemente ableiten.

3. Kohn-Verfahren

Hier beginnt man mit dem inhomogenen Ansatz

$$\psi = S + \mu C + \sum_{i=1}^{m} a_i \varphi_i . \tag{52}$$

Die Bedeutung der Größen S, C_i und φ_i ist dieselbe wie beim Hulthén-Verfahren, nur ist μ jetzt ebenfalls ein linearer Variationsparameter, während S keinen linearen Variationsparameter als Faktor besitzt. Geht man mit (52) in (17) ein, so erhält man folgenden Satz von linearen inhomogenen Gleichungen, die die Ausgangsgleichungen für das Kohn-Verfahren sind:

$$\begin{aligned} \langle C | H - E | \psi \rangle &= 0 \\ \langle \varphi_i | H - E | \psi \rangle &= 0 \end{aligned} \qquad i = 1, \dots, m. \tag{53}$$

Da es sich bei (53) um einen inhomogenen Satz von linearen Gleichungen handelt, bestimmen sich jetzt μ und die a_i direkt aus den Gleichungen (53).

4. Rubinow-Verfahren

Im Unterschied zum Kohn-Verfahren beginnt man jetzt mit dem inhomogenen Ansatz

$$\psi = \mu S + C + \sum_{i=1}^{m} a_i \varphi_i . \tag{54}$$

Das heißt, S besitzt den linearen Variationsparameter μ als Faktor, während C den inhomogenen Term darstellt. Die (53) entsprechenden Ausgangsgleichungen für das Rubinow-Verfahren lauten daher:

$$\begin{aligned} \langle S | H - E | \psi \rangle &= 0 \\ \langle \varphi_i | H - E | \psi \rangle &= 0 \end{aligned} \qquad i = 1, \dots, m. \tag{55}$$

Durch μ wird jetzt die normalerweise komplexe Phase ($|\mu| \leqslant 1$) der einlaufenden Welle relativ zur auslaufenden elastischen Welle C festgelegt. Analog zur Hulthén-Methode kann man beim Kohn- und Rubinow-Verfahren ebenfalls mit reellen Wellenfunktionen S, C und φ_i beginnen.

Bei allen drei Verfahren kann man anschließend zur Verbesserung der Ergebnisse die Kato-Bedingung bzw. dazu verwandte Bedingungen anwenden (siehe dazu [1] und die dort angegebenen Referenzen).

Wir sehen, daß die eben kurz geschilderten Variationsmethoden zur numerischen Berechnung von gebundenen Zuständen und Reaktionen als Spezialfälle der in Kapitel III angegebenen Projektionsmethode betrachtet werden können, wenn man dort neben homogenen linearen Ansätzen auch inhomogene lineare Ansätze für die Variationsfunktion ψ zuläßt.

Es sei noch erwähnt, daß eine von *Ladanyi* und *Schmid* [8] angegebene Erweiterung dieser Verfahren zu einer bedeutend schnelleren Konvergenz der numerischen Ergebnisse führt.

VIII. Zusammenfassung

Der kritische Punkt bei den üblichen Reaktionstheorien für Mehrteilchensysteme besteht darin, daß ihre Wellenfunktionen von vornherein nach einem durch eine Hamiltonfunktion vorgegebenen Basissystem entwickelt werden. Das hat zur Folge, daß die verschiedenen Kanalwellenfunktionen nicht in symmetrischer Weise berücksichtigt werden können. Es wird dadurch unmöglich, Ausgangskanäle, die Teilchenumwandlunge. beschreiben, so in die Reaktionsgleichungen einzuführen, daß Übergänge zu diesen Kanälen beschrieben werden können.

Durch Umformulierung der Vielteilchen-Schrödingergleichung in eine Projektionsgleichung erreicht man in prinzipiell einfacher Weise, daß sämtliche Reaktionskanäle unter Einschluß des elastischen Kanals in gleicher Weise berücksichtigt werden können. Solch eine Projektionsgleichung erlaubt es nämlich, in sehr flexibler Weise linear unabhängige, aber zumeist nicht orthogonale Basiswellenfunktionen einzuführen, die für die Beschreibung eines beliebigen Reaktionsprozesses und der damit verbundenen Randbedingungen besonders geeignet sind. Man hat hier ganz ähnliche Verhältnisse wie bei der Lagrangeschen Formulierung der analytischen Mechanik. Bei ihr kann man von Anfang an diejenigen Koordinaten einführen, die für die Beschreibung eines vorgegebenen mechanischen Problems besonders geeignet sind.

Es wurde weiter gezeigt, daß die Lösungen der aus solch einer Projektionsgleichung abgeleiteten gekoppelten Gleichungen automatisch aufeinander orthogonal und unitär sind, solange man homogene Versuchsfunktionen mit diskreten und kontinuierlichen Variationsparametern betrachtet. Das hat zur Folge, daß man mit solch einer Theorie prinzipiell beliebige Reaktionen und Teilchenumwandlungen beschreiben kann.

Auch allgemeine Eigenschaften von Vielteilchensystemen können mit solch einer Theorie in prinzipiell einfacher Weise diskutiert werden. Weiter lassen sich die bekannten Variationsverfahren zur numerischen Berechnung von Reaktionen in den durch diese Theorie vorgegebenen Rahmen in ungezwungener Weise einfügen.

Die hier gebrachten allgemeinen Überlegungen lassen sich sowohl auf die Atom- und Molekülphysik, die Kernphysik, die Festkörperphysik und zum Teil auch auf die Elementarteilchenphysik anwenden.

Es sei an dieser Stelle noch einmal auf folgenden wichtigen Punkt hingewiesen: Sind die Reaktionspartner aus Teilchen gleicher Art zusammengesetzt, so bewirkt die Un-

unterscheidbarkeit dieser Teilchen, daß die Unterschiede zwischen verschiedenen Strukturen und Korrelationen sehr stark reduziert werden, wenn sich die Reaktionspartner stark durchdringen. Dadurch werden in der Kernphysik z.B. die Widersprüche zwischen den verschiedenen Kernmodellen aufgelöst. Ähnliche Verhältnisse liegen auch in der Heisenbergschen Theorie der Elementarteilchen vor [9], in der versucht wird, sämtliche Elementarteilchen als stationäre Zustände eines Spinorfeldes zu beschreiben.

Bei der numerischen Berechnung von Reaktionen treten allerdings starke Unterschiede auf, die von den physikalischen Gegebenheiten der einzelnen Gebiete abhängen. Einige der wichtigsten sollen hier kurz angegeben werden.

In der Niederenergiekernphysik ist es verhältnismäßig einfach, bei numerischen Rechnungen das asymptotische Verhalten der Reaktionspartner zu berücksichtigen. Wegen der Stärke der Kernkräfte im Vergleich zu den Coulombkräften und infolge ihrer kurzen Reichweite polarisieren sich die Reaktionspartner praktisch nicht mehr gegenseitig, sobald sie voneinander getrennt sind. Dagegen werden die numerischen Rechnungen für Reaktionen und gebundene Zustände durch Berücksichtigung des „hard-core der Kernkräfte", der großenteils für ihren Absättigungscharakter verantwortlich ist, sehr umfangreich. Dies hat nämlich zur Folge, daß starke Nukleonenkorrelationen bei kleinem Nukleonenabstand ($\sim 10^{-14}$ cm) berücksichtigt werden müssen.

In der Atom- und Molekülphysik ist es gerade umgekehrt. Hier können sich die Atome und Moleküle wegen der langen Reichweite der Coulombkräfte auch noch bei relativ großen Entfernungen gegenseitig polarisieren. Dies erschwert die numerischen Rechnungen ebenfalls erheblich. Dagegen treten hier bei kleinen Teilchenabständen normalerweise keine extrem starken Zweiteilchenkorrelationen auf.

In der Festkörperphysik hat man es mit unendlich vielen Teilchen bzw. Anregungsquanten zu tun. Will man daher darauf den hier diskutierten Formalismus anwenden, so muß man berücksichtigen, daß die Versuchsfunktionen φ_k in ψ (siehe Gl.(18)) auch Zustände mit unendlich vielen Anregungsquanten beschreiben müssen.

Die Verhältnisse in der Elementarteilchenphysik haben sowohl Ähnlichkeit mit der Niederenergiekernphysik als auch mit der Festkörperphysik. Wie in der Niederenergiekernphysik sind die starken Wechselwirkungskräfte kurzreichweitig. Zu gleicher Zeit hat man es hier im Prinzip immer mit unendlichen Teilchenzahlen zu tun, da das Vakuum durch ein Meer von unendlich vielen virtuellen Teilchen beschrieben werden muß. Weitere Komplikationen treten dadurch auf, daß in der Elementarteilchenphysik normalerweise relativistisch gerechnet werden muß im Gegensatz zu den zuvor genannten Gebieten. Damit hängt auch zusammen, daß man bis heute noch nicht weiß, wieweit sie sich in einen Hamiltonformalismus der allgemeinen Form einfügt, wie er unseren Betrachtungen zugrunde gelegt wurde. Vielleicht ist das überhaupt nicht möglich (siehe dazu besonders [9]). Trotzdem besteht Hoffnung, daß die hier gebrachten Überlegungen mit geeigneten Abänderungen auch in der Elementarteilchenphysik Bedeutung gewinnen können. Das wird dadurch unterstützt, daß der hier diskutierte Projektionsformalismus letzten Endes auf beliebige lineare Operatorgleichungen angewandt werden kann.

Frau Dr. *E.-J. Kanellopoulos* und Dr. *W. Sünkel* danken wir vielmals für ihre Hilfe bei der Fertigstellung des Manuskripts und dessen kritische Durchsicht.

Literatur

[1] Bzgl. der Literatur zu Kapitel II s. *Newton, R. G.*: "Scattering Theory of Waves and Particles" McGraw Hill Book Company, New York (1966); *Mott, N. F.* und *H. S. W. Massey*, The Theory of Atomic Collisons, Oxford (1965) und die dort angegebene Literatur.

[2] S. z.B. *Wildermuth, K.*: Z. Phys. **127**, 92 und 122 (1949).

[3] S. z.B. *Mahaux, C.* und *Weidenmüller, H. A.*: "Shell-Model Approach to Nuclear Reactions", North Holland Publishing Company, Amsterdam–London (1969) und die dort angegebene Literatur.

[4] *Wildermuth, K.* und *McClure, W.*: "Cluster Representations of Nuclei", Springer Tracts in Modern Physics, Vol. 41, Berlin–Heidelberg–New York (1966).

[5] *Heiß, P., Hackenbroich, H. H.*: Z. Phys. **235**, 422 (1970).

[6] *Benöhr, H. C., Wildermuth, K.*: Nucl. Phys. **A 128**, 1 (1969).

[7] *Kanellopoulos, E., Kanellopoulos, Th.* und *Wildermuth, K.*, wird veröffentlicht.

[8] *Ladanyi, K.* and *Szondy, T.*, wird veröffentlicht;
Schmid, E. W. und *Hoffmann, K. H.*, Nucl. Physics, im Druck;
Schmid, E. W. und andere, wird veröffentlicht.

[9] S. z.B. *Heisenberg, W*: „Einführung in die einheitliche Feldtheorie der Elementarteilchen", S. Hirzel Verlag Stuttgart (1967) und die dort angegebene Literatur.

Comparison of Heisenberg's New Tamm-Dancoff Method with Approximation Schemes used in Many-Body Theory

K. Bleuler, A. Friederich, H. R. Petry, D. Schütte

1. Introduction

In the theoretical investigation of nonrelativistic fermion systems, several characteristic approximation schemes play a decisive role. Examples are the BCS theory of superconductivity, the Hartree-Fock method in atomic and molecular physics and its generalization by means of the Bogoliubov theory (containing also BCS as a special case) used in nuclear physics. Furthermore, the Random-Phase-Approximation (RPA) is of fundamental importance in plasma physics as well as in the explanation of the well known vibrational states of nuclei. In this connection, it should be pointed out that the socalled nuclear models, which to a certain extent brought nuclear physics into miscredit, represent in fact nothing else but a more or less intuitive substitute for special well defined approximation schemes: the introduction of an average potential in heavy nuclei stands for Hartree-Fock, whereas the so-called surface vibrations visualize RPA. In addition, the possibility to describe elementary excitations by the naive concept of independent particle motion is justified theoretically by the Bogoliubov transformation which leads to the so-called quasi-particles.

For the mathematical treatment of all these schemes, the method of second quantization represents a decisive simplification. In this form, however, the N-particle system is described by a field equation (see section 2), which contains a nonlinear (nonrelativistic and nonlocal) self-interaction term determined from the given two-body force. On the other hand, the Heisenberg field equation has exactly the same form, of course with a relativistic interaction term of local character. In spite of this formal difference, it will be shown that the approximation procedures proposed by *W. Heisenberg* and his school – we think above all of the New Tamm-Dancoff method (NTD) – can be transcribed for unrelativistic N-fermion problems. The main purpose of this paper is to show that in lowest order of the NTD-approximation Hartree-Fock and RPA are reproduced, even with special refinements recently proposed (see section 5) within the many-body theory. These methods appear, therefore, to be embedded into the more systematic procedure of NTD, which allows to improve the results by higher order terms.

The lowest order calculations of the boson masses performed so far in the context of Heisenberg's theory thus coincide formally with the numerical investigations of vibrating nuclei, excited plasma modes etc. In the latter cases these approximation-schemes proved to be highly successful. It might be for this reason that in the domain of many-body physics the need for a general scheme allowing for further systematic refinements is very often ignored. Since an approach to these problems has already been presented within the frame-work of the relativistic theory, the corresponding NTD-method should deserve a more general interest, i. e. it should no longer be restricted exclusively to applications in high-energy physics.

2. Many-Body Problem and Field Theory

The time evolution of a many-body system governed by a given two-body force V is determined by the equations of motion for fermion creation operators $a_l^+(t)$ given by the well known formula:

$$-i\frac{\mathrm{d}}{\mathrm{d}t}a_l^+(t)=\mathcal{T}_{Kl}a_K^+(t)+\frac{1}{2}V_{Km,ln}a_K^+(t)a_m^+(t)a_n(t)\,, \tag{1}$$

with matrix elements $\mathcal{T}_{Kl}$ and $V_{Km,ln}$ of the kinetic energy and interaction operators $\mathcal{T}$ and V. The corresponding equation for $a_l(t)$ is obtained from (1) by hermitean conjugation. (We take the sum over repeated indices, a convention we shall use throughout this paper. The letters m, n, etc., denote a set of discrete quantum numbers, which label a complete orthonormal basis of single-particle states.) In field-theoretical language, eq. (1) is called the equation of motion of a fermion field coupled (in general nonlocally) to itself. It has the same formal structure as Heisenberg's nonlinear spinor equation [1] which reads:

$$i\sigma^{\mu}\frac{\partial}{\partial x^{\mu}}\psi(x)+l^2:\psi^{+}(x)\sigma^{\mu}\psi(x)\sigma_{\mu}\psi(x):=0\,. \tag{2}$$

(In this formula, μ runs from 0 to 3, with x^0 the time-, x^i the space coordinates, σ^0 the two-by-two identity matrix and σ^i the Pauli matrices. The dots in the self-interaction term of eq. (2) only refer to a particular definition of the triple product of field operators at the same space-time point.) Expanding $\psi(x)$ in eq. (2) in the usual way:

$$\psi(x)\;=\;a_l(t)\,\psi_l(\vec{x})\,, \tag{3}$$

we get for $a_l(t)$ an equation of the general type (1) with a particular, relativistically covariant choice for $\mathcal{T}$ and V.

The equations of motion for $a_l(t)$, $a_l^+(t)$ have to be supplemented by a specification of the anticommutators for equal times in the nonrelativistic case. Canonical quantization prescribes:

$$[a_K^+(t),a_l(t)]_+\;=\;\delta_{Kl}\,. \tag{4}$$

The equations (1) and (4) are clearly too complicated to be solved in realistic cases. Therefore, one has to look for suitable approximation schemes. This has been done extensively in the context of *Heisenberg*'s nonlinear spinor theory. The results, formulated even for the general case described by eq. (1), with additional inclusion of a possibly noncanonical quantization, are summarized in the paper of *Dürr* and *Wagner* [2]. We briefly repeat their arguments here, using a notation which is more familiar to people working on the many-body problem.

In the first step, the operator-equation (1) is transformed into a set of equations for the matrix elements (called τ-functions):

$$\langle A\,|\,T\,a_{l_n}(t_n)\ldots a_{l_1}(t_1)\,a_{l_1'}^+(t_1')\ldots a_{l_m'}^+(t_m')|B\rangle\,. \tag{5}$$

(T denotes the conventional time ordering for fermion operators; $|A\rangle$, $|B\rangle$ are arbitrary states.)

We then have:

$$\frac{\partial}{\partial t_i'}\langle A|T a_{l_n}(t_n)\ldots a_{l_1}(t_1)\, a^+_{l_1'}(t_1')\ldots a^+_{l_m'}(t_m')|B\rangle =$$

$$\langle A|T a_{l_n}(t_n)\ldots a_{l_1}(t_1)\, a^+_{l_1'}(t_1')\ldots \left(\frac{\partial}{\partial t_i'}\, a^+_{l_i'}(t_i')\right)\ldots a^+_{l_m'}(t_m')|B\rangle$$

$$+\sum_{j=1}^{n}(-1)^{i+j-1}\,\delta_{l_i' l_j}\,\delta(t_i'-t_j)\ldots \tag{6}$$

$$\langle A|T a_{l_n}(t_n)\ldots \hat{a}_{l_j}(t_j)\ldots a_{l_1}(t_1)\, a^+_{l_1'}(t_1')\ldots \hat{a}^+_{l'_i}(t_i')\ldots a^+_{l_m'}(t_m')|B\rangle.$$

$\frac{\partial}{\partial t_i'}\, a^+_{l_i'}(t_i')$ is eliminated from (6) by means of eq. (1), yielding the final equations which relate different τ-functions:

$$i\frac{\partial}{\partial t_j'}\langle A|T a_{l_n}(t_n)\ldots a_{l_1}(t_1)\, a^+_{l_1'}(t_1')\ldots a^+_{l_m'}(t_m')|B\rangle =$$

$$-\mathcal{T}_{k' l_j'}\langle A|T a_{l_n}(t_n)\ldots a_{l_1}(t_1)\, a^+_{l_1'}(t_1')\ldots a^+_{k'}(t_j')\ldots a^+_{l_m'}(t_m')|B\rangle \tag{7a}$$

$$+\frac{1}{2}V_{k'l',\,l_j'l}\langle A|T a_{l_n}(t_n)\ldots a_{l_1}(t_1)\, a^+_{l'_1}(t_1')\ldots a_l(t_j')\, a^+_{l'}(t_j')\, a^+_{k'}(t_j')\ldots a^+_{l_m'}(t_m')|B\rangle$$

$$+i\sum_{i=1}^{n}(-1)^{i+j-1}\delta_{l_i l_j'}\,\delta(t_i-t_j')\langle A|T a_{l_n}(t_n)\ldots \hat{a}_{l_i}(t_i)\ldots a_{l_1}(t_1)\, a^+_{l_1'}(t_1')$$
$$\ldots \hat{a}^+_{l_j'}(t_j')\ldots a^+_{l_m'}(t_m')|B\rangle\ .$$

For the unprimed variables we obtain in the same way:

$$i\frac{\partial}{\partial t_i}\langle A|T a_{l_n}(t_n)\ldots a_{l_1}(t_1)\, a^+_{l_1'}(t_1')\ldots a^+_{l_m'}(t_m')|B\rangle$$

$$=+\mathcal{T}_{l_i k}\langle A|T a_{l_n}(t_n)\ldots a_k(t_i)\ldots a_{l_1}(t_1)\, a^+_{l_1'}(t_1')\ldots a^+_{l_m'}(t_m')|B\rangle$$

$$\tag{7.b}$$

$$-\frac{1}{2}V_{l_i l',\,kl}\langle A|T a_{l_n}(t_n)\ldots a_k(t_i)\, a_l(t_i)\, a^+_{l'}(t_i)\ldots a_{l_1}(t_1)\, a^+_{l_1'}(t_1')\ldots a^+_{l_m'}(t_m')|B\rangle$$

$$-i\sum_{j=1}^{m}(-1)^{i+j-1}\delta_{l_i l_j'}\,\delta(t_i-t_j')\langle A|T a_{l_n}(t_n)\ldots \hat{a}_{l_i}(t_i)\ldots a_{l_1}(t_1)\, a^+_{l_1'}(t_1')$$
$$\ldots \hat{a}^+_{l_j'}(t_j')\ldots a^+_{l_m'}(t_m')|B\rangle\,.$$

(The symbol over an operator denotes that it should be left out of the products.)

3. Approximation Methods

Following the discussion of ref. [2], we now regard τ-functions as the basic entities of our theory. Equation (1) may thus be looked upon as a shorthand notation of the infinite set of equations (7), which relates τ-functions of different numbers of variables.

Any approximation prescription certainly involves now a truncation of this infinite set. The naivest way would be to neglect all τ-functions with a number of variables greater than a fixed N, but, unfortunately, this led to a divergent result already in the case of the anharmonic oscillator. The following prescription (see ref. [2]) turned out to be much more successful. One introduces the φ- or ζ-functions by means of the formulae:

(We use the generalized Kronecker symbol $\delta^{q_1, q_2, \dots, q_m}_{1, 2, \dots, m}$ which is ± 1 if the numbers in the upper row are an even respectively odd permutation of the lower row.)

$$\langle A | T a_{l_n}(t_n) \dots a_{l_1}(t_1) a^+_{l'_1}(t'_1) \dots a^+_{l'_m}(t'_m) | B \rangle \tag{8a}$$

$$= \sum_{r=0}^{\min(n,m)} \frac{1}{r!(n-r)!(m-r)!} \delta^{p_n, p_{n-1}, \dots, p_2, p_1}_{n, n-1, \dots, 2, 1} \delta^{q_1, q_2, \dots, q_{m-1}, q_m}_{1, 2, \dots, m-1, m}$$

$$\cdot \langle 0 | T a_{l_{p_1}}(t_{p_1}) a^+_{l'_{q_1}}(t'_{q_1}) | 0 \rangle \dots \langle 0 | T a_{l_{p_r}}(t_{p_r}) a^+_{l'_{q_r}}(t'_{q_r}) | 0 \rangle$$

$$\cdot \varphi^{(n-r|m-r)}_{AB\; l_{p_n}, \dots, l_{p_{r+1}}, l'_{q_{r+1}}, \dots, l'_{q_m}} (t_{p_n}, \dots, t_{p_{r+1}} | t'_{q_{r+1}}, \dots, t'_{q_m});$$

$$\langle A | T a_{l_n}(t_n) \dots a_{l_1}(t_1) a^+_{l'_1}(t'_1) \dots a^+_{l'_m}(t'_m) | B \rangle \tag{8b}$$

$$= \sum_{r=0}^{\min(n,m)} \frac{1}{(r!)^2 (n-r)!(m-r)!} \delta^{p_n, p_{n-1}, \dots, p_2, p_1}_{n, n-1, \dots, 2, 1} \delta^{q_1, q_2, \dots, q_{m-1}, q_m}_{1, 2, \dots, m-1, m}$$

$$\cdot \langle 0 | T a_{l_{p_r}}(t_{p_r}) \dots a_{l_{p_1}}(t_{p_1}) a^+_{l'_{q_1}}(t'_{q_1}) \dots a^+_{l'_{q_r}}(t'_{q_r}) | 0 \rangle$$

$$\cdot \zeta^{(n-r|m-r)}_{AB\; l_{p_n}, \dots, l_{p_{r+1}}, l'_{q_{r+1}}, \dots, l'_{q_m}} (t_{p_n}, \dots, t_{p_{r+1}} | t'_{q_{r+1}}, \dots, t'_{q_m}).$$

(Eq. (8a) has the formal structure of Wick's rule for normal products. From (8b) it follows that all ζ-functions vanish for $|A\rangle = |B\rangle = |0\rangle$. The use of ζ-functions can therefore only lead to calculations of excited states. Note that eq. (8) are to be understood as implicite definitions for φ and ζ.)

The set of eqs. (7) is then transformed into a new set of equations for φ- or ζ-functions respectively. For its detailed form we refer the reader to ref. [2]. φ- or ζ-functions with a number of variables greater than a fixed N are again neglected in the N-th step of the approximation, yielding thus a set of equations for a finite number of quantities.

The convergence of this procedure (called the New Tamm-Dancoff-Method) was rigorously proved in the case of the anharmonic oscillator [3]). In order to get more insight into the structure of this approximation scheme, we reformulate it in a different way. For this purpose, we go back to equation (7) and put for definiteness $m = n = N$ in the formulae. We see that the τ-function with $2N$ variables is connected by this formula with the τ-function of $2(N+1)$-variables. We then calculate the effect on the latter function, when φ-respectively ζ-functions with $2(N+1)$ variables are neglected. The result is given by

(φ-function rule): (9)

$$\begin{aligned}
&\langle A|T a_{l_{N+1}}(t_{N+1}) \dots a_{l_1}(t_1) a^+_{l'_1}(t'_1) \dots a^+_{l'_{N+1}}(t'_{N+1})|B\rangle \\
&= -\sum_{r=1}^{N+1} (-1)^r \frac{1}{r!((N+1-r)!)^2} \delta^{p_{N+1}, \dots, p_1}_{N+1, \dots, 1} \delta^{q_1, \dots, q_{N+1}}_{1, \dots, N+1} \\
&\cdot \langle 0|T a_{l_{p_1}}(t_{p_1}) a^+_{l'_{q_1}}(t'_{q_1})|0\rangle \dots \langle 0|T a_{l_{p_r}}(t_{p_r}) a^+_{l'_{q_r}}(t'_{q_r})|0\rangle \\
&\cdot \langle A|T a_{l_{p_{N+1}}}(t_{p_{N+1}}) \dots a_{l_{p_{r+1}}}(t_{p_{r+1}}) a^+_{l'_{q_{r+1}}}(t'_{q_{r+1}}) \dots a^+_{l'_{q_{N+1}}}(t'_{q_{N+1}})|B\rangle;
\end{aligned}$$

(ζ-function rule): (10)

$$\begin{aligned}
&\langle A|T a_{l_{N+1}}(t_{N+1}) \dots a_{l_1}(t_1) a^+_{l'_1}(t'_1) \dots a^+_{l'_{N+1}}(t'_{N+1})|B\rangle \\
&= -\sum_{s=1}^{N+1} \sum_{r=1}^{s} \sum_{n_1, \dots, n_s = 0}^{r} (-1)^r \frac{1}{((N+1-s)!)^2} \frac{r!}{n_1! \dots n_s!} \\
&\cdot \delta_{s, n_1 + 2n_2 + \dots + sn_s} \delta_{r, n_1 + n_2 + \dots + n_s} \delta^{p_{N+1}, \dots, p_1}_{N+1, \dots, 1} \delta^{q_1, \dots, q_{N+1}}_{1, \dots, N+1} \\
&\cdot \prod_{K=1}^{s} \frac{1}{(K!)^{2n_K}} \prod_{\lambda=1}^{n_K} \langle 0|T \prod_{\alpha = s(K,\lambda)+1}^{s(K,\lambda)+K} a_{l_{p_\alpha}}(t_{p_\alpha}) \left(\prod_{\beta = s(K,\lambda)+1}^{s(K,\lambda)+K} a_{l'_{q_\beta}}(t'_{q_\beta}) \right)^+ |0\rangle \\
&\cdot \langle A|T a_{l_{p_{N+1}}}(t_{p_{N+1}}) \dots a_{l_{p_{s+1}}}(t_{p_{s+1}}) a^+_{l'_{q_{s+1}}}(t'_{q_{s+1}}) \dots a^+_{l'_{N+1}}(t'_{q_{N+1}})|B\rangle,
\end{aligned}$$

with: $s(K, \lambda) = \sum_{\gamma=1}^{K-1} \gamma n_\gamma + K(\lambda - 1)$.

Substituting this result back into eq. (7), we see immediately that all τ-functions with a number of variables smaller than $2N$ decouple from the rest of τ-functions.

The structure of equations (9) and (10) shows already that the approximation schemes developed above coincide formally with those known in the many-body problem under the headline "linearization of the equations of motion" (see ref. [4]). This will become clearer when we apply the general formulae of this section to the particular situation in the many-body problem.

4. Applications in Many-Body Theory

The transition to the nonrelativistic many-body problem allows us to make some important simplifications in the field-theoretical formalism. Since we have particle-number conservation we chose $|A\rangle$, $|B\rangle$ in eq. (5) to be N-particle states with N fixed. Therefore, we have to restrict the set of τ-functions (5) to those with an equal number of primed and unprimed variables. For the ground-state $|0\rangle$ entering in formulae (8) we have to take the ground state of N particles (ground-state of an atom, a nucleus, etc.).

However, equations (7a) and (7b) are still inconvenient, because they involve many time coordinates. In a relativistic field theory, this is useful in order to guarantee manifest covariance, but in a nonrelativistic problem it is clearly allowed to give to all time coordinates a common value t. We therefore proceed as follows: Due to the anti-symmetry of the τ-functions in primed and unprimed variables, we get from eq. (7) an antisymmetric version

$$i\left(\sum_{i=1}^{N}\frac{\partial}{\partial t_i}+\sum_{j=1}^{N}\frac{\partial}{\partial t_j'}\right)\langle A|T a_{l_N}(t_N)\dots a_{l_1}(t_1)a_{l_1'}^{+}(t_1')\dots a_{l_N'}^{+}(t_N')|B\rangle \quad (11)$$

$$=\sum_{i=1}^{N}\mathcal{T}_{l_ik}\langle A|T a_{l_N}(t_N)\dots a_k(t_i)\dots a_{l_1}(t_1)a_{l_1'}^{+}(t_1')\dots a_{l_N'}^{+}(t_N')|B\rangle$$

$$-\sum_{j=1}^{N}\mathcal{T}_{k'l_j'}\langle A|T a_{l_N}(t_N)\dots a_{l_1}(t_1)a_{l_1'}^{+}(t_1')\dots a_{k'}^{+}(t_j')\dots a_{l_N'}^{+}(t_N')|B\rangle$$

$$-\frac{1}{2}\sum_{i=1}^{N}V_{l_il',kl}(-1)^{i-1}\langle A|T a_{l_N}(t_N)\dots \hat{a}_{l_i}(t_i)\dots a_{l_1}(t_1)a_k(t_i)a_l(t_i)$$
$$a_{l'}^{+}(t_i)a_{l_1'}^{+}(t_1')\dots a_{l_N'}^{+}(t_N')|B\rangle$$

$$+\frac{1}{2}\sum_{j=1}^{N}V_{k'l',l_j'l}(-1)^{j-1}\langle A|T a_{l_N}(t_N)\dots a_{l_1}(t_1)a_l(t_j')a_{l'}^{+}(t_j')a_{k'}^{+}(t_j')$$
$$a_{l_1'}^{+}(t_1')\dots \hat{a}_{l_j'}^{+}(t_j')\dots a_{l_N'}^{+}(t_N')|B\rangle\,.$$

We now take the limit,

$$t_n'=t+n\epsilon;\quad t_n=t-n\epsilon;\quad \epsilon\to 0+;\quad 1\leqslant n\leqslant N, \quad (12)$$

which yields:

$$i\frac{\mathrm{d}}{\mathrm{d}t}\langle A|a^+_{l'_N}(t)\dots a^+_{l'_1}(t)a_{l_1}(t)\dots a_{l_N}(t)|B\rangle \tag{13}$$

$$= \sum_{i=1}^{N} \mathcal{T}_{l_i k}\langle A|a^+_{l'_N}(t)\dots a^+_{l'_1}(t)a_{l_1}(t)\dots a_{l_{i-1}}(t)a_k(t)a_{l_{i+1}}(t)\dots a_{l_N}(t)|B\rangle$$

$$- \sum_{j=1}^{N} \mathcal{T}_{k'l'_j}\langle A|a^+_{l'_N}(t)\dots a^+_{l'_{j+1}}(t)a^+_{k'}(t)a^+_{l'_{j-1}}(t)\dots a^+_{l'_1}(t)a_{l_1}(t)\dots a_{l_N}(t)|B\rangle$$

$$+\frac{1}{2}\sum_{i=1}^{N} V_{l_i l',kl}\{(-1)^{i-1}\langle A|a^+_{l'_N}(t)\dots a^+_{l'_1}(t)a^+_{l'}(t)a_{l_1}(t)\dots a_{l_{i-1}}(t) a_l(t)a_k(t)a_{l_{i+1}}(t)\dots a_{l_N}(t)|B\rangle$$

$$+\sum_{r=1}^{i-1}(-1)^{i-1-r}\delta_{l_r l'}\langle A|a^+_{l'_N}(t)\dots a^+_{l'_1}(t)a_{l_1}(t)\dots a_{l_{r-1}}(t)a_{l_{r+1}}(t)\dots a_{l_{i-1}}(t) a_l(t)a_k(t)a_{l_{i+1}}(t)\dots a_{l_N}(t)|B\rangle\}$$

$$-\frac{1}{2}\sum_{j=1}^{N} V_{k'l',\,l'_j l}\{(-1)^{j-1}\langle A|a^+_{l'_N}(t)\dots a^+_{l'_{j+1}}(t)a^+_{k'}(t)a^+_{l'}(t)a^+_{l'_{j-1}}(t)\dots a^+_{l'_1}(t) a_l(t)a_{l_1}(t)\dots a_{l_N}(t)|B\rangle$$

$$+\sum_{s=1}^{j-1}(-1)^{j-1-s}\delta_{l l'_s}\langle A|a^+_{l'_N}(t)\dots a^+_{l'_{j+1}}(t)a^+_{k'}(t)a^+_{l'}(1)a^+_{l'_{j-1}}(t)\dots a^+_{l'_{s+1}}(t) a^+_{l'_{s-1}}(t)\dots a^+_{l'_1}(t)a_{l_1}(t)\dots, a_{l_N}(t)|B\rangle\}.$$

This result could, of course, be obtained directly by evaluation of the commutator between the many-body Hamiltonian and $a^+_{l'_N}(t)\dots a^+_{l'_1}(t)a_{l_1}(t)\dots a_{l_N}(t)$.

We now recall the approximation prescription outlined in the last section: In the M-th step of the approximation, the equations for the τ-functions with a number of variables $2N$ $N \leqslant M$ can be taken to be the exact ones. In the one-time formulation, this is eq. (13). The approximated equation for the τ-function with $2(M+1)$ variables is given in eq. (9) or (10) respectively, where the limit (12) has been performed. We thus obtain a closed system of equations, which involves only τ-functions of a number of indices equal or smaller than $2M$.

The time-dependence of our τ-function may be easily obtained from the Ansatz

$$\langle A|a^+_{l'_N}(t)\dots a^+_{l'_1}(t)a_{l_1}(t)\dots a_{l_N}(t)|B\rangle \tag{14}$$

$$= e^{i\omega t}\langle A|a^+_{l'_N}(0)\dots a^+_{l'_1}(0)a_{l_1}(0)\dots a_{l_N}(0)|B\rangle$$

$$\stackrel{\text{def}}{=} e^{i\omega t}\rho^{(N/AB)}_{l'_N,\dots,l'_1,l_1,\dots,l_N}.$$

We see that ω has to be interpreted as an energy difference between energy eigenstates $|A\rangle$, $|B\rangle$; $\omega = E_A - E_B$. Now we are able to write down the system of equations resulting in the M-th step of the approximation, when even the time has been eliminated completely:

$$(N \leqslant M) \tag{15}$$

$$-\omega\, \rho^{(N|AB)}{}_{l'_N,\ldots,l'_1,l_1,\ldots,l_N}$$

$$= \sum_{i=1}^{N} \mathcal{T}_{l_i k}\, \rho^{(N|AB)}{}_{l'_N,\ldots,l'_1,l_1,\ldots,l_{i-1},k,l_{i+1},\ldots,l_N}$$

$$- \sum_{j=1}^{N} \mathcal{T}_{k' l'_j}\, \rho^{(N|AB)}{}_{l'_N,\ldots,l'_{j+1},k',l'_{j-1},\ldots,l'_1,l_1,\ldots,l_N}$$

$$+ \frac{1}{2} \sum_{i=1}^{N} V_{l_i l', kl} \{ (-1)^{i-1} \rho^{(N+1|AB)}{}_{l'_N,\ldots,l'_1,l',l_1,\ldots,l_{i-1},l,k,l_{i+1},\ldots,l_N}$$

$$+ \sum_{r=1}^{i-1} (-1)^{i-1-r} \delta_{l_r l'}\, \rho^{(N|AB)}{}_{l'_N,\ldots,l'_1,l_1,\ldots,l_{r-1},l_{r+1},\ldots,l_{i-1},l,k,l_{i+1},\ldots,l_N}$$

$$- \frac{1}{2} \sum_{j=1}^{N} V_{k'l', l'_j l} \{ (-1)^{j-1} \rho^{(N+1|AB)}{}_{l'_N,\ldots,l'_{j+1},k',l',l'_{j-1},\ldots,l'_1,l,l_1,\ldots,l_N}$$

$$+ \sum_{s=1}^{j-1} (-1)^{j-1-s} \delta_{l,l'_s}\, \rho^{(N|AB)}{}_{l'_N,\ldots,l'_{j+1},k',l',l'_{j-1},\ldots,l'_{s+1},l'_{s-1},\ldots,l'_1,l_1,\ldots,l_N} \}$$

In this formula $\rho^{(M+1|AB)}$ must be expressed by one of the following two equations which represent two different approximations stemming from the φ-respectively ζ-function method:

$$\rho^{(M+1|AB)}{}_{l'_{M+1},\ldots,l'_1,l_1,\ldots,l_{M+1}} \tag{16a}$$

$$= - \sum_{r=1}^{M+1} (-1)^r \frac{1}{r!\,((M+1-r)!)^2}\, \delta^{q_{M+1},\ldots,q_1}_{M+1,\ldots,1}\, \delta^{p_1,\ldots,p_{M+1}}_{1,\ldots,M+1}$$

$$\cdot\, \rho^{(1|00)}{}_{l'_{q_1} l_{p_1}} \cdots \rho^{(1|00)}{}_{l'_{q_r} l_{p_r}}\, \rho^{(M+1-r|AB)}{}_{l'_{q_{M+1}},\ldots,l'_{q_{r+1}},l_{p_{r+1}},\ldots,l_{p_{M+1}}} \;;$$

$$\rho^{(M+1|AB)}_{l'_{M+1},\dots,l'_1,l_1,\dots,l_{M+1}} \tag{16b}$$

$$= -\sum_{s=1}^{M+1}\sum_{r=1}^{s}\sum_{n_1,\dots,n_s}(-1)^r\frac{1}{((M+1-s)!)^2}\frac{r!}{n_1!\dots n_s!}$$

$$\cdot\,\delta_{s,\,n_1+2n_2+\dots+sn_s}\,\delta_{r,\,n_1+n_2+\dots+n_s}\,\delta^{q_{M+1},\dots,q_1}_{M+1,\dots,1}\,\delta^{p_1,\dots,p_{M+1}}_{1,\dots,M+1}$$

$$\cdot\prod_{K=1}^{s}\frac{1}{(K!)^{2n_K}}\prod_{\lambda=1}^{n_K}\rho^{(K|00)}_{l'_{q_{s(K,\lambda)+K}},\dots,l'_{q_{s(K,\lambda)+1}},l_{p_{s(K,\lambda)+1}},\dots,l_{p_{s(K,\lambda)+K}}}$$

$$\cdot\,\rho^{(M+1-s|AB)}_{l'_{q_{M+1}},\dots,l'_{q_{s+1}},l_{p_{s+1}},\dots,l_{p_{M+1}}}\,;$$

$$s(K,\lambda)=\sum_{\gamma=1}^{K-1}\gamma n_\gamma + K(\lambda-1)\,.$$

Comparison of (16a) with the paper of *Sawicki* [5] shows now that the approximation scheme he proposes is identical with the one given by formula (16a). A common feature of (16a, b) is the appearance of ground-state expectation values. Therefore equations (15) and (16) seem to allow us only the calculation of the properties of the excited states provided the ground-state is known. This is in fact true for the approximation (16b) according to the remark following eq. (8), but not for (16a). In the next section we consider therefore eq. (16a) in lowest order, i. e., $M = 1$.

5. Relation to Hartree-Fock and Random Phase

For the following, we will find it convenient to introduce the definition of the Hartree-Fock-Hamiltonian-matrix $\mathcal{H}$:

$$\mathcal{H}_{k'k} = \mathcal{T}_{k'k} + \sum_{l',l} V_{k'l',\,kl}\,\rho^{(1|00)}_{l'l}\,. \tag{17}$$

From eq. (16a), we get in the lowest order of the approximation ($M = 1$):

$$\omega\rho^{(1|AB)}_{l'_1 l_1} \tag{18}$$

$$= -\sum_k \mathcal{H}_{l_1 k}\,\rho^{(1/AB)}_{l'_1 k} + \sum_{k'}\mathcal{H}_{k'l'_1}\,\rho^{(1|AB)}_{k'l_1}$$

$$-\sum_{l',k,l} V_{l_1 l',\,kl}\,\rho^{(1|00)}_{l'_1 k}\,(\rho^{(1|AB)}_{l'l} - \rho^{(1|00)}_{l'l}\langle A|B\rangle)$$

$$+\sum_{k',l',l} V_{k'l',\,l'_1 l}\;\rho^{(1|00)}_{k'l_1}\,(\rho^{(1|AB)}_{l'l} - \rho^{(1|00)}_{l'l}\langle A|B\rangle)\,.$$

We now assume that $|A\rangle = |B\rangle = |0\rangle$, ($\langle 0|0\rangle = 1$). For this case eq. (18) can be written in the compact matrix form (we have $\omega = 0$):

$$[\mathcal{H}, \rho^{(1|00)\,\text{transp.}}] = 0\,. \tag{19}$$

This final equation forms the basis of a recently proposed approximation known as "Hartree-Fock with spectroscopic factors" [6]. First of all, the standard Hartree-Fock problem results from it, if, in addition to (19), the condition $(\rho^{(1|00)})^2 = \rho^{(1|00)}$ is imposed. This relation would follow from the exact equation:

$$\langle 0\,|a_k^+ N_{\text{op}} g_l|\,0\rangle = (N-1)\langle 0\,|a_k^+ a_l|\,0\rangle \tag{20}$$

($|\,0\rangle$ is the N-particle ground-state, N_{op} the number operator), when the left side is approximated by means of (16a) with $M = 1$. It is, however, doubtful whether it can be justified, that an approximation should obey such a rigorous relation. It might be more reasonable to omit this condition on $\rho^{(1|00)}$ and to parameterize it (see (20) below) by suitable spectroscopic factors, as it is done in ref. [6] i.e. as a consequence of eq. (19) alone.

Finally, we derive from (18) new equations determining excited states $|\,B\rangle$ of energy E_B. From (19), we know that $\mathcal{H}$ and $\rho^{(1|00)}$ can be simultaneously diagonalized by a suitable choice of single-particle states. Therefore we assume that

$$\mathcal{H}_{k'k} = \epsilon_{k'}\,\delta_{k'k}\,;\;\; \rho^{(1|00)}{}_{k'k} = p_{k'}\,\delta_{k'k}\,;\;\; 0 \leqslant p_{k'} \leqslant 1\,. \tag{21}$$

Now we put $|\,A\rangle = |0\rangle$ and let $|B\rangle$ be some excited state ($\langle 0|B\rangle = 0$).
Eq. (18) then yields:

$$\omega\rho^{(1|0B)}{}_{l_1'l_1} = (\epsilon_{l_1'} - \epsilon_{l_1})\rho^{(1|0B)}{}_{l_1'l_1} - (p_{l_1'} - p_{l_1}) \sum_{l',\,l} V_{l_1 l',\, l_1' l}\; \rho^{(1|0B)}{}_{l'l}\,, \tag{22}$$

(no summation over l_1', l_1).

This equation in fact defines the "renormalized random-phase approximation" of *Brenig* [7]. Choosing for p_k Hartree-Fock values, that means p_k is equal to one if the state $|\,k\rangle$ is occupied, and zero if it is unoccupied, eq. (22) gives the usual random-phase approximation which, in turn, is extensively treated in the literature [8].

6. Conclusion

We have seen that in lowest order NTD reproduces some of the most respected approximations used in many-body theory. It would be desirable to interpret the higher order approximations in a similar way; unfortunately, the formulae we have given appear for the moment too cumbersome for such an analysis.

On the other hand, we have already investigated the accuracy of various non-relativistic approximations in exactly solvable models for a N-fermion system; it was possible and quite interesting to check in this way also the validity of the higher order NTD. The results will be given in a forthcoming paper.

From a more general view-point we see, however, that NTD helps us to understand the mass spectrum of elementary particles in a way which is completely analogous to the well known interpretation of nuclear spectra: the bosons correspond, as already mentioned, to the surface vibrations of even nuclei, whereas the fermions represent the counterparts of the quasi-particle excitations of odd nuclei. Finally, the interaction between bosons and fermions is introduced in higher order approximations in exactly the same way as the coupling between quasi-particles and surface vibrations in nuclear physics.

References

[1] *W. Heisenberg*: Einführung in die einheitliche Feldtheorie der Elementarteilchen (Hirzel, Stuttgart 1967).

[2] *H. P. Dürr, F. Wagner*: Nuov. Cimento **46A**, 223 (1966).

[3] *H. Rampacher, H. Stumpf, F. Wagner*: Fortschr. d. Phys. **13**, 385 (1965).

[4] *A. M. Lane*: Nuclear Theory (W. A. Benjamin Inc. N.Y. 1964).

[5] *I. A. Sawicki*: Phys. Rev. **126**, 2231 (1962).

[6] *A. Friederich*: Z. f. Phys. **223**, 152 (1969).
C. F. Clement: Phys. Letters **28B**, 395 (1969).

[7] *W. Brenig*: Advances in theor. Physics Vol. 1 (Academic Press, N.Y. 1965).

[8] *K. Sawada*: Phys. Rev. **106**, 372 (1957).
D. J. Thouless: Nucl. Physics **22**, 78 (1961).
D. J. Rowe: Rev. of Mod. Phys. **40**, 153 (1968).
S. T. Belyaev, V. G. Zelevinsky: Nucl. Phys. 39, 582 (1962).

Collective Coordinates in Many-Boson Systems

G. Barucchi, G. Ponzano and T. Regge

1. Introduction

In recent years, a number of interesting observational data on He II show a tendency to depart from the conventional picture of *Landau* in some significative details. Among these, there is evidence [1–3] for an upward convexity of the long wavelength phonon dispersion curve, and some empirical evidence [4, 5] for the presence of odd terms in the power expansion:

$$\frac{\epsilon(p)}{cp} = 1 + \alpha_1 p + \alpha_2 p^2 + \ldots . \tag{1}$$

Finally, there are very good data [6] on the high momentum ($p/\hbar > 3$ Å^{-1}) phonons reaching well into the region where the excitation may decay into two rotons. The behaviour in this region seems to fit qualitatively the one predicted by *Pitaevskii* [7] on the basis of Dyson equations for the many-bosons Green functions. It has been remarked, however, that according to *Pitaevskii* the dispersion curve should not only flatten out at $p = p_{2\Delta}$ where $\epsilon(p_{2\Delta}) = 2\Delta$, but should not be allowed to cross this threshold where it has an essential singularity:

$$\epsilon(p) \simeq 2\Delta - b \exp\left(-\frac{\alpha}{p_{2\Delta} - p}\ .\right) \tag{2}$$

Owing to the uncertainty in the data, it is difficult to decide whether this last prediction is verified: beyond $p/\hbar = 2.7$ Å^{-1}, all data seem to lie above 2Δ against the prediction. The dispersion curve at 25.3 atm., just below freezing, shows an even more pronounced violation of the 2Δ barrier, but here errors are even more difficult to account for.

This paper contains an approximation scheme for the lowest excited states of a many-boson system based on a formalism already developed and exploited by *Bogoliubov* and *Zubarev* in 1955 [8]. But while the original contributions of these authors contained an evaluation of anharmonic terms in the Hamiltonian according to standard techniques of perturbation field theory, our scheme is based instead on a power expansion of the wave function in the neighbourhood of small density fluctuations. In this sense, we do not attempt to represent the state vector with an expansion convergent in the mean; we rather try to obtain an approximation for the wave function which is probably inadequate for large fluctuation, but which is designed to work well at small ones. Preliminary results of this scheme are the possibility of degenerate *Pitaevskii* behaviour, where 2Δ is not an obstacle, and some natural reasons for the linear term in (1).

2. The Collective Coordinates According to Bogoliubov and Zubarev

Although these coordinates are well known, we recall the essential features of the formalism. Let a cubic vessel V of side L contain N bosons. By imposing periodic boundary conditions, the momenta inside V have components integer multiples of h/L; we label these momenta as p_j, $j = 1, \ldots$. Particles are labelled by $\alpha = 1, \ldots, N$. We use script letters for subsets of cells in momentum space. We define:

$$\rho_j \equiv \rho(\boldsymbol{k}_j) = \sum_{\alpha=1}^{N} e^{i\boldsymbol{k}_j.\boldsymbol{x}_\alpha}, \qquad \boldsymbol{p}_j = \hbar \boldsymbol{k}_j .$$

We expect the $\rho(\boldsymbol{k})$ to loose physical meaning when the wavelength associated with $\boldsymbol{k}$ is much shorter than interparticle distance. This limiting value for $|\boldsymbol{p}| = \hbar\ |\boldsymbol{k}|$ is also the radius $\hbar\kappa$ of the sphere in momentum space containing $3\,N$ points, as many as the degrees of freedom. We have: $V\,\kappa^3/6\,\pi^2 = 3\,N$, hence: $\kappa = (18\,\pi^2\rho)^{1/3}$, where ρ is the density N/V. For He II at normal pressure $\kappa = 1.56\,\text{Å}^{-1}$. We shall use the notation: $\mathcal{S} = \{\boldsymbol{k}: |\boldsymbol{k}| \leqslant \kappa\}$.

The idea is now to use $\rho(\boldsymbol{k})$'s as coordinates instead of the individual particle coordinates. A single valued wave function ψ of the ρ's is now automatically satisfying the Bose-Einstein statistics. Therefore, we suppose that ψ can be expressed in terms of the $\rho(\boldsymbol{k})$'s. But clearly the set of all ρ's is infinite and, to add up to the correct number of variables, we should restrict ourselves to $\rho(\boldsymbol{k})$, $\boldsymbol{k} \in \mathcal{S}$. This restriction is hard to achieve, although it plays a crucial role in the following. Indeed if we suppose ψ to be function of $\rho(\boldsymbol{k})$, $\boldsymbol{k} \in \mathcal{S}$, and introduce this Ansatz into the Schroedinger equation, we run into troubles as will become soon apparent.

We suppose that the interaction is via two body potentials $u(|\boldsymbol{x}_\alpha - \boldsymbol{x}_\beta|)$, and that these potentials admit a Fourier transform. This condition is clearly unphysical since these forces always have hard cores, but let us for the moment consider a model where this does not happen. Therefore we have:

$$\omega(k) = \frac{1}{V}\int d^3\boldsymbol{x}\, u(x)\, e^{i\boldsymbol{k}\cdot\boldsymbol{x}},$$

$$u(x) = \sum_{\boldsymbol{k}} \omega(k)\, e^{-i\boldsymbol{k}\cdot\boldsymbol{x}},$$

where $x = |\boldsymbol{x}|$, $k = |\boldsymbol{k}|$; so that:

$$U \equiv \frac{2m\,\mathcal{U}}{\hbar^2} = \sum_{\alpha>\beta=1}^{N} u(|\boldsymbol{x}_\alpha - \boldsymbol{x}_\beta|) = \frac{1}{2V}\sum_{\boldsymbol{k}}{}' \omega(k)\,[|\rho(\boldsymbol{k})|^2 - N]. \tag{3}$$

In this last expansion, $\boldsymbol{k}$ is unrestricted. As a result, the r.h.s. is only apparently a quadratic form in the ρ's because if we write the $\rho(\boldsymbol{k})$, $k > \kappa$ in terms of $\rho(\boldsymbol{k})$, $k < \kappa$, we find a very complicated expansion containing terms of all degrees in the $\rho(\boldsymbol{k})$. On the other hand, any reasonable potential has a support for $\omega(k)$ well beyond κ. If, for instance, u varies appreciably within a fraction $1/n$ of the average interparticle distance, we expect $\omega(k)$ to stretch up to $n\,\kappa$. A reasonable guess is then that U, as a function of $\rho(\boldsymbol{k})$, $k < \kappa$, should look like a power expansion whose terms are important up to the degree n in the ρ's.

Let us now quote the formula:

$$\Delta\psi = -\sum_{k\in\mathcal{S}} k^2\rho(k)\frac{\partial\psi}{\partial\rho(k)} - \sum_{\substack{h+k\neq 0\\ h,k\in\mathcal{S}}} h\cdot k\,\rho(h+k)\frac{\partial^2\psi}{\partial\rho(h)\partial\rho(k)} + N\sum_{k\in\mathcal{S}} k^2\frac{\partial^2\psi}{\partial\rho(k)\,\partial\rho(-k)} \tag{4}$$

for the Laplacian acting over ψ which is supposed to be function of $\rho(k)$, $k\in\mathcal{S}$. One of the aforementioned difficulties shows up from this formula because, even if the ρ's were originally restricted to $\mathcal{S}$, there appears a term $\rho(k+h)$ which is not necessarily within $\mathcal{S}$. The Schroedinger equation for a state of energy $\mathcal{E}$ then reads:

$$\sum_{k\in\mathcal{S}} k^2\rho(k)\frac{\partial\psi}{\partial\rho(k)} + \sum_{\substack{h+k\neq 0\\ h,k\in\mathcal{S}}} h\cdot k\,\rho(h+k)\frac{\partial^2\psi}{\partial\rho(h)\,\partial\rho(k)} - N\sum_{k\in\mathcal{S}} k^2\frac{\partial^2\psi}{\partial\rho(k)\,\partial\rho(-k)} + \frac{1}{2V}\sum_k \omega(k)\,[|\rho(k)|^2 - N]\,\psi = E\psi\,, \tag{5}$$

where $E = 2m\,\mathcal{E}/\hbar^2$

If we suppose that:

i) the terms $\rho(h+k)\dfrac{\partial^2\psi}{\partial\rho(h)\,\partial\rho(k)}$ can be dropped;

ii) U is rigorously quadratic in the $\rho(k)$, $k<\kappa$;

then the Hamiltonian appears as a sum of independent oscillator terms and eq. (5) can be solved exactly. This is equivalent to the random phase approximation. Setting

$$\psi_0 = \text{const.}\exp\left\{-\frac{1}{4N}\sum_{k\in\mathcal{S}}\lambda(k)\,|\rho(k)|^2\right\}, \tag{6}$$

we obtain the equations

$$\begin{aligned} E_0 &= \frac{1}{2}\sum_{k\in\mathcal{S}}\lambda(k)k^2 - \frac{\rho}{2}\sum_{k\in\mathcal{S}}\omega(k) + \frac{\rho}{2}N\,\omega(0)\,,\\ \lambda^2(k) + 2\,\lambda(k) &= \frac{2\rho\,\omega(k)}{k^2}\,. \end{aligned} \tag{7}$$

The energy E_0 obtained in this way is the usual one for the ground state according to the standard Bogoliubov theory to which this treatment is equivalent. The excited states are given by:

$$\psi_k = \rho(k)\,\psi_0, \tag{8}$$

which yields for the excitation energy $\epsilon(k)$ the well known formula:

$$\epsilon_B(k) = k^2\,[\lambda(k)+1]\,. \tag{9}$$

$\epsilon(k)$ may be given in $Å^{-2}$, and the conversion unit for HeII from $Å^{-2}$ to °K is 6.06 °K $Å^2$.

Many objections have been raised against taking too literally this procedure. We know it to be valid only in the limit of small $\omega(k)$. Moreover the ρ's, even the independent ones within $\mathcal{S}$, do not have independent ranges of variation for they satisfy inequalities which we are going to sketch.

It is evident that $|\rho(\boldsymbol{k})| \leqslant N$. More refined conditions follow from the inequality:

$$f_n(\mu) = \sum_{i,j=1}^{n} \rho(k_i - k_j)\mu_i\mu_j^* = \sum_{\alpha=1}^{N} \left| \sum_{j=1}^{n} \mu_j e^{ik_j \cdot x_\alpha} \right|^2 > 0.$$

The form f_n in the μ's is definite positive. Hence all diagonal minors of $\det\,[\rho(k_i - k_j)]_{i,j=1,..,n}$ are positive. On the other hand, if $n > N$, these minors vanish because the rank of f_n is N. In particular: $n = 1$ is trivial, $n = 2$ yields again $|\rho(\boldsymbol{k})| \leqslant N$, while $n = 3$ gives:

$$N^3 + 2\,\mathrm{Re}\,[\rho(\boldsymbol{h})\rho(\boldsymbol{k})\rho(\boldsymbol{l})] - N[|\rho(\boldsymbol{k})|^2 + |\rho(\boldsymbol{h})|^2 + |\rho(\boldsymbol{l})|^2] > 0,$$

where $\boldsymbol{h} + \boldsymbol{k} + \boldsymbol{l} = 0$; hence we see that the ranges of the ρ's are not independent. In a similar fashion one proves that, if $n \leqslant 3N$:

$$\det_{i,j=1,\dots,n}\,[\rho(k_i - k_j)(k_i \cdot k_j)] > 0. \tag{10}$$

We remark that for $n = 3N$ this determinant is the square of the modulus of the Jacobian

$$J = \frac{\partial(\rho_1 \dots \rho_{3N})}{\partial(x_1 \dots x_N)}.$$

3. The Improved Bogoliubov Method

From physical grounds, we expect the bulk of the wave function to be concentrated in the neighbourhood of small $\rho(\boldsymbol{k})$, $\boldsymbol{k} \in \mathcal{S}$. This statement is just a different way of characterizing the isotropy of the fluid. Outside $\mathcal{S}$, $\rho(\boldsymbol{k})$'s become the sum of incoherent phases and we expect them to be of the order of $\sqrt{N}$. This suggests that we try a generalization of the wave function for the ground state of the form:

$$\psi_0 = \text{const.}\,\exp\left\{-\frac{1}{2N}\left[\frac{1}{2!}\sum_{h \in \mathcal{S}} \lambda(\boldsymbol{h})\,|\rho(\boldsymbol{h})|^2 + \frac{1}{3!N}\sum_{\substack{h+k+l=0\\ h,k,l \in \mathcal{S}}} \lambda(\boldsymbol{h},\boldsymbol{k},\boldsymbol{l})\,\rho(\boldsymbol{h})\rho(\boldsymbol{k})\rho(\boldsymbol{l})\right]\right\}, \tag{11}$$

where we limit ourselves to an additional cubic term which contains already some interesting features. Since the ρ's are small, it is reasonable to assume that high order polynomials in these variables are negligible. According to this philosophy, we ask the wave eq. (5) to be satisfied modulo polynomials of fourth and higher order in the ρ's. This means introducing Ansatz (11) into (5) and annihilating the coefficients of all terms of degree equal to or less than 3. The resulting equations are:

$$\lambda^2(k) + 2\lambda(k) = \frac{2\rho\omega(k)}{k^2} - \frac{2}{Nk^2} \sum_{\substack{h_1 + h_2 = -k \\ h_1, h_2 \in \mathcal{S}}} h_1 \cdot h_2 \, \lambda(h_1, h_2, k), \tag{12}$$

$$\lambda(h_1, h_2, k) = \frac{h_1 \cdot h_2 \, \lambda(h_1)\lambda(h_2) + \lambda(k) k \cdot [\lambda(h_1) h_1 + \lambda(h_2) h_2]}{\epsilon_B(k) + \epsilon_B(h_1) + \epsilon_B(h_2)}, \tag{13}$$

where $\epsilon_B(h)$ depends on the new $\lambda(h)$ of eq. (12) through def. (9).

This procedure can be further generalized as follows. Formally the wave operator (4) can be applied to a function of a set $\mathcal{S}'$ of more than $3N$ variables ρ's: it has still the same form, but now one has to sum over $\mathcal{S}' \supset \mathcal{S}$. Similarly we can still write the wave function in the form (11) even if the ρ's there appearing are not independent. However the Laplace operator (4) is no longer elliptic because its characteristic matrix: $[\rho(k_i - k_j)(k_i \cdot k_j)]$, $i, j = 1, \dots, n > 3N$, violates (10). Now, the term

$$N \sum_{k \in \mathcal{S}} k^2 \frac{\partial^2}{\partial\rho(k)\,\partial\rho(-k)}$$

is elliptic by itself, so that the other operator:

$$-\sum_{h + k \neq 0} h \cdot k \, \rho(h + k) \frac{\partial^2}{\partial\rho(h)\,\partial\rho(k)},$$

when added to the previous one, yields a non-elliptic operator: this casts serious doubts over assumption (i) of section 2 and on the procedure of considering formally the ρ's as independent variables. However, it adds flexibility to this approach not to impose to our functions a strict support within $\mathcal{S}$ but to leave a small tail outside. In the following, we assume $\omega(k)$ to have range k_θ.

Upon elimination of $\lambda(h_1, h_2, k)$, eq. (12) appears as a non-linear integral equation in $\lambda(k)$. We define:

$$\Delta\omega(k) =$$

$$-\frac{\rho^{-2}}{(2\pi)^3} \iint d^3h_1 d^3h_2 \delta^3(k - h_1 - h_2) h_1 \cdot h_2 \frac{h_1 \cdot h_2 \lambda(h_1)\lambda(h_2) - \lambda(k) k \cdot [\lambda(h_1) h_1 + \lambda(h_2) h_2]}{\epsilon_B(k) + \epsilon_B(h_1) + \epsilon_B(h_2)}. \tag{14}$$

In this way, $\Delta\omega(k)$ is the correction on $\omega(k)$ generated by the anharmonic terms. If our procedure is reasonable at all, this correction must be small compared with $\omega(k)$. The ratio $\Delta\omega(k)/\omega(k)$ is certainly small for small ω since $\Delta\omega$ is of the order of ω^2. This justifies somewhat the Boguliubov approximation. In general, however, there are two dimensionless parameters in $\Delta\omega/\omega$: $\kappa\omega(0)$ and k_θ/κ. We investigated numerically $\Delta\omega(k)$ [1]) taking

[1]) See comments after eq. (22).

for $\omega(k)$ some standard form (Gaussian, Schwartz testing function, square well) with $\omega(0)$ of the order of (100–500) Å (we remind that if we set: $(2\,\rho\omega(0))^{\frac{1}{2}} = c$, where c is the speed of sound in He II, we find: $\omega(0) \simeq 204$ Å). Within this range, $\Delta\omega/\omega$ seems to be almost independent of the height of ω but strongly dependent on the range k_0. In fact, from the computation we found that $\Delta\omega/\omega \approx \alpha(k_0/\kappa)^3$ where α is of the order of unity and depends on the detailed shape of $\omega(k)$. The outcome of this computation is clear: the correction of the cubic term is small if $k_0 \lesssim \kappa$; in this case the sum in the exponent of ψ_0 cannot contain $\rho(k)$ with k sensibly larger than κ as stated before. $\Delta\omega(k)$ seems to decrease more rapidly than $\omega(k)$; it depends rather weakly on the values of $\omega(k)$ for small k and is rather sensitive to the middle range values. Therefore, we expect that eq. (14) can be solved through an iteration procedure since there is a weak feedback mechanism of the corrections induced by $\Delta\omega$ into λ itself. Hence, the relevant expansion parameter is probably smaller than $\Delta\omega/\omega$ and is of the order of $(\tilde{k}/\kappa)^3$ where $\tilde{k}$ is some value of the order of but smaller than k_0.

Finally, we may examine the excited states of the system with the same method. We start from the Ansatz:

$$\psi_{\boldsymbol{k}} = \left\{\rho(\boldsymbol{k}) + \frac{1}{2N} \sum_{\boldsymbol{h}_1 + \boldsymbol{h}_2 = \boldsymbol{k}} \beta(\boldsymbol{h}_1, \boldsymbol{h}_2)\rho(\boldsymbol{h}_1)\rho(\boldsymbol{h}_2)\right\}\psi_0, \tag{15}$$

which generalizes eq. (8); ψ_0 is the ground state as given by eq. (11). We again ask the Schroedinger equation to be satisfied modulo polynomials in ρ's higher than third order. The resulting equations are:

$$\epsilon(k) = \epsilon_B(k) + \frac{1}{N} \sum_{\boldsymbol{h}_1 + \boldsymbol{h}_2 = \boldsymbol{k}} \boldsymbol{h}_1 \cdot \boldsymbol{h}_2\, \beta(\boldsymbol{h}_1, \boldsymbol{h}_2), \tag{16.1}$$

$$\beta(\boldsymbol{h}_1, \boldsymbol{h}_2) = \frac{(\boldsymbol{h}_1 + \boldsymbol{h}_2)\cdot[\lambda(\boldsymbol{h}_1, \boldsymbol{h}_2, -\boldsymbol{h}_1 - \boldsymbol{h}_2)(\boldsymbol{h}_1 + \boldsymbol{h}_2) + \lambda(\boldsymbol{h}_1)\boldsymbol{h}_1 + \lambda(\boldsymbol{h}_2)\boldsymbol{h}_2]}{\epsilon(|\boldsymbol{h}_1 + \boldsymbol{h}_2|) - \epsilon_B(\boldsymbol{h}_1) - \epsilon_B(\boldsymbol{h}_2)}. \tag{16.2}$$

Upon elimination of $\beta(\boldsymbol{h}_1, \boldsymbol{h}_2)$ and of $\lambda(\boldsymbol{h}_1, \boldsymbol{h}_2, -\boldsymbol{k})$ by means of (13), we find:

$$\epsilon(k) = \epsilon_B(k) + \frac{\rho^{-1}}{(2\pi)^3} \int d^3\boldsymbol{h}_1 \int d^3\boldsymbol{h}_2\, \frac{\delta^3(\boldsymbol{h}_1 + \boldsymbol{h}_2 - \boldsymbol{k})\, \boldsymbol{h}_1 \cdot \boldsymbol{h}_2}{\epsilon(k) - \epsilon_B(\boldsymbol{h}_1) - \epsilon_B(\boldsymbol{h}_2)} \left\{ \boldsymbol{k} \cdot \boldsymbol{\lambda}(\boldsymbol{h}_1, \boldsymbol{h}_2) + \frac{\lambda(\boldsymbol{h}_1)\lambda(\boldsymbol{h}_2)\, \boldsymbol{h}_1 \cdot \boldsymbol{h}_2 - \lambda(\boldsymbol{k})\, \boldsymbol{k} \cdot \boldsymbol{\lambda}(\boldsymbol{h}_1, \boldsymbol{h}_2)}{\epsilon_B(\boldsymbol{k}) + \epsilon_B(\boldsymbol{h}_1) + \epsilon_B(\boldsymbol{h}_2)} \right\}, \tag{17}$$

where: $\boldsymbol{\lambda}(\boldsymbol{h}_1, \boldsymbol{h}_2) = \lambda(\boldsymbol{h}_1)\, \boldsymbol{h}_1 + \lambda(\boldsymbol{h}_2)\, \boldsymbol{h}_2$. This equation strongly resembles the ones from the Brillouin-Wigner expansion. It is clear that the term with $\beta(\boldsymbol{h}_1, \boldsymbol{h}_2)$ takes into account the backflow in a manner similar to that of *Cohen* and *Feynman* [9].

Eq. (17), as it stands, is not satisfactory for the dispersive term in the r.h.s. should contain physical energies only. This term represents the self energy correction arising from the process in which this excitation splits into two of energies $\epsilon(\boldsymbol{h}_1)$ and $\epsilon(\boldsymbol{h}_2)$. But clearly the condition for this to happen is $\epsilon(k) = \epsilon(\boldsymbol{h}_1) + \epsilon(\boldsymbol{h}_2)$ for some

$h_1 + h_2 = k$ and not: $\epsilon(k) = \epsilon_B(h_1) + \epsilon_B(h_2)$. A more refined equation is obtained by going to the next term:

$$\psi_k = \Big[\rho(k) + \frac{1}{2!N} \sum_{h_1 + h_2 = k} \beta(h_1, h_2)\rho(h_1)\rho(h_2)$$
$$+ \frac{1}{3!N} \sum_{h_1 + h_2 + h_3 = k} \beta(h_1, h_2, h_3)\rho(h_1)\rho(h_2)\rho(h_3)\Big]\psi_0 \tag{18}$$

in which case we deduce by solving modulo fourth order:

$$\epsilon(k) = \epsilon_B(k) + \frac{1}{N} \sum_{h_1 + h_2 = k} h_1 \cdot h_2 \beta(h_1, h_2) + \frac{1}{N} \sum_{|h_1 + h_2| = 0} h_1 \cdot h_2 \beta(h_1, h_2, k), \tag{19.1}$$

$$[\epsilon(k) - \epsilon_B(h_1) - \epsilon_B(h_2)]\beta(h_1, h_2) = k \cdot \Lambda(h_1, h_2) +$$
$$+ \frac{1}{N}\Big\{\sum_{l_1 + l_2 = h_1} l_1 \cdot l_2 \beta(l_1, l_2, h_2) + \sum_{l_1 + l_2 = h_2} l_1 \cdot l_2 \beta(l_1, l_2, h_1)\Big\}, \tag{19.2}$$

where $h_1 + h_2 = k$;

$$\Big[\epsilon(k) - \sum_{i=1}^{3} \epsilon_B(h_i)\Big]\beta(h_1, h_2, h_3) = k \cdot \Lambda(h_1, h_2, h_3) + \beta(h_3, h_1 + h_2)(h_1 + h_2)\cdot\Lambda(h_1, h_2) +$$
$$\beta(h_1, h_2 + h_3)(h_2 + h_3)\cdot\Lambda(h_2, h_3) + \beta(h_2, h_3 + h_1)(h_3 + h_1)\cdot\Lambda(h_3, h_1), \tag{19.3}$$

where $h_1 + h_2 + h_3 = k$; we have used the shorthand notation:

$$\Lambda(h_i, h_j) = \lambda(h_i, h_j, -h_i - h_j)(h_i + h_j) + \lambda(h_i)h_i + \lambda(h_j)h_j,$$
$$\Lambda(h_1, h_2, h_3) = \lambda(h_1, h_2, -h_1 - h_2)(h_1 + h_2) +$$
$$+ \lambda(h_2, h_3, -h_2 - h_3)(h_2 + h_3) + \lambda(h_3, h_1, -h_3 - h_1)(h_3 + h_1). \tag{19.4}$$

The full content of this approximation cannot be exploited owing to the complicated nature of eqs. (19). Instead, we shall extract some contributions from (19.3) and show that they are consistent with eq. (19.2) when the bare energies are replaced by the physical energies. In fact, from (19.3), set:

$$\beta(l_1, l_2, h_i) = \frac{(k - h_i)\cdot\Lambda(l_1, l_2)\beta(h_1, h_2)}{\epsilon(k) - \epsilon_B(l_1) - \epsilon_B(l_2) - \epsilon_B(h_i)} + B(l_1, l_2, h_i),\ l_1 + l_2 + h_i = k;$$

inserting this into eq. (19.2) we get:

$$[\epsilon(k) - \epsilon_B(h_1) - \epsilon_B(h_2)]\beta(h_1, h_2) = k \cdot \Lambda(h_1, h_2) +$$
$$+ \frac{1}{N}\sum_{i=1}^{2}\Big\{\sum_{l_1 + l_2 = k - h_i} \frac{l_1 \cdot l_2 (k - h_i)\cdot\Lambda(l_1, l_2)}{\epsilon(k) - \epsilon_B(l_1) - \epsilon_B(l_2) - \epsilon_B(h_i)}\beta(h_1, h_2) + \sum_{l_1 + l_2 = k - h_i} l_1 \cdot l_2 B(l_1, l_2, h_i)\Big\}. \tag{20a}$$

According to our approximation scheme, the main contribution to $\beta(\boldsymbol{h}_1, \boldsymbol{h}_2)$ in (19.2) comes from the term $\boldsymbol{k} \cdot \Lambda(\boldsymbol{h}_1, \boldsymbol{h}_2)$. Also, we suppose that in (20a) we may replace in the denominator the bare energies ϵ_B's with the dressed energies ϵ's. In this spirit, we ought to obtain a self-consistent result if we suppose:

$$(\boldsymbol{k}-\boldsymbol{h}_i)\cdot \Lambda(\boldsymbol{l}_1, \boldsymbol{l}_2) \simeq [\epsilon(|\boldsymbol{k}-\boldsymbol{h}_i|)-\epsilon(\boldsymbol{l}_1)-\epsilon(\boldsymbol{l}_2)]\,\beta(\boldsymbol{l}_1, \boldsymbol{l}_2).$$

Under these assumptions, the second term in the r.h.s. of (20a) becomes:

$$\frac{1}{N}\sum_{i=1}^{2}\ \sum_{\boldsymbol{l}_1+\boldsymbol{l}_2=\boldsymbol{k}-\boldsymbol{h}_i} \boldsymbol{l}_1\cdot \boldsymbol{l}_2\,\beta(\boldsymbol{l}_1, \boldsymbol{l}_2)\,\frac{\epsilon(|\boldsymbol{k}-\boldsymbol{h}_i|)-\epsilon(\boldsymbol{l}_1)-\epsilon(\boldsymbol{l}_2)}{\epsilon(\boldsymbol{k})-\epsilon(\boldsymbol{l}_1)-\epsilon(\boldsymbol{l}_2)-\epsilon(\boldsymbol{h}_i)}\,\beta(\boldsymbol{h}_1, \boldsymbol{h}_2)$$

$$=\frac{1}{N}\sum_{i=1}^{2}\Bigg\{\sum_{\boldsymbol{l}_1+\boldsymbol{l}_2=\boldsymbol{k}-\boldsymbol{h}_i} \boldsymbol{l}_1\cdot \boldsymbol{l}_2\,\beta(\boldsymbol{l}_1, \boldsymbol{l}_2)- \tag{20b}$$

$$-\sum_{\boldsymbol{l}_1+\boldsymbol{l}_2=\boldsymbol{k}-\boldsymbol{h}_i} \boldsymbol{l}_1\cdot \boldsymbol{l}_2\,\beta(\boldsymbol{l}_1, \boldsymbol{l}_2)\,\frac{\epsilon(\boldsymbol{k})-\epsilon(\boldsymbol{h}_i)-\epsilon(|\boldsymbol{k}-\boldsymbol{h}_i|)}{\epsilon(\boldsymbol{k})-\epsilon(\boldsymbol{l}_1)-\epsilon(\boldsymbol{l}_2)-\epsilon(\boldsymbol{h}_i)}\Bigg\}\,\beta(\boldsymbol{h}_1, \boldsymbol{h}_2).$$

Presumably the most important contribution to (20b) comes from the region where $\beta(\boldsymbol{l}_1, \boldsymbol{l}_2)$ has a singularity, that is where $\epsilon(|\boldsymbol{k}-\boldsymbol{h}_i|)=\epsilon(\boldsymbol{l}_1)+\epsilon(\boldsymbol{l}_2)$. In this case, the first term in (20b) is much more important than the second one, and (20a) becomes:

$$\left\{\epsilon(\boldsymbol{k})-\sum_{i=1}^{2}\left[\epsilon_B(\boldsymbol{h}_i)+\frac{1}{N}\sum_{\boldsymbol{l}_1+\boldsymbol{l}_2=\boldsymbol{h}_i} \boldsymbol{l}_1\cdot \boldsymbol{l}_2\,\beta(\boldsymbol{l}_1, \boldsymbol{l}_2)\right]\right\}\beta(\boldsymbol{h}_1, \boldsymbol{h}_2)$$

$$\simeq \boldsymbol{k}\cdot \Lambda(\boldsymbol{h}_1, \boldsymbol{h}_2)+\frac{1}{N}\sum_{i=1}^{2}\ \sum_{\boldsymbol{l}_1+\boldsymbol{l}_2=\boldsymbol{k}-\boldsymbol{h}_i} \boldsymbol{l}_1\cdot \boldsymbol{l}_2\,B(\boldsymbol{l}_1, \boldsymbol{l}_2, \boldsymbol{h}_i),$$

so that, comparing with (19.1), we see that – apart from higher order terms – there are contributions which work in the direction of changing the bare energies into the dressed ones. It is plausible that the whole procedure is self-consistent at all orders and that in all dispersive denominators only the physical energies are effectively entering. Therefore, the dressed version of eq. (19.2) should look like:

$$[\epsilon(\boldsymbol{k})-\epsilon(\boldsymbol{h}_1)-\epsilon(\boldsymbol{h}_2)]\left\{1+\frac{1}{N}\sum_{i=1}^{2}\ \sum_{\boldsymbol{l}_1+\boldsymbol{l}_2=\boldsymbol{k}-\boldsymbol{h}_i} \frac{\boldsymbol{l}_1\cdot \boldsymbol{l}_2\,\beta(\boldsymbol{l}_1, \boldsymbol{l}_2)}{\epsilon(\boldsymbol{k})-\epsilon(\boldsymbol{l}_1)-\epsilon(\boldsymbol{l}_2)-\epsilon(\boldsymbol{h}_i)}+\ldots\right\}\beta(\boldsymbol{h}_1,\boldsymbol{h}_2)=$$

$$=\boldsymbol{k}\cdot \Lambda(\boldsymbol{h}_1, \boldsymbol{h}_2)+\frac{1}{N}\sum_{i=1}^{2}\ \sum_{\boldsymbol{l}_1+\boldsymbol{l}_2=\boldsymbol{k}-\boldsymbol{h}_i} \boldsymbol{l}_1\cdot \boldsymbol{l}_2\,B'(\boldsymbol{l}_1, \boldsymbol{l}_2, \boldsymbol{h}_i) \tag{21}$$

where $B'(\boldsymbol{l}_1, \boldsymbol{l}_2, \boldsymbol{h}_i)$, $\boldsymbol{l}_1+\boldsymbol{l}_2+\boldsymbol{h}_i=\boldsymbol{k}$, $i=1, 2$, are suitable functions whose lowest approximation is $B(\boldsymbol{l}_1, \boldsymbol{l}_2, \boldsymbol{h}_i)$.

4. Implications of the Model

The equations which we have just proposed are not rigorous in any sense. There is, however, one consequence of interest which does not depend on all the approximations which we have developed, and is the presence of the factor $\boldsymbol{h}_1 \cdot \boldsymbol{h}_2$ in (19.1). Clearly the detailed form of $\beta(\boldsymbol{h}_1, \boldsymbol{h}_2)$ depends on the solution of a system of coupled nonlinear equations which can be discussed only at the price of some drastic approximations. However, according to eq. (21), it is to be expected that $\beta(\boldsymbol{h}_1, \boldsymbol{h}_2)$ in general is of the form:

$$\beta(\boldsymbol{h}_1, \boldsymbol{h}_2) = \frac{\xi(\boldsymbol{h}_1, \boldsymbol{h}_2)}{\epsilon(k) - \epsilon(h_1) - \epsilon(h_2)} ,$$

where ξ is now developing singularities at the threshold where the excitation of energy $\epsilon(k)$ may begin to decay into three rotons, which is, at any rate, higher than 2Δ. The existence and nature of a singularity in the integral:

$$\int d^3\boldsymbol{h}_1 \int d^3\boldsymbol{h}_2\, \delta^3(\boldsymbol{k} - \boldsymbol{h}_1 - \boldsymbol{h}_2)\, \boldsymbol{h}_1 \cdot \boldsymbol{h}_2\, \beta(\boldsymbol{h}_1, \boldsymbol{h}_2)$$

depends on the behaviour of $\xi(\boldsymbol{h}_1, \boldsymbol{h}_2)$ near $\epsilon(k) = 2\Delta$. If here the numerator $\boldsymbol{h}_1 \cdot \boldsymbol{h}_2\, \xi(\boldsymbol{h}_1, \boldsymbol{h}_2)$ is not zero, the corresponding singularity will be logarithmic and in the formalism of Green functions this leads to the Pitaevskii behaviour. An interesting alternative is that the threshold $\epsilon(k) = 2\Delta$ occurs precisely at $\boldsymbol{h}_1 \cdot \boldsymbol{h}_2 = 0$, namely where the excitation begins to decay into two orthogonal rotons. Then there is no infinite singularity in the integral which merely acquires an absorptive part. This alternative implies that $\epsilon(k)$ crosses 2Δ at $k = k_\Delta \sqrt{2} \simeq 2.7\ \text{Å}^{-1}$, which is in good agreement with the experimental data (see Fig.2). Although a direct comparison of our formalism with that of *Pitaevskii* is not possible, it is plausible that our choice corresponds actually to $a = 0$ in eq. (2). If this is the case, there is no essential singularity and no need for the excitation curve to stop at 2Δ.

We have carried out numerical investigations on equation:

$$\lambda^2(k) + 2\lambda(k) = \frac{2\rho}{k^2}\,[\omega(k) + \Delta\omega(k)] \equiv \frac{2\rho}{k^2}\,\omega'(k) \tag{22}$$

assuming reasonable forms for $\omega(k)$ and inserting into the correction integral $\Delta\omega(k)$ as a 0th order approximation for $\lambda(k)$: $\lambda(k) = -1 + \sqrt{1 + 2\rho\omega(k)/k^2}$. In Fig. 1, we present a typical result of our calculations which shows that $\Delta\omega(0)$ has the correct order of magnitude. Then we used the corrected $\lambda(k)$ in the equation:

$$\epsilon(k) = k^2[1 + \lambda(k)] + \frac{\rho^{-1}}{(2\pi)^3} \int d^3\boldsymbol{h}_1 \int d^3\boldsymbol{h}_2\, \frac{\delta^3(\boldsymbol{k} - \boldsymbol{h}_1 - \boldsymbol{h}_2)\, \boldsymbol{h}_1 \cdot \boldsymbol{h}_2}{\epsilon(k) - \epsilon(h_1) - \epsilon(h_2)} \Bigg\{ \boldsymbol{k} \cdot [\lambda(h_1)\boldsymbol{h}_1 + \lambda(h_2)\boldsymbol{h}_2] + \frac{\lambda(h_1)\lambda(h_2)\, \boldsymbol{h}_1 \cdot \boldsymbol{h}_2 - \lambda(k)\boldsymbol{k} \cdot [\lambda(h_1)\boldsymbol{h}_1 + \lambda(h_2)\boldsymbol{h}_2]}{k^2[1 + \lambda(k)] + h_1^2[1 + \lambda(h_1)] + h_2^2[1 + \lambda(h_2)]} \Bigg\}, \tag{23}$$

where we also replaced in the integrand the physical energies with the experimental data from neutron scattering [6]. In this way, it is possible to compare both sides of eq. (23).

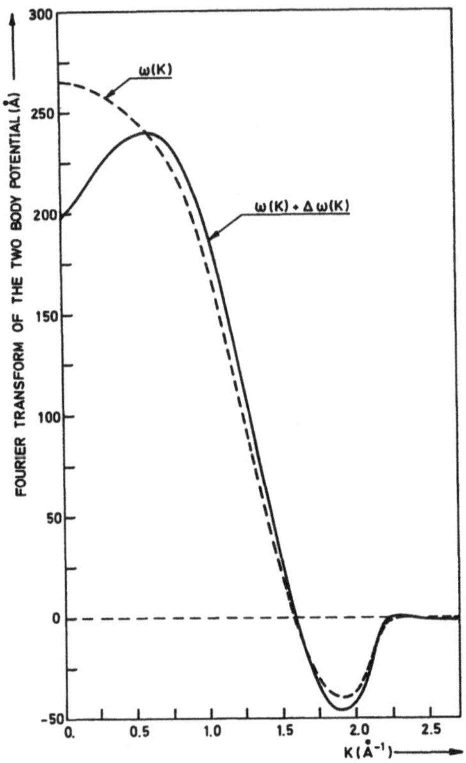

Fig. 1

The Fourier transform $\omega(k)$ of an empirical two body potential and its corrected version $\omega'(k) = \omega(k) + \Delta\omega(k)$.

As shown by Fig. 2, the net effect of the correction integral is to lower ϵ_B in accordance with the computations of *Cohen* and *Feynman* [9] and with about the same order of magnitude. One needs, however, a negative tail in $\omega'(k)$ in order to obtain a reasonable agreement for the roton minimum. As we pointed out, $\omega'(k)$ is related to the Fourier transform $\omega(k)$ of the physical potential through eq. (22), and we have already stressed the unphysical features of considering such a Fourier transform. However, the general aim was to obtain from eq. (22) a form for $\omega'(k)$ which would make eq. (23) to fit the observed dispersion curve. These results are really preliminary and merely orientative insofar as we are concerned with the order of magnitude of the relevant variables.

Finally, we recall that it was pointed out recently by *Feenberg* [4] that the dispersion curve may contain also odd terms in expansion (1) in addition to the traditional even ones postulated by *Landau*. *Feenberg* terms originate from the r^{-6} behaviour of the van der Waals forces which generate in turn a k^3 term in $\omega(k)$. This term produces, according to Bogoliubov formula – if taken literally – a k^3 in $\epsilon(k)/ck$. An accurate analysis [5] of the experimental data, however, shows that the expansion (1) really also

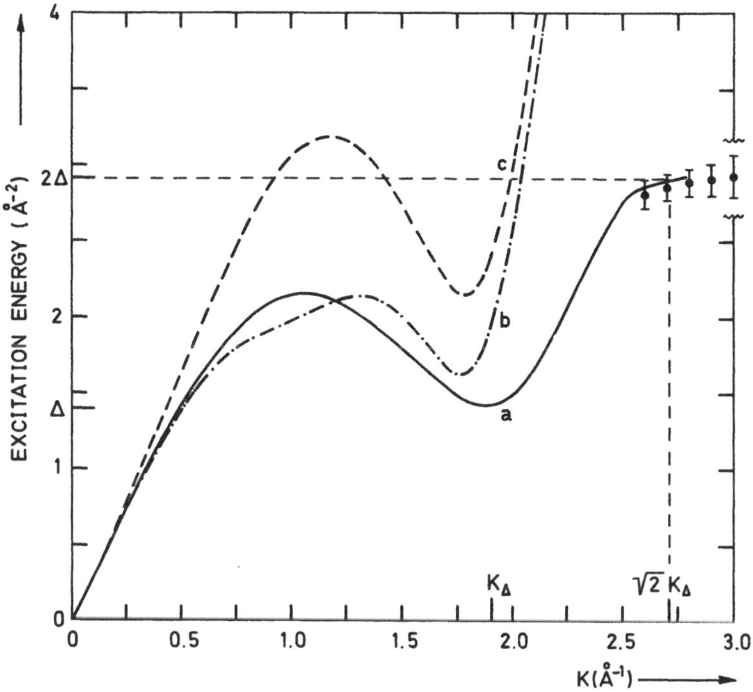

Fig. 2. (a) experimental dispersion curve as fitted in ref. [5]: few experimental data from [6] are also shown; (b) $\epsilon(k)$ computed from eq. (23) by using $\omega'(k)$ of Fig. 1; (c) $\epsilon_B(k) = k^2[1 + \lambda(k)]$ where $\lambda(k) = -1 + \sqrt{1 + 2\rho\omega'(k)/k^2}$.

contains a linear term $\alpha_1 p$. We remark that this term already arises from eq. (22). Indeed in the low momenta limit $\epsilon_B(k)/ck$ can be expanded yielding:

$$\frac{\epsilon_B(k)}{ck} = \frac{k}{c}[1 + \lambda(k)] \simeq$$
$$\simeq 1 + \frac{1}{c}\left\{\frac{\rho^{-1}}{(2\pi)^3}\int_0^{\kappa} \mathrm{d}h\, \frac{h^2}{1 + \lambda(h)}\left[\frac{1}{2}\,\frac{\lambda^2(h)}{1 + \lambda(h)} - \lambda(h) - \frac{h}{3}\frac{\mathrm{d}\lambda(h)}{\mathrm{d}h}\right]\right\}k + \dots . \tag{24}$$

A similar correction arises from eq. (23), and the final result is:

$$\frac{\epsilon(k)}{ck} \simeq 1 + \frac{1}{c}\left\{\frac{\rho^{-1}}{(2\pi)^3}\int_0^{\kappa} \mathrm{d}h\, h^4\left[\frac{h^2\lambda^2(h)}{2\epsilon_B(h)} - \lambda(h) - \frac{h}{3}\,\frac{\mathrm{d}\lambda(h)}{\mathrm{d}h}\right]\frac{\epsilon(h) - \epsilon_B(h)}{\epsilon(h)\,\epsilon_B(h)}\right\} k + \dots \tag{25}$$

Unfortunately, the contributions from (22) and (23) are of opposite sign and it is rather impossible to draw any definite conclusion on the magnitude of α_1 as computed from (25).

5. Final Remarks

We feel that the collective coordinates introduced by *Bogoliubov* and *Zubarev* may lead ultimately to a better treatment and understanding of the main features of a many-boson fluid for values of the relevant parameters hitherto inaccessible. In particular, we find it very encouraging that some of the features which are model independent (threshold behaviour and low momentum behaviour) are in agreement with the observed data for He II. We plan to analyze the consequences of these equations both analytically and numerically in order to accommodate more realistic classes of potentials.

Acknowledgments

We thank Drs. *G. Careri,, A Molinari,* and *L. Reatto* for many interesting discussions.

References

[1] *N. E. Phillips, C. G. Waterfield,* and *J. K. Hoffer*: Phys. Rev. Lett. **25**, 1260 (1970).
[2] *H. J. Maris,* and *W. E. Massey*: Phys. Rev. Lett. **25**, 220 (1970).
[3] *A. D. B. Woods,* and *R. A. Cowley*: Phys. Rev. Lett. **24**, 646 (1970).
[4] *E. Feenberg*: Phys. Rev. Lett. **26**, 301 (1971).
[5] *A. Molinari,* and *T. Regge*: Phonons Excitations in Liquid He II, preprint (March 1971).
[6] *R. A. Cowley,* and *A. D. B. Woods*: Canadian J. Phys. **49**, 177 (1971).
[7] *L. P. Pitaevskii*: J. Phys. **36**, 1168 (1959).
[8] *N. N. Bogoliubov,* and *D. N. Zubarev*: JETP **1**, 83 (1955).
[9] *M. Cohen* and *R. P. Feynman*: Phys. Rev. **107**, 13 (1957).

Quantenkondensation und Quasierwartungswert

G. Lüders

1. Einleitung

Die üblichen Phasenübergänge in einem Viel-Teilchen-System (gasförmig – flüssig – fest) lassen sich weitgehend, wenn auch nicht in allen quantitativen Details, klassisch verstehen. Es gibt aber auch Phasenübergänge, die wesentlich quantenmechanischer Natur sind. Beispiele dieser *Quantenkondensation* sind der Übergang des flüssigen Heliums in das superfluide He II am Lambdapunkt und der Übergang der Leitungselektronen eines Metalls in den supraleitenden Zustand bei der Sprungtemperatur. Die Quantenkondensation würde ein wohl bei tiefen Temperaturen allgemein beobachtetes Phänomen sein, wenn nicht schon bei höheren Temperaturen klassische Kondensationen in den flüssigen und festen Zustand vorausgehen würden.

Obwohl das Phänomen der Quantenkondensation in der Natur also nicht sehr häufig auftritt, ist es doch für die statistische Quantenmechanik der Viel-Teilchen-Systeme von grundsätzlichem Interesse. Gegenstand der vorliegenden Abhandlung ist die *Quantenkondensation des Bosonengases mit Wechselwirkung*. Dem Verfasser ist nicht klar, ob diese Theorie auf das flüssige Helium so unbedenklich angewandt werden darf, wie dies meist geschieht, denn die vorausgegangene klassische Kondensation in den flüssigen Zustand wird wohl nicht angemessen berücksichtigt.

Das Auftreten von Quantenkondensation läßt sich formal, wenn auch nicht unmittelbar physikalisch einsichtig, in der folgenden Weise verstehen. Für den Ein-Teilchen-Propagator $G(\boldsymbol{p}, \omega)$, der eine analytische Funktion der energieartigen Variablen ω in deren oberer und unterer Halbebene ist, gilt eine Spektraldarstellung

$$G(\boldsymbol{p}, \omega) = \int_{-\infty}^{+\infty} \frac{\rho(\boldsymbol{p}, \omega')}{\omega' - \omega} \mathrm{d}\omega' \tag{1}$$

mit Integration entlang der reellen ω'-Achse. Die Spektralfunktion $\rho(\boldsymbol{p}, \omega)$ ist reell; für Bosonen gilt überdies

$$\rho(\boldsymbol{p}, 0) = 0, \tag{2}$$

$$\omega\rho(\boldsymbol{p}, \omega) \geqslant 0. \tag{3}$$

Die Bedingungen (2) und (3) sind gefährdet, wenn ein Pol von $G(\boldsymbol{p}, \omega)$, der im jeweils zweiten Blatt liegen muß, in den Punkt $\omega = 0$ rückt [1]),

$$\frac{1}{G(\boldsymbol{p}, 0)} = 0. \tag{4}$$

---

1) *Patashinskii* und *Pokrowskii* [1] gelangen durch eine andere Argumentation zu derselben Bedingung.

Man sieht dies am deutlichsten in der Hartree-Fock-Näherung, in der der Propagator einen Pol auf der reellen Achse [vgl. unten im Zusammenhang mit Gl. (5)] besitzt und die Spektralfunktion eine Deltafunktion mit positivem Faktor ist. Diese impulsabhängigen Pole können wegen der Bedingungen (2) und (3) nicht auf die negative ω-Achse rücken. Sie werden aufgehalten, sowie der am weitesten links liegende Pol den Punkt $\omega = 0$ erreicht. Dies wird der Pol mit dem Impuls $\boldsymbol{p} = 0$ sein. Die kritische Bedingung (4) soll im folgenden ebenfalls nur mit $\boldsymbol{p} = 0$ verwendet werden, obwohl die allgemeine Argumentation nicht ebenso überzeugend geführt werden kann wie in der Hartree-Fock-Näherung.

Man kann den Propagator durch die Selbstenergie $\Sigma(\boldsymbol{p}, \omega)$ in der Form

$$G(\boldsymbol{p}, \omega) = \frac{1}{\epsilon_{\boldsymbol{p}} + \Sigma(\boldsymbol{p}, \omega) - \mu - \omega} \tag{5}$$

ausdrücken. Dabei ist

$$\epsilon_{\boldsymbol{p}} = \frac{\boldsymbol{p}^2}{2m} \tag{6}$$

(mit m als Teilchenmasse) die kinetische Energie und μ das chemische Potential. Die Bedingung (4) läßt sich dann für $\boldsymbol{p} = 0$ in der Gestalt

$$\Sigma(\boldsymbol{0}, 0) = \mu \tag{7}$$

schreiben; vgl. auch Lit. [1]. Wir betrachten Gl. (7) als die *Bedingung für das Einsetzen von Quantenkondensation.* Es sei noch angemerkt, daß die Selbstenergie in der Hartree-Fock-Näherung reell ist und von m nicht abhängt, der oben erörterte Pol also in der Tat stets auf der reellen Achse liegt.

Die statistische Quantenmechanik des normalen Gases versagt bei Quantenkondensation. Man kann die Theorie des anomalen, quantenkondensierten Gases aber formulieren mittels der *Methode des Quasierwartungswertes,* die auf *Bogoljubov* [2, 3] zurückgeht. Im Falle des Bosonengases wird der Hamiltonoperator ergänzt durch ein additives Glied

$$H' = \lambda_0^* \int \psi(\boldsymbol{r})\, \mathrm{d}^3 \boldsymbol{r} + \lambda_0 \int \psi^*(\boldsymbol{r})\, \mathrm{d}^3 \boldsymbol{r}, \tag{8}$$

wobei $\psi^*(\boldsymbol{r})$ bzw. $\psi(\boldsymbol{r})$ Operatoren für die Erzeugung bzw. Vernichtung eines Teilchens am Ort $\boldsymbol{r}$ sind. Der Zusatzterm enthält eine i.a. komplexe Zahl λ_0. Die Vorschrift lautet, daß man zunächst den thermodynamischen Grenzübergang (Volumen gegen unendlich bei fester Dichte) durchzuführen und anschließend λ_0 gegen Null zu gehen lassen hat. Insofern unterscheidet sich die Methode des Quasierwartungswertes von der jüngeren Methode des sog. η-Ensembles [4].

Die Methode des Quasierwartungswertes wurde lange vor *Bogoljubov* schon in der Theorie der spontanen Magnetisierung verwendet [5, 6]. Dort denkt man sich ein äußeres Magnetfeld angelegt, das am Schluß der Rechnung gegen Null geht. Wesentlich neu ist bei *Bogoljubov* die systematische Formulierung und die Ausdehnung auf Felder wie das obige λ_0, die sich physikalisch nicht verwirklichen lassen. Im Falle der Quantenkondensation des Bosonengases mit Wechselwirkung kann die Methode des Quasierwartungswertes bei fester Teilchenzahl und ohne die Hilfe der zweiten Quantelung überhaupt nicht formuliert werden.

Der axiomatisch orientierte Physiker wird sich daran erinnern, daß die kanonischen Vertauschungsrelationen zwischen den Operatoren $\psi(\boldsymbol{r})$ und $\psi^*(\boldsymbol{r})$ im unendlichen Volumen verschiedene, inäquivalente Darstellungen zulassen [7]. Die Methode des Quasierwartungswertes kann vielleicht als ein Verfahren zur Erzeugung der entsprechenden Darstellungen verstanden werden.

In der vorliegenden Abhandlung fassen wir die Methode des Quasierwartungswertes als ein *Verfahren zur Konstruktion von Graphen* auf (Abschnitt 2). Es ist dabei erforderlich, jeweils unendlich viele der ursprünglichen Graphen in geeigneter Weise aufzusummieren. Im wesentlichen werden Ergebnisse bestätigt, die seit langem bekannt sind [8, 9]. Das Verfahren bewährt sich bei der Berechnung des thermodynamischen Potentials (Abschnitt 3). Wir haben das Ergebnis nicht in der (allerdings schwer überschaubaren) Literatur gefunden. Unser abweichendes Resultat ist allerdings nicht eine Folge der verwendeten Fassung der Methode des Quasierwartungswertes; es rührt vielmehr her von einem sorgfältigeren Umgang mit unendlichen Reihen. Die vorgetragene Fassung der Methode des Quasierwartungswertes läßt sich übrigens unmittelbar auf die Quantenkondensation des Fermionengases übertragen.

Inäquivalente Darstellungen der kanonischen Vertauschungsrelationen treten nur für unendliches Volumen, also im thermodynamischen Grenzfall, auf. Daß auch die Methode des Quasierwartungswertes in der hier verwendeten Fassung unendliches Volumen erfordert, wird (wenn auch unter der einschränkenden Voraussetzung periodischer Randbedingungen) in Abschnitt 4 gezeigt.

2. Störungsrechnung und Skelettgraphen

Der Zustandsoperator der großkanonischen Gesamtheit ist bis auf einen Normierungsfaktor (die große Zustandssumme) gegeben durch

$$Z = \exp[-\beta(H - \mu N)] . \tag{9}$$

Dabei bedeutet H den Hamiltonoperator, N den Teilchenzahl-Operator und β die reziproke Temperatur. Bei Berücksichtigung des Zusatztermes (8) lautet der wechselwirkungsfreie Teil des Operators $H - \mu N$ folgendermaßen:

$$H_0 - \mu N = \sum_{\boldsymbol{p}} (\epsilon_{\boldsymbol{p}} - \mu) a_{\boldsymbol{p}}^* a_{\boldsymbol{p}} + (\lambda_0^* a_0 + \lambda_0 a_0^*) \sqrt{\Omega} . \tag{10}$$

Hier wurden die Erzeugungs- und Vernichtungsoperatoren $a_{\boldsymbol{p}}^*$ und $a_{\boldsymbol{p}}$ für ein Boson des Impulses $\boldsymbol{p}$ eingeführt. Das System ist in einen Quader des zunächst endlichen Volumens Ω eingesperrt gedacht. Auf den Quaderoberflächen werden periodische Randbedingungen gefordert; hierdurch werden nur diskrete Werte des Impulses $\boldsymbol{p}$ zugelassen. Der Operator (10) ist mit dem Impulsoperator vertauschbar, aber infolge des Zusatztermes nicht mehr mit dem Teilchenzahl-Operator.

Der Operator (10) wird in Diagonalgestalt gebracht, inden man für den Impuls Null zwei neue Operatoren durch

$$a_0 = b_0 + \xi_0 \sqrt{\Omega}, \quad a_0^* = b_0^* + \xi_0^* \sqrt{\Omega} \tag{11}$$

einführt. Dabei ist ξ_0 eine c-Zahl. Die Operatoren b_0 und b_0^* sind ersichtlich hermitesch adjungiert. Sie gehorchen denselben Vertauschungsrelationen wie die ursprünglichen Operatoren a_0 und a_0^*. Setzt man nun

$$\xi_0 = \lambda_0/\mu, \tag{12}$$

so folgt in der Tat die Diagonalgestalt

$$H_0 - \mu N = -\mu b_0^* b_0 + \sum_{p \neq 0} (\epsilon_p - \mu)\, a_p^* a_p + \frac{|\lambda_0|^2}{\mu} \Omega\,. \tag{13}$$

Mit Ausnahme des pathologischen Falles $\mu = 0$ geht ξ_0 für $\lambda_0 \to 0$ selbst gegen Null.

Die Operatoren b_0 und a_p ($p \neq 0$) können als neue Bosonen-Vernichtungsoperatoren angesehen werden. In der Zwei-Teilchen-Wechselwirkung, die weiter unten lokal angenommen werden soll, treten jedoch die ursprünglichen Operatoren a_0 und a_p auf. In einer Störungsrechnung, die durch Graphen ausgedrückt wird, erscheinen daher *neue zeichnerische Bausteine*, nämlich neben den üblichen durchlaufenden Teilchenlinien (Bild 1a) auch Stummel (Bild 1b, 1c). Die Teilchenlinien sind durch

$$G_0(p, \mathrm{i}z) = \frac{1}{\epsilon_p - \mu - \mathrm{i}z} \tag{14}$$

Bild 1
Bauelemente von Graphen
a) Teilchenlinie, b) und c) Stummel.

zu übersetzen, wobei z alle geradzahligen Vielfachen von πT durchlaufen kann. Die Stummel sind eine Folge der c-Zahl-Summanden in Gl. (11). Der Stummel in Bild 1b ist durch ξ_0, derjenige in Bild 1c durch ξ_0^* zu übersetzen. In allen Knoten setzt sich die Pfeilrichtung fort (vgl. z.B. Bild 2).

Die Störungsrechnung dient dazu, Erwartungswerte bezüglich der großkanonischen Gesamtheit zu berechnen. Wir betrachten zunächst die Erwartungswerte

$$\langle a_0 \rangle = \xi \sqrt{\Omega}, \quad \langle a_0^* \rangle = \xi^* \sqrt{\Omega}, \tag{15}$$

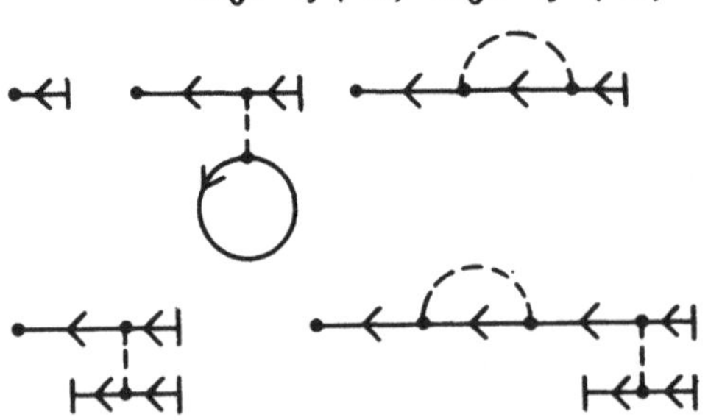

Bild 2
Graphen, die zu ξ [Gl. (15)] beitragen.

wobei die konjugiert komplexen Zahlen ξ und ξ^* durch diese Gleichungen definiert sein sollen. Einige Graphen, die zu ξ beitragen, sind in Bild 2 angegeben. Wählt man für die zeichnerische Darstellung von ξ einen Stummel mit doppelter Linie, so läßt sich die Aufsummation der unendlich vielen Graphen offenbar in der kompakten Form

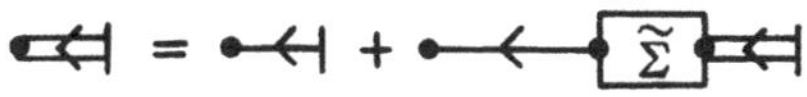

(16)

oder

$$\xi = \xi_0 - G_0(\mathbf{0}, 0)\, \tilde{\Sigma}(\mathbf{0}, 0)\, \xi \tag{17}$$

schreiben. Dabei bedeutet $\tilde{\Sigma}(\boldsymbol{p}, iz)$ den *irreduziblen Selbstenergieteil mit durchlaufender Teilchenlinie*[2]). Die Graphen in Bild 3a tragen zu $\tilde{\Sigma}(p, iz)$ bei, derjenige in Bild 3b dagegen nicht; andernfalls würden Graphen mit mehr als einem Stummel bei der iterativen Lösung von Gl. (16) einen falschen Gewichtsfaktor ($\neq 1$) erhalten.

Soll Gl. (16) oder (17) im Grenzfall $\xi_0 \to 0$ zu einem $\xi \neq 0$ führen, so muß

$$\tilde{\Sigma}(\mathbf{0}, 0) = \mu \tag{18}$$

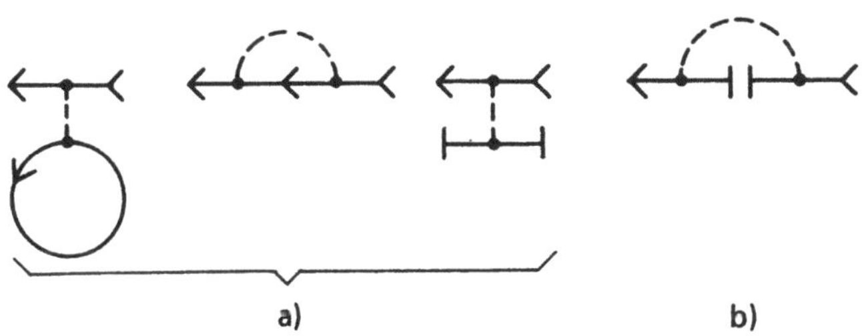

Bild 3

a) Graphen, die zu $\Sigma(\mathbf{p}, iz)$ beitragen.

b) Dieser Graph trägt nicht zu $\Sigma(\mathbf{p}, iz)$ bei.

gelten. Hierbei wurde Gl. (14) mit $\boldsymbol{p} = 0$, $z = 0$ verwendet. Gl. (18) kann als die *Bedingung für Quantenkondensation* des Bosonengases angesehen werden. Läßt man alle Stummel fort, so erhält man wieder Gl. (7). Da $G_0(\boldsymbol{p}, 0)$ und $\tilde{\Sigma}(\boldsymbol{p}, 0)$ reelle Größen sind, wird ξ für reell gewähltes ξ_0 selbst reell. Übrigens gilt allgemein

$$|\xi|^2 = n^{(0)}, \tag{19}$$

wobei $n^{(0)}$ die Teilchendichte des Kondensats ist; vgl. die Diskussion von Gl. (36).

Wir betrachten jetzt die Erwartungswerte $\langle \mathcal{T}\, a_{\boldsymbol{p}}(-i\tau)\, a^*_{\boldsymbol{p}}(-i\tau') \rangle$ und $\langle \mathcal{T}\, a^*_{\boldsymbol{p}}(-i\tau)\, a^*_{-\boldsymbol{p}}(-i\tau') \rangle$, wobei $\mathcal{T}$ das Zeitordnungssymbol für imaginäre Zeiten bedeutet.

---

2) Die Größe $\tilde{\Sigma}(\boldsymbol{p}, iz)$ läßt sich nur so einfach formulieren, wenn man die Wechselwirkung nicht in einen einzigen Knoten zusammenzieht (vgl. etwa Lit. [9]), sondern Graphen mit Wechselwirkungslinien verwendet. Für lokale Wechselwirkung ergibt sich eine Wechselwirkungslinie in natürlicher Weise.

Die Störungsrechnung liefert nicht-zusammenhängende und zusammenhängende Anteile. Erstere lassen sich geschlossen aufsummieren. Es gilt daher

$$\langle \mathcal{T} a_{\boldsymbol{p}}(-\mathrm{i}\tau)\, a_{\boldsymbol{p}}^{*}(-\mathrm{i}\tau')\rangle =$$ 

$$= |\xi|^2\, \Omega\, \delta_{\boldsymbol{p}0} + G(\boldsymbol{p}, \tau-\tau'), \tag{20}$$

wobei die verdoppelte Teilchenlinie bzw. der normale Propagator $G(\boldsymbol{p}, \tau - \tau')$ für den zusammenhängenden Anteil steht. Ebenso gilt

$$\langle \mathcal{T} a_{\boldsymbol{p}}^{*}(-\mathrm{i}\tau)\, a_{-\boldsymbol{p}}^{*}(-\mathrm{i}\tau')\rangle =$$ 

$$= \xi^{*2}\, \Omega \delta_{\boldsymbol{p}0} + F(\boldsymbol{p}, \tau - \tau'). \tag{21}$$

Hier wird durch den zusammenhängenden Anteil der anomale Propagator $F(\boldsymbol{p}, \tau - \tau')$ eingeführt. Übrigens liefert die Störungsrechnung nicht direkt zeitabhängige Propagatoren, sondern zunächst deren Fouriertransformierte.

Man kann, wie im normalen Gas, irreduzible Selbstenergieanteile einführen. Wegen der möglichen Richtungsumkehr der Teilchenlinien, die irreduzible Selbstenergiegraphen verbinden, gibt es allerdings jetzt mehrere Typen. Man erkennt leicht die Richtigkeit des folgenden, auf *Beliaev* [8] zurückgehenden Gleichungssystems

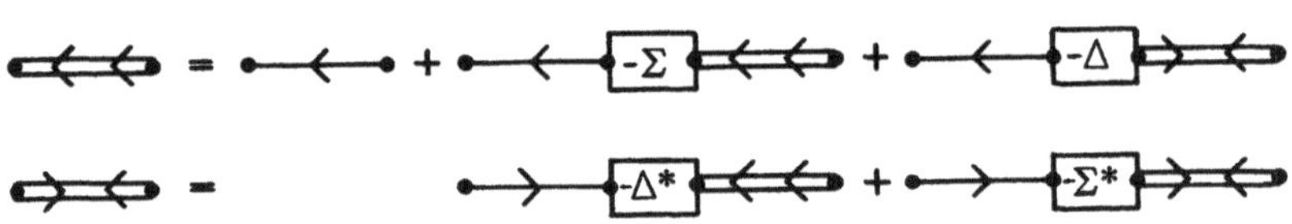

(22)

oder

$$\begin{aligned} G(\boldsymbol{p}, \mathrm{i}z) &= G_0(\boldsymbol{p}, \mathrm{i}z) - G_0(\boldsymbol{p}, \mathrm{i}z)\, \Sigma(\boldsymbol{p}, \mathrm{i}z)\, G(\boldsymbol{p}, \mathrm{i}z) - \\ &\quad - G_0(\boldsymbol{p}, \mathrm{i}z)\, \Delta(\boldsymbol{p}, \mathrm{i}z)\, F(\boldsymbol{p}, \mathrm{i}z), \\ F(\boldsymbol{p}, \mathrm{i}z) &= - G_0^{*}(\boldsymbol{p}, \mathrm{i}z)\, \Delta^{*}(\boldsymbol{p}, \mathrm{i}z)\, G(\boldsymbol{p}, \mathrm{i}z) - \\ &\quad - G_0^{*}(\boldsymbol{p}, \mathrm{i}z)\, \Sigma^{*}(\boldsymbol{p}, \mathrm{i}z)\, F(\boldsymbol{p}, \mathrm{i}z). \end{aligned} \tag{23}$$

In der zweiten Zeile sind konjugiert komplexe Größen durch gewisse Regeln eingeführt worden, die sich leicht bestätigen lassen. Die Lösung von Gl. (23) lautet unter Beachtung von Gl. (14)

$$\begin{aligned} G(\boldsymbol{p}, \mathrm{i}z) &= \frac{(\epsilon_{\boldsymbol{p}} + \Sigma(\boldsymbol{p}, \mathrm{i}z) - \mu - \mathrm{i}z)^{*}}{|\epsilon_{\boldsymbol{p}} + \Sigma(\boldsymbol{p}, \mathrm{i}z) - \mu - \mathrm{i}z|^2 - |\Delta(\boldsymbol{p}, \mathrm{i}z)|^2}, \\ F(\boldsymbol{p}, \mathrm{i}z) &= -\frac{\Delta^{*}(\boldsymbol{p}, \mathrm{i}z)}{|\epsilon_{\boldsymbol{p}} + \Sigma(\boldsymbol{p}, \mathrm{i}z) - \mu - \mathrm{i}z|^2 - |\Delta(\boldsymbol{p}, \mathrm{i}z)|^2} \end{aligned} \tag{24}$$

Im Falle der Quantenkondensation ersetzt Gl. (24) im wesentlichen Gl. (5).

Stummel mit doppelter Linie und einfachem Pfeil und Teilchenlinien mit doppelter Linie und doppeltem Pfeil können zusammen mit Wechselwirkungslinien als Bauelemente von *Skelettgraphen* verwendet werden. Dabei sind Skelettgraphen bezüglich ihrer topologischen Struktur Graphen, aus deren Teilchenlinien keine Selbstenergiegraphen entfernt werden können. Einige Skelettgraphen, die zu $\Sigma(\boldsymbol{p}, iz)$ beitragen, sind in Bild 4a angegeben; Skelettgraphen, die zu $\Delta(\boldsymbol{p}, iz)$ beitragen, werden in Bild 4b aufgezählt. Bei der Auswertung ist noch zu beachten, daß

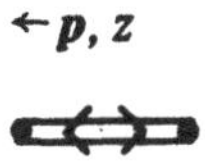

$$= F^*(\boldsymbol{p}, iz) \tag{25}$$

gilt. In Knoten läuft die Pfeilrichtung wieder durch.

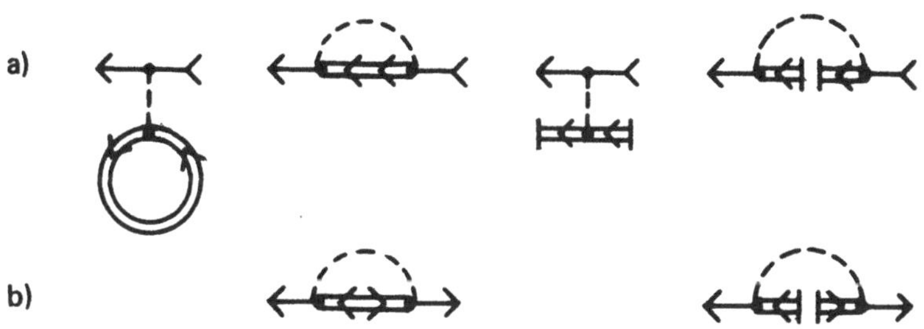

Bild 4. Einige Skelettgraphen für den normalen [a] und anomalen [b] Selbstenergieteil.

Nahezu die gleichen Resultate erhält man übrigens, wenn man in der Nachfolge von *Bogoljubov* [10] die Operatoren a_0 und a_0^* durch die c-Zahl $(n^{(0)}\,\Omega)^{1/2}$ ersetzt [8, 9, 11]. Der einzige Unterschied ist, daß $G(\mathbf{0}, iz)$ und $F(\mathbf{0}, iz)$ dann verschwinden. Bei uns sind die Propagatoren für $\boldsymbol{p} = \mathbf{0}$ dagegen von Null verschieden. Dieser Unterschied wird in Abschnitt 4 von Bedeutung sein.

Es ist wichtig, die Bedingung (18) für Quantenkondensation zu erfüllen. Sie läßt sich auf zwei Weisen durch Skelettgraphen ausdrücken. Einerseits kann der zweite Summand auf der rechten Seite von Gl. (16) nach Wegnahme der G_0-Linie als Summe aller Skelettgraphen mit einer einzigen auslaufenden Linie geschrieben werden. Verwendet man nun Gl. (18), so erhält man einen Ausdruck für $\mu\xi$, den man noch rechnerisch und zeichnerisch mit ξ^* multiplizieren kann. Addiert man die entsprechenden Graphen, in denen alle Pfeilrichtungen umgekehrt sind, und beachtet Gl. (19), so erhält man die Aussage [11], daß sich $-\mu n^{(0)}$ als *Summe aller Skelettgraphen ohne äußere Linien*[3]) schreiben läßt, wobei *jeder Graph noch mit der Anzahl der Stummelpaare zu multiplizieren* ist. Bei Graphen ohne äußere Linien müssen übrigens stets kombinatorische Faktoren [= 1/(Ordnung der Invarianzgruppe)] beachtet werden.

3) Das Minuszeichen, das hier und an einigen weiteren Stellen auftritt, ist eine Folge der verwendeten Übersetzungsregeln für Graphen. Es braucht bei anderen Regeln nicht zu erscheinen.

Eine zweite Darstellung der Bedingung (18) gewinnt man auf die folgende Weise. Man verwendet wieder zunächst Graphen mit einfachen Linien und erhält dann $\tilde{\Sigma}(\boldsymbol{p}, iz)$, indem man von $\Sigma(\boldsymbol{p}, iz)$ alle diejenigen irreduziblen Selbstenergiegraphen subtrahiert, deren Teilchenlinie nicht durchläuft. Vertauscht man für $\boldsymbol{p} = \boldsymbol{0}$ und $z = 0$ in letzteren an der einlaufenden Teilchenlinie Stummel und Eingang (vgl. Bild 5), so erhält man $\Delta(\boldsymbol{0}, 0)$. Damit gewinnt man *für reell gewähltes* ξ_0 und somit reelles $\xi = \sqrt{n^{(0)}}$ die Beziehung [9]

$$\mu = \Sigma(\boldsymbol{0}, 0) - \Delta(\boldsymbol{0}, 0). \qquad (26)$$

Sie läßt sich ebenfalls durch Skelettgraphen darstellen.

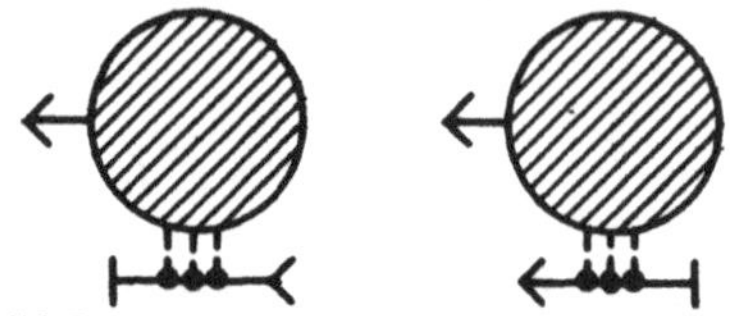

Bild 5

Beweis von Gl. (26). In a) ist ein allgemeiner Graph gezeichnet, der zu $\Sigma(\boldsymbol{0}, 0)$, aber nicht zu $\Sigma(\boldsymbol{0}, 0)$ beiträgt. b) geht hieraus hervor und ist ein Beitrag zu $\Delta(\boldsymbol{0}, 0)$.

Beide Darstellungen der Kondensationsbedingung (18) spielen in der allgemeinen Theorie eine Rolle, wie sich in den beiden folgenden Abschnitten zeigen wird. Auf der Argumentationsstufe der Skelettgraphen gehen sie aber nicht, oder wenigstens nicht einfach, auseinander hervor. Eine Schwierigkeit für Näherungen besteht gerade darin, beide Bedingungen zu erfüllen. Aus Erörterungen die am Schluß von Abschnitt 3 vorgetragen werden, folgt übrigens, daß noch weitergehende Anforderungen an eine konsistente Näherung zu stellen sind.

3. Thermodynamisches Potential

Das thermodynamische Potential Φ läßt sich aus der großen Zustandssumme, d.h. der Spur des in Gl. (9) gegebenen Operators, gemäß

$$\beta\Phi = -\ln \mathrm{Sp}\, Z \qquad (27)$$

berechnen. Für die Dichte $\varphi = \Phi/\Omega$ des thermodynamischen Potentials gilt

$$\varphi = \varphi_0 + \varphi_1 \,. \qquad (28)$$

Dabei ist in unserem Falle

$$\varphi_0 = \frac{1}{\beta}\,\frac{1}{(2\pi)^3}\int \ln\,[1 - \exp(-\beta(\epsilon_{\boldsymbol{p}} - \mu))]\,\mathrm{d}^3\boldsymbol{p} + \frac{|\lambda_0|^2}{\mu} \qquad (29)$$

im wesentlichen die Dichte des thermodynamischen Potentials freier Bosonen. Der Zusatzterm rührt von dem letzten Summanden in Gl. (13) her; er verschwindet bei dem Grenzübergang $\lambda_0 \to 0$. – φ_1 ist die Summe aller Graphen ohne äußere Linien, die aus einfachen Teilchenlinien und einfachen Stummeln gebildet sind. Bei der Auswertung ist wieder auf kombinatorische Faktoren zu achten. Einige Beiträge zu $-\varphi_1$ sind in Bild 6 zusammengestellt. Die Graphen in Bild 6b treten nur bei Quantenkondensation auf.

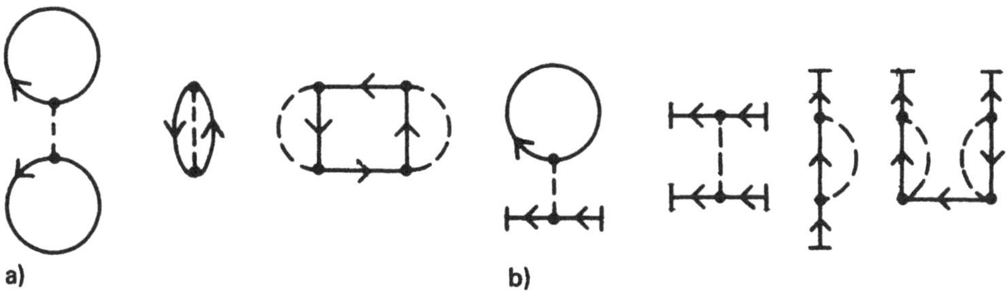

Bild 6. Einige Graphen, die zu $-\varphi_1$[Gl. (28)] beitragen. a) Diese Graphen treten bereits im normalen Gas auf. b) Diese Graphen treten nur bei Quantenkondensation auf.

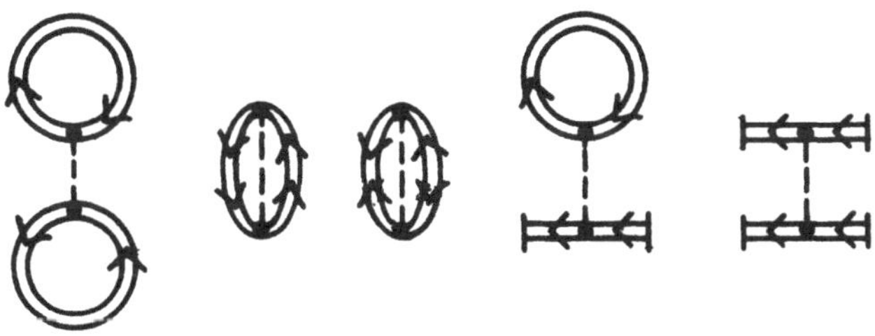

Bild 7
Einige Skelettgraphen, die zu $-\psi$ beitragen.

Diese Formulierung ist unbrauchbar, solange man nicht umfassende Aufsummationen vornimmt. Wir streben deshalb an, φ durch die Summe aller Skelettgraphen ohne äußere Linien, die aus doppelten Linien aufgebaut sind, auszudrücken. Diese Summe sei $-\psi_1$ genannt; einige Beiträge sind in Bild 7 zusammengestellt. Nennt man die Summe der Beiträge mit n Wechselwirkungslinien und s Stummelpaaren $-\psi^{(ns)}$, so gilt natürlich

$$\sum_{ns} \psi^{(ns)} = \psi. \tag{30}$$

Die erste Darstellung der Kondensationsbedingung (18) durch Skelettgraphen, die am Schluß von Abschnitt 2 in Worten gegeben wurde, läßt sich jetzt in der Form

$$\sum_{ns} s\,\psi^{(ns)} = n^{(0)}\mu \tag{31}$$

schreiben. Schneidet man andererseits in den Beiträgen zu $\psi^{(ns)}$ nacheinander je eine der $2n-s$ Teilchenlinien auf und addiert alle Beiträge, so erhält man

$$\sum_{ns} (2n-s)\,\psi^{(ns)} = \frac{1}{\beta} \sum_{z} \exp(\mathrm{i}z\epsilon) \frac{1}{(2\pi)^3} \int \mathrm{d}^3p \,[G(\boldsymbol{p}, \mathrm{i}z)\,\Sigma(\boldsymbol{p}, \mathrm{i}z) +$$

$$+ \frac{1}{2} F(\boldsymbol{p}, \mathrm{i}z)\,\Delta(\boldsymbol{p}, \mathrm{i}z) + \frac{1}{2} F^{*}(\boldsymbol{p}, \mathrm{i}z)\,\Delta^{*}(\boldsymbol{p}, \mathrm{i}z)]\,. \tag{32}$$

Die Exponentialfunktion ist nur wichtig, wenn eine Teilchenlinie durchgeschnitten wird, die an derselben Wechselwirkung beginnt und endet. Nach Ausführung der z-Summation (über alle geradzahligen Vielfachen von πT) ist der Grenzübergang $\epsilon \to +0$ zu machen. Die beiden letzten Summanden in der eckigen Klammer sind gleich und lassen sich zusammenfassen; vgl. die zweite Gl. (24).

Die gewünschte Aufsummation kann nicht direkt durchgeführt werden. Man muß deshalb einen Trick anwenden. Wir differenzieren sowohl φ als auch ψ nach dem chemischen Potential μ und beginnen mit der Differentiation von φ.

Zur Vereinfachung der Rechnung nehmen wir ξ_0 als unabhängig von μ an, obwohl diese Annahme im Grenzfall $\xi_0 \to 0$ belanglos wird. Bei der Differentiation von G_0-Linien, die einem Aufschneiden des jeweils betrachteten Graphen entspricht, ist Gl. (14) zu verwenden. Man erhält das Resultat

$$\frac{\partial\varphi}{\partial\mu} = \frac{\partial\varphi_0}{\partial\mu} + \frac{1}{\beta} \sum_z \exp(iz\epsilon) \frac{1}{(2\pi)^3} \int d^3p G_0^2(\boldsymbol{p}, iz)\, \Sigma'(\boldsymbol{p}, iz) - - G_0^2(\boldsymbol{0}, 0) |\tilde{\Sigma}'(\boldsymbol{0}, 0)\, \xi_0|^2. \tag{33}$$

Dabei rührt der zweite Summand auf der rechten Seite von Schnitten her, durch die der Graph nicht zerfällt (Schnitt a in Bild 8), der dritte von solchen, bei denen er zerfällt (Schnitt b). $\Sigma'(\boldsymbol{p}, iz)$ ist der vollständige, nicht notwendig irreduzible, Selbstenergieteil, $\tilde{\Sigma}'(\boldsymbol{p}, iz)$ der entsprechende vollständige Selbstenergieteil mit durchlaufender Teilchenlinie. Man überzeugt sich leicht davon, daß sich diese vollständigen Selbstenergieteile in folgender Weise ausdrücken lassen:

$$G_0^2(\boldsymbol{p}, iz)\, \Sigma'(\boldsymbol{p}, iz) = G_0(\boldsymbol{p}, iz) - G(\boldsymbol{p}, iz), \tag{34}$$

$$\tilde{\Sigma}'(\boldsymbol{0}, 0)\, \xi_0 = \tilde{\Sigma}(\boldsymbol{0}, 0)\, \xi = \mu\xi \tag{35}$$

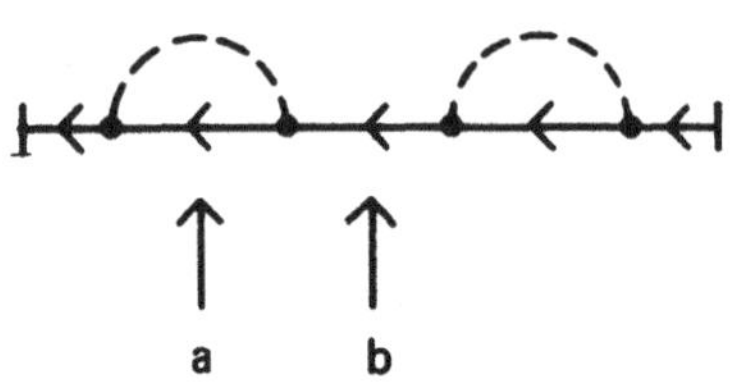

Bild 8

Nochmals ein Beitrag zu $-\varphi_1$. Durch einen Schnitt bei a wird der Graph nicht in zwei Teile zerlegt. Durch einen Schnitt bei b zerfällt er.

[die letzte Umformung nach Gl. (18)]. Beachtet man doch Gl. (19), so folgt das Resultat

$$\frac{\partial\varphi}{\partial\mu} = \frac{\partial\varphi_0}{\partial\mu} + \frac{1}{\beta} \sum_z \exp(iz\epsilon) \frac{1}{(2\pi)^3} \int d^3p [G_0(\boldsymbol{p}, iz) - G(\boldsymbol{p}, iz)] - n^{(0)}. \tag{36}$$

Gl. (36) ist unmittelbar einsichtig, denn die Teilchendichte n berechnet sich aus der Dichte des thermodynamischen Potentials gemäß

$$n = -\frac{\partial\varphi}{\partial\mu}. \tag{37}$$

Ferner gilt

$$-\frac{\partial\varphi_0}{\partial\mu}=\frac{1}{\beta}\sum_z \exp(\mathrm{i}z\epsilon)\frac{1}{(2\pi)^3}\int \mathrm{d}^3\boldsymbol{p}\,G_0(\boldsymbol{p},\mathrm{i}z), \tag{38}$$

denn beides ist gleich der Teilchendichte ohne Wechselwirkung und bei denselben Werten von β und μ. Es ist jedoch zweckmäßig, diese beiden Terme in Gl. (37) für die weitere Rechnung nicht zu streichen. Gl. (36) zeigt übrigens, daß $n^{(0)}$ in der Tat als Teilchendichte des Kondensats gedeutet werden kann.

Bei dem entsprechenden Differenzieren, d.h. Aufschneiden, der Skelettgraphen, die zu ψ beitragen, erhält man nur irreduzible Selbstenergiegraphen. Außerdem können keine Graphen beim Aufschneiden zerfallen. Damit gewinnt man das Ergebnis

$$\begin{aligned}\frac{\partial\psi}{\partial\mu}=\frac{1}{\beta}\sum_z \exp(\mathrm{i}z\epsilon)\frac{1}{(2\pi)^3}\int \mathrm{d}^3\boldsymbol{p}\Big[\frac{\partial G(\boldsymbol{p},\mathrm{i}z)}{\partial\mu}\Sigma(\boldsymbol{p},\mathrm{i}z)+\\
+\frac{1}{2}\frac{\partial F(\boldsymbol{p},\mathrm{i}z)}{\partial\mu}\Delta(\boldsymbol{p},\mathrm{i}z)+\frac{1}{2}\frac{\partial F^*(\boldsymbol{p},\mathrm{i}z)}{\partial\mu}\Delta^*(\boldsymbol{p},\mathrm{i}z)\Big]+\\
+\tilde{\Sigma}(\mathbf{0},0)\left(\frac{\partial\xi}{\partial\mu}\xi^*+\xi\frac{\partial\xi^*}{\partial\mu}\right)\ .\end{aligned} \tag{39}$$

Hier lassen sich die beiden letzten Summanden, die vom Differenzieren der Stummel herrühren, noch zu $\mu\,\partial n^{(0)}/\partial\mu$ zusammenfassen.

Wir streben an, die rechten Seiten der Gln. (36) und (39) in einer solchen Weise umzuformen, daß ihre Differenz ebenfalls als eine Ableitung nach μ geschrieben werden kann. Man verwendet hierzu Gl. (23) und vertauscht unter Beachtung von

$$G(\boldsymbol{p},-\mathrm{i}z)=G^*(\boldsymbol{p},\mathrm{i}z),\quad F(\boldsymbol{p},-\mathrm{i}z)=F(\boldsymbol{p},\mathrm{i}z), \tag{40}$$

zum Teil z mit $-z$. Diese Vertauschung darf nur in Gliedern vorgenommen werden, deren z-Reihe wegen des asymptotischen Verhaltens von $G(\boldsymbol{p},\mathrm{i}z)$ und $F(\boldsymbol{p},\mathrm{i}z)$ [vgl. Gl. (44)] auch ohne die vorangestellte Exponentialfunktion konvergieren würde. Das Resultat ist

$$\begin{aligned}\frac{\partial\varphi}{\partial\mu}=\frac{\partial}{\partial\mu}\Big\{\varphi_0-\frac{1}{\beta}\sum_z \exp(\mathrm{i}z\epsilon)\frac{1}{(2\pi)^3}\int \mathrm{d}^3\boldsymbol{p}\\
\Big[\ln\frac{1}{G_0(\boldsymbol{p},\mathrm{i}z)}\sqrt{(|G(\boldsymbol{p},\mathrm{i}z)|^2-|F(\boldsymbol{p},\mathrm{i}z)|^2)\frac{G(\boldsymbol{p},\mathrm{i}z)}{G^*(\boldsymbol{p},\mathrm{i}z)}}-\frac{G(\boldsymbol{p},\mathrm{i}z)}{G_0(\boldsymbol{p},\mathrm{i}z)}+1\Big]\\
-n^{(0)}\mu+\psi\Big\}\ ;\end{aligned} \tag{41}$$

vgl. Anhang.

Gl. (41) wird nun integriert von einem u.U. negativen Wert des chemischen Potentials, bei dem sich das System im normalen Zustand befindet, bis zu dem tatsächlich interessierenden Wert, bei dem Quantenkondensation eingetreten sein möge. Im normalen Gas mit

$$F(\boldsymbol{p},\mathrm{i}z)\equiv 0 \tag{42}$$

ist Gl. (41) auch ohne Differentiation nach μ richtig [12]. Deshalb gilt schließlich

$$\varphi = \varphi_0 - \frac{1}{\beta} \sum_z \exp(\mathrm{i}z\epsilon) \frac{1}{(2\pi)^3} \int \mathrm{d}^3 p$$

$$\left[\ln \frac{1}{G_0(p, \mathrm{i}z)} \sqrt{(|G(p, \mathrm{i}z)|^2 - |F(p, \mathrm{i}z)|^2) \frac{G(p, \mathrm{i}z)}{G^*(p, \mathrm{i}z)}} \right.$$

$$\left. - \frac{G(p, \mathrm{i}z)}{G_0(p, \mathrm{i}z)} + 1 \right] - n^{(0)} \mu + \psi. \qquad (43)$$

φ_0 darf hier so wenig wie im normalen Fall gegen den Anteil mit $\ln G_0(p, \mathrm{i}z)$ kompensiert werden. Denn man würde hierbei nicht mit einer divergenten z-Reihe zu operieren haben; es würde auch eine ebenso divergente z-Reihe stehen bleiben. Allerdings ist φ_0 im Falle der Quantenkondensation (mit $\mu > 0$) problematisch. Diese Schwierigkeiten umgeht man formal, indem man das chemische Potential mit einem infinitesimalen Imaginärteil versieht. Brauchbar sind aber nur die späteren Resultate (47), (48), (49) und (51), in denen φ_0 auf legitime Weise fortgefallen ist.

Der Logarithmus in Gl. (43) ist wohldefiniert. Man beachte hierfür, daß $G_0(p, \omega)$, $G(p, \omega)$ und $F(p, \omega)$ analytische Funktionen von ω in der oberen und unteren Halbebene sind, wobei überdies

$$\lim_{|\omega| \to \infty} \omega G_0(p, \omega) = \lim_{|\omega| \to \infty} \omega G(p, \omega) = -1$$

$$\lim_{|\omega| \to \infty} \omega F(p, \omega) = 0 \qquad (44)$$

gilt. Für große $|z|$ liegt das Argument des Logarithmus deshalb unabhängig von μ nahe bei eins; der durch die Integration entstehende Logarithmus bleibt in der Nähe von Null, liegt also im Hauptzweig. Der Zweig des Logarithmus bei anderen Werten von z ergibt sich hieraus durch analytische Fortsetzung, denn $G_0(p, \omega)$, $G(p, \omega)$ und $G(p, \omega)$ $G^*(p, -\omega^*) - F(p, \omega) F^*(p, -\omega^*)$ besitzen keine Nullstelle in der jeweiligen Halbebene [13].

Gl. (43) stimmt mit einem in der Literatur [14] angegebenen Ausdruck nicht überein. Der Unterschied rührt offenbar daher, daß wir mit den unendlichen z-Reihen sorgfältiger umgehen.

Die rechte Seite von Gl. (43) ist *stationär gegenüber beliebigen Variationen* von $G(p, \mathrm{i}z)$, $F(p, \mathrm{i}z)$ und $n^{(0)}$. Im Falle des normalen Gases ist die entsprechende Aussage wohlbekannt [12]. Daß die Ableitung nach $n^{(0)}$ tatsächlich verschwindet, folgt aus Gl. (31), die ihrerseits eine Umformulierung der Kondensationsbedingung (18) darstellte. Wegen der Stationarität reicht es aus, bei einmaliger Differentiation nach μ oder β „explizit" zu differenzieren; dabei kommen μ und β natürlich auch in $G_0(p, \mathrm{i}z)$ explizit vor.

Durch explizite Differentiation nach μ gewinnt man erneut Gl. (36), wobei jetzt aber Gl. (38) verwendet werden sollte. Die Differentiation nach β bzw. nach T ist etwas mühsamer, denn auch in den Beiträgen zu ψ treten Potenzen von T auf. Es gilt

$$T\left(\frac{\partial}{\partial T}\beta\psi\right)_{expl}=\beta\sum_{ns}(n-s)\,\psi^{(ns)} \tag{45}$$

wobei die rechte Seite noch durch die Gln. (31) und (32) ausgedrückt werden kann. Berechnet man nun zunächst die Entropiedichte

$$s=-\frac{\partial\varphi}{\partial T} \tag{46}$$

und hieraus die Dichte u der inneren Energie, so erhält man

$$\begin{aligned} u &= \varphi + Ts + \mu n = \\ &= \frac{1}{\beta}\sum_{z}\exp(\mathrm{i}z\epsilon)\frac{1}{(2\pi)^3}\int \mathrm{d}^3p[(\epsilon_p+\tfrac{1}{2}\,\Sigma(p,\mathrm{i}z))G(p,\mathrm{i}z)+ \\ &+\tfrac{1}{2}\,\Delta(p,\mathrm{i}z)\,F(p,\mathrm{i}z)]+\tfrac{1}{2}\,n^{(0)}\,\mu\,. \end{aligned} \tag{47}$$

Dabei ist die Ableitung von φ_0 wieder in jetzt erlaubter Weise kompensiert worden.

Die z-Summen lassen sich nach bekannter Methode [12] in Integrale über reelle Werte von ω verwandeln. Man erhält so [9]

$$n=\frac{1}{(2\pi)^3}\int \mathrm{d}^3p\int_{-\infty}^{+\infty}\mathrm{d}\omega\rho(p,\omega)\,f(\omega)\,\mathrm{d}\omega+n^{(0)}\,, \tag{48}$$

$$u=\frac{1}{(2\pi)^3}\int \mathrm{d}^3p\int_{-\infty}^{+\infty}\mathrm{d}\omega\,\tfrac{1}{2}\,(\epsilon_p+\mu+\omega)\,\rho\,(p,\omega)\,f(\omega)\,\mathrm{d}\omega+\tfrac{1}{2}\,n^{(0)}\,\mu. \tag{49}$$

Dabei ist $\rho\,(p,\omega)$ die Spektralfunktion. Sie wurde durch Gl. (1), welche bei Quantenkondensation gültig bleibt, eingeführt. Ferner gilt

$$f(\omega)=\frac{1}{\exp\beta\omega-1}\,. \tag{50}$$

Schließlich läßt sich auch φ in dieser Weise[4]) schreiben:

$$\begin{aligned} \varphi = -\frac{1}{(2\pi)^3}\int \mathrm{d}^3p\,\frac{1}{4\pi\mathrm{i}}\int_{-\infty}^{+\infty}\mathrm{d}\omega\left[\ln\frac{G^{\uparrow}(p,\omega+\mathrm{i}\delta)}{G^{\downarrow}(p,\omega-\mathrm{i}\delta)}-\right. \\ \left.-\ln\frac{\epsilon_p+\Sigma^{\uparrow}(p,\omega+\mathrm{i}\delta)-\mu-\omega-\mathrm{i}\delta}{\epsilon_p+\Sigma^{\downarrow}(p,\omega-\mathrm{i}\delta)-\mu-\omega+\mathrm{i}\delta}\right]f(\omega)-\sum_{ns}(2n-1)\,\psi^{(ns)}. \end{aligned} \tag{51}$$

[4]) Bei der erforderlichen Verlagerung von Integrationswegen spielt nicht nur das analytische Verhalten der Propagatoren eine Rolle, sondern auch die Abwesenheit gewisser Nullstellen, die im Anschluß an Gl. (44) erörtert wurde.

Hier wurde zur Vereinfachung der irreduzible normale Selbstenergieteil $\Sigma(\boldsymbol{p}, \omega)$ als analytische Fortsetzung von

$$\Sigma(\boldsymbol{p}, \mathrm{i}z) = \frac{G^*(\boldsymbol{p}, \mathrm{i}z)}{|G(\boldsymbol{p}, \mathrm{i}z)|^2 - |F(\boldsymbol{p}, \mathrm{i}z)|^2} - \frac{1}{G_0(\boldsymbol{p}, \mathrm{i}z)} \tag{52}$$

eingeführt. Gl. (52) folgt durch Auflösung des Gleichungssystems (23), wobei die zweite Gleichung durch die konjugiert-komplexe ersetzt wird. In Gl. (51) bedeuten die nach oben bzw. unten gerichteten Pfeile die jeweilige Funktion in der oberen bzw. unteren ω-Halbebene; δ ist eine infinitesimale positive Größe. Die Logarithmen sind nach den Überlegungen, die oben im Zusammenhang mit Gl. (43) vorgetragen wurden, wohldefiniert. Für $\omega \to -\infty$ sind beide Logarithmen im gleichen Zweig, etwa im Hauptzweig, zu wählen. φ_0 wurde in legitimer Weise gegen einen weiteren, $G_0(\boldsymbol{p}, \omega)$ enthaltenen Logarithmus kompensiert. Schließlich wurde, wie schon für Gl. (49), die erste Gl. (23) verwendet; außerdem wurden die Gln. (30) bis (32) benutzt. Gl. (51) eignet sich nicht gut für die Ausführung von Differentiationen.

Die *Bogoljubov*sche Näherung [10] besteht darin, daß man

$-\Delta(\boldsymbol{p}, \omega) =$ 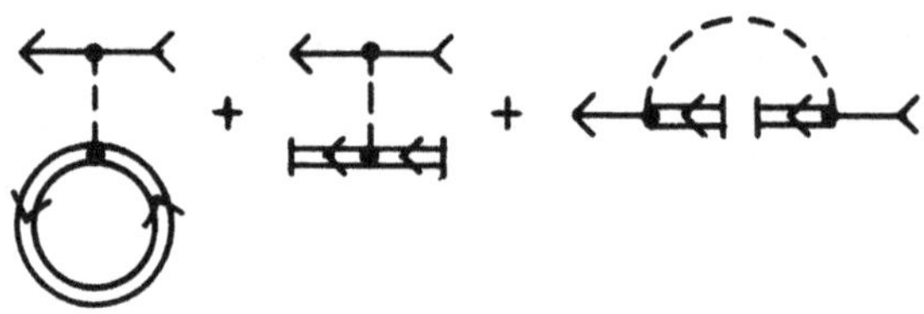 (53)

$-\Sigma(\boldsymbol{p}, \omega) =$ 

setzt. Beide Formulierungen der Kondensationsbedingung, nämlich Gl. (26) und

$-n^{(0)}\mu =$ 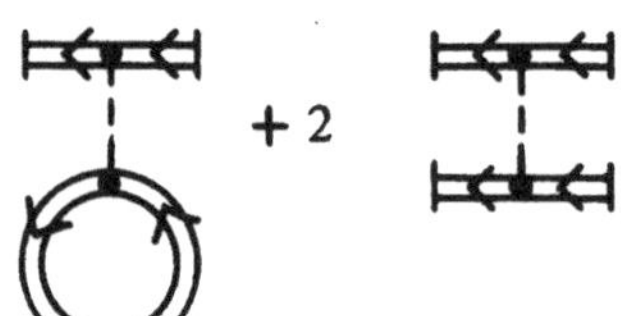 (54)

ergeben das Gleiche. Verwendet man aber die entsprechende Näherung für ψ, nämlich

$-\psi =$ 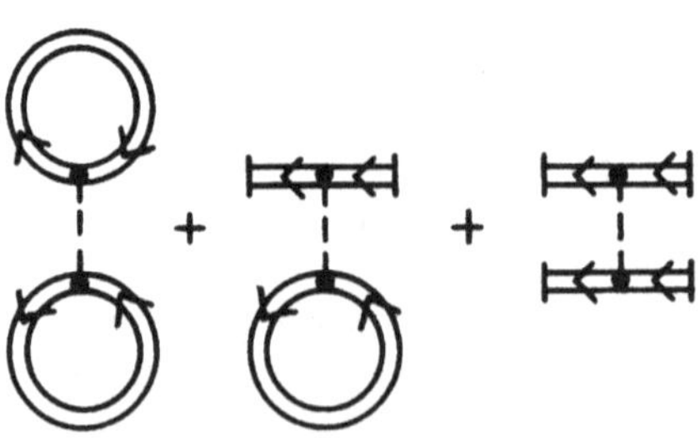 (55)

auch zur Berechnung von φ gemäß Gl. (43), so besitzt der damit gewonnene Ausdruck nicht die allgemeinen Stationaritätseigenschaften. Denn durch Aufschneiden der Teilchenlinien in Gl. (55) erhält man nicht alle in Gl. (53) berücksichtigten Graphen. Vermutlich als Folge dieser Inkonsistenz ergibt Gl. (49) ein Resultat, das mit der von *Bogoljubov* angegebenen Energiedichte nicht übereinstimmt[5]).

4. Thermodynamischer Grenzfall erforderlich

Die Fassung der Methode des Quasierwartungswertes, die in den vorangehenden Abschnitten vorgetragen wurde, beruht im wesentlichen auf einem Aufsummieren von Bauelementen der Skelettgraphen. Die ursprünglich mit einfacher Linie gezeichneten ξ_0-Stummel spielen schließlich nur noch die Rolle eines mathematischen Kondensationskeimes. Es ist aber zunächst nicht zu erkennen, daß auch der thermodynamische Grenzübergang ($\Omega \to \infty$ für n = const.) gemacht werden muß, obwohl von der Fockdarstellung verschiedene Darstellungen der kanonischen Vertauschungsrelationen nur in diesem Grenzfall erwartet werden können.

Um die Notwendigkeit des thermodynamischen Grenzüberganges einzusehen, bemerken wir zunächst, daß der Nenner der Propagatoren in Gl. (24) für $\boldsymbol{p} = 0$ und $z = 0$ wegen der Kondensationsbedingung in der Form (26) verschwindet. Wenn man also in sinngemäßer Übertragung der Gln. (37) und (36) die mittlere Teilchenzahl N in einem endlichen Volumen Ω berechnet, so erhält man aus

$$N = \frac{1}{\beta} \sum_z \exp(iz\epsilon) \sum_{\boldsymbol{p}} G(\boldsymbol{p}, iz) + n^{(0)} \Omega \tag{56}$$

hierfür einen unendlichen Wert. Für endliche Teilchenzahl und endliches Volumen kann der Grenzübergang $\xi_0 \to 0$ daher nicht gemacht werden. Diese Schlußweise ist zunächst nur richtig für periodische Randbedingungen an der Oberfläche eines Quaders mit Volumen Ω. Wir erwarten aber, daß sich dasselbe Resultat auch bei anderen Randbedingungen, für die die Rechnung modifiziert werden müßte, ergeben würde.

Verwendet man nicht die Methode des Quasierwartungswertes, sondern ersetzt, ebenfalls mit *Bogoljubov* [10], die Erzeugungs- und Vernichtungsoperatoren für Impuls Null durch c-Zahlen [vgl. den Absatz nach Gl. (25)], so enthält die Summe in Gl. (56) keinen Term mit $\boldsymbol{p} = 0$ und daher auch keinen divergenten Beitrag. Man würde aber offenbar diese Methode, bei der der Hamiltonoperator wesentlich abgeändert wird, überfordern, wenn man jetzt schließen würde, daß Quantenkondensation doch in endlichem Volumen auftreten kann.

Im unendlichen Volumen ist nicht die Teilchenzahl, sondern die Teilchendichte von Interesse. Wünscht man diese zu berechnen, so ist die $\boldsymbol{p}$-Summe in Gl. (56) nach Division durch Ω durch ein Integral zu ersetzen. Man erkennt leicht, daß $G(\boldsymbol{p}, 0)$

---

5) Nach Abschluß des Manuskripts stellte sich heraus, daß *Bogolijubovs* Ausdruck für die Energiedichte im Rahmen der Näherung korrekter ist als der aus Gl. (49) unmittelbar folgende. *Bogolijubovs* Ausdruck kann aber durch gewisse Manipulationen ebenfalls aus Gl. (49) gewonnen werden [13].

für kleine $|\boldsymbol{p}| = p$ wie p^{-2} geht. Bei der Integration über den dreidimensionalen Impulsraum ist diese Singularität aber ungefährlich. Anders ist es bei kleinerer Dimensionszahl, bei der deshalb keine Quantenkondensation im strengen Sinne auftreten kann.

Dieser Zusammenhang zwischen der Quantenkondensation des Bosonengases und der Dimensionszahl wurde zuerst von *Hohenberg* [15] erörtert. Er beweist die Singularität in der Impulsverteilung, indem er eine von *Bogoljubov* [3] stammende Ungleichung verwendet. Die eben dargelegten Überlegungen werden hierdurch aber nur unwesentlich verschärft.

Den Herren *W. Moormann* und *K. D. Usadel* danke ich für den Hinweis auf verschiedene Literaturstellen; Herrn *H. J. Sommers* verdanke ich den Beweis eines Satzes, der im Zusammenhang mit den Gln. (43) und (51) verwendet wurde.

Anhang: Beweis von Gl. (41)

Durch Kombination der Gln. (36) und (39) folgt zunächst

$$\frac{\partial(\varphi-\psi)}{\partial\mu} = \frac{\partial\varphi_0}{\partial\mu} - \frac{1}{\beta}\sum_z \exp(\mathrm{i}z\epsilon)\frac{1}{(2\pi)^3}\int \mathrm{d}^3\boldsymbol{p}\Big[G(\boldsymbol{p},\mathrm{i}z) - G_0(\boldsymbol{p},\mathrm{i}z) +$$

$$+\frac{\partial G(\boldsymbol{p},\mathrm{i}z)}{\partial\mu}\Sigma(\boldsymbol{p},\mathrm{i}z) + \frac{1}{2}\frac{\partial F(\boldsymbol{p},\mathrm{i}z)}{\partial\mu}\Delta(\boldsymbol{p},\mathrm{i}z) +$$

$$+\frac{1}{2}\frac{\partial F^*(\boldsymbol{p},\mathrm{i}z)}{\partial\mu}\Delta^*(\boldsymbol{p},\mathrm{i}z)\Big] - \frac{\partial(n^{(0)}\mu)}{\partial\mu}. \tag{A.1}$$

Es ist unser Ziel, auch das Integral auf der rechten Seite in eine Ableitung nach μ zu verwandeln. In den Termen ohne Ableitung ergänzt man hierfür den Faktor

$$1 = -\frac{\partial}{\partial\mu}\frac{1}{G_0(\boldsymbol{p},\mathrm{i}z)}. \tag{A.2}$$

Indem man die erste Gl. (23) nach $\Sigma(\boldsymbol{p},\mathrm{i}z)$ auflöst, erhält man weiter

$$\Sigma(\boldsymbol{p},\mathrm{i}z) = \frac{1}{G(\boldsymbol{p},\mathrm{i}z)} - \frac{1}{G_0(\boldsymbol{p},\mathrm{i}z)} - \frac{F(\boldsymbol{p},\mathrm{i}z)\,\Delta(\boldsymbol{p},\mathrm{i}z)}{G(\boldsymbol{p},\mathrm{i}z)}. \tag{A.3}$$

Ferner kann man aus der ersten Gl. (23) und dem Komplex-Konjugierten der zweiten Gleichung $\Delta(\boldsymbol{p},\mathrm{i}z)$ gewinnen:

$$\Delta(\boldsymbol{p},\mathrm{i}z) = -\frac{F^*(\boldsymbol{p},\mathrm{i}z)}{|G(\boldsymbol{p},\mathrm{i}z)|^2 - |F(\boldsymbol{p},\mathrm{i}z)|^2}. \tag{A.4}$$

Mit den beiden letzten Gleichungen wird

$$\frac{\partial G(\boldsymbol{p},\mathrm{i}z)}{\partial\mu}\Sigma(\boldsymbol{p},\mathrm{i}z) = \frac{\partial G(\boldsymbol{p},\mathrm{i}z)}{\partial\mu}\left[\frac{1}{G(\boldsymbol{p},\mathrm{i}z)} - \frac{1}{G_0(\boldsymbol{p},\mathrm{i}z)}\right] +$$

$$+\frac{\partial G(\boldsymbol{p},\mathrm{i}z)}{\partial\mu}\frac{1}{G(\boldsymbol{p},\mathrm{i}z)}\frac{|F(\boldsymbol{p},\mathrm{i}z)|^2}{|G(\boldsymbol{p},\mathrm{i}z)|^2 - |F(\boldsymbol{p},\mathrm{i}z)|^2}. \tag{A.5}$$

Aus dem Verhalten der Propagatoren für große $|\omega|$, das in Gl. (43) angegeben wurde, schließt man, daß die z-Summation über den zweiten Summanden der rechten Seite von Gl. (A.5) auch ohne den oszillierenden Exponentialfaktor ausgeführt werden kann. Man darf daher im zweiten Summanden unter Beachtung von Gl. (40), das Argument z durch $-z$ ersetzen. Wir machen diese Ersetzung nur für die Hälfte des zweiten Summanden und erhalten

$$\begin{aligned}\frac{\partial G(\boldsymbol{p}, \mathrm{i}z)}{\partial \mu}\,\Sigma(\boldsymbol{p}, \mathrm{i}z) &\doteq -\frac{\partial G(\boldsymbol{p}, \mathrm{i}z)}{\partial \mu}\,\frac{1}{G_0(\boldsymbol{p}, \mathrm{i}z)} + \\ &+ \frac{1}{2}\left(\frac{\partial G(\boldsymbol{p}, \mathrm{i}z)}{\partial \mu}\,\frac{1}{G(\boldsymbol{p}, \mathrm{i}z)} - \frac{\partial G^*(\boldsymbol{p}, \mathrm{i}z)}{\partial \mu}\,\frac{1}{G^*(\boldsymbol{p}, \mathrm{i}z)}\right) + \\ &+ \frac{1}{2(|G(\boldsymbol{p}, \mathrm{i}z)|^2 - |F(\boldsymbol{p}, \mathrm{i}z)|^2)}\left(\frac{\partial G(\boldsymbol{p}, \mathrm{i}z)}{\partial \mu}\,\frac{1}{G(\boldsymbol{p}, \mathrm{i}z)} + \right. \\ &\left. + \frac{\partial G^*(\boldsymbol{p}, \mathrm{i}z)}{\partial \mu}\,\frac{1}{G^*(\boldsymbol{p}, \mathrm{i}z)}\right). \end{aligned} \tag{A.6}$$

Das Gleichheitszeichen mit dem Punkt soll daran erinnern, daß diese Beziehung erst nach Ausführung der z-Summation richtig ist.

Verwendet man schließlich in dem Rest von Gl. (A.1) die Gl. (A.4), so erhält man leicht Gl. (41).

Literatur

[1] *A. Z. Patashinskii* und *V. L. Pokrowskii:* Zh. Eksperim. Teor. Fiz. (USSR) **46,** 994 (1963); engl. Übers. Soviet Phys. JETP **19,** 677 (1964).

[2] *N. N. Bogolubov:* Physica **26,** S1 (1960).

[3] *N. N. Bogoljubov:* Dubna-Report 1962; dtsch. Übers. Phys. Abh. S.U. **6,** 1, 113, 229 (1962).

[4] *P. C. Hohenberg* and *P. C. Martin:* Ann. Physics **34,** 291 (1965).

[5] *P. Weiss:* J. physique (4) **6,** 661 (1907).

[6] *C. N. Yang:* Phys. Rev. **85,** 808 (1951).

[7] *H. Araki* and *E. J. Woods:* J. Math. Phys. **4,** 637 (1963).

[8] *S. T. Beliaev:* Zh. Eksperim. Teor. Fiz. (USSR) **34,** 417 (1958); engl. Übers. Soviet Phys. JETP **7,** 313 (1958).

[9] *N. M. Hugenholtz* and *D. Pines:* Phys. Rev. **116,** 489 (1959).

[10] *N. Bogolubov:* J. Phys. (USSR) **11,** 23 (1947).

[11] *A. A. Abrikosov, L. P. Gorkov* and *I. E. Dzyaloshinski:* Methods of Quantum Field Theory in Statistical Physics (aus dem Russischen übersetzt), Prentice Hall Inc., Englewood Cliffs, N.J., 1963.

[12] *J. M. Luttinger* and *J. C. Ward:* Phys. Rev. **118,** 1417 (1960).

[13] *H. J. Sommers:* Pers. Mitteilung.

[14] *C. de Dominicis:* J. Math. Phys. **4,** 255 (1963).

[15] *P. C. Hohenberg:* Phys. Rev. **158,** 383 (1966).

Thermodynamic Instability of a System of Gravitating Fermions

P. Hertel and W. Thirring

Abstract

We discuss the temperature-dependent Thomas-Fermi equation for a system of many fermions with gravitational interaction. According to a previous investigation this equation becomes exact in a suitable thermodynamic limit. For fixed number of particles and large enough confining volume the total energy, as a function of temperature, jumps by a finite amount at a certain transition temperature. This corresponds to a transition between a nearly homogeneous phase of medium mass density and a phase with a high density core surrounded by an atmosphere of low density. In the microcanonical ensemble the thermodynamic instability is due to negative heat capacity.

1. Introduction

Gravitational forces are of long range and always attractive. Although negligible if only a few elementary particles are involved they will compete with electromagnetic and even strong interactions if aggregates of $\sim 10^{57}$ nucleons, such as stars, are under discussion. During the first $\sim 10^{10}$ years of a star's life thermonuclear reactions prevent it from radiating its gravitational energy and thereby collapsing. Later the Fermi pressure can guarantee a stable state. If the mass – and consequently the tendency to collapse – is small enough the pressure of the not too relativistic electrons is sufficient (white dwarfs). If the electrons become highly relativistic their pressure is insufficient; they will eventually be squeezed into the protons. Then it is the pressure of the neutrons which may halt the collapse (neutron stars). If the mass is too large even that does not work and the star will disappear in the black hole dug by its own gravitation.

We shall demonstrate in this paper that under certain conditions the balance between gravitational pull and fermion pressure is indeed thermodynamically unstable. More precisely, we study the equilibrium thermodynamics of a system of N identical fermions with gravitational interaction. We shall treat the fermions as well as gravitation nonrelativistically. It is found that such a system exhibits a phase transition: if the remaining parameters are suitably chosen and kept fixed, the total energy as a function of temperature has a discontinuity.

A rather simple argument shows that such a behavior is to be expected: Assume that N neutrons are homogeneously distributed within a spherical volume $V = 4\pi R^3/3$. The potential energy is [1]

$$E_P = -\frac{3N^2}{5R} \tag{1.1}$$

As kinetic energy we choose the expression for noninteracting fermions:

$$E_K = 2V \int \frac{d^3p}{(2\pi)^3} \frac{p^2}{2} \frac{1}{1 + e^{\frac{1}{2}\beta p^2 + \alpha}} , \tag{1.2}$$

where α has to be determined from

$$N = 2V \int \frac{d^3p}{(2\pi)^3} \frac{1}{1 + e^{\frac{1}{2}\beta p^2 + \alpha}} . \tag{1.3}$$

The virial theorem (see section 2) tells us that the pressure P is given by

$$3PV = 2E_K + E_P , \tag{1.4}$$

which has a positive and a negative contribution. In Fig. 1 the kinetic energy is plotted as a function of R^{-1} for various temperatures β^{-1}. The straight line is $-\frac{1}{2}E_P$ so that the difference between the curves and the straight line is $3\,PV/2$. We see that for temperatures below a certain critical value the above simple reasoning would lead to a negative pressure in a region $R_1 < R < R_2$. This will be avoided by a strongly inhomogeneous mass distribution in the critical region. Thus, if R is very large, the effect of gravity is small and we find a nearly homogeneous distribution of matter. Keeping the temperature fixed and compressing the system will result in a more and more inhomogeneous mass distribution. At smaller R we shall find an inner core of high and rather homogeneous density and an atmosphere of low density which contributes little to E_K and E_P. The essential finding of this paper is: the transition between the large and small R cases is discontinuous. At very small R the zero point motion dominates again and the distribution of particles within the volume becomes homogeneous.

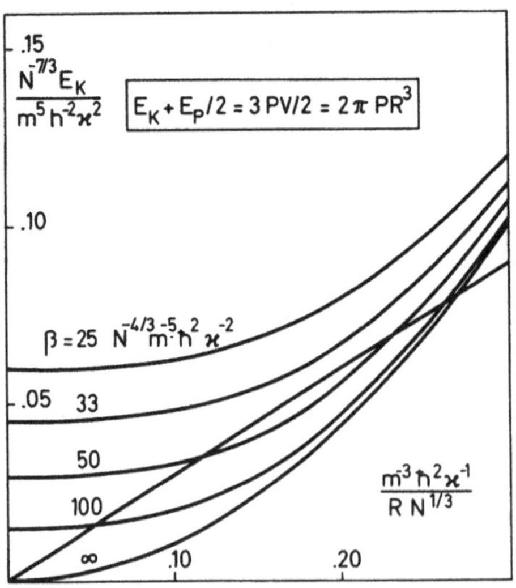

Fig. 1

Kinetic energy of homogeneously distributed noninteracting fermions vs. inverse radius for various temperatures. The straight line is $\frac{1}{2}$ of the potential energy

Our results are, of course, limited to nonrelativistic kinematics where a complete collapse for masses beyond Chandrasekhar's limit does not occur.

In section 2 we state the result of a previous investigation where the asymptotic equality of the free energy and the effective field approximation thereof was proven. Although this required considerable analytical effort the result is rather plausible in view of the long range of the gravitational potential [6]. The temperature-dependent Thomas-Fermi equation results and a few consequences are discussed. These include the virial theorem as well as the equation for hydrostatic equilibrium. We discuss the computer solution of the Thomas-Fermi equation in section 3. It is explained how the phase transition comes about.

In the Appendix we supplement our previous investigation: it is shown that approximating the r^{-1}-potential and solving the Thomas-Fermi equation are interchangeable operations.

2. The Thomas-Fermi Equation

We consider a system of N fermions interacting with their gravitational forces only and being enclosed within a spherical volume $V = 4\pi R^3/3$. The free energy of this system is defined by

$$e^{-\beta F(N,\beta V)} = \text{Trace}_{\mathcal{H}(N,V)}\, e^{-\beta H(N)}. \tag{2.1}$$

Here $\mathcal{H}(N, V)$ is the Hilbert space of square-integrable complex wave functions $\psi(\vec{x}_1, \vec{x}_2, \dots, \vec{x}_N)$ which are antisymmetric in all N arguments and vanish if one $\vec{x}_j$ is outside V. $H(N)$ is the Hamiltonian of the system [1]:

$$H(N) = \frac{1}{2}\sum_{i=1}^{N}\Big\{\vec{p}_i^{\,2} - \sum_{\substack{j=1\\ j\neq i}}^{N} |\vec{x}_i - \vec{x}_j|^{-1}\Big\} \tag{2.2}$$

In [2] and in the Appendix to this paper we have rigorously proved the following statement:

$$\lim_{\lambda\to\infty} \lambda^{-\frac{7}{3}} F(\lambda N, \lambda^{-\frac{4}{3}}\beta, \lambda^{-1} V) = F_U(N, \beta, V), \tag{2.3}$$

where $U(r)$ is that potential which corresponds to the smallest stationary point of [3]

$$U \to F_U(N, \beta, V) = -\frac{N\alpha_U}{\beta} - \frac{1}{2}\int_0^R dr\, 4\pi r^2 \rho_U(r)\, U(r) - \frac{2}{\beta}\int_0^R dr\, 4\pi r^2 \int_0^\infty \frac{d\epsilon\sqrt{\epsilon}}{\sqrt{2}\,\pi^2} \log\left(1 + e^{-\beta(\epsilon + U(r)) - \alpha_U}\right). \tag{2.4}$$

Here ρ_U is the mass distribution which generates U:

$$U(r) = -\int\limits_{|\vec{x}'|\leq R} d^3x' \, |\vec{x}-\vec{x}'|^{-1}\rho(r') \qquad (r=|\vec{x}|,\, r'=|\vec{x}'|)$$

$$= -\int_0^R dr' 4\pi r'^2 \rho(r')\left\{\frac{\Theta(r-r')}{r}+\frac{\Theta(r'-r)}{r'}\right\} \tag{2.5}$$

and α_U is the (unique) solution of

$$N = 2\int_0^R dr\, 4\pi r^2 \int_0^\infty \frac{d\epsilon\sqrt{\epsilon}}{\sqrt{2}\,\pi^2}\, \frac{1}{1+e^{\beta(\epsilon+U(r))+\alpha_U}}\,. \tag{2.6}$$

We have to take spherically symmetric mass distributions and potentials since we started with spherically symmetric boundary conditions from the outset. The particular limit in eq. (2.3) means that we consider a sequence of systems with an increasing number of particles, at increasing temperature, becoming more and more compressed. Thereby the free energy increases with N like $N^{7/3}$. This behavior is to be expected since, according to an investigation by *Levy-Leblond* [4], the ground state energy of the Hamiltonian (2.2) for large N also decreases like $-N^{7/3}$ [5]. Although the free energy per particle has no limit ($N\to\infty$) the entropy per particle has since $\beta \sim N^{-4/3}$. Moreover, the thermodynamic limit as defined by eq. (2.3) coincides with the usual limit if no interaction is taken into account, i.e. for an ideal gas (IG), since

$$\lambda^{-\frac{7}{3}} F_{IG}(\lambda N, \lambda^{-\frac{4}{3}}\beta, \lambda^{-1} V) = \lambda^{-1} F_{IG}(\lambda N, \beta, \lambda V)\,. \tag{2.7}$$

This statement is a simple consequence of the fact that $x \to \lambda^{2/3}x, p \to \lambda^{-2/3}p$ is a canonical transformation and that the Hamiltonian is quadratic in the momenta.

If N is very large (e.g., $\sim 10^{57}$ for a neutron star), $N^{4/3}\beta/m^{-5}\hbar^2\kappa^{-2}$ as well as $N^{1/3}R/m^{-3}\hbar^2\kappa^{-1}$ of order unity the limit in (2.3) is practically reached for $\lambda \approx 1$ so that then the right-hand side of (2.3) is the desired free energy.

Let us now derive the condition for the potential so that F_U is stationary. F_U is differentiable with respect to U, we have

$$\delta F_U(N,\beta,V) = -\frac{N\delta\alpha}{\beta} - \int_0^R dr\, 4\pi r^2 \rho(r)\,\delta U(r)$$
$$+\frac{2}{\beta}\int_0^R dr 4\pi r^2 \int_0^\infty \frac{d\epsilon\sqrt{\epsilon}}{\sqrt{2}\,\pi^2}\, \frac{\beta\delta U(r)+\delta\alpha}{1+e^{\beta(\epsilon+U(r))+\alpha_U}}\,. \tag{2.8}$$

In virtue of eq. (2.6) the contributions from $\delta\alpha$ cancel. Therefore, $U \to F_U$ is stationary for a potential that satisfies

$$U(r) = \int_0^R dr' 4\pi r'^2 \left\{ \frac{\Theta(r'-r)}{r'} + \frac{\Theta(r-r')}{r} \right\} 2 \int_0^\infty \frac{d\epsilon \sqrt{\epsilon}}{\sqrt{2}\pi^2} \frac{1}{1 + e^{\beta(\epsilon + U(r')) + \alpha_U}} , \tag{2.9}$$

where α_U is defined by (2.6).

Eq. (2.9) is the temperature-dependent Thomas-Fermi equation: the potential is generated by a Fermi distribution of particles in which the local energy is the sum of kinetic energy ϵ and potential energy $U(r)$. This allows to determine $U(r)$ and $\rho(r)$ self-consistently.

If, for given N, β, and R, one finds more than one solution of the Thomas-Fermi equation (2.9) the analysis in [2] shows that one has to choose that for which F_U is smallest. This situation actually occurs for a suitable choice of N, β, and R and gives rise to a phase transition. However, before discussing in section 3 the numerical solution of the self-consistency equation (2.9) let us derive a few formulae which are a direct consequence of fact that F_U is stationary at U.

The chemical potential of our system is

$$\mu = \frac{\partial}{\partial N} F_U(N, \beta, V) = -\frac{\alpha_U}{\beta} . \tag{2.10}$$

For calculating the derivative of the free energy with respect to N (or β, or V) an implicit dependence via U of it plays no rôle because the potential U corresponds to a stationary point.

The total energy is

$$E = \frac{\partial}{\partial\beta} \beta F_U(N, \beta, V)$$

$$= \int_0^R dr\, 4\pi r^2\, 2 \int_0^\infty \frac{d\epsilon \sqrt{\epsilon}}{\sqrt{2}\pi^2} \frac{\epsilon + \frac{1}{2} U(r)}{1 + e^{\beta(\epsilon + U(r)) + \alpha_U}} , \tag{2.11}$$

i.e. the sum of kinetic energy

$$E_K = \int_0^R dr\, 4\pi r^2\, 2 \int_0^\infty \frac{d\epsilon \sqrt{\epsilon}}{\sqrt{2}\pi^2} \frac{\epsilon}{1 + e^{\beta(\epsilon + U(r)) + \alpha_U}} \tag{2.12}$$

and potential energy

$$E_P = \frac{1}{2} \int_0^\infty dr\, 4\pi r^2\, \rho(r)\, U(r) , \tag{2.13}$$

as it should be.

The thermodynamically defined pressure P of the system,

$$P = -\frac{\partial}{\partial V} F_U(N, \beta, V),$$

is most conveniently calculated in the following way:

One can easily verify the law of corresponding states:

$$F_U(N, \beta, V) = \lambda^{-\frac{7}{3}} F_{U_\lambda}(\lambda N, \lambda^{-\frac{4}{3}}\beta, \lambda^{-1} V), \tag{2.14}$$

where $\lambda^{-4/3} U_\lambda(\lambda^{-1/3} r) = U(r)$.
Differentiating (2.14) with respect to λ and taking $\lambda = 1$ gives

$$0 = -\frac{7}{3} F_U(N, \beta, V) + \mu N - \frac{4}{3}(E - F_U) + PV. \tag{2.15}$$

Since we can rewrite (2.4) by partial integration,

$$F_U = -N\alpha_U \beta^{-1} - \frac{2}{3} E_K - E_P, \tag{2.16}$$

wo obtain

$$3PV = 2E_K + E_P, \tag{2.17}$$

which is the virial theorem for gravitational or Coulomb interaction. Of course, this result can also be derived for finite N from (2.1) by studying a suitable scale transformation.

With

$$\epsilon_K(r) = 2\int_0^\infty \frac{d\epsilon\sqrt{\epsilon}}{\sqrt{2}\,\pi^2} \frac{\epsilon}{1 + e^{\beta(\epsilon + U(r)) + \alpha_U}} \tag{2.18}$$

as density of kinetic energy one derives

$$\frac{d}{dr}\left(\frac{2}{3}\epsilon_K(r)\right) = -\rho(r)\frac{dU(r)}{dr} = -\frac{\rho(r)M(r)}{r^2}, \tag{2.19}$$

where

$$M(r) = \int_0^r dr' \, 4\pi r'^2 \rho(r') \tag{2.20}$$

is the mass contained within a sphere of radius r.
(2.19) is the equation for hydrostatic equilibrium since $2\,\epsilon_K(r)/3$ is the local pressure. If $\rho(r)$ is given at a certain point one can determine $U(r) + \alpha_U$ from it and then calculate the local pressure. Hence the equation of state by which the equation for hydrostatic equilibrium has to be supplemented is given by the well known dependence of the pressure

of noninteracting fermions on β and the density. Both equations together are clearly equivalent to the Thomas-Fermi equation [6].

By integrating (2.19):

$$\frac{4\pi}{3}\int_0^R \mathrm{d}r\, r^3 \frac{\mathrm{d}}{\mathrm{d}r}\frac{2}{3}\epsilon_K(r) = V\frac{2}{3}\epsilon_K(R) - \frac{2}{3}E_K$$

$$= -\frac{1}{3}\int_0^R \mathrm{d}r\, 4\pi r\ \rho(r)\int_0^R \mathrm{d}r'\, 4\pi r'^2\rho(r')\,\Theta(r-r') \tag{2.21}$$

$$= \frac{1}{3}\left\{-\frac{1}{2}\int_0^R \mathrm{d}r\, 4\pi r^2\rho(r)\int_0^R \mathrm{d}r'\, 4\pi r'^2\rho(r')\left\{\frac{\Theta(r-r')}{r} + \frac{\Theta(r'-r)}{r'}\right\} = \frac{1}{3}E_P\right.$$

and comparing with (2.17) one sees that the thermodynamically defined pressure of the system is equal to the hydrostatic pressure at the surface,

$$P = \frac{2}{3}\epsilon_K(R)\ , \tag{2.22}$$

which is a satisfactory result.

3. Numerical Solution of the Thomas-Fermi Equation

Let us define

$$\xi^{-1}W(\xi) = \beta U(\beta^{\frac{1}{4}}\xi) + \alpha_U\,. \tag{3.1}$$

From (A.14) and (2.9) we see that $U(r)$ is bounded and consequently twice differentiable so that the Thomas-Fermi equation is equivalent to

$$W''(\xi) = \frac{\sqrt{32}}{\pi}\,\xi\int_0^\infty \mathrm{d}\eta\,\sqrt{\eta}\,\frac{1}{1+e^{\eta + W(\xi)/\xi}} \tag{3.2}$$

and

$$\lim_{\xi\to 0}\xi^{-1}W(\xi) = \text{finite}\,, \tag{3.3}$$

which is one initial condition.

Although the right-hand side of (3.2), considered as a mapping

$$\xi, W \longrightarrow \frac{\sqrt{32}}{\pi}\,\xi\int_0^\infty \mathrm{d}\eta\,\sqrt{\eta}\,\frac{1}{1+e^{\eta + W/\xi}}\,,$$

has a singularity for $\xi = 0$ existence and uniqueness of a local solution satisfying (3.3) and $W'(0)$ fixed can be established by the usual methods. Since $W'' \geqslant 0$ we have $W(\xi) \geqslant W'(0) \cdot \xi$ and from this the estimate

$$W''(\xi) \leqslant \frac{\sqrt{32}}{\pi} \xi \int_0^\infty d\eta \sqrt{\eta}\ (1 + e^{\eta + W'(0)})^{-1} \leqslant c\,\xi .$$

Thus we find

$$W'(0)\,\xi \leqslant W(\xi) \leqslant W'(0)\,\xi + \frac{c}{6}\xi^3 ,$$

and no problem arises in continuing the solution from a neighborhood of $\xi = 0$ to the point ξ_1 determined from the normalization condition

$$N = \left(\frac{\xi_1}{R}\right)^3 \int_0^{\xi_1} d\xi\, \xi^2 \frac{\sqrt{32}}{\pi} \int_0^\infty d\eta \sqrt{\eta}\ \frac{1}{1 + e^{\eta + W(\xi)/\xi}} . \tag{3.4}$$

Since the right-hand side of (3.4) increases indefinitely with ξ_1 there is, for given $W'(0)$, exactly one solution ξ_1 and consequently exactly one $\beta = (R/\xi_1)^4$ to which the solution $W(\xi)$ belongs.

However, it turns out that for $RN^{1/3} \geqslant 12.8\, m^{-3}\, \hbar^2\, \kappa^{-1}$ the following phenomenon is encountered: β is not a monotonic function of $W'(0)$. Three different values $W'(0)$ with three different potentials and mass distributions correspond to the same set of parameters (N, β, V) [13]. According to what was stated in section 2 only that potential $U(r)$ with the smallest $F_U(N, \beta, V)$ corresponds to the thermodynamic equilibrium state; the remaining solutions are to be discarded.

In Fig. 2 the whole curve $W'(0) \longrightarrow \beta$, $W'(0) \longrightarrow -\beta F$ is plotted in parametric form for $N = 10^{57}$ neutrons, $R = 30$ and 100 km. The thin part of the $R = 100$ km curve corresponds to solutions of the Thomas-Fermi equation which are no equilibrium states because they do not correspond to (global) minima. Since the derivative of βF with respect to β is E we see that the total energy has a jump at the temperature where two of the three competing solutions give rise to the same minimal free energy. In this way we obtain the phase transition we spoke of in the introduction. For its occurence it is necessary and sufficient that $RN^{1/3}$ be larger than a critical value.

Figure 3 is a plot of the total energy as a function of β. It should be noted that the jump of the energy, for a system of 10^{57} neutrons (the sun consists of roughly as many nucleons), is comparable with the amount of energy a star like the sun can produce by fusion throughout its life. The free energy is a continuous function of β. Consequently, the transition temperature is such that the two shaded areas in the E vs. β plot are of equal size. This is an analogy of Maxwell's straight line construction in the theory of the van der Waals gas.

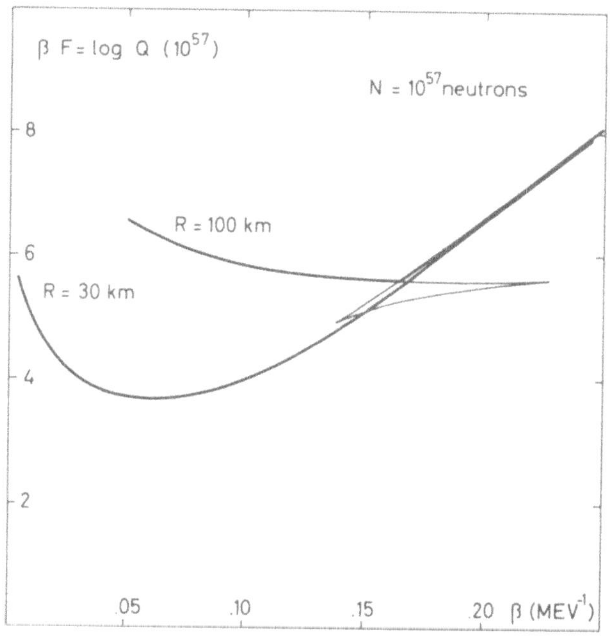

Fig. 2
Free Energy/temperature vs. inverse temperature

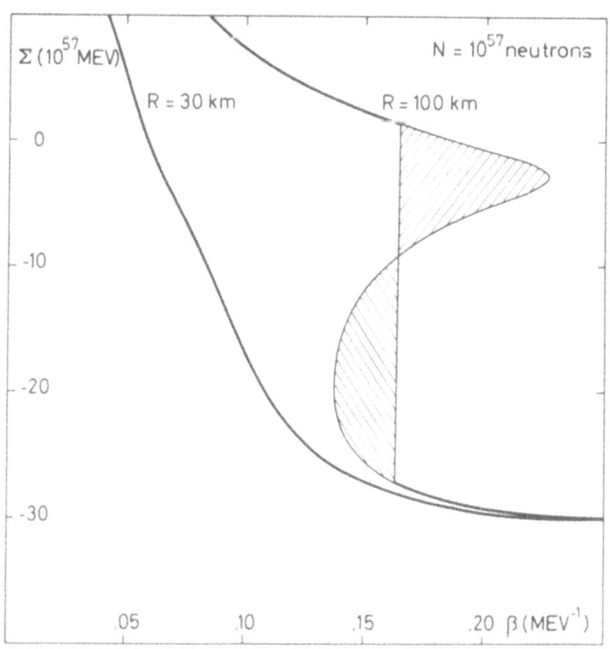

Fig. 3
Total energy vs. inverse temperature

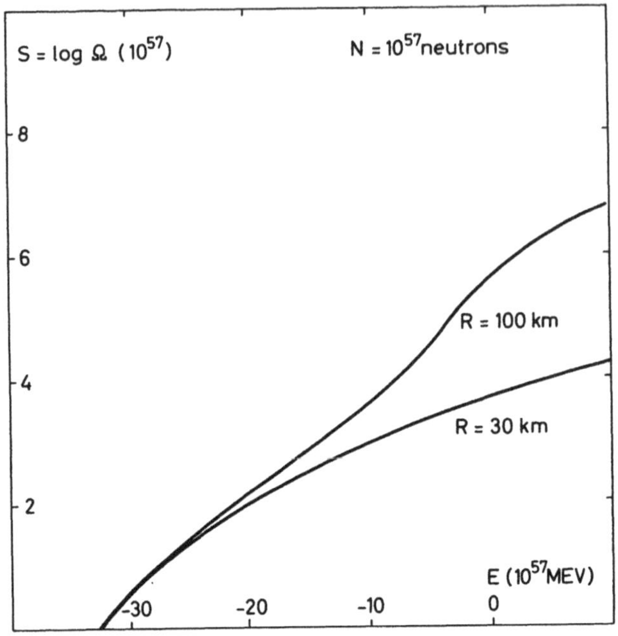

Fig. 4
Entropy vs. total energy

In Fig. 4 the entropy, as defined by $S = \beta(E - F)$, is plotted vs. E for 10^{57} neutrons and $R = 30$, 100 km. The $R = 100$ km curve has a piece of convex curvature which would mean that the heat capacity of the system is negative there. It agrees with previous studies [7] of long range attractive forces that the phase transition (as calculated in the canonical ensemble) is linked with negative heat capacity (as calculated in the microcanonical ensemble [8]). In the canonical ensemble positivity of heat capacity is insured by bridging the region of negative heat capacity which consists of the (canonically) nonequilibrium states.

Figure 5 contains mass distributions for various temperatures. It is only for zero temperature that mass density and pressure vanish identically from a certain radius ($r = 15.9$ km) on. One can clearly see how, by passing the transition temperature ($\beta = 0.165$ MEV^{-1}), the mass is reshuffled so that a large amount of gravitational energy is liberated. For temperatures below the transition temperature, the central density is more than 10^5 times larger than the density at the surface.

In Fig. 6 the degree of degeneracy is plotted:

$$\zeta(r) = \frac{3}{2}\frac{\rho(r)}{\beta\epsilon_K(r)} \qquad (3.5)$$

measures the deviation from total Fermi degeneracy ($\zeta = 0$) or to which degree matter obeys Boltzmann statistics ($\zeta = 1$). Fig. 7 is a pressure-volume plot. The dashed line corresponds to an ideal Boltzmann gas. Note that negative compressibility is avoided by the phase transition.

We would like to thank Prof. *J. H. D. Jensen* for fruitful discussions.

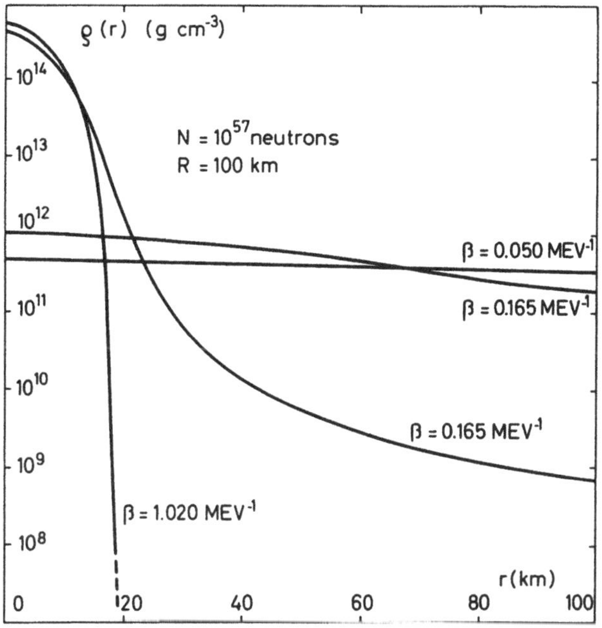

Fig. 5

Mass distribution vs. radial distance. The two curves for $\beta = 0.165\ \mathrm{MEV}^{-1}$ correspond to the limits from both sides to the transition temperature

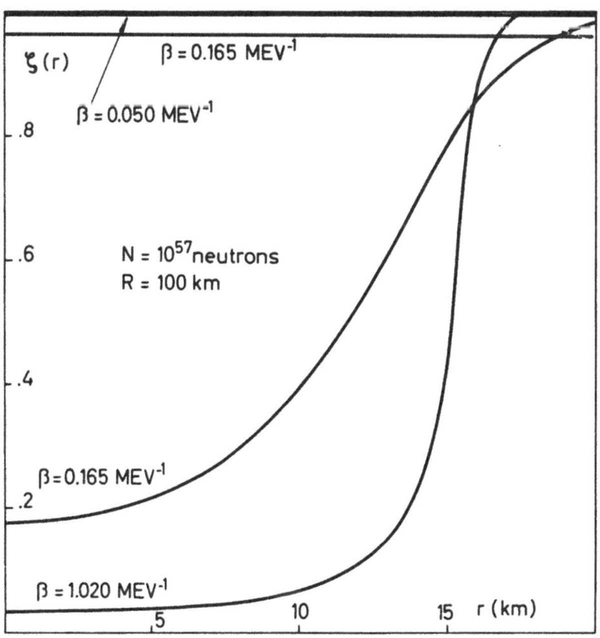

Fig. 6

Fermi degeneracy vs. radial distance

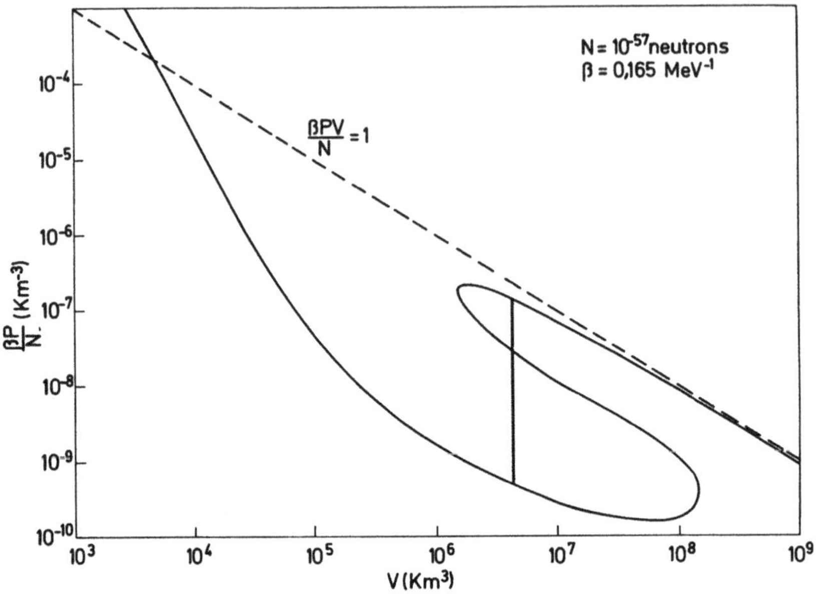

Fig. 7. Pressure vs. volume

Appendix

In ref. 2 we had to approximate the original Newton potential

$$v_N(\vec{x}, \vec{x}') = |\vec{x} - \vec{x}'|^{-1} \tag{A.1}$$

by a continuous potential

$$v_\mu(\vec{x}, \vec{x}') = \frac{1 - e^{-\mu|\vec{x} - \vec{x}'|}}{|\vec{x} - \vec{x}'|} \,. \tag{A.2}$$

v_μ: $S_1 \times S_1 \longrightarrow \mathbb{R}$ can be considered as the kernel of a positive integral operator and be diagonalized:

$$v_{\mu s}(\vec{x}, \vec{x}') = \sum_{a=1}^{s} \nu_a\, \varphi_a(\vec{x})\, \varphi_a(\vec{x}') \tag{A.3}$$

converges uniformly in $S_1 \times S_1$ toward v_μ if $s \longrightarrow \infty$ [9]. We shall always choose s such that $v_{\mu s}$ is invariant under rotations, such as is v_μ and v_N.

The relation between the mass distribution ρ and the potential U is now

$$U(x) = - \int_{S_1} d^3x'\, v_{\mu s}(\vec{x}, \vec{x}')\, \rho(x') \tag{A.4}$$

instead of (2.5). It is inessential (see eq. (2.4)) that this relation is not one-to-one. Only rotationally invariant mass distributions and potentials need be and are considered here.

The result of our previous investigation can be formulated as follows: i) For $\mu > 0$ and $s \in \mathbb{N}$, the problem of finding the lowest stationary point of $U \longrightarrow F_U$ (as defined by (2.4), (A.4), and (2.6)) has a solution which we shall call $U_{\mu s}$.

ii) $\lim\limits_{\lambda \to \infty} \lambda^{-7/3} F(\lambda N, \lambda^{-4/3}\beta, \lambda^{-1} V) = \lim\limits_{\mu \to \infty} \lim\limits_{s \to \infty} F_{U_{\mu s}}$, where $F(N, \beta, V)$ is defined by (2.1).

We shall now show that the main statement of section 2 follows from the foregoing.

The condition for $U \longrightarrow F_U$ being stationary is (1.23) of ref. 2, i.e.

$$U_{\mu s}(x) = -\int\limits_{S_1} d^3x' \, v_{\mu s}(\vec{x}, \vec{x}') \, 2 \int\limits_0^\infty \frac{d\epsilon \sqrt{\epsilon}}{\sqrt{2}\,\pi^2} \; \frac{1}{1 + e^{\beta(\epsilon + U_{\mu s}(x')) + \alpha_{\mu s}}} \tag{A.5}$$

A mass distribution which generates this potential according to (A.4) is

$$\rho_{\mu s}(x) = 2 \int\limits_0^\infty \frac{d\epsilon \sqrt{\epsilon}}{\sqrt{2}\,\pi^2} \; \frac{1}{1 + e^{\beta(\epsilon + U_{\mu s}(x)) + \alpha_{\mu s}}} \tag{A.6}$$

We have

$$\rho_{\mu s}(x) \geqslant 0 \quad \text{and} \quad \int\limits_{S_1} d^3x \, \rho_{\mu s}(x) = N. \tag{A.7}$$

Let η be an arbitrary positive number. Since $v_{\mu s}$ converges uniformly to v_μ, there exists $s_0(\mu) \in \mathbb{N}$ such that

$$| v_{\mu s}(\vec{x}, \vec{x}') - v_\mu(\vec{x}, \vec{x}') | \leqslant \eta \tag{A.8}$$

is valid for $\vec{x}, \vec{x}' \in S_1$, $\mu > 0$ and $s \geqslant s_0(\mu)$.

From (A.4), (A.7), and (A.8) we deduce

$$\begin{aligned} -\left(\frac{1}{x} + \eta\right) N &\leqslant -\int\limits_0^1 dx' \, 4\pi x'^2 \rho_{\mu s}(x') \left\{ \frac{\Theta(x - x')}{x} + \frac{\Theta(x' - x)}{x'} \right\} - N\eta \\ &\leqslant -\int\limits_{S_1} d^3x' \, \rho_{\mu s}(x') \, v_\mu(\vec{x}, \vec{x}') - N\eta \leqslant U_{\mu s}(x) \leqslant N\eta , \end{aligned} \tag{A.9}$$

for $\mu > 0$ and $s \geqslant s_0(\mu)$.

We define α_0 by solving

$$\int\limits_0^1 dx \, 4\pi x^2 \, 2 \int\limits_0^\infty \frac{d\epsilon \sqrt{\epsilon}}{\sqrt{2}\,\pi^2} \; \frac{1}{1 + e^{\beta(\epsilon + N\eta) + \alpha_0}} = N , \tag{A.10}$$

so that, as a consequence of (2.6), (A.6), (A.9), and (A.10) we obtain

$$\alpha_{\mu s} \geqslant \alpha_0 \qquad (s \geqslant s_0(\mu)) \tag{A.11}$$

as (μ, s)-independent bound.

Substituting (A.9) and (A.11) into (A.6) we find another bound

$$0 \leqslant \rho_{\mu s}(x) \leqslant 2 \int_0^\infty \frac{d\epsilon \sqrt{\epsilon}}{\sqrt{2}\,\pi^2} \frac{1}{1 + e^{\beta(\epsilon - x^{-1}N - N\eta) + \alpha_0}} = \rho_0(x). \tag{A.12}$$

$\rho_0(x)$ is continuous in (0, 1], and since $\lim_{x \to 0} x^{3/2} \rho_0(x)$ exists we deduce

$$0 \leqslant x^{\frac{3}{2}} \rho_{\mu s}(x) \leqslant c_0 \tag{A.13}$$

for $x \in [0, 1]$ and with (μ, s)-independent c_0 (if $s \geqslant s_0(\mu)$).

By inserting (A.13) into (A.4) one obtains

$$-N\eta - 8\pi c_0 \leqslant U_{\mu s}(x) \leqslant N\eta\,, \tag{A.14}$$

and from this result, (A.11), and (A.6)

$$c_1 \leqslant \rho_{\mu s}(x) \leqslant c_2 \tag{A.15}$$

with c_1 and c_2 also independent on μ and s (if $s \geqslant s_0(\mu)$).

The potentials $v_{\mu s}$: $S_1 \times S_1 \longrightarrow \mathbb{R}$ are continuous and converge with $s \to \infty$ toward v_μ in the supremum norm. According to Ascoli's theorem [10] the family $v_{\mu s}$ (μ fixed, $s \in \mathbb{N}$) is then equi- and uniformly continuous. Because of (A.15) the $U_{\mu s}$ are also equicontinuous. With (A.14) it follows, again according to Ascoli's theorem, that we can choose a uniformly converging sequence out of the family $U_{\mu s}$ (μ fixed) the limit of which we shall call U_μ. The corresponding sequence $\alpha_{\mu s}$ (cf. eq. (2.6)) converges as well to an α_μ.

To these converging sequences of potentials and α's corresponds a sequence of mass distributions which converges to a ρ_μ since (A.6) is a continuous mapping $C_{\mathbb{R}}(S_1) \to C_{\mathbb{R}}(S_1)$. The limiting functions satisfy the counterpart of (A.4), namely

$$U_\mu(x) = -\int d^3x'\, v_\mu(\vec{x}, \vec{x}')\, \rho_\mu(x')\,. \tag{A.16}$$

If the family $U_{\mu s}$ has more than one accumulation point it is irrelevant, for the purpose of calculating the free energy, which we choose. They will give rise to the same free energy since $F_{U_{\mu s}}$ decreases with increasing s [11].

That $\lim_{s \to \infty} F_{U_{\mu s}}$ is equal to $F_{\lim_{s \to \infty} U_{\mu s}}$ follows from the fact that the convergence of the potentials is uniform and S_1 is compact.

Because the limit ρ_μ also satisfies (A.15) we deduce

$$\begin{aligned} |\vec{\nabla} U_\mu(x)| &\leqslant c_2 \int_{S_1} d^3x' \frac{1 - (1 + \mu|\vec{x} - \vec{x}'|)\, e^{-\mu|\vec{x} - \vec{x}'|}}{|\vec{x} - \vec{x}'|^2} \\ &\leqslant c_2 \int_{S_2} \frac{d^3z}{z^2} \leqslant 8\pi c_2\,, \end{aligned} \tag{A.17}$$

i.e. the U_μ are equicontinuous. Together with (A.14) this implies (using again Ascoli's theorem) that the family of potentials U_μ has an accumulation point which we shall call U [12]. Likewise, an accumulation point ρ exists such that U is the potential generated by ρ as defined with (2.5). By the same reasoning as for $s \to \infty$ we arrive at the following conclusion:

$$\lim_{\mu \to \infty} \lim_{s \to \infty} F_{U_{\mu s}} = F_U , \tag{A.18}$$

where U satisfies (2.9) with α and ρ being defined by (2.5) and (2.6). If (2.9) allows many solutions only those for which F_U is smallest are to be taken into account since the remaining solutions cannot be accumulation points of $U_{\mu s}$.

References and Notes

[1] We choose units $\hbar = 1$, m = fermion mass = 1, and κ = gravitation constant = 1.

[2] *P. Hertel* and *W. Thirring*: preprint TH 1330 CERN (1971).

[3] The factor 2 in front of the last term of equation (2.4) and in front of the right-hand side of (2.6) takes into account that we shall deal with fermions of spin = $\frac{1}{2}$, e.g. neutrons.

[4] *J.-M. Levy-Leblond*: J. Math. Phys. 10, 806 (1969).

[5] This can be understood from the uncertainty principle: one has $\Delta p \cdot (R^3/N)^{1/3} \sim 1$, hence $E \sim N(N^{2/3}/R^2) - N^2/R$ which assumes a minimum $E_0 \sim N^{7/3}$ for $R \sim N^{-1/3}$.

[6] Cf. *V. F. Weisskopf*'s lecture given at Erice-Summer-School, 1969.

[7] *W. Thirring*: Z. Physik 235, 339 (1970);
P. Hertel and *W. Thirring*: Annals of Physics 63, 520 (1971); see also,
D. Lynden-Bell: Brandeis lectures, 1969.

[8] Although we did not demonstrate that the Thomas-Fermi equation becomes exact in the microcanonical ensemble as well we have no reason to doubt it.

[9] We assume $R = 1$ in the Appendix. This is no loss of generality because of (2.14). Thus the volume within which the particles are confined to move is the three-dimensional unit ball S_1.

[10] *J. Dieudonné*: Eléments d'analyse, Tom I, p. 143, Paris, Gauthier-Villars, 1969.

[11] It has been shown in ref. 2 that $F_{U_{\mu s}} = \inf_{K^s} F_U$ holds where F_U is calculated with v_μ and

$K^s = \left\{ U(x) = \sum_{a=1}^{s} U_a \varphi_a(\vec{x}),\ U_a \in \mathbb{R}^s \right\}$. For $s' \geqslant s$ we have $K^{s'} \supset K^s$ and consequently

$F_{U_{\mu s'}} \leqslant F_{U_{\mu s}}$.

[12] Again F_U is the same for possibly different accumulation points since

$$\frac{\partial}{\partial \mu} F_{U_\mu} = -\frac{1}{2} \int_{S_1} d^3x \int_{S_1} d^3x' \rho_\mu(x)\, e^{-\mu|\vec{x}-\vec{x}'|} \rho_\mu(x') \leqslant 0.$$

It turns out that at the phase transition point indeed two different solutions U with equal and minimal free energy exist.

[13] This cannot happen for a Thomas-Fermi atom (N electrons, $m_e = e = 1$, in the field of a nucleus of Charge Z). The electron-generated potential U obeys

$$\Delta U(r) = -4\pi \frac{\sqrt{2}}{\pi^2} \int_0^\infty d\epsilon \sqrt{\epsilon} \left[1 + e^{\beta(\epsilon + U(r) - Z/r) + \alpha}\right]^{-1}$$

with

$$\int_0^R dr\, 4\pi r^2 \frac{\sqrt{2}}{\pi^2} \int_0^\infty d\epsilon \sqrt{\epsilon} \left[1 + e^{\beta(\epsilon + U(r) - Z/r) + \alpha - 1}\right] = N .$$

Assume N, β, Z fixed and define

$$r^{-1}\, \Phi(r) = U(r) - \frac{\alpha}{\beta} .$$

We have to solve

$$\Phi''(r) = -\frac{\sqrt{32}}{\pi} r \int_0^\infty d\epsilon \sqrt{\epsilon} \left[1 + e^{\beta(\epsilon + \Phi(r)/r - Z/r)}\right]^{-1}$$

with $\Phi(0) = 0$.

Assume $\Phi_1'(0) > \Phi_2'(0)$. For sufficiently small r one has $\Phi_1(r) \geqslant \Phi_2(r)$ and $\Phi_1'(r) \geqslant \Phi_2'(r)$. Since the above equation for Φ'' implies that $\Phi''(r)$ increases (in the case of gravitational interaction: decreases) monotonically with $\Phi(r)$ we see that $\Phi_1(r) \geqslant \Phi_2(r)$ holds for all r. It follows from the normalization condition that, for given (N, Z, β, V), there is at most one solution of the Thomas-Fermi equation for an atom.

Zum Problem der ab-initio Berechnung der Boltzmannkonstante

H. Koppe und A. Huber

Theoretiker:

Übrigens, es scheint nicht allgemein bekannt zu sein, daß die Boltzmannkonstante keine fundamentale Naturkonstante ist, sondern sich aus anderweitig bekannten Konstanten berechnen läßt!

Experimentalphysiker:

So? Was kommt denn dabei heraus?

Th.: Leider besteht nicht die geringste Aussicht, die Berechnung tatsächlich durchzuführen.

E.: ?

Th.: Das liegt aber natürlich einfach an der absurden Weise, in der die Experimentalphysiker das Grad Kelvin definieren.

E.: ? ?

Dieses Gespräch fand vor einiger Zeit wirklich statt. Es ist der Zweck des vorliegenden Beitrags, die in dem Gespräch von Th. gemachten Aussagen zu präzisieren und zu erläutern.

Bekanntlich wird der Zahlenwert der Boltzmannkonstante k, den man in den Tabellen der Naturkonstanten findet, dadurch ermittelt, daß der gemessene Wert der Gaskonstante R durch den ebenfalls gemessenen Wert der Avogadroschen Zahl N_A dividiert wird; dabei wird das Ergebnis der statistischen Mechanik benutzt, daß $R = N_A \cdot k$ ist. Die Behauptung von Th. ist nun, daß man diesen Wert im Prinzip auch berechnen könne, und zwar auf Grund der statistischen Mechanik und der gewöhnlichen nichtrelativistischen Quantenmechanik, wobei man an Zahlenwerten nichts weiter zu kennen braucht als die Rydbergenergie, die Ladungszahlen einiger Atomkerne sowie die Verhältnisse ihrer Massen zur Elektronenmasse m_{el}, und schließlich diejenigen Zahlenangaben, die in der willkürlichen Definition der Einheit der absoluten Temperatur, des Kelvingrades, auftreten. Daß Th. faktisch resignieren muß, liegt daran, daß die Experimentalphysiker von der Willkür in der Festlegung der Temperaturskala in einer Weise Gebrauch gemacht haben, die den Theoretikern gegenüber extrem unfreundlich ist [1]).

Um die Behauptung von Th. zu verstehen, muß man sich als Erstes daran erinnern, daß in der Thermodynamik die Definition der absoluten Temperatur über den Wirkungsgrad einer idealen Carnotmaschine vorgenommen wird und daher zunächst nur das Verhältnis T_1/T_2 der absoluten Temperaturen zweier Wärmebäder liefert. Um zu einer

---

1) Auf die Frage, ob es sich dabei um ein archetypisches Aufbegehren des σαρξ gegen das πνευμα handelt, sei hier nicht weiter eingegangen.

Temperaturskala zu gelangen, muß man irgend einem Fixpunkt (d.h. einem bestimmten, experimentell gut reproduzierbaren thermischen Gleichgewicht) willkürlich einen bestimmten Zahlenwert als Temperaturwert zulegen. Die gegenwärtig gültige Definition[2]) besteht darin, daß man als Fixpunkt den Tripelpunkt des Wassers[3]) wählt und ihm den Temperaturwert 273.16 °K zuerteilt.

Auf der anderen Seite beruht die Deutung des Temperaturbegriffs durch die statistische Mechanik auf dem Boltzmannschen Prinzip, nach welchem es für jedes thermische Gleichgewicht eine Energie τ gibt mit der Eigenschaft, daß sich die Besetzungswahrscheinlichkeiten p_1, p_2 je zweier Zustände des Systems, die an dem Gleichgewicht teilhaben, wie

$$p_1 : p_2 = e^{-\frac{E_1}{\tau}} : e^{-\frac{E_2}{\tau}} \tag{1}$$

verhalten, wenn E_1 und E_2 die Energien der beiden Zustände sind. In der statistischen Mechanik wird dann weiter gezeigt, daß τ die Eigenschaften einer absoluten Temperatur besitzt und sich infolgedessen von der konventionellen absoluten Temperatur nur um einen universellen Faktor unterscheiden kann:

$$\tau = k \cdot T. \tag{2}$$

Diesen Faktor k nennt man die Boltzmannkonstante.

Die Boltzmannkonstante ist also einfach der Umrechnungsfaktor von der natürlichen Temperaturskala der statistischen Mechanik auf die konventionelle Kelvinskala. Um ihn experimentell zu bestimmen, muß man das Verhältnis der Besetzungswahrscheinlichkeiten zweier Zustände mit bekannter Energiedifferenz, die sich bei einer gegebenen Kelvintemperatur im Gleichgewicht befinden, messen und daraus den zugehörigen Wert von τ nach (1) berechnen. De facto tut man das auf eine etwas indirekte Weise, indem man zunächst aus (1) deduziert, daß die (Helmholtzsche) freie Energie eines Systems, das durch den Hamiltonoperator $\mathcal{H}$ beschrieben wird, durch

$$F = -\tau \log \operatorname{Spur} e^{-\frac{\mathcal{H}}{\tau}} \tag{3}$$

gegeben ist. Man berechnet dann nach (3) eine Eigenschaft irgend eines einfachen Systems, z.B. den Druck eines idealen Gases, und erhält daraus den zu einer bestimmten Kelvintemperatur gehörigen Wert von τ.

Nun könnte man auf Grund von Gl. (3) im Prinzip auch das Zustandsdiagramm des Wassers berechnen und würde auf diese Weise einen bestimmten Wert $\tau_{tr,\,H_2O}$ für den Parameter τ am Tripelpunkt des Wassers erhalten. Dann bedürfte es keiner Messung mehr, denn T_{tr,H_2O} ist per definitionem gleich 273.16 °K. Nach (2) ergäbe sich somit aus dem berechneten Wert von τ_{tr,H_2O} der berechnete Wert

$$k = \frac{\tau_{tr,\,H_2O}}{273.16\ °K} \tag{4}$$

2) Sie wurde auf der „Zehnten Allgemeinen Konferenz über Maße und Gewichte", die vom 5. bis 14. Oktober 1954 in Paris und Sèvres stattfand, beschlossen; vgl. den Bericht von *E. C. Crittenden*, Science **120**, 1007 (1954).

3) Genauer gesagt handelt es sich um denjenigen Tripelpunkt des Wassers, bei dem gewöhnliches Eis, flüssiges Wasser und Wasserdampf im Gleichgewicht stehen. Bei höheren Drucken existiert eine Reihe weiterer Eismodifikationen mit entsprechenden Phasenumwandlungskurven und Tripelpunkten; vgl. *P.W. Bridgman*, Proc. Amer. Acad. of Arts and Sciences **47**, 441 (1912).

der Boltzmannkonstante. Daß das alles im Irrealis gesagt wird, hat seinen Grund darin, daß die Berechnung von $\tau_{tr,\ H_2O}$ zwar ein wohldefiniertes mathematisches Problem darstellt, daß die tatsächliche Durchführung der Rechnung jedoch an der faktischen Unmöglichkeit scheitert, 10^{24}-fache Integrale, deren Integrand nicht gerade sehr einfach konstruiert ist, wirklich auszurechnen. Die Schwierigkeit liegt dabei hauptsächlich darin, daß man eine Theorie der flüssigen Phase braucht – über die selbst bei einfachen Systemen nur wenig bekannt ist – und daß zudem ausgerechnet das Wasser eine besonders komplizierte Flüssigkeit ist.

Da andererseits die Bezugnahme auf das Wasser mehr historisch-philosophische als praktische Gründe hat, könnte man versuchen, die Experimentalphysiker dazu zu überreden, die Einheit der absoluten Temperatur in einer Weise umzudefinieren, die eine Berechnung der Boltzmannkonstante weniger hoffnungslos erscheinen lassen würde. Dazu muß man sich zunächst noch einmal klar machen, was man überhaupt als Fixpunkt der Temperaturskala benutzen kann. Das muß jedenfalls eine Temperatur sein, die sich experimentell ohne die Kenntnis anderer Maßeinheiten bestimmen läßt. Eine Definition der Art: „Diejenige Temperatur, bei der Wasserdampf unter dem Druck von 1 atm eine Dichte von $5.7 \cdot 10^{-4}$ g/cm^3 besitzt, soll 390 °K betragen" ist also nicht erlaubt[4]). Wenn dagegen irgend eine thermodynamische Größe als Funktion von T ein von ihrer eigenen Maßeinheit und von den Werten aller anderen thermodynamischen Zustandsgrößen unabhängiges charakteristisches Phänomen zeigt, wie etwa eine Unstetigkeit, einen Nulldurchgang oder ein Extremum, dann kann man die Temperatur, bei der dieses Ereignis eintritt, als Fixpunkt wählen.

Nun besitzen die Tripelpunkte einkomponentiger Systeme nach der Gibbsschen Phasenregel gerade die angenehme Eigenschaft, daß ihre Temperatur von der Angabe weiterer Zustandsgrößen wie Druck oder Dichte unabhängig ist. Wenn man daher an einem Tripelpunkt als Fixpunkt für die Temperaturskala festhalten will, so sollte man den Theoretikern immerhin wenigstens insoweit entgegenkommen, an Stelle des Tripelpunkts von Wasser denjenigen eines Edelgases, am besten wahrscheinlich den von Argon, zu wählen. Dann wäre man von den spezifischen Problemen des Wassers – der Winkelstruktur und dem von ihr herrührenden relativ großen elektrischen Dipolmoment des H_2O-Moleküls, der Bedeutung von Wasserstoffbrücken für die Bildung des Eiskristalls, etc. – befreit; man hätte es mit einer einatomigen Substanz zu tun, deren Eigenschaften vermutlich in guter Näherung durch das Wirken interatomarer Zwei- und Dreikörperkräfte bestimmt sind[5]); und für die quantenmechanische ab-initio-Berechnung der entsprechenden Potentiale würde eine reelle Chance bestehen. An der Schwierigkeit, hieraus – wie dies für die theoretische Tripelpunktbestimmung erforderlich wäre – eine quantitativ korrekte Beschreibung der Übergänge zwischen fester, flüssiger und gasförmiger Phase herzuleiten, würde sich jedoch kaum etwas Entscheidendes ändern.

---

4) Genau genommen beruht auch die gegenwärtig praktizierte experimentelle Bestimmung des Zahlenwertes von k auf einer solchen unerlaubten Umdefinition, da man hierbei mit N_A und R Größen verwendet, die von der willkürlichen Definition des Mols abhängen.

5) Auf die Bedeutung interatomarer Dreikörperkräfte für die quantitative Beschreibung von festem Argon haben *W. Götze* und *H. Schmidt*, Z. Physik **192**, 409 (1966) hingewiesen.

Zu einer wahrhaft „theoretikerfreundlichen" Definition der Temperaturskala kann man vielmehr nur gelangen, wenn man von der Idee des Tripelpunkts abgeht und die Wahl des Fixpunkts so radikal abändert, daß das thermodynamische System, in dem der Fixpunkt auftritt, von der Theorie vollkommen beherrscht wird. Hierfür bietet sich nun eine überraschend elegante Möglichkeit durch den Umstand, daß die spezifische Wärme eines idealen Gases aus heteronuklearen zweiatomigen Molekülen als Funktion der Temperatur im Bereich der thermischen Anregung der ersten Rotationsniveaus ein recht gut ausgeprägtes Maximum besitzt[6]). Als Fixpunkt für die Temperaturskala eignet sich am besten die Abszisse des Maximums der spezifischen Wärme von HD, und zwar sowohl aus theoretischen wie aus experimentellen Gründen. Auf der theoretischen Seite ist man in der günstigen Lage, daß das Grundzustands-Vibrationspotential des HD-Moleküls (wie übrigens dasjenige der Moleküle H_2 und D_2) auf Grund der Berechnungen von *Kołos, Wolniewicz* und *Hunter*[7]) offenbar ganz außerordentlich gut bekannt ist[8]); vom experimentellen Standpunkt spricht für diese Wahl, daß sich das Maximum in der spezifischen Wärme im Fall von HD, wie *Clusius* und *Bartholomé* gezeigt haben[9]), noch nachweisen läßt, während bei schwereren Molekülen die für das Erreichen der idealen Gasphase erforderlichen niedrigen Drucke eine hinreichend genaue kalorimetrische Bestimmung der spezifischen Wärme wahrscheinlich unmöglich machen, jedenfalls aber sehr erschweren würden.

Was die Rotationsanregung homonuklearer zweiatomiger Moleküle wie H_2 oder D_2 betrifft, so ist die Situation hier insofern komplizierter, als man es bei der Messung der spezifischen Wärme wegen der „eingefrorenen" Kernspins mit einem praktisch nichtergodischen Gemisch aus einer para- und einer ortho-Modifikation zu tun hat[10]). Diese

[6]) Dieses Maximum ist übrigens ein sehr subtiler quantenmechanischer Effekt. Er hängt damit zusammen, daß das Molekül nach Besetzen des ersten Rotationsniveaus ein (wegen des quadratischen Ansteigens der Rotationsenergien mit der Drehimpulsquantenzahl) „ausgedünntes" Termschema vorfindet, und daß der damit für das Besetzen der höheren Niveaus erforderliche Mehraufwand an Energie von dem ebenfalls wachsenden Entartungsgrad nicht ganz aufgewogen wird, obwohl dieser gerade der Zahl der übersprungenen „Lücken" entspricht. – Übrigens tritt in der spezifischen Wärme dieser Substanzen ein zweites, wesentlich stärker ausgeprägtes Maximum im Bereich der thermischen Dissoziation der Moleküle auf; mit Rücksicht auf die Schwierigkeiten, denen sich die quantenstatistische Theorie des Dissoziationsgleichgewichts solcher Gase noch gegenüber sieht, soll jedoch die Möglichkeit, diesen Effekt zur Festlegung der Temperaturskala auszunützen, im folgenden nicht näher untersucht werden.

[7]) Siehe *W. Kołos* und *L. Wolniewicz,* J. Chem. Phys. **41**, 3663 (1964) und **43**, 2429 (1965); *G. Hunter,* J. Chem. Phys. **45**, 3022 (1966).

[8]) Als Indiz für die hohe Genauigkeit dieser Rechnungen ist vor allem das bemerkenswerte Ergebnis anzuführen, daß sie trotz des Variationscharakters der ihnen zugrunde liegenden adiabatischen Näherung für die Grundzustands-Dissoziationsenergien der Moleküle H_2, HD und D_2 Werte lieferten, die eindeutig über den spektroskopisch gefundenen Werten lagen. Die Diskrepanz ist inzwischen durch eine verbesserte spektroskopische Bestimmung der Dissoziationsenergien zu Gunsten der theoretischen Ergebnisse aufgeklärt worden; vgl. *G. Herzberg,* Phys. Rev. Letters **23**, 1081 (1969) und J. Mol. Spectr. **33**, 147 (1970).

[9]) *K. Clusius* und *E. Bartholomé,* Z. Elektrochemie **40**, 524 (1934) und Nachr. von der Ges. der Wiss. zu Göttingen, math.-phys. Klasse, Neue Folge, Fachgruppe III, Bd. 1 [Berichtszeitraum 1934-38] (Vandenhoek & Ruprecht, Göttingen, 1939), S. 1-14.

[10]) Vgl. *D.M. Dennison,* Proc. Roy. Soc. A **115**, 483 (1927).

Mischungen besitzen, wenn in ihnen die aus den geradzahligen Drehimpulszuständen gebildete Modifikation überwiegt, ebenfalls ein Maximum in ihrer spezifischen Wärme [11]). Jedoch hängt die Lage dieses Maximums von dem jeweils vorliegenden Mischungsverhältnis ab; bei einer gegebenen Probe wird sich das Mischungsverhältnis und damit die Lage des Maximums über lange Zeiten (oder wenn die Gefäßwände als Katalysatoren für die ortho-para-Umwandlung wirken) in Richtung auf das vollständige thermodynamische Gleichgewicht hin verschieben. Um unter diesen Bedingungen ein kontinuierliches, langfristig stabiles Temperaturnormal zu konstruieren, müßte man daher so vorgehen, daß man von einer bei hinreichend tiefen Temperaturen in vollständiges thermodynamisches Gleichgewicht gebrachten Mischung ausgeht [12]), an dieser ständig eine direkte Bestimmung des nichtergodischen Wertes von dC_V/dT vornimmt und mit Hilfe dieser Meßgröße als Regelgröße durch einen geeigneten Rückkopplungsmechanismus dem System Wärme zuführt oder entzieht. Dann wird sich die Temperatur des Systems über kurze Zeiten auf den Wert einstellen, bei dem die spezifische Wärme der nichtergodischen Mischung ihr Maximum besitzt; langfristig wird diese Temperatur dann durch allmähliche Änderung des Mischungsverhältnisses zu der Stelle wandern, an der das System ergodisch im Gleichgewicht ist und gleichzeitig, als nichtergodische Mischung betrachtet, das Maximum seiner spezifischen Wärme besitzt. Diese Stelle ist von der Temperatur, bei der das System ursprünglich präpariert wurde, unabhängig und stellt daher einen möglichen Fixpunkt für die Festlegung der absoluten Temperaturskala dar.

Wir wollen jedoch im Hinblick auf diese Komplikationen von den Fällen H_2 und D_2 absehen und uns im folgenden auf die Frage beschränken, wie die ab-initio-Berechnung der Boltzmannkonstante sich gestalten würde, wenn als Fixpunkt für die Festlegung der absoluten Temperaturskala die Lage des Maximums der spezifischen Wärme der idealen Gasphase von reinem HD gewählt würde [13]). Dabei sind wir uns durchaus bewußt, daß uns, falls wir dies statt als Hypothese als ernsthaften Vorschlag zur Neudefinition der Kelvinskala vorbringen würden, die Experimentalphysiker wahrscheinlich entgegnen würden, daß dadurch das onus in einer ganz einseitigen und kaum fairen Weise auf ihre Schultern abgewälzt würde.

In dem Temperaturbereich, in dem die spezifische Wärme von HD ihr Maximum besitzt, sind die Translationsfreiheitsgrade des idealen Gases voll angeregt und steuern daher zur spezifischen Wärme C_V pro Mol den konstanten Betrag $\frac{3}{2}R$ bei. Die Schwin-

---

[11]) Wegen näherer Einzelheiten siehe etwa *A. Farkas, Orthohydrogen, Parahydrogen and Heavy Hydrogen* (Cambridge University Press, 1935).

[12]) Für die Erzeugung von ortho-para-Gleichgewichten bei tiefen Temperaturen hat sich CeO_2 als geeigneter Katalysator erwiesen; vgl. *G.E. Schmauch* und *A.H. Singleton,* Industr. Engineer. Chem. 56, 20 (1964); *R. Frauenfelder, F. Heinrich* und *J.B. Olin,* Helv. Phys. Acta **38**, 279 (1965).

[13]) Streng genommen ist die Situation bei HD gar nicht einfacher, sondern noch komplizierter als bei H_2 und D_2. Denn selbst wenn man reines HD herstellen könnte, hätte man es wegen der zwar stark gehemmten, aber nicht gänzlich unterdrückbaren Reaktion $2\,HD \rightleftharpoons H_2 + D_2$ über lange Zeiten stets mit einem Fünfkomponentengemisch aus para-H_2, ortho-H_2, HD, ortho-D_2 und para-D_2 zu tun, für das es diejenige Temperatur aufzufinden gelten würde, bei der einerseits vollständiges thermodynamisches Gleichgewicht herrscht und andererseits die nichtergodische spezifische Wärme ihr Maximum besitzt. Es ist jedoch zu vermuten, daß diese Temperatur sich von derjenigen, bei der die spezifische Wärme von reinem HD-Gas ihr Maximum besitzt, nur relativ wenig unterscheidet.

gungsniveaus des Moleküls dagegen, sowie erst recht seine elektronischen Freiheitsgrade, sind sämtlich eingefroren. Für die Berechnung der spezifischen Wärme benötigt man daher lediglich die untersten Niveaus des auf den Schwingungsgrundzustand aufbauenden Rotations-Termschemas. In erster Näherung sind diese Rotationsniveaus durch das Modell des starren Rotators gegeben. Für eine genauere Berechnung ist es jedoch erforderlich, die Korrekturen in den Energieeigenwerten zu berücksichtigen, die von der Rotations-Vibrations-Wechselwirkung und über diese von der Anharmonizität des Vibrationspotentials herrühren[14]). *Dunham*[15]) hat mit Hilfe der WKB-Methode eine solche Rechnung unter der allgemeinen Annahme durchgeführt, daß das Vibrationspotential $V(x)$ als Taylorentwicklung um die Stelle x_e seines Minimums, d.h. durch einen Ausdruck der Form

$$V(x) = V_e + A_e \xi^2 \,\{1 + a_1 \xi + a_2 \xi^2 + \ldots\} \tag{5}$$

mit

$$\xi = \frac{x - x_e}{x_e} \tag{6}$$

gegeben ist. Als Resultat erhielt er ein Rotations-Vibrations-Termschema der Gestalt

$$E_{v,J} = V_e + \sum_{l,j} Y_{l,j} \left(v + \tfrac{1}{2}\right)^l [J(J+1)]^j. \tag{7}$$

Hierbei bezeichnet v die Schwingungs- und J die Drehimpulsquantenzahl. Die Strukturkonstanten $Y_{l,j}$ hängen von A_e und x_e über die Größen

$$\omega_e = \frac{\hbar}{x_e}\left(\frac{2A_e}{M_{red}}\right)^{\frac{1}{2}}, \qquad B_e = \frac{\hbar^2}{2M_{red}\, x_e^2} \tag{8}$$

und im übrigen von den Koeffizienten $a_1, a_2, \ldots$ der Entwicklung (5) ab. Die Größe M_{red} in (8) bezeichnet die reduzierte Masse der beiden das Kerngerüst des Moleküls bildenden Atomkerne und hat im Fall von HD – bei einer Deuteron-Bindungsenergie von 2224.5 keV[16]) – den Wert

$$M_{red} = 1223.87\, m_{el}. \tag{9}$$

Dunham gibt explizite Ausdrücke für die $Y_{l,j}$ nur für die (l, j)-Wertepaare im Bereich $0 \leqslant l + j \leqslant 4$ an, auf die wir uns daher beschränkt haben. In diese Ausdrücke gehen außer ω_e und B_e die ersten sechs der a_n ein. Bildet man aus diesen $Y_{l,j}$-Werten die Kombinationen

$$B_j = \sum_{l=0}^{4-j} \frac{1}{2^l} Y_{l,j}\ , \quad (j = 1, \ldots, 4), \tag{10}$$

[14]) Vgl. etwa *G. Herzberg, Molecular Spectra and Molecular Structure, Vol. I: Spectra of Diatomic Molecules* (D. van Nostrand Company, Inc., Princeton/N.J. – Toronto – London – New York, 2nd ed. 1950), S. 66 – 145; *C.H. Townes* und *A.L. Schawlow, Microwave Spectroscopy* (McGraw-Hill Book Company, Inc., New York – Toronto – London, 1955), S. 3 – 24.

[15]) *J.L. Dunham,* Phys. Rev. **41**, 721 (1932).

[16]) Vgl. *J.W. Knowles,* Can. J. Phys. **40**, 257 (1962).

so sind die angeregten Niveaus des untersten Rotations-Termschemas durch

$$E_{0,J} = E_{0,0} + \sum_{j=1}^{4} B_j \, [J\,(J+1)]^j \tag{11}$$

gegeben; dabei kann man sich für das vorliegende Problem auf den Bereich $1 \leqslant J \leqslant 8$ beschränken.

Zur Berechnung der neun Parameter $V_e, A_e, x_e, a_1, \ldots, a_6$ wurde nun zunächst das Grundzustands-Vibrationspotential, das *Hunter*[17]) in Form einer Funktionstafel angibt, unter Verwendung der 17 dem Potentialminimum nächstgelegenen Punkte nach der Methode der kleinsten Quadrate durch ein Ausgleichspolynom achter Ordnung approximiert[18]), das Minimum des Ausgleichspolynoms sodann durch Ermittlung der Nullstelle seiner ersten Ableitung nach dem Newtonschen Verfahren bestimmt und anschließend das Ausgleichspolynom um diese Stelle nach Potenzen von ξ entwickelt. Aus den so gewonnenen Werten für $A_e, x_e, a_1, \ldots, a_6$ wurden dann mit Hilfe der *Dunham*schen Formeln die Strukturkonstanten $Y_{l,j}$ und aus ihnen nach Gl. (10) die Größen B_j berechnet. Für die letzteren ergaben sich dabei die folgenden Werte (in Rydbergeinheiten):

$$\begin{aligned} B_1 &= 4.07074 \cdot 10^{-4}\ \text{Ry} & &[4.07029 \cdot 10^{-4}\ \text{Ry}],\\ B_2 &= 2.34741 \cdot 10^{-7}\ \text{Ry} & &[2.36207 \cdot 10^{-7}\ \text{Ry}],\\ B_3 &= 1.90102 \cdot 10^{-10}\ \text{Ry} & &[2.04124 \cdot 10^{-10}\ \text{Ry}],\\ B_4 &= 1.95000 \cdot 10^{-13}\ \text{Ry} & &[\qquad - \qquad]. \end{aligned} \tag{12}$$

Daneben sind in eckigen Klammern die derzeit besten spektroskopischen Werte angegeben, die *Stoicheff* durch Kombination der Resultate seiner eigenen Ramanlinien-Messungen[19]) mit den Ergebnissen der Infrarotspektroskopischen Untersuchungen von *Herzberg*[20]) gewonnen hat. Die Übereinstimmung ist einigermaßen zufriedenstellend; sie würde sich durch eine – numerisch natürlich um ein Vielfaches aufwendigere – direkte Bestimmung der Rotationsniveaus aus dem Potential von *Kołos, Wolniewicz* und *Hunter* sehr wahrscheinlich noch verbessern lassen[21]).

Mit Hilfe der gewonnenen B_j-Werte erhält man nach (11) das Termschema, aus dem sich die Rotationswärme C_{rot} durch direktes Aufaddieren der Zustandssumme

---

[17]) Siehe oben Fußn. 7.

[18]) Bei dieser Ausgleichsrechnung ist übrigens wegen der „numerischen Singularität" der Matrix des zugehörigen Systems der Gaußschen Normalgleichungen große Vorsicht geboten; vgl. *H. Rutishauser, E. Stiefel* und *H.R. Schwarz, Numerik symmetrischer Matrizen* (B.G. Teubner, Stuttgart, 1968), S. 82 – 87 und 93 – 102.

[19]) *B.P. Stoicheff*, Can. J. Phys. **35**, 730 (1957).

[20]) *G. Herzberg*, Nature **166**, 563 (1950).

[21]) Nach einer Bemerkung von *W. Kołos* und *L. Wolniewicz*, J. Chem. Phys. **49**, 404 (1968), Fußn. 12, scheint eine solche Hochpräzisionsberechnung der Rotationsniveaus von diesen Autoren selbst durchgeführt worden zu sein. Jedoch sind die Einzelheiten ihrer für HD erzielten Ergebnisse nicht veröffentlicht, sondern nur in einem Forschungsbericht niedergelegt, der uns bis zum Abschluß der vorliegenden Arbeit nicht mehr zugänglich wurde.

(unter Berücksichtigung der $(2\,J + 1)$-fachen Entartung der Rotationseigenwerte) in der bekannten Weise berechnen läßt. Das Resultat ist in der Abbildung wiedergegeben (ausgezogene Kurve). Das Maximum von C_{rot} liegt bei

$$\tau_M = 3.29048 \cdot 10^{-4}\ \text{Ry} \qquad [3.29023 \cdot 10^{-4}\ \text{Ry}]; \tag{13}$$

zum Vergleich ist auch hier wieder der Wert angegeben, der sich aus den spektroskopischen Daten ergeben würde.

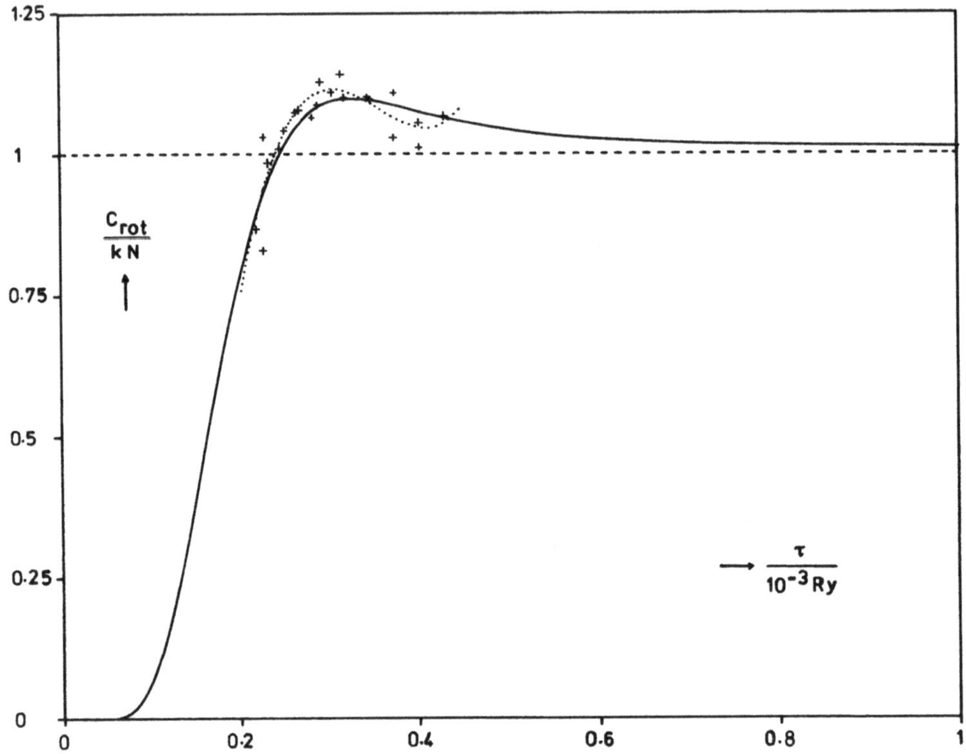

Bild 1 Die Rotationswärme von HD als Funktion des Temperaturparameters τ: —— theoretischer Verlauf, +++ Ergebnisse der kalorimetrischen Messungen von *Clusius* und *Bartholomé*, . . . Ausgleichskurve durch die Meßpunkte, - - - klassischer Äquipartitionswert.

Ebenfalls in das Diagramm eingetragen sind die (lediglich für die Zwecke der Abbildung mit Hilfe der gegenwärtig bekannten Werte der Boltzmannkonstante, des Rydberg, der Kalorie und der Gaskonstante umgerechneten) Ergebnisse der kalorimetrischen Messungen von *Clusius* und *Bartholomé*[22]) sowie ein durch ihre Meßpunkte nach der Methode der kleinsten Quadrate gelegtes Ausgleichspolynom dritter Ordnung (punktierte Kurve), um das die Meßpunkte die verhältnismäßig hohe mittlere relative Streuung von $\sigma = 3.8\ \%$ aufweisen, und aus dem sich die Temperatur des Maximums zu

$$T_M = 48.637\ °\text{K} \tag{14}$$

[22]) Siehe oben Fußn. 9.

ergibt. Würde man unter dem Einfluß dieses Ergebnisses die Temperaturskala so umdefinieren, daß man die Temperatur, bei der die spezifische Wärme von idealem HD-Gas ihr Maximum annimmt, willkürlich zu 48.637 $^\circ K_{neu}$ festsetzen würde, so ergäbe sich für die Boltzmannkonstante nach (13) der berechnete Wert

$$k = 1.4748 \cdot 10^{-16} \text{ erg} (^\circ K_{neu})^{-1} \,. \tag{15}$$

Daß dieses Ergebnis zahlenmäßig nur schlecht mit dem gegenwärtig bekannten Wert[23])

$$k = 1.380622 \cdot 10^{-16} \text{ erg} (^\circ K_{alt})^{-1} \tag{16}$$

übereinstimmt, braucht dabei nicht zu beunruhigen. Es bedeutet einfach, daß man durch die Anlehnung an den ziemlich ungenauen experimentellen Wert (14) zu einer Skala gelangt ist, deren Umrechnungsfaktor zur bisherigen Skala, $^\circ K_{neu}/^\circ K_{alt}$, nicht so nahe bei 1 liegt, daß man die Zahlenwerte von Temperaturangaben einfach ungeändert übernehmen könnte. Das wäre für praktische Zwecke natürlich unbequem, ließe sich aber leicht vermeiden, indem man dem Fixpunkt einen geeigneteren Zahlenwert, beispielsweise den den spektroskopischen Ergebnissen entsprechenden Wert von 51.9506 $^\circ K_{neu}$, als Temperaturwert zuschreiben würde.

---

23) Vgl. *B.N. Taylor, W.H. Parker* und *D.N. Langenberg,* Rev. Mod. Phys. **41**, 375 (1969).

Eine Elektrodynamik des polarisierbaren Vakuums mit überall regulären Potentialen

E. Bagge

Einleitung

Die Maxwell-Lorentzsche Vakuumelektrodynamik steht bekanntlich vor der Schwierigkeit, daß die Feldenergie einer Punktladung unendlich wird. Es besteht dabei die Vermutung, daß diese Schwierigkeit auf die Nichtberücksichtigung des Effektes der Vakuumpolarisation zurückzuführen ist. Aus diesem Grunde sind auch die Versuche zur Behebung dieser Diskrepanz in der Rahmenelektrodynamik von *Mie* [1] und in den Ansätzen von *Born* und *Infeld* [2] darauf ausgerichtet, die Vakuumpolarisation mit in die Betrachtungen einzubeziehen.

Beide Theorien haben sich aber trotzdem nicht durchsetzen können, die eine von *Mie*, weil sie in ihrem Aufbau nicht voll bestimmt ist, die andere von *Born* und *Infeld*, weil sie in kleinen Dimensionen eine so radikale Abkehr von der Maxwellschen Theorie bedeutet, daß man sich nicht leicht entschließen kann, die ihrer Struktur nach sehr viel einfachere und übersichtliche Maxwellsche Theorie aufzugeben, solange es nicht von der Erfahrung her schwerwiegende Gründe für die Richtigkeit der Born-Infeldschen Theorie gibt.

Wenn wir im folgenden versuchen, eine neuartige Elektrodynamik des polarisierbaren Vakuums zu entwickeln, so geschieht dies vor allem deshalb, weil diese Theorie sich außerordentlich eng an das wohlbekannte Schema der Maxwellschen Elektrodynamik polarisierbarer Medien anschließt, indem sie die dort gültigen orts- und zeitabhängigen Feldgleichungen unverändert beibehält und diese nur durch zusätzliche Gleichungen ergänzt, die zur eindeutigen Festlegung der Feldsituation unbedingt notwendig sind.

Wir werden freilich die Maxwellsche Elektrodynamik polarisierbarer Medien in einem Punkte wesentlich abändern müssen, der sich schon früher beim Versuch ihrer lorentzinvarianten Formulierung immer als schwierige Stelle erwies: Wir werden nämlich die Verknüpfungen der Feldvektoren $\boldsymbol{E}$ und $\boldsymbol{B}$ und der Erregungsvektoren $\boldsymbol{D}$ und $\boldsymbol{H}$ von diesen Sechser-Vektorfeldern zu den ihnen zugrunde liegenden Vierervektor- und Skalarfeldern verlegen, wie wir das bereits in vorausgegangenen Arbeiten [3] zeigten. Das ändert bei räumlich konstanter Dielektrizitätskonstanten am gewohnten Schema der Maxwellschen Verknüpfungsgleichungen zwischen den Feld- und den Erregungsvektoren überhaupt nichts. Nur dort, wo auf kurzen Wegstrecken große Änderungen der Dielektrizitätskonstanten vor sich gehen, werden die Beziehungen zwischen beiden Vektorfeldern andere. Gerade diese fast unwichtig erscheinende Modifikation der Theorie bewirkt aber, daß nunmehr bei geeignet gewählter Polarisationsfunktion $\epsilon(r)$ des Vakuums die Feldenergien punktförmiger Ladungen endlich bleiben.

Die neue Elektrodynamik des polarisierbaren Vakuums bringt es weiter mit sich, daß auch der Wechselwirkungsterm zwischen einem Elektron und dem Strahlungsfeld eine etwas abgeänderte Interpretation erfährt, und dies wirkt sich so aus, daß auch die quantenelektrodynamisch berechnete Selbstenergie aus ganz allgemeinen Gründen endliche Werte annehmen muß. Bei Verwendung der neuen Elektrodynamik kann es also die wohlbekannten Divergenzschwierigkeiten der Selbstwechselwirkung aus dem Mechanismus der Theorie heraus grundsätzlich nicht geben.

Die Elektrodynamik des polarisierbaren Vakuums als Folge eines Variationsprinzips

In einer Theorie des polarisierbaren Vakuums, in der die Feldvektoren der elektrischen Feldstärke $\boldsymbol{E}$ und der magnetischen Induktion $\boldsymbol{B}$ in nichttrivialer Weise mit den Erregungsvektoren der dielektrischen Verschiebung $\boldsymbol{D}$ und der magnetischen Feldstärke $\boldsymbol{H}$ verknüpft sind, ist es sinnvoll, zwischen zwei Sorten von Skalarfeldern physikalisch und auch bezeichnungsmäßig zu unterscheiden, aus denen sich die vier Vektorfelder durch Differentiationsprozesse ableiten lassen.

Wir nennen nun die vier Feldfunktionen ψ_α, die sich aus dem Vierervektor i_α der mit ic multiplizierten Ladung ρ und dem Strom i ergeben und aus denen sich dann sinngemäß die Erregungsvektoren $\boldsymbol{D}$ und $\boldsymbol{H}$ werden herleiten lassen, die *Irritiale* ψ_α $(\alpha = 1, 2, 3, 4)$. Ihre Gesamtheit soll als *Vierer-Irritial* bezeichnet werden.

Ganz entsprechend gibt es weitere vier Feldfunktionen φ_α, die wir vorerst für die Zwecke eines Variationsprinzips als völlig unabhängige Funktionen betrachten. Sie werden als *Potentiale* φ_α $(\alpha = 1, 2, 3, 4)$ bezeichnet und sie werden die Stammfunktionen der Feldvektoren $\boldsymbol{E}$ und $\boldsymbol{B}$ darstellen. Ihre Gesamtheit heißt das *Viererpotential*. Sie werden sich herleiten lassen aus einem System von Polarisationsladungen ω und Polarisationsströmen j, die sich zwangsläufig aus den Coulombschen Ladungen ρ und den aus ihren Bewegungen folgenden Strömen i bzw. aus den Feldern $\boldsymbol{E}$ und $\boldsymbol{B}$ ergeben.

Wir gehen dabei davon aus, daß die beiden Stammfunktionstypen, die *Irritiale* ψ_α und die *Potentiale* φ_α, nicht allgemein naturgesetzlich fest miteinander verknüpft und damit in eindeutiger Weise voneinander abhängig sind, sondern wir nehmen an, daß ihre Verknüpfungen von den speziellen Verhältnissen abhängen, unter denen das elektromagnetische Feld zustande kommt. Die Verknüpfungen zwischen ihnen können deshalb von Fall zu Fall verschieden sein. So handelt es sich in dieser Arbeit um das polarisierbare Vakuum mit ganz bestimmten Beziehungen zwischen diesen Funktionen. Bei materiellen Medien liegen die Verhältnisse völlig anders, die auch ganz andere Zusammenhänge verlangen.

Für das im folgenden durchzuführende Variationsprinzip werden wir wegen der im Prinzip vorliegenden freien Wahlmöglichkeit der Verknüpfungsrelationen zwischen den Irritialen ψ_α und den Potentialen φ_α diese Stammfunktionen selbst und ihre ersten partiellen Ableitungen nach Raum und Zeit als frei wählbare Parameter ansehen, die unabhängig voneinander variiert werden können.

Für die aus dem Variationsprinzip folgenden ganz allgemein gültigen Feldgleichungen werden wir erst anschließend die speziellen Verknüpfungsrelationen festlegen müssen, die für das polarisierbare Vakuum zu gelten haben.

Aus den Irritialen ψ_α und den Potentialen φ_α leiten wir nun die beiden zweistufigen, antisymmetrischen Tensoren, den *Erregungstensor* $F_{\mu\nu}$ und den *Feldtensor* $f_{\mu\nu}$ ab, die in folgender Weise definiert sind:

1. Der *Erregungstensor*:

$$F_{\mu\nu} = \partial_\mu \psi_\nu - \partial_\nu \psi_\mu \tag{1}$$

und

2. der *Feldtensor*:

$$f_{\mu\nu} = \partial_\mu \varphi_\nu - \partial_\nu \varphi_\mu . \tag{2}$$

Beide Größensysteme sollen nur andere Bezeichnungsweisen für die zwei Paare von Sechservektoren $(\boldsymbol{D}, \boldsymbol{H})$ und $(\boldsymbol{E}, \boldsymbol{B})$ darstellen, deren einzelne Komponenten wir in folgender Weise aneinander zuordnen.

Beim *Erregungstensor* gelte das Schema:

$$\left\| F_{\mu\nu} \right\| = \left| \begin{matrix} 0, & H_z, & -H_y, & -iD_x \\ -H_z, & 0, & H_x, & -iD_y \\ H_y, & -H_x, & 0, & -iD_z \\ iD_x, & iD_y, & iD_z, & 0 \end{matrix} \right| \tag{3}$$

Beim *Feldtensor* entsprechend:

$$\left\| f_{\mu\nu} \right\| = \left| \begin{matrix} 0, & B_z, & -B_y, & -iE_x \\ -B_z, & 0, & B_x, & -iE_y \\ B_y, & -B_x, & 0, & -iE_y \\ iE_x, & iE_y, & iE_z, & 0 \end{matrix} \right| \tag{4}$$

Wir behaupten nun, daß sich die zu entwickelnde Elektrodynamik des polarisierbaren Vakuums aus der Variationsforderung ableiten läßt:

$$\delta \int \mathrm{d}r\,\mathrm{d}t\, L(\psi_\alpha, \varphi_\alpha, \partial_\beta \psi_\alpha, \partial_\beta \varphi_\alpha) = 0, \tag{5}$$

wenn als Lagrangedichte des Feldes angesetzt wird:

$$L = \frac{f_{\mu\nu} F_{\nu\mu}}{16\pi} + \frac{1}{2c} (i_\mu \varphi_\mu + j_\mu \psi_\mu). \tag{6}$$

In dieser Formel bedeuten die vier Größen i_μ für $\mu = 1, 2, 3, 4$ die Komponenten des *Vierervektors von Strom und Ladung* und j_μ entsprechend die Komponenten eines *zweiten Vierervektors* für ein oben schon erwähntes neues Strom- und Ladungssystem, das wir *Polarisationsstrom und Polarisationsladung* nennen wollen und das als Folge der Polarisationsvorgänge erst sekundär entsteht.

Dieses neue Stromsystem j_μ ist im gleichen Sinne für die Entstehung der Felder E und B verantwortlich wie die Coulombschen Ladungen und ihre Bewegungen (ρ, i) für die Erregung der Felder D und H.

Die Ausführung der Variation bezüglich der φ_α und der ψ_α führt über die Eulerschen Gleichungen des Variationsproblems zu den Feldgleichungen:

$$\partial_\mu F_{\nu\mu} = \frac{4\pi}{c} i_\nu \qquad \nu = 1, 2, 3, 4 \tag{7}$$

und

$$\partial_\mu f_{\nu\mu} = \frac{4\pi}{c} j_\nu \,. \tag{8}$$

Diese Gleichungen bestimmen das elektrodynamische Feld noch nicht vollständig. Da sowohl der Feldtensor als auch der Erregungstensor antisymmetrisch sind, gelten noch die folgenden beiden Gleichungssysteme:

$$\partial_i F_{kl} + \partial_k F_{li} + \partial_l F_{ik} = 0 \tag{9}$$

und

$$\partial_i f_{kl} + \partial_k f_{li} + \partial_l f_{ik} = 0 \,. \tag{10}$$

Hierbei können die lateinischen Indizes drei aufeinanderfolgende, aber sonst beliebige Zahlen in der zyklisch ergänzt zu denkenden Zahlenreihe 1, 2, 3, 4 darstellen. Das Gleichungssystem (7) und (8) entspricht in der Vektordarstellung den Gleichungen

$$\operatorname{div} D = 4\pi\rho \quad \text{und} \quad \operatorname{rot} H = \frac{1}{c}\dot{D} + \frac{4\pi i}{c} \tag{7a}$$

$$\operatorname{div} E = 4\pi\omega \quad \text{und} \quad \operatorname{rot} B = \frac{1}{c}\dot{B} + \frac{4\pi j}{c} \,. \tag{8a}$$

Für die Gleichungen (9) und (10) gilt analog

$$\operatorname{div} H = 0 \quad \text{und} \quad \operatorname{rot} D = -\frac{1}{c}\dot{H} \tag{9a}$$

$$\operatorname{div} B = 0 \quad \text{und} \quad \operatorname{rot} E = -\frac{1}{c}\dot{B} \,. \tag{10a}$$

Durch die Angaben der vier Divergenzen und der vier Rotationen sind damit die vier Vektoren E, B, D und H vollständig bestimmt, soweit das in differentieller Form möglich ist.

Die Lagrangedichte L nach (6) stellt sich in der Vektorschreibweise so dar:

$$L = \frac{1}{8\pi}[(E, D) - (H, B)] + \frac{1}{2}\left[\left(\frac{i}{c}, A\right) + \left(\frac{j}{c}, G\right) - \rho\varphi - \omega\psi\right]. \tag{6a}$$

An dieser Stelle sei bemerkt, daß es in Anlehnung an *Fermi* und *Dirac, Fock, Podolski* [4] für die Quantisierung der hier formulierten Elektrodynamik des polarisierbaren Vakuums zweckmäßig ist, die Lagrangefunktion (6) um einen weiteren Summanden zu ergänzen, der das Produkt $(\partial_\mu \varphi_\mu)\,(\partial_\nu \psi_\nu)$ als Faktor enthält, der aber das Gleichungssystem (7) bis (10) ungeändert läßt, wenn gleichzeitig verlangt wird, daß die Irritiale der Lorentzkonvention genügen:

$$\partial_\mu \psi_\mu = 0. \tag{11}$$

Gerade diese Beziehung zwischen den Irritialen wird aber zweckmäßigerweise eingeführt, wenn es darum geht, Lösungen der Feldgleichungen aufzusuchen. Wie wir noch zeigen werden, stellt ihre Existenz zugleich sicher, daß für den elektrischen Strom i und die Ladungsdichte ρ eine Kontinuitätsgleichung erfüllt ist, die die Ladungserhaltung gewährleistet.

Der Satz von der Erhaltung der Ladung und die Polarisationsfunktion des Vakuums

Führt man nun in die Feldgleichung (7) für den Erregungstensor $F_{\mu\nu}$ die Irritiale nach der Definitionsgleichung (1) ein und beachtet die Gleichung (11), so erhält man die einfachen Bestimmungsgleichungen für die Irritiale aus dem Viererstrom:

$$\partial_\mu^2 \psi_\nu \equiv \Box \psi_\nu = -\frac{4\pi}{c} i_\nu \tag{12}$$

deren Lösungen sich durch die Integrale darstellen lassen:

$$\psi_\nu(r, t) = \frac{1}{c}\int \mathrm{d}r' \, \frac{i_\nu\left(r', t - \frac{|r' - r|}{c}\right)}{|r' - r|} \,. \tag{13}$$

Bei vorgegebenem Viererstrom sind die Irritiale damit als bekannt anzusehen.

Mit der Lösung (13) ist es möglich, aus der Beziehung (11) die Kontinuitätsgleichung für Strom i und Ladung ρ abzuleiten. Aus Gleichung (11) folgt nämlich unmittelbar:

$$\frac{1}{c}\partial_\mu \int \mathrm{d}r' \, \frac{i_\mu\left(r', t - \frac{|r' - r|}{c}\right)}{|r' - r|} = 0\,. \tag{11a}$$

In diesem Ausdruck läßt sich der auf den Vierervektor (r, ict) bezogene Differentialoperator unter das Integral ziehen und auf den Integranden anwenden.

Nach Multiplikation der Gleichung mit dem Faktor c erhält man so:

$$\int \mathrm{d}r' \left\{ \frac{1}{|r' - r|}\left(\operatorname{div} i + \frac{1}{c}\frac{\partial \rho}{\partial t}\right) + \frac{(r' - r, i)}{|r' - r|^3} \right\} = 0\,. \tag{11b}$$

Das Integral über den zweiten Summanden im geschweiften Klammerausdruck des Integranden verschwindet aber für jede beliebige Stromverteilung i im Raume. Dies erkennt man sofort, wenn man im Raume $r_1 = r' - r$ Polarkoordinaten (r_1, ϑ, φ) einführt, deren Polarachse in Richtung des Strömvektors i zeigt. Es ergibt sich:

$$\int \mathrm{d}r' \, \frac{(r' - r, i)}{|r' - r|^3} = 2\pi \int_0^\infty \mathrm{d}r_1 |i| \int_{-1}^{+1} \mathrm{d}(\cos\vartheta) \cdot \cos\vartheta = 0\,. \tag{11c}$$

Daraus folgt für das Integral (11b):

$$\int d\boldsymbol{r}' \frac{\operatorname{div} \boldsymbol{i} + \frac{1}{c}\frac{\partial \rho}{\partial t}}{|\boldsymbol{r}' - \boldsymbol{r}|} = 0. \tag{11d}$$

Diese Gleichung ist aber nur dann für jeden beliebigen Wert der Koordinate $\boldsymbol{r}$ mit Sicherheit erfüllt, wenn der Zähler des Integranden an allen Raumpunkten $\boldsymbol{r}$ verschwindet, wenn also gilt:

$$\operatorname{div} \boldsymbol{i} + \frac{1}{c}\frac{\partial \rho}{\partial t} = 0. \tag{11e}$$

Diese aus der Lorentzkonvention (11) folgende Kontinuitätsgleichung für Strom und Ladung ist aber nichts anderes als der Satz von der Erhaltung der Ladung, der im Rahmen der Maxwell-Lorentzschen Vakuumelektrodynamik sich als eine Folge der Eichinvarianz dieser Theorie erweist.

Dieser Sachverhalt ist in unserer Theorie nicht gegeben, da es eine der Maxwell-Lorentzschen Theorie entsprechende allgemeine Eichvarianz nicht gibt und auch nicht geben kann.

Dies wird verständlich, wenn wir jetzt diese Elektrodynamik mit Hilfe einer geeignet gewählten lorentzinvarianten Polarisationsfunktion $\epsilon\ (r, t)$ des Vakuums durch Verknüpfungsrelationen zwischen den Irritialen ψ_α und den Potentialen φ_α nach dem schon in unserer früher erschienenen Arbeit (I) angegebenen Schema festlegen [3].

Es gelte nämlich:

$$\epsilon\varphi_\alpha = \psi_\alpha. \tag{14}$$

Als Polarisationsfunktion setzen wir dabei den in unserer früheren Arbeit (I) angesetzten Zusammenhang an:

$$\epsilon_1 = -\frac{(2mc^2)^2}{\left(\frac{e\psi_\alpha}{\epsilon_1} - 2p_\alpha c\right)^2}. \tag{I(46))}$$

Diesen Ansatz betrachten wir als denjenigen, der nach unseren derzeitigen Kenntnissen physikalisch der Erfahrung am besten angepaßt ist. Wir haben in einer späteren Notiz (II) auch einen anderen Ansatz kurz diskutiert, der zu mathematisch einfacheren Formeln führt und der Erfahrung jedenfalls nicht grob widerspricht.

$$\epsilon_2 = 1 + \left|\sqrt{-\left(\frac{e\psi_\alpha}{mc^2}\right)^2}\,\right|. \tag{15}$$

Wir sehen diesen Ansatz jedoch nur als einen rechnerisch bequemen Modellfall an, den wir aus Gründen der mathematischen Handlichkeit den Betrachtungen dieser Arbeit zugrunde legen. Wenn es um einen genauen Vergleich mit der Erfahrung geht, sollte immer Formel (I(46)) zugrunde gelegt werden.

Mit den Verknüpfungsrelationen (14) und den Polarisationsfunktionen ϵ_1 nach (I (46)) bzw. ϵ_2 nach (15) aus dieser Arbeit erhalten die Irritiale und natürlich auch die Potentiale eine absolute Bedeutung, die es nicht erlaubt, Transformationen wie die bekannten Eichtransformationen an diesen Stammfunktionen vorzunehmen.

Immerhin gibt es noch eine Art eingeschränkter Eichtransformationen, die denen der Maxwell-Lorentzschen Theorie verwandt sind, nicht aber ihre Bedeutung besitzen. So kann man den Komponenten des Viererirritials Größen hinzuaddieren nach dem Schema:

$$\psi'_\alpha = \psi_\alpha + \partial_\alpha \lambda(r, t),$$

ohne daß man dadurch den Erregungstensor $F_{\mu\nu}$ nach (1) und damit auch die Erregungsvektoren D und H verändert. Der Feldtensor $f_{\mu\nu}$ nach (2) und auch das Stromsystem j_μ hingegen werden für $\lambda \neq 0$ unausweichlich modifiziert.

Die eingeschränkte Eichinvarianz unserer Theorie reicht gerade nur aus, um die Ladungserhaltung für die äußeren Ladungen sicherzustellen. Das haben wir bei der Ableitung der Kontinuitätsgleichung (11e) gesehen. Einen Satz der Ladungserhaltung für die Polarisationsladung gibt es zwar auch, aber keine der Konvention (11) entsprechende Beziehung für das Viererpotential φ_α.

Diese Feststellung läuft, wie wir sehen werden, auf die Aussage hinaus, daß die endliche Feldenergie einer Punktladung mit einem Verzicht auf die durch die Eichvarianz gegebene Freiheit in der Maxwell-Lorentzschen Theorie für die Festlegung der Potentiale erkauft wird. Da andererseits in unserer Theorie die Ladungserhaltung auch ohne Eichinvarianz garantiert ist, besteht keine Notwendigkeit für deren Vorhandensein, und so können wir auch ohne sie auskommen.

Auf die Quantisierung der neuen Elektrodynamik werden wir nicht in dieser Arbeit, sondern an anderer Stelle eingehen.

Wie bereits in einer früher erschienenen Veröffentlichung gezeigt wurde, geht man zur Lösung des Gleichungssystems (11a) bis (14a) so vor, daß man mit Hilfe der vorgegebenen Strom- und Ladungsverteilung nach Formel (13) zunächst die Komponenten des Viererirritials $\psi_\alpha \equiv (G, i\psi)$ berechnet. Die Verknüpfungsrelationen (14) erlauben auch das Viererpotential $\varphi_\alpha \equiv (A, i\varphi)$ festzulegen.

Aus den Irritialen ψ_α folgen die Erregungsvektoren D und H nach den Gleichungen:

$$D = -\operatorname{grad} \psi - \frac{1}{c}\dot{G} \tag{16}$$

$$H = \operatorname{rot} G. \tag{17}$$

Entsprechend entnimmt man den Potentialen φ_α die Feldvektoren E und B

$$E = -\operatorname{grad} \varphi - \frac{1}{c}\dot{A} \tag{18}$$

$$B = \operatorname{rot} A. \tag{19}$$

Man kann sich leicht davon überzeugen, daß damit automatisch die Gleichungen (7a), (9a) und (10a) erfüllt sind.

Die Gleichungen (8a) kann man dann als Beziehungen zur Ermittlung des Vierervektors der Polarisationsströme j_μ ansehen, die man gerade so einrichtet, daß auch diese erfüllt sind.

Das ganze Gleichungssystem (7) bis (10) bzw. (7a) bis (10a) erhält so eine in sich geschlossene, widerspruchsfreie Gesamtlösung. Ob es möglich sein wird, das aus (8a) hervorgehende System der Polarisationsströme und -ladungen im physikalischen Experiment getrennt zu beobachten, ist natürlich z.Z. noch eine offene Frage. Immerhin sagen die Gleichungen (8a) etwas über die Größe der möglichen Effekte aus.

An dieser Stelle sei noch bemerkt, daß die Lagrangedichten (6) bzw. (6a) so eingerichtet sind, daß die aus ihnen hervorgehenden elektrodynamischen Feldgleichungen (7a) bis (10a) bei verschwindender Polarisation $\epsilon \to 1$ exakt in das Schema der Maxwell-Lorentzschen Vakuumelektrodynamik übergehen. Die Gleichungen (7a) und (8a) bzw. (9a) und (10a) werden dann nämlich paarweise einander gleich und reduzieren sich auf das uns wohlvertraute Gleichungssystem mit $\boldsymbol{E} = \boldsymbol{D}$, $\boldsymbol{B} = \boldsymbol{H}$ und $i_\mu = j_\mu$.

Der Energie-Impulstensor der neuen Elektrodynamik

Es erhebt sich nun die Frage nach den Kraftwirkungen des elektrodynamischen Feldes im polarisierbaren Vakuum auf ein System von Ladungen und Strömen. Wir werden dazu in Analogie zur Maxwell-Lorentzschen Elektrodynamik einen verallgemeinerten symmetrischen Energie-Impulstensor definieren, dessen Viererdivergenz den Vierervektor der Kraftdichte ergeben soll.

Wir behaupten, daß der folgende Energie-Impulstensor $F_{\mu\nu}$ genau die richtigen Eigenschaften besitzt, um die der physikalischen Erfahrung entsprechenden Bewegungsgleichungen für Ladungen und Ströme zu liefern:

$$T_{\mu\nu} = \frac{1}{8\pi}\left(f_{\mu\sigma}F_{\sigma\nu} + F_{\mu\sigma}f_{\sigma\nu} + \frac{\delta_{\mu\nu}}{2} f_{\sigma\tau}F_{\sigma\tau}\right). \tag{20}$$

Man überzeugt sich sofort davon, daß für $\epsilon \to 1$, das heißt für $f_{\mu\nu} \to F_{\mu\nu}$ dieser Tensor exakt in den der Maxwell-Lorentzschen Elektrodynamik übergeht:

$$T_{\mu\nu}^{\text{M.-L.}} = \frac{1}{4\pi}\left(f_{\mu\sigma}f_{\sigma\nu} + \frac{\delta_{\mu\nu}}{4} f_{\sigma\tau}^2\right). \tag{20*}$$

Aus dem Ausdruck (20) lassen sich die Vektordarstellungen der Tensorkomponenten $T_{\mu\nu}$ mit Hilfe der Beziehungen (3) und (4) herleiten. Durch Einsetzen erhält man für $T_{11} = T_{xx}$; $T_{12} = T_{xy}$ usf. die Beziehungen:

$$T_{11} = \frac{1}{4\pi}\left\{E_x D_x + H_x B_x - \frac{1}{2}[(\boldsymbol{E}, \boldsymbol{D}) + (\boldsymbol{H}, \boldsymbol{B})]\right\} \tag{20a}$$

$$T_{12} = T_{21} = \frac{1}{8\pi}\left\{E_x D_y + E_y D_x + H_x B_y + H_y B_x\right\}. \tag{20b}$$

Analog lauten die Komponenten T_{22}, $T_{23} = T_{32}$, $T_{31} = T_{13}$ und T_{33}. Für die übrigen Komponenten mit dem Index 4 ergibt sich:

$$T_{14} = T_{41} = -\frac{i}{8\pi}\left\{[E,H]_x + [D,B]_x\right\}. \tag{20c}$$

Analog $T_{24} = T_{42}$, $T_{34} = T_{43}$; schließlich erhält T_{44} die Gestalt:

$$T_{44} = \frac{1}{8\pi}\left\{(E,D) + (H,B)\right\}. \tag{20d}$$

Die Komponente T_{44} stellt die Energiedichte U des elektromagnetischen Feldes dar:

$$U \equiv T_{44}, \tag{20e}$$

während die mit ic multiplizierten Komponenten T_{14}, T_{24} und T_{34} den Vektor des Energiestromes S bestimmen.

$$S = \frac{c}{8\pi}\left\{[E,H] + [D,B]\right\}. \tag{20f}$$

Dieser Ausdruck stellt eine Verallgemeinerung des Poyntingschen Vektors der Maxwell-Lorentzschen Elektrodynamik dar. Man hätte ihn auch dadurch gewinnen können, daß man die Gleichungen (7a) bis (10a) durch Multiplikation mit jeweils einem der vier Vektoren E, B, D und H multipliziert, paarweise zusammenfaßt und dann addiert. Man erhält dann eine Gleichung

$$\frac{\partial U}{\partial t} + \operatorname{div} S = 0, \tag{21}$$

die die Form der hydrodynamischen Kontinuitätsgleichung besitzt. Wir teilen diesen an anderer Stelle [3] bereits bewiesenen Sachverhalt hier nur mit, ohne ihn weiter zu begründen.

Kraftwirkungen des Feldes auf Ladungen und Ströme

Es ist nun außerordentlich bemerkenswert, daß der Tensor (20) auf dem Wege über die vierdimensionale Tensordivergenz zu einem Ausdruck für die Kraftwirkung des elektrodynamischen Feldes auf ein Ladungs- und Stromsystem führt, der alle vier Feldgrößen in sehr symmetrischer Weise enthält. Bildet man nämlich den Ausdruck für die Kraftdichte k_ν:

$$k_\nu = \partial_\mu T_{\mu\nu}, \tag{22}$$

so entsteht zwar eine große Zahl von verschiedenartigen Gliedern, doch bemerkt man sofort, daß fast alle sich gegenseitig aufheben, wenn man dabei die Beziehungen (11) bis (14) zwischen den Ableitungen der Tensorkomponenten beachtet. Übrig bleiben nur die folgenden:

$$k_\nu = \frac{1}{2c}(f_{\nu\sigma} i_\sigma + F_{\nu\sigma} j_\sigma). \tag{23}$$

Geht man von der Tensorschreibweise wieder zur Vektordarstellung der Felder über, so erhält man mit den ersten drei Komponenten von Gleichung (23) den Vektor der Kraftdichte:

$$k = \frac{1}{2}\left\{\rho(E + [\frac{v}{c}, B]) + \omega(D + [\frac{w}{c}, H])\right\}, \tag{24}$$

Das ist ein Ausdruck, der dem der bekannten Lorentzkraft sehr nahe verwandt ist. Bei schwachen Feldern ($\epsilon \to 1$) geht er sogar exakt in den Ausdruck für die Lorentzkraft über ($E \to D$, $B \to H$, $\omega \to \rho$). Sobald aber die Felder so weit anwachsen, daß ϵ merklich größer als Eins wird, ändern sich die Verhältnisse jedoch erheblich. Dann stellt die Kraftberechnung im allgemeinen eine schwierigere Aufgabe dar, da man ja zunächst einmal die Polarisationsladung ω und den Polarisationsstrom j aus den Lösungen der Feldgleichungen zu entnehmen hat. Ist dieses geschehen, so werden die Kraftwirkungen durch die Gesamtheit der vier Vektoren E, B, D und H aus den Feldverhältnissen bestimmt und nicht mehr, wie im Falle der Lorentzkraft, durch E und B allein. Immerhin erscheint der Ausdruck (24) wie eine natürliche Verallgemeinerung der Lorentzkraft und es bleibt abzuwarten, ob es bei Streuvorgängen an Elementarteilchen Beobachtungsmöglichkeiten für die Existenz von Kraftwirkungen nach Aussage der Formel (24) gibt.

Die Polarisationsfunktion ϵ des Vakuums und die Aussage der Quantenelektrodynamik

Die hier vorgeschlagene Elektrodynamik des polarisierbaren Vakuums unterscheidet sich nur dann signifikant von der Maxwell-Lorentzschen, wenn es Feldsituationen gibt, bei denen die Polarisationsfunktion ϵ merklich von Eins verschieden ist. Wenn man nun danach fragt, welche Gestalt diese Funktion besitzen muß, so ist zunächst einmal festzustellen, daß sie eine relativistische Invariante sein muß. Darüber hinaus wird man verlangen, daß die Funktion bei verschwindendem Feld den Wert Eins annehmen muß. Diese beiden Forderungen genügen aber nicht, die Gestalt von ϵ festzulegen.

Wir haben nun in einer früheren Arbeit [3] eine Funktion ϵ_1 angegeben, die wir in direktem Anschluß an Ideen von *Halpern* [5] und *Debye* [6] zu erraten versuchten. Für diese Funktion sprachen eine Reihe von Gesichtspunkten, die wir in jener Arbeit auseinandersetzten und die hier nicht wiederholt werden sollen. Wenn wir in dieser Arbeit noch eine andere Polarisationsfunktion ϵ_2 vorschlagen, so nur deshalb, weil die neue Funktion praktisch dasselbe leistet wie die früher angegebene, sie aber in ihren mathematisch-analytischen Auswirkungen so sehr viel einfacher ist, daß es zunächst einmal bequemer ist, mit ihr umzugehen. Außerdem besitzt sie allerdings noch die Eigenschaft, daß in ihr nicht mehr auf das oder die Teilchen Bezug genommen wird, die die elektrodynamischen Felder auslösen.

Wenn man nun noch verlangt, daß die Polarisationsfunktion ϵ_2 proportional zum Absolutbetrag des Vierervektors der Irritiale ansteigen soll und gleichzeitig bedenkt, daß es ja die Elektronen in Zuständen negativer Energie sein sollen, die für die Polarisierbarkeit des Vakuums verantwortlich sind, dann liegt der folgende Zusammenhang sehr nahe:

$$\epsilon_2 = 1 + a \left| \sqrt{-\left(\frac{e\psi_\alpha}{mc^2}\right)^2} \right| . \tag{15a}$$

Hierbei ist a eine noch unbekannte Konstante, die wir vorerst gleich Eins setzen werden. Sie könnte mit $a \neq 1$ eine Möglichkeit zur Anpassung an die Erfahrung bieten, falls sich das als notwendig erweisen sollte. Es ist nicht unsere Absicht, das Für und Wider eines solchen Ansatzes ausführlich zu diskutieren, da die entsprechenden Gesichtspunkte an anderer Stelle [3] bereits erörtert wurden und diese auf unseren Ansatz (15) in gleicher Weise zutreffen.

Von *Heisenberg, Euler* [7] und *Kockel* [8] sind auf der Grundlage der Diracschen Positronentheorie und im Anschluß an die schon erwähnten Ideen von *Halpern* und *Debye* die Effekte der Vakuumpolarisation im Falle langsam veränderlicher Felder berechnet worden, wobei allerdings die *Miesche Rahmenelektrodynamik* verwendet wurde. Diese Autoren erhielten für die Dielektrizitätskonstante ϵ_H des Vakuums den Ausdruck:

$$\epsilon_H = 1 + \frac{2}{45\pi} \frac{E^2 - B^2}{\alpha \mathfrak{E}_0^2} . \tag{25}$$

Hierbei ist $\alpha = e^2/\hbar c = 1/137{,}04$ die Sommerfeldsche Feinstrukturkonstante und $\mathfrak{E}_0$ die Feldstärke „am Rande des Elektrons“ $\mathfrak{E}_0 = e/r_0^2$, mit $r_0 = e^2/mc^2$.

Es ist nun interessant, die Aussagen dieser Formel (25) mit denen unseres Ausdrucks (15) und auch mit denen der Formel (I (46)) unserer früheren Arbeit [3] zu vergleichen.

Um das zu ermöglichen, müssen wir freilich eine Annahme über die Größe der Differenz $E^2 - B^2$ in (25) machen, über die wir zunächst nichts wissen. Wir wollen annehmen, daß infolge der Polarisationseffekte die Unterschiede der beiden Feldgrößen bereits von der Größenordnung der Felder selbst seien, z.B.:

$$E^2 - B^2 \approx E^2 . \tag{26}$$

Aus Dimensionsgründen ist bei elektromagnetischen Wellen andererseits die Feldstärke E mit dem Vektorpotential A und der Wellenzahl k verknüpft über die Beziehung

$$k^2 |A|^2 = |E|^2 . \tag{27}$$

Unter diesen Umständen erhält man für ϵ_H näherungsweise:

$$\epsilon_H \approx 1 + 2 \frac{r_0}{mc^2} (kr_0)^2 |A|^2 . \tag{28}$$

Aus Formel (I (46)) der früheren Arbeit erhält man für ϵ_1 im Falle $\psi \to 0$ und $(eG/mc^2)^2 \ll 1$:

$$\epsilon_1 = 1 + \frac{r_0}{4mc^2} |G|^2 . \tag{29}$$

Wenn man beachtet, daß das Vektorpotential A der Mieschen Rahmenelektrodynamik praktisch mit dem Vektorirritial G der hier entwickelten Theorie identisch ist, so erkennt man sofort, daß es Potentialbereiche, bzw. Irritialbereiche gibt, in denen beide Formeln (28) und (29) nahezu dasselbe aussagen, nämlich dort, wo kr_0 von der Größenordnung Eins ist.

Anders liegen die Verhältnisse bei einem Vergleich der Aussage von Formel (28) mit der von Formel (3) aus dieser Arbeit. Diese besitzt ja die Gestalt:

$$\epsilon_2 = 1 + \left| \frac{e}{mc^2} \sqrt{\psi^2 - G^2} \right| . \tag{30}$$

Hier ergibt sich durch den Wurzelausdruck in (30) eine etwas andere Abhängigkeit von G, bzw. von ψ, so daß ein direkter Vergleich der Formeln (28) und (30) nicht möglich ist.

Wenn wir für die Betrachtungen in dieser Arbeit dennoch von Formel (15) ausgehen, so nur deshalb, weil sie eine so einfache Gestalt besitzt und auch die aus ihr folgenden Aussagen über die Potentialfunktion der Punktladung so einfach sind, daß es bequem ist, mit ihr umzugehen. Beide Polarisationsfunktionen ϵ_1 und ϵ_2 führen aber zu endlichen Feldenergien der Punktladung und ergeben nahezu identische Aussagen über die Werte der anomalen magnetischen Momente von Elektron und Proton. Wir werden darauf noch zurückkommen.

Die ebene Welle in der neuen Elektrodynamik

Zunächst aber untersuchen wir die Eigenschaften der ebenen Welle im ladungs- und stromfreien Raume. Wir gehen dazu von Gleichung (12) für die Irritiale mit $i_\nu = 0$ aus. Für eine in x-Richtung fortschreitende Welle, deren magnetischer Feldvektor in z-Richtung linear polarisiert ist, gilt die Lösung für das Vektorirritial G:

$$G = -G \cos(kx - \omega t) y_0 \tag{31}$$

Hierbei ist y_0 der Einheitsvektor in der y-Richtung, so wie im folgenden x_0 und z_0 die entsprechenden Einheitsvektoren für die x- bzw. die z-Richtung seien. Zwischen der Wellenzahl k und der Frequenz ω gilt in bekannter Weise nach (12) die Beziehung:

$$k^2 - \frac{\omega^2}{c^2} = 0. \tag{32}$$

G sei der Amplitudenfaktor des Vektorirritials der ebenen Welle. Mit Hilfe der Bildungsgesetze für D und H nach den Gleichungen (16) und (17) erhält man für $\varphi = 0$ die folgenden Ausdrücke für die beiden Erregungsvektoren:

$$D = \frac{\omega}{c} \cdot \widetilde{G} \cdot y_0 \tag{33}$$

$$H = k \cdot \widetilde{G} \cdot z_0, \tag{34}$$

mit der Abkürzung

$$\widetilde{G} = G \sin(kx - \omega t). \tag{35}$$

Um nun auch die Feldvektoren $\boldsymbol{E}$ und $\boldsymbol{B}$ zu berechnen, ermitteln wir das Vektorpotential A nach der Vorschrift (14), wobei wir (wieder nur aus Gründen der Einfachheit) die Polarisationsfunktion ϵ_2 nach (15) zugrunde legen wollen. Es gilt:

$$A = \frac{G}{\epsilon_2} = \frac{\widetilde{G}}{1 + \frac{|eG|}{mc^2}} \cdot \boldsymbol{y}_0. \tag{36}$$

Schon an dieser Formel (36) für das Vektorpotential A der ebenen Welle bemerkt man, daß das Potential für starke Felder $G \to \infty$ grundsätzlich nicht singulär werden kann, sondern einem Grenzwert $A = mc^2/|e| \cdot \sin(kx - \omega t) \cdot \boldsymbol{y}_0$ zustrebt, wenn man die Polarisationsfunktion ϵ_2 zugrunde legt. Gerade dieses Verhalten stellt sich aber auch ein, wenn man die früher verwendete und ihrer Struktur nach nur kompliziertere Polarisationsfunktion ϵ_1 (I(46)) verwendet.

Während also G im Prinzip beliebig hohe Werte annehmen kann, gilt das nicht für A, das endlich bleibt. Da bei Feldenergiebetrachtungen die aus den Irritialen ψ_α und den Potentialen φ_α abgeleiteten Erregungs- und Feldvektoren in symmetrischer Weise und nur in Produktform vorkommen, bedeutet dies, daß die Integrale über die Feldenergiesingularitäten endliche Werte annehmen.

Berechnet man nun unter Verwendung der Gleichungen (18) und (19) die Feldvektoren $\boldsymbol{E}$ und $\boldsymbol{B}$ der ebenen Welle, so erhält man:

$$\boldsymbol{E} = \frac{\omega}{c} \cdot \frac{\widetilde{G}}{\left(1 + \frac{|eG|}{mc^2}\right)^2} \cdot \boldsymbol{y}_0 \tag{37}$$

und

$$\boldsymbol{B} = k \cdot \frac{\widetilde{G}}{\left(1 + \frac{|eG|}{mc^2}\right)^2} \boldsymbol{z}_0. \tag{38}$$

Hier tritt sehr deutlich in Erscheinung, daß die Feldvektoren mit wachsenden Irritialwerten zunächst von kleinen Werten an ($|eG| \ll mc^2$) proportional zu G ansteigen. Die Amplituden der Feldvektoren erreichen aber ein Maximum bei $|eG| \sim mc^2$ und nehmen dann wieder ab. Für sehr große Irritialwerte $|eG| \gg mc^2$ gehen sie schließlich sogar gegen Null.

Wenn man nun die Energiedichte U des Strahlungsfeldes einer ebenen Welle nach Gleichung (20e) betrachtet, so erhält man:

$$U = \frac{\frac{\omega^2}{c^2} + k^2}{8\pi} \cdot \frac{\widetilde{G}^2}{\left(1 + \frac{|eG|}{mc^2}\right)^2} \tag{39}$$

oder wegen (32)

$$U = \frac{k^2}{4\pi} \cdot \frac{G^2 \sin^2(kx - \omega t)}{\left(1 + \frac{|eG|}{mc^2}\right)^2} \tag{40}$$

Die Energiedichte U steigt damit für kleine G-Werte ($eG \ll mc^2$) proportional zu G^2 an und geht für sehr große G-Werte $eG \gg mc^2$ gegen einen Grenzwert, dessen Betrag durch das Quadrat der Wellenzahl bzw. durch das Quadrat der Wellenfrequenz bestimmt wird.

Ähnliche Verhältnisse ergeben sich für den Vektor S des Energiestromes nach Formel (20f). Man findet:

$$S = \frac{ck^2}{4\pi} \cdot \frac{G^2 \sin^2(kx - \omega t)}{\left(1 + \frac{|eG|}{mc^2}\right)^2} x_0. \tag{41}$$

Beide Größen, die Energiedichte U und auch der Energiestrom S, streben damit bei fester Wellenzahl auch bei beliebig anwachsender Feldamplitude endlichen Grenzwerten zu. Sie können freilich noch für sehr große Wellenzahlen bzw. hohe Frequenzen beliebig große Werte annehmen. Diese Form des singulären Verhaltens führt aber nicht dazu, daß die Energieintegrale über räumliche Feldsingularitäten divergieren. Wir zeigen dies im folgenden Abschnitt am Beispiel der ruhenden Punktladung, die ja die stärkste Feldenergiedivergenz der Elektrodynamik des polarisierbaren Vakuums hervorruft.

Irritial und Potential der Punktladung

Um zu zeigen, daß die Feldenergie der Punktladung einen endlichen Wert annimmt, berechnen wir jetzt das Irritial und das Potential einer Punktladung. Nach Gleichung (11a) gilt für eine solche die Beziehung:

$$\operatorname{div} D = 4\pi\, e\delta(r). \tag{42}$$

Andererseits ergibt sich der Verschiebungsvektor D bei verschwindendem Vektorirritial $G = 0$ aus dem Irritial nach Gleichung (16) zu:

$$D = -\operatorname{grad} \psi. \tag{43}$$

Die daraus folgende Poissonsche Gleichung

$$\Delta\psi = -4\pi e\delta(r) \tag{44}$$

besitzt die Lösung

$$\psi = \frac{e}{r}. \tag{45}$$

Mit dem so ermittelten Irritial der Punktladung e folgt das Potential φ nach den Gleichungen (14) und (15):

$$\varphi = \frac{\psi}{\epsilon} = \frac{e}{r\left(1 + \frac{e\psi}{mc^2}\right)} = \frac{e}{r + r_0}. \tag{46}$$

Hier ist zur Abkürzung der klassische Elektronenradius r_0 eingeführt.

$$r_0 = \frac{e^2}{mc^2}. \tag{47}$$

Man erhält also für das Irritial ψ nach (45) die klassische Coulombsche Ortsabhängigkeit der Form $1/r$ mit ihrer Singularität bei $r = 0$, während das Potential bei $r = 0$ endlich bleibt:

$$e\varphi(0) = \frac{e^2}{r_0} = mc^2. \tag{48}$$

Die zugehörigen Vektoren der elektrischen Verschiebung $\boldsymbol{D}$ und des Kraftfeldes $\boldsymbol{E}$ lauten dann:

$$\boldsymbol{D} = \frac{e}{r^2} \cdot \frac{\boldsymbol{r}}{r} = -\operatorname{grad} \psi \tag{49}$$

und

$$\boldsymbol{E} = \frac{e}{(r + r_0)^2} \cdot \frac{\boldsymbol{r}}{r} = -\operatorname{grad} \varphi. \tag{50}$$

Daraus entnimmt man die Feldenergie $\mathcal{E}_F$ der Punktladung:

$$\mathcal{E}_F = \frac{1}{8\pi} \int \mathrm{d}\boldsymbol{r}\,(\boldsymbol{E}, \boldsymbol{D}) = \frac{e^2}{2} \int_0^\infty \frac{\mathrm{d}r}{(r + r_0)^2} = \frac{mc^2}{2}. \tag{51}$$

Diese besitzt den endlichen Wert $mc^2/2$. Damit ist die Feldenergie der Punktladung zwar nicht gleich der Ruhenergie der Teilchenmasse m, wir sehen aber auch keine direkte Notwendigkeit für eine solche Forderung. Zwar haben wir mit der in der früheren Arbeit [3] angegebenen Polarisationsfunktion ϵ_1 erreicht, daß $\mathcal{E}_F = mc^2$ wird, doch meinen wir, daß die einfache Gestalt der Potentialfunktion (15) auch ein Positivum darstellt, das man beachten wird, solange nicht für den Vergleich mit der physikalischen Erfahrung gewichtige Gründe zur Verwendung der früher gewählten Polarisationsfunktion (I(46)) sprechen.

Wie wir bereits früher diskutierten, sind die Werte der Erregungsfunktion ϵ für ein Elektron der Lineardimensionen h/mc bzw. für ein Proton vom Radius $r_p \sim r_0/2$ maßgebend für die Anomalien ihrer magnetischen Momente.

Beim Elektron erhält man nun für $r_0 = h/mc$ den Wert ϵ_e:

$$\epsilon_e = 1 + \frac{r_0}{r_e} = 1 + \frac{r_0}{2\pi\hbar/mc} = 1 + \frac{\alpha}{2\pi}. \tag{52}$$

Beim Proton ergibt sich mit $r_p = r_0/2$

$$\epsilon_p = 1 + \frac{r_0}{r_p} = 3. \tag{53}$$

Beide Zahlwerte liegen nahe genug bei den Zahlen, die für die magnetischen Anomalien der Dipolmomente beider Teilchen experimentell ermittelt wurden (Elektron: $1 + \alpha/2\pi$; Proton: 2,79), um für eine erste Orientierung zu zeigen, daß wir auch mit der Polarisationsfunktion (15) nicht sehr weit von der Wirklichkeit entfernt sind.

Mehr kann im Rahmen der vorliegenden Arbeit nicht geschehen, da verfeinerte Angaben eine detaillierte Elementarteilchentheorie erfordern, die nicht Gegenstand dieser Untersuchungen ist.

Literatur

[1] *Mie, G.*: Ann. d. Physik **37**, 511 (1912); **39**, 1 (1912); **40**, 1 (1913); **85**, 711 (1928);

[2] *Born, M., Born, M.* und *Infeld, L.*: Proc. Roy. Soc. [A] **143**, 410 (1933); [A] **144**, 425 (1934); [A] **147**, 522 (1934).

[3] *Bagge, E.*: Atomkernenergie **16**, 165–176 (1970), zitiert als I;
17, 143 (1971); 17, 217 (1971), zitiert als II.

[4] *Fermi, E.*: Rev. of Mod. Phys. **4**, 87 (1932);
Dirac, P. A. M., Fock und *Podolsky*: Phys. Z. d. Sowjetunion **2**, 468 (1932).

[5] *Halpern, O.*: Phys. Rev. **44**, 885 (1934).

[6] *Debye, P.*, Bemerkung beim Phys. Koll, Univ. Leipzig (1934).

[7] *Heisenberg, W.*: Z. f. Phys. **90**, 209 (1934);
Heisenberg, W. und *Euler, H.*: Z. f. Phys. **98**, 714 (1936);
Euler, H.: Ann. d. Phys. **5**, 26, 398 (1936).

[8] *Euler, H.* und *Kockel, B.*: Naturwiss. **23**, 246 (1935).

Kernenergie Heute

K. Wirtz

1. Frühe Leistungsreaktortypen

Rund drei Jahrzehnte sind vergangen, seit zum ersten Mal erfolgreich multiplizierende Medien auf der Basis der Uranspaltung entwickelt wurden. *E. Fermi* gelang Ende 1942 die Kettenreaktion in einem Gitter aus Natururanmetallstäben und dem Moderator Graphit. Fast gleichzeitig gelang es *Heisenberg* und *Döpel*, an einer heterogenen unterkritischen Anordnung aus Natururanmetall und schwerem Wasser die Neutronenmultiplikation nachzuweisen.

Die erste von den Vereinten Nationen veranstaltete Genfer Konferenz für die friedliche Anwendung der Atomenergie im Jahre 1955 stand im Zeichen der ersten Entwürfe für Kernkraftwerke. Sie hatten Prototypcharakter, ihre Leistung war niedrig, die wichtige Größe der spezifischen Spaltstoffbelastung realtiv klein (Tab. 1). Die vergangenen anderthalb Jahrzehnte brachten eine stetige Entwicklung, die Mitte der 60iger Jahre in den USA zur Errichtung der ersten wettbewerbsfähigen Kernkraftwerke auf privater Basis führte. Eine historische Wende stellte hier 1964 die Bestellung des sogenannten Oyster Creek Kernkraftwerks von etwa 400 elektrischen Megawatt mit einem Siedewasserreaktor dar, dessen wechselvolle Baugeschichte allerdings in den darauf folgenden Jahren deutlich machte, daß die Entwicklung der Kerntechnik noch manche Hürde zu überwinden haben würde.

Ein Kennzeichen der ersten Phase der Leistungsreaktorentwicklung war, daß eine Vielzahl von Typen zur Diskussion stand. Als Kühlmittel wurden leichtes Wasser, schweres Wasser und Kohlensäuregas diskutiert, als Moderatoren Wasser und Graphit. Homogene und heterogene Varianten wurden untersucht. Sehr früh kam mit dem Plan des „Fermi Reaktors" bei Detroit auch die Idee der schnellen Brutreaktoren, d.h. von Reaktoren ohne Moderator mit hoher Konversion des Urans 238 in Plutonium in die Diskussion. Diese Vielzahl von Leistungsreaktorvarianten wurde noch bis in die letzten Jahre verfolgt. Erst in jüngerer Zeit beobachtet man einen gewissen Läuterungsprozeß. Im kommenden Jahrzehnt dürften die Leichtwasserreaktoren bevorzugt sein. Die bisherigen Erfahrungen mit ihnen sind gut. Man glaubt, daß sie zu gegebener Zeit durch die schnellen Brutreaktoren ergänzt werden, da diese billiges Erz sparen und den Plutoniumwert erhöhen. Es scheint, daß weltweit die Schwerwasserreaktoren skeptischer beurteilt werden, als noch vor einigen Jahren. Ein Symptom dafür dürfte sein, daß im Jahre 1970 Schweden den Bau des weit fortgeschrittenen Schwerwasser-Siedewasserkernkraftwerkes Marviken eingestellt hat, nachdem, wie man hört, rund 100 Millionen Kronen für Entwicklung und Bau – vergeblich – ausgegeben wurden. Die durch das schwere Wasser zusätzlich eingebrachten konstruktiven und betriebstechnischen Besonderheiten sowie das Tritiumproblem benachteiligen diesen Typ trotz seiner guten Neutronenökonomie. Auch fehlte lange Zeit eine ange-

Tabelle 1 1. Generation der Kernkraftwerke

Reaktortyp	Brennstoffdaten							Leistungsdaten		
	Ladung to UO_2	Anreicherung % spaltbare At	Mittl. Endabbrand MWd/ to UO_2	Brennstoffbelastung kW/ kg UO_2	Spaltstoffbelastung MW/ kg Spaltst.	Leistungsdichte kW/l	Konversion	Reaktorkühlkreisl. Austrittszustand °C/ata	Turbinen kreislauf Dampfzust. vor der Turbine °C/ata	Nettowirkungsgrad %
Druckwasserreaktor Yankee 485 MWth 141 MWel	23,7	3,4	7800	20,5	0,683	72	0,546	278/138,2	238/32	29,1
Siedewasserreaktor Dresden I 626 MWth 184 MWel	57,6	1,5	12000	10,9	0,82	31,2	0,7	286/71,5	282/67,8	29,4
Magnox-Gaskühlung (CO_2) Bradwell 538 MWth 150 MWel	236 t-U-Met	nat	3000/ t-U	2,28/ t-U	0,317	0,579	0,83	390/9,98	374/54,6	27,9
Magnox-Gaskühlung (CO_2) Wylfa 2 x 1875 MWth 2 x 590 MWel	595,4 t-U-Met	nat	3600/ t-U	3,15	0,437	0,87	0,83	402,3/27,7	400,6/46,8	31,4
Schneller Natrium gekühlter Reaktor Enrico Fermi 200 MWth 60 MWel	2,2	25,6		79	0,35	460	1,16	426/1,4	405/40,5	30
Druckwasserreaktor Shippingport 231 MWth 60 MWel	90 kg U-235 16t UO_2	93 nat	6500		1,0	75 24,6	1,16	281/140	252/42,2	26
Siedewasserreaktor Oyster Creek 1600 MWth 515 MWel	110,3	2,1	22000	14,5	0,78	33,6		286/71,3	282/68	32,2

Tabelle 2 Daten der heute wichtigsten Leistungsreaktortypen

Reaktortyp	Brennstoffdaten							Leistungsdaten		
	Ladung to UO_2	Anreicherung % spaltbare At.	Mittl. Endabbrand MWd/ to UO_2	Brennstoffbelastung kW/ kg UO_2	Spaltstoffbelastung MW/ kg Spaltst.	Leistungsdichte kW/l	Konversion	Reaktorkühlkreisl. Austrittszustand °C/ata	Turbinenkreislauf Dampfzust. vor d.T. °C/ata	N wi
Druckwasserreaktor (PWR) ca. 600 MWe	63	ca. 3,0	28 000	30,0	1,3	85	0,6	316/157	265/52	
Siedewasserreaktor (BWR) ca. 600 MWe	98	ca. 2,6	24 000	19,5	1,0	51	0,6	286/71	281/67	
Fortgeschrittener gas-gekühlter Reaktor (AGR) ca. 600 MWe	185	ca. 2	18 000	7,8	0,56	2,4	0,5	675/34 CO_2	566/163 H_2O	42
Hochtemperaturreaktor (HTGR) ca. 300 MWe	0,75 UC_2 7 ThC_2	93	60 000 /to (U + + Th) C_2	100 /kg (U + + Th) C_2	1	6	0,73	750/40 He	530/181 H_2O	41
Natriumgekühlter schneller Brutreaktor (LMFBR) ca. 1000 MWe	16,3 to (U + + Pu)O_2	14	66 000 /to (U + + Pu) O_2	156 /kg (U + + Pu) O_2	1,25	425	1,29	550/ca. 1 Na	505/165 H_2O	40
Heliumgekühlter schneller Brutreaktor (GCFBR) ca. 1000 MWe	29 to (U + + Pu)O_2	12,3	66 000 /to (U + + Pu) O_2	82 /kg (U + + Pu) O_2	0,76	239	1,44	600/68 He	530/120 H_2O	36

messene Schwerwasserbassin. Das heißt nicht, daß der Schwerwasserreaktor unter besonderen Umständen, z.B. dann, wenn die Verwendung von Natururan als Kernbrennstoff gewünscht wird, [wie im Fall des argentinischen Kernkraftwerkes Atucha, das von Siemens bzw. der Kraftwerk Union gebaut wird,] nicht doch eine Lösung darstellt.

Die gasgekühlten Graphitreaktoren der ersten Generation, die sogenannten Magnox-Typen der Engländer, werden in England und auf dem Kontinent nicht mehr gebaut. Der thermische Wirkungsgrad war zu gering, die Kapitalkosten zu hoch. Auch die in England entwickelte Anschlußgeneration des sogenannten Advanced Gas-Cooled Reactor (AGR) scheint ökonomisch nicht zu überzeugen. Auch in England beginnen die Energieversorgungsunternehmen Leichtwasserreaktoren und schnelle Brüter als mögliche Träger künftiger Kernenergieerzeugung zu diskutieren. Es bleiben also, wie gesagt, für die nächste Zeit relativ wenige Typen übrig, die die Chance haben, an der ökonomischen Energieerzeugung auf der Basis der Kernenergie teilzunehmen. Tab. 2 zeigt einige technische Daten dieser für die kommende Zeit wahrscheinlich wichtigsten Typen. Die Daten sind instruktiv. Ein wichtiges Kennzeichen ist die schon erwähnte Spaltstoffbelastung, d.h. die Leistung, die pro Kilogramm Uran 235 oder Plutonium aus einem Reaktor extrahiert werden kann. Hier liegen die Wasserreaktoren günstig (z.B. ist die Spaltstoffbelastung beim Druckwasserreaktor um einen Faktor 2 gegenüber Tab. 1 gestiegen), während der schnelle Brüter, selbst mit Natriumkühlung, diese Ausnutzung des Spaltstoffs nur gerade erreicht. Dies beleuchtet seine bekannten Kühlprobleme. Andererseits gibt es Argumente dafür, daß die Leichtwasserreaktoren nicht das Ende der Reaktorentwicklung darstellen. Ihre Konversion, d.h. die Ausnutzung des Urans 238 ist gering, ihr thermodynamischer Wirkungsgrad relativ niedrig. Der Hochtemperaturreaktor mit Heliumkühlung würde eine erhebliche Verbesserung des thermischen Wirkungsgrades ermöglichen, die Konversion jedoch nur unwesentlich anheben. Der schnelle Brüter jedoch soll den Konversionsfaktor wesentlich über 1 erhöhen und zugleich günstige thermodynamische Wirkungsgrade bringen. Wären Konversion und Leistungsdaten die einzigen Argumente, so läge die Entwicklung klar vor uns. In Wirklichkeit gibt es drei zwingende Nebenbedingungen, in denen die ganze derzeitige und künftige Entwicklung beschlossen liegt, nämlich, Kosten, Betriebsverhalten und Sicherheit. Nur für die Leichtwasserreaktoren haben wir hier ein genügend klares Bild.

Zum Abschluß dieses Abschnitts sei auf Bild 1 verwiesen, welches einen Größenvergleich der verschiedenen Leistungsreaktorvarianten zeigt. Leider ist der Raum zu knapp, die Vor- und Nachteile der Typen in Bezug auf ihre technische Auslegung zu erörtern.

2. Hochtemperaturreaktoren mit thermischen Neutronen

Betrachten wir zunächst diejenigen Reaktoren etwas genauer, die wir heute unter dem Namen Hochtemperaturreaktoren zusammenfassen. Sie benutzen Helium als Kühlmittel, Graphit als Moderator und arbeiten mit einem Thorium-Uran-Brennstoffzyklus. Wichtige Erkenntnisse müssen noch gewonnen werden, ehe über ihre Zukunft eine Aussage gemacht werden kann. Als Beispiel eines in der Bundesrepublik entwickelten Hochtemperaturreaktors sei der sogenannte AVR in Jülich erwähnt, der Kugelhaufenreaktor, der von *R. Schulten* vorgeschlagen und von der Firma Brown Boveri Krupp

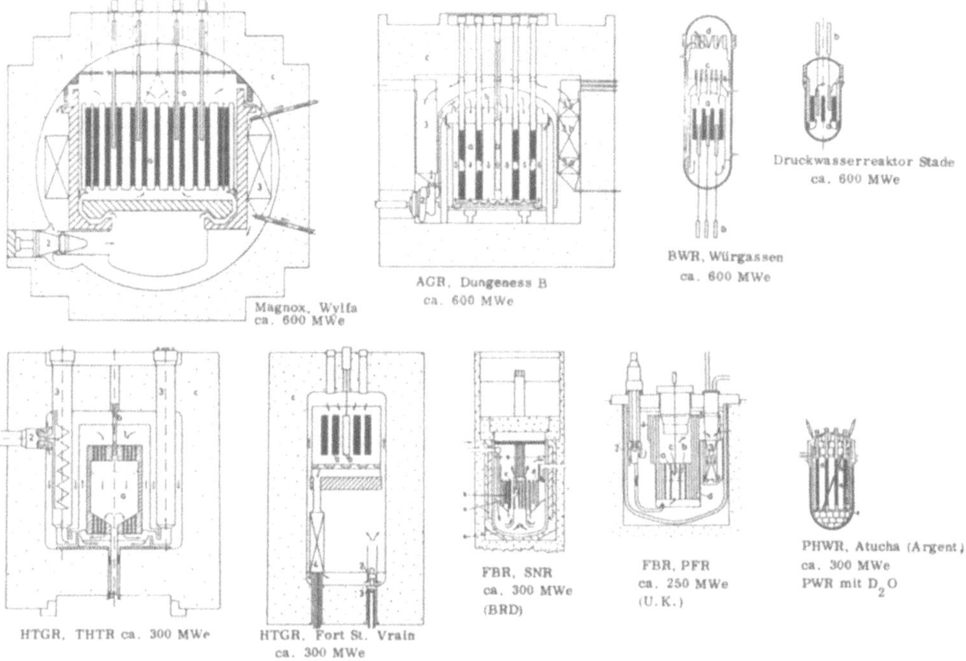

Bild 1. Größenvergleich verschiedener Reaktortypen

entwickelt wurde. Der Reaktor wurde 1966 kritisch und erreichte 1968 volle Leistung. Seitdem hat er sich technisch bewährt. Ende 1970 hat die Bundesrepublik beschlossen, einen Prototyp dieses Kugelhaufenreaktors mit einer Leistung von 300 elektrischen Megawatt (MWe) bei Schmehausen zu errichten. Dieser Reaktor müßte zeigen, ob einige grundlegende technische Fragen, welche beim AVR offen sind, gelöst werden können, z.B. ob das beabsichtigte Einführen einer größeren Anzahl von Abschaltstäben ohne Führung in das Kugelbett auf die Dauer funktioniert. Auch ist die Frage offen, ob die nur statistische Lokalisierbarkeit einer Brennstoffkugel im Reaktor und die entsprechende Unsicherheit im Abbrand sowie der langsame Entladungsmechanismus für den Leistungsbetrieb geeignet sind. Hier bietet der in seinen Leistungsdaten ähnliche Hochtemperaturreaktor von 300 MWe in Fort St. Vrain im Staate Colorado in den USA mit seinen prismatischen Brennelementen eine willkommende Gegenprobe. Man mag über die Kosten derartiger Prototypen beunruhigt sein (ca. 0,5 Md. DM für Schmehausen), doch dürfte der Einsatz gerechtfertigt sein, denn mit der Hilfe von Schmehausen bzw. Fort St. Vrain wird entschieden werden, ob prismatische oder kugelförmige Brennstoffelemente vorzuziehen sind, und ob Kosten, Sicherheit und Betriebsverhalten der Hochtemperaturreaktoren mit Gaskühlung ausreichen. Beide Typen stimulieren zugleich ganz generell die Komponentenentwicklung für die Gaskühlung. Ihre volle Bedeutung würden diese thermischen Hochtemperaturreaktoren erhalten, wenn sie eines Tages direkt auf eine Gasturbine und nicht wie in den bisher erwähnten Fällen auf einen Dampferzeuger arbeiten würden. Untersuchungen in dieser Richtung sind in der Bundesrepublik und in anderen Ländern im Gange.

Wie gesagt, scheint es, daß die Konversion der thermischen Hochtemperaturreaktoren stets unter 1 bleibt. Andererseits ist der Gedanke, in Reaktoren mit thermischen Neutronen zu brüten, attraktiv. Wahrscheinlich wäre die Sicherheit eines thermischen Brutreaktors stets der eines schnellen Reaktors überlegen. Die Leistungsdichte könnte herabgesetzt werden, und die Kühlprobleme wären weniger ernst. Vorschläge in dieser Richtung sind u.a. vom Oak Ridge National Laboratory in Form des sogenannten Salzschmelzen Reaktors gemacht worden, der als Brennstoff flüssige Fluoride bei hoher Temperatur verwendet, die u.a. gestatten würden, stark neutronenabsorbierende Spaltprodukte kontinuierlich zu extrahieren und dadurch die knappe Neutronenbilanz thermischer Konverter zu verbessern. Ein kürzlich erschienener Bericht des amerikanischen „Edison Electric Institute" (EEI), das eine Studie über die Leistungsreaktoren angefertigt hat, sagt: „Die lange Zeit und die hohen Kosten, die für diese Entwicklung erforderlich sind sowie das Nichtvorhandensein einer Industriefirma, die bereit wäre, dieses Konzept zu übernehmen, müssen als ernste Schwierigkeiten für seine Entwicklung angesehen werden."

Auch die amerikanische Marine bemüht sich, einen Leichtwasserreaktor hoher Konversion zu entwickeln. Es ist jedoch fraglich, ob derartige Konzepte je ökonomisch werden. *Die Frage der thermischen Brüter ganz allgemein bleibt jedoch immer interessant.*

3. Schnelle Brüter

Gegenwärtig scheint es, anders als etwa im Jahre 1965, daß die Zuwachsrate von Kernenergie und die Verfügbarkeit von Uran für die nähere Zukunft keinen Engpaß auf dem Natururanmarkt erwarten lassen und deshalb kein spezifischer Druck besteht, Brutreaktoren besonders rasch zu entwickeln. Schätzungen, z.B. des EEI, die vielleicht etwas hoch erscheinen, erwarten für die USA für das Jahr 1990 rund 500 000 MWe installierter Kernenergie. Dies würde etwa einem kumulierten Bedarf von 1,8 Mio. Tonnen $U_3 0_8$ entsprechen, etwas mehr als die gegenwärtig überschaubaren US-Reserven darstellen, doch besteht die begründete Aussicht, daß bis zu diesem Zeitpunkt ausreichende zusätzliche und genügend billige Erzlager, gegebenenfalls im Ausland gefunden werden. Nachrichten aus jüngster Zeit über bedeutende Funde in Australien scheinen dies zu bestätigen. Der Bedarf wurde allein auf der Basis von Leichtwasserreaktoren abgeschätzt. Es bliebe also etwas mehr Zeit für die Brüterentwicklung, als im vergangenen Jahrzehnt angenommen wurde.

Die technischen Merkmale der schnellen Brüter sind bekannt. Die heutigen Typen sind sogenannte interne Brüter, d.h. die Konversion des Urans 238 in Plutonium 239 findet überwiegend im Core selbst und nicht in einem Brutmantel statt. Diese Typen unterscheiden sich charakteristisch von einer früheren ersten Generation mit Brüten überwiegend im Brutmantel und werden als zweite Generation bezeichnet. Tab. 3 zeigt Daten einiger Prototypen, die an verschiedenen Stellen der Welt teils gebaut, teils geplant werden. Noch keiner erreicht das für die Typen von 1 000 MWe erstrebte Ziel von 1,3 Megawatt pro Kilogramm Spaltstoff.

Tabelle 3 Schnelle Prototyp-Leistungsbrüter mit Natrium-Kühlung

	USA			USSR		England	Frankreich	Bundesrepl. Deutschland
	General Electric	Westinghouse	Atomics International	BN 350	BN 600	Prototype Fast Reaktor	Phenix	SNR 300
Leistung								
thermisch MWt	750	770	1250	1000	1470	600	563	730
elektrisch MWe	310	300	500	350	600	250	250	300
Core								
Brennstoff	PuO_2/UO_2	PuO_2/UO_2	PuO_2/UO_2	PuO_2/UO_2	PuO_2/UO_2	PuO_2/UO_2	PuO_2/UO_2	PuO_2/UO_2
Volumen des Cores liter	2000	1960	3000	1900	2300	1320	1150	1600
Spaltstoffbelastung MWt/kg	0,82	0,85	0,9	0,96		0,7	0,8	0,8
Leistungsdichte MWt/liter	0,31	0,39	0,37	0,5	0,6	0,4	0,42	0,4
Stableistung max W/cm	500	440	490	470		450	430	400
Brutverhältnis	1,2	1,22	1,3	1,5		1,2	1,16	1,29
Abbrand MWd/t	100000	75000	75000	50000	100000	70000	70000	55000
Primäres Kühlsystem								
Type*)	Pool	Loop	Loop	Loop	Pool	Pool	Pool	Loop
Zahl der Kühlkreisläufe	3	2	3	5	3	3	3	3
Pumpleistung m^3/h	5000	8500	8850	3200	9300	5000	4800	5100
Kühlmitteltemperatur								
Einlaß °C	425	400	405	300	380	400 – 425	400 – (420)	380
Austritt °C	590	550	570	500	530	560 – 585	560 – (580)	550
Dampfbedingungen								
Temp. °C	510	480	480	435	505	510 – 540	510	505
Druck at	160	170	163	50	140	162	167	165
Arbeitsbeginn	(1975)	(1975)	(1975)	(1970)		1971/1972	1973	1975

*) Es bedeutet: Loop: Konventioneller Kühlkreis, Pool: Core, Pumpe und Wärmeaustauscher befinden sich in einem größeren Behälter unter flüss. Natrium.

Der Brennstoff besteht aus UO_2-PuO_2-Mischungen und enthält 15 % spaltbarer Atome. Ein Brutmantel aus Natur- oder abgereichertem Uran umgibt das Core. Als Struktur- und Hüllmaterial wird überwiegend Edelstahl verwandt. Z.Zt. bevorzugtes Kühlmittel ist flüssiges Natrium. Die Austrittstemperaturen des Natriums liegen bei den gegenwärtigen Entwürfen um 560 °C und der thermische Wirkungsgrad infolgedessen bei etwa 40 %. Die Brennstoffzykluskosten sollen in den 80iger Jahren bei 0,7 mills/kwh liegen. Wir sind heute in der Lage, vielleicht noch besser als bei den Leichtwasserreaktoren, die Energieverteilung innerhalb des schnellen Brüters theoretisch zu analysieren. Eines der wenigen unsicheren Daten, nämlich den prompten Temperaturkoeffizienten der Reaktivität eines schnellen natriumgekühlten Reaktors, der im wesentlichen durch den Dopplereffekt erzeugt wird, hofft man durch die Experimente mit dem neuen SEFOR-Reaktor in Fayetteville in den USA, an dem das Kernforschungszentrum Karlsruhe mit 50 % beteiligt ist, zu erhalten.

Die eben erwähnten Brennstoffzykluskosten des Natriumbrüters setzen bekanntlich einen hohen Abbrand voraus. 100 000 Megawatttage pro Tonne Brennstoff ist die Zielvorstellung für den maximalen Abbrand. In den USA sind Stahlsorten für das Hüllmaterial zur Hand, die beim Abbrand von 75 000 MWd pro Tonne bei Schnellbrüterbedingungen nur um 5 % schwellen. Die Battelle-Westinghouse Gruppe, die mit der Entwicklung der sogenannten Fast Flux Test Facility (FFTF) befaßt ist, die in vielen Zügen prototypisch für den Na-Brüter sein soll, glaubt, daß mit diesem Werkstoff eine Coreauslegung mit Oxidbrennstoff möglich ist.

Die gegenwärtigen Engpässe der Brüterentwicklung dürften weniger Brennstofffragen oder das schon erwähnte Schwellen des Stahls sein, dem man in der Konstruktion Rechnung tragen könnte, als vielmehr Sicherheitsprobleme. Sie hängen u.a. mit der Möglichkeit der Propagation von Brennstofffehlern im Falle von Kühlungsstörungen sowie mit dem sogenannten Natrium-Void-Koeffizienten, d.h. dem Reaktivitätszuwachs bei Kühlmittelverlust, zusammen. Deshalb bereitet die Sicherheitsanalyse sowohl für die amerikanische Fast Flux Test Facility als auch für europäischen Demonstrationsanlagen gewisse Schwierigkeiten. Trotzdem wird der Prototype Fast Reactor in Dounreay in England an einem sehr günstigen Standort schon jetzt gebaut. Beim deutschen Prototyp führte 1970 ein exponierterer Standort zunächst zu Schwierigkeiten. Eine extreme geometrische Formgebung des natriumgekühlten schnellen Brüters, nämlich ein flaches Core, könnte den positiven Voidkoeffizienten reduzieren, doch wäre in diesem Fall das eigentliche Ziel der Entwicklung, nämlich eine Core-Konversion nahe 1 in Frage gestellt. Im Augenblick dürfte es unklar sein, ob die Lösung des Problems auf theoretischem Wege gelingt oder ob eine der im Bau befindlichen Anlagen die Antwort liefern kann. Die hier angedeuteten Probleme sind übrigens nicht neu. Schon 1965 auf der Argonne-Konferenz über Sicherheit, Brennstoff und Coreaufbau in großen schnellen Leistungsreaktoren sind sie von englischer Seite aufgerollt worden. Das Problem ist spezifisch für den natriumgekühlten Brüter. Bei flüssigkeitsgekühlten thermischen Reaktoren oder gasgekühlten schnellen Brütern tritt es nicht auf. Es hängt damit zusammen, daß die Wechselwirkung zwischen Natrium und der Neutronik des Cores sehr stark ist, und daß ferner das Natrium in zwei Phasen, nämlich flüssig und dampfförmig auftreten kann. Keines dieser Probleme erscheint jedoch unüberwindlich.

4. Gasgekühlte schnelle Brüter

Dennoch war diese Lage der Anlaß, daß seit 1967 erneut die Kühlung des schnellen Brüters durch Heliumgas in die Betrachtungen einbezogen wurde. Hier entfallen der Phasenwechsel des Kühlmittels und die Wechselwirkung zwischen Neutronik und Kühlmitteldichte. Das schon erwähnte Gutachten des Edison Electric Institutes bestätigt, daß dieser Type potentiell sehr niedrige Energieerzeugungskosten hat. Im Auftrag des Ministeriums für Bildung und Wissenschaft haben die Kernforschungszentren Karlsruhe und Jülich zusammen mit Industriefirmen kürzlich ein Memorandum über gasgekühlte schnelle Brüter angefertigt. Es betrachtet konservative und fortgeschrittene Varianten (verschiedene „Generationen"). Die erste und einfachste verwendet ein Druckgefäß aus vorgespanntem Beton, Helium bei 70 bis 80 Atomsphären Druck, 590 °C Auslaßtemperatur, einen Sekundärkreis mit Dampfturbine und benutzt entlüftete Oxidbrennstoffstäbe in Stahlhüllen bei weitgehend derselben Temperatur und demselben Abbrand wie im Fall des Natriums.

In dieser ersten Generation ist der Plutoniumeinsatz merklich größer, die Konversion aber erheblich besser als beim Natriumtyp. Das Memorandum schlägt vor, eine Entwurfsstudie mit Kosten- und Sicherheitsanalyse für einen Prototyp der ersten Generation des Gasbrüters auszuarbeiten. Die Kosten pro kwh werden mit 1,9 Dpf angegeben. Die Tab. 4 zeigt einige Daten für diese erste Generation und zwei Folgegenerationen im Vergleich mit dem fortgeschrittenen Natriumbrüter. Die Daten wurden in konsistenter Weise für Typen von 1000 MWe berechnet. Die weiteren Generationen könnten höhere Temperaturen durch Verwendung von Vanadin als Hüllmaterial bzw. durch ein Brennstoffbett aus beschichteten Teilchen (coated particles), das vom Kühlgas durchströmt wird, erreichen. Letzterer Typ ist z.Zt. noch zurückhaltend zu beurteilen.

Die Hauptsicherheitsprobleme des Gasbrüters der ersten Generation sind die folgenden:

1. Wie beim Natriumtyp kann die mechanische Deformation des Cores (Verbiegen, Zusammenschmelzen) die Reaktivität vergrößern. Das Core eines schnellen Brüters ist nämlich im Unterschied zum Leichtwasserreaktor oder anderen thermischen Konvertern nie im Zustand maximaler Reaktivität.
2. Ein Kühlungsausfall kann rasch zum Schmelzen des Cores führen.

Beide Vorgänge sind der theoretischen Analyse zugänglich, so daß sich wenigstens im Prinzip die erforderlichen Sicherheitseinrichtungen angeben lassen. Propagationseffekte sind nicht zu erwarten. Dies vereinfacht die theoretische Behandlung des Sicherheitsproblems entscheidend. Dieser gasgekühlte Brüter der ersten Generation stützt sich im Brennstoff auf die Entwicklung des Natriumbrüters, bezüglich seiner Komponenten, vor allem der Gebläse, Wärmeaustauscher und des Spannbetonbehälters auf den thermischen Hochtemperaturreaktor. Das Memorandum betrachtet die erste Generation des Gasbrüters nicht als eine Folgegeneration zum Natriumbrüter sondern technisch als einen Wettbewerber. Weiterentwickelte Typen, bei denen auf der Basis der neuartigen Brennstoffe, die höhere Gastemperaturen erlauben würden, auch der direkte Kreislauf mit einer Gasturbine in den Bereich der Möglichkeiten rückt, wären vom heutigen Standpunkt als eine Folgegeneration anzusehen. Für die erste Generation besteht in den USA und anderen Ländern sowohl bei der Industrie wie bei den Atomenergiebehörden Interesse.

Tabelle 4 Konsistente Daten für drei gasgekühlte Schnellbrüter von 1000 MWe

Entwurf Nr.	1	2	3	Fortgeschr. Na-Brüter
Art des Kreislaufs	Dampfturb.	Gasturbine	Dampfturb.	Dampfturb.
Art des Brennstoffs	Oxid	Oxid	Oxid	Oxid
Art des Brennelements	Brennstab (vented)	Brennstab (sealed can)	Coated Particle	Brennstab (sealed can)
Max. Stableistung [W/cm]	431	440	–	530
Mittlerer Entlade-Abbrand [MWD/t]		75 000		
Heliumdruck am Reaktoreintritt [kg/cm^2]	70	90	70	–
Mittlere Kühlmitteltemperatur beim Reaktoraustritt [°C]	600	706	675	580
Max. „hot spot" Temperatur an den Stabhüllen [°C]	755	850	950 (am coated part)	700
Anlagennettowirkungsgrad [%]	36,2	34,9	37,1	40
Gleichgewicht-Spaltstoffinventar [kg Pu 239 + Pu 241]	3136	2768	1796	1600
Brutrate	1,43	1,31	1,19	1,28
Verdopplungszeit*) [a]	13,2	17,8	31,8	14,5
Anlagekosten [DM/kWe]	591	532	591	580 (1968)**)
Brennstoffzykluskosten [Dpf/kWh]	0,47	0,54	0,54	0,32
Stromerzeugungskosten*) [Dpf/kWh]	1,90	1,85	1,98	1,74 (1968)***)

*) Lastfaktor 0,7; **) 1970 auf 600 – 800 DM/kWe geschätzt; ***) 1970 auf 1,8 – 2,2 Dpf/kWh geschätzt.

Die Probleme der verschiedenen Kühlmittel bei der technischen Entwicklung und der Sicherheitsanalyse schneller Brüter haben zu einer relativ scharfen Klassifizierung der Brütertypen nach ihrem Kühlmittel geführt. Es sei an die Erörterungen über die Dampfkühlung erinnert. Es sollte das gemeinsame Ziel, nämlich die Entwicklung schneller Brüter mehr in den Vordergrund gestellt werden. Über die Kühlmittel wird schließlich die weitere Entwicklung entscheiden.

5. Sicherheitsfragen

Es ist sicher richtig zu sagen, daß die Kernenergie die vielleicht billigste, sicherste und ergiebigste Energiequelle ist, die unser Jahrhundert erschlossen hat. Daß die Entwicklung nicht noch rascher verläuft, als es gegenwärtig der Fall ist, (in den USA wurden im Jahre 1970 rund 17.000 MW an Kernkraftwerken in Auftrag gegeben) liegt wohl daran, daß immer noch nicht alle Sicherheitsaspekte eines großen Kernkraftwerkes, und zwar auch der Wasserreaktoren, völlig befriedigend analysiert werden konnten. Die Sicherheitsbehörden befinden sich, ebenso wie die Herstellerfirmen, in Bezug auf die Sicherheitsanalyse der Reaktoren immer noch in einem Lernprozeß. So hat der Bundesminister für Bildung und Wissenschaft am 17. August 1970 vor der Presse erklärt, daß die endgültige Entscheidung über die atomrechtliche Genehmigung des geplanten Kernkraftswerkes der BASF in Ludwigshafen (ein Druckwasserreaktor von 600 MW) noch etwa zwei Jahre zurückgestellt werden müsse. Zur Begründung wurde darauf verwiesen, daß noch in keinem Lande ein stadtnaher Standort für ein Kernkraftwerk genehmigt worden sei. Nach sorgfältiger Analyse des Standes der Sicherheitstechnik sei man zu dem Ergebnis gekommen, daß auch bei dem BASF-Projekt in unmittelbarer Nähe der Stadt Ludwigshafen, inmitten großer chemischer Industriewerke, nicht von dieser international geltenden vorsichtigen Linie abgewichen werden sollte. Bild 2 zeigt, daß in der Tat der Standort Ludwigshafen sich quantitativ und auch qualitativ von den übrigen Standorten von Kernkraftwerken in der Bundesrepublik durch die Bevölkerungsdichte in seiner Umgebung unterscheidet. Es ist prinzipiell möglich, die Emission von Radioaktivität im Normalbetrieb auch bei den größten heute denkbaren Kernkraftwerken so klein zu halten, daß praktisch keine Kontamination der Umwelt erfolgt. Das Standortproblem reduziert sich dann auf die Frage, ob auch in allen denkbaren Unfallsituationen die Anlage eine genügend kleine Quelle für strahlende Substanz bleibt. Hier liegen die Ursachen gegenwärtiger Unsicherheit. Man bedenke, daß ein Reaktor mit einer thermischen Leistung von 3000 Megawatt (entsprechend etwa 1000 elektrische Megawatt) im Gleichgewicht etwa 10^{10} Curie innerer Radioaktivität enthält. Wenige Minuten nach Abschalten eines solchen Reaktors sinkt die Radioaktivität auf etwa 1 %, um dann langsam im Laufe von Tagen, Wochen und Monaten schwächer zu werden (Tab. 5). Diese Konzentration radioaktiver Substanzen, deren thermische Nachleistung anfangs in der Größenordnung 1 % der Dauerleistung liegt, bildet ein großes Gefahrenpotential. Im Prinzip gibt es zwei Wege, dieser Gefahr zu begegnen. Der erste ist der heute meist begangene, nämlich das Core des Reaktors in eine Vielzahl von Hüllen einzuschließen, derart, daß auch unter den extremsten Unfallbedingungen die Hauptmenge der Radioaktivität eingeschlossen bleibt. Dieser Weg verlangt zugleich eine zuverlässige und lang

Tabelle 5 Anfangsaktivitäten längerlebiger Spaltprodukte eines Leistungsreaktors mit 3000 MW thermischer Leistung nach mittlerem Abbrand

Nuklid	Typ	Halbwertzeit	Curie
Kr-85	Edelgas	10.6 a	$2.4 \cdot 10^5$
J-131	Halogen	8.1 d	$7.5 \cdot 10^7$
CS-137	flüchtig	30 a	$1.7 \cdot 10^6$
Sr-89	fest	53 d	$10.8 \cdot 10^7$
Sr-90-Y-90	fest	28 a	$21.3 \cdot 10^5$
Y-91	fest	57 d	$13.2 \cdot 10^7$
Ce-144-Pr-144	fest	280 d	$4.8 \cdot 10^7$
Pu-239	fest	$2.4 \cdot 10^4$ a	ca $1 \cdot 10^4$
Pu-240	fest	$6.6 \cdot 10^3$ a	ca $2 \cdot 10^4$
Pu-241	fest	13.2 a	$4 \cdot 10^6$

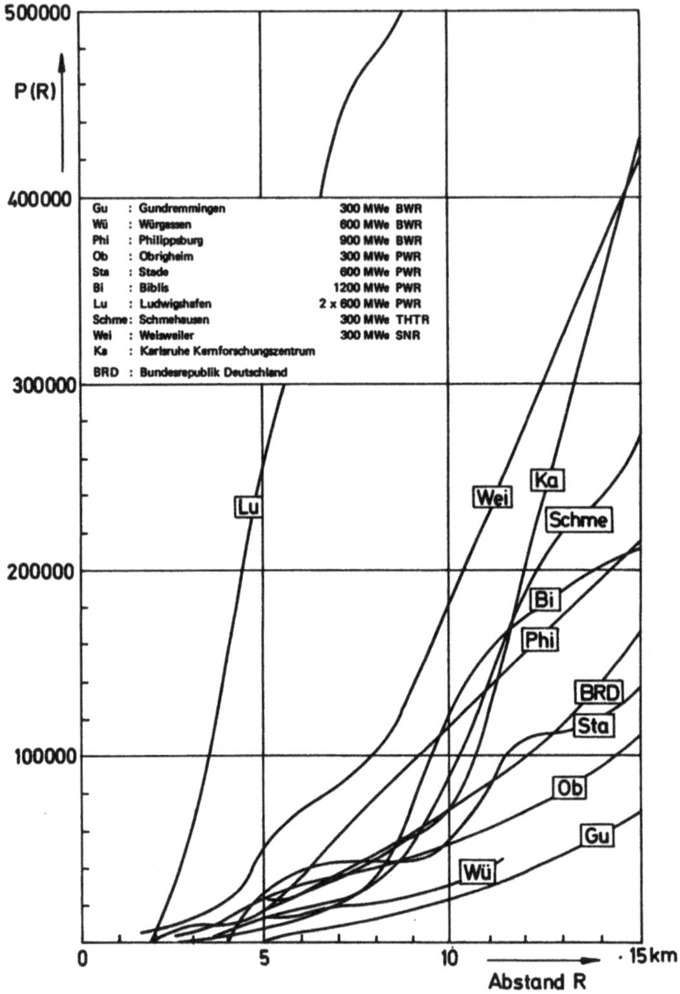

Bild 2. Bevölkerungszahl P(R) für einige Standorte als Funktion des Abstands R

dauernde Nachkühlung der thermischen Leistung der Spaltprodukte. Der erreichte Grad der Sicherheit bei den bisherigen Anlagen ist erstaunlich groß. Andererseits ist die mit der Freisetzung auch nur eines Bruchteils dieser Radioaktivität verbundene Gefahr so außerordentlich, daß auch ausgefallene Vorgänge, die zur Freisetzung der Radioaktivität führen könnten in die Sicherheitsbetrachtungen einbezogen werden müssen. Wie gesagt, ist dieser Prozeß der Sicherheitsanalyse auch heute noch nicht abgeschlossen. Ein zweiter Weg, die Gefahr zu reduzieren, wäre die kontinuierliche Extraktion der langlebigen Spaltprodukte aus dem Reaktorcore. Die heutige Form der Brennelemente, meist Stäbe mit Uranoxid-Presslingen in einer Stahlhülle, erlaubt eine solche Extraktion nicht. Denkbar wäre sie im Fall der schon erwähnten Salzschmelzen-Reaktoren, d.h. bei Reaktoren, die einen flüssigen Brennstoff verwenden, welcher seinerseits in einem eigenen Kreislauf durch das Core geführt werden könnte. Dies würde verlangen, daß am Ort des Leistungsreaktors zugleich Einrichtungen zur Aufarbeitung des flüssigen Brennstoffs und zur Lagerung der extrahierten Spaltprodukte vorhanden sind. Untersuchungen, ob dies ökonomisch und sicher möglich ist, liegen nicht vor.

6. Sicherheitsbeurteilung

Auch über die Prinzipien der Sicherheitsbeurteilung von Kernkraftwerken liegen noch keine einheitlichen Auffassungen vor. Von englischer Seite wurde eine geschlossene Theorie auf der Basis von Wahrscheinlichkeitsbetrachtungen vorgeschlagen (Farmer), die eine quantitative Behandlung gestatten würde, wenn die inredestehenden Wahrscheinlichkeiten bekannt wären. Dies ist in der Regel nicht der Fall. Deswegen hat z.B. die US-Atomenergiekommission die Anwendung probabilistischer Methoden zur Sicherheitsbeurteilung bisher zurückgestellt. Deutsche Gutachter benutzen sie nur gelegentlich. Meist steht an der Spitze einer Unfallanalyse die Anforderung nach der Festlegung entweder eines größten anzunehmenden Unfalls oder eines sogenannten Auslegungsbasisunfalls. So sagt z.B. *Clifford K. Beck,* Deputy Director of Regulation der US-Atomenergiekommission: „Deshalb beginnt in den USA die Beurteilung eines vorgeschlagenen Reaktorstandortes mit der Festlegung des größten anzunehmenden Unfalls für den betreffenden Reaktor. Das Wort ‚anzunehmend' schließt Unsicherheiten ein, derart, daß bei der Sicherheitsbeurteilung einer Reaktoranlage praktische Erfahrungen oft fehlen und so Wahrscheinlichkeitsaussagen unmöglich sind. Der Prozeß ist vielmehr so, daß, wie in der übrigen Technik, teils durch Analysen, teils durch Postulate, teils durch sachverständiges Urteil ein vernünftiger hypothetischer Unfall, der Spaltprodukte freisetzen würde, als groß oder größer als jeder andere angenommen wird."

Von Kritikern dieses Vorgehens wird eingewandt, daß das Konzept eines größten anzunehmenden Unfalls zu einer zu konservativen Auslegung der Reaktoranlagen führt. Es gestattet nicht, Sicherheitskriterien in Zahlen zu fassen. Dies dürfte jedoch kein Einwand sein, wenn es im übrigen gelänge, die Sicherheitsanalyse so zu systematisieren, daß sie vollständig ist, und daß in Bezug auf das Funktionsverhalten und die Ausfallwahrscheinlichkeit eben das erwähnte Erfahrungsurteil zur Anwendung kommt. Es ist jedoch festzustellen, daß weder bei der Systematisierung der Analyse etwa anhand von Diagrammen und Unfallsequenzen, noch in Bezug auf die Beurteilung der Einzelfunktionen und des zugehörigen Komponentenverhaltens für *exponierte Standorte* die Endziele erreicht sind. Noch immer befinden sich hier sowohl die Hersteller wie die Zulassungsinstanzen in einem Lernprozeß, der wohl auch noch einige Zeit anhalten wird. Die Lage wird beleuchtet durch verschiedene „Statements" in den USA, von denen hier nur eines, nämlich des Joint Commitee on Atomic Energy aus dem Jahre 1968 zitiert sei: „Das Anhalten des schnellen Anwachsens von Bestellungen von Kernkraftwerken unterstreicht die Notwendigkeit einer nachhaltigen Anstrengung von Industrie und Regierung, weitere Informationen über solche Dinge beizubringen, die sicherheitstechnisch wichtig sind beim Entwurf, beim Bau und beim Betrieb von Leistungsreaktoren." Hieran knüpft die AEC im Jahre 1970 die Bemerkung, daß wegen der Wichtigkeit des Sicherheitsprogramms der Kernenergie und wegen der starken und fortwährenden Unterstützung dieses Programms durch die AEC, den Kongress und die Industrie und andere und wegen der schwierigen Finanzierungslage die Aufgaben eines Sicherheitsprogramms in einer möglichst effektiven, wirksamen und ökonomischen Weise durchgeführt werden müssen. Diese Worte stehen in der Einleitung eines neuen Sicherheitsprogrammplanes für Wasserreaktoren, den die AEC im Juni 1970 veröffentlich hat.

7. Die Kerntechnik ist nicht zu Ende

Gelegentlich wird in der Fachpresse festgestellt, die Kernenergieentwicklung haben einen befriedigenden Stand erreicht. Daran werden Erwägungen über eine Begrenzung staatlicher Unterstützung oder auch für eine Diversifikation der Tätigkeit der Forschungszentren geknüpft. Solche Erwägungen sind nicht auf die Bundesrepublik beschränkt. Die bisherigen Ausführungen beleuchten diese Frage. Leichtwasserreaktoren mit über 70 000 MW sind im Betrieb oder im Bau. Die Betriebserfahrungen sind gut. Hier kann von einem befriedigenden Entwicklungsstand gesprochen werden. Allerdings trüben die Sicherheitsprogrammpläne, von denen wir sprachen, das Bild ein wenig. Deshalb dürften zumindest bei den Sicherheitseinrichtungen und den Problemen der Standardisierung sowie eventuell auch bei den Brennelementen auf Plutoniumbasis weitere Entwicklungsaufwendungen erforderlich sein. Bei den zukünftigen Reaktortypen, vor allem bei den Brütern, sahen wir, daß die Entwicklung in ihren Anfängen ist. Dieses betrifft nicht nur ihre Sicherheitsanalyse. Ein kürzlicher Aufsatz des Direktors der Reaktorabteilung der USAEC, *Milton Shaw,* und anderer über das amerikanische Reaktorentwicklungsprogramm beleuchtet dies. Er schließt mit folgenden Worten, mit denen ich an meine Einleitung anknüpfen kann: „Von den sechs Reaktorkonzepten des amerikanischen Programms, Leichtwasserreaktoren, Natriumbrüter, Leichtwasserbrüter, Salzschmelzenreaktor, Hochtemperaturgasreaktor und gasgekühlter schneller Brüter, hat bis heute nur der Leichtwasserreaktor die Basis für eine große Industrie geliefert. Es ist klar, daß die Größe der kumulativen Aufwendungen für diese relativ gut entwickelte Linie ernsthaft die Fähigkeit anderer Linien gefährden kann, den Markt zu durchdringen, den jetzt die Leichtwasserreaktoren und die fossil gefeuerten Kraftwerke innehaben. Dieses sollte die fortgeschrittenen Konzepte nicht abschrecken, weil ihre direkten und indirekten Vorteile für die USA hoch sind, Vorteile ökonomischer und sozialer Art, besonders aber durch die Aussicht auf eine starke Verbesserung in der Umweltverunreinigung, die die Kernkraft bei der Energieerzeugung mit sich bringt."

Hier wird ein gewaltiges Programm angedeutet. Hand in Hand mit dieser Entwicklung geht die Untersuchung von Reaktormaterialien, des Brennstoffzyklus, der Wiederaufbereitung von Kernbrennstoffen, der Isotopentrennung, die sich für uns in die noch offenen Alternativen „Diffusionsverfahren, Zentrifugen, Trenndüsen" aufspaltet, der Rückführung des Plutoniums im Leichtwasserreaktor, der Komponentenentwicklung und schließlich der Endlagerung radioaktiver Abfälle. Auch das Kriegsrisiko kerntechnischer Anlagen wird realistisch zu betrachten sein.

8. Thesen zur Zukunft

An den Schluß seien einige Thesen an die Stelle einer Zusammenfassung gesetzt.

Ohne Kernenergie sehen wir keine befriedigende Lösung der künftigen Energieprobleme. Nur sie erlaubt eine starke Vergrößerung der Energieproduktion ohne unzulässige Gefährdung der Umwelt.

Trotz aller Fortschritte ist ein nuklearer Reaktor auf der Basis der Kernfusion erst in fernerer Zukunft zu erwarten. Es besteht kein Anlaß, im Hinblick darauf die Entwicklung der Spaltungsreaktoren einzuschränken.

Die Technik der Leichtwasserreaktoren ist weit fortgeschritten. Ihre Sicherheitsanalyse kann vollendet werden. Das Kernkraftwerk, das im Normalbetrieb praktisch ohne Emission radioaktiver Substanzen arbeitet und tolerierbare Emission im größten anzunehmenden Unfall besitzt, ist keine Illusion. Das standortunabhängige Kernkraftwerk erscheint möglich.

Die Entwicklung künftiger Reaktortypen, besonders der schnellen Brüter, ist in frühen Phasen. Das bedeutet, daß die Kernenergieentwicklung einschließlich ihrer Technologien im weiteren Sinne noch lange nicht als abgeschlossen gelten kann.

Der Hochtemperaturreaktor mit Gaskühlung, sei es als thermischer Konverter, sei es als schneller Brutreaktor, verspricht guten thermischen Wirkungsgrad. Die direkte Ankopplung an eine Gasturbine ist ein Ziel, das die Kosten senken würde. Der Hochttemperaturreaktor bietet die Aussicht, seine Abfallwärme bei Erhaltung eines guten thermischen Wirkungsgrades an die Atomsphäre abgeben und damit das Problem der unzulässigen Erwärmung der Flüsse lösen zu können.

Literatur

[1] *R.* und *K. Döpel, W. Heisenberg:* Die Neutronenvermehrung in einem $D_2$0-U238-Metallschichtensystem, Forschungsbericht 1942, unveröffentlicht; siehe auch *W. Heisenberg* et. al., Großversuche zur Vorbereitung der Konstruktion eines Uranbrenners, Fiat Rev. of German Science 1939 – 1946, Nuclear Physics and Cosmic Rays Part II. p. 143, Wiesbaden 1948

[2] *V. Heinzel:* Unterlagen und Daten von neueren Leistungsreaktoren, Karlsruher interner Arbeitsbericht INR-412/70, unveröffentlicht; siehe auch Jahrbuch der Atomwirtschaft 1970, Seite 259

[3] *P.R. Kasten* et. al.: Design Studies of 1000 MWe Molten Salt Breeder Reactors, US-AEC-Report, ORNL-3996, 1966

[4] *R. Schulten:* AVR-Reaktor, Atomwirtschaft 1966, 218 und folgende Arbeiten (Kugelhaufenreaktor)

[5] Report of the „Edison Electric Institute" (EEI) Reactor Assessment Panel, New York, N.Y. 1970

[6] Hochtemperaturreaktoren mit Gaskühlung: Gas Cooled Reactor Information Meeting, Oak Ridge, 1970, US-AEC-Report Conf-700 401; sowie Advanced High Temperature Gas Cooled Reactors, IAEA Symp. in Jülich 1968, IAEA-1969

[7] *W. Häfele, D. Faude, E.A. Fischer, H.J. Laue:* Fast Breeder Reactors, Karlsruher Bericht KFK 1167, 1971 (Tab. 3 ist dieser Arbeit entnommen)

[8] *G. Billuris* et. al.: Sefor Plant Design. ANS Meeting on Fast Reactor Design, San Fransisco, ANS 100, 1967

[9] Kühlmittelfragen bei schnellen Brütern, siehe Beiträge von *W. Häfele, I. Ritz, K. Wirtz* u.a. in „Atomwirtschaft", April 1969
[10] Gasbrüter-Memorandum, Karlsruher Bericht, KFK 1375, 1971
[11] *F.R. Farmer:* Siting Criteria – a new approach, Proc. Symp. on Containment and Siting of Nuclear Power Plants, IAEA, Wien, 1967 (303)
[12] *M. Shaw, J.W. Landis, R.V. Lancy, M. Rosenthal, W.H. Layman:* Nuclear Engineering International, Nov. 1970
[13] Water Reactor Safety Program Plan, US-AEC, Wash. 1146, 1970
[14] Environmental Aspects of Nuclear Power, IAEA Symposium, New York 1970
[15] *K. Wirtz:* Genehmigungsfragen, Standortbeurteilung und Sicherheitskriterien, Atomwirtschaft, Febr. 1971, 70
[16] Proceedings of the Conference on Safety, Fuels and Core Design in Large Fast Power Reactors, Argonne Nat. Laboratory, USAEC-Report ANL-7120, 1965

GPSR Compliance

The European Union's (EU) General Product Safety Regulation (GPSR) is a set of rules that requires consumer products to be safe and our obligations to ensure this.

If you have any concerns about our products, you can contact us on ProductSafety@springernature.com

In case Publisher is established outside the EU, the EU authorized representative is:

Springer Nature Customer Service Center GmbH
Europaplatz 3
69115 Heidelberg, Germany

Batch number: 10431216

Printed by Printforce, the Netherlands